Fachspezifische Themenkreise

Mathematische Grundlagen

1 Begriffsklärung und Hinweise zum Gebrauch des Buches

Größen und Einheiten

Unter „Größen" versteht man meßbare Eigenschaften von Objekten, z. B. *Länge* eines Körpers, *Masse* des Körpers, *Geschwindigkeit* des Körpers.

Grundsätzlich gilt:

Größenwert = Zahlenwert · Einheit

Als Symbole für Größen werden Formelzeichen (Buchstaben) benutzt:

Größe	Formelzeichen	Beispiel
Länge	l	$l = 3\ \text{m}$
Masse	m	$m = 5\ \text{kg}$
Geschwindigkeit	v	$v = 3\ \frac{\text{m}}{\text{s}}$

SI-Basisgrößen und Basiseinheiten

Basisgröße Formelzeichen	**Länge** l	**Masse** m	**Zeit** t	**Stromstärke** I	**Temperatur** T	**Stoffmenge** n, ν	**Lichtstärke** I, I_v
Basiseinheit Kurzzeichen	**Meter** m	**Kilogramm** kg	**Sekunde** s	**Ampère** A	**Kelvin** K	**Mol** mol	**Candela** cd

Alle weiteren SI-Einheiten werden von diesen 7 Grundeinheiten abgeleitet.

Vorsätze vor SI-Einheiten (Auszug aus DIN 1301)

In den Übungsaufgaben werden oft dezimale *Teile* und *Vielfache* von SI-Einheiten benutzt.

Teile				**Vielfache**			
Vorsatz	Kurzzeichen	Potenz	Bedeutung	Vorsatz	Kurzzeichen	Potenz	Bedeutung
Dezi	d	10^{-1}	Zehntel	Deka	da	10^1	Zehnfache
Zenti	c	10^{-2}	Hundertstel	Hekto	h	10^2	Hundertfache
Milli	m	10^{-3}	Tausendstel	Kilo	k	10^3	Tausendfache
Mikro	µ	10^{-6}	Millionstel	Mega	M	10^6	Millionenfache
Nano	n	10^{-9}	Milliardstel	Giga	G	10^9	Milliardenfache

Mathematische Zeichen

$=$ gleich	$<$ kleiner als	$\sphericalangle$ Winkel
$\neq$ ungleich	$>$ größer als	$\sum$ Summe
$\sim$ proportional	$\leq$ kleiner oder gleich	$\sqrt{\ }$ Wurzel (Quadratw.)
$\approx$ ungefähr	$\geq$ größer oder gleich	$\sqrt[n]{\ }$ n-te Wurzel
$\triangleq$ entspricht	% Prozent, vom Hundert	π pi (Kreiszahl $=3{,}14159\ldots$)
$\Rightarrow$ daraus folgt	‰ Promille, vom Tausend	

Griechisches Alphabet

A	α	alpha	H	η	eta	N	ν	ny	T	τ	tau
B	β	beta	Θ	ϑ	theta	Ξ	ξ	xi	Y	υ	ypsilon
Γ	γ	gamma	I	ι	iota	O	o	omikron	Φ	φ	phi
Δ	δ	delta	K	$\varkappa$	kappa	Π	π	pi	X	χ	chi
E	ε	epsilon	Λ	λ	lambda	P	ϱ	rho	Ψ	ψ	psi
Z	ζ	zeta	M	μ	my	Σ	σ	sigma	Ω	ω	omega

Hinweise zum Gebrauch des Buches

Die Lektionen sind jeweils in zwei Abschnitte eingeteilt, in einen Informationsteil und in einen Aufgabenteil.
Im **Informationsteil** werden die Sachzusammenhänge mit Hilfe von technologischen und physikalischen Grundlagen erarbeitet.
Meist wird der Sachverhalt durch eine Größengleichung (Formel) zusammengefaßt.

Beispiel **Größengleichung**

Umfangsgeschwindigkeit = Umfang · Drehzahl

$$v = \pi \cdot d \cdot n$$

v Umfangsgeschwindigkeit in $\frac{\text{m}}{\text{s}}, \frac{\text{m}}{\text{min}}$

d Durchmesser in m

n Drehzahl in s^{-1}, min^{-1}

Als Einheiten werden die SI-Einheiten und allgemein übliche Einheiten vorgeschlagen. Selbstverständlich kann auch mit anderen, nicht angegebenen Einheiten gerechnet werden (hier z. B. m/h, mm/s, mm/min, km/h).

Beispiel **Zahlenwertgleichung**

$$v_c = \frac{\pi \cdot d \cdot n}{1000 \cdot 60}$$

v_c Schnittgeschwindigkeit in $\frac{\text{m}}{\text{s}}$

d Durchmesser in mm

n Drehzahl in min^{-1}

In Ausnahmefällen werden auch übliche Zahlenwertgleichungen angegeben. Die Zahlenwertgleichungen gelten nur für die angegebenen Einheiten. Andere Einheiten dürfen *nicht* benutzt werden.

Im **Aufgabenteil** wird bewußt auf das Vorrechnen von Musteraufgaben verzichtet. Hierdurch soll vermieden werden, daß versucht wird, anhand der Musteraufgaben die Übungsaufgaben rein schematisch zu lösen.

2 Systematisches Arbeiten in der Mathematik

Das Lösen von technischen Mathematikaufgaben erfordert nicht nur, daß man die Grundrechenarten beherrscht, die werden in den allgemeinbildenden Schulen weitgehend geübt, sondern es erfordert auch das Verstehen der technischen Sachzusammenhänge.
Um Denkfehler sowie Rechenfehler möglichst auszuschalten und die Rechnung für andere und für sich selbst durchschaubar zu machen, sollte man alle Aufgaben systematisch lösen. Was man hier unter *systematisch* versteht, erkennen Sie, wenn Sie nachstehendes Flußdiagramm mit der anschließenden Musteraufgabe vergleichen.

Flußdiagramm:
Wie löst man eine Aufgabe?

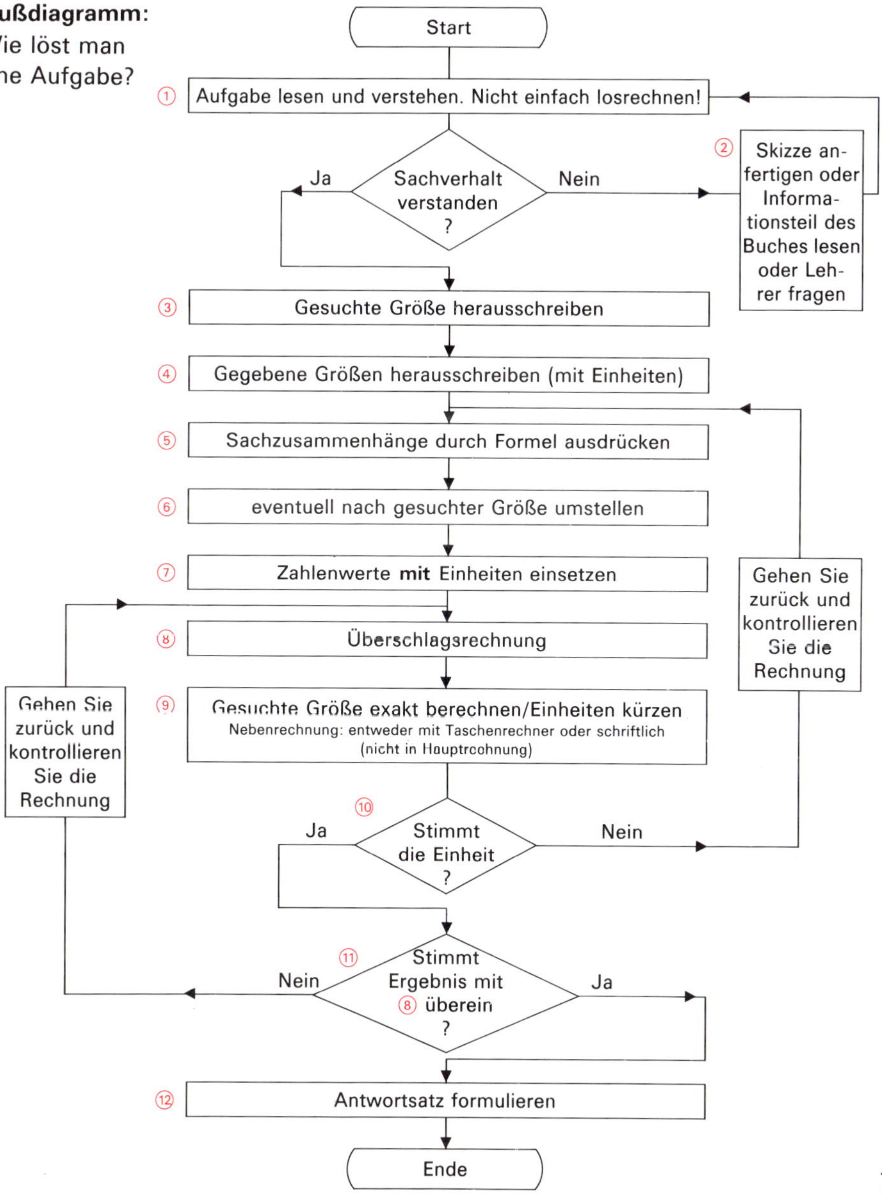

Musteraufgabe

① Ein Auszubildender soll gleich lange Werkstücke aus gewalztem Quadratstahl □ (DIN 1014 – 50) absägen. Da die abzusägenden Stücke als Gegengewichte eingesetzt werden sollen, muß die Masse genau 4 kg betragen ($\varrho = 7{,}85$ kg/dm³).
Auf welche Länge müssen die Werkstücke abgeschnitten werden?
Lösen Sie die Aufgabe mit Hilfe des Flußdiagrammes.

②

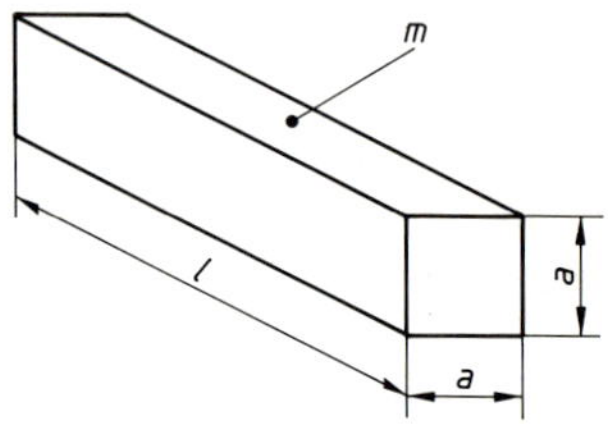

③ *Gesucht:* $l = ?$ mm

④ *Gegeben:*
$a = 50$ mm
$m = 4$ kg
$\varrho = 7{,}85\ \dfrac{\text{kg}}{\text{dm}^3}$

Lösung:

⑤ $m = V \cdot \varrho$
$m = a^2 \cdot l \cdot \varrho$

⑥ $l = \dfrac{m}{a^2 \cdot \varrho}$

⑦ $l = \dfrac{4\ \text{kg}}{0{,}5\ \text{dm} \cdot 0{,}5\ \text{dm} \cdot 7{,}85\ \dfrac{\text{kg}}{\text{dm}^3}}$

⑧ *Überschlag:*
≈ 2 dm

⑨ $l = \dfrac{4\ \cancel{\text{kg}}\ \text{dm}^{\cancel{3}}}{0{,}25\ \cancel{\text{dm}^2} \cdot 7{,}85\ \cancel{\text{kg}}}$

$l = \dfrac{4}{0{,}25 \cdot 7{,}85}$ dm ⑩

⑨ *Nebenrechnung:*
4 : 0,25 =
400 : 25 = 16
25
150

1600 : 785 = 2,0396
1570
3000
2245
7550
7065
4850

⑪ $l = 2{,}04$ dm
$l = 204$ mm

⑫ Die Werkstücke müssen auf eine Länge von 204 mm abgeschnitten werden.

3 Grundrechnungsarten im Bereich der reellen Zahlen

3.1 Addition, Subtraktion, Multiplikation, Division

Der Bereich der reellen Zahlen ist die Gesamtheit der uns bekannten Zahlen, also die Vereinigungsmenge aller Zahlen.

Irrationale Zahlen z. B. 3,141592654..., −1,414213562...
Rationale Zahlen z. B. 1/2, 5/2, 2/33
Ganze Zahlen ..., −3, −2, −1, 0, 1, 2, 3, ...
Natürliche Zahlen 1, 2, 3, ...
} **reelle Zahlen**

Die nachstehenden Rechenregeln gelten für alle reellen Zahlen.

Rechenart	Erläuterungen/Regeln	Beispiele
Addition $a+b=s$	a, b ⟶ Summanden s ⟶ Summe	$5+3=8$ $7{,}1+2{,}5+3{,}23=12{,}83$ $\frac{1}{5}+\frac{2}{5}=\frac{3}{5}$ $2+3{,}14159\ldots=5{,}14159\ldots$
	auch negative Zahlen können addiert werden	$4+(-2)=2$ $(-3)+(-2)=(-5)$
	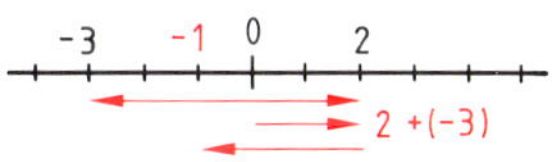	$2+(-3)=-1$
	nur gleichartige Terme (Ausdrücke) können addiert werden	$5\text{ m}+3\text{ m}+2{,}1\text{ m}=10{,}1\text{ m}$ $3a+2b+5a=8a+2b$ $10\text{W}+5\text{N}+3\text{m}=10\text{W}+5\text{N}+3\text{m}$
$a+b=b+a$	bei der Addition gilt das Vertauschungsgesetz	$5x+3y=3y+5x$ $2{,}1+3{,}2=3{,}2+2{,}1=5{,}3$
Subtraktion $a-b=c$	a ⟶ Minuend b ⟶ Subtrahend c ⟶ Differenz	$8-3=5$ $7{,}5-3{,}2=4{,}3$ $8{,}3-0{,}8-2=5{,}5$ $\frac{4}{3}-\frac{2}{3}=\frac{2}{3}$
$a-(-b)$ $=a+b$	bei der Subtraktion von negativen Zahlen wird mit umgekehrten Vorzeichen addiert	$4-(-2)=4+2=6$ $7-(-4)-12=7+4-12=-1$ $(-5)-(-6)=-5+6=1$
	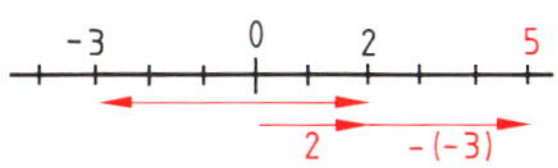	$2-(-3)=5$
	nur gleichartige Terme können subtrahiert werden	$5x-5y=5x-5y$ $3\text{ m}-2\text{ m}-5\text{ g}=1\text{ m}-5\text{ g}$

Aufgaben

1. Berechnen Sie $s = a + b$ und $d = a - b$.

a	15	3,28	6,2	2,5 m	$22x$	-8	$-0{,}0897$	5	-150 K	4,2 h
b	13	0,23	-2	0,8 m	$3y$	-7	$+5{,}8943$	a	-23 K	3,5 g
s	?	?	?	?	?	?	?	?	?	?
d	?	?	?	?	?	?	?	?	?	?

2. Berechnen Sie:

a) $13{,}1 + 0{,}087 + 5{,}87 - 0{,}78 - (-2{,}56) + (-13{,}4) = ?$
b) $5x + 3y - 4x + (-7x) - (-2y) + 8x - (-2x) = ?$
c) $-12a - 8a - 0{,}7a - (-13a) + 4{,}5a - 8a - (-4{,}2a) = ?$
d) $15x + 12y - (-13z) + (-12) = ?$

Rechenart	Erläuterungen/Regeln	Beispiele
Multiplikation $a \cdot b = p$	a, b ⟶ Faktoren p ⟶ Produkt	$5 \cdot 3 = 15$ $7{,}1 \cdot 2{,}5 = 17{,}75$ $5 \cdot 2 \cdot 3 = 30$ $2 \cdot 3{,}14159\ldots = 6{,}28318\ldots$
	Produkt (von 2 Faktoren) bei ungleichen Vorzeichen ist negativ bei gleichen Vorzeichen positiv	$4 \cdot (-2) = -8$ $(-3) \cdot 2 = -6$ $(-3) \cdot (-4) = 12$ $(-3) \cdot (-1) \cdot (-2) = -7$ $3 \cdot 5\text{ m} = 15\text{ m}$ $2a \cdot 2b = 4ab$
$a \cdot b = b \cdot a$	es gilt das Vertauschungsgesetz	$5 \cdot 3 = 3 \cdot 5 = 15$ $(-2) \cdot 5 = 5 \cdot (-2) = -10$
Division $a : b = q$	a ⟶ Dividend b ⟶ Divisor c ⟶ Quotient	$8 : 2 = 4$ $6 : 2{,}5 = 2{,}4$ $0{,}8 : 2 = 0{,}4$ $5 : 3 = 1{,}66666\ldots$ $15 : (-3) = -5$ $(-21) : (-7) = 3$ $(-0{,}8) : (0{,}05) = -16$ $15\text{ m} : 3 = 5\text{ m}$
	Division durch 0 nicht erlaubt!	
Verknüpfung Addition Subtraktion Multiplikation Division	Punktrechnung (Multiplikation und Division) muß vor der Strichrechnung (Addition und Subtraktion) ausgeführt werden	$2 + 6 \cdot 3 - 9 : 3 - 12 =$ $2 + 18 - 3 - 12 = 5$ $(-8) - (-3) \cdot (-5) =$ $(-8) - 15 = -23$ $ab : a + 3 \cdot a - 5a =$ $b + 3a - 5a = b - 2a$

Aufgaben

1. Berechnen Sie $p = a \cdot b$ und $q = a : b$.

a	15	3,28	6,2	2,5 m	$24x$	−8	−0,0894	$5a$	−150 K	4,2 h
b	13	0,23	−2	0,8 m	3	−2,5	0,0003	1	−5	0,2
p	?	?	?	?	?	?	?	?	?	?
q	?	?	?	?	?	?	?	?	?	?

2. Berechnen Sie:

a) $8{,}87 \cdot 3{,}2 + 5{,}2 - 8{,}2 : 4{,}1 = ?$
b) $7{,}53 : 3 - (-2{,}4)(-5) = ?$
c) $34x \cdot 3 : 2 - 81x : (-3) + 12x = ?$
d) $5\,\text{W} \cdot 2 - 3 \cdot 15\,\text{N} + 13{,}5\,\text{W} \cdot 1{,}5 - 55\,\text{N} : 11 = ?$

3.2 Bruchrechnung

Rechenart	Erläuterungen/Regeln	Beispiele
$\frac{a}{b} \longrightarrow$ Bruch	$a \longrightarrow$ Zähler $b \longrightarrow$ Nenner	$\frac{3}{4}; \frac{1}{5}; \frac{3}{35}; \frac{1}{2}; \frac{3}{7}$
Erweitern $\frac{a}{b} = \frac{a \cdot c}{b \cdot c} = \frac{ac}{bc}$	Zähler und Nenner werden mit der gleichen Zahl multipliziert	$\frac{3}{4} = \frac{3 \cdot 2}{4 \cdot 2} = \frac{6}{8}$ $\frac{1}{5} = \frac{1 \cdot 3}{5 \cdot 3} = \frac{3}{15}$
Kürzen $\frac{a\cancel{b}}{c\cancel{b}} = \frac{a}{c}$	Zähler und Nenner werden durch die gleiche Zahl dividiert	$\frac{3}{15} = \frac{1 \cdot 3}{5 \cdot 3} = \frac{1}{5}$ $\frac{10}{25} = \frac{2 \cdot 5}{5 \cdot 5} = \frac{2}{5}$
Addieren Subtrahieren $\frac{a}{b} + \frac{c}{b} - \frac{d}{b}$ $= \frac{a+c-d}{b}$	bei gleichem Nenner werden Zähler addiert bzw. subtrahiert	$\frac{3}{5} + \frac{16}{5} - \frac{2}{5} = \frac{21}{5} = 4\frac{1}{5}$
$\frac{a}{b} + \frac{c}{d} = \frac{ad+cb}{bd}$	bei ungleichem Nenner erst gleichnamig machen und dann addieren bzw. subtrahieren	$\frac{3}{5} + \frac{1}{2} + \frac{1}{3} = \frac{2 \cdot 3 \cdot 3 + 5 \cdot 3 + 5 \cdot 2}{5 \cdot 2 \cdot 3}$ $\frac{18+15+10}{30} = 1\frac{13}{30}$

Rechenart	Erläuterungen/Regeln	Beispiele
Multiplizieren		
$\frac{a}{b} \cdot z = \frac{a \cdot z}{b}$	mit *ganzer Zahl:* Zähler mit Zahl multiplizieren	$\frac{3}{7} \cdot 2 = \frac{6}{7}$
$\frac{a}{b} \cdot \frac{c}{d} = \frac{a \cdot c}{b \cdot d}$	mit *Bruch:* Zähler mit Zähler und Nenner mit Nenner multiplizieren	$\frac{2}{3} \cdot \frac{5}{7} = \frac{10}{21}$
Dividieren		
$\frac{a}{b} : \frac{c}{d} = \frac{a}{b} \cdot \frac{d}{c} = \frac{a \cdot d}{b \cdot c}$ $\frac{a}{b} : c = \frac{a}{b} \cdot \frac{1}{c} = \frac{a}{b \cdot c}$ $a : \frac{b}{c} = \frac{a}{1} \cdot \frac{c}{b} = \frac{ac}{b}$	Bruch wird mit dem Kehrwert des zu dividierenden Bruches multipliziert	$\frac{5}{2} : \frac{3}{7} = \frac{5}{2} \cdot \frac{7}{3} = \frac{35}{6} = 5\frac{5}{6}$ $\frac{3}{4} : 2 = \frac{3}{4} \cdot \frac{1}{2} = \frac{3}{8}$ $5 : \frac{2}{3} = \frac{5}{1} \cdot \frac{3}{2} = \frac{15}{2} = 7\frac{1}{2}$
Umwandeln		
Bruch in Dezimalzahl	Zähler durch Nenner dividieren	$\frac{2}{5} = 2:5 = 0{,}4$
Dezimalzahl in Bruch	Dezimalzahl mit Bruch multiplizieren, wobei Zähler und Nenner jeweils soviel Nullen besitzen, wie Nachkommastellen bei der Dezimalzahl vorhanden sind	$0{,}275 = \frac{0{,}275 \cdot 1000}{1000} = \frac{275}{1000} = \frac{11}{40}$

Aufgaben

1. Berechnen Sie mit den Brüchen $\frac{a}{b}$ und $\frac{c}{d}$:

a	3	1	1	5	8	7	2	1	5	1	3	9
b	5	4	3	6	9	3	9	2	9	4	4	10
c	2	3	2	2	5	15	3	6	3	1	5	4
d	5	2	5	3	4	14	5	7	4	4	3	3
$\frac{a}{b} + \frac{c}{d}$	?	?	?	?	?	?	?	?	?	?	?	?
$\frac{a}{b} \cdot \frac{c}{d}$	?	?	?	?	?	?	?	?	?	?	?	?
$\frac{a}{b} : \frac{c}{d}$	?	?	?	?	?	?	?	?	?	?	?	?

2. Erweitern Sie die Brüche mit 5:

$\frac{1}{2}; \frac{3}{8}; \frac{11}{3}; \frac{1}{3}; \frac{5}{2}; \frac{3}{5}; \frac{1}{7}; \frac{2}{9}; \frac{4}{3}; \frac{3}{7}$

3. Kürzen Sie die Brüche:

$\frac{4}{2}; \frac{25}{30}; \frac{6}{8}; \frac{18}{9}; \frac{77}{91}; \frac{32}{12}; \frac{33}{12}; \frac{48}{102}; \frac{15}{21}$

4. Berechnen Sie:

a) $\frac{7}{15} + \frac{4}{15} + \frac{5}{15} - \frac{6}{15} + \frac{9}{15} = ?$

b) $\frac{7}{6} + \frac{5}{9} + \frac{8}{12} + \frac{11}{3} - \frac{4}{9} + \frac{7}{3} = ?$

c) $2\frac{1}{8} - 1\frac{2}{5} + 3\frac{1}{4} - 2\frac{4}{10} + 4\frac{3}{2} = ?$

d) $\frac{2}{5} \cdot 3\frac{1}{3} \cdot \frac{3}{5} \cdot \frac{1}{2} = ?$

e) $\frac{3}{2} \cdot \frac{4}{3} - \frac{1}{4} \cdot \frac{2}{5} + \frac{3}{2} : \frac{5}{4} - \frac{2}{3} \cdot 5 = ?$

f) $\frac{2}{5} \cdot \frac{10}{3} \cdot \frac{3}{7} + \frac{5}{2} : \frac{3}{7} - \frac{2}{5} : \frac{1}{3} = ?$

5. Wandeln Sie die Brüche in Dezimalzahlen um:

$\frac{3}{2}; \frac{5}{3}; \frac{7}{2}; \frac{2}{6}; \frac{9}{5}; \frac{7}{9}; \frac{6}{8}; \frac{9}{5}; \frac{4}{3}$

6. Wandeln Sie die Dezimalzahlen in Brüche um:

0,25; 0,876; 2,45; 3,75; 5,421; 3,33

7. Eine CNC-Fräsmaschine zu einem Kaufpreis von 185000,— DM wird bestellt. Für die notwendigen Werkzeuge muß $\frac{1}{20}$ und für den zusätzlich benötigten Werkzeugwechsler $\frac{1}{6}$ des Kaufpreises gerechnet werden. Für die Mehrwertsteuer sind $\frac{15}{100}$ des gesamten Kaufpreises vorgesehen.

a) Was kostet die Maschine insgesamt?

b) Für Transport, Verpackung und Versicherung berechnet der Spediteur $\frac{4}{100}$ des Nettowarenwertes (also ohne MwSt). Wie hoch ist die Rechnung des Spediteurs?

3.3 Rechnen mit Klammern

Durch die Benutzung von Klammern werden zusammenhängende Größen gekennzeichnet.

Rechenart	Erläuterungen/Regeln	Beispiele
Addition/Subtraktion		
$a+(2b+c)=a+2b+c$	bei einem + vor der Klammer kann die Klammer wegfallen	$3+(2+5)=3+2+5=10$
$a-(2b+c)=a-2b-c$	bei einem − vor der Klammer werden die Vorzeichen in der Klammer geändert	$3-(2-5)=3-2+5=6$
Multiplikation		
$(a+b)\cdot c=ac+bc$ $a\cdot(b-c)=ab-ac$	jedes Glied der Klammer wird mit dem Faktor multipliziert	$(a+2b)\cdot 3=3a+6b$ $3(5a-3)=15a-9$
$(a+b)\cdot(c-d)=$ $ac-ad+bc-bd$	jedes Glied der einen Klammer wird mit jedem Glied der anderen Klammer multipliziert	$(2a+3)\cdot(5-2b)=$ $10a-4ab+15-6b$
Division		
$(4a+2b):2=2a+b$	jedes Glied der Klammer wird durch den Wert dividiert	$(55a-10b):5=11a-2b$
$(a+b):(c+d)=$ $\frac{a}{c+d}+\frac{b}{c+d}$	jedes Glied des Dividenden wird durch den Divisor geteilt	$(55a-10):(10a+5)=$ $\frac{55a}{10a+5}-\frac{10}{10a+5}=$ $\frac{5\cdot 11a}{5(2a+1)}-\frac{2\cdot 5}{5(2a+1)}=$ $\frac{11a}{2a+1}-\frac{2}{2a+1}$

Aufgaben

1. Berechnen Sie:

a) $7x+(2-3x)=?$

b) $5a-(3-2b)=?$

c) $2x+6y-(4x-5z)-(5y+3x)+(6z+3y)=?$

d) $4\cdot(2a-3b)=?$

e) $(5z-3)2x=?$

f) $(2a-5)\cdot(4+b)=?$

g) $(21a-14b-35):7=?$

h) $(66x-11y):(6x-y)=?$

2. Berechnen Sie:

a) $\left(\frac{1}{4}+\frac{2}{5}\right)\cdot\frac{1}{2}-\frac{2}{3}\left(\frac{2}{5}+\frac{3}{4}\right)+\left(\frac{1}{2}-\frac{1}{3}\right)\cdot\left(\frac{2}{3}+\frac{1}{2}\right)=?$

b) $\left(\frac{3}{5}-\frac{1}{6}\right):\frac{2}{5}-\left(2\frac{1}{4}-\frac{2}{3}\right)\cdot 1\frac{1}{2}=?$

4 Potenzieren und Radizieren (Wurzelziehen)

Multiplikation gleicher Faktoren	Potenzieren	Erläuterungen, Bezeichnungen
$3 \cdot 3$	3^2	**Potenz** → verkürzte Darstellung für Multiplikation mit gleichen Faktoren
$3 \cdot 3 \cdot 3$	3^3	3^4 → Exponent (Hochzahl); 3 → Basis (Grundzahl)
$3 \cdot 3 \cdot 3 \cdot 3$	3^4	
$3 \cdot 3 \cdot 3 \cdot 3 \cdots 3$	3^n	**Exponent** → gibt an, wie oft die Basis als Faktor zu schreiben ist

Potenzieren	Radizieren (Wurzelziehen)	Erläuterungen, Bezeichnungen
$3 \cdot 3 = 3^2 = 9$	$\sqrt{9} = 3$	**Radizieren** → Umkehrung des Potenzierens
$3 \cdot 3 \cdot 3 = 3^3 = 27$	$\sqrt[3]{27} = 3$	$\sqrt[3]{27} = 3$: 3 → Wurzelexponent; = 3 → Wurzelwert; 27 → Radikant
$3 \cdot 3 \cdot 3 \cdot 3 = 3^4 = 81$	$\sqrt[4]{81} = 3$	
$3 \cdot 3 \cdot 3 \cdot 3 \cdots 3 = 3^n$	$\sqrt[n]{3^n} = 3$	$\sqrt[3]{27}$ bedeutet, die Zahl suchen, die 3mal mit sich selbst multipliziert den Wert 27 ergibt

Hinweis: Bei Quadratwurzeln kann der Wurzelexponent entfallen.

In der Naturwissenschaft und Technik werden oft große bzw. kleine Zahlenwerte durch Zehnerpotenzen (Potenzen mit der Basis 10) dargestellt.

Beispiele

$$45\,000 = 4{,}5 \cdot 10\,000 = 4{,}5 \cdot 10 \cdot 10 \cdot 10 \cdot 10 = \underline{\underline{4{,}5 \cdot 10^4}}$$

$$0{,}0045 = \frac{4{,}5}{1\,000} = \frac{4{,}5}{10 \cdot 10 \cdot 10} = \frac{4{,}5}{10^3} = \underline{\underline{4{,}5 \cdot 10^{-3}}}$$

Aufgaben

1. Berechnen Sie d^2 (Quadratzahlen) und d^3 (Kubikzahlen) für folgende d:

d	1	2	3	4	5	6	7	8	9	10	20	0,1	0,5
d^2	?	?	?	?	?	?	?	?	?	?	?	?	?
d^3	?	?	?	?	?	?	?	?	?	?	?	?	?

2. Berechnen Sie die Quadratwurzeln $\sqrt{d}$ bzw. die Kubikwurzeln $\sqrt[3]{d}$.

d	1	4	25	27	1000	216	144	10000	0,25	0,001	$\frac{1}{4}$	$\frac{8}{27}$
$\sqrt{d}$	?	?	?	—	—	—	?	?	?	—	?	—
$\sqrt[3]{d}$	?	—	—	?	?	?	—	—	—	?	—	?

3. Fertigen Sie eine Tabelle der Zehnerpotenzen nach folgendem Muster an.

Dezimalschreibweise	1000000	100000	10000	1000	100	10	1	0,1	0,01	0,001
Potenzschreibweise	?	10^5	?	?	?	?	10^0	?	10^{-2}	?

4. Wandeln Sie in Potenz- bzw. Dezimalschreibweise um.

47000 = ?	433 = ?	0,2 = ?
660 = ?	990000 = ?	5 = ?
15000000 = ?	0,003 = ?	0,000008 = ?
$5 \cdot 10^7$ = ?	$3{,}14 \cdot 10^9$ = ?	$8 \cdot 10^{-3}$ = ?
$1{,}2 \cdot 10^3$ = ?	$2 \cdot 10^2$ = ?	$3{,}3 \cdot 10^0$ = ?
$1{,}87 \cdot 10^4$ = ?	$1{,}5 \cdot 10^{-1}$ = ?	$1{,}2 \cdot 10^{-5}$ = ?

5 Binomische Formeln

Beim Quadrieren der Summe $(a+b)$ ergibt sich:

$(a+b)^2=(a+b)\cdot(a+b)=(a^2+ab+ab+b^2)=a^2+2ab+b^2$

$(a+b)^2=a^2+2ab+b^2 \longrightarrow$ 1. Binomische Formel

Beim Quadrieren der Summe $(a-b)$ ergibt sich:

$(a-b)^2=(a-b)(a-b)=(a^2-ab-ab+b^2)=a^2-2ab+b^2$

$(a-b)^2=a^2-2ab+b^2 \longrightarrow$ 2. Binomische Formel

Beim Multiplizieren von $(a+b)$ und $(a-b)$ ergibt sich:

$(a+b)\cdot(a-b)=a^2-ab+ab-b^2=a^2-b^2$

$(a+b)\cdot(a-b)=a^2-b^2 \longrightarrow$ 3. Binomische Formel

Aufgaben

Wenden Sie für die folgenden Aufgaben die Binomischen Formeln an:

a) $(x+y)^2=?$

b) $(x-z)^2=?$

c) $(x-y)\cdot(x+y)=?$

d) $(2x-1)^2=?$

e) $(0{,}5+2a)^2=?$

f) $\left(\frac{1}{3}-\frac{2}{5}\right)^2=?$

g) $(3-4x)(3+4x)=?$

h) $\left(\frac{3}{8}+\frac{1}{3}a\right)\cdot\left(\frac{3}{8}-\frac{1}{3}a\right)=?$

6 Zahlensysteme

6.1 Aufbau eines Stellenwertsystems

Wir sind gewohnt, im Zehnersystem (Dezimalsystem oder auch dekadisches System genannt) zu zählen bzw. zu rechnen. Dazu verwenden wir 10 Zahlenzeichen (0, 1, ..., 7, 8, 9).
So setzt sich zum Beispiel die Zahl 3325 (in Worten: dreitausenddreihundertfünfundzwanzig) wie folgt zusammen:

$3 \cdot 1000 + 3 \cdot 100 + 2 \cdot 10 + 5 \cdot 1$
oder $3 \cdot 10^3 + 3 \cdot 10^2 + 2 \cdot 10^1 + 5 \cdot 10^0$
oder 3 Tausender + 3 Hunderter + 2 Zehner + 5 Einer

Die Ziffer 3 hat in der Zahl 3325 offensichtlich mehrfache Bedeutung, denn die Stelle, an der die Ziffer steht, bestimmt den Zahlenwert. Man nennt ein solches Zahlensystem, bei dem die Stelle, an der die Ziffer steht, eine Rolle spielt, ein Stellenwertsystem. Das Dezimalsystem arbeitet mit Potenzen zur Basis 10. Es sind natürlich auch andere Stellenwertsysteme mit anderen Basen möglich, und bei bestimmten Anwendungen ist es sogar sinnvoll, mit einem anderen Zahlensystem zu arbeiten.
In der folgenden Darstellung wird z. B. die Kennzeichnung der Anzahl der dargestellten Punkte in verschiedenen Stellenwertsystemen gezeigt.

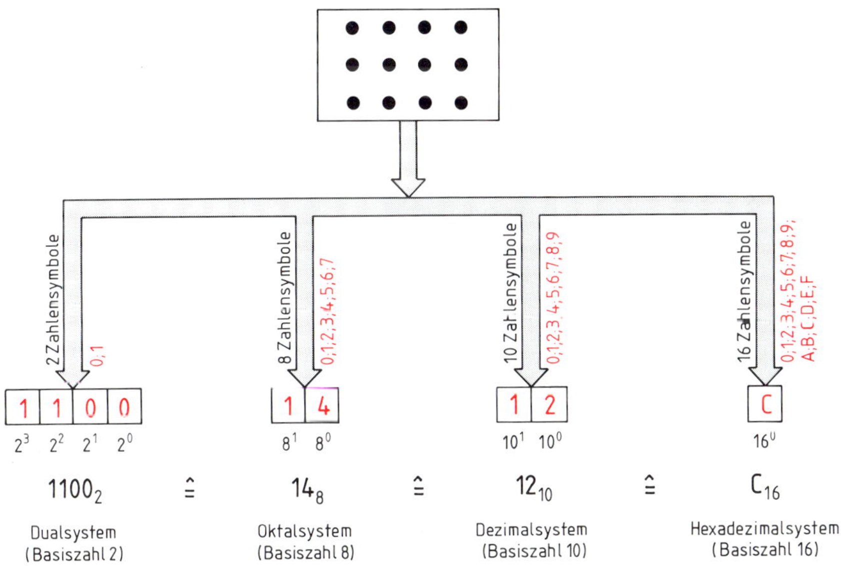

Beispiele

$111_2 \;\hat{=}\; 1 \cdot 2^2 + 1 \cdot 2^1 + 1 \cdot 2^0 = 7$
$111_8 \;\hat{=}\; 1 \cdot 8^2 + 1 \cdot 8^1 + 1 \cdot 8^0 = 73$
$111_{10} \;\hat{=}\; 1 \cdot 10^2 + 1 \cdot 10^1 + 1 \cdot 10^0 = 111$
$111_{16} \;\hat{=}\; 1 \cdot 16^2 + 1 \cdot 16^1 + 1 \cdot 16^0 = 273$
$101_2 \;\hat{=}\; 1 \cdot 2^2 + 0 \cdot 2^1 + 1 \cdot 2^0 = 5$
$1BF_{16} \;\hat{=}\; 1 \cdot 16^2 + 11 \cdot 16^1 + 15 \cdot 16^0 = 447$

In der Datenverarbeitung werden vorzugsweise das **Dual-** und das **Hexadezimalsystem** verwendet.

6.2 Dualsystem (binäres Zahlensystem)

Das duale Zahlensystem ist deshalb hervorragend für die digitale Datenverarbeitung geeignet, weil es nur mit *2 Zahlensymbolen* (0 und 1) arbeitet und daher den beiden Schaltzuständen „EIN" und „AUS" eines elektronischen Schaltkreises entspricht.

Ziffervorrat des Dualsystems: **0** und **1**

Für die Umwandlung von Dualzahlen in Dezimalzahlen empfiehlt es sich, eine Umwandlungstabelle aufzustellen. Diese Tabelle enthält den jeweiligen Potenzwert der entsprechenden Stelle.

2^7	2^6	2^5	2^4	2^3	2^2	2^1	2^0	Zweierpotenz
128	64	32	16	8	4	2	1	Potenzwert

Beispiele

$110 = 1 \cdot 2^2 + 1 \cdot 2^1 + 0 \cdot 2^0 = 6$

$1101 = 1 \cdot 2^3 + 1 \cdot 2^2 + 0 \cdot 2^1 + 1 \cdot 2^0 = 13$

$11000 = 1 \cdot 2^4 + 1 \cdot 2^3 + 0 \cdot 2^2 + 0 \cdot 2^1 + 0 \cdot 2^0 = 24$

$101010 = 1 \cdot 2^5 + 0 \cdot 2^4 + 1 \cdot 2^3 + 0 \cdot 2^2 + 1 \cdot 2^1 + 0 \cdot 2^0 = 42$

Für die Umwandlung von Dezimalzahlen in Dualzahlen sind 2 Verfahren üblich:

a) Fortgesetzte Division durch 2

$25 : 2 = 12$ Rest 1
$12 : 2 = 6$ Rest 0
$6 : 2 = 3$ Rest 0
$3 : 2 = 1$ Rest 1
$1 : 2 = 0$ Rest 1

$25_{10} \triangleq 11001$

b) Fortgesetzte Division durch 2-Potenzen

$25 : 2^4 = 1$ Rest 9
$9 : 2^3 = 1$ Rest 1
$1 : 2^2 = 0$ Rest 1
$1 : 2^1 = 0$ Rest 1
$1 : 2^0 = 1$

$25_{10} \triangleq 11001$

Natürlich kann auch im Dualsystem gerechnet werden. Da das Rechnen im Dualsystem für den Menschen sehr mühsam ist (im Gegensatz zu dem Computer, der sehr viel Schwierigkeiten hätte, im Dezimalsystem zu rechnen), soll hier nur beispielhaft die Addition von 2 Dualzahlen gezeigt werden:

Beispiel

Dezimalsystem		Dualsystem
25		11001
+12		₁₁1100
37	≙	100101

Hinweis

Beachten Sie, daß die Addition von 1+1 bereits einen Überlauf ergibt (eine 2 gibt es ja im Dualsystem nicht).
1+1=0+Übertrag 1 für die nächste Stelle

Aufgaben

1. Erläutern Sie, warum für einen Computer das Rechnen im Dualsystem besonders vorteilhaft ist.

2. Wandeln Sie folgende Dualzahlen in Dezimalzahlen um.

11 = ?	110 = ?	1000 = ?
10 = ?	1111 = ?	10000 = ?
111 = ?	1100 = ?	11111 = ?
101 = ?	1011 = ?	100001 = ?

3. Wandeln Sie folgende Dezimalzahlen in Dualzahlen um.

3 = ?	15 = ?	50 = ?
5 = ?	21 = ?	60 = ?
9 = ?	30 = ?	61 = ?
12 = ?	35 = ?	100 = ?

4. Führen Sie folgende Additionsaufgaben sowohl im Dual- als auch im Dezimalsystem durch und kontrollieren Sie, ob beide Ergebnisse übereinstimmen.

$5 + 4 = ?$
$13 + 5 = ?$
$25 + 11 = ?$
$18 + 3 = ?$
} Aufgabenstellung im Dezimalsystem

$11 + 10 = ?$
$111 + 11 = ?$
$1101 + 100 = ?$
$10000 + 1001 = ?$
} Aufgabenstellung im Dualsystem

5.

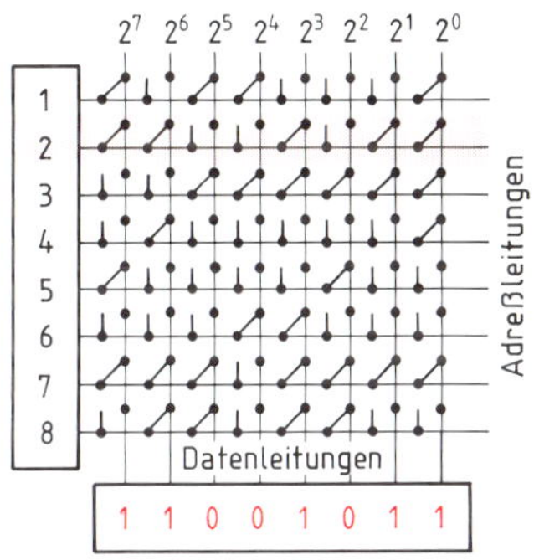

6.

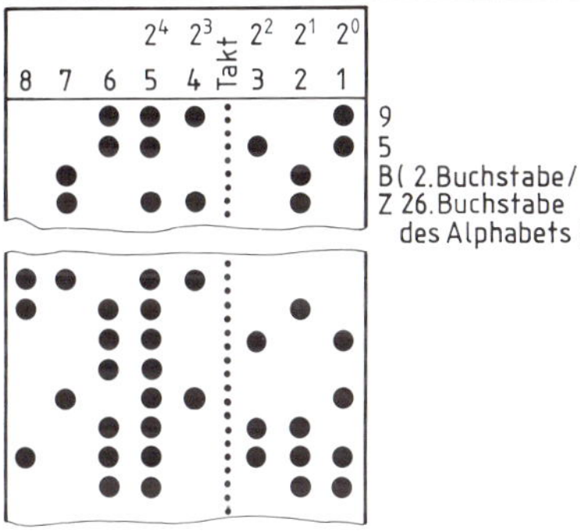

5. Den elektronischen Festwertspeicher (ROM) eines Computers kann man sich als ein großes Leitungsnetz mit Schaltern (Dioden) vorstellen. Jeder Kreuzungspunkt der Leitungsmatrix ist in der Lage, eine Speichereinheit (Bit) zu speichern. Je nach Stellung des Schalters ist entweder eine 1 oder eine 0 gespeichert. Die Speicherplätze sind numeriert (Adressen). Aus der vorherigen Abbildung kann man entnehmen, daß in der Speicherstelle 2 eine 11001011_2 ($= 203_{10}$) gespeichert ist.
Bitte geben Sie jeweils den Dateninhalt in den Speicherstellen 1, 3, 4, 5, 6, 7 und 8 an.

6. Der 8-Kanal-Lochstreifen dient sehr oft bei CNC-Maschinen (computergesteuerte Werkzeugmaschinen) als Datenträger. Das Bearbeitungsprogramm wird in einem bestimmten Code (ISO-Code) auf dem Lochstreifen verschlüsselt. Der Code basiert im Prinzip auf dem binären Zahlensystem.
Ziffern werden grundsätzlich auf der Spur 1, 2, 3 und 4 übertragen. Die Spur 5 und 6 erhalten je ein Loch zur Kennzeichnung, daß eine Ziffer übertragen wird.
Buchstaben werden grundsätzlich auf den Spuren 1, 2, 3, 4 und 5 übertragen. Die Spur 7 erhält ein Loch zur Kennzeichnung, daß ein Buchstabe verschlüsselt ist. Die 8. Spur hat Kontrollfunktion und braucht hier nicht beachtet zu werden.
Entschlüsseln Sie den Lochstreifenausschnitt.

6.3 Hexadezimalsystem (Sedezimalsystem)[1]

Die Darstellung von Zahlen im Dualsystem ist recht umständlich, insbesondere bei größeren Zahlenwerten. Deshalb werden in der Computertechnik jeweils 4 Bit's (4 Dualzahlen) zusammengefaßt.

$1111 \triangleq 15_{10}$

Will man jeweils 4 Dualzahlen durch ein Zeichen ersetzen, braucht man ein Zahlensystem mit 16 Ziffern (Zahlenzeichen).
Der Einfachheit halber nimmt man für die 6 weiteren Zeichen die ersten 6 Buchstaben des Alphabets.

Ziffern des Hexadezimalsystems:

0; 1; 2; 3; 4; 5; 6; 7; 8; 9; A; B; C; D; E; F

Damit entspricht $1111_2 = F_{16}$

Die Umformung von hexadezimal in dezimal und umgekehrt ist prinzipiell vorzunehmen wie das Umformen von dual in dezimal:

Beispiele

a) hex ⟶ dez

$F2 \triangleq 15 \cdot 16^1 + 2 \cdot 16^0 = 15 \cdot 16 + 2 \cdot 1 = 242$

$FF \triangleq 15 \cdot 16^1 + 15 \cdot 16^0 = 15 \cdot 16 + 15 \cdot 1 = 255$

$C31 \triangleq 12 \cdot 16^2 + 3 \cdot 16^1 + 1 \cdot 16^0 = 12 \cdot 256 + 3 \cdot 16 + 1 \cdot 1 = 3121$

b) dez ⟶ hex

2739 ≙ 2739 : 16 = 171 Rest 3
171 : 16 = 10 Rest 11
10 : 16 = 0 Rest 10

$2739_{10} \triangleq AB3$

c) dual ⟶ hex (Hinweis: 4 *Dualziffern* ergeben immer eine Hexziffer)

11 1111 1010 ≙ 3FA

dez:	3	15	10
hex:	3	F	A

d) hex ⟶ dual

F3E ≙ 1111 0011 1110

Aufgaben

1. Wandeln Sie folgende Hexadezimalzahlen in Dezimalzahlen um.

E = ?	F00 = ?	F000 = ?
F2 = ?	ABC = ?	ABCD = ?
FE = ?	C01 = ?	1234 = ?
A3 = ?	FFF = ?	FFFF = ?

2. Wandeln Sie folgende Dezimalzahlen in Hexadezimalzahlen um.

14 = ?	100 = ?	3276 = ?
254 = ?	200 = ?	65535 = ?

3. Wandeln Sie um.

10110110_2 ⟶ hex
$FFFF_{16}$ ⟶ dual

[1] hexa (griechisch) = 16 sedecim (lateinisch) = 16

7 Umstellen von technischen Formeln

Für alle Größen, die in der Technik Anwendung finden, werden als Formelzeichen (Symbole) Buchstaben verwendet.

Beispiel

Größe	Formelzeichen
Geschwindigkeit	v
Weglänge	s
Zeit	t

Der Zusammenhang zwischen Größen wird durch eine Größengleichung (Formel) dargestellt.

Beispiel $v = \frac{s}{t}$

Wird die Weglänge für eine bestimmte Zeit bei bekannter Geschwindigkeit gesucht, muß die Gleichung nach s umgestellt werden.

$$s = v \cdot t$$

Bei dem Umstellen von Formeln müssen neben den Regeln der Algebra **zwei Grundregeln** beachtet werden:

1. Die gesuchte Größe muß alleine und soll links stehen.
2. Vor der gesuchten Größe darf kein negatives Vorzeichen stehen.

Jede Rechenoperation zur Auflösung der gesuchten Größe ist erlaubt, wenn die Rechenoperation auf beiden Seiten der Größengleichung vorgenommen wird (Vergleich mit Balkenwaage).

Beispiel

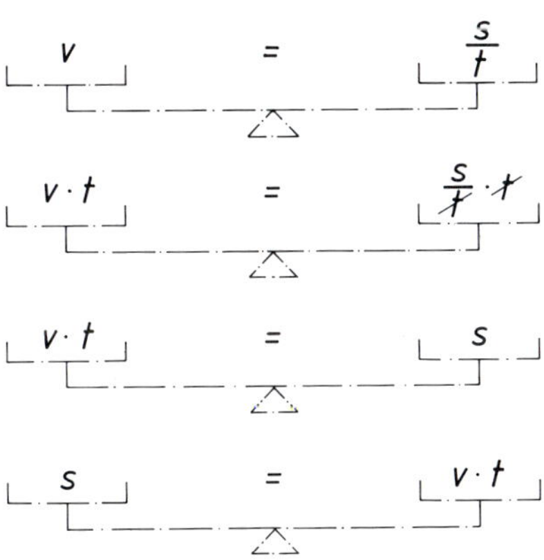

Gleichheitszeichen bedeutet Gleichgewicht.

Multiplikation auf beiden Seiten mit t: Gleichgewicht bleibt erhalten.

Bei Seitentausch bleibt Gleichgewicht erhalten.

Aufgaben

1. Stellen Sie die Formeln nach der rot gedruckten Größe um.

Beispiel	Erläuterung zur Umstellung
$a = b + c$ $a - c = b$ $b = a - c$	durch Subtraktion von c auf beiden Seiten steht die gesuchte Größe alleine Seitentausch (Wert der Gleichung ändert sich nicht)
$a = b - c$ $a + c = b$ $c = b - a$	durch Addition von c wird die gesuchte Größe auf der linken Seite positiv durch Subtraktion von a steht die gesuchte Größe alleine

a) $\alpha = \beta + \gamma$
b) $l = l_1 + l_2 + l_3$
c) $F_1 + F_2 = F_6$
d) $A = A_1 + A_2 + A_3$
e) $U = a + b + c$
f) $l = l_2 - l_1$
g) $V = V_1 - V_2$
h) $l = l_1 + l_2 - l_3$
i) $l = a - b - c$
j) $P_1 - P_2 = \frac{W}{t}$

2. Stellen Sie die Formeln nach der rot gedruckten Größe um.

Beispiel	Erläuterung zur Umstellung
$a = b \cdot c$ $\frac{a}{c} = b$ $b = \frac{a}{c}$	durch Division von c auf beiden Seiten steht die gesuchte Größe alleine Seitentausch (Wert der Gleichung ändert sich nicht)
$a = \frac{b}{c}$ $a \cdot c = b$ $b = a \cdot c$	durch Multiplikation mit c auf beiden Seiten steht die gesuchte Größe alleine Seitentausch (Wert der Gleichung ändert sich nicht)
$a = \frac{b}{c}$ $a \cdot c = b$ $c = \frac{b}{a}$	durch Multiplikation mit c auf beiden Seiten steht die gesuchte Größe nicht mehr im Nenner durch Division mit a steht die gesuchte Größe alleine

a) $A = a \cdot b$
b) $A = a \cdot h$
c) $V = a \cdot b \cdot c$
d) $A = \pi \cdot d \cdot l$
e) $F_1 \cdot l_1 = F_2 \cdot l_2$
f) $v = \pi \cdot d \cdot n$
g) $Z_1 \cdot n_1 = Z_2 \cdot n_2$
h) $t_n = \frac{l}{s \cdot n} \cdot i$
i) $v_m = 2 \cdot s \cdot n$
j) $p = \frac{F}{A}$
k) $R = \frac{U}{I}$
l) $F_1 = \frac{F_2}{i}$
m) $\tau = \frac{F}{A}$
n) $v = \frac{\pi \cdot d \cdot n}{1000 \cdot 60}$
o) $V = \frac{a \cdot b}{3} \cdot l$
p) $F_B = \frac{F \cdot l_1}{l}$
q) $v = \frac{s}{t}$
r) $\frac{1}{x} = \frac{D - d}{l}$

3. Stellen Sie die Formeln nach der rot gedruckten Größe um.

Beispiel	Erläuterung zur Umstellung
$a = (b+c)\cdot d$ $\frac{a}{b+c} = d$ $d = \frac{a}{b+c}$	der gesamte Klammerwert wird als eine Größe behandelt durch Division mit dem Klammerwert steht die gesuchte Größe alleine Seitentausch (Wert der Gleichung ändert sich nicht)
$a = (b+c)\cdot d$ $\frac{a}{d} = b+c$ $\frac{a}{d} - c = b$ $b = \frac{a}{d} - c$	steht die gesuchte Größe in der Klammer, so ist zunächst der gesamte Klammerwert als eine Größe zu behandeln durch Division mit d auf beiden Seiten steht der Klammerausdruck alleine durch Subtraktion von c auf beiden Seiten steht die gesuchte Größe alleine Seitentausch (Wert der Gleichung ändert sich nicht)

a) $l = l_1 - (l_2 + l_3)$
b) $F = (m_1 + m_2)\cdot g$
c) $a = \frac{(Z_1 + Z_2)\cdot m}{2}$
d) $l_s = \pi\cdot d_m\cdot(i_f + 2)$
e) $F_1\cdot l = F\cdot(b+c+d)$
f) $P = \frac{F\cdot s}{(t_2 - t_1)}$

g) $Q = m\cdot c\cdot(t_2 - t_1)$
h) $F_1 = (F_1 + F_2) - F_B$
i) $\sigma = \frac{4\cdot F}{\pi\cdot(d_1^2 - d_2^2)}$
j) $l = l_1 - (l_2 + l_3)$
k) $F = (m_1 + m_2)\cdot g$
l) $a = \frac{(Z_1 + Z_2)\cdot m}{2}$

m) $l_s = \pi\cdot d_m\cdot(i_f + 2)$
n) $F_1\cdot l = F(b+c+d)$
o) $P = \frac{F\cdot s}{(t_2 - t_1)}$
p) $Q = m\cdot c\,(t_2 - t_1)$
q) $F_A = (F_1 + F_2) - F_B$
r) $\sigma = \frac{4\cdot F}{\pi\cdot(d_1^2 - d_2^2)}$

4. Stellen Sie die Formeln nach der rot gedruckten Größe um.

Beispiel	Erläuterung zur Umstellung
$a = b\cdot c^2$ $\frac{a}{b} = c^2$ $c^2 = \frac{a}{b}$ $c = \sqrt{\frac{a}{b}}$	durch Division mit b steht der Ausdruck c^2 alleine Seitentausch (Wert der Gleichung ändert sich nicht) durch Wurzelziehen auf beiden Seiten steht die gesuchte Größe alleine
$a = \sqrt{b+c}$ $a^2 = b+c$ $a^2 - c = b$ $b = a^2 - c$	durch Quadrieren auf beiden Seiten entfällt die Wurzel durch Subtraktion von c auf beiden Seiten steht die gesuchte Größe alleine Seitentausch (Wert der Gleichung ändert sich nicht)

a) $A = a^2\cdot h$
b) $A = \frac{\pi\cdot d^2}{4}$
c) $c^2 = a^2 + b^2$

d) $A = \frac{h}{6\cdot s_1}(3h^2 + 4s^2)$
e) $V = \frac{\pi\cdot d^3}{6}$

f) $c = \sqrt{a^2 + b^2}$
g) $l_a = \sqrt{d\cdot a - a^2}$
h) $\sigma = \frac{4\cdot F}{\pi\cdot(d_1^2 - d_2^2)}$

8 Der elektronische Taschenrechner als Rechenhilfe

Für den Einsatz in Schule und Praxis hat sich der elektronische Taschenrechner als nützlich erwiesen. Es soll hier nur das Rechnen mit einem einfachen Rechner beschrieben werden, der für den Einsatz in der Berufsschule vollständig ausreicht. Vermeiden Sie, ein Gerät zu kaufen, das wesentlich mehr Funktionstasten besitzt.

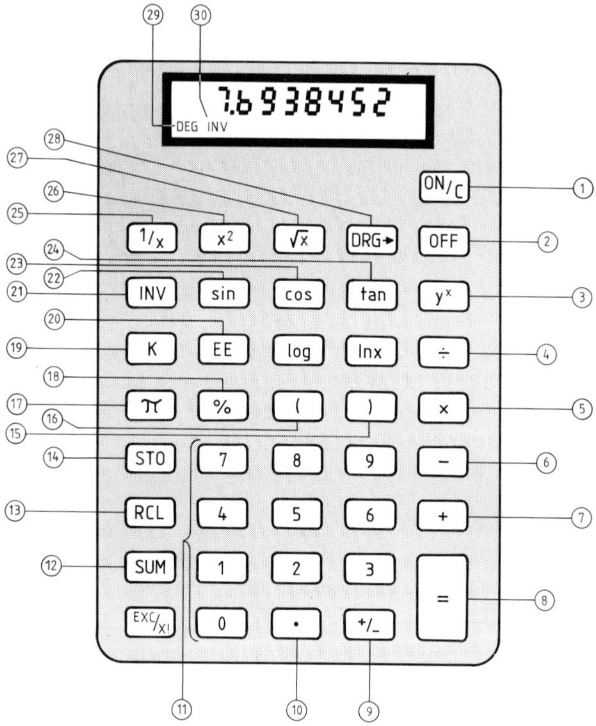

① Einschalt- und Löschtaste
② Ausschalttaste
③ Potenziertaste
④ Divisionstaste
⑤ Multiplikationstaste
⑥ Minustaste
⑦ Plustaste
⑧ Ergebnistaste
⑨ Vorzeichenwechsel
⑩ Kommataste (Dezimalpunkt)
⑪ Zahlentasten
⑫ Summentaste (für Speicher)
⑬ Abrufen des Speicherinhaltes
⑭ Speichert den Wert der Anzeige
⑮ Klammer auf
⑯ Klammer zu
⑰ Kreiszahl „Pi"
⑱ Prozenttaste
⑲ Konstanteneingabe
⑳ Exponententaste
㉑ Inversefunktionstaste
㉒ Sinus-Taste
㉓ Kosinus-Taste
㉔ Tangens-Taste
㉕ Kehrwerttaste
㉖ Quadriertaste
㉗ Quadratwurzeltaste
㉘ Wahl der Winkeleinheit
㉙ Anzeige der Winkeleinheit
㉚ Inverseanzeige

Die nicht gekennzeichneten Tasten werden im Unterricht der Berufschule nicht benötigt.

Formulieren Sie jede Aufgabe wie in Kapitel 2 dargestellt. Lediglich auf die schriftliche Nebenrechnung kann man nun verzichten.

Bei den meisten Rechnern müssen beim Eingeben der Rechenwerte nach wie vor algebraische Regeln beachtet werden.

Vor jeder neuen Rechnung ist die Gesamtlöschtaste [C] zu betätigen, um sicherzustellen, daß das Rechenwerk keine Werte mehr enthält.

Werteingabe

Beispiel	Tastenfolge	Anmerkung
434,56	[4] [3] [4] [.] [5] [6]	
234	[2] [3] [4]	Zahlen ohne Dezimalstellen werden ohne Dezimalpunkt getastet
0,46	[.] [4] [6]	Eine Null vor dem Komma braucht nicht mitgetastet zu werden

Grundrechenarten

Beispiel	Eingabe	Funktionstaste	Wertausgabe	Anmerkung
$2533{,}24+88-41{,}68=?$		[C]		
	2533.24	[+]		
	88	[−]		
	41.68	[=]	**2579.56**	
$\frac{13{,}75\cdot(1{,}13-2{,}6)}{5{,}5}=?$		[C]		
	1.13	[−]		
	2.6	[=]	−1.47	Klammerrechnung zuerst ausführen
		[×]		
	13.75	[÷]		
	5.5	[=]	−**3.675**	
oder				
$\frac{13{,}75\cdot(1{,}13-2{,}6)}{5{,}5}=?$		[C]		Werden die Klammertasten verwendet, kann hintereinander gerechnet werden
	13.75	[×]		
		[(]		
	1.13	[−]		
	2.6	[)]	−1.47	
		[%]		
	5.5	[=]	−**3.675**	

Rechnen mit Konstanten

Beispiel	Eingabe	Funktionstaste	Wertausgabe	Anmerkung
		C		
	15.22	×		
15,22·3 = ?		K		Der konstante Faktor (hier: 15,22) braucht nur eimal eingegeben zu werden
15,22·4,5 = ?				
15,22·0,83 = ?	3	=	**45.66**	
	4.5	=	**68.49**	
	.83	=	**12.6326**	
		C		
	8	÷		
24,5 : 8 = ?		K		Der konstante Divisor (hier: 8) braucht nur einmal eingegeben zu werden
47,66 : 8 = ?				
0,86 : 8 = ?	24.5	=	**3.0625**	
	47.66	=	**5.9575**	
	.86	=	**0.1075**	

Potenzieren

Beispiel	Eingabe	Funktionstaste	Wertausgabe	Anmerkung
$5{,}63^2 = ?$		C		x^2 nur zum Quadrieren
	5.63	x^2	**31.6969**	
		C		
$3{,}5^5 = ?$	3.5	y^x		y^x mit beliebigen Exponenten
	5	=	**525.21875**	

Quadratwurzel

Beispiel	Eingabe	Funktionstaste	Wertausgabe	Anmerkung
$\sqrt{179{,}56} = ?$		C		
	179.56	$\sqrt{x}$	**13.4**	
		C		
	5.5	x^2	30.25	
$\sqrt{5{,}5^2 + 12{,}3^2} = ?$		+		*Anwendung:* Pythagoras
	12.3	x^2	151.29	
		=	181.54	
		$\sqrt{x}$	**13.473678**	

Anwendung der Kehrwerttaste

Beispiel	Eingabe	Funktionstaste	Wertausgabe	Anmerkung
$\frac{1}{12} = ?$		C		
	12.	1/x	**0.0833333**	
		C		
	.88	+		
	1.45	=	2.33	
$\frac{3{,}5}{5{,}2\,(0{,}88 + 1{,}45)} = ?$		×		Rechnung im Nenner zuerst ausführen, danach mit Nennerwert 1/x drücken und mit Zähler multiplizieren
	5.2	=	12.116	
		1/x	0.0825355	
		×		
	3.5	=	**0.2888742**	

Rechnen mit π

Beispiel	Eingabe	Funktionstaste	Wertausgabe	Anmerkung
$\pi \cdot 123 = ?$		C		Kreisumfang $U = \pi \cdot d$
		π		
		×		
	123	=	**386.41588**	
$\frac{\pi \cdot 13^2}{4} = ?$		C		Kreisfläche $A = \frac{\pi \cdot d^2}{4}$
		π		
		×		
	13	x^2	169	
		÷	530.92914	
	4	=	**132.73228**	

Rechnen mit Speicher

Der Speicher erspart die nochmalige Eingabe von Zwischenergebnissen. Vor jeder neuen Rechnung ist sicherzustellen, daß der Speicher leer ist. Dies erreicht man durch das Drücken folgender Tastenkombination: C STO.

Beispiel	Eingabe	Funktionstaste	Wertausgabe	Anmerkung
$\frac{1200}{8} + (9-14) + 164 \cdot 4 = ?$		C STO		
	1200	÷		
	8	=	150.	
		SUM		SUM – Addition im Speicherwerk
	9	−		
	14	=	−5.	
		SUM		
	164	×		Speicherinhalt wird ins Rechenwerk zurückgeholt und angezeigt
	4	=	656.	
		SUM		
		RCL	**801.**	RCL – Speicherinhalt bleibt erhalten

Beispiel	Eingabe	Funktionstaste	Wertausgabe	Anmerkung
		C STO		
	2.15	×		
	3.5	=	7.525	
		SUM		
		π		
$2{,}15 \cdot 3{,}5 + \pi \cdot 2{,}5$ $- 0{,}6 \cdot 1{,}3 = ?$		×		
	2.5	=	7.8539815	
		SUM		
	0.6	×		
	1.3	=	0.78	
		+/− SUM		+/− - Vorzeichenwechsel
		RCL	**14.598981**	

Fehlerhafte Eingaben lassen sich mit der Taste C [1] löschen, ohne daß die gesamte Aufgabe neu eingegeben werden muß.

Beispiel	Eingabe	Funktionstaste	Wertausgabe	Anmerkung
		C		
	3.5	×		
$3{,}5 \cdot 12 \cdot 13{,}1 = ?$	12	×	42.	
	1.31	C		Fehler!
	13.1	=	**550.2**	

Aus- und Eingabe in Exponentialform

Sehr oft ist es zweckmäßig (insbesondere bei sehr großen oder sehr kleinen Zahlen), daß in Exponentialform gerechnet wird.

Beispiel	Eingabe	Funktionstaste	Wertausgabe	Anmerkung
Umwandlung:		C		
55 100	55100	EE	55100 00	
		=	**5.51 04**	$\triangleq 5{,}51 \cdot 10^4$

[1] **Hinweis:** einmal Taste drücken → Löschung des zuletzt eingegebenen Wertes
zweimal Taste drücken → Gesamtlöschung

Beispiel	Eingabe	Funktionstaste	Wertausgabe	Anmerkung
Umwandlung: 0,00034	 0.00034	C EE =	 0.0003 00 **3.4 – 04**	 ≙ $3{,}4 \cdot 10^{-4}$
Eingabe: $3{,}35 \cdot 10^5$	 3.35 5	C EE	 3.35 00 **3.35 05**	
Eingabe: $1{,}7 \cdot 10^{-4}$	 1.7 4	C EE +/–	 1.7 00 **1.7 – 04**	
$(45{,}3)^7 = ?$	 45.3 7	C y^x =	 **3.9146 11**	
$\frac{0{,}0003}{3{,}5 \cdot 10^5} = ?$	 0.0003 3.5 5	C ÷ EE =	 **8.5714 – 10**	
$\frac{3^{1,5} \cdot 2{,}1 \cdot 10^7}{\sqrt{1284}} = ?$	 3 1.5 2.1 7 1284	C y^x = × EE = ÷ $\sqrt{x}$ = INV EE	 5.19615 24 1.0912 08 3.5833 01 3.0452 06 **3045219.9**	INV EE Umformung in Dezimalschreibweise

Rechnen mit Winkelfunktionen

Es ist grundsätzlich darauf zu achten, daß die Winkeleinheit DEG (Altgrad) in der Anzeige angezeigt wird. Ist dies nicht der Fall, wird die Taste DRG▶ so lange gedrückt, bis in der Anzeige DEG erscheint (Anzeige RAD → Rechnen im Bogenmaß, Anzeige GRAD → Rechnen in Neugrad).

Beispiel	Eingabe	Funktionstaste	Wertausgabe	Anmerkung
$\sin 25° = ?$	25	sin	**0.4226183**	
$\tan 70° = ?$	70	tan	**2.7474774**	
$\cos 20° = ?$	20	cos	**0.9396926**	
$\cot 10° = ?$	10	tan 1/x	**5.6712819**	$\cot x = \frac{1}{\tan x}$
$\sin\alpha = 0{,}6$ $\alpha = ?$	0.6	[1] INV sin	**36.869898**	Ausgabe in Grad
$\tan\alpha = 0{,}5$ $\alpha = ?$	0.5	INV tan	**26.565051**	
$\cos\alpha = 0{,}5$ $\alpha = ?$	0.5	INV cos	**60**	
$\cot\alpha = 2$ $\alpha = ?$	2	1/x	**26.565051**	
		INV tan		
		C		
$\sin\alpha = \frac{37{,}5}{50}$	37.5	÷		
$\alpha = ?$	50	=	0.75	
		INV sin	**48.590378**	
		C		
	25	sin	0.4226183	
		y^x		
$\frac{(\sin 25)^3}{\cos 20} = ?$	3	=	0.0754822	
		÷		
	20	cos	0.9396926	
		=	**0.0803265**	

[1] **Hinweis:** Bei manchen Taschenrechnern wird statt INV sin die Taste $\sin^{-1}$ gedrückt

9 Dreisatz- und Prozentrechnung im Beruf

9.1 Der einfache Dreisatz mit direktem und indirektem Verhältnis

Vorüberlegung

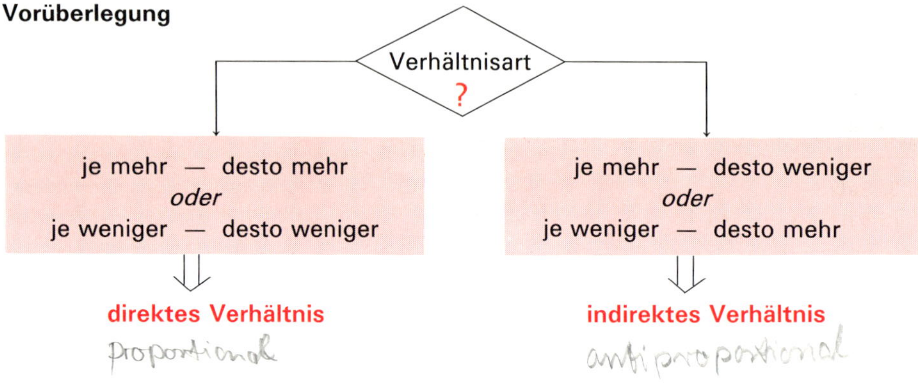

Bei allen Aufgaben ist diese Überlegung durchzuführen.

Beispiel A

14 Lagerschalen aus einer CuZn-Legierung haben ein Gewicht von 70 kg.
Wie groß ist das Gewicht von 30 Lagerschalen gleichen Typs?

Aufstellen des Dreisatzes		Überlegung
1. Satz (Bekannte Beziehung)	14 Lagerschalen → 70 kg	Verhältnisart ?
2. Satz (Schluß auf die Einheit)	1 Lagerschale → $\frac{70}{14}$ kg	je weniger Lagerschalen → desto weniger kg
3. Satz (Schluß auf die Mehrheit)	30 Lagerschalen → $\frac{70 \cdot 30}{14}$ kg	je mehr Lagerschalen → desto mehr kg
Antwort	30 Lagerschalen wiegen 150 kg	⇓ ⇓ direktes Verhältnis

Lösung in Kurzform:

14 Lagerschalen	70 kg
30 Lagerschalen	x kg

$$x = \frac{70 \cdot 30}{14}\ \text{kg}$$

$$\underline{\underline{x}} = \underline{\underline{150\ \text{kg}}}$$

Beispiel B

4 Facharbeiter benötigen für eine größere Maschinenreparatur 125 Stunden (h). Aus Termingründen muß die Reparaturzeit kürzer gehalten werden, daher wird zusätzlich noch 1 Facharbeiter für die Reparatur abgestellt.
Nach welcher Zeit kann der Betrieb mit der Fertigstellung rechnen?

Aufstellen des Dreisatzes		Überlegung
1. Satz (Bekannte Beziehung)	4 Facharbeiter → 125 h	Verhältnisart ?
2. Satz (Schluß auf die Einheit)	1 Facharbeiter → $125 \cdot 4$ h	je weniger Facharbeiter → desto mehr Stunden
3. Satz (Schluß auf die Mehrheit)	5 Facharbeiter → $\frac{125 \cdot 4}{5}$ h	je mehr Facharbeiter → desto weniger Stunden
Antwort	5 Facharbeiter benötigen für die Reparatur 100 Stunden	⇓ indirektes Verhältnis ⇓

Lösung in Kurzform:

4 Facharbeiter	125 h
5 Facharbeiter	x h

$$x = \frac{125 \cdot 4}{5}\,\text{h}$$

$$\underline{\underline{x}} = \underline{\underline{100\,\text{h}}}$$

Aufgaben

1. a) Berechnen Sie für das *Beispiel A* jeweils das Gewicht von 10 und 50 Lagerschalen.
   b) Erstellen Sie ein Diagramm nach untenstehendem Muster **(Bild 1)**, und markieren Sie die bekannten Gewichtsgrößen für die entsprechenden Stückzahlen durch Punkte. Verbinden Sie die Punkte.
   c) Erläutern Sie anhand des Diagramms die Beziehung.
   je mehr → desto mehr.
   d) Bestimmen Sie mit Hilfe des Diagramms das Gewicht für die Stückzahlen: 5, 20 und 40.

2. a) Berechnen Sie für das *Beispiel B* jeweils die Reparaturzeit bei einem Einsatz von 2 Facharbeitern.
   b) Erstellen Sie ein Diagramm nach untenstehendem Muster **(Bild 2)**, und markieren Sie die bekannten Reparaturzeiten für die entsprechenden Facharbeiteranzahlen durch Punkte. Verbinden Sie die Punkte.
   c) Erläutern Sie anhand des Diagramms die Beziehung:
   je mehr → desto weniger.
   Vergleichen Sie das Diagramm mit dem Diagramm von Aufgabe 1.
   d) Bestimmen Sie mit Hilfe des Diagramms ungefähr die Reparaturzeit bei einem Einsatz von 3 oder 8 Facharbeitern.

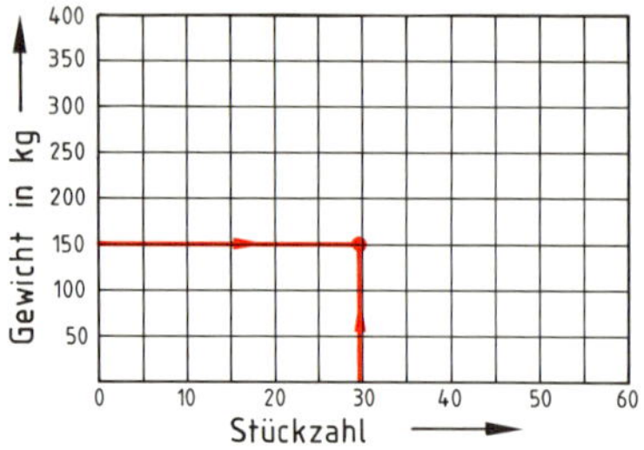

Bild 1

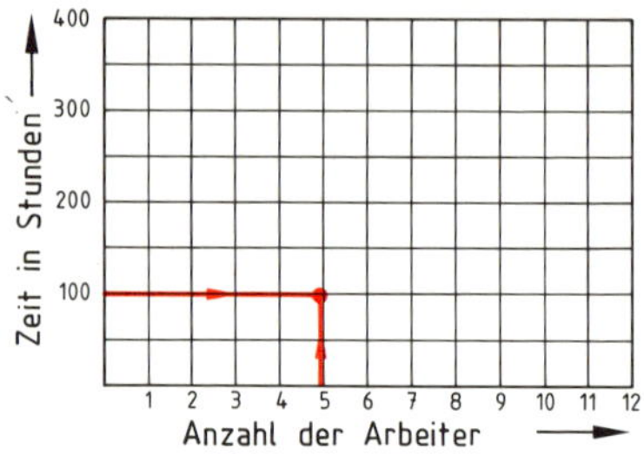

Bild 2

3. Der Dieselmotor einer Pumpe verbraucht in einer Stunde 6,8 l Kraftstoff.
a) Wieviel l verbraucht der Motor in 10 Minuten?
b) Wieviel l verbraucht der Motor in 125 Betriebsstunden?

4. Ein Facharbeiter verdient in der Woche (37,5 Stunden) 735,— DM.
a) Wie hoch ist der Lohn pro Arbeitstag (7,5 Stunden)?
b) Wie hoch ist der Stundenlohn?
c) Berechnen Sie das Monatseinkommen (158 Stunden) des Facharbeiters.

5. In einem Fertigungsbetrieb des Stahlbaus reicht der Vorrat an Sechskantschrauben (täglicher Verbrauch: 700 Stück) 36 Tage.
Wieviel Tage reicht der gleiche Vorrat, wenn der Tagesbedarf auf 840 Stück steigt?

6. Eine Spindel hebt bei 16 Umdrehungen eine Last um 128 mm.
Berechnen Sie die Lasthöhe bei nur 2 Spindelumdrehungen.

7. Ein treibendes Zahnrad mit 48 Zähnen dreht sich in der Minute 96mal.
Welche Drehzahl hat das getriebene Rad mit 32 Zähnen?

8. Bei einer durchschnittlichen Geschwindigkeit von 70 Kilometer pro Stunde braucht ein Pkw für eine bestimmte Autobahnstrecke 1 Stunde und 10 Minuten.
Wie lang wäre die Fahrzeit, wenn der Pkw mit einer Durchschnittsgeschwindigkeit von 100 km/h fahren würde?

9. Für die Herstellung von 80 kg einer CuSn-Legierung (Bronze) werden 6,4 kg Zinn benötigt. Es sollen 1 050 kg der Legierung hergestellt werden.
Berechnen Sie die notwendige Zinnmenge.

10. Die Energiekosten für 5 Mehrspindel-Drehautomaten betragen monatlich 965,— DM.
Der Betrieb kauft noch 2 weitere Automaten.
Wie hoch werden nun die Energiekosten sein?

11. Die Fertigungszeit für die Herstellung von 8000 Bolzen beträgt bei einem Einsatz von 5 Mehrspindel-Drehautomaten 160 Stunden. Der Betrieb setzt noch zusätzlich 2 Automaten ein. Um wieviel Stunden verkürzt sich die Fertigungszeit?

12. Ein Wasserhochbehälter wird durch 3 Pumpen in 5 Stunden und 20 Minuten gefüllt.
Wie lange wird das Füllen dauern, wenn 5 Pumpen den Hochbehälter speisen?

13. Ein Hochofen verbraucht in einer Schicht (8 Stunden) 500 t Koks.
Wie groß ist der monatliche Koksverbrauch des Hochofens (3 Schichten, Monat = 30 Tage)?

14. Eine Pumpe fördert in der Stunde 60 m^3 Wasser.
Wieviel m^3 Wasser werden in 150 Sekunden gefördert?

15. Der Energieverbrauch einer ununterbrochen laufenden Schleifmaschine beträgt für 4 Stunden 26 kWh.
Wie hoch sind die Energiekosten im Monat für die Schleifmaschine? Die Maschine wird im Zwei-Schichtbetrieb (2×158 h) betrieben. (Preis für 1 kWh: 0,22 DM)

16. Aus einer Blechtafel kann man 80 rechteckige Blechstreifen mit einem Flächeninhalt von 250 cm^2 herausschneiden.
Wieviel rechteckige Blechstreifen mit dem Flächeninhalt von 80 cm^2 erhält man aus der gleichen Blechtafel?

17. In einem Werk der Automobilindustrie werden wöchentlich 480 Pkw gefertigt. Bei Tarifverhandlungen für einen neuen Manteltarifvertrag wird eine Arbeitszeitverkürzung von 37,5 Stunden auf 36,5 Stunden gefordert.
Mit welcher Produktionsverminderung muß dann der Betrieb rechnen? Die Arbeitszeitverkürzung kann nicht durch Rationalisierungsmaßnahmen ausgeglichen werden.

18. Eine Montagearbeit soll von 13 Facharbeitern in 15 Tagen ausgeführt werden. Aufgrund einer innerbetrieblichen Umplanung müssen 5 Arbeitskräfte abgezogen werden.
Wie lange wird nun die Arbeitszeit nach Reduzierung der Arbeitskräfte dauern?

9.2 Der zusammengesetzte Dreisatz

Beispiel

Für die Montage einer größeren Fertigungsanlage in 25 Arbeitstagen waren bei einer täglichen Arbeitszeit von 8 Stunden 24 Arbeitskräfte vorgesehen.
Nach wieviel Tagen wird die Montage erledigt sein, wenn zusätzlich 6 Arbeitskräfte eingesetzt werden und alle Arbeitskräfte täglich 2 Überstunden leisten?

Die Lösung erfolgt stufenweise, indem man die Aufgabe in mehrere Dreisätze auflöst. Achten Sie darauf, daß die gesuchte Größe (im Beispiel: die Anzahl der Tage) am Ende des ersten Satzes steht. Auch hier ist bei jedem Einzelschritt zu prüfen, ob ein direktes oder ein indirektes Verhältnis vorliegt.

1. Dreisatz	24 Arbeitskräfte	8 Stunden	25 Tage	indirektes Verhältnis
	1 Arbeitskraft	8 Stunden	$25 \cdot 24$ Tage	
	30 Arbeitskräfte	8 Stunden	$\frac{25 \cdot 24}{30}$ Tage	
2. Dreisatz	30 Arbeitskräfte	1 Stunde	$\frac{25 \cdot 24 \cdot 8}{30}$ Tage	indirektes Verhältnis
	30 Arbeitskräfte	10 Stunden	$\frac{25 \cdot 24 \cdot 8}{30 \cdot 10}$ Tage	
Antwort	Bei 30 Arbeitskräften und einer täglichen Arbeitszeit von 10 Stunden wird die Montage nach 16 Tagen beendet sein.			

Aufgaben

1. Eine 2 m^2 große und 5 mm dicke Blechtafel wiegt 78,5 kg.
Wie groß ist das Gewicht einer 5 m^2 großen und 6 mm dicken Blechtafel?

2. Mit 4 Drehmaschinen werden in 16 Stunden 40 Wellen gefertigt.
Wieviel Stunden werden benötigt, um mit 3 Drehmaschinen 60 Wellen zu fertigen?

3. 240 m³ Wasser werden stündlich durch eine Pumpe mit 4 kW Förderleistung auf eine Höhe von 6 m gefördert.
Berechnen Sie die Mindestförderleistung der Zusatzpumpe, wenn 420 m³ Wasser auf eine Höhe von 8 m befördert werden sollen.

4. In einer Fertigungsabteilung sind 14 Facharbeiter 5 Tage lang jeweils 7,5 Stunden beschäftigt. Die reinen Lohnkosten in dieser Abteilung betragen 9 500,— DM.
Welcher Betrag für Löhne in einem Monat (21 Arbeitstage) muß für die Abteilung eingeplant werden, wenn unter gleichen Bedingungen 18 Facharbeiter bei 7stündiger Arbeitszeit beschäftigt werden?

5. Für das Verschweißen von Kesselanlagen verbrauchen 3 Schweißer in 5 Tagen 1 800 Elektroden. Wie lange reichen 7 200 Elektroden, wenn 5 Schweißer im Einsatz sind?

6. Ein Flachstahl (DIN 1017 – ▭ 20 × 5) wird auf Zug belastet. Die maximal zulässige Belastung beträgt 22 kN.
Wie groß ist die zulässige Belastung, wenn das Flacheisen durch einen Quadratstahl (DIN 1014 – □ 22) gleicher Stahlqualität ersetzt wird?

7. Eine Tankanlage wird durch 3 Rohre mit je 78,5 cm² Querschnitt in 50 Minuten gefüllt. Die gleiche Tankanlage soll in Zukunft durch 4 Rohre von 50,3 cm² Querschnitt gefüllt werden. Berechnen Sie die neue Füllzeit.

9.3 Prozentrechnung

Prozent (%) → „vom Hundert"

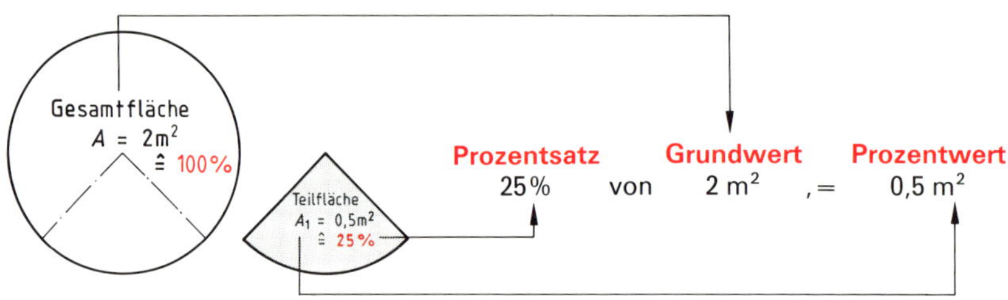

Je nach Aufgabenstellung muß entweder der Prozentwert, der Prozentsatz oder der Grundwert berechnet werden. Die Lösung der Aufgaben kann u. a. mit dem Dreisatzverfahren erfolgen.

Beispiel A Prozentwert gesucht

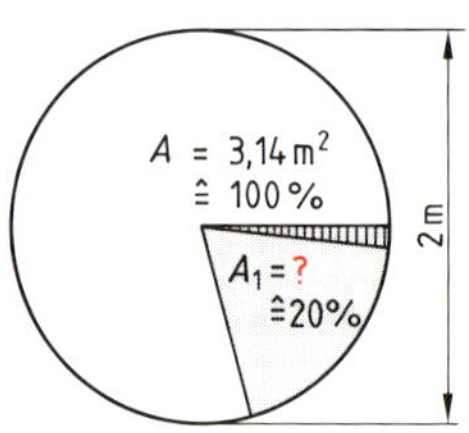

1. Satz: $100\,\% \triangleq 3{,}14\ \text{m}^2$ —— Grundwert

2. Satz: $1\,\% \triangleq \frac{3{,}14}{100}\ \text{m}^2$

3. Satz: $20\,\% \triangleq \frac{3{,}14 \cdot 20}{100}\ \text{m}^2$ —— Prozentsatz

$= \underline{\underline{0{,}63\ \text{m}^2}}$ —— Prozentwert

Beispiel C Prozentsatz gesucht

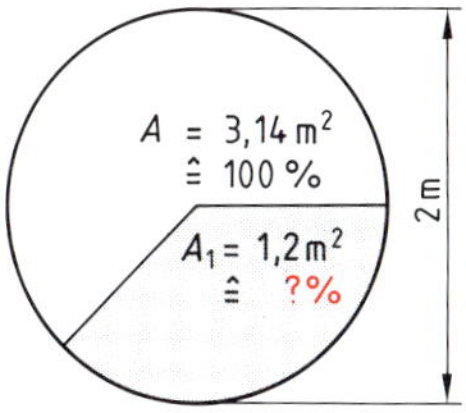

$$3{,}14\ \text{m}^2 \mathrel{\hat{=}} 100\,\%$$

$$1\ \text{m}^2 \mathrel{\hat{=}} \frac{100}{3{,}14}\,\%$$

$$1{,}2\ \text{m}^2 \mathrel{\hat{=}} \frac{100 \cdot 1{,}2}{3{,}14}\,\%$$

$$= \underline{\underline{38{,}2\,\%}}$$

Beispiel B Grundwert gesucht

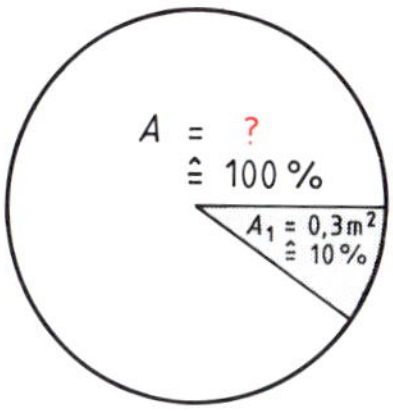

$$10\,\% \mathrel{\hat{=}} 0{,}3\ \text{m}^2$$

$$1\,\% \mathrel{\hat{=}} \frac{0{,}3\ \text{m}^2}{10}$$

$$100\,\% \mathrel{\hat{=}} \frac{0{,}3 \cdot 100}{10}\ \text{m}^2$$

$$= \underline{\underline{3\ \text{m}^2}}$$

Eine weitere Lösungsmöglichkeit besteht in der Anwendung einer Lösungsformel. Aus *Beispiel A* läßt sich die Lösungsformel ableiten.

$$\text{Prozentwert} = \frac{\text{Grundwert} \cdot \text{Prozentsatz}}{100\,\%}$$

$$W = \frac{G \cdot p}{100\,\%}$$

W Prozentwert
G Grundwert
p Prozentsatz in %

Aufgaben

1. Bestimmen Sie nach dem Dreisatzverfahren, für
Beispiel A: den Prozentwert, wenn der Prozentsatz 30 % beträgt,
Beispiel B: den Prozentsatz, wenn der Prozentwert 1,4 m² beträgt,
Beispiel C: den Grundwert, wenn der Prozentwert 0,9 m² und der Prozentsatz 30 % beträgt.

2. Bestimmen Sie die fehlenden Angaben von ⓐ bis ⓗ.

Größe	Formel ⓐ	Meßwerte ⓑ	ⓒ	ⓓ	ⓔ	ⓕ	ⓖ	ⓗ
Grundwert	$G = ?$	5000 l	?	6000 m	360°	220 V	?	$2100\ \frac{1}{\text{min}}$
Prozentsatz	$p = ?$	15 %	12 %	?	60 %	?	60 %	40 %
Prozentwert	$W = ?$	?	80 kg	1500 m	?	10 V	$80\ \frac{\text{m}}{\text{s}}$	?

3. Durch Rationalisierungsmaßnahmen ist die Fertigungszeit eines Werkstückes von 4 Stunden auf 3 Stunden und 20 Minuten gesenkt worden.
Wie groß ist der Zeitgewinn in %?

4. Bei einer Analyse nach einem Frischvorgang wurde ermittelt, daß der flüssige Stahl einen Kohlenstoffgehalt von 0,1% hat. Es soll ein Vergütungsstahl mit der Normbezeichnung C 60 (0,6% C-Gehalt) erzeugt werden. Wieviel kg Kohlenstoff müssen noch dem Konverter zugeführt werden (Chargengewicht: 300 000 kg)?

5. Eine Werkstatt wurde um 40% auf 260 m² Nutzfläche vergrößert.
Wieviel m² Nutzfläche hatte die Werkstatt vor dem Erweiterungsbau?

6. Nebenstehend ist das Modell für ein Gußwerkstück abgebildet.
Bestimmen Sie die Abmessungen des Gußstückes (strichpunktiert) bei folgenden Gußwerkstoffen:
a) Grauguß (Schwindmaß 1%),
b) Stahlguß (Schwindmaß 2%),
c) Rotguß (Schwindmaß 1,5%).

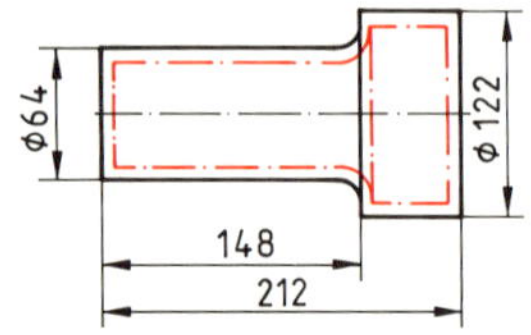

7. Der Jahresumsatz eines Betriebes wird von 2,4 Mio. DM um 21% gesteigert.
Wie hoch ist der neue Umsatz?

8. Ein Betrieb versichert die Betriebsanlagen gegen Feuerschäden in Höhe von 900 000,— DM. Welchen Betrag muß der Betrieb überweisen, wenn die Jahresprämie 2‰ beträgt?
(**pro mille ‰** → vom Tausend)

9. Berechnen Sie die Nettolöhne der folgenden Personen eines Betriebes:

	Facharbeiter A ledig	Facharbeiter B verheiratet 1 Kind	Vorarbeiter C verheiratet 2 Kinder	Meister D verheiratet 3 Kinder
Bruttomonatslohn	2 860,— DM	3 520,— DM	3 840,— DM	4 500,— DM
Lohnsteuer lt. Lohnsteuertabelle	400,58 DM	279,33 DM	262,50 DM	313,33 DM
Solidaritäts-Zuschlag 7,5% der Lohnsteuer	?	?	?	?
Kirchensteuer 8% der Lohnsteuer	?	?	?	?
Krankenversicherung 6,6% vom Bruttolohn	?	?	?	?
Pflegeversicherung 0,5% vom Bruttolohn	?	?	?	?
Rentenversicherung 8,3% vom Bruttolohn	?	?	?	?
Arbeitslosenversicherung 3,25% vom Bruttolohn	?	?	?	?
Nettomonatslohn	?	?	?	?

10. Wieviel % vom Monatseinkommen der Personen A bis D (siehe Aufgabe 9) werden an Lohnsteuer einbehalten?

11. Für eine Betriebsvergrößerung wurde eine Hypothek von 100 000,— DM aufgenommen. Vereinbart wurden 5% Zinsen und 10% Tilgung, d. h. 15% Annuität (Annuität: jährliche Zahlung zur Tilgung einer Schuld).
Setzen Sie den begonnenen Tilgungsplan fort, bis das Darlehen getilgt ist.

	1. Jahr	2. Jahr	3. Jahr	4. Jahr	5. Jahr	x. Jahr
Annuität	15 000,—	15 000,—	15 000,—	15 000,—	15 000,—	?
Zinsen	5 000,—	4 500,—	3 975,—	?	?	?
Tilgung	10 000,—	10 500,—	11 025,—	?	?	?
Restschuld	90 000,—	79 500,—	?	?	?	0

10 Verhältnisgleichungen (Proportionen)

Verhältnis → Vergleich gleichnamiger Größen

Beispiele aus der Technik	Vergleich zwischen gleichnamigen Größen	Verhältnisgleichung (Proportion)
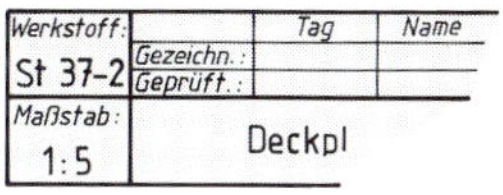 **Bild A:** Zeichenmaßstab	Zeichnungsmaßstab l_z verhält sich zum Werkstückmaß l_w wie 1:5	$l_z : l_w = 1:5$
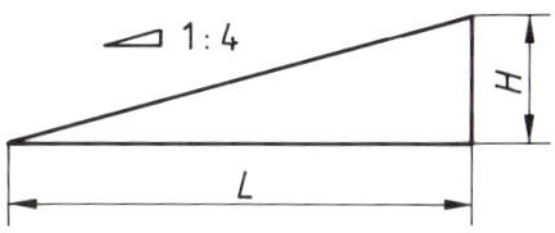 **Bild B:** Neigungsverhältnis	Höhe H verhält sich zur Länge L wie 1:4	$H : L = 1:4$
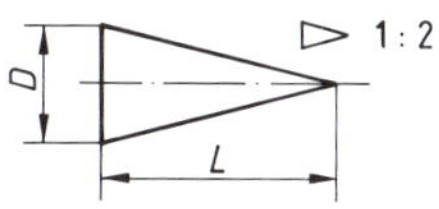 **Bild C:** Kegelverhältnis	Durchmesser D verhält sich zur Länge L wie 1:2	$D : L = 1:2$
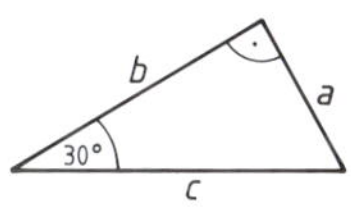 **Bild D:** Seitenverhältnis am rechtwinkligen Dreieck	Gegenkathete a verhält sich zur Hypotenuse c wie 2:4	$a : c = 1:2$
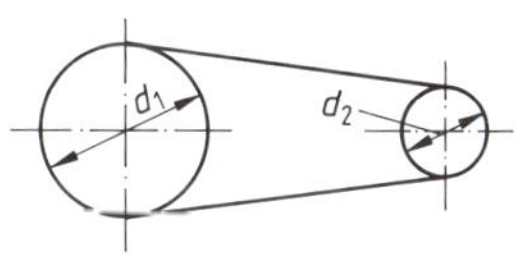 **Bild E:** Riementrieb	großer Riemenscheibendurchmesser d_1 verhält sich zum kleinen Riemenscheibendurchmesser d_2 wie 2:1	$d_1 : d_2 = 2:1$

Aus zwei gleichen Verhältnissen kann man eine Verhältnisgleichung (Proportion) bilden und die Gleichung nach der gesuchten Größe auflösen:

$l_z : l_w = 1:5$ ⟶ **Verhältnisgleichung**

$l_z \cdot 5 = l_w \cdot 1$ ⟶ **Produktengleichung**

Produkt der Außenglieder = Produkt der Innenglieder

$$l_z = \frac{l_w}{5}$$

Dreisatz- und Prozentrechnungsaufgaben lassen sich auch einfach durch Verhältnisgleichungen lösen (Vergleiche Kapitel 6).

Beispiel A

14 Lagerschalen aus einer Cu-Zn-Legierung haben ein Gewicht von 70 kg.
Wie groß ist das Gewicht von 30 Lagerschalen gleichen Typs?

Überlegung: direktes Verhältnis

$$14\text{ L.} : 30\text{ L.} = 70\text{ kg} : x$$

$$14\text{ L.} \cdot x = 30\text{ L.} \cdot 70\text{ kg}$$

$$x = \frac{30\text{ L.} \cdot 70\text{ kg}}{14\text{ L.}}$$

$$\underline{\underline{x = 150\text{ kg}}}$$

30 Lagerschalen wiegen 150 kg

Beispiel B

4 Facharbeiter benötigen für eine Maschinenreparatur 125 h.
Welche Zeit benötigen 5 Facharbeiter?

Überlegung: indirektes Verhältnis

$$4\text{ F.} : 5\text{ F.} = x : 125\text{ h}$$

$$4\text{ F.} \cdot 125\text{ h} = 5\text{ F.} \cdot x$$

$$x = \frac{4\text{ F.} \cdot 125\text{ h}}{5\text{ F.}}$$

$$\underline{\underline{x = 100\text{ h}}}$$

5 Facharbeiter benötigen 100 h

Aufgaben

1. Bestimmen Sie zu den **Bildern A** bis **E** (Seite 26) die gesuchte Größe.
Bild A: l_z, wenn $l_w = 445$ mm ist
Bild B: H, wenn $L = 42$ mm ist
Bild C: L, wenn $D = 50$ mm ist
Bild D: a, wenn $c = 60$ cm und $\alpha = 30°$ ist
Bild E: d_2, wenn $d_1 = 240$ mm ist

2. Lösen Sie die Aufgaben 5, 6, 7, 8, 9, 10 und 11 aus Kapitel 6.1 durch Verhältnisgleichungen. (*Hinweis:* Verhältnisart vorher bestimmen)

3. Stellen Sie die Produktengleichung auf, und stellen Sie nach x um.

a) $5:x=5:8$ **c)** $10:2=x:1$ **e)** $a:b=b:x$
b) $x:5=28:14$ **d)** $3:5=5:x$ **f)** $a:b=x:c$

4.

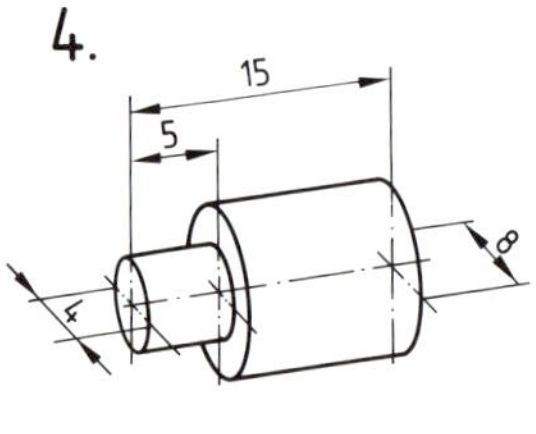

5.

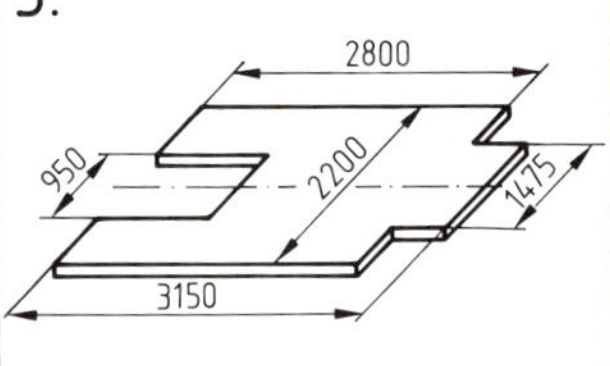

6.

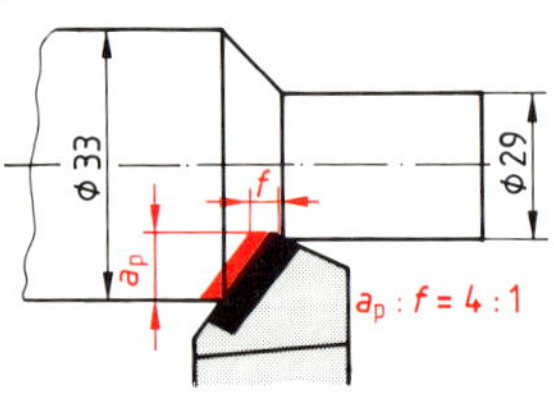

4. Das Werkstück soll im Maßstab 5:1 gezeichnet werden.
Berechnen Sie die Zeichnungslängen.

5. Das Werkstück soll im Maßstab 1:20 gezeichnet werden.
Berechnen Sie die Zeichnungslängen.

6. Bei Schnittkraftversuchen wurde ermittelt, daß die Oberflächenbeschaffenheit dann optimal ist, wenn das Verhältnis von Schnittiefe a_p zum Vorschub f sich wie 4:1 verhält.
Berechnen Sie den Vorschub f.

7. Der Durchmesser und die Länge einer Welle verhalten sich wie 3:7.
Wie groß ist die Wellenlänge l bei einem Wellendurchmesser von $d = 33$ mm?

8. Ein Träger I DIN 1025 - 220 von 4,50 m Länge soll im Verhältnis 2:3 zerschnitten werden.
Berechnen Sie die Teillängen.

9. Die Geschwindigkeiten von Fahrzeug A und Fahrzeug B verhalten sich wie 4:3.
Berechnen Sie die Fahrzeit von Fahrzeug A, wenn Fahrzeug B die gleiche Strecke in 24 min zurücklegt.

10. Beim Stahl verhält sich die Scherfestigkeit τ_{a_B} zur Zugfestigkeit R_m wie 4:5.
Berechnen Sie die Scherfestigkeit von St 50 (Zugfestigkeit $R_m \approx 500$ N/mm^2).

11. Das Mischungsverhältnis von Sauerstoff zu Acetylen soll beim Messingschweißen 1,65:1 betragen.
Wie groß ist der Sauerstoffverbrauch, wenn 6000 l Acetylen verbraucht wurden?

12. Beim Graugußschweißen wurde eine Mischung von Sauerstoff:Acetylen = 1:1,8 eingestellt. Der Gasinhalt von Sauerstoff- und Acetylenflasche beträgt je 6000 l. Der Inhalt einer Sauerstoffflasche reicht für eine Schweißzeit von 2 Stunden und 20 Minuten.
Nach welcher Schweißzeit muß die Acetylengasflasche ausgewechselt werden?

13. Ein Aufzug wird mit einer Hubgeschwindigkeit $v_1 = 0{,}2$ m/s betrieben. Die Fahrzeit beträgt $t_1 = 80$ Sekunden.
Wie groß muß die Hubgeschwindigkeit v_2 sein, wenn die Fahrzeit auf 60 Sekunden gesenkt werden soll?

11 Längenmaße im Beruf

11.1 Längeneinheiten und ihre Umwandlung

Die grundlegende **Längeneinheit** ist das **Meter (m)**. Vom Meter abgeleitete Längeneinheiten:

Längeneinheit	Zeichen	Beziehung *Dezimalschreibweise*	*Potenzschreibweise*
Meter	m		
Kilometer	km	1 km = 1000 m	1 km = 10^3 m
Dezimeter	dm	1 dm = 0,1 m	1 dm = 10^{-1} m
Zentimeter	cm	1 cm = 0,01 m	1 cm = 10^{-2} m
Millimeter	mm	1 mm = 0,001 m	1 mm = 10^{-3} m
Mikrometer	µm	1 µm = 0,000001 m	1 µm = 10^{-6} m

Aufgaben

1. Übernehmen Sie die Tabelle, und bestimmen Sie die fehlenden Angaben.

1 m	= ? dm			
1 m	= ? dm	= ? cm		
1 m	= ? dm	= ? cm	= ? mm	
1 m	= ? dm	= ? cm	= ? mm	= ? µm

1 µm	= ? mm	= ? cm	= ? dm	= ? m
1 mm	= ? cm	= ? dm	= ? m	
1 cm	= ? dm	= ? m		
1 dm	= ? m			

2. Rechnen Sie Längenmaße um.

a)	34,75 dm = ? m 2,06 km = ? m 360,8 mm = ? m	0,38 km = ? µm 88,2 cm = ? µm 45,07 mm = ? µm	38,75 dm = ? mm 0,46 km = ? mm 4,27 m = ? mm	0,042 dm = ? mm 98,37 cm = ? mm 0,043 m = ? mm
b)	$\frac{1}{2}$ mm = ? µm $\frac{3}{4}$ mm = ? µm $\frac{2}{5}$ mm = ? µm	$\frac{4}{10}$ cm = ? µm $\frac{8}{20}$ cm = ? µm $\frac{16}{5}$ cm = ? µm	$2\frac{3}{6}$ cm = ? mm $4\frac{2}{3}$ m = ? mm $11\frac{4}{5}$ dm = ? mm	$24\frac{1}{10}$ cm = ? mm $1\frac{3}{8}$ km = ? mm $5\frac{2}{5}$ dm = ? mm

3. Addieren Sie die Teilmaße.

a) $1\frac{4}{5}\,\text{m} + 2\frac{3}{8}\,\text{m} + 4\frac{1}{3}\,\text{m} = ?\,\text{m}$

b) $5\,\text{cm} + 2\frac{3}{5}\,\text{cm} + 7\frac{1}{4}\,\text{cm} = ?\,\text{cm}$

c) $3{,}2 \cdot 10^3\,\text{dm} + 1{,}7 \cdot 10^2\,\text{dm} = ?\,\text{dm}$

4. Subtrahieren Sie die Teilmaße.

a) $5\frac{1}{2}\,\text{m} - 3\frac{3}{4}\,\text{m} = ?\,\text{m}$

b) $26\frac{4}{5}\,\text{mm} - 17\frac{3}{4}\,\text{mm} = ?\,\text{mm}$

c) $9{,}2 \cdot 10^6\,\text{km} - 1{,}4 \cdot 10^2\,\text{km} - 4{,}2 \cdot 10^3\,\text{km} = ?\,\text{km}$

5. Multiplizieren Sie die Längenmaße.

a) $2{,}5 \cdot 3\ \text{m} = ?\ \text{m}$
b) $1{,}7\ \text{m} \cdot 0{,}83 = ?\ \text{m}$
c) $0{,}02\ \text{dm} \cdot 0{,}37 = ?\ \text{dm}$
d) $137{,}2 \cdot 44{,}02\ \text{cm} = ?\ \text{cm}$
e) $21\frac{3}{4}\ \text{m} \cdot 4 = ?\ \text{m}$
f) $3\frac{2}{5}\ \text{dm} \cdot 6 = ?\ \text{dm}$
g) $2\frac{1}{4} \cdot 5\frac{2}{5}\ \text{cm} = ?\ \text{cm}$
h) $4\frac{7}{8}\ \text{mm} \cdot 1\frac{1}{3} = ?\ \text{mm}$
i) $7{,}02 \cdot 10^5\ \text{mm} \cdot 4 = ?\ \text{mm}$
j) $3{,}2 \cdot 10^{-2}\ \text{dm} \cdot 8 = ?\ \text{dm}$
k) $2{,}6 \cdot 10^3 \cdot 4{,}7 \cdot 10^{-4}\ \text{mm} = ?\ \text{mm}$
l) $8{,}13 \cdot 10^{-4} \cdot 1{,}8 \cdot 10^{-2}\ \text{dm} = ?\ \text{dm}$

6. Dividieren Sie die Längenmaße

a) $23{,}82\ \text{km} : 3 = ?\ \text{km}$
b) $0{,}098\ \text{m} : 14 = ?\ \text{m}$
c) $137{,}42\ \text{cm} : 1{,}02 = ?\ \text{cm}$
d) $3623{,}9\ \text{mm} : 0{,}2 = ?\ \text{mm}$
e) $1\frac{3}{4}\ \text{m} : 4 = ?\ \text{m}$
f) $3\frac{2}{5}\ \text{dm} : 6 = ?\ \text{dm}$
g) $64\frac{1}{2}\ \text{mm} : 8 = ?\ \text{mm}$
h) $4\frac{3}{8}\ \text{dm} : \frac{5}{4} = ?\ \text{dm}$
i) $2{,}64 \cdot 10^4\ \text{m} : 3 = ?\ \text{m}$
j) $8{,}24 \cdot 10^{-3}\ \text{km} : 0{,}2 = ?\ \text{km}$
k) $13{,}32 \cdot 10^2\ \text{dm} : 3 \cdot 10^{-1} = ?\ \text{dm}$
l) $5{,}46 \cdot 10^5\ \text{km} : 6 \cdot 10^2 = ?\ \text{km}$

11.2 Gesamtlängen und Teillängen in der Fertigungstechnik

Gesamtlängen werden zu Teillängen u. a. gesägt, geschert, geschliffen.
Teillängen werden zu Gesamtlängen u. a. geschweißt, geschraubt, genietet.

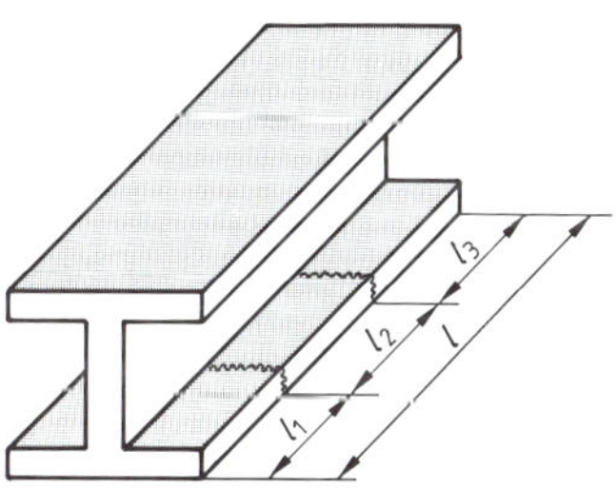

Die **Gesamtlänge** l wird in die **Teillängen** l_1 bis l_i getrennt. (Der Index i gibt die Anzahl der Teillängen an)

Achtung: Schnittfugenbreite berücksichtigen!

Allgemein gilt:

Gesamtlänge = Summe aller Teillängen

$$l = l_1 + l_2 + l_3 + \ldots + l_i$$

Aufgaben

1. Der oben abgebildete Doppel-T-Träger (I DIN 1025 – 120 × 2500) hat eine Gesamtlänge von 2,5 m. Es sollen drei gleiche Teillängen durch Brennschneiden hergestellt werden. Die Brennschnittfuge beträgt 2 mm.
Wie groß sind die Teillängen?

2. 4 Rundstäbe mit den Teillängen $l_1 = 132$ mm, $l_2 = l_3 = 250$ mm und $l_4 = 176$ mm werden stumpf verschweißt.
Berechnen Sie die Gesamtlänge l, wenn für die Schweißnahtbreite $a = 3$ mm angegeben werden.

3. Eine Blechtafel ist 450 mm breit. Aus ihr sollen Streifen von 20 mm Breite durch Trennschleifen hergestellt werden. Die Trennschleifscheibe hat eine Dicke von 2,5 mm.
In wie viele Blechstreifen i kann die Tafel zerlegt werden?

4. Von einem Rundstahlstab von 5,2 m Länge werden $i = 5$ Teilstücke mit je 480 mm Länge abgesägt. Das Sägeblatt hat eine Breite von 3 mm. Wie lang wird die Restlänge?

5.

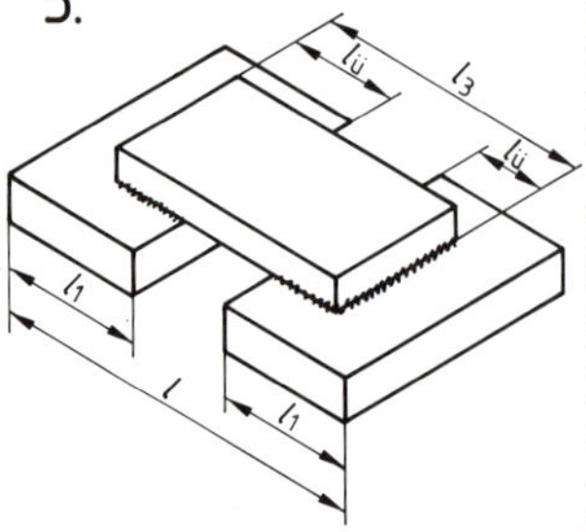

6.

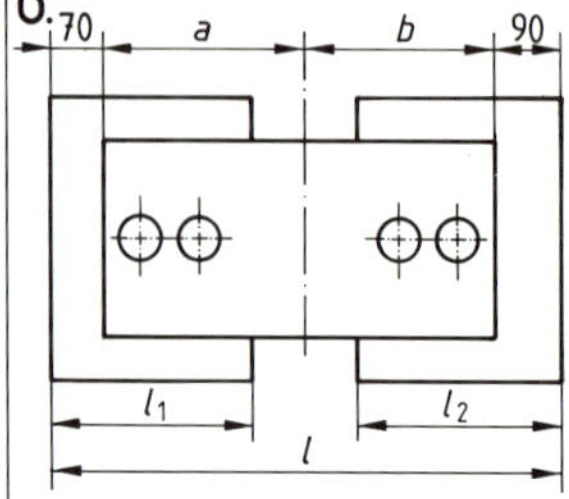

7.

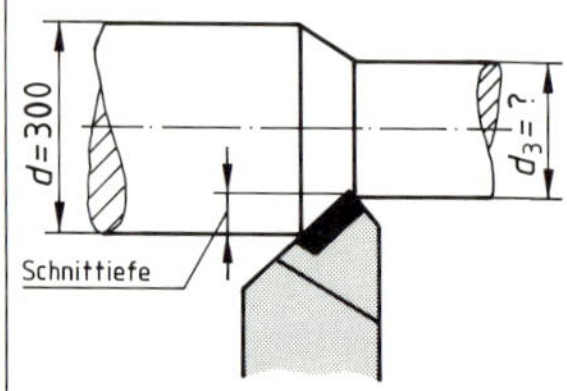

5. Zwei Bleche mit den Maßen $l_1 = 500$ mm werden durch ein Überlappungsblech mit der Länge $l_3 = 400$ mm verschweißt. Das Überlappungsblech wird mit $l_ü = 150$ mm überlappt. Berechnen Sie die Gesamtlänge l.

6. Eine Nietverbindung ist nach Skizze gefügt.
Bestimmen Sie die Mittenmaße a und b der Überlappung. Blechlänge $l_1 = l_2 = 400$ mm, Gesamtlänge l der gefügten Teile gleich 850 mm.

7. Durch Langdrehen wird eine Welle von 300 mm Durchmesser auf ihren Enddurchmesser gedreht. Spanungsdaten: Anzahl der Überläufe $i = 3$, Schnittiefe $a_p = 2$ mm.
Wie groß wird der Enddurchmesser d_3?

11.3 Die englische Längeneinheit Zoll

Neben dem Meter und den vom Meter abgeleiteten Längeneinheiten wird in der Fertigungstechnik die englische Maßeinheit Zoll verwendet.

Abkürzungen Zoll = inch = in = ″

Beziehungen zum metrischen Maßsystem

1 Zoll = 0,0254 Meter
1″ = 0,0254 m
1″ = 25,4 mm

1 Meter = 39,37 Zoll
1 m = 39,37″
39,37″ ≈ 39⅜″

Aufgaben

1. Erarbeiten Sie eine Tafel für die Umrechnung Meter in Zoll.

Meter	,0	,1	,2	,3	,4	,5	,6	,7	,8	,9
0	?	?	?	?	?	?	?	?	?	?
1	?	?	?	?	?	?	?	?	?	?
2	?	?	?	?	?	?	?	?	?	?
3	?	?	?	?	?	?	?	?	?	?
4	?	?	?	?	?	?	?	?	?	?
5	?	?	?	?	?	?	?	?	?	?

2. Erarbeiten Sie eine Tafel für die Umrechnung Zoll in Millimeter.

a)

Zoll	mm
1	?
2	?
3	?
4	?
5	?
6	?

b)

Zoll		mm
Bruch	Dezimalbruch	
1/32	?	?
1/8	?	?
1/4	?	?
5/16	?	?
3/8	?	?

3.

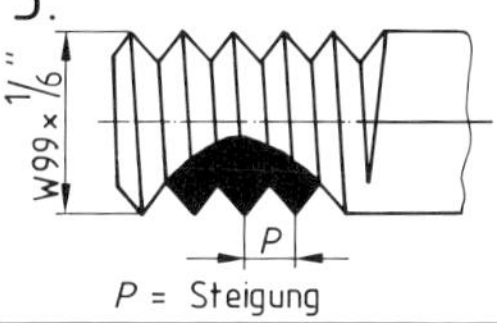

4.

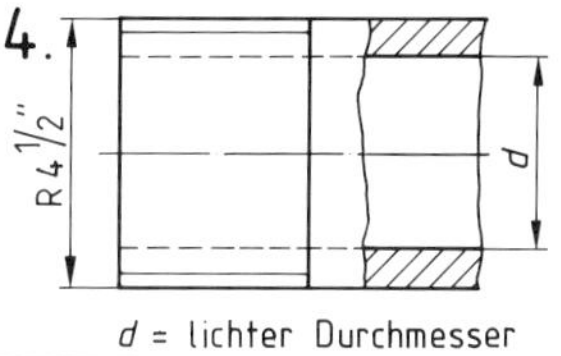

5.

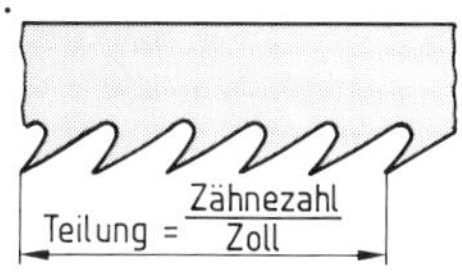

3. Berechnen Sie bei einem Whitworth-Feingewinde W 99 × 1/6'' die Steigung P des Gewindes in mm. (Die Steigung bezieht sich auf die Zollangabe)

4. Berechnen Sie bei einem Whitworth-Rohrgewinde R 4½'' den lichten Rohrdurchmesser in mm. (Die Angabe R 4½'' bezieht sich auf den lichten Durchmesser)

5. Für die Sägearbeiten von weichen Werkstoffen wird eine Zahnung von 16 Zähne pro Zoll angegeben. Die Länge des Schneidenteiles der Säge beträgt 381 mm. Wieviel Zähne hat das Sägeblatt?

6.

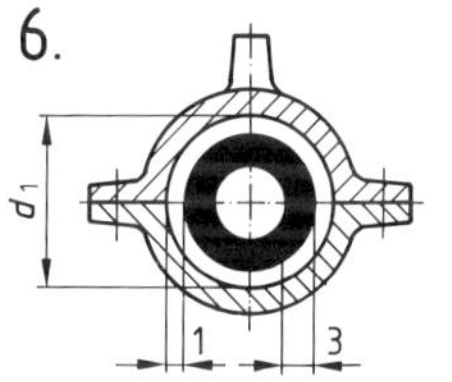

7.

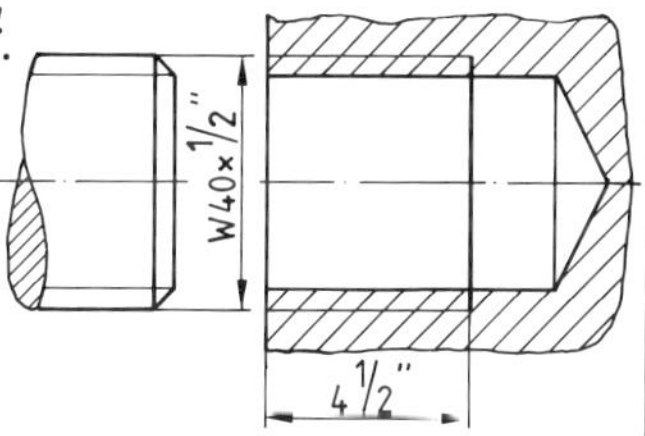

8.

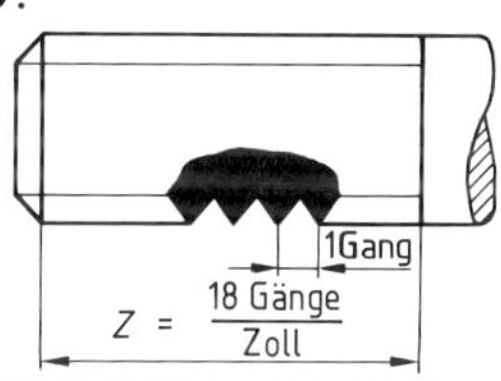

6. Ein Heizungsrohr R ¾'' mit einer Wanddicke $s = 3$ mm wird mit einer Rohrschelle an eine Deckenwand verlegt. Welchen Innendurchmesser d_1 muß die Rohrschelle haben, wenn das Rohr in der Schelle ein Gesamtspiel von 2 mm haben soll?

7. Eine Schraube hat Whitworth-Gewinde mit einer Steigung von ¼''. Die Schraube soll $l = 4½''$ tief eingeschraubt werden. Wieviel Umdrehungen n müssen demnach ausgeführt werden?

8. Auf einem Bolzen wird ein Gewinde gedreht, dessen Gangzahl z mit 18 angegeben ist. Berechnen Sie die Steigung in Zoll und Millimeter.

12 Winkelmaße im Beruf

12.1 Winkel und Winkeleinheiten

Alle Winkelmaße beruhen auf **Kreisteilungen.** Da früher das Dutzend-System vorherrschte, wurde der Kreis in 360 Teile geteilt.

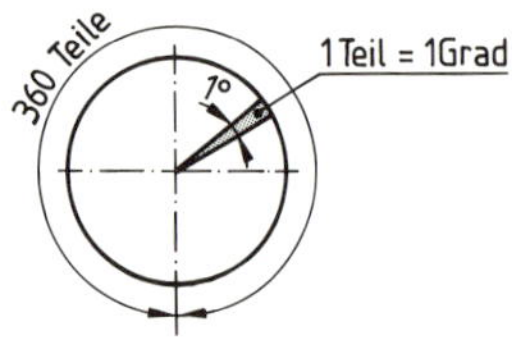

Übersicht

Unterteilung in 360 Teile

Maßeinheit	Beziehung	Kurzzeichen	Umrechnung
1 Grad	360. Teil eines Kreises	1°	—
1 Minute	60. Teil eines Grades	1′	1° = 60′
1 Sekunde	60. Teil einer Minute	1″	1′ = 60″

Aufgaben

1. Ordnen Sie die Winkelwerte in der Tabelle den Winkelarten zu.

Winkelart / Winkelwert	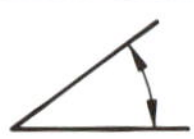 spitzer Winkel	 rechter Winkel	 stumpfer Winkel	 gestreckter Winkel	 erhabener Winkel	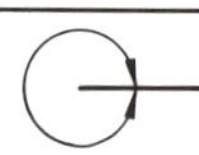 Vollwinkel
$\alpha = 90°$	?	?	?	?	?	?
$90° < \alpha < 180°$	?	?	?	?	?	?
$180° < \alpha < 360°$	?	?	?	?	?	?
$0° < \alpha < 90°$	?	?	?	?	?	?
$\alpha = 180°$	?	?	?	?	?	?
$\alpha = 360°$	?	?	?	?	?	?

2. Verwandeln Sie die Winkelwerte der Tabelle in Grad, Minuten und Sekunden.

Winkelwert / Winkeleinheit	8°	0,4°	12,23°	540′	27′	2° 57′	3° 17′ 27″
Grad	—	—	—	?	?	?	?
Minuten	?	?	?	—	—	177′	?
Sekunden	?	?	?	?	?	?	?

3. Addieren Sie die Winkel.

a) 47° 18′ + 36° 32′ **b)** 23° 52′ + 17° 17′ **c)** 118° 23′ 44″ + 12° 36′ 17″ **d)** 47° 13′ 21″ + 58° 58′ 52″ **e)** 232° 46′ 05″ + 38° 17′ 58″

4. Bestimmen Sie entsprechend den Abbildungen ⓐ bis ⓓ den Winkel α.

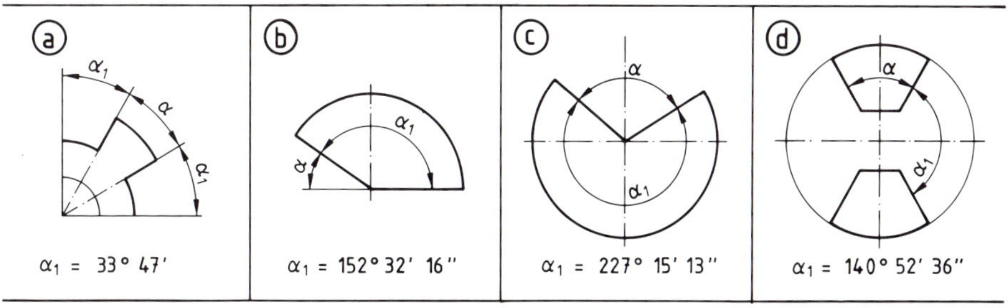

12.2 Praktische Aufgaben für die Berechnung von Winkelwerten

Aufgaben

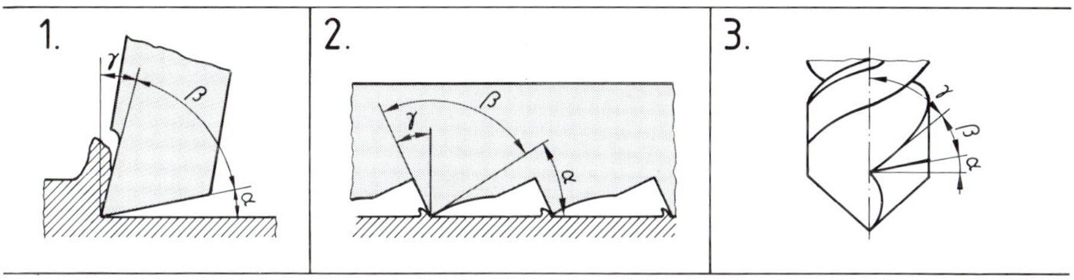

1. An einer Werkzeugschneide ist der Spanwinkel γ zu bestimmen (Freiwinkel $\alpha = 5°\,12'$, Keilwinkel $\beta = 81°$).

2. Eine gehauene Feile hat schabende Wirkung.
Bestimmen Sie den Spanwinkel γ, wenn in der Schneidengeometrie die Behauptung gilt: $\alpha + \beta + \gamma = 90°$. (Freiwinkel 12°, Keilwinkel 93°)

3. Die Schneidengeometrie eines Bohrers ist aus Bild 3 zu entnehmen.
Berechnen Sie den Freiwinkel α, wenn $\beta + \gamma = 85°13'$ beträgt.

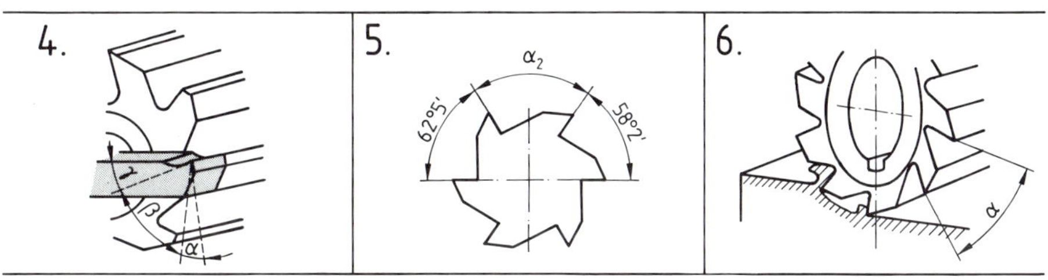

4. Wie im Bild 4 erkennbar ist, findet man an einem Walzenfräser die gleichen Winkel wie an einem Drehmeißel.
Bestimmen Sie den Keilwinkel β bei einem Freiwinkel von 5,08° und einem Spanwinkel von 9,32°.

5. Die Zahnteilung bei einer Reibahle ist ungleich.
Berechnen Sie den Zahnteilungswinkel α_2.

6. Am Umfang eines Walzenfräsers befinden sich 8 Fräszähne.
Unter welchem Winkel α stehen die Schneidenecken zueinander?

7.

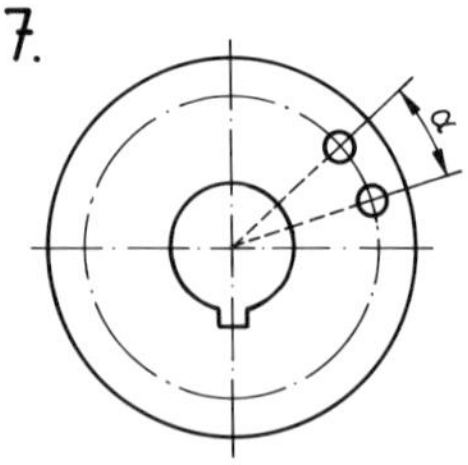

8.

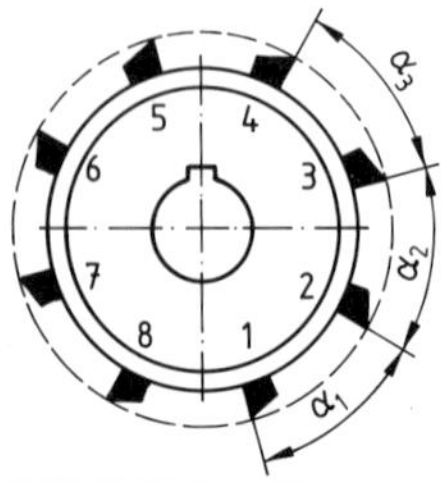

9.

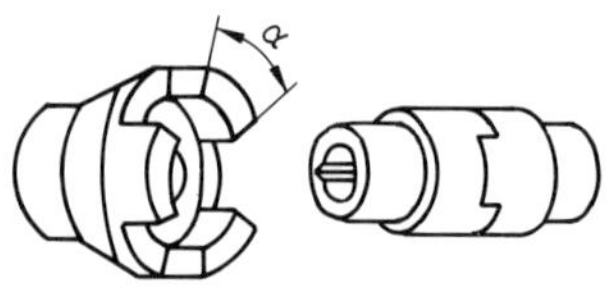

7. Ein Zylinderdeckel soll auf einen Lochkreis von $d = 300$ mm $i = 16$ Bohrungen erhalten.
Wie groß ist der Winkel zwischen den Bohrungen?

8. Die Nockenscheibe einer Kurvensteuerung hat an ihrem Umfang 8 Nocken. Die Nocken 1–4 sind um die Winkel α_1 bis α_3 versetzt. $\alpha_1 + \alpha_2 + \alpha_3 = 160°42'$. Die Winkel stehen im Verhältnis $\alpha_1 : \alpha_2 : \alpha_3 = 1:3:2$.
Berechnen Sie die Winkel.

9. Eine Klauenkupplung hat 3 gleich große Klauen.
Wie groß ist der Winkel α einer Klaue?

13 Umfangs- und Bogenberechnungen

Geradlinig begrenzte Flächen

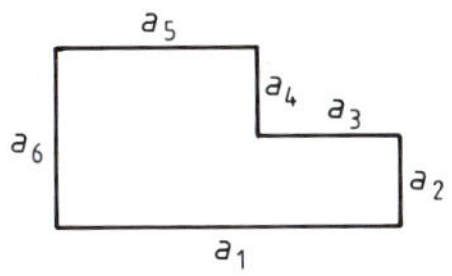

$U = a_1 + a_2 + a_3 + a_4 + a_5 + a_6$

Bild A

Allgemein gilt:

Umfang = Summe aller Seiten

$$U = a_1 + a_2 + a_3 + \ldots + a_n$$

Der Index n gibt die Anzahl der Seiten an.

Kreisumfang

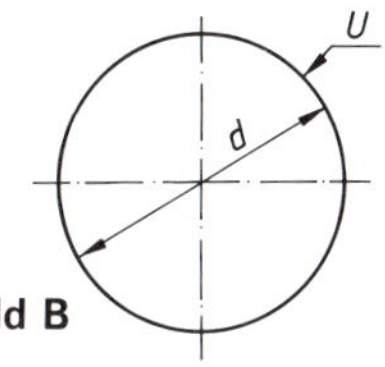

Bild B

Formel

$$U = \pi \cdot d$$

U Umfang in Längeneinheiten
d Kreisdurchmesser in Längeneinheiten

Kreisbogen

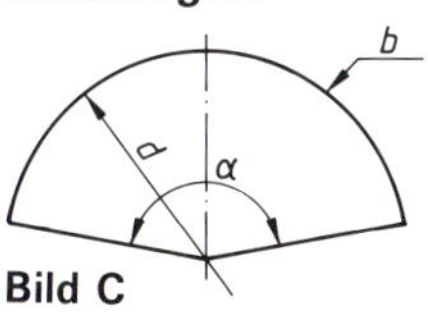

Bild C

Formel

$$b = \frac{\pi \cdot d \cdot \alpha^\circ}{360^\circ}$$

b Kreisbogen in Längeneinheiten
d Kreisdurchmesser in Längeneinheiten
α Kreisausschnittwinkel in °
(Zentriwinkel oder Mittelpunktswinkel)

Aufgaben

1. Für das in **Bild A** dargestellte Werkstück ist der Umfang zu bestimmen:
   $a_1 = 97$ mm; $a_2 = a_4 = 36{,}5$ mm; $a_3 = a_5 = 48{,}5$ mm und $a_6 = 73$ mm.
2. Berechnen Sie für **Bild B** den Kreisumfang bei einem Durchmesser von 112 mm.
3. Der Mittelpunktswinkel α in **Bild C** beträgt 162° und der Durchmesser 84 mm. Berechnen Sie den Kreisbogen b.
4. Für die in nachfolgender Tabelle dargestellten Werkstücke ⓐ bis ⓔ ist die Umfangsformel und der Umfang zu bestimmen.

	ⓐ	ⓑ	ⓒ	ⓓ	ⓔ
Werkstück-form	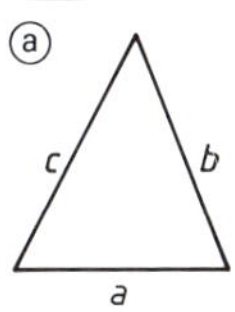	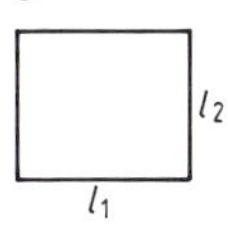	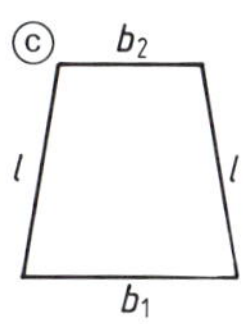	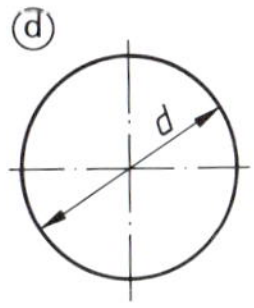	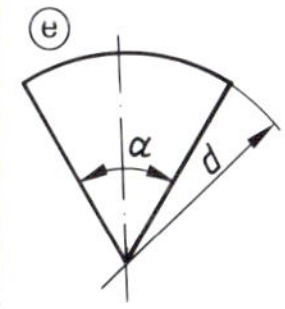
Meßwerte	$a = 15$ mm $b = 17$ mm $c = 18$ mm	$l_1 = 140$ mm $l_2 = 90$ mm	$b_1 = 35$ mm $b_2 = 15$ mm $l = 50$ mm	$d = 120$ mm	$d = 70$ mm $\alpha = 107°$
Umfangs-formel	$U = ?$	$U = ?$	$U = ?$	$U = ?$	$U = ?$
Umfang	$U = ?$ mm	$U = ?$ mm	$U = ?$ mm	$U = ?$ mm	$U = ?$ mm

5. In einer Stanzerei werden die Bleche entsprechend den Bildern ⓐ bis ⓒ ausgeschnitten. Berechnen Sie die Länge der Schnittlinien.

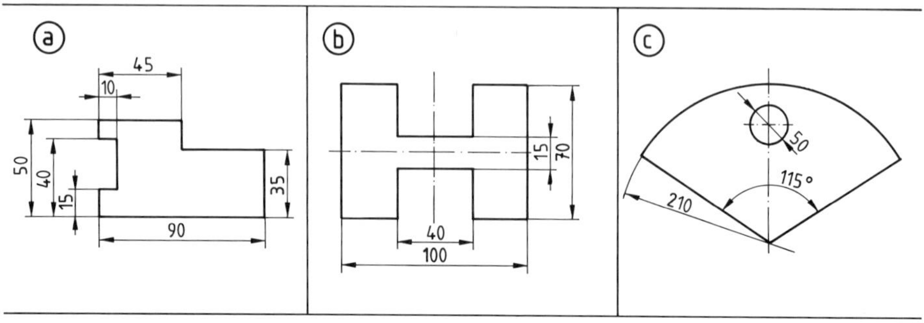

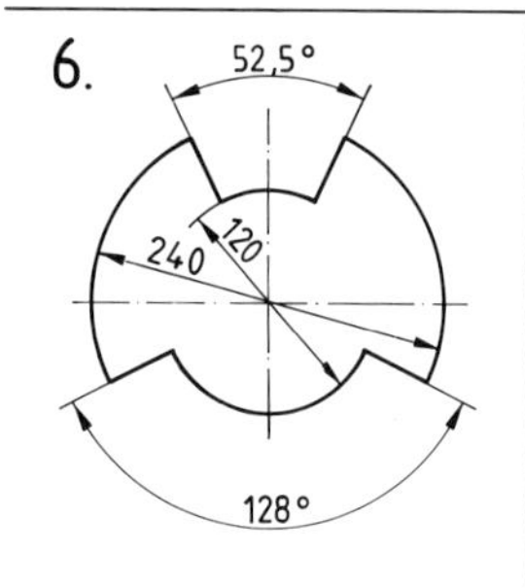

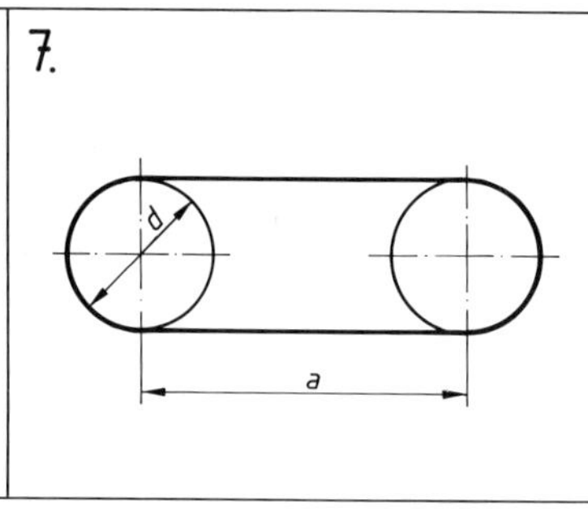

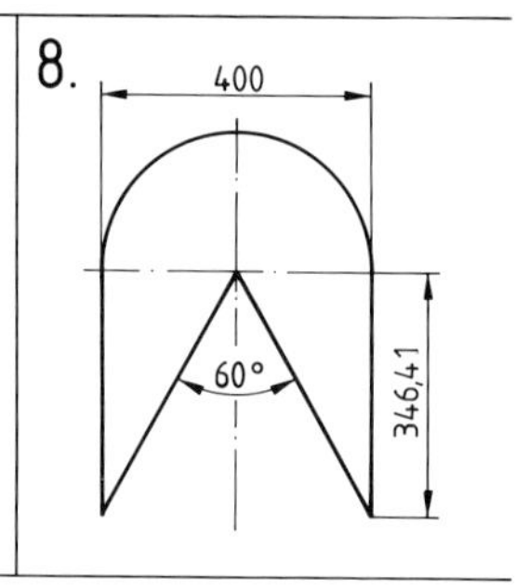

6. Das dargestellte Blech soll durch Brennschneiden hergestellt werden. Der Gasverbrauch V_1 für 1 m Schnittlänge beträgt 48 Liter.
Berechnen Sie den Gasverbrauch V, wenn 50 Bleche hergestellt werden.

7. Die zwei gleich großen Riemenscheiben eines Riemengetriebes haben einen Durchmesser von 400 mm. Der Achsabstand der Riemenscheiben beträgt 840 mm.
Berechnen Sie die Länge l des straffgespannten Flachriemens. (Riemendicke bleibt unberücksichtigt)

8. Wie groß ist der Umfang des dargestellten Bleches?

9. Die gesamte Länge der dargestellten Linienzüge von ⓐ bis ⓒ ist zu bestimmen.

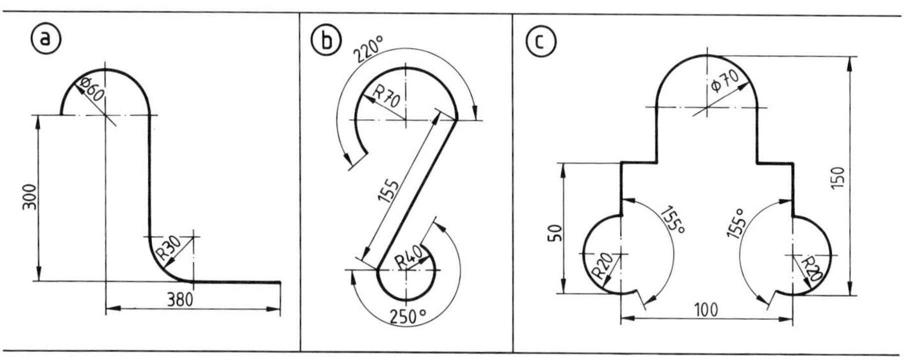

14 Lehrsatz des Pythagoras

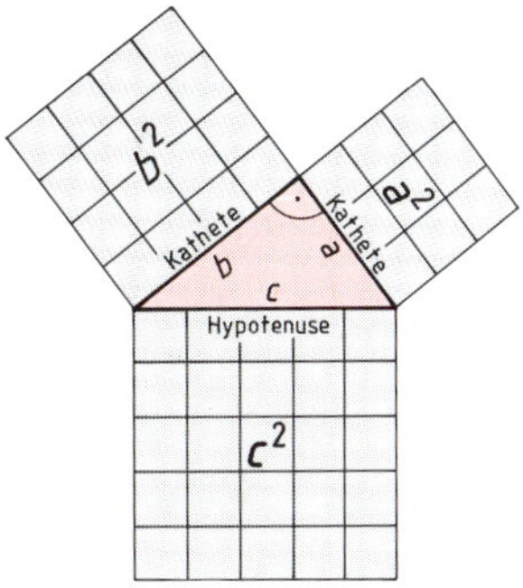

Bezeichnungen am rechtwinkligen Dreieck

Hypotenuse → Seite, die dem rechten Winkel gegenüberliegt

Katheten → Seiten, die am rechten Winkel anliegen

Für jedes rechtwinklige Dreieck gilt der Pythagoreische Lehrsatz:

Quadrat über der Hypotenuse = Summe der Quadrate über den beiden Katheten

$$c^2 = a^2 + b^2$$

Sind in einem rechtwinkligen Dreieck zwei Seitenlängen bekannt, kann mit Hilfe des Lehrsatzes die dritte Seite berechnet werden.

Aufgaben

1. Prüfen Sie die Richtigkeit des Lehrsatzes an obenstehender Abbildung nach.

2. Bestimmen Sie die fehlenden Angaben von ⓐ bis ⓗ.

Größe	Formel	Meßwerte						
	ⓐ	ⓑ	ⓒ	ⓓ	ⓔ	ⓕ	ⓖ	ⓗ
Kathetenlänge	$a=$?	?	1 m	400 mm	?	2 m	60 mm	4 cm
Kathetenlänge	$b=$?	3 m	1 m	?	10 mm	1 m	30 mm	?
Hypotenusenlänge	$c=$?	5 m	?	0,5 m	100 mm	?	?	64 mm

3.

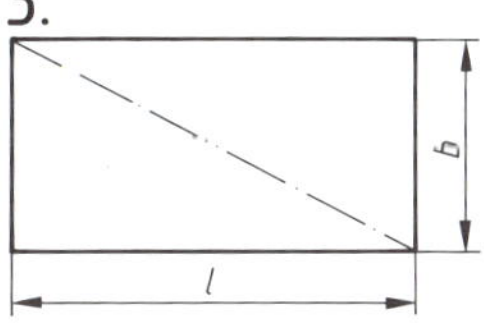

4.

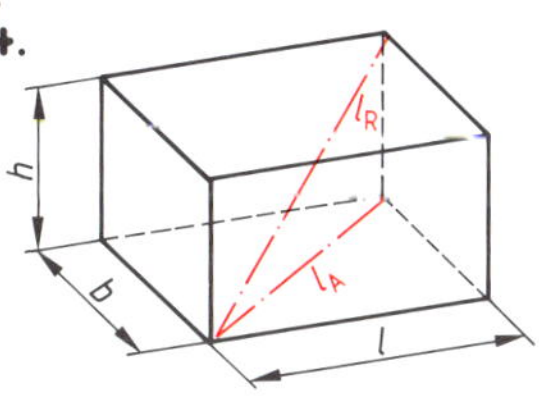

5.

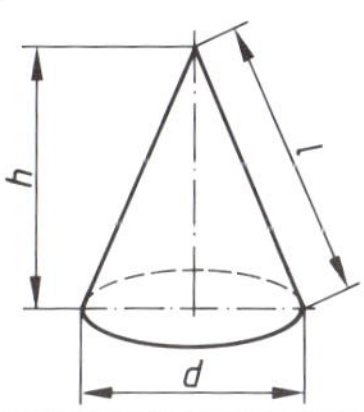

3. Mit einer hydraulischen Tafelblechschere sollen Blechtafeln mit $l=2$ m und $b=1$ m diagonal geschnitten werden.
Wie lang muß mindestens das Schermesser sein?

4. Berechnen Sie die Länge der Flächendiagonale l_A und die Länge der Raumdiagonale l_R an einem Rechteckprisma mit den Abmessungen $l=300$ mm, $b=260$ mm und $h=150$ mm.

5. Berechnen Sie die Höhe h des Kegels, wenn die Länge l der Mantellinie 260 mm und der Durchmesser d der Grundfläche 200 mm beträgt.

6. Kragarm

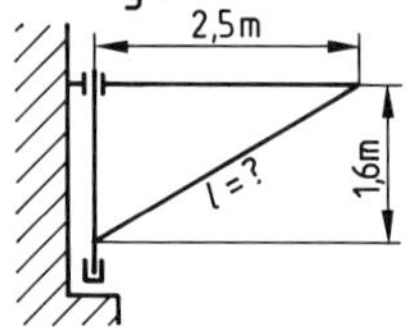

7. Wellenabflachung

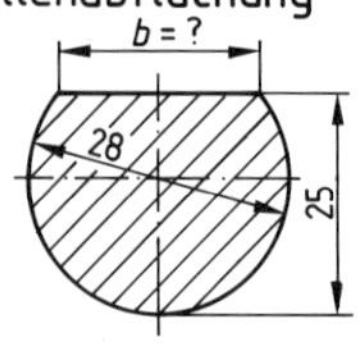

8. Seilverankerung

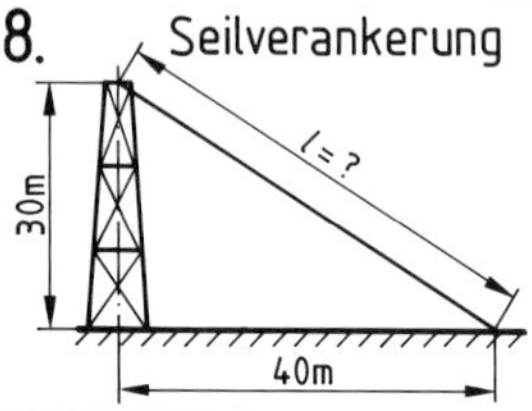

6. bis **8.** Bestimmen Sie die gesuchten Größen.

9.

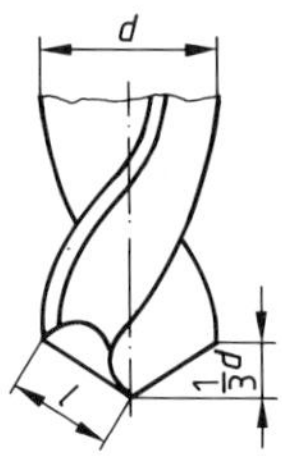

10.

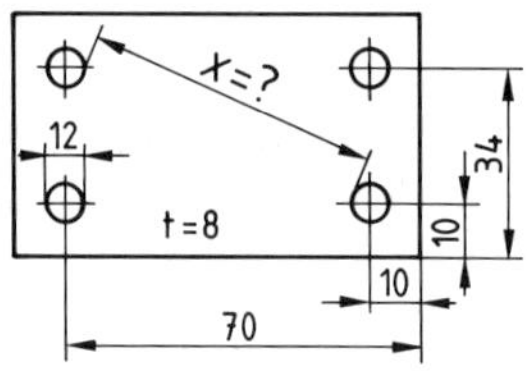

11.

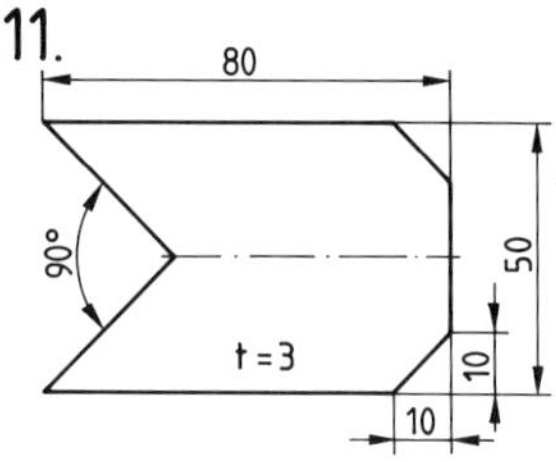

9. Berechnen Sie die Schneidkantenlänge *l* für folgende Spiralbohrer: ∅ 8 mm, ∅ 10 mm, ∅ 20 mm.

10. Wie groß ist das Kontrollmaß *x* für das skizzierte Werkstück?

11. Das skizzierte Werkstück soll durch ein Schneidwerkzeug ausgeschnitten werden. Berechnen Sie die Länge *l* der Schnittlinie.
Hinweis: Die Schnittlinienlänge muß für die Schnittkraftbestimmung am Stempel bekannt sein.

12.

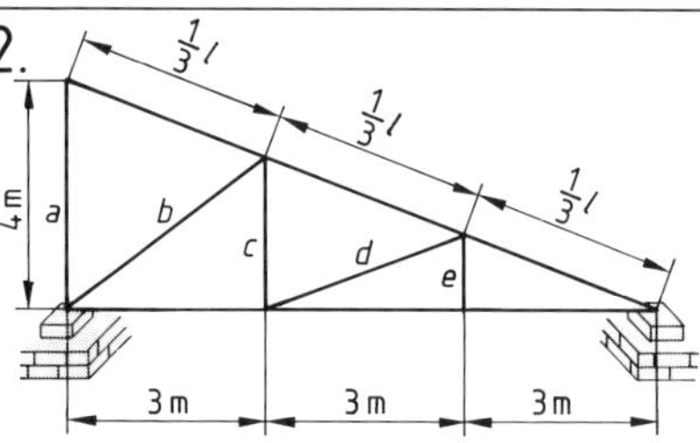

13.

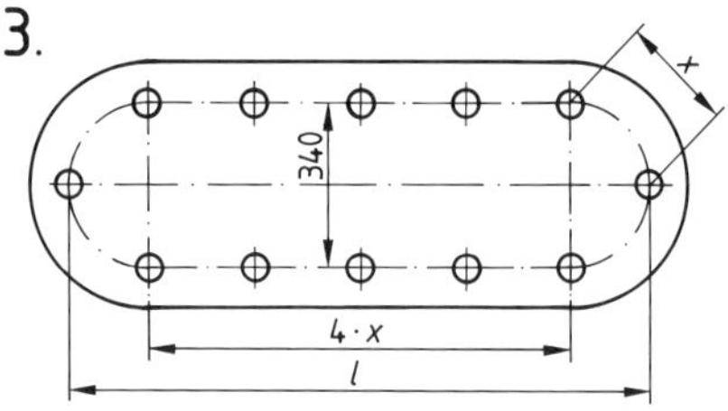

12. Für eine Pultdachschweißkonstruktion sind die Stablängen *a, b, c, d, e* und *l* zu bestimmen.

13. Berechnen Sie für den Getriebedeckel den Lochabstand x und das Kontrollmaß l.

14. **Vierkant**

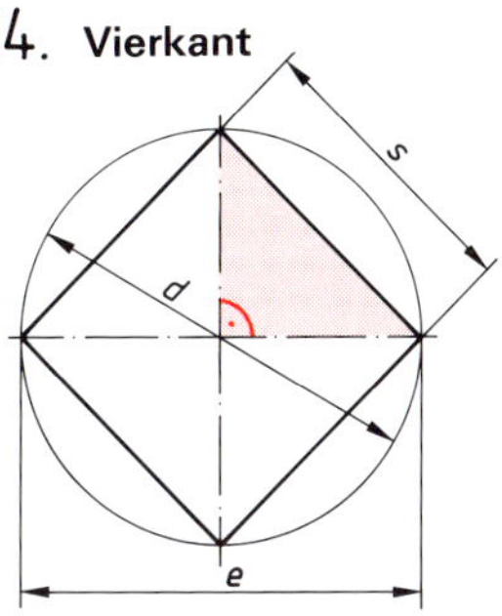

e Eckenmaß
s Schlüsselweite
d Durchmesser des Umkreises

Vierkant	Sechskant
$e = d$	$e = d$
$s = x \cdot e$	$l = \frac{d}{2}$
	$s = x \cdot e$
$x = ?$	$x = ?$

Sechskant

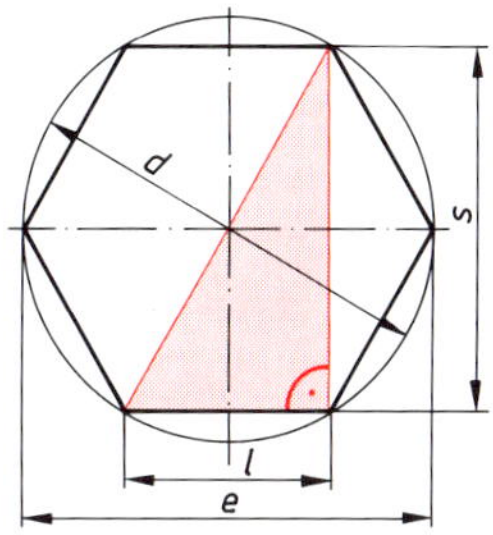

14. **a)** Entwickeln Sie mit Hilfe des Lehrsatzes des Pythagoras jeweils die Umrechnungszahl x für die Schlüsselweite des Vierkants und des Sechskants. Der Durchmesser des Umkreises bzw. das Eckenmaß soll bekannt sein.

b) Bestimmen Sie für die nachfolgende Tabelle die fehlenden Werte von ⓐ bis ⓙ.

Größe	Vierkant					Sechskant				
	ⓐ	ⓑ	ⓒ	ⓓ	ⓔ	ⓕ	ⓖ	ⓗ	ⓘ	ⓙ
Umkreisdurchmesser d in mm	100	?	?	?	17	100	?	?	?	13,9
Eckenmaß e in mm	?	?	?	?	?	?	?	?	?	?
Schlüsselweite s in mm	?	10	22	30	?	?	10	22	30	?

15.

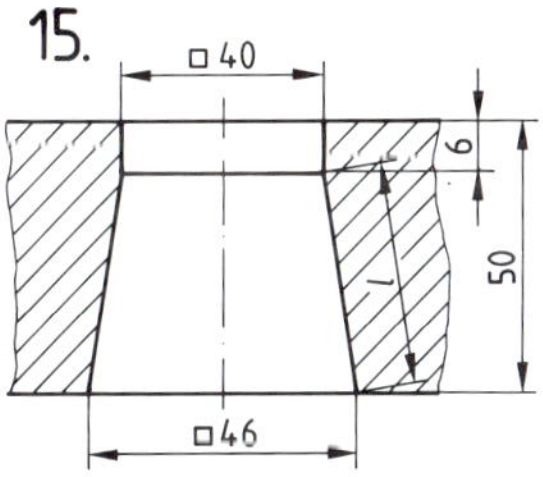

16.

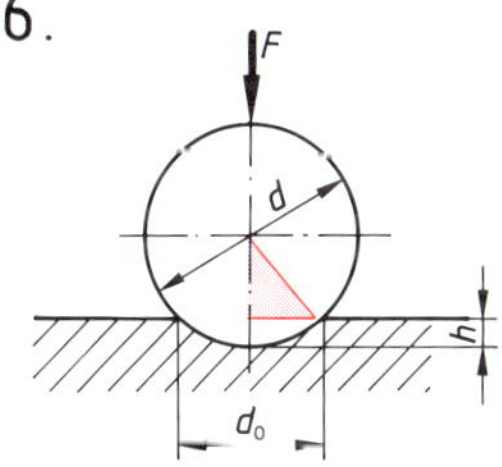

17.

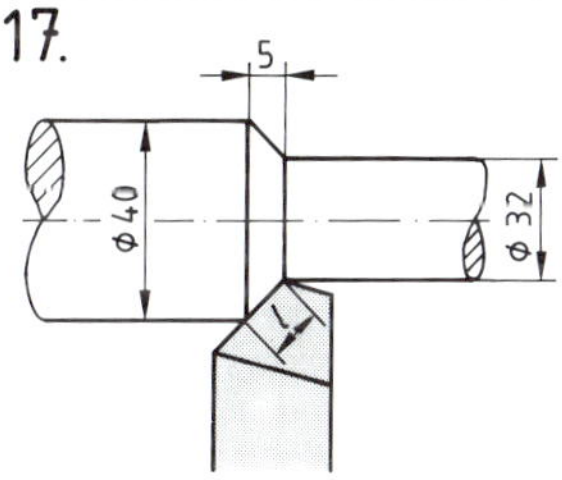

15. Berechnen Sie das Maß l der skizzierten Schneidplatte.

16. Bei einer Härteprüfung nach Brinell wurde eine gehärtete Stahlkugel ($d = 10$ mm) in die Oberfläche eines Prüfstückes gedrückt. Der Durchmesser des Kugeleindruckes beträgt 4 mm.
Berechnen Sie die Eindringtiefe h.

17. Ein Werkstück wird von $d_1 = 40$ mm auf $d_2 = 32$ mm abgedreht.
Bestimmen Sie die im Eingriff stehende Hauptschneidenlänge l.

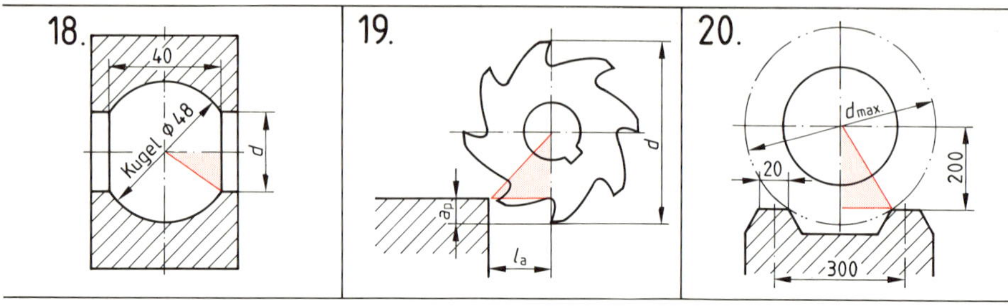

18. Wie groß ist das Maß d bei der skizzierten Kugelzapfenaufnahme?

19. Berechnen Sie die Fräseranlauflänge l_a, wenn die Schnittiefe a_p des Fräsers 10 mm beträgt. Der Durchmesser des Walzenfräsers beträgt 80 mm.

20. Bestimmen Sie den größtmöglichen Wellendurchmesser d_{max}, der theoretisch auf dieser Drehmaschine bearbeitet werden kann.

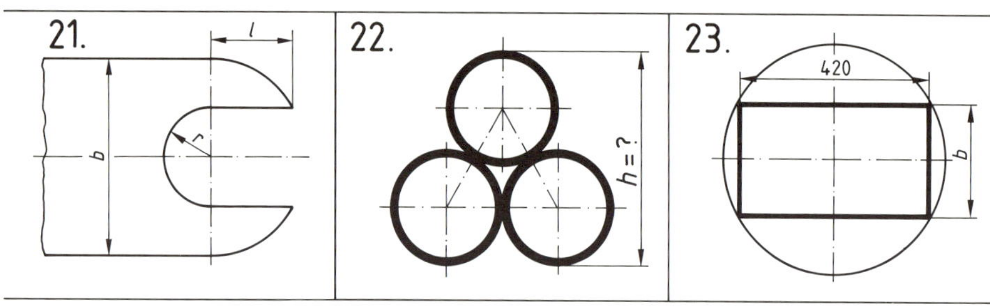

21. Berechnen Sie das Maß l des skizzierten Werkstückes. ($b = 60$ mm, $r = 16$ mm)

22. Drei Rohre sind wie gezeichnet angeordnet.
Berechnen Sie die Höhe h, wenn der Außendurchmesser der Rohre 100 mm beträgt.

23. Aus einer runden Blechplatte ($d = 480$ mm) soll eine rechteckige Platte ausgeschnitten werden.
Wie groß ist die Seite b der Platte?

15 Flächenberechnung

15.1 Flächeneinheiten und ihre Umwandlung

Die grundlegende **Flächeneinheit** ist das **Quadratmeter (m^2).**

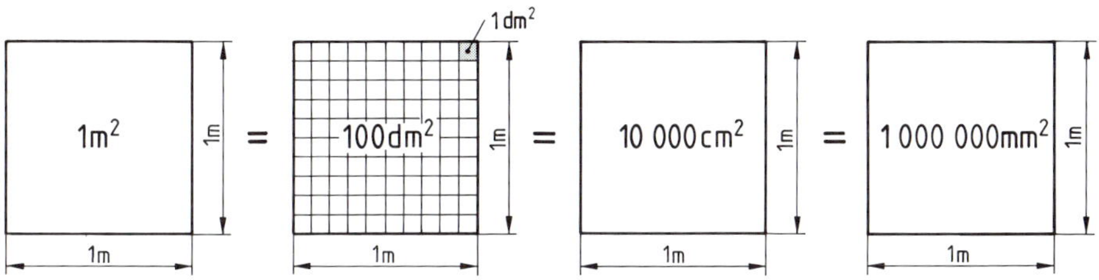

Bild A **Bild B** **Bild C** **Bild D**

Maßeinheit	Kurz-zeichen	Beziehungen Dezimalschreibweise	Potenzschreibweise
Quadratmeter	m^2	—	—
Quatratdezimeter	dm^2	$1\,dm^2 = 0{,}01\,m^2$	$1\,dm^2 = 10^{-2}\,m^2$
Quadratzentimeter	cm^2	$1\,cm^2 = 0{,}0001\,m^2$	$1\,cm^2 = 10^{-4}\,m^2$
Quadratmillimeter	mm^2	$1\,mm^2 = 0{,}000001\,m^2$	$1\,mm^2 = 10^{-6}\,m^2$

Aufgaben

1. In **Bild B** sind Flächen von $1\,dm^2$ eingezeichnet.
   Wie viele Flächen lassen sich in den **Bildern A** und **B** von
   a) 1 cm Kantenlänge und
   b) 1 mm Kantenlänge einzeichnen?

2. Wandeln Sie die in der Tabelle angegebenen Flächengrößen entsprechend der gesuchten Einheit um.

Flächen-einheit	Flächengröße $1{,}2\,m^2$	$0{,}8\,dm^2$	$420\,cm^2$	$6\,300\,mm^2$	$2 \cdot 10^{-2}\,m^2$	$3{,}8 \cdot 10^2\,cm^2$	$4{,}2 \cdot 10^4\,mm^2$
m^2	—	?	?	?	—	?	?
dm^2	?	—	?	?	?	?	?
cm^2	?	?	—	?	?	—	?
mm^2	?	?	?	—	?	?	—

3. Addieren Sie die Teilflächen in m^2.

a) $3{,}82\ dm^2 + 0{,}84\ m^2 + 8678{,}4\ cm^2 + 2\,120\,365\ mm^2 = ?$

b) $2608{,}4\ cm^2 + 96\ dm^2 + 34\,008\,785\ mm^2 + 0{,}22\ m^2 = ?$

c) $\frac{1}{3}\ m^2 + \frac{7}{6}\ m^2 + \frac{4}{3}\ m^2 + \frac{1}{8}\ m^2 = ?$

d) $2\frac{3}{4}\ dm^2 + 6\frac{1}{2}\ dm^2 + 3\frac{2}{5}\ dm^2 + 4\frac{1}{4}\ m^2 = ?$

e) $10\frac{4}{10}\ m^2 + 18\frac{3}{4}\ m^2 + 22\frac{4}{5}\ dm^2 + \frac{2}{5}\ m^2 = ?$

f) $1 \cdot 10^1\ m^2 + 1 \cdot 10^{+2}\ dm^2 + 1 \cdot 10^{+4}\ cm^2 + 1 \cdot 10^{+6}\ mm^2 = ?$

g) $1{,}4 \cdot 10^{-2}\ m^2 + 3{,}02 \cdot 10^5\ cm^2 + 7{,}12 \cdot 10^7\ mm^2 + 4{,}1 \cdot 10^2\ dm^2 = ?$

h) $2{,}3 \cdot 10^4\ dm^2 + 5{,}4 \cdot 10^6\ cm^2 + 8{,}1 \cdot 10^{-1}\ m^2 + 3{,}5 \cdot 10^8\ mm^2 = ?$

15.2 Berechnung des Flächeninhalts von Parallelogrammen

	Parallelogramme	
schiefwinklig	rechtwinklig	Unterscheidungsmerkmale
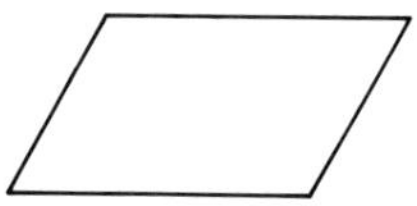 **Rhomboid**	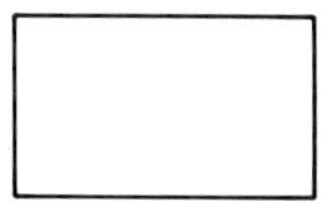 **Rechteck**	ungleichseitig
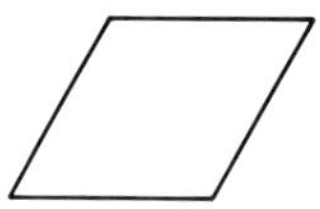 **Rhombus**	 **Quadrat**	gleichseitig

Flächeninhalt des Quadrats mit der Seite *a*

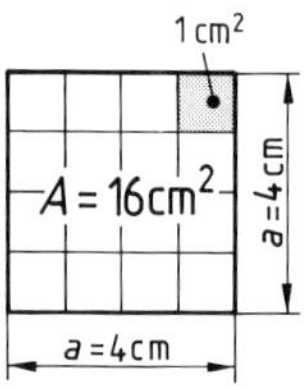

Bild A

$$A = a \cdot a$$
$$A = a^2$$

Flächeninhalt des Rechtecks mit den Seiten *a* und *b*

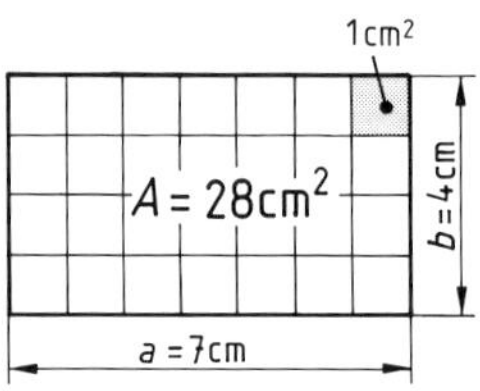

Bild B

$$A = a \cdot b$$

Flächeninhalt des Rhomboids und Rhombus aus einer Seite *a* und der zugehörigen Höhe *h*

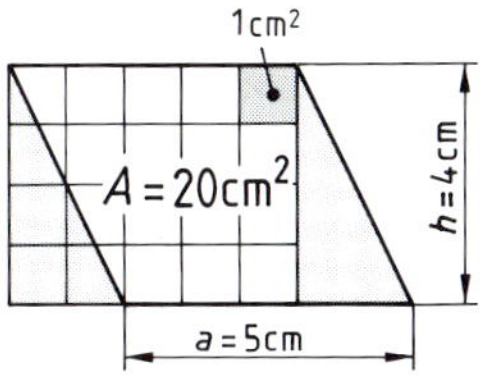

Bild C

$$A = a \cdot h$$

Zusammenfassend gilt für alle Parallelogramme:

Flächeninhalt = Grundlinie · Höhe

$$A = g \cdot h$$

A Flächeninhalt in Flächeneinheiten
g Grundlinie in Längeneinheiten
h Höhe (senkrecht zur Grundlinie) in Längeneinheiten

Nach DIN 1304 wird neben dem Formelzeichen *A* das Formelzeichen *S* für Querschnittsflächenberechnung verwendet.

Formelzeichen	Bedeutung	SI-Einheit
A, *S*	Fläche, Flächeninhalt, Oberfläche	m^2
S, *q*	Querschnitt, Querschnittsfläche	m^2

Aufgaben

1. Für die **Bilder A** bis **C** sind die fehlenden Angaben ⓐ bis ⓕ in nachfolgender Tabelle zu bestimmen.

Viereck	Bezeichnung des Vierecks ⓐ	Flächenformel ⓑ	Formelumstellung ⓒ	Meßwerte ⓓ	Meßwerte ⓔ	Meßwerte ⓕ
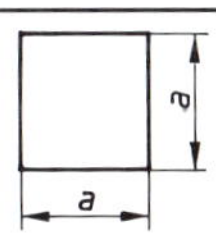	?	$A = ?$	$a = ?$	$a = 14$ mm $A = ?$ mm^2	$a = ?$ dm $A = 324$ dm^2	$a = 1{,}72$ dm $A = ?$ mm^2
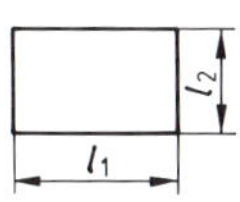	?	$A = ?$	$l_1 = ?$ $l_2 = ?$	$l_1 = 8{,}2$ cm $l_2 = 4{,}7$ cm $A = ?$ cm^2	$l_1 = ?$ mm $l_2 = 10{,}55$ mm $A = 134$ mm^2	$l_1 = 160$ mm $l_2 = 6{,}2$ cm $A = ?$ cm^2
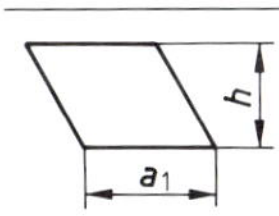	?	$A = ?$	$a_1 = ?$ $h = ?$	$h = 13{,}2$ cm $a_1 = 17$ cm $A = ?$ cm^2	$h = ?$ mm $a_1 = 42{,}4$ mm $A = 678{,}4$ mm^2	$h = 32$ mm $a_1 = ?$ cm $A = 860{,}2$ cm^2

2. Von einem Rechteck ist die Fläche zu bestimmen, wenn die Seite $a = 12{,}54$ cm groß ist und die Seite *b* um ⅓ kleiner ist als die Seite *a*.

3. Die quadratische Grundplatte einer Maschine hat die Seitenlängen $l = 1{,}42$ m.
a) Berechnen Sie die quadratische Fundamentfläche A_1, die um 12% größer sein soll.
b) Wie groß ist die Seitenlänge des Fundamentes?
c) Um wieviel cm steht das Fundament über?

4. Von einem Rhomboid sind die Seiten $a = 7{,}2$ cm und $b = 12{,}7$ cm bekannt. Bestimmen Sie die Höhe h_a bei einem Flächeninhalt von 16,32 cm^2.

5.
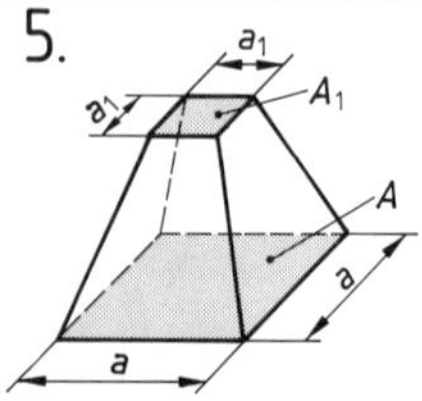

6.
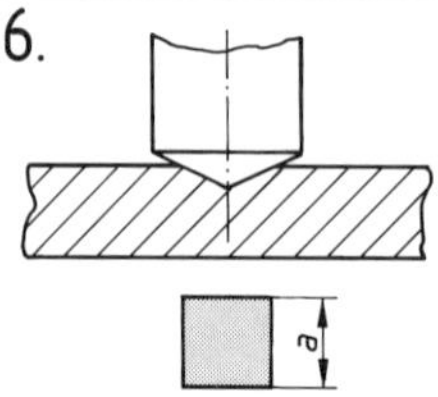

7.
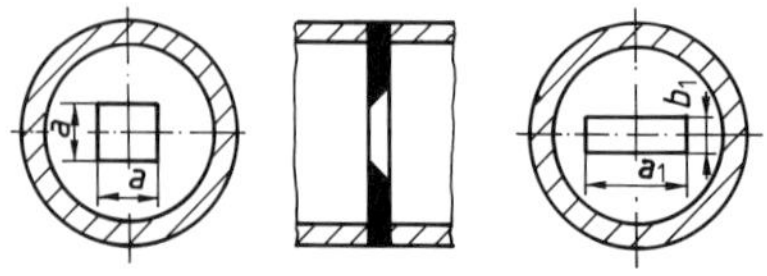

5. Die Stützbeine einer Richtplatte haben quadratische Grund- und Deckflächen. $A = 1024$ cm^2, $A_1 = 734$ cm^2.
Berechnen Sie die Abmessungen a und a_1 in mm.

6. Die Eindruckfläche einer vierseitigen Pyramide hat die Seitenlängen von $a = 3$ mm. Berechnen Sie die Eindruckfläche A.

7. Die quadratische Staurohrblende mit der Kantenlänge $a = 40$ mm soll durch eine Blende ersetzt werden, deren gleich großer Durchflußquerschnitt ein Rechteck ist.
Berechnen Sie die Kantenlänge b_1, wenn die Kante a_1 15% größer sein soll als die Quadratseite a.

8. Von einem Rhomboid sind die Seiten $a = 2$ cm und $b = 4$ cm und der Flächeninhalt $A = 6$ cm^2 bekannt.
Berechnen Sie die Höhen h_a und h_b. Zeichnen Sie das Viereck, und tragen Sie die Höhen ein.

9. Auf einer Presse werden Blechstreifen gestanzt, deren Rhombusform einen Flächeninhalt von 126,8 mm^2 bei einer Höhe $h = 9$ mm hat.
Berechnen Sie die Kantenlänge a.

10.
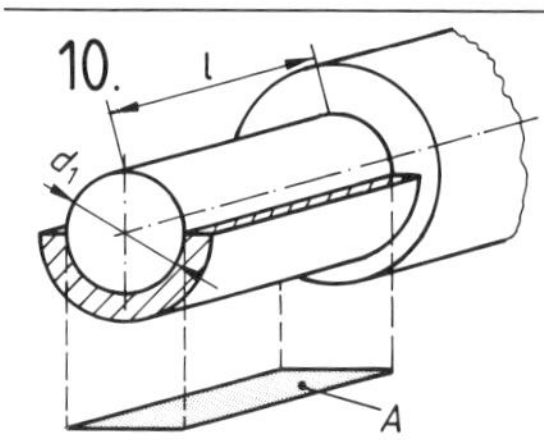

11.
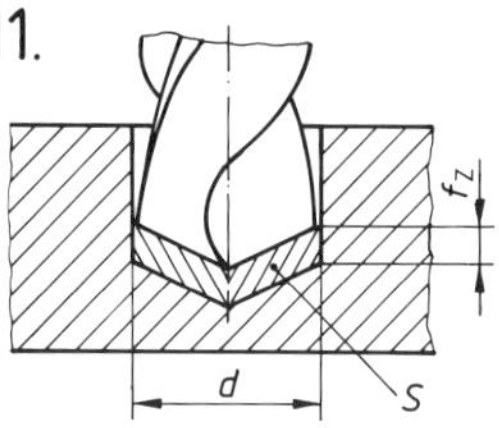

12.
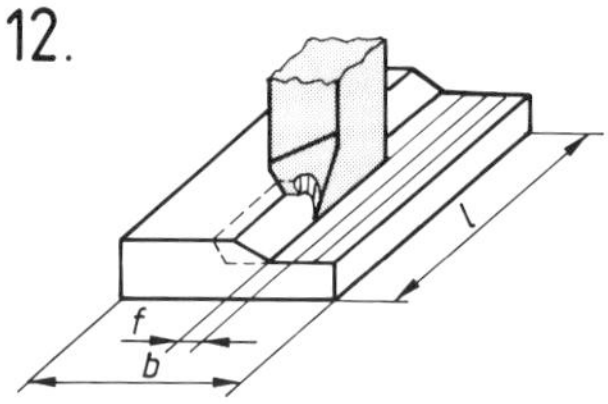

10. Der Lagerzapfen einer Welle ist $l = 300$ mm lang. Die projizierte Druckfläche in der Lagerschale beträgt $A = 474{,}6$ cm^2.
Berechnen Sie den Durchmesser des Zapfens d_1 in mm.

11. Beim Bohren ins Volle beträgt der Vorschub pro Bohrerschneide $f_z = 0{,}75$ mm. Es werden Löcher von 16 mm Durchmesser gebohrt.
Berechnen Sie den Spanquerschnitt S pro Schneide.

12. Die Schnittfläche einer Stahlplatte beträgt 34,02 dm^2. Sie wird durch Langhobeln bearbeitet. Bei jedem Arbeitshub wird eine Spanbreite $f = 3$ mm abgehobelt. Die gesamte Schnittflächenbreite soll durch 140 Arbeitshübe abgehobelt werden.
Berechnen Sie die Abmessungen b und l der Stahlplatte in mm.

13.

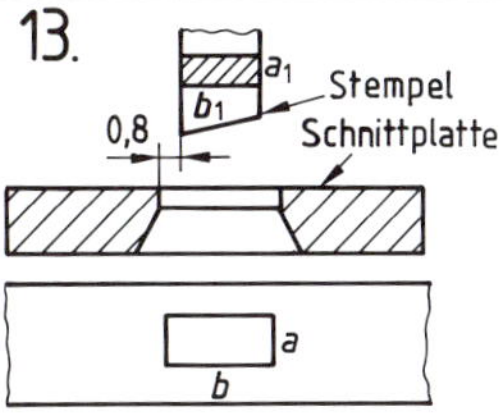

14.

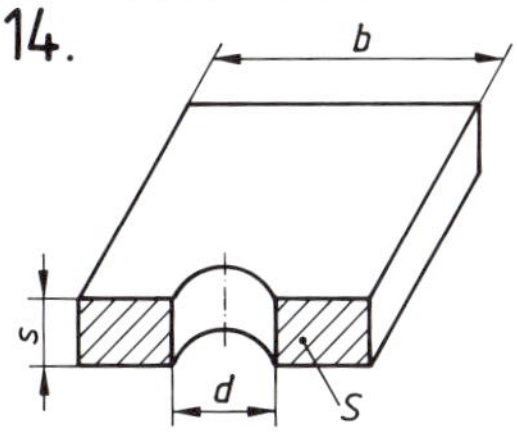

15.

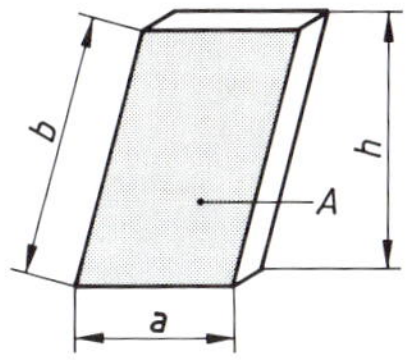

13. Der rechteckige Lochstempel eines Schneidwerkzeuges ist allseitig um $s' = 0{,}8$ mm kleiner als die Durchbruchseiten der Schnittplatte. Die Schnittlänge (Summe aller Schneidseiten) der Schneidplatte beträgt 42 mm. Das Durchbruchseitenverhältnis ist $a : b = 2 : 2{,}7$.

a) Berechnen Sie die Maße a_1 und b_1 des Stempels.
b) Berechnen Sie die Querschnittsfläche des Stempels.

14. Ein Flachstahl (▭DIN 1017 - 80 × 12) wird in der Mitte mit $d = 18$ mm durchbohrt. Berechnen Sie die tragende Querschnittsfläche S.

15. Ungleichseitig schiefwinklige Lamellen mit den Maßen $a = 40$ cm, $b = 95$ cm, $h = 80$ cm werden von beiden Seiten verchromt. Die Sonderbehandlung kostet 450 DM pro beschichteten Quadratmeter.
Berechnen Sie die Kosten für 120 Lamellen.

16. Von einer rechteckigen Blechtafel mit den Abmessungen $l = 1{,}8$ m und $b = 1{,}2$ m werden 10 Blechstreifen $l_1 = l$, $b_1 = 8$ cm durch Brennschneiden abgebrannt. Die Schnittfuge beträgt 3 mm.
Wie groß ist die Restfläche (in m^2) der Blechtafel?

15.3 Berechnung der Flächeninhalte – Dreieck und Trapez

Flächeninhalt des Dreiecks

Jedes Dreieck kann als Hälfte eines Parallelogramms aufgefaßt werden.

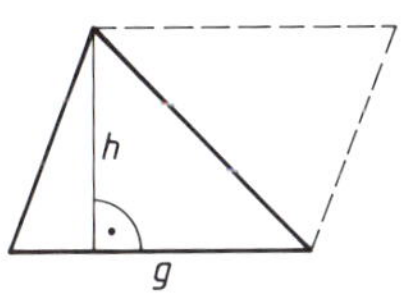

$$A_{\square} = g \cdot h$$

$$A_{\triangle} = \frac{g \cdot h}{2}$$

$$\text{Flächeninhalt} = \frac{\text{Grundlinie} \cdot \text{Höhe}}{2}$$

$$A = \frac{g \cdot h}{2}$$

A Flächeninhalt in Flächeneinheiten
g Grundlinie in Längeneinheiten
h Höhe zur Grundlinie in Längeneinheiten

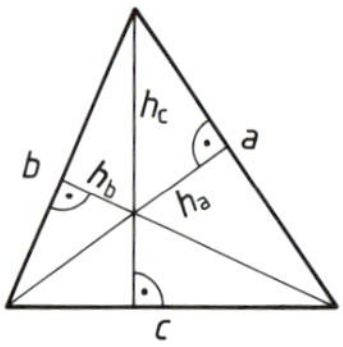

$$A = \frac{c \cdot h_c}{2}$$

$$A = \frac{a \cdot h_a}{2}$$

$$A = \frac{b \cdot h_b}{2}$$

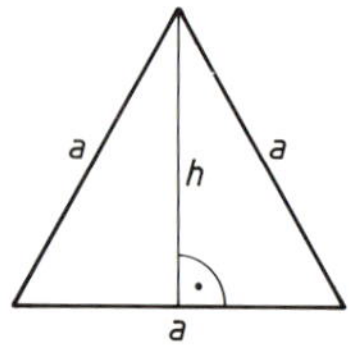

Nach Pythagoras ist:

$$a^2 = \left(\frac{a}{2}\right)^2 + h^2$$

$$h = \sqrt{a^2 - \left(\frac{a}{2}\right)^2}$$

$$A = \frac{a^2}{4}\sqrt{3}$$

$$h = \frac{a}{2}\sqrt{3}$$

Flächeninhalt des Trapezes

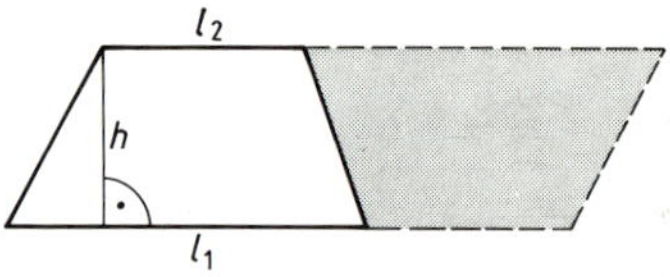

Ein Trapez hat zwei parallele Seiten.

Jedes Trapez kann als Hälfte eines Parallelogramms aufgefaßt werden.

$$A_{\square} = (l_1 + l_2) \cdot h \qquad A_{\triangle} = \frac{(l_1 + l_2) \cdot h}{2}$$

$$\text{Flächeninhalt} = \frac{\text{Summe der parallelen Seiten} \cdot \text{Höhe}}{2}$$

$$A = \frac{(l_1 + l_2) \cdot h}{2}$$

A	Flächeninhalt in Flächeneinheiten	l_2	Grundlinie in Längeneinheiten
l_1	Grundlinie in Längeneinheiten	h	Höhe in Längeneinheiten

Aufgaben

1. Ein Dreieck hat die Seiten $c = 60$ mm, $b = 50$ mm, $a = 45$ mm.

a) Zeichnen Sie das Dreieck, und tragen Sie für jede Seite die Höhen h_a bis h_c ein.

b) Wie lauten für dieses Dreieck die drei Möglichkeiten zur Berechnung des Flächeninhalts?

c) Messen Sie die Höhen aus, und bestimmen Sie nach allen drei Möglichkeiten den Flächeninhalt.

2. Bestimmen Sie die fehlenden Angaben ⓐ bis ⓔ in der Tabelle.

Flächenform	Flächenformel ⓐ	Formelumstellung ⓑ	Meßwerte ⓒ	Meßwerte ⓓ	Meßwerte ⓔ
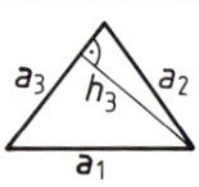	$A = ?$	$a_3 = ?$ $h_3 = ?$	$a_3 = 25$ mm $h_3 = 33$ mm $A = ?$ mm²	$a_3 = ?$ cm $h_3 = 40$ cm $A = 280$ cm²	$a_3 = 27$ dm $h_3 = ?$ dm $A = 108$ dm²
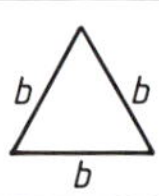	$A = ?$	$b = ?$	$b = 60$ mm $A = ?$ mm²	$b = ?$ mm $A = 632$ mm²	$b = 18{,}3$ dm $A = ?$ cm²
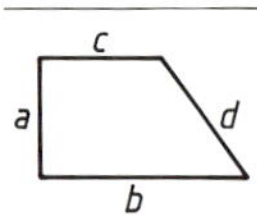	$A = ?$	$a = ?$ $b = ?$ $c = ?$	$a = 30$ mm $b = 70$ mm $c = 42$ mm $A = ?$ mm²	$a = ?$ cm $b = 108$ cm $c = 32$ cm $A = 912$ cm²	$a = 36$ mm $b = ?$ mm $c = 200$ mm $A = 10\,320$ mm

3. Von einem rechtwinkligen Dreieck sind die Kathete $a = 30$ mm und die Hypotenuse $c = 60$ mm gegeben.
Berechnen Sie den Flächeninhalt A in cm^2.

4. In einem gleichschenkligen Dreieck sind die Höhe $h_c = 50$ mm und die Schenkel $a = 8$ cm gegeben.
Berechnen Sie den Flächeninhalt A in cm^2.

5. Ein gleichseitiges Dreieck hat eine Seitenlänge $l = 40$ cm.
Berechnen Sie den Flächeninhalt in mm^2.

6. Die parallelen Seiten $l_1 = 80$ mm und $l_2 = 52$ mm von einem Trapez liegen $h = 32$ mm auseinander.
Berechnen Sie den Flächeninhalt in cm^2.

7.

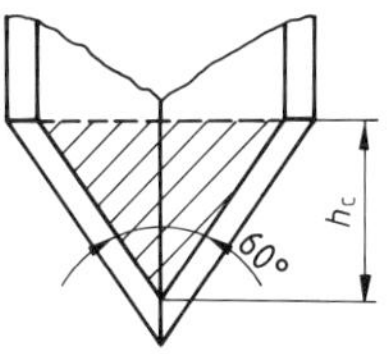

8.

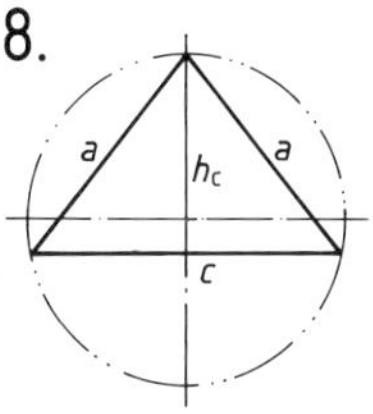

9.

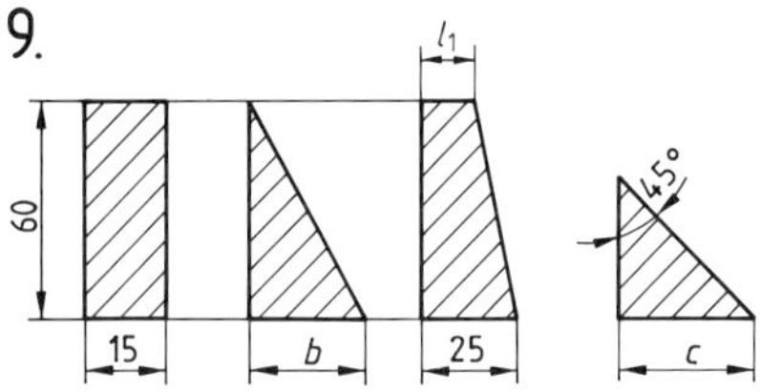

7. Der Öffnungswinkel einer Blechrinne beträgt 60° und ist $h_c = 75$ mm hoch.
Berechnen Sie die Querschnittsfläche der Blechrinne.

8. Aus einem Rundstahl wird ein gleichschenkliges Dreieck mit einem Flächeninhalt von $A = 620\ mm^2$ und einer Höhe von $h_c = 40$ mm gefräst.
Berechnen Sie die Seitenlänge a.

9. Die vier schraffierten Flächen haben den gleichen Querschnitt.
Berechnen Sie die Maße b, l_1 und c.

10.

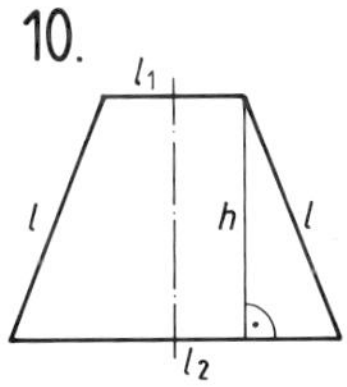

11.

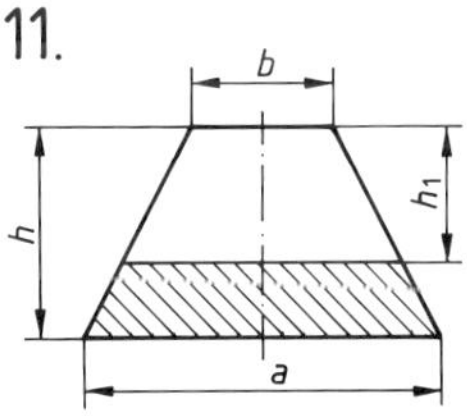

12.

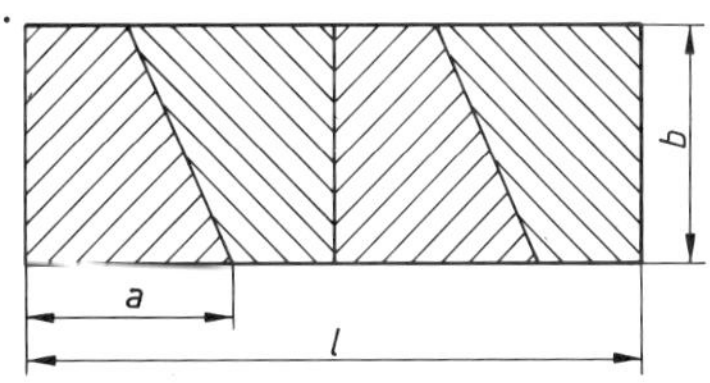

10. Das Seitenblech einer Maschinenverkleidung hat Trapezform. Die Höhe beträgt $h = 170$ cm, die Seitenlängen sind mit $l_2 = 204$ cm und $l = 180$ cm angegeben.
a) Berechnen Sie die Seitenlänge l_1.
b) Berechnen Sie den Flächeninhalt.

11. Der Schieber einer Durchflußöffnung hat Trapezform. Abmessungen: $a = 90$ mm; $b = 40$ mm; $h = 60$ mm.
a) Berechnen Sie den gesamten Durchflußquerschnitt.
b) Wie groß ist der Durchflußquerschnitt, wenn der Schieber auf ⅓ der Höhe h eingestellt wird?

12. Aus einem Blechstreifen von $b = 140$ mm Breite werden trapezförmige Bleche ausgebrannt, deren längste parallele Seite $a = 280$ mm beträgt und einen Flächeninhalt von 247 cm^2 aufweist.
Wieviel Bleche lassen sich aus einem 5 m langen Blechstreifen brennen? (Schnittfuge bleibt unberücksichtigt)

15.4 Flächenberechnungen am Kreis

Flächeninhalt des Kreises

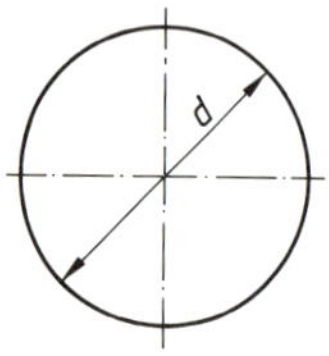

Bild A

$$A = \frac{\pi \cdot d^2}{4}$$

A Flächeninhalt in Flächeneinheiten
d Kreisdurchmesser in Längeneinheiten

Kreisring

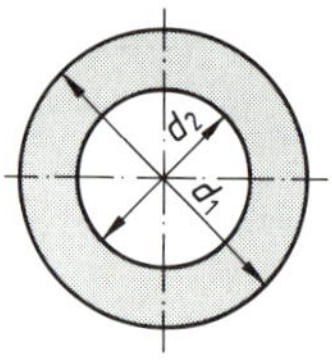

Bild B

$$A = \frac{\pi \cdot d_1^2}{4} - \frac{\pi \cdot d_2^2}{4}$$

Flächeninhalt $A = \frac{\pi}{4}(d_1^2 - d_2^2)$

Kreisausschnitt

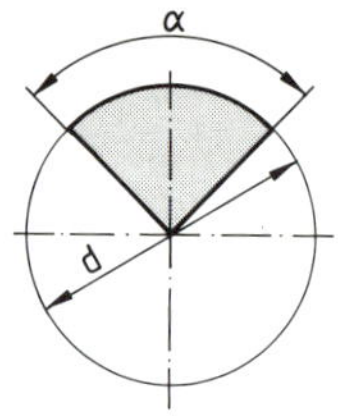

Bild C

Es gilt die Proportion:

$$A : \frac{\pi \cdot d^2}{4} = \alpha : 360°$$

Flächeninhalt $A = \frac{\pi \cdot d^2}{4} \cdot \frac{\alpha}{360°}$

Kreisabschnitt

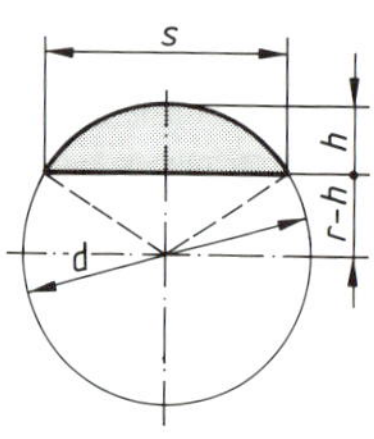

Bild D

$$A = \frac{\pi \cdot d^2}{4} \cdot \frac{\alpha}{360°} - \frac{(r-h) \cdot s}{2}$$

A = Kreisausschnitt – Dreieck

Für die praktische Berechnung genügt die Näherung.

Flächeninhalt $A \approx \frac{2}{3} s \cdot h$

Kreisringausschnitt

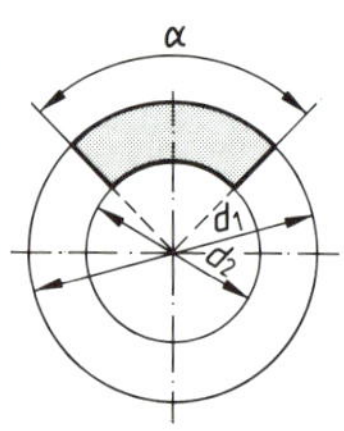

Bild E

Flächeninhalt $A = \frac{\pi}{4}(d_1^2 - d_2^2) \cdot \frac{\alpha}{360°}$

Aufgaben

1. Der in **Bild A** dargestellte Kreis hat einen Durchmesser von 156,5 mm.
Berechnen Sie den Flächeninhalt.

2. **Bild B** zeigt einen Kreisring mit dem großen Durchmesser von 196 mm und einem kleinen Durchmesser von 107 mm.
Berechnen Sie den Flächeninhalt des Kreisringes.

3. Der Zentriwinkel des Kreisausschnitts in **Bild C** beträgt 105°.
Berechnen Sie den Inhalt des Kreisausschnittes, wenn der Kreisdurchmesser 87,3 mm beträgt.

4. Der Kreisabschnitt eines Kreises mit $d = 210$ mm in **Bild D** hat eine Sehnenlänge von 70 mm und eine Höhe von 6 mm.
Berechnen Sie die Kreisabschnittfläche.

5. Der in **Bild E** gezeichnete Kreisringausschnitt besitzt einen Zentriwinkel von 83°. Die Durchmesser entsprechen dem Bild B.
Berechnen Sie den Flächeninhalt des Kreisringausschnitts.

6. Bestimmen Sie die fehlenden Angaben ⓐ bis ⓔ in der Tabelle.

Flächenform	Bezeichnung	Flächenformel	Formelumstellung	Meßwerte ①	Meßwerte ②	Meßwerte ③
ⓐ 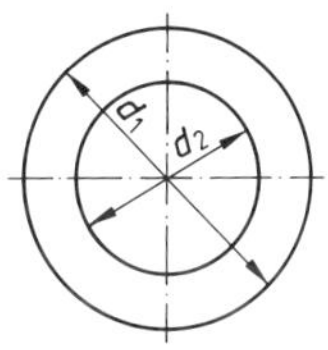	?	$A = ?$	$d_1 = ?$ $d_2 = ?$	$d_1 = 67$ mm $d_2 = 3{,}1$ cm $A = ?$ dm^2	$d_1 = ?$ mm $d_2 = 110$ mm $A = 435$ cm^2	$d_1 = 26$ cm $d_2 = ?$ cm $A = 2{,}7$ dm^2
ⓑ 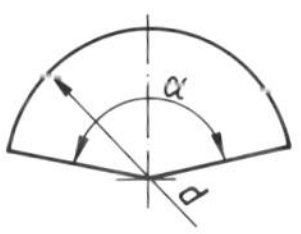	?	$A = ?$	$d = ?$ $\alpha = ?$	$d = 43$ cm $\alpha = 140°$ $A = ?$ cm^2	$d = ?$ cm $\alpha = 45°$ $A = 22$ dm^2	$d = 170$ mm $\alpha = ?°$ $A = 1{,}2$ dm^2
ⓒ 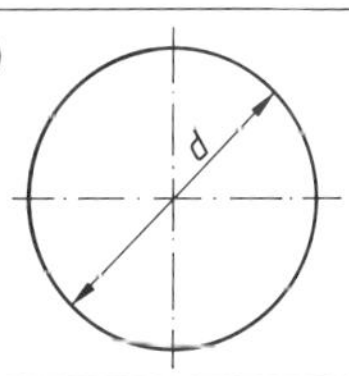	?	$A = ?$	$d = ?$	$d = 1{,}6$ m $A = ?$ dm^2	$d = ?$ cm $A = 54$ dm^2	$d = ?$ mm $A = 63$ cm^2
ⓓ 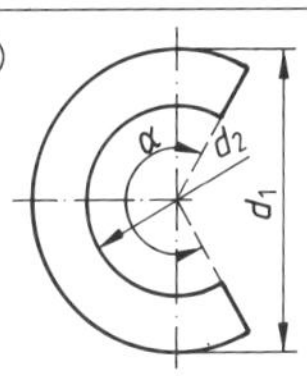	?	$A = ?$	$d_1 = ?$ $d_2 = ?$ $\alpha = ?$	$d_1 = 21$ cm $d_2 = 17$ cm $\alpha = ?°$ $A = 25$ cm^2	$d_1 = ?$ cm $d_2 = 52$ mm $\alpha = 240°$ $A = 208$ cm^2	$d_1 = 165$ mm $d_2 = ?$ mm $\alpha = 36°$ $A = 21$ cm^2
ⓔ 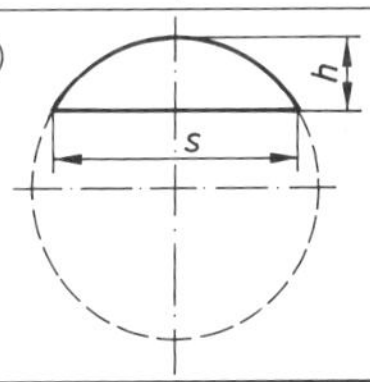	?	$A = ?$	$s = ?$ $h = ?$	$s = 120$ mm $h = 45$ mm $A = ?$ mm^2	$s = 15$ mm $h = ?$ mm $A = 30$ mm^2	$s = ?$ mm $h = 1{,}8$ cm $A = 6$ cm^2

7.

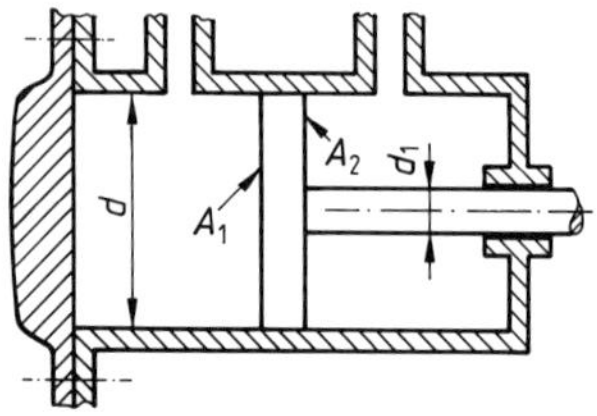

8.

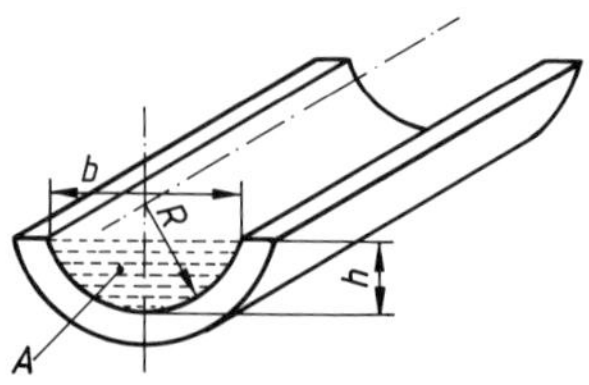

9.

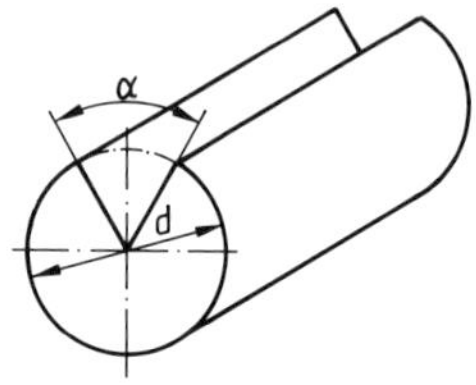

7. Eine doppelt wirkende Kolbenpumpe hat einen Zylinderdurchmesser von 250 mm und einen Kolbenstangendurchmesser von 60 mm.
Berechnen Sie die Kolbendruckfläche A_1 und A_2 in cm^2.

8. Die Rutsche für Rollsplitt ist aus einem Rohr geschnitten, dessen Nenndurchmesser 420 mm beträgt. Die Füllhöhe der Rutsche beträgt 68 mm und ist 310 mm breit.
Berechnen Sie den Querschnitt A für die Rutschfüllung.

9. In eine Welle soll in axialer Richtung eine Kerbe eingefräst werden, die den Wellenquerschnitt um 32% verringert.
Berechnen Sie den Ausschnittwinkel α, wenn der Wellendurchmesser 280 mm beträgt.

10. Ein Kupferdraht von 2,8 mm^2 Querschnitt soll durch einen Aluminiumdraht mit dreifachem Querschnitt ersetzt werden.
Welchen Durchmesser d muß der Aluminiumdraht erhalten?

11. Zwei Abflußrohre mit den lichten Weiten von 26 cm und 40 cm sollen durch ein einziges Rohr mit gleichem Durchflußquerschnitt ersetzt werden.
Welchen Durchmesser muß das Rohr erhalten?

15.5 Berechnung der Gesamtfläche aus Teilflächen

Gesamtflächen werden zunächst in Teilflächen aufgeteilt.

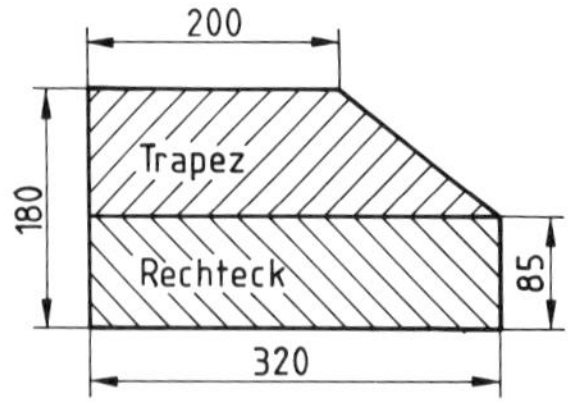

Bild A

Gesamtfläche = Teilfläche Trapez + Teilfläche Rechteck

$$A = A_1 + A_2$$

$$A = \frac{l_1 + l_2}{2} \cdot h + a \cdot b$$

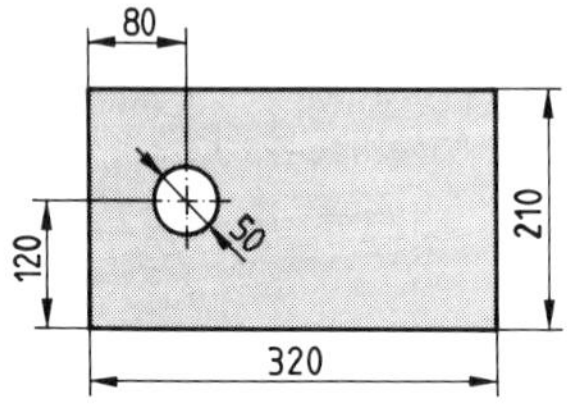

Bild B

Gesamtfläche = Teilfläche Rechteck − Teilfläche Kreis

$$A = A_1 - A_2$$

$$A = a \cdot b - \frac{\pi \cdot d^2}{4}$$

Allgemein gilt:

Gesamtfläche = Summe aller Teilflächen

$$A = A_1 + A_2 + A_3 + \ldots + A_n$$

A Gesamtfläche in Flächeneinheiten
$A_1 - A_n$ Teilflächen in Flächeneinheiten

Aufgaben

1. Berechnen Sie für die **Bilder A** und **B** die Gesamtfläche in cm^2.
2. Für die Bilder ⓐ bis ⓕ sind die Gesamtflächen zu bestimmen.

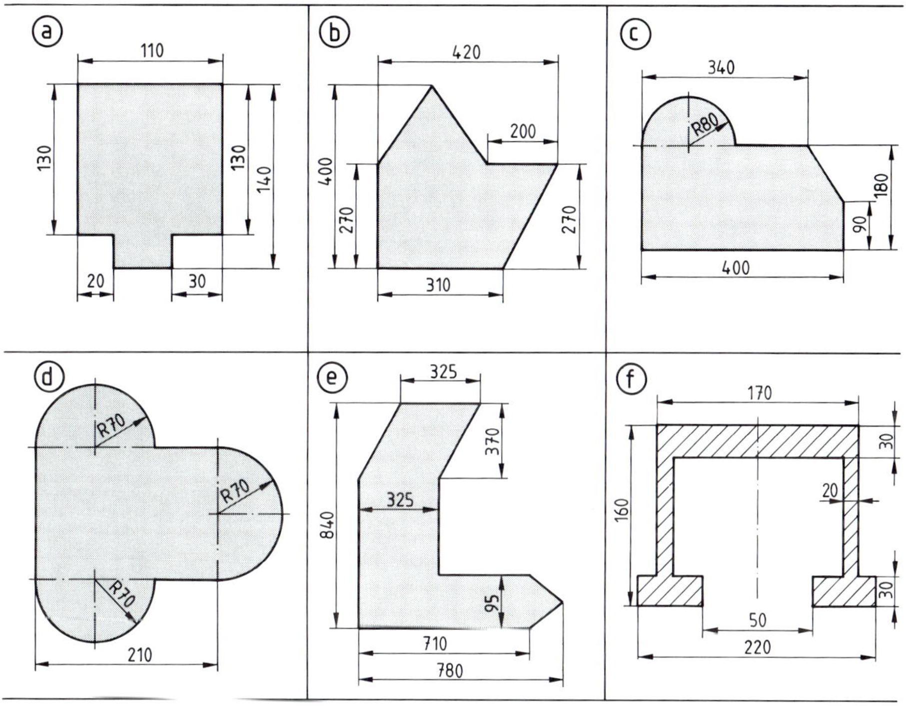

3. Berechnen Sie den Querschnitt der Trägerkonstruktion, der aus scharfkantigem, gleichschenkligen Winkelstahl und Breitflachstahl hergestellt wurde.
4. 50 Bleche der dargestellten Fläche sollen einseitig beschichtet werden.
Welcher Preis P ergibt sich, wenn $1\,m^2$ beschichtete Fläche 15,70 DM kostet?
5. Wie groß ist der Querschnitt S der dargestellten Schwalbenschwanzführung?

3.

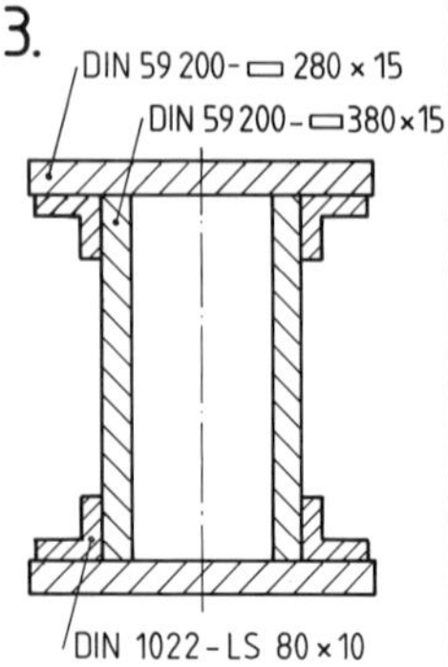

4.

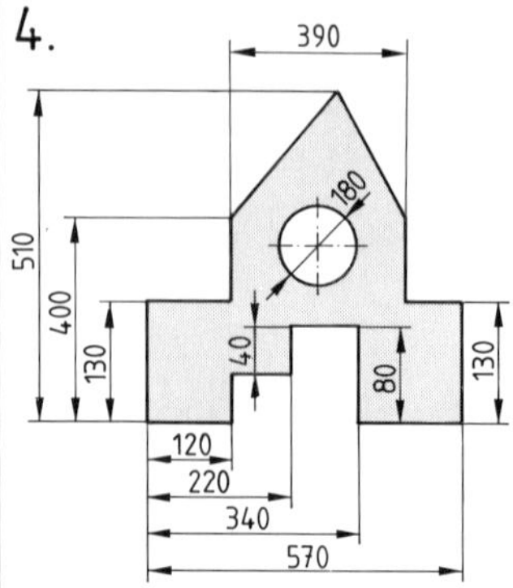

5.

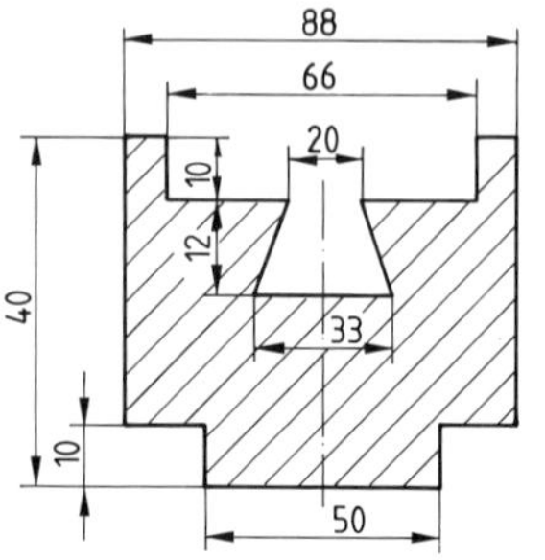

6. Berechnen Sie den Flächeninhalt der Abbildungen ⓐ bis ⓕ.

ⓐ

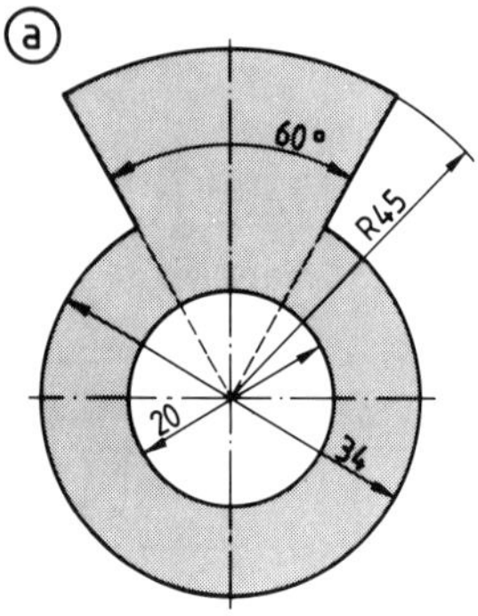

ⓑ

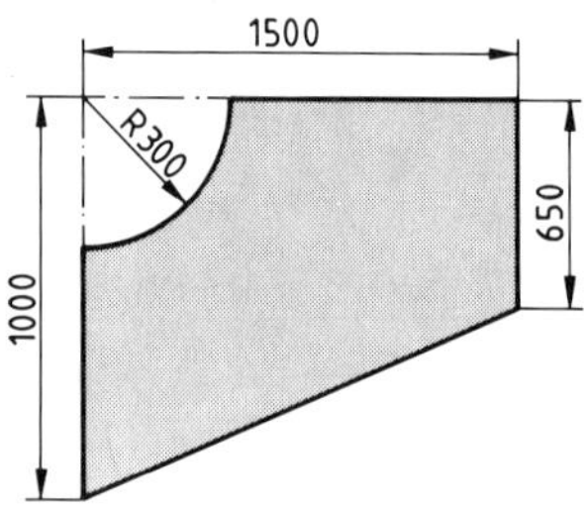

ⓒ

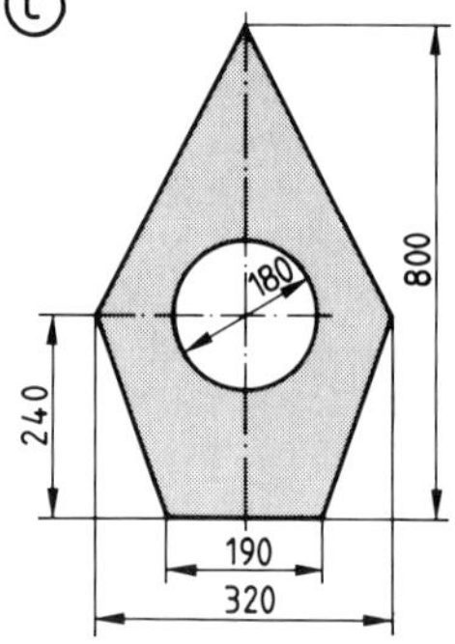

ⓓ

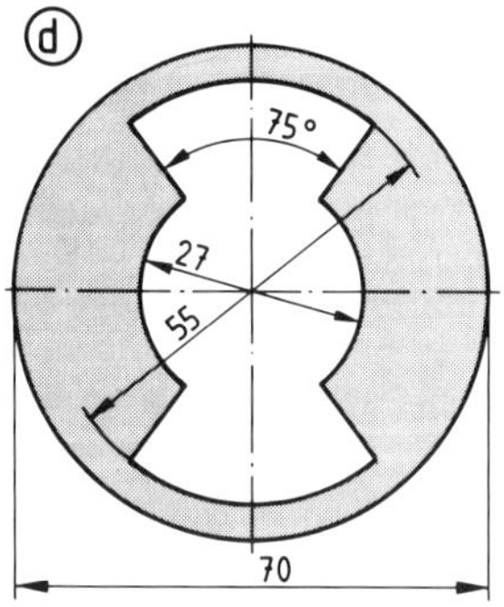

ⓔ

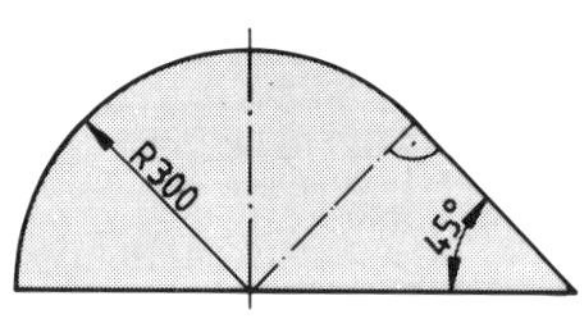

ⓕ

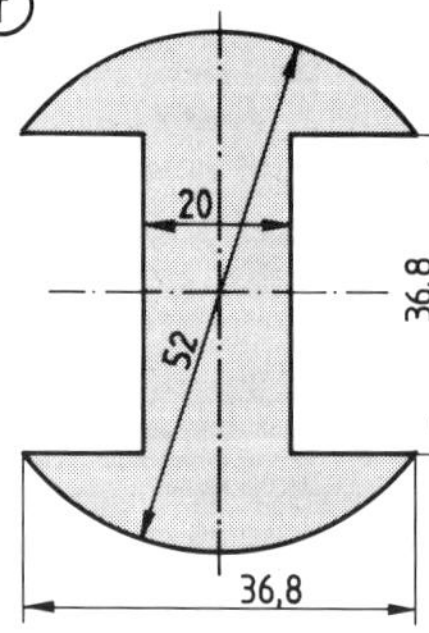

15.6 Verschnittberechnung zur Herstellung von Werkstücken

Aus einer Blechtafel wird ein Werkstück u. a. geschnitten oder gebrannt.

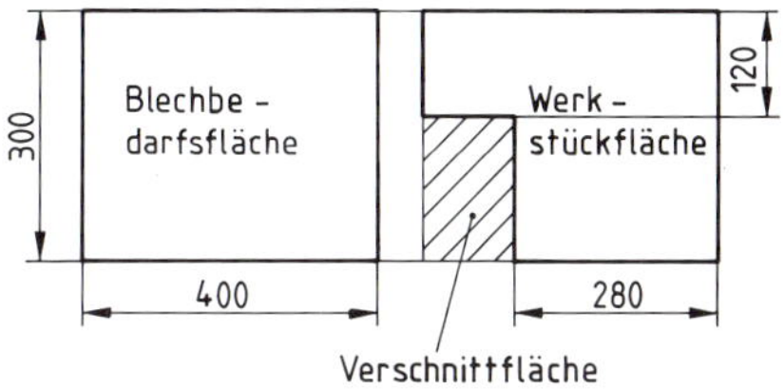

Bild A

Verschnittfläche = Blechbedarfsfläche − Werkstückfläche

$$A_V = A_B - A_W$$
$$A_V = A_B - (A_1 + A_2)$$
$$A_V = a \cdot b - (a_1 \cdot b_1 + a_2 \cdot b_2)$$

Verschnittfläche = Blechbedarfsfläche − Werkstückfläche

$$A_V = A_B - A_W$$

A_V in Flächeneinheiten
A_B in Flächeneinheiten
A_W in Flächeneinheiten

In der Praxis wird der Verschnitt oft in Prozent von der Bedarfsfläche angegeben.

Aufgaben

1. Berechnen Sie für **Bild A**
   a) den Blechbedarf in cm^2;
   b) die Werkstückfläche in cm^2;
   c) die Verschnittfläche in cm^2 und in Prozent.

2. Bestimmen Sie die fehlenden Angaben ⓐ bis ⓖ der Tabelle.

	$A_B = A_W + A_V$		$A_V = A_B - A_W$		$A_W = A_B - A_V$	
ⓐ	220 cm^2	100%	20 cm^2	11%	200 cm^2	89%
ⓑ	0,87 m^2	100%	34,7 dm^2	?	?dm^2	?
ⓒ	? mm^2	100%	?	?	4524 mm^2	84%
ⓓ	? mm^2	100%	320 cm^2	?	? mm^2	92%
ⓔ	347,4 dm^2	100%	? dm^2	?	316,2 dm^2	?
ⓕ	58,09 cm^2	100%	? cm^2	7%	? cm^2	?
ⓖ	0,042 m^2	100%	? dm^2	?	? cm^2	82,7%

3. Für die Abbildungen ⓐ bis ⓕ sind der Blechbedarf und der Verschnitt in mm² und in Prozent zu berechnen.

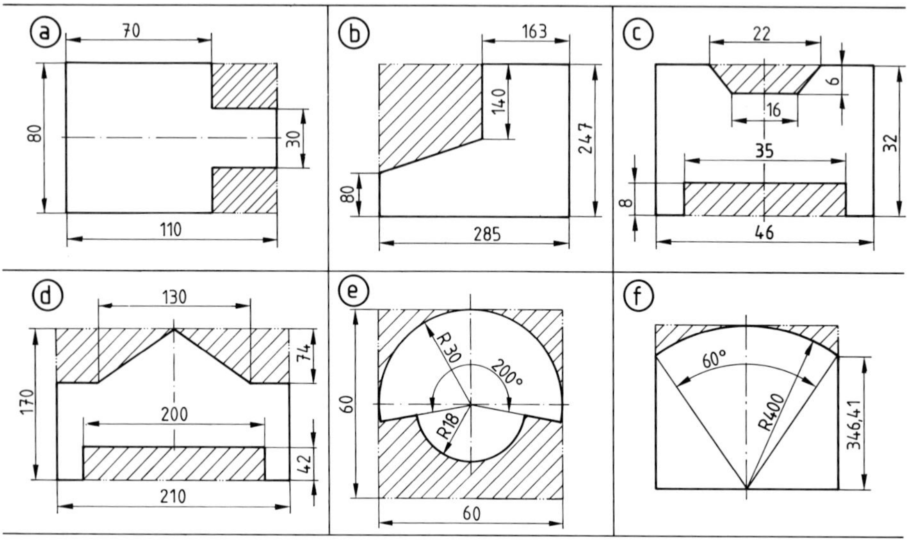

16 Volumenberechnung

16.1 Volumen von Prismen mit gleichbleibender Querschnittsfläche

Bei allen Prismen mit gleichbleibender Querschnittsfläche gilt:

Volumen = Grundfläche · Körperhöhe

$$V = A \cdot h$$

V Volumen (Rauminhalt in Volumeneinheiten)
A Grundfläche in Flächeneinheiten
h Körperhöhe in Längeneinheiten

Körperart	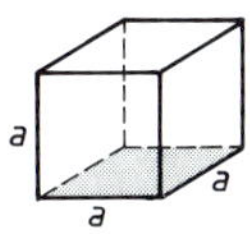 **Bild A**	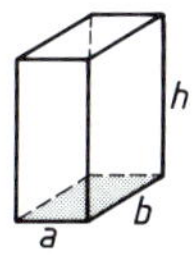 **Bild B**	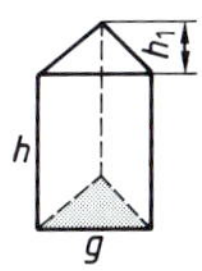 **Bild C**	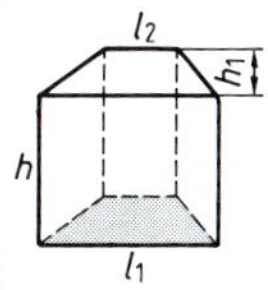 **Bild D**	 **Bild E**
Bezeichnung	**Würfel**	**Rechteck-säule**	**Dreikant-säule**	**Trapez-säule**	**Zylinder**
Grundfläche	$A = a^2$	$A = a \cdot b$	$A = \frac{g \cdot h_1}{2}$	$A = \frac{l_1 + l_2}{2} \cdot h_1$	$A = \frac{\pi d^2}{4}$
Volumenformel	$V = A \cdot a$	$V = A \cdot h$	$V = A \cdot h$	$V = A \cdot h$	$V = A \cdot h$

Aufgaben

1. Berechnen Sie für die **Bilder A** bis **E** entsprechend der Tabelle das Volumen in cm³.

Abmessungen	a	b	h	h_1	g	l_1	l_2	d
Meßwert in mm	90	130	155	27	45	80	65	72

2. Bestimmen Sie die fehlenden Angaben von ⓐ bis ⓔ in der Tabelle.

Körperart	Grundflächen- und Volumenformel	Meßwerte ①	②	③
ⓐ 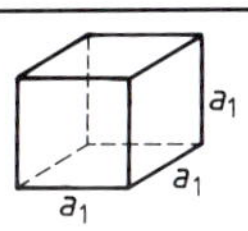	$A = ?$ $V = ?$	$a_1 = 120$ mm $V = ?$ mm³	$a_1 = 0{,}4$ dm $V = ?$ cm³	$a_1 = ?$ mm $V = 32{,}6$ cm³
ⓑ 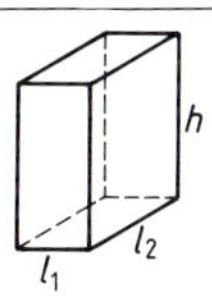	$A = ?$ $V = ?$	$l_1 = 42$ mm $l_2 = 58$ mm $h = 100$ mm $V = ?$ mm³	$l_1 = ?$ cm $l_2 = 7$ cm $h = 14$ cm $V = 196$ cm³	$l_1 = 4$ dm $l_2 = 5{,}7$ dm $h = ?$ dm $V = 45{,}6$ l

Körperart	Grundflächen- und Volumenformel	Meßwerte ①	②	③
ⓒ 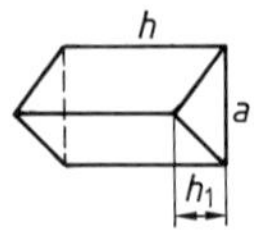	$A = ?$ $V = ?$	$a = 40$ mm $h_1 = 34$ mm $h = 122$ mm $V = ?\ \text{mm}^3$	$a = 0{,}62$ dm $h_1 = ?$ cm $h = 80$ cm $V = 2529{,}6\ \text{cm}^3$	$a = ?$ cm $h_1 = 3{,}4$ cm $h = 16$ cm $V = 208\ \text{cm}^3$
ⓓ 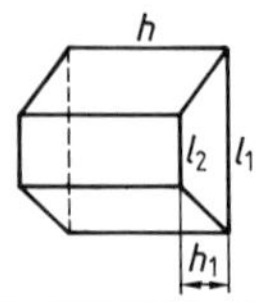	$A = ?$ $V = ?$	$l_1 = 54$ mm $l_2 = 28$ mm $h_1 = 14$ mm $h = 107$ mm $V = ?\ \text{mm}^3$	$l_1 = ?$ cm $l_2 = 7$ cm $h_1 = 3$ cm $h = 13$ cm $V = 312\ \text{cm}^3$	$l_1 = 2{,}15$ dm $l_2 = ?$ dm $h_1 = 0{,}8$ dm $h = 2{,}9$ dm $V = 4$ l
ⓔ 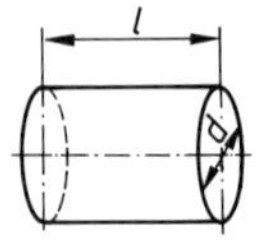	$A = ?$ $V = ?$	$d = 98$ mm $l = 312$ mm $V = ?\ \text{mm}^3$	$d = ?$ cm $l = 1{,}25$ m $V = 709{,}3\ \text{dm}^3$	$d = 140$ cm $l = ?$ cm $V = 4848{,}5$ l

3.

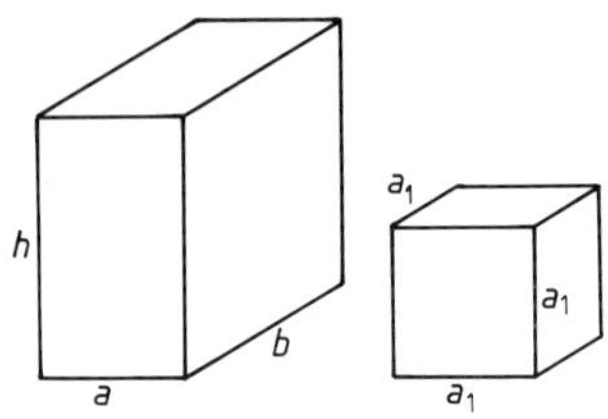

4.

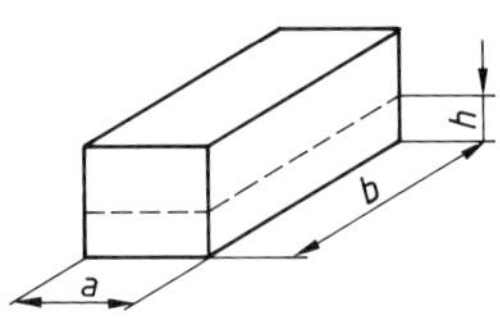

5.

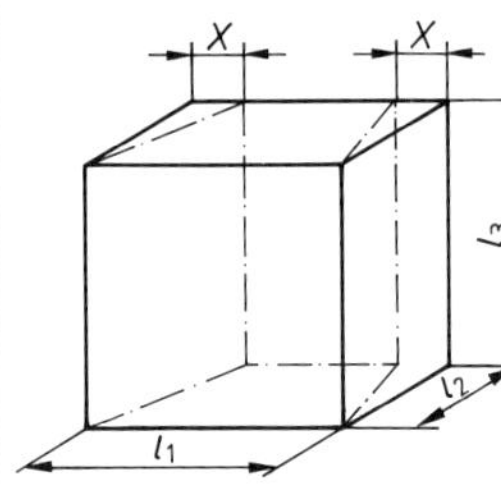

3. Eine Rechtecksäule mit den Kanten $a = 4$ cm und $b = 3$ cm soll durch einen Würfel mit der Kante a_1 volumengleich sein.
Berechnen Sie die Höhe h der Rechtecksäule, wenn der Würfel eine Kantenlänge von 8 cm hat.

4. Ein rechteckiger Blechkasten schwimmt auf einem Ölbad und verdrängt dabei 15 Liter Öl.
Berechnen Sie die Eintauchtiefe h des Blechkastens, dessen Kantenlängen $a = 40$ cm und $b = 72$ cm betragen.

5. Aus einer Rechtecksäule soll eine Trapezsäule mit gleicher Höhe l_3 und großer Kantenlänge l_1 gefräst werden.
Um welches Maß x muß die hintere Kantenlänge abgefräst werden, wenn sich das Volumen um 22% verringert und die Maße des Halbzeugs $l_1 = 140$ mm, $l_2 = 80$ mm und $l_3 = 160$ mm betragen?

6. Die Kanten eines Rechtecks stehen im Verhältnis $a:b:h = 1:2{,}5:4$. Die Seite a beträgt 67 cm.
Berechnen Sie das Volumen.

7. Ein Dreikantstahl hat als Querschnitt ein gleichseitiges Dreieck mit der Kantenlänge $a = 5$ cm. Sein Volumen beträgt 820 cm^3. Durch Walzen wird die Kantenlänge um ⅓ verringert.
Berechnen Sie die Dreikantstahllänge vor dem Walzen und nach dem Walzen.

8.

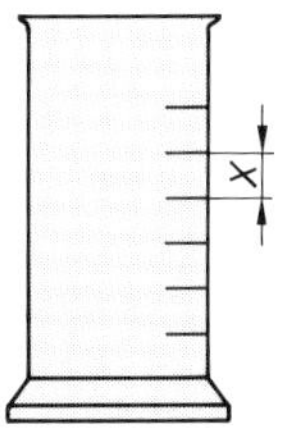

9.

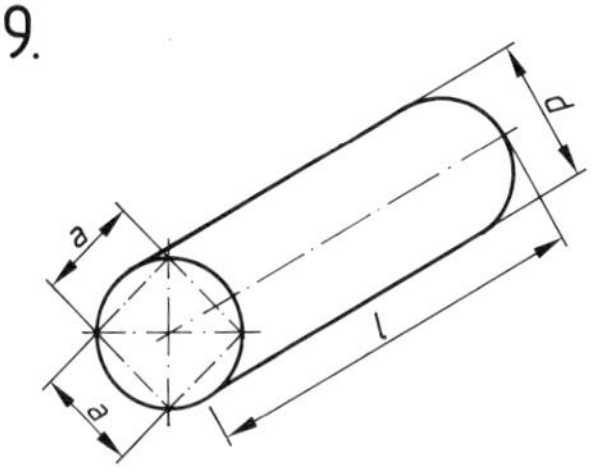

10.

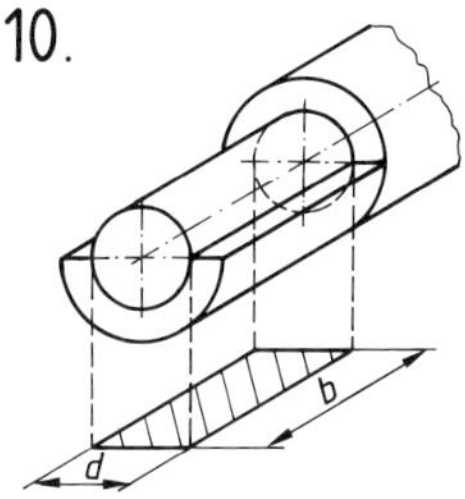

8. Ein zylindrischer Glasbehälter mit einem Innendurchmesser von 30 cm soll mit Teilstrichen versehen werden, wobei von Teilstrich zu Teilstrich 500 cm^3 Fassungsvermögen gegeben sein soll.
In welchem Abstand x sind die Teilstriche anzubringen?

9. Das Volumen eines 28 cm langen Rundstahls beträgt 1800 cm^3. Aus ihm soll ein Vierkant gleicher Länge gefräst werden.
Errechnen Sie die größtmögliche Kantenlänge a.

10. Das Gleitlager einer Kurbelwelle hat ein Breitenverhältnis $d:b = 0{,}85$. Der Zapfendurchmesser beträgt 220 mm.
Wieviel Liter Rotguß benötigt man für das Gießen der Lagerschale (Außendurchmesser $d_1 = 260$ mm)?

16.2 Volumen von Pyramide und Kegel

Das Prisma läßt sich in 3 volumengleiche Pyramiden zerlegen.

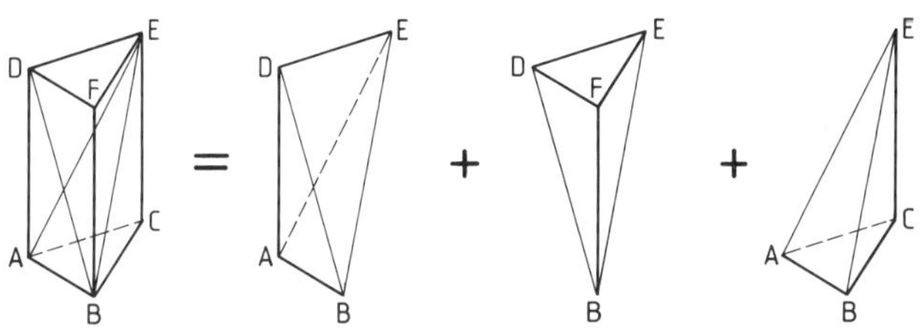

Prisma		Pyramide 1		Pyramide 2		Pyramide 3
V	$=$	V_1	$+$	V_2	$+$	V_3
$A \cdot h$	$=$	$\frac{1}{3} A \cdot h$	$+$	$\frac{1}{3} A \cdot h$	$+$	$\frac{1}{3} A \cdot h$

Daraus folgt:

$$V_{\text{Pyramide}} = \frac{1}{3} V_{\text{Prisma}}$$

$$V_{\text{Pyramide}} = \frac{1}{3} A \cdot h$$

Wie bei der dreiseitigen Pyramide gilt für jede (auch schiefe) n-seitige Pyramide und für jeden Kegel (Pyramide mit unendlich vielen Ecken):

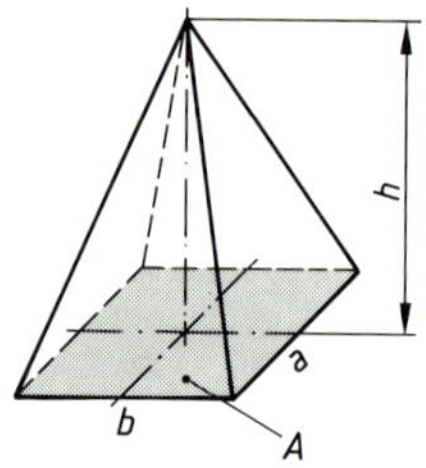

Bild A: Pyramide

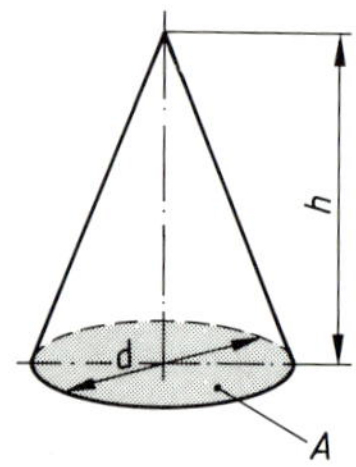

Bild B: Kegel

$$\text{Volumen} = \frac{\text{Grundfläche} \cdot \text{Höhe}}{3}$$

$$V = \frac{A \cdot h}{3}$$

V Volumen in Volumeneinheiten

A Fläche in Flächeneinheiten

h Höhe in Längeneinheiten

Aufgaben

1. Berechnen Sie für die Körper in **Bild A** und **B** jeweils die Grundfläche und das Volumen. (Maße: $a = 300$ mm, $b = 170$ mm, $d = 200$ mm, $h = 420$ mm)

2. Bestimmen Sie die fehlenden Angaben ⓐ bis ⓓ in der Tabelle.

	ⓐ $a = 40$ mm $h = 80$ mm	ⓑ $a_1 = 17{,}5$ cm $h = 32$ cm	ⓒ $d = 18$ cm $h = 85$ cm	ⓓ $d_1 = 120$ mm $h = 80$ mm
Körper	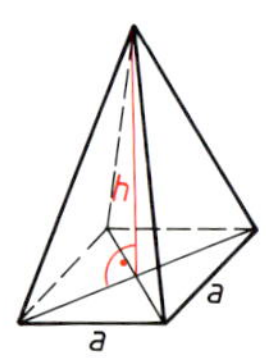	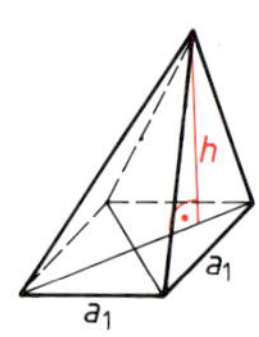	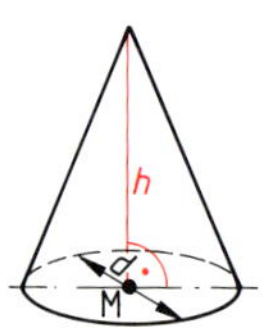	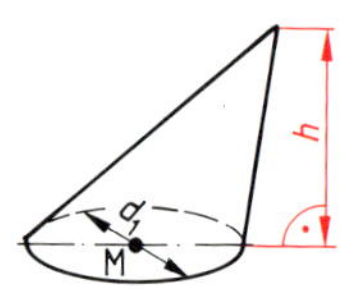
Formel Grundfläche	$A = ?$	$A = ?$	$A = ?$	$A = ?$
Formel Volumen	$V = ?$	$V = ?$	$V = ?$	$V = ?$
Volumen	$V = ?\ \text{cm}^3$	$V = ?\ \text{mm}^3$	$V = ?\ \text{cm}^3$	$V = ?\ \text{dm}^3$

3.

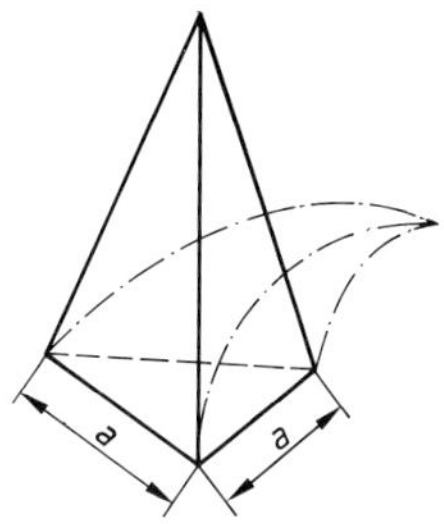

4.

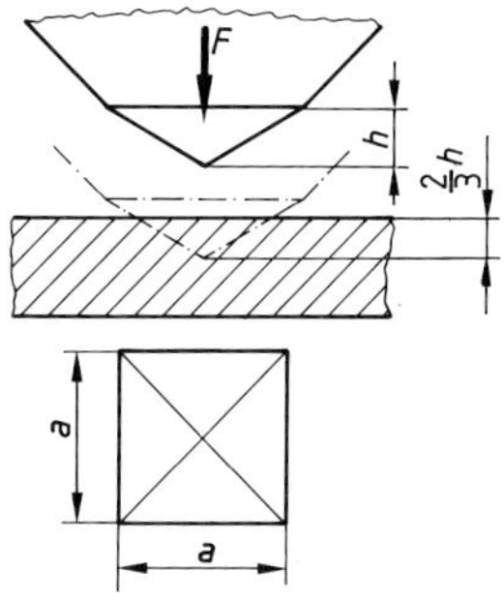

3. Zur Bestimmung der Temperatur im Härteofen werden drei Segerkegel eingesetzt. Die Pyramiden haben dreieckige Abmessungen: gleichseitiges Dreieck $a = 4$ cm, Pyramidenhöhe 12 cm.

a) Berechnen Sie das Volumen des Segerkegels in mm^3.

b) Welche Ofentemperatur liegt vor, wenn der Segerkegel 114 mit der Spitze die Standfläche berührt?

4. Für die Härteprüfung nach Vickers verwendet man eine vierseitige Pyramide aus Diamant.

a) Berechnen Sie das Volumen des ganzen Prüfkörpers.

b) Wieviel mm^3 Materialvolumen werden durch den Prüfkörper verdrängt, der durch die Prüflast zu ⅔ seiner Körperhöhe eindringt?
(Körperabmessungen: $a = 6$ mm, $h = 8$ mm)

5.

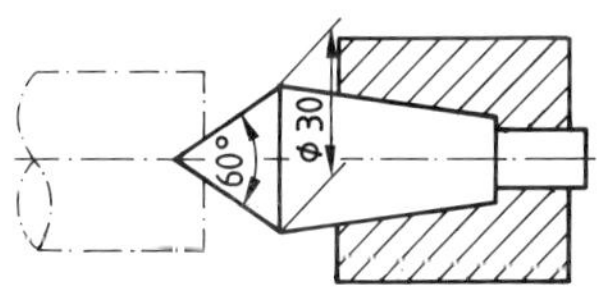

6.

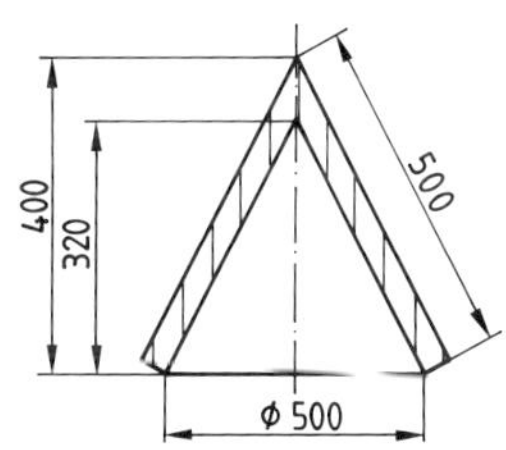

5. Die Reitstockkegelspitze einer Drehmaschine sitzt 4 mm tief in der Zentrierbohrung der Welle.
Berechnen Sie das Volumen der Aufnahmespitze.

6. Eine kegelkörmige Abdeckung soll aus einer Cu-Zn-Legierung gegossen werden, die im Verhältnis von Cu:Zn = 3:2 stehen soll.
Wieviel Liter Cu und Zn sind für die Abdeckung notwendig?
(Der Fehler in der Standfläche bleibt unberücksichtigt)

16.3 Volumen von Pyramidenstumpf und Kegelstumpf

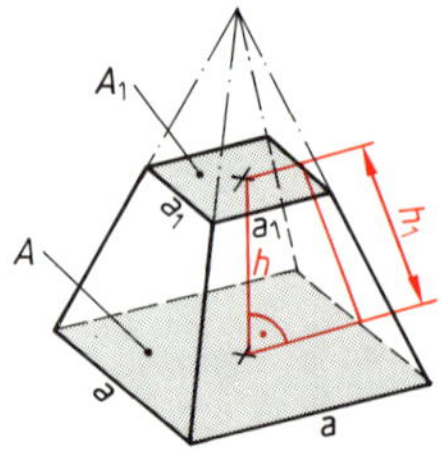

Bild A: Pyramidenstumpf

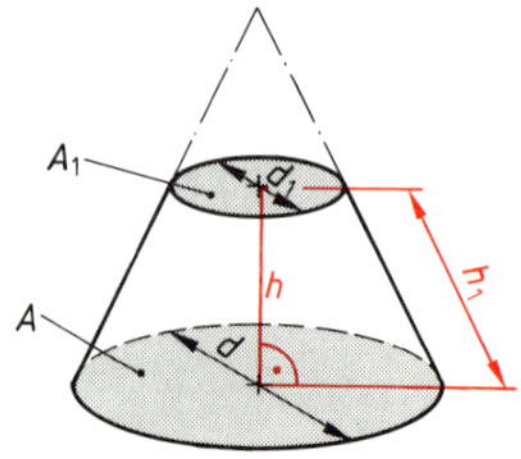

Bild B: Kegelstumpf

Pyramidenstumpf

$$V=\frac{h}{3}\left(A+A_1+\sqrt{A\cdot A_1}\right)$$

Näherungsformel

$$V\approx\frac{A+A_1}{2}\cdot h$$

Kegelstumpf

$$V=\frac{\pi\cdot h}{12}\left(d^2+d_1^2+d\cdot d_1\right)$$

Näherungsformel

$$V\approx\frac{A+A_1}{2}\cdot h$$

V Volumen in Volumeneinheiten
h Körperhöhe in Längeneinheiten
A Grundfläche des Körpers in Flächeneinheiten
A_1 Deckfläche des Körpers in Flächeneinheiten
d Grundflächendurchmesser in Längeneinheiten
d_1 Deckflächendurchmesser in Längeneinheiten

Die Näherungsformel liefert für die praktische Berechnung ausreichende Genauigkeit.

Aufgaben

1. **a)** Berechnen Sie für **Bild A** und **Bild B** das Volumen nach der genauen Formel und nach der Näherungsformel. ($a=400$ mm, $a_1=80$ mm, $h=350$ mm, $d=68$ mm, $d_1=22$ mm)
   b) Bestimmen Sie den prozentualen Fehler.

2. Bestimmen Sie die fehlenden Angaben ⓐ bis ⓓ in der Tabelle.

Körperform		Körperabmessungen Grundfläche	Deckfläche	Höhe	Grund- und Deckfläche	Volumen nach der genauen Formel	Näherungsformel	prozentualer Fehler
Pyramidenstumpf mit rechteckiger Grund- und Deckfläche	ⓐ	$a=8$ cm $b=3$ cm	$a_1=5$ cm $b_1=0{,}7$ cm	$h=23$ cm	$A=?$ cm² $A_1=?$ cm²	$V=?$ cm³	$V=?$ cm³	Fehler = ?%
	ⓑ	$a_1=210$ mm $a_2=160$ mm	$b_1=200$ mm $b_2=150$ mm	$h=680$ mm	$A=?$ mm² $A_1=?$ mm²	$V=?$ mm³	$V=?$ mm³	Fehler = ?%
Kegelstumpf	ⓒ	$d=6$ cm	$d_1=4$ cm	$h=6$ cm	$A=?$ cm² $A_1=?$ cm²	$V=?$ cm³	$V=?$ cm³	Fehler = ?%
	ⓓ	$d_1=16$ cm	$d_2=6$ cm	$h=10$ cm	$A=?$ cm² $A_1=?$ cm²	$V=?$ cm³	$V=?$ cm³	Fehler = ?%

3. Vergleichen Sie den prozentualen Fehler in der Tabelle, und machen Sie eine Aussage, wann die Näherungsformel in Abhängigkeit der Grund- und Deckfläche den größten Fehler aufweist.

4. Berechnen Sie das Volumen der Körper ⓐ bis ⓒ.

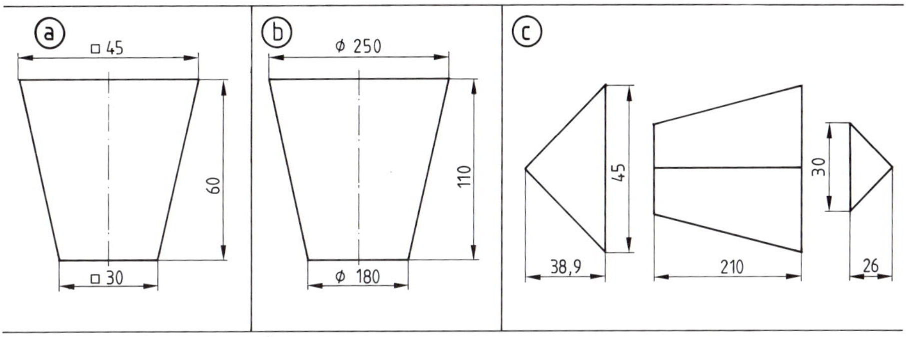

16.4 Volumenberechnung der Kugel

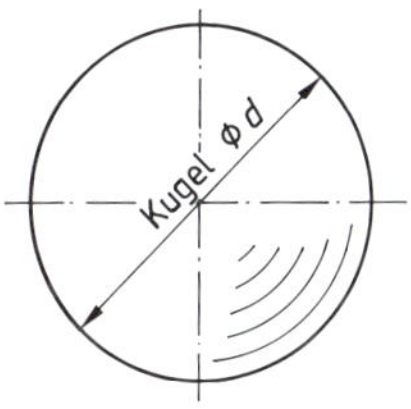

Bild A: Kugel

Kugel

$$V = \frac{\pi \cdot d^3}{6}$$

V Kugelvolumen in Volumeneinheiten

d Kugeldurchmesser in Längeneinheiten

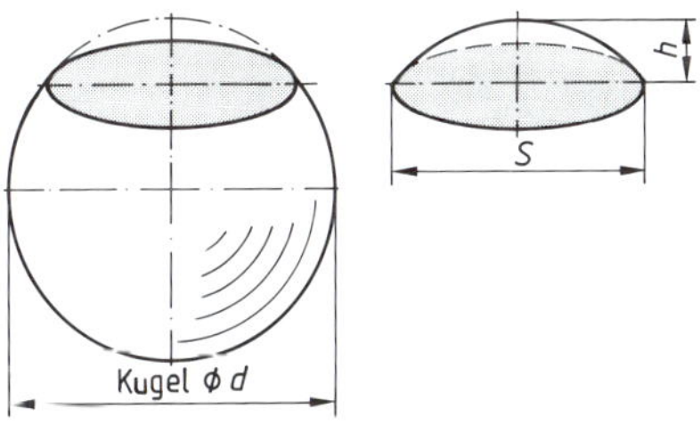

Bild B: Kugelabschnitt

Kugelabschnitt

$$V = \frac{\pi}{6} \cdot h^2 (3d - 2h)$$

oder

$$V = \pi \cdot h \left(\frac{s^2}{8} + \frac{h^2}{6} \right)$$

V Volumen in Volumeneinheiten

h Kugelabschnitthöhe in Längeneinheiten

d Kugeldurchmesser in Längeneinheiten

s Kugelabschnittsehne in Längeneinheiten

Aufgaben

1. Berechnen Sie für **Bild A** das Volumen in cm^3 (Kugeldurchmesser: 280 mm).

2. Von einer Kugel mit einem Durchmesser von 32 mm werden 7 mm Höhe abgefräst. Um wieviel mm^3 verringert sich das Volumen der Kugel **(Bild B)**?

3. Welchen Durchmesser d hat eine Kugel von 1 m³ Volumen?

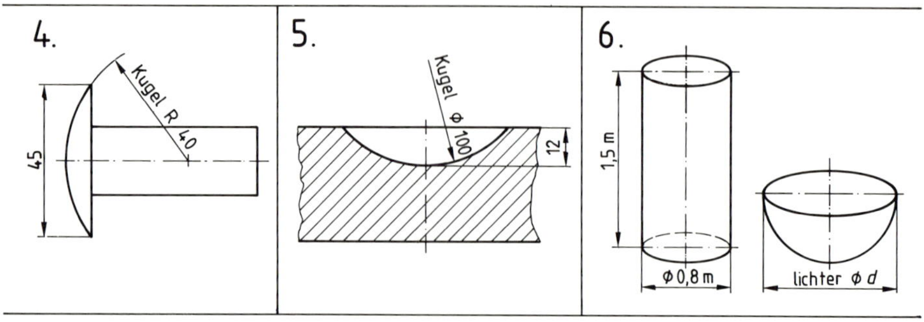

4. Der Kopf eines Flachrundniets hat die Form eines Kugelabschnittes.
Berechnen Sie das Kopfvolumen.

5. Um wieviel cm³ muß die Stützplatte eines Kugelgelenkes ausgedreht werden?

6. Ein zylindrischer Bottich soll durch einen halbkugelförmigen Bottich gleichen Inhalts ersetzt werden.
Berechnen Sie den lichten Durchmesser d.

7. Eine Hohlkugel hat eine Wandstärke von 5 mm und soll ein Fassungsvermögen von 1 Liter haben.
Welchen Außendurchmesser muß die Kugel erhalten?

16.5 Volumenberechnung von zusammengesetzten Körpern

Der Körper wird in Grundformen aufgeteilt.

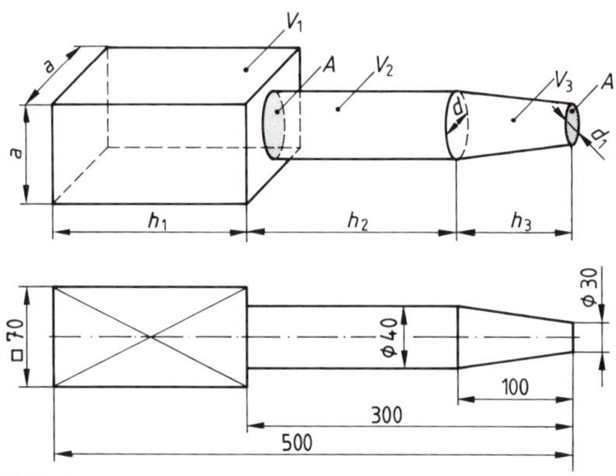

Bild A

Prismavolumen

$$V_1 = a^2 \cdot h_1$$

Zylindervolumen

$$V_2 = \frac{\pi d^2}{4} \cdot h_2$$

Kegelstumpfvolumen

$$V_3 \approx \frac{A + A_1}{2} \cdot h_3$$

Allgemein gilt:

Gesamtvolumen = Summe aller Teilvolumen

$$V_{ges} = V_1 + V_2 + V_3 + \ldots + V_n$$

Aufgaben

1. Berechnen Sie für **Bild A** das Gesamtvolumen in cm^3.

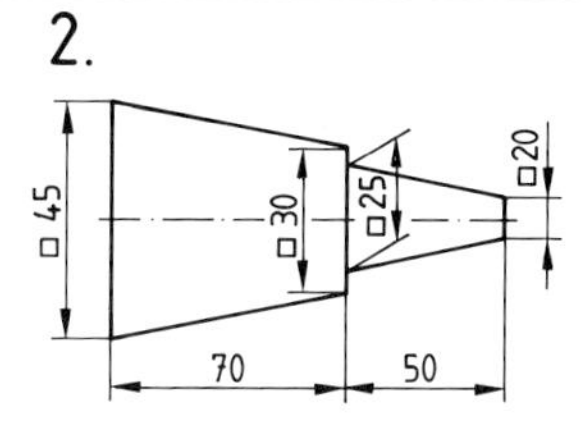

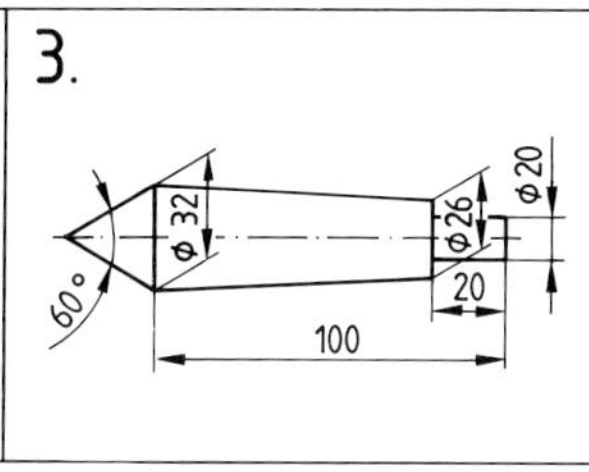

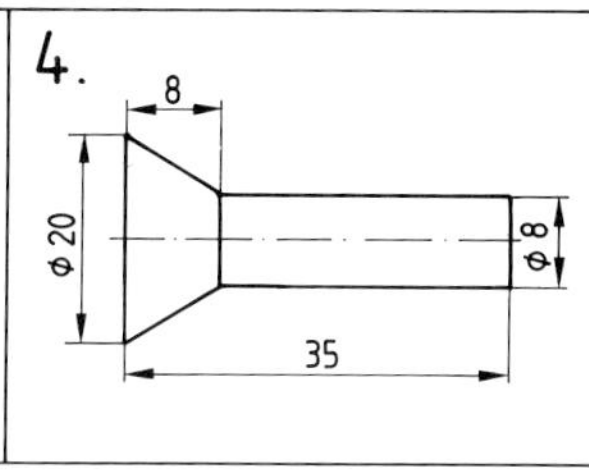

2. Berechnen Sie das Volumen für den dargestellten Amboßeinsatz.

3. Wie groß ist das Volumen des dargestellten Aufnahmekegels für eine Drehmaschine?

4. Welches Volumen hat der Aluminiumniet?

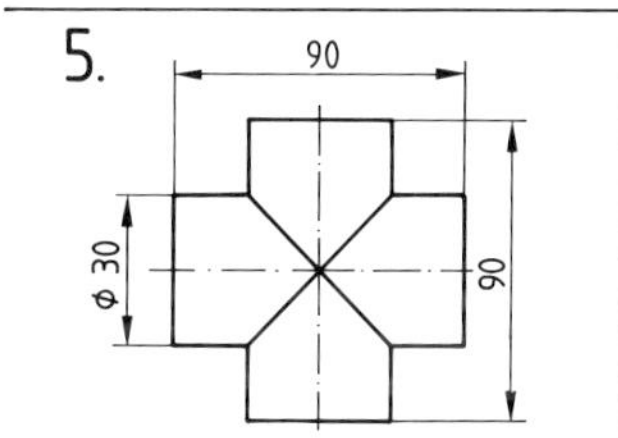

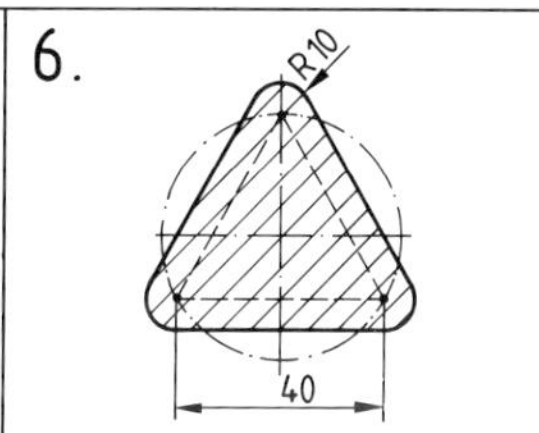

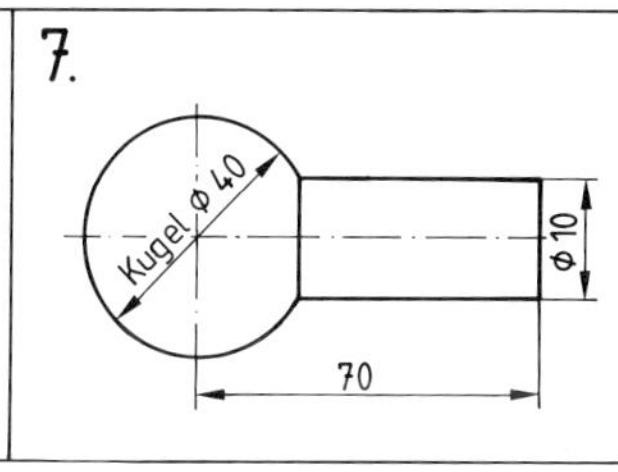

5. Für das Kreuzstück eines Kardangelenkes ist das Volumen näherungsweise in cm^3 zu bestimmen.

6. Berechnen Sie das Volumen einer 1 m langen Welle mit dem dargestellten Querschnitt.

7. Welches Volumen hat der Kugelgelenkbolzen?

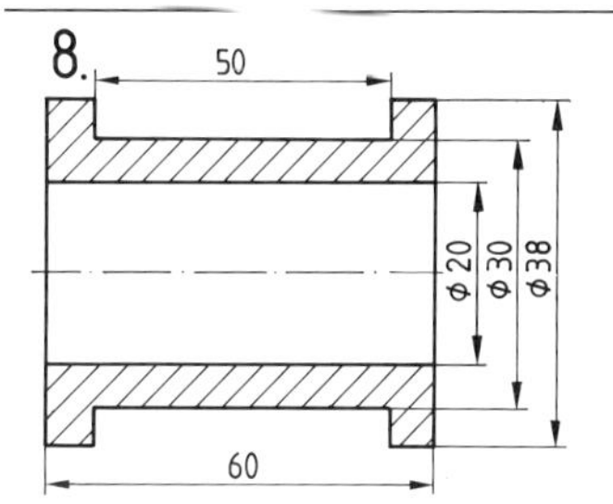

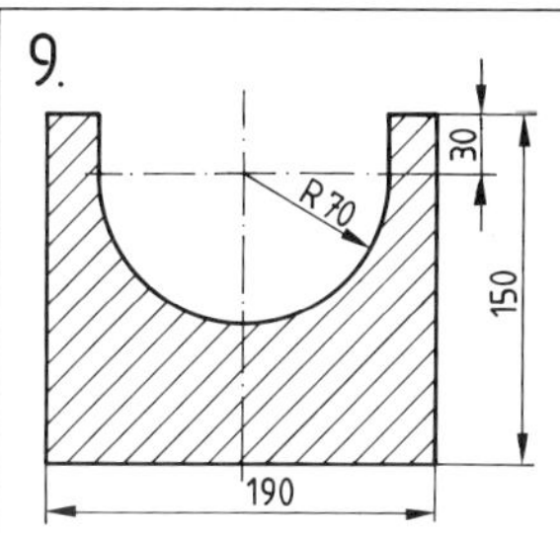

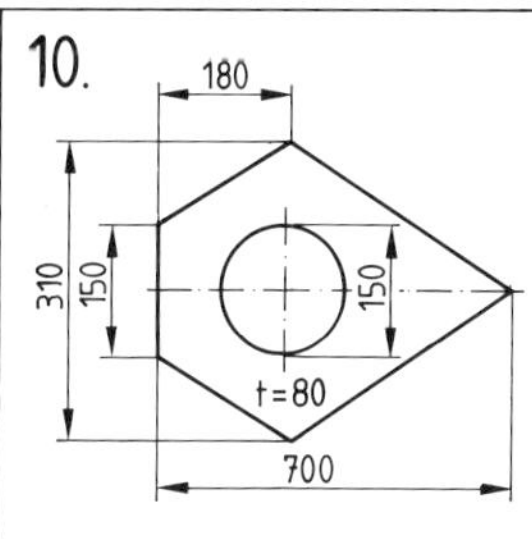

8. Welches Volumen in cm^3 besitzt die Lagerbuchse aus CuZn 28?

9. Wieviel Meter der dargestellten Rinne kann man aus 1 m^3 Guß herstellen?

10. Berechnen Sie das Volumen des Stellkeils.

11. Für die in zwei Ansichten dargestellten Werkstücke ⓐ bis ⓒ ist das Volumen zu berechnen.

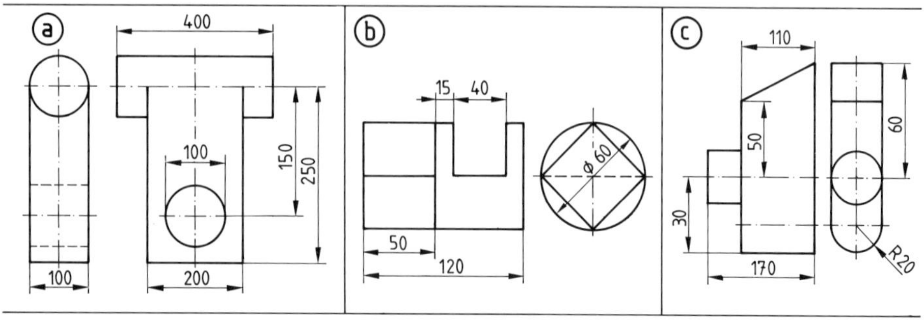

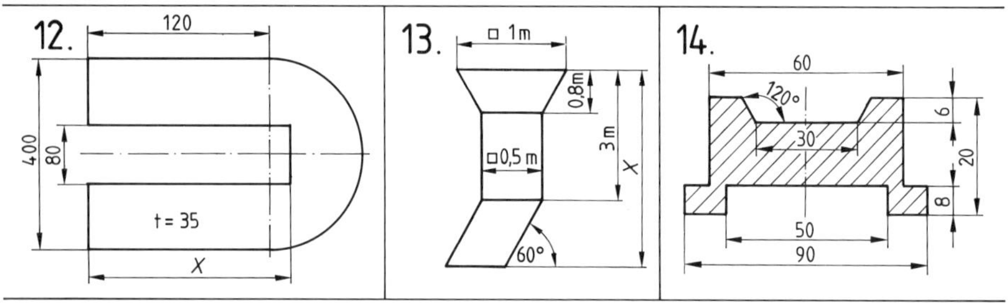

12. Die Scheibe soll ein Volumen von 3,5 dm^3 besitzen.
Bestimmen Sie das Maß x.

13. Der Abfülltrichter soll bei einer Schüttung 1,5 m^3 Volumen bemessen.
Berechnen Sie das Maß x.

14. Welche Länge l muß die Führungsbahn haben, wenn das Volumen 150 cm^3 nicht überschritten werden darf?

17 Mantel- und Oberflächenberechnung von Körpern

Die Oberfläche eines Körpers ergibt sich aus der Summe der Flächeninhalte der einzelnen Begrenzungsflächen.

Körper	Mantelfläche und Oberfläche	Abwicklung
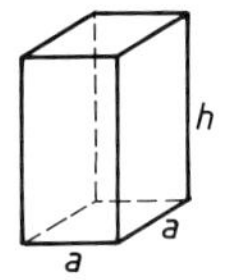 **Bild A**	$A_M = 4a \cdot h$ $A_O = 4a \cdot h + 2a^2$	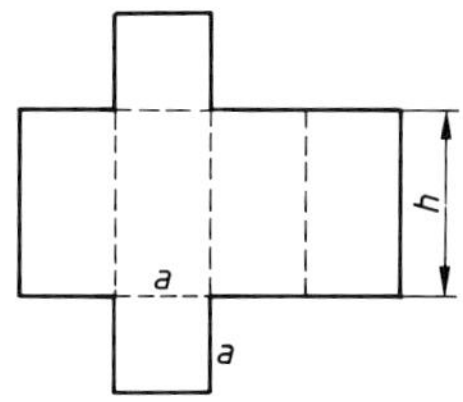
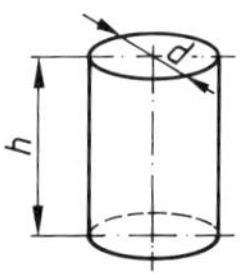 **Bild B**	$A_M = \pi \cdot d \cdot h$ $A_O = \pi \cdot d \cdot h + 2\,\frac{\pi \cdot d^2}{4}$	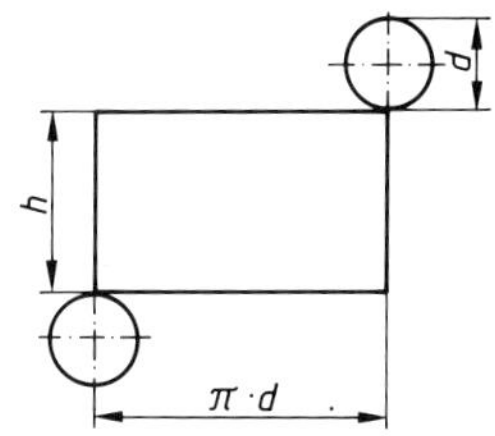
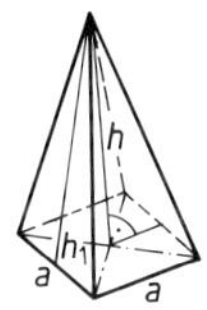 **Bild C**	$A_M = \frac{a \cdot h_1}{2} \cdot 4$ $A_O = \frac{a \cdot h_1}{2} \cdot 4 + a^2$	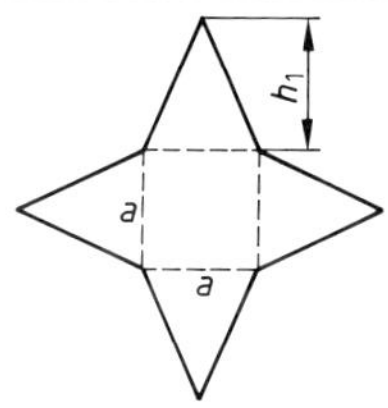
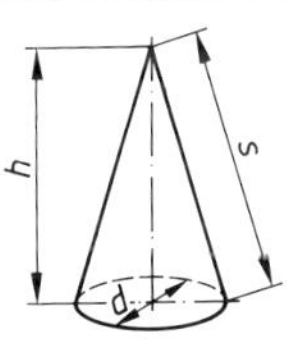 **Bild D**	$A_M = \pi \cdot r \cdot s$ $A_O = \pi \cdot r \cdot s + \frac{\pi \cdot d^2}{4}$	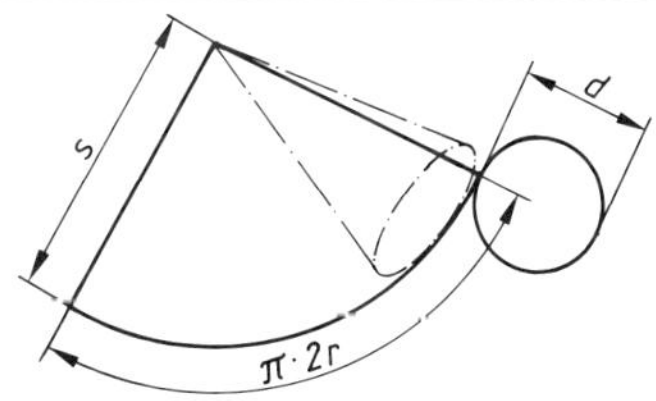
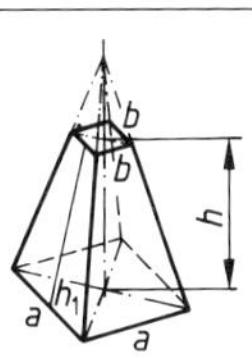 **Bild E**	$A_M = 4\,\frac{a+b}{2} \cdot h_1$ $A_O = 4\,\frac{a+b}{2} \cdot h_1 + a^2 + b^2$	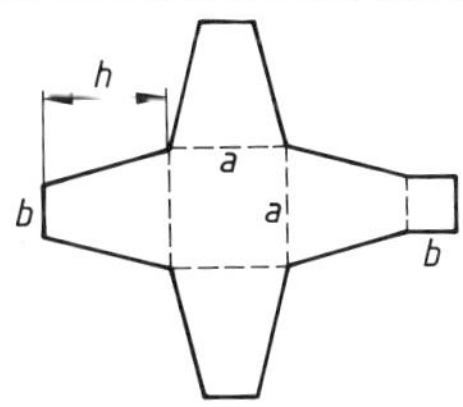
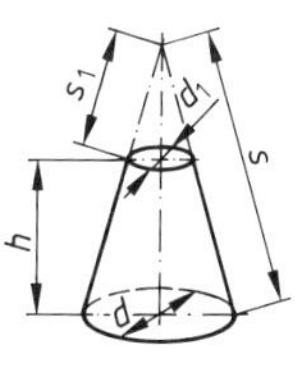 **Bild F**	$A_M = \pi \cdot s \cdot r - \pi \cdot s_1 \cdot r_1$ $A_O = A_M + \frac{\pi \cdot d^2}{4} + \frac{\pi \cdot d_1^2}{4}$	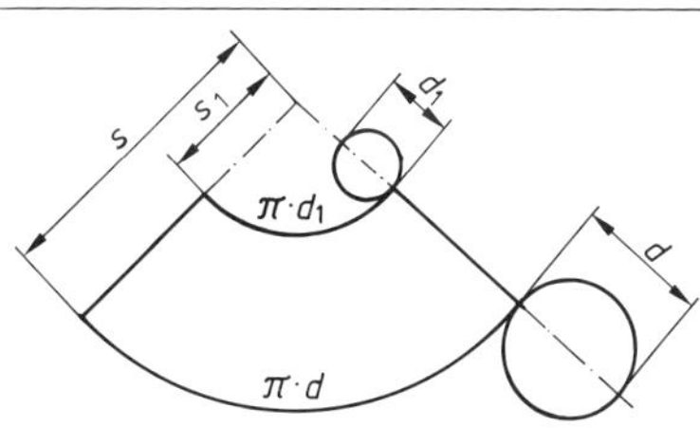

Aufgaben

1. Berechnen Sie für die **Bilder A** bis **F** die Mantel- und Oberfläche.

Körper	Abmessungen	Wert der Mantelfläche	Wert der Oberfläche
Bild A	$a = 8$ cm, $h = 30$ cm	$A_M = ?$ cm²	$A_O = ?$ cm²
Bild B	$d = 40$ mm, $h = 8$ cm	$A_M = ?$ mm²	$A_O = ?$ mm²
Bild C	$a = 120$ mm, $h = 20$ cm	$A_M = ?$ cm²	$A_O = ?$ cm²
Bild D	$d = 6$ cm, $h = 12$ cm	$A_M = ?$ cm²	$A_O = ?$ cm²
Bild E	$a = 5$ cm, $b = 3$ cm, $h_1 = 9$ cm	$A_M = ?$ mm²	$A_O = ?$ mm²
Bild F	$d = 5$ dm, $d_1 = 3$ dm, $s_1 = 8$ dm, $s = 22$ dm	$A_M = ?$ dm²	$A_O = ?$ dm²

2.

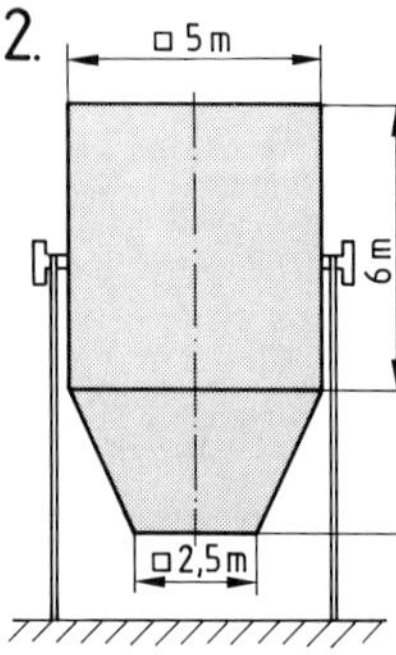

3.

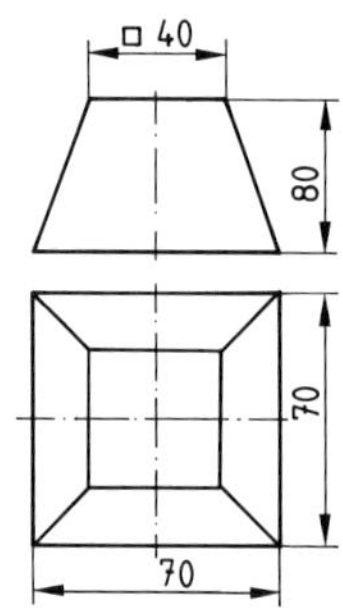

4.

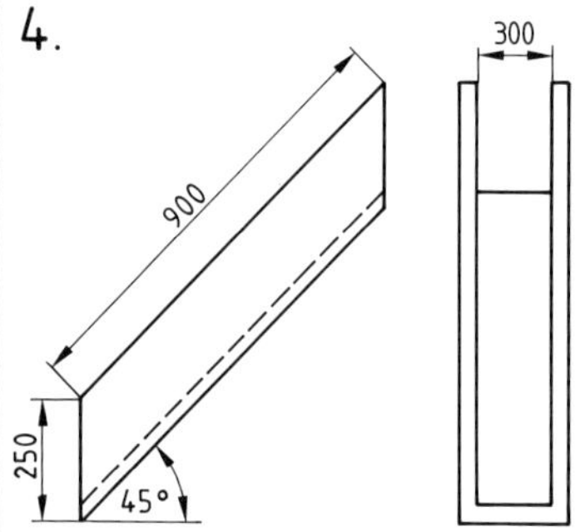

2. Wie groß ist der Blechbedarf (ohne Berücksichtigung der Blechdicke) für den Schrottbunker bei einem Verschnitt von 5%?

3. Die Eckpfosten einer Lagerplatte sollen allseitig mit Farbe beschichtet werden. Geben Sie die erforderliche Farbmenge für 100 Pfosten an. (Farbverbrauch: 150 g/m²)

4. Für den Spantransport soll eine Blechrutsche hergestellt werden. Berechnen Sie den Blechbedarf. (Ohne Berücksichtigung der Blechdicke)

18 Winkelfunktionen am rechtwinkligen Dreieck

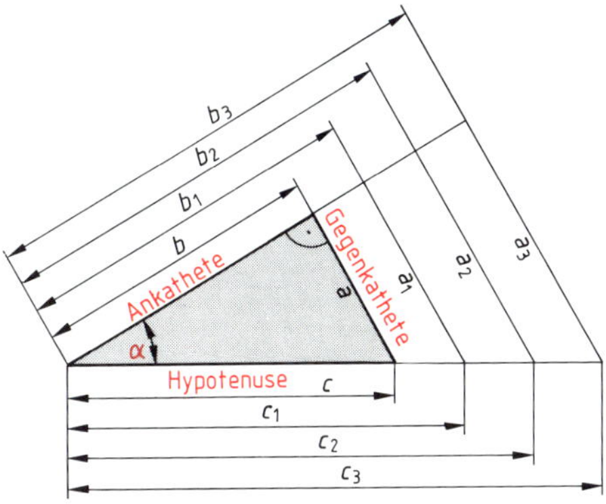

Bild A

Bezeichnungen am rechtwinkligen Dreieck

Hypotenuse → Seite, die dem rechten Winkel gegenüberliegt

Gegenkathete → Seite, die dem zu betrachtenden Winkel gegenüberliegt

Ankathete → Seite, die an dem zu betrachtenden Winkel anliegt

Bildet man Seitenverhältnisse bei gleichem Winkel α, so gilt z. B.:

$$\frac{a}{c} = \frac{a_1}{c_1} = \frac{a_2}{c_2} = \frac{a_3}{c_3}$$

Da die Seitenverhältnisse nur vom Winkel abhängen, nennt man sie **Winkelfunktionen:**

$$\text{Sinus} = \frac{\text{Gegenkathete}}{\text{Hypotenuse}}$$

$$\sin\alpha = \frac{a}{c}$$

$$\text{Cosinus} = \frac{\text{Ankathete}}{\text{Hypotenuse}}$$

$$\cos\alpha = \frac{b}{c}$$

$$\text{Tangens} = \frac{\text{Gegenkathete}}{\text{Ankathete}}$$

$$\tan\alpha = \frac{a}{b}$$

$$\text{Cotangens} = \frac{\text{Ankathete}}{\text{Gegenkathete}}$$

$$\cot\alpha = \frac{b}{a}$$

Die Verhältniszahlen in Abhängigkeit vom Winkel können aus Tabellen (siehe Anhang) entnommen werden. Mit Hilfe dieser Funktionswerte und einer bekannten Seitenlänge können die unbekannten Seitenlängen eines rechtwinkligen Dreiecks berechnet werden.

Sinus 0°. . . 45°

Minuten →

Grad ↓	0′	10′	20′	30′	40′	50′	60′	
0	↓	0,0029	0,0058	0,0087	0,0116	0,0145	0,0175	89
1		0,0204	0,0233	0,0262	0,0291	0,0320	0,0349	88
		0,0378	0,0407	0,0436	0,0465	0,0494	0,0523	87
		0,0552	0,0581	0,0610	0,0640	0,0669	0,0698	86
		727	0,0756	0,0785	0,0814	0,0843	0,0872	85
30 →	0,5000							
31	0,5150							
32	0,5299	0,5324		0,0958	0,0987	0,1016	0,1045	84
33	0,5446	0,5471			0,1161	0,1190	0,1219	83
34	0,5592	0,5616	0,5640		0,1334	0,1363	0,1392	82
					1507	0,1536	0,1564	81
35	0,5736	0,5760	0,5783	0,5807		0,1708	0,1736	80
36	0,5878	0,5901	0,5925	0,5948	0,59			
37	0,6018	0,6041	0,6065	0,6088	0,6111		1908	79
38	0,6157	0,6180	0,6202	0,6225	0,6248	0,62	79	78
39	0,6293	0,6316	0,6338	0,6361	0,6383	0,6406		77
40	0,6428	0,6450	0,6472	0,6494	0,6517	0,6539	0,6561	
41	0,6561	0,6583	0,6604	0,6626	0,6648	0,6670	0,6691	48
42	0,6691	0,6713	0,6734	0,6756	0,6777	0,6799	0,6820	47
43	0,6820	0,6841	0,6862	0,6884	0,6905 →			46
44	0,6947	0,6967	0,6988	0,7009	↓	0,7050	0,7071	45
	60′	50′	40′	30′	20′	10′	0′	Grad ↑

← Minuten

Cosinus 45°. . . 90°

Beispiel

Bestimmen des Funktionswertes bei bekanntem Winkel			Bestimmen des Winkels α bei bekanntem Funktionswert			
α	Winkelfunktion	Funktionswert	Winkelfunktion		Funktionswert	α
40°	sin 40°	0,6428	sin α	=	0,6820	43°
80°	cos 80°	0,1736	cos α	=	0,6905	46° 20′
30°	sin 30°	0,5	cos α	=	0,1679	80° 20′
82° 20′	cos 82° 20′	0,1334	sin α	=	0,0465	2° 40′
39,1°	sin 39° 6′	≈0,6307	sin α	=	0,6743	≈42° 24′

Aufgaben

1. In **Bild A** soll der Winkel $\alpha = 30°$ und die Länge der Hypotenusen $c = 50$ mm, $c_1 = 60$ mm, $c_2 = 70$ mm und $c_3 = 80$ mm betragen.
   Bestimmen Sie die Länge der Katheten a, a_1, a_2, a_3, b, b_1, b_2 und b_3.

2. Bestimmen Sie die fehlenden Angaben von ⓐ bis ⓟ.

Größe	Formel ⓐ	Meßwerte ⓑ	ⓒ	ⓓ	Größe	Formel ⓔ	Meßwerte ⓕ	ⓖ	ⓗ
Gegenkathete	$a = ?$	?	30 mm	2 m	Ankathete	$b = ?$	?	5 m	1 m
Hypotenuse	$c = ?$	1 m	?	4 m	Hypotenuse	$c = ?$	30 cm	?	1 m
Sinus α	$\sin\alpha = ?$	?	?	?	Cosinus α	$\cos\alpha = ?$	?	?	?
Winkel α	—	45°	60°	?	Winkel α	—	45°	60°	?
Größe	**Formel ⓘ**	**Meßwerte ⓙ**	**ⓚ**	**ⓛ**	**Größe**	**Formel ⓜ**	**Meßwerte ⓝ**	**ⓞ**	**ⓟ**
Gegenkathete	$a = ?$	?	5 mm	20 cm	Ankathete	$b = ?$	?	30 cm	5 m
Ankathete	$b = ?$	2 m	?	20 cm	Gegenkathete	$a = ?$	40 mm	?	500 cm
Tangens α	$\tan\alpha = ?$	?	?	?	Cotangens α	$\cot\alpha = ?$	?	?	?
Winkel α	—	30°	60°	?	Winkel α	—	45°	60°	?

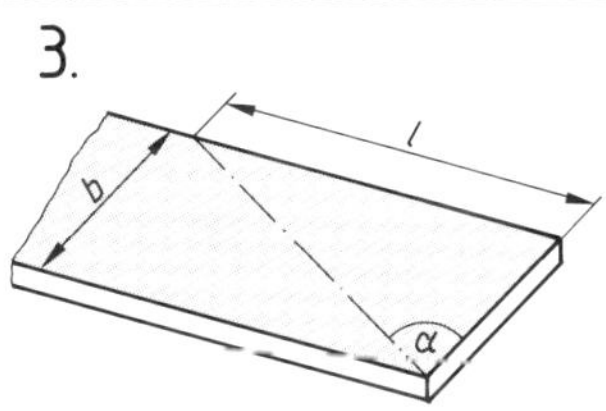

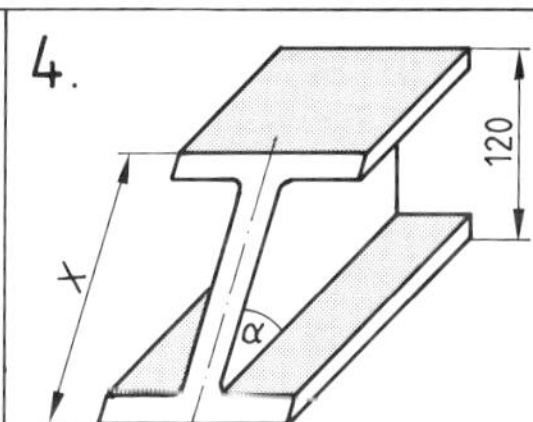

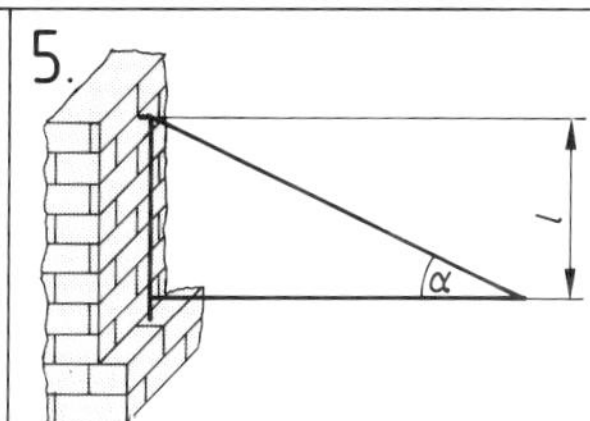

3. Aus Breitflachstahl (▭ DIN 59200 – 200 × 10) werden dreieckige Knotenbleche mit einer Kantenlänge $l = 400$ mm und einer Breite $b = 200$ mm ausgebrannt.
   a) Unter welchem Winkel α muß der Schneidbrenner geführt werden?
   b) Wie lang ist die Schnittfuge?

4. Ein Doppel-T-Träger (I DIN 1025 – 120) wird unter dem Gehrungswinkel $\alpha = 50°$ abgeschrägt.
   Berechnen Sie die Länge x in mm.

5. Der senkrechte Stab des Kragarmes hat eine Länge l von 1,20 m.
   Berechnen Sie die Längen der beiden anderen Stäbe ($\alpha = 25°$).

6. Für eine neu zu errichtende Werkhalle sollen Dachbinder aus Stahlrohr durch Verschweißen gefertigt werden. Die Dachneigung α beträgt 25°.
   Berechnen Sie die Höhe h des Dachbinders, und bestimmen Sie alle Zuschnittlängen (a bis o) mit Hilfe der Winkelfunktionen und des Lehrsatzes des Pythagoras.

6.

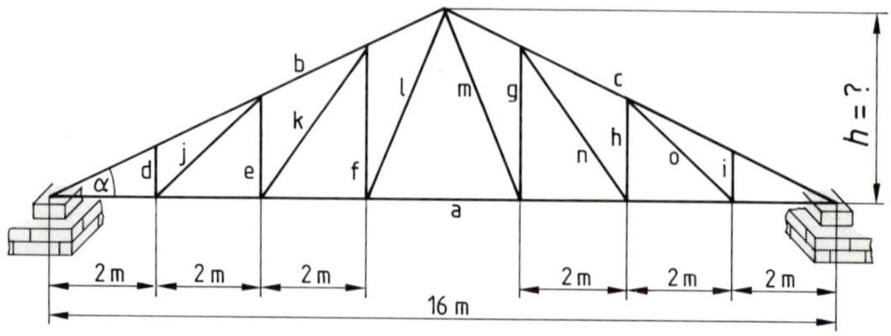

7. Bestimmen Sie die fehlenden Angaben von ⓐ bis ⓕ.

ⓐ Treibkeil

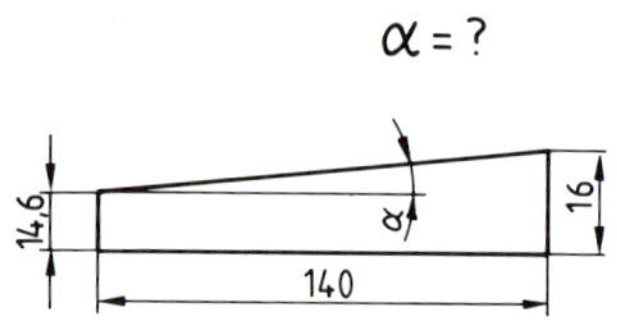

ⓑ Trapezgewinde

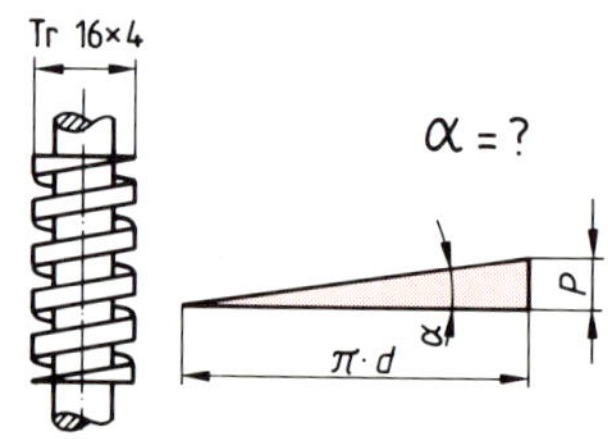

ⓒ Prismenführung

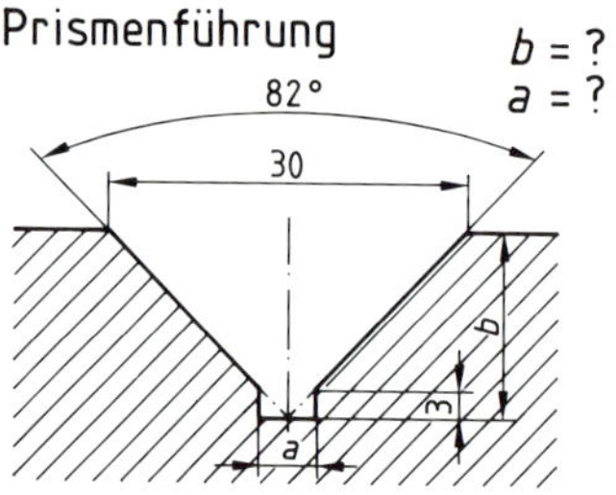

ⓓ Schneidwerkzeug

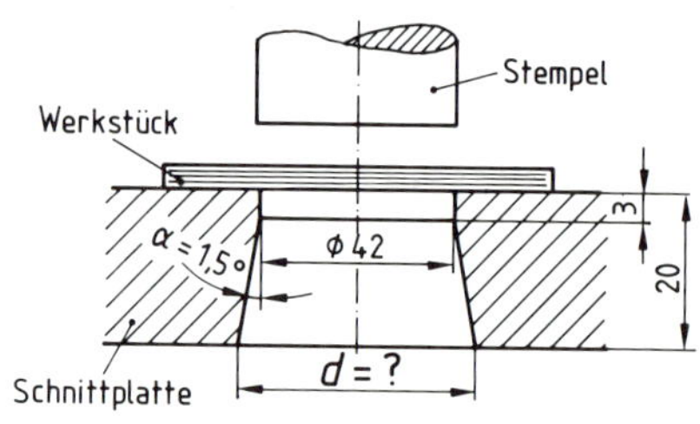

ⓔ Wellenabflachung

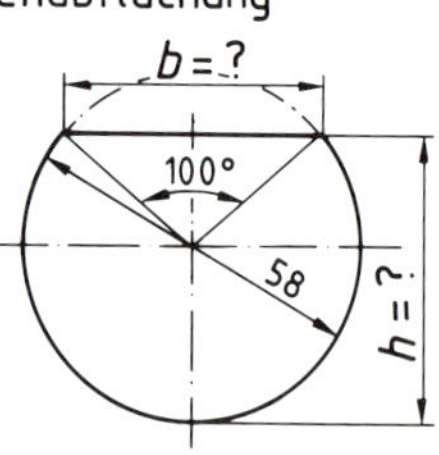

ⓕ Innenkegel

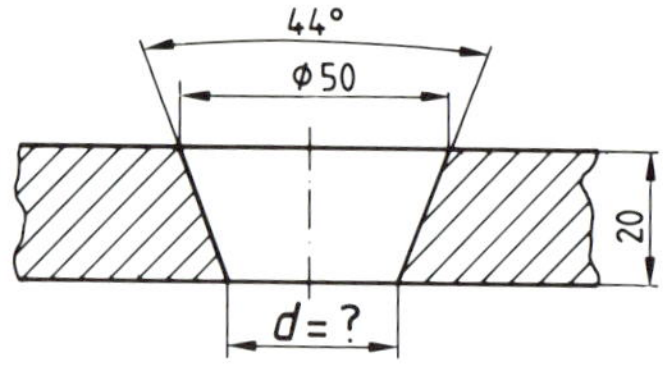

8.

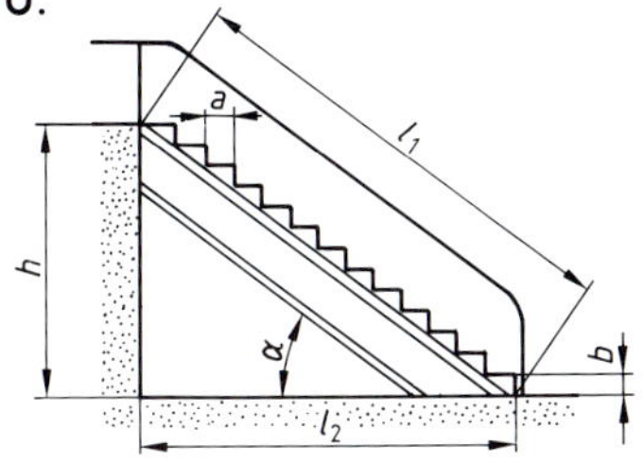

9.

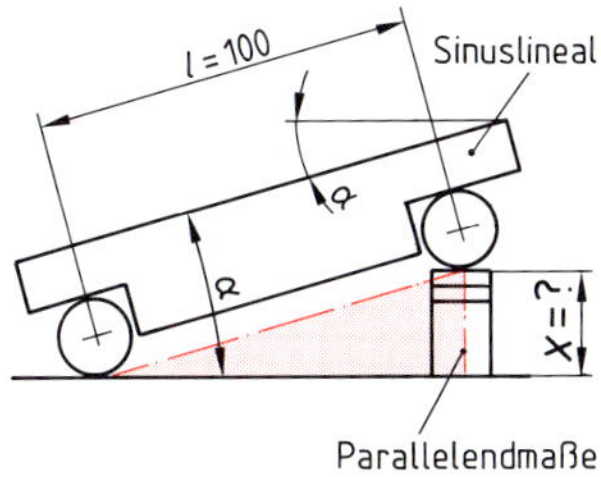

8. Eine Stahltreppe mit 11 Stufen soll gefertigt werden. Der Steigungswinkel beträgt 35° und die Höhe $h = 2{,}20$ m.
Berechnen Sie die Längen: l_1, l_2, a und b.

9. Ein Sinuslineal dient zum Einstellen und Überprüfen genauer Winkel. Für die einzustellenden Winkel werden entsprechende Endmaßkombinationen (Anreihung von Meßklötzchen) benutzt.

Bestimmen Sie für die angegebenen Winkel das Maß x für die Endmaßkombination.

α	10°	15° 30′	32,5°	34° 40′	46° 20′
x	?	?	?	?	?

10.

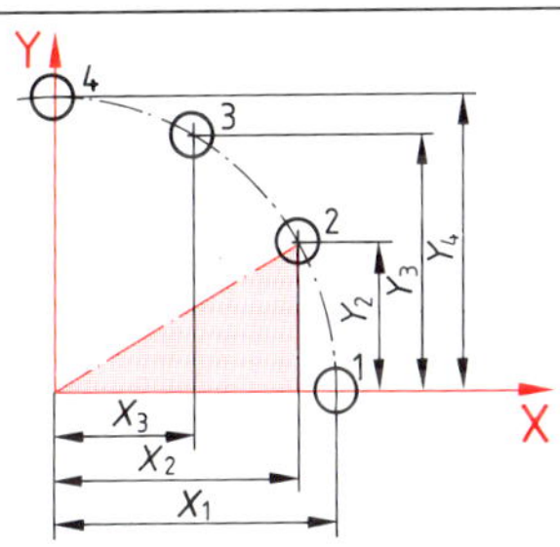

11.

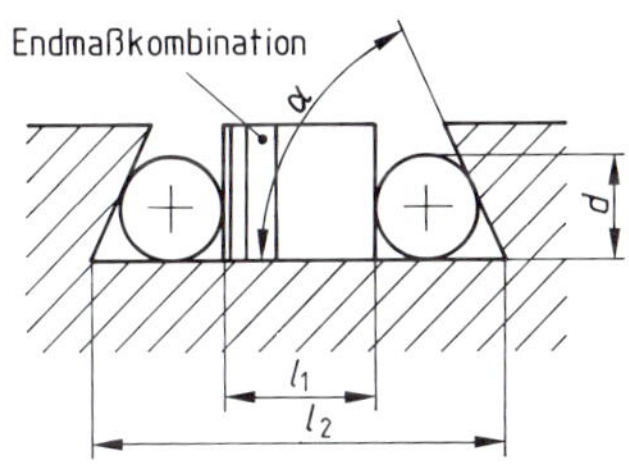

10. Auf einer numerisch gesteuerten Bohrmaschine sollen 12-Loch-Flansche (Teilkreis ∅ = 160 mm) gefertigt werden.

Berechnen Sie die Koordinaten für alle Bohrungen.

Bohrung Nr.	1	2	3	4	5	6	7	8	9	10	11	12
x-Koordinate in mm	80,00	?	?	?	?	?	−80,00	?	?	0	?	?
y-Koordinate in mm	0	?	?	?	?	?	0	?	?	−80,00	?	?

11. Zum Prüfen von Schwalbenschwanzführungen werden Meßzylinder und Parallelendmaße benutzt.
Bestimmen Sie das Maß l_2, wenn $\alpha = 60°$, $l_1 = 35$ mm, $d = 30$ mm beträgt.

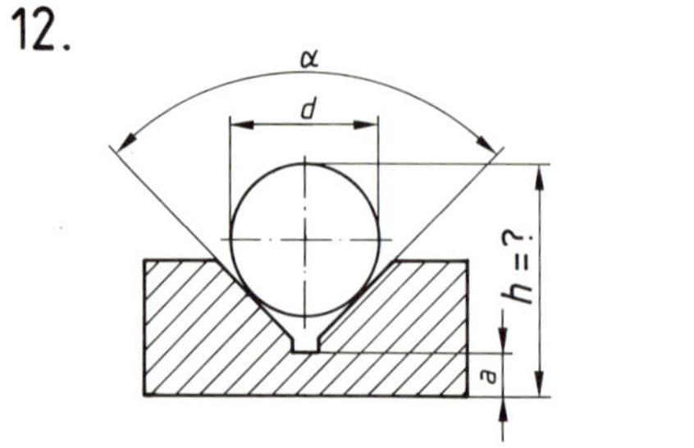

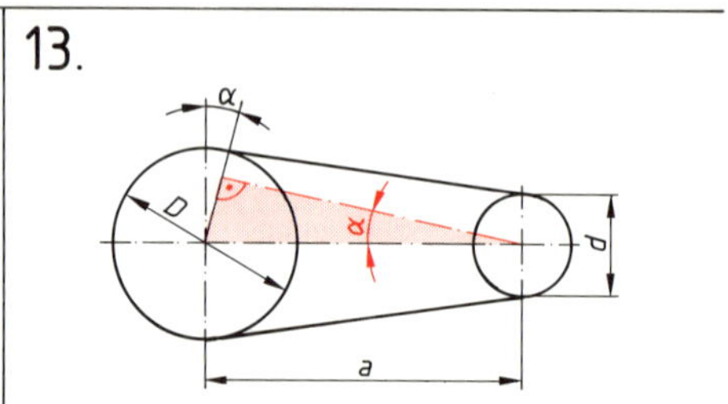

12. Eine V-Nut soll mit Hilfe eines Zylinderendmaßes gelehrt werden.
Wie groß muß das Maß h sein, wenn der Winkel $\alpha = 80°$ exakt eingehalten werden soll? ($a = 15$ mm, $d = 40$ mm)

13. Der Achsabstand a zweier Riemenscheiben mit dem Durchmesser $D = 0{,}6$ m und $d = 0{,}3$ m beträgt 1,50 m.
Welche Länge l hat ein straff über die Scheiben gespannter Treibriemen?

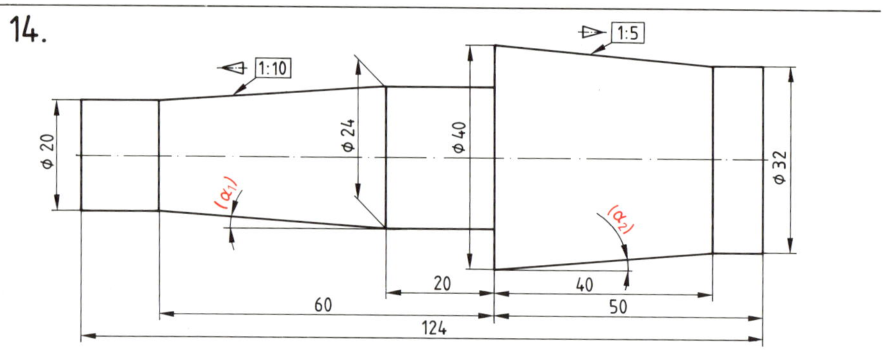

14. Berechnen Sie die Winkel α_1 und α_2, die als Hilfsmaße zur Fertigung des Werkstückes benötigt werden.

Berufsfeldbezogene Grundlagen

19 Rohlängenberechnung beim Schmieden und Pressen

Welche Länge muß ein Schmiederohling besitzen, bevor er ausgeschmiedet wird?

Erkenntnis

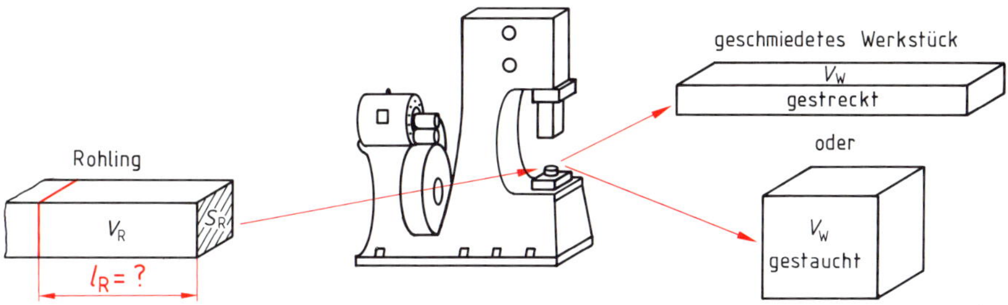

Bild 1

$$V_R = V_w$$
$$l_R \cdot S_R = V_w$$
$$l_R = \frac{V_w}{S_R}$$

$$\text{Rohlänge} = \frac{\text{Volumen des Werkstückes}}{\text{Querschnitt des Rohlings}}$$

$$l_R = \frac{V_w}{S_R}$$

l_R Rohlänge in mm, cm
V_w Werkstückvolumen in mm^3, cm^3
S_R Querschnitt des Rohlings in mm^2, cm^2

Beachtet man die Abbrandverluste (V_A), so muß das Werkstückvolumen (V_w) um den entsprechenden Prozentwert vergrößert werden.

Aufgaben

1. Aus Vierkantstahl □ DIN 1027 – 100, siehe **Bild 1,** sollen
I. Werkstücke mit den Abmessungen 50 × 80 × 500 und
II. Würfel mit den Abmessungen 200 × 200 × 200
geschmiedet werden.
Wie groß ist in beiden Fällen die Rohlänge
a) ohne Berücksichtigung des Abbrandes,
b) bei einem Abbrand von 3%?

2. Bestimmen Sie die fehlenden Angaben von ⓐ bis ⓖ.

Größe	Formel ⓐ	Einheiten ⓑ	ⓒ	Abmessungen ⓓ	ⓔ	ⓕ	ⓖ
Werkstückvolumen	$V_w = ?$	?	cm³	∅ 80 × 300	?	∅ 40 × 800	∅ 150 × 100
Querschnitt des Rohlings	$S_R = ?$	?	?	▭ 60 × 40	□ 150	∅ 100	▭ 100 × ?
Rohlänge	$l_R = ?$	mm	?	?	1,50 m	?	30 cm

3. Ein zylindrisches Werkstück $d = 52$ mm soll eine Länge von 80 mm erhalten. Es wird aus einem Rohling mit dem Durchmesser $d_R = 58$ mm geschmiedet.
Wie groß ist die Rohlänge l_R bei einem Abbrandverlust von 3,4%?

4. Die Rohlängen der skizzierten Werkstücke ⓐ bis ⓒ sind zu berechnen.

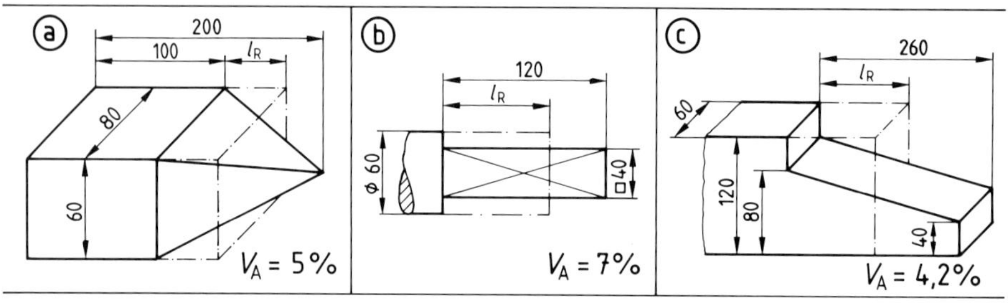

5.
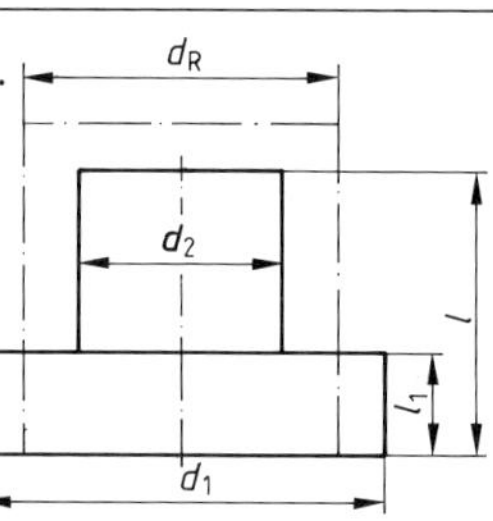

6.
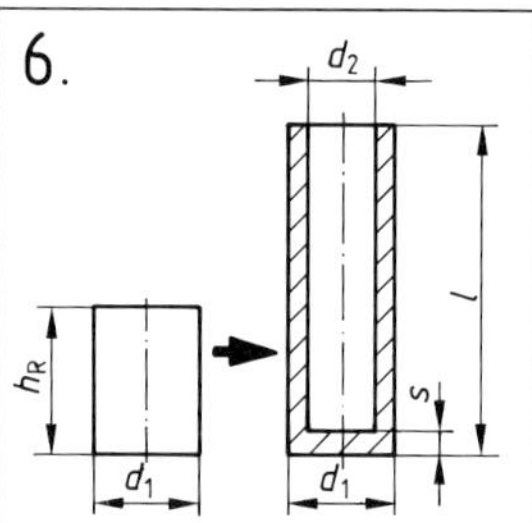

7.
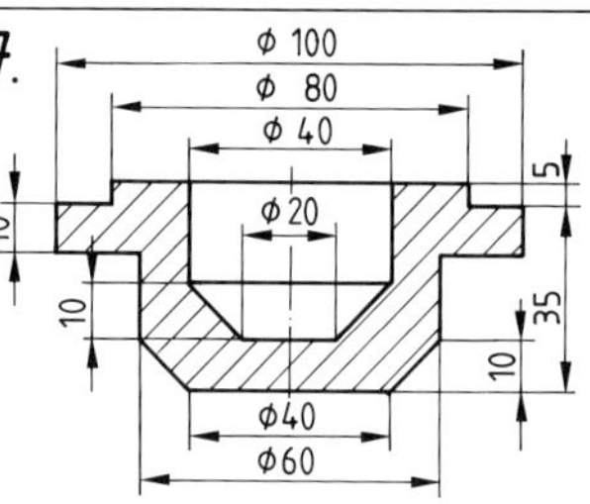

5. Die Rohlänge l_R des Schmiederohlings beträgt 94 mm.
Wie groß ist der Durchmesser d_R des Rohlings, wenn das Werkstück die folgenden Abmessungen hat: $d_1 = 120$ mm, $d_2 = 60$ mm, $l_1 = 30$ mm, $l = 80$ mm?

6. Durch Fließpressen wird eine Hülse aus Aluminium mit den Abmessungen $l = 100$ mm, $d_1 = 18{,}2$ mm, $d_2 = 17$ mm und $s = 0{,}6$ mm gepreßt.
Berechnen Sie die Höhe h_R der Platine.

7. In einem Gesenk werden Flanschhülsen aus Rundstahl ∅ 60 geschmiedet.
Berechnen Sie die Schmiederohlänge bei 4,5% Abbrand.

8.

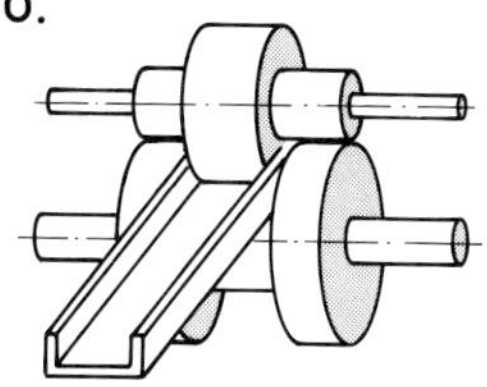

DIN 1026 - U 100 (S = 13,5 cm²)

9.

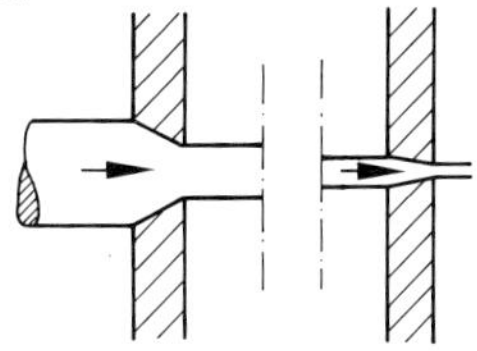

10.

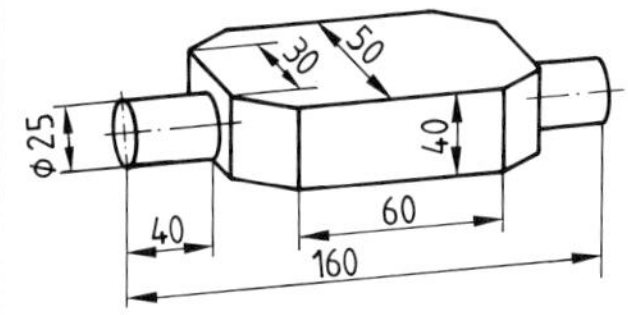

8. Eine Bramme 250 × 250 × 6000 wird zu ⊔-Stahl ausgewalzt.
Berechnen Sie die Fertiglänge nach dem Auswalzen.

9. Auf einer Drahtziehmaschine wird über mehrere Ziehstufen Draht mit einem Durchmesser von 1 mm gezogen. Der Rohdraht hatte einen Durchmesser von 8 mm und eine Länge von 40 m.
Wieviel m Fertigdraht erhält man?

10. Es sollen 10000 Stück Traversen aus Quadratstahl (□ DIN 1014 – 50 – St 52-3 (S 355) hergestellt werden.
Berechnen Sie:

a) Volumen und Masse des Werkstückes,
b) den Spanabfall bei spanender Herstellung (in cm³),
c) die Rohlänge bei Herstellung durch Schmieden (Abbrand: 5%),
d) die Werkstoffersparnis (in kg), wenn die Werkstücke durch Schmieden hergestellt werden,
e) den Geldbetrag, der durch Schmieden gespart wird.
(Werkstoffkosten: 2,50 DM/kg, Hetrstellungskosten des Gesenkes: 2200,— DM, Fertigungskosten der spanenden Bearbeitung ≙ Fertigungskosten durch Schmieden)

20 Gestreckte Länge beim Biegen

Ein Werkstück wird gebogen.

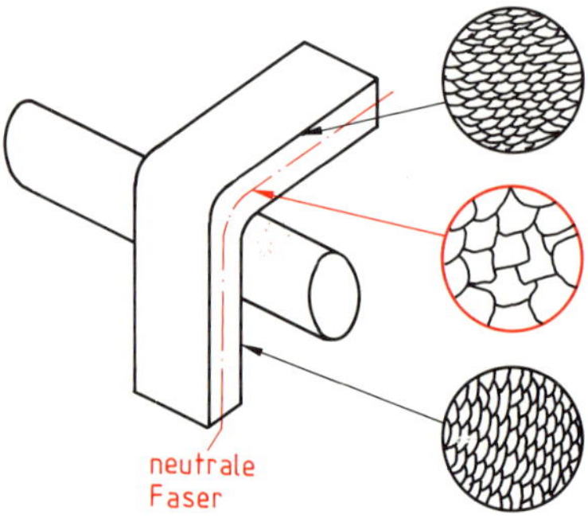

Erkenntnisse

- Die Körner an der Innenseite werden gestaucht.
- Die Körner an der Außenseite werden gestreckt.
- Die Körner in der Mitte behalten ihre Form.
- Die Stelle, an der die Körner ihre Form behalten, ist der Schwerpunkt des Querschnittes.
- Die Schwerpunktlinie nennt man neutrale Faser.

Gestreckte Länge = Länge der neutralen Faser = Länge der Schwerpunktlinie

Lage der neutralen Faser bei verschiedenen Querschnitten:

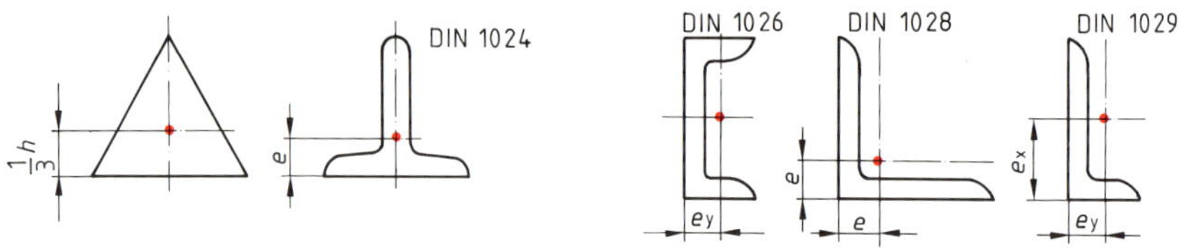

T-Stahl DIN 1024		U-Stahl DIN 1026		Winkelstahl (gleichschenklig) DIN 1028		Winkelstahl (ungleichschenklig) DIN 1029		
T	e	⊔	e_y	L	e	L	e_x	e_y
20*	5,8	30	13,1	60 × 6	16,9	40 × 20 × 3	14,3	4,4
30	8,5	40	13,3	60 × 8	17,7	40 × 20 × 4	14,7	4,8
40	11,2	50	13,7	60 × 10	18,5	50 × 40 × 4	15,2	10,3
50	13,9	60	9,1	70 × 11	21,3	60 × 30 × 5	21,5	6,8
60	16,6	80	14,5	80 × 8	22,6	60 × 40 × 7	20,4	10,5
80	22,2	100	15,5	80 × 10	23,4	80 × 40 × 6	28,5	8,8
100	27,4	120	16	90 × 9	25,4	100 × 50 × 8	35,9	11,3

* (Alle Abmessungen in mm)

Bei quadratischen, rechteckigen und kreisförmigen Querschnitten fällt die neutrale Faser mit der Mittellinie zusammen.

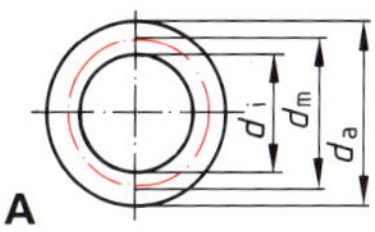 **Bild A**	$l_s = \pi \cdot d_m$	l_s Gestreckte Länge in mm d_m Durchmesser der Schwerpunktlinie in mm α Winkel in Grad
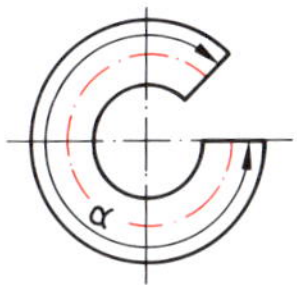 **Bild B**	$l_s = \dfrac{\pi \cdot d_m \cdot \alpha}{360}$	
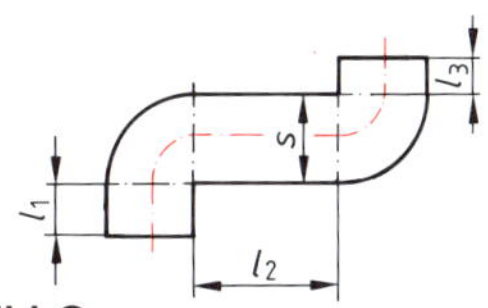 **Bild C**	$l_s \approx \sum l + \dfrac{1}{2} n \cdot s$	$\sum l$ Summe der geraden Längen n Anzahl der Biegekanten s Wanddicke in mm
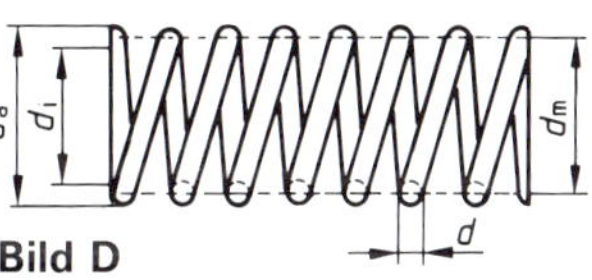 **Bild D**	$l_s \approx \pi \cdot d_m \cdot (i_f + 2)$	i_f Anzahl der federnden Windungen d_m mittlerer Windungsdurchmesser in mm d Drahtdurchmesser in mm

Aufgaben

1. Berechnen Sie für die **Bilder A** bis **D** die gestreckten Längen.
   Bild A: $d_i = 30$ mm, $d_a = 40$ mm
   Bild B: $d_i = 40$ mm, $d_a = 50$ mm, $\alpha = 300°$
   Bild C: $l_1 = 20$ mm, $l_2 = 30$ mm, $l_3 = 10$ mm, $s = 8$ mm
   Bild D: $d_i = 42$ mm, $d = 6$ mm, $i_f = 12$

2. Berechnen Sie die gestreckte Länge der abgebildeten Ringe ⓐ bis ⓕ.

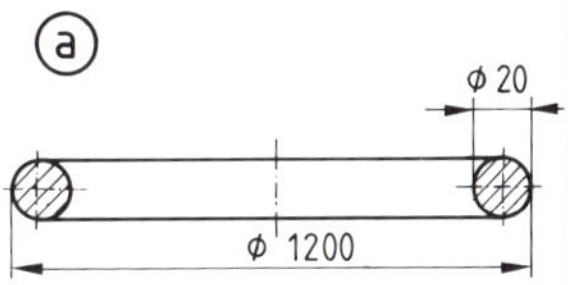

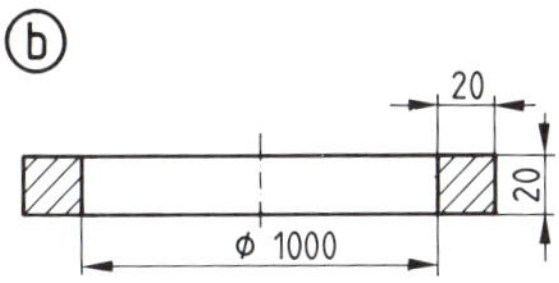

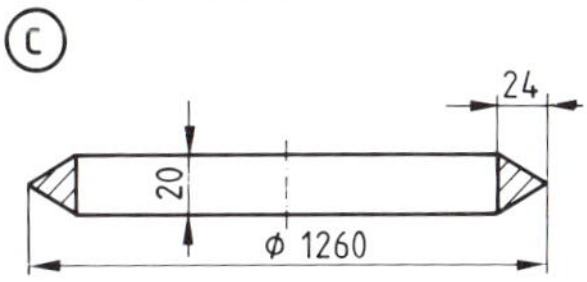

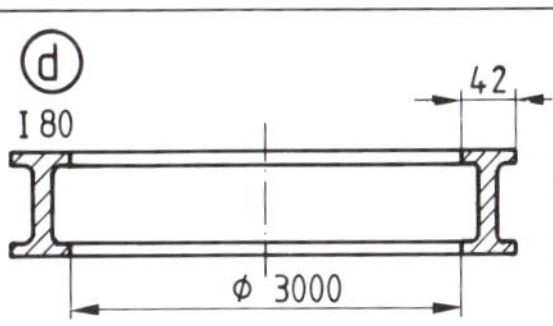

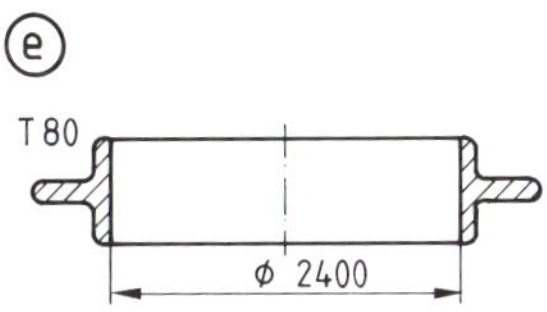

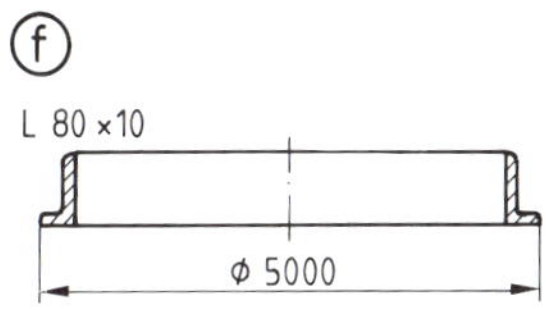

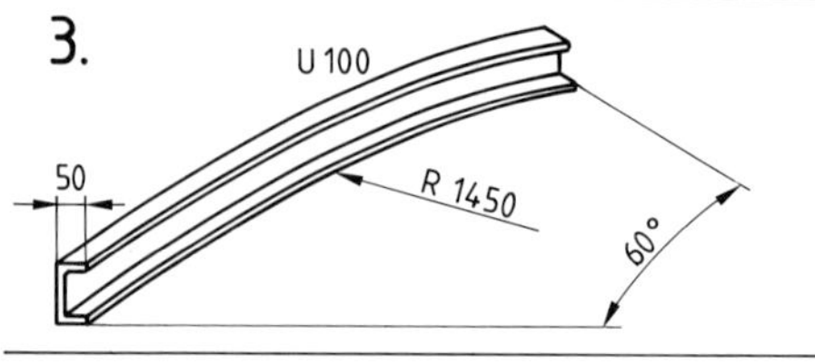

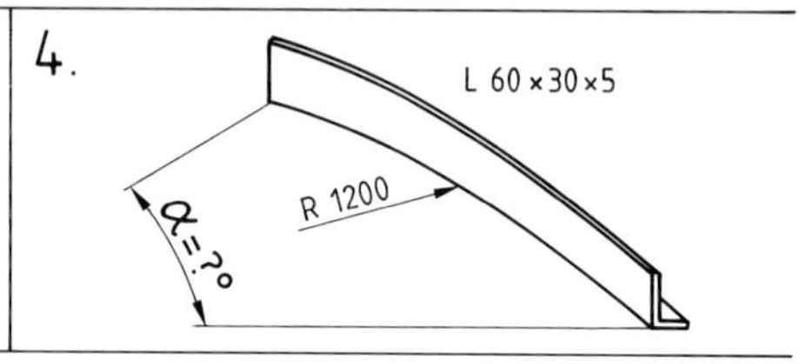

3. Berechnen Sie die gestreckte Länge des ⊔-Stahles.

4. Ein L-Stahl von 3 m Länge wird gebogen.
Berechnen Sie den Winkel α.

5. Berechnen Sie jeweils die gestreckte Länge der abgebildeten Teile ⓐ bis ⓕ.

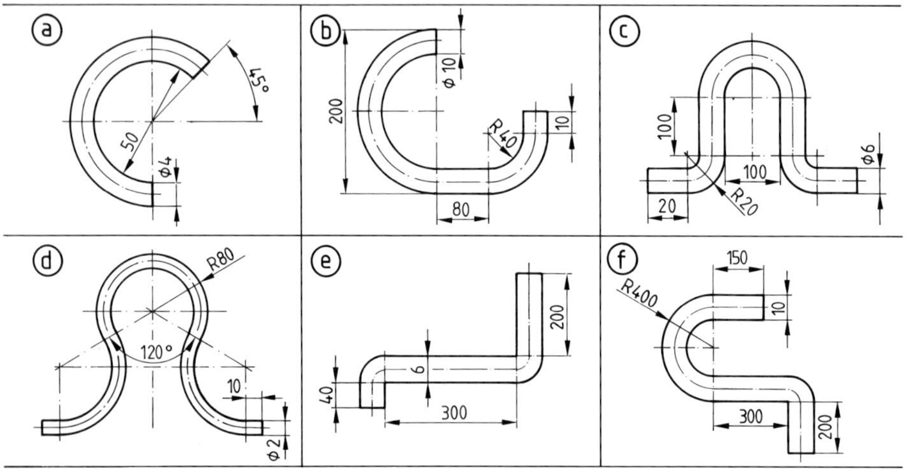

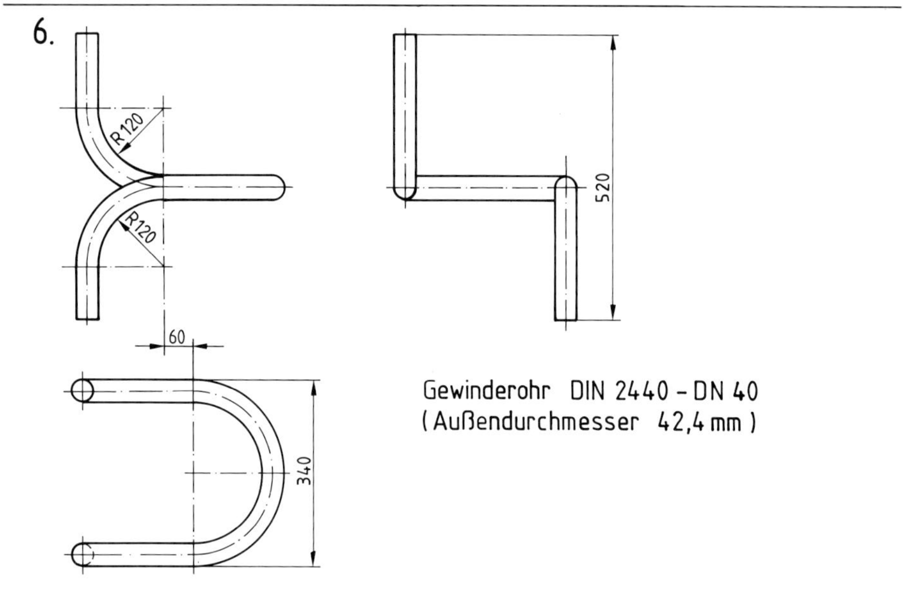

6. Berechnen Sie die gestreckte Länge des Rohrbogens.

7. Berechnen Sie die fehlenden Werte ⓐ bis ⓖ der Tabelle entsprechend **Bild D.** Beachten Sie dabei, daß der Wickeldorndurchmesser d_D in etwa $0{,}8 \cdot d_i$ ist.

Aufgabe	d	d_a	d_i	d_m	i_f	l_s	d_D
ⓐ	2 mm	30 mm	?	?	6	?	?
ⓑ	1,4 mm	?	50 mm	?	10	?	?
ⓒ	0,8 mm	?	?	40 mm	12	?	?
ⓓ	?	28 mm	24 mm	?	10	?	?
ⓔ	?	?	24 mm	28 mm	16	?	?
ⓕ	1 mm	?	?	?	8	?	16 mm
ⓖ	0,6 mm	?	?	20 mm	?	879,65 mm	?

8. **a)** Wie groß wird etwa die gestreckte Länge einer Druckfeder bei $d_m = 20$ mm und $i_f = 10$?

b) Wie groß wird ganz genau die gestreckte Länge dieser Druckfeder bei einer Steigung $P = 4$ mm und dem genauen Maß für die Enden von jeweils ¾ Drahtwindungen?

c) Wie groß ist der Fehler durch die Überschlagsrechnung in %?

21 Massenberechnung

Masse ist ein Maß für die in einem Körper enthaltene Materie.

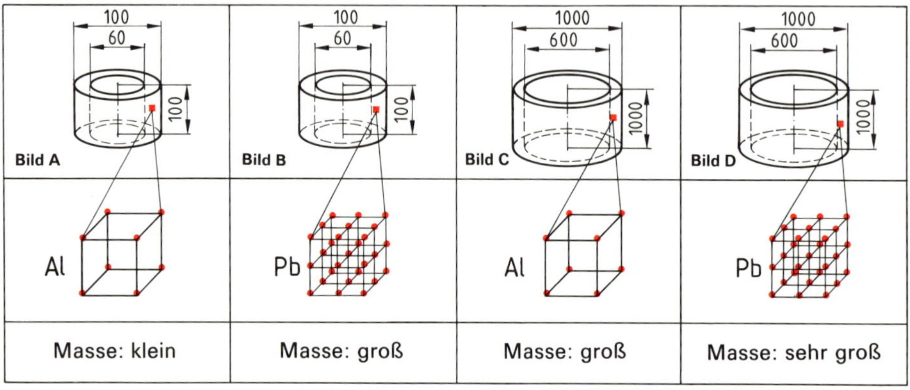

Die Masse eines Körpers hängt ab von

1. Dichte: Je dichter die Materieteilchen (z. B. Atome, Moleküle) beieinander liegen, desto größer die Masse.

2. Volumen: Je größer das Volumen, desto größer die Masse.

Masse = Volumen · Dichte

$$m = V \cdot \varrho$$

m Masse in kg; g

V Volumen in dm^3; cm^3

ϱ Dichte in $\frac{kg}{dm^3}$; $\frac{g}{cm^3}$

Stoff	PVC	Mg	Al	Zn	Mn	GG	Stahl	Cu	Pb	Au
Dichte ϱ in $\frac{kg}{dm^3}$	1,38	1,74	2,7	7,14	7,3	7,25	7,85	8,93	11,34	19,33

Nach DIN 1305 kann im Geschäftsverkehr für den Begriff Masse auch der Begriff Gewicht verwendet werden.

Werden genormte Bauteile wie Bleche oder Profile benötigt, benutzt man zur Vereinfachung Normtabellen, die bereits die Masse pro m^2 oder die Masse pro laufenden Meter angeben.

$$m = m' \cdot l$$

$$m = m'' \cdot A$$

m Masse in kg

m' längenbezogene Masse in $\frac{kg}{m}$

l Profillänge in m

m'' flächenbezogene Masse in $\frac{kg}{m^2}$

A Blechgröße in m^2

Blanker Flachstahl DIN 174 (Auszug)						
Breite in mm	Dicke in mm					
	2	3	4	5	6	8
5	0,079	0,118	—	—	—	—
10	0,157	0,236	0,314	0,393	0,471	—
16	0,251	0,377	0,502	0,628	0,754	1,00
20	0,314	0,471	0,628	0,785	0,942	1,26
25	0,393	0,589	0,785	0,981	1,18	1,57
32	0,502	0,754	1,00	1,26	1,51	2,01
40	0,628	0,942	1,26	1,57	1,88	2,51
45	0,707	1,06	1,41	1,77	2,12	2,83
50	0,785	1,18	1,57	1,96	2,36	3,14
	Längenbezogene Masse m' in $\frac{kg}{m}$					

Bleche						
Dicke in mm	Stahl	Al 99,8	Zn 97,5	CuZn 37	CuAl 8	MgAl 6
0,2	1,57	0,540	1,44	1,68	1,54	—
0,5	3,92	1,35	3,59	4,20	3,85	0,910
1,0	7,85	2,70	7,18	8,40	7,70	1,82
1,5	11,8	4,05	10,8	12,7	11,6	2,73
2,0	15,7	5,40	14,4	16,9	15,4	3,64
2,5	19,6	6,75	18,0	20,9	19,2	4,55
3,0	23,6	8,10	21,5	25,3	23,1	5,46
4,0	31,4	10,8	28,7	33,6	30,4	7,28
4,5	35,4	—	—	37,8	34,6	—
	Flächenbezogene Masse m'' in $\frac{kg}{m^2}$					

Aufgaben

1. Berechnen Sie die Masse der vier Buchsen der **Bilder A** bis **D**.

2. Bestimmen Sie die fehlenden Angaben von ⓐ bis ⓗ.

Größe	Formel ⓐ	Einheiten ⓑ	ⓒ	Meßwerte ⓓ	ⓔ	ⓕ	ⓖ	ⓗ
Volumen	$V = ?$	dm^3	cm^3	$1\ m^3$	?	$0{,}2\ dm^3$	$140\ dm^3$	$0{,}2\ dm^3$
Dichte	$\varrho = ?$	$\frac{kg}{dm^3}$	?	$1{,}38\ \frac{kg}{dm^3}$	$2\ \frac{kg}{dm^3}$	$5\ \frac{g}{cm^3}$	?	?
Masse	$m = ?$	?	g	?	50 kg	?	1 t	4 kg

3. Wie groß ist die Masse folgender blanker Flachstähle?
a) $10 \times 2 \times 2000$, **b)** $40 \times 5 \times 500$, **c)** $16 \times 4 \times 100$, **d)** $50 \times 8 \times 5000$.

4. Wie groß ist die Masse (Gewicht) folgender Bleche?
a) Bl DIN 1751 – $1{,}5 \times 500 \times 1000$ – CuZn 37,
b) Bl DIN 9109 – $0{,}5 \times 100 \times 400$ – Al 99,8,
c) Bl DIN 1783 – $1 \times 400 \times 1200$ – CuAl 8,
d) Bl DIN 1751 – $0{,}2 \times 800 \times 800$ – Zn 97,5,
e) Bl DIN 1452 – $4{,}0 \times 2000 \times 1000$ – RSt 37-2 (S 235).

5. Berechnen Sie das Gewicht der dargestellten Bauteile ⓐ bis ⓕ.

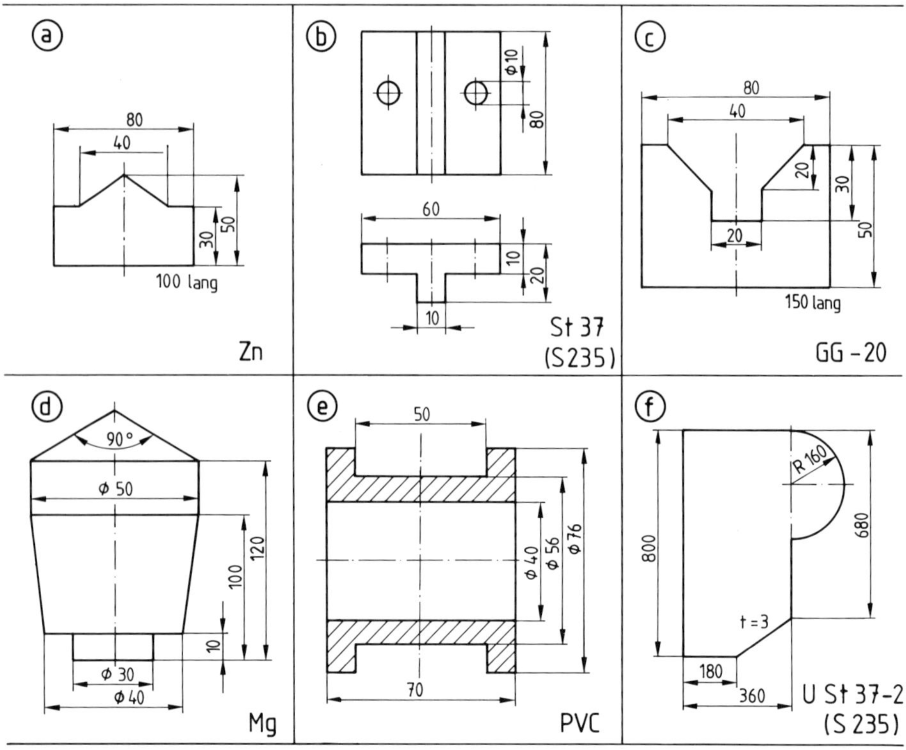

6.

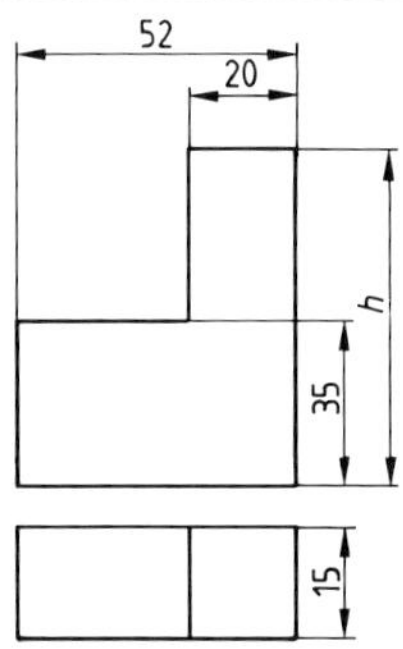

7.

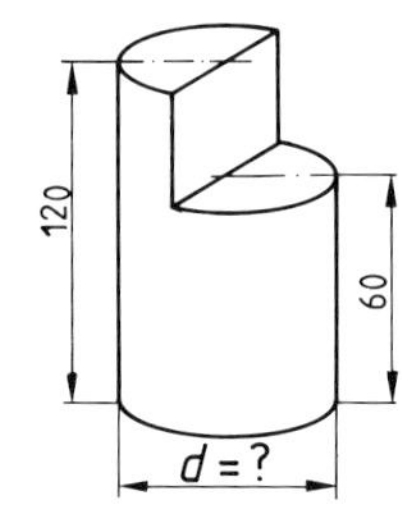

8.

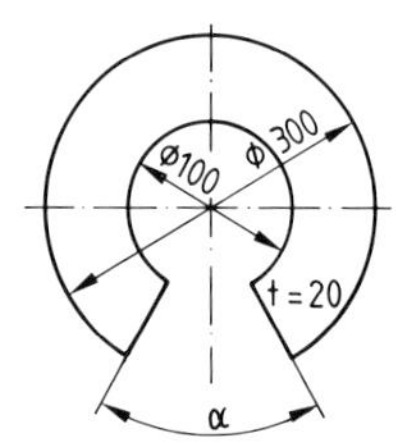

6. Das Paßstück aus Grauguß weist eine Masse von 295 g auf.
Berechnen Sie die Höhe *h*.

7. Berechnen Sie den Durchmesser des Zylinders aus Kupfer, der 4,04 kg wiegt.

8. Die Sicherungsscheibe aus Stahl weist eine Masse von 8,3 kg auf.
Berechnen Sie den Winkel α.

9. Stellen Sie fest, aus welchem Material ein Werkstück besteht, wenn die Masse 196,25 g und das Volumen 0,025 dm^3 beträgt.

10. Bestimmen Sie das Gewicht (Masse) der dargestellten Bauteile ⓐ bis ⓓ.

ⓐ Halterung

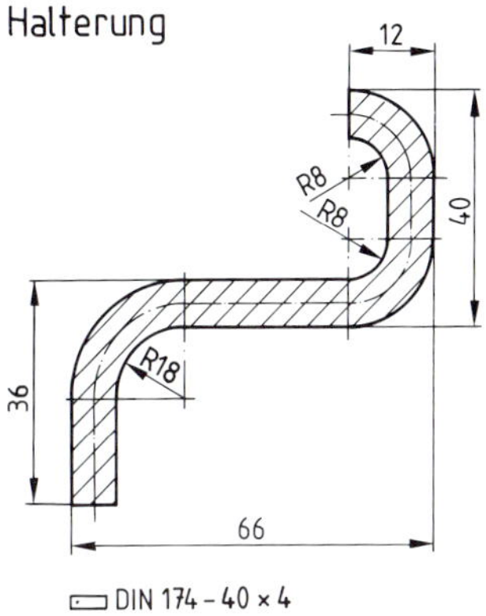

ⓑ Stegblechträger

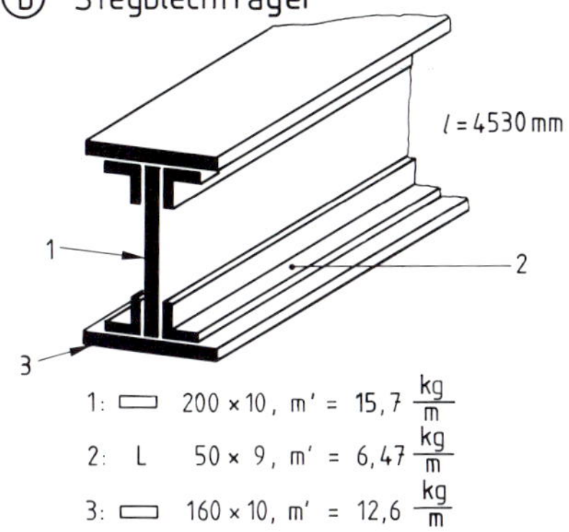

ⓒ Lagerung

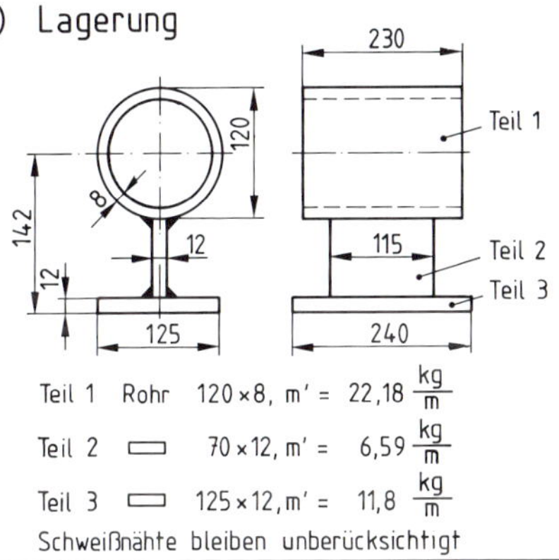

ⓓ Rohrleitung

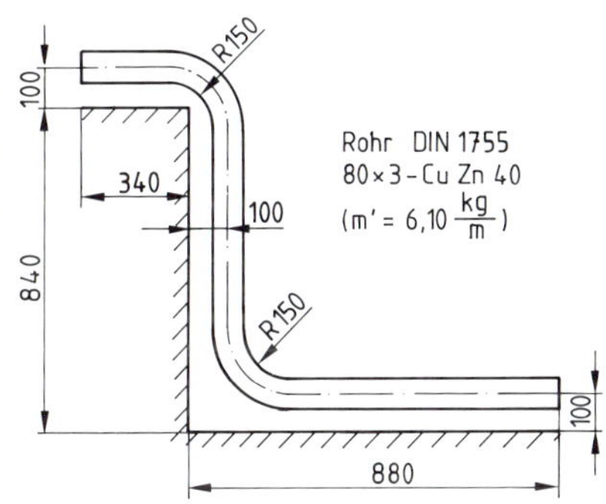

11.

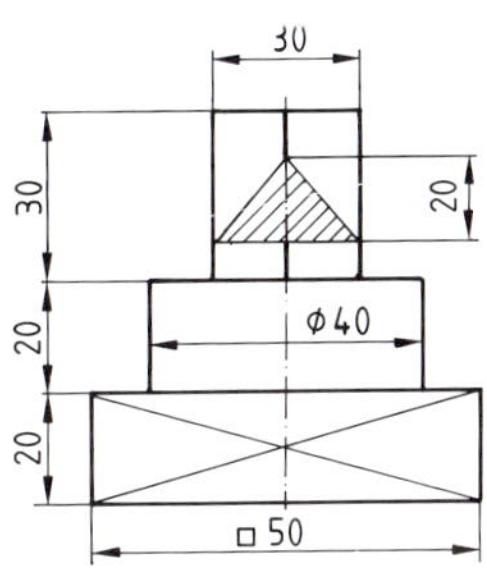

12.

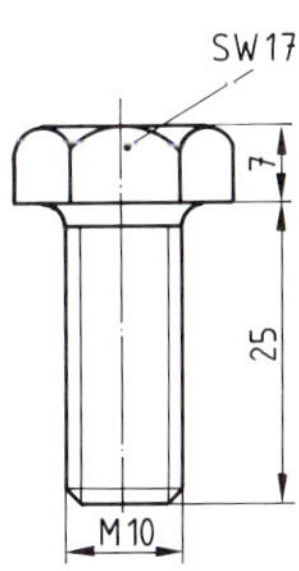

13.

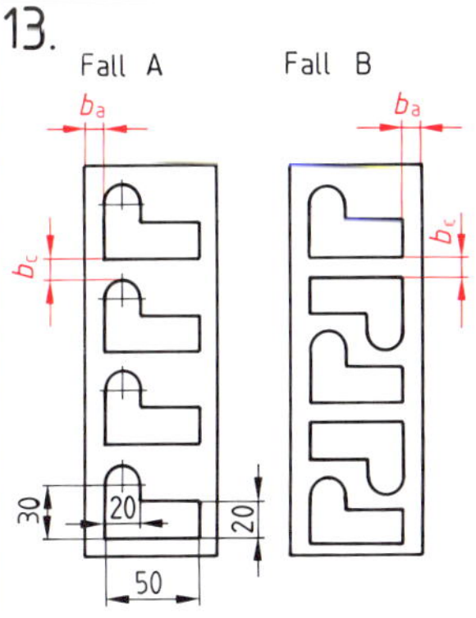

11. Die Masse des dargestellten Körpers beträgt 0,75 kg. Bestimmen Sie den Werkstoff des Werkstückes.

12. Aus einem 5 m langen Sechskantstahl ($m' = 1{,}96$ kg/m) werden auf einem Automaten Sechskantschrauben hergestellt.
Berechnen Sie
a) das Gewicht (Masse) des Sechskantstahls,
b) die Anzahl der von einer Stange herstellbaren Schrauben, wenn der Abstechdrehmeißel eine Breite von 2 mm aufweist,
c) die Masse einer Schraube (ohne Berücksichtigung von Abrundungen und Phasen; $d_{\text{Berechnung}} \approx 0{,}9 \cdot d$),
d) den Abfall in %.

13. Es sollen 300 000 Winkelbeschläge aus CuZn 37 von 1 mm Dicke mit einem Schneidwerkzeug ausgeschnitten werden.
a) Berechnen Sie die Masse der 300 000 Winkelbeschläge.
b) Wie groß ist die Streifenlänge L im Fall A und Fall B, wenn die Stegbreite $b_c = 1{,}1$ mm sein muß?
c) Welche Masse hat der gesamte Streifen in Fall A und Fall B bei einer notwendigen Randbreite b_a von 1,1 mm?

14. Eine Firma benötigt zur Herstellung eines größeren Gestelles ⊔-Stahl. Sie bestellt 40 m ⊔ DIN 1026 - 100 - St 37-2 (S 235).
a) Berechnen Sie die gesamte Masse, wenn $m' = 13{,}4$ kg/m beträgt.
b) Durch eine konstruktive Verbesserung ergibt sich, daß DIN 1026 - ⊔ 100 - St 37-2 (S 235) auch den Anforderungen entspricht.
Wieviel m des ⊔-10-Profils erhält die Firma, wenn die unter a) errechnete Masse zugrunde gelegt wird und jetzt $m' = 10{,}6$ kg/m beträgt?
c) Welcher Geldbetrag ist zu überweisen bei einem kg-Preis von 2,— DM abzüglich 2% Skonto?

15. Erstellen Sie eine Gewichtstabelle für Gewinderohre aus Stahl.

Nennweite in Zoll	$\frac{1}{4}''$	$\frac{3}{8}''$	$\frac{1}{2}''$	$\frac{3}{4}''$	$1''$	$1\frac{1}{4}''$	$1\frac{1}{2}''$	$2''$
Nennweite in mm	≈ 8	≈ 10	≈ 15	≈ 20	≈ 25	≈ 32	≈ 40	≈ 50
Außendurchmesser in mm	≈ 13,5	≈ 17,2	≈ 21,3	≈ 26,9	≈ 33,7	≈ 42,4	≈ 48,3	≈ 60,3
Wanddicke in mm	2,35	2,35	2,65	2,65	3,25	3,25	3,25	3,65
Längenbezogene Masse m' in $\frac{\text{kg}}{\text{m}}$	?	?	?	?	?	?	?	?

22 Kräfte

22.1 Die Kraft und ihre Einheit

Eine Kraft kann man nur an ihrer Wirkung erkennen, und aus der Wirkung kann man rückschließen auf die Größe der Kraft.

Formänderung		Lage- und Bewegungsänderung
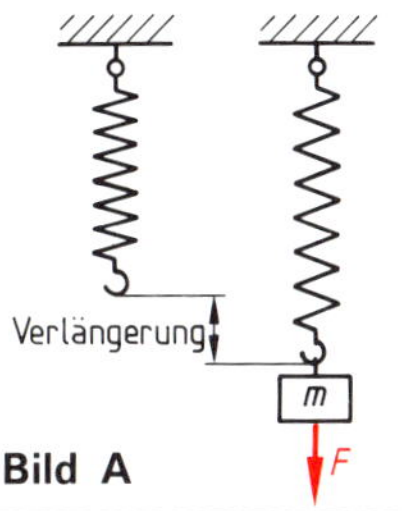 **Bild A**	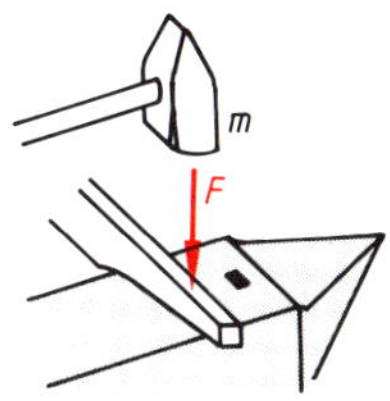 **Bild B**	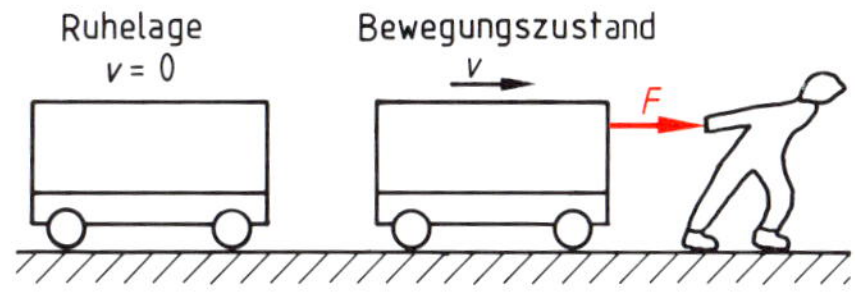 **Bild C**

Die Kraft ist Ursache für die Verformung, für die Änderung der Lage und die Änderung des Bewegungszustandes eines Körpers.

Die Einheit der Kraft ist das **Newton (N).**

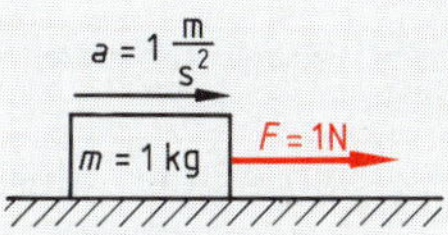

1 N ist die Kraft, die einem Körper der Masse von 1 kg die Beschleunigung (Geschwindigkeitsänderung in der Zeiteinheit) von $1\,\frac{\text{m}}{\text{s}^2}$ erteilt.

$$1\ \text{N} = 1\,\frac{\text{kg}\cdot\text{m}}{\text{s}^2}$$

Kraft = Masse · Beschleunigung

$$F = m \cdot a$$

F Kraft in N

m Masse in kg

a Beschleunigung in $\frac{\text{m}}{\text{s}^2}$

Aufgaben

1. Berechnen Sie für
   Bild A: die Auslenkkraft F, wenn $m = 5$ kg und die Beschleunigung (Erdbeschleunigung) 10 m/s² beträgt,
   Bild B: die Umformkraft F, wenn die Hammermasse von 10 kg beim Auftreffen auf dem Werkstück eine negative Beschleunigung (Verzögerung) von 150 m/s² erfährt,
   Bild C: die Zugkraft F_2 beim Anfahren, wenn der Wagen mit der Masse von 100 kg von 0 auf 1,5 m/s² beschleunigt werden soll und der Reibungswiderstand 200 N beträgt.

2. Bestimmen Sie die fehlenden Angaben von ⓐ bis ⓘ.

Größe	Formel	Einheiten		Meßwerte					
	ⓐ	ⓑ	ⓒ	ⓓ	ⓔ	ⓕ	ⓖ	ⓗ	ⓘ
Masse	$m = ?$	?	?	10 kg	?	333 kg	1 Tonne	?	100 g
Beschleunigung	$a = ?$	?	?	$10\,\frac{m}{s^2}$	$10\,\frac{m}{s^2}$	?	$26{,}49\,\frac{m}{s^2}$	$1{,}67\,\frac{m}{s^2}$	$10\,\frac{m}{s^2}$
Kraft	$F = ?$	$\frac{kg \cdot m}{s^2}$	N	?	300 N	3,267 kN	?	1 MN	?

22.2 Darstellung, graphische Zusammensetzung und Zerlegung von Kräften

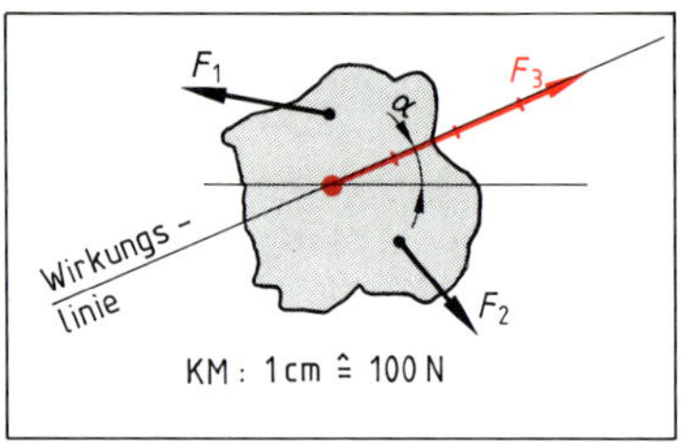

Bild A: Kräfte an einem Körper

Eine Kraft ist durch 3 Merkmale gekennzeichnet:

1. **Richtung** (zeichnerisch dargestellt durch eine Strecke mit Pfeil-Kraft-Vektor).
2. **Größe** (dargestellt durch die Pfeillänge entsprechend einem gewählten Kräftemaßstab – KM)
3. **Angriffspunkt**

Wirken auf einen Körper mehrere Kräfte, so kann man diese durch eine Gesamtkraft ersetzen. Dabei heißen die Teilkräfte Komponenten und die Gesamtkraft Resultierende.

Kräfte auf einer Wirkungslinie

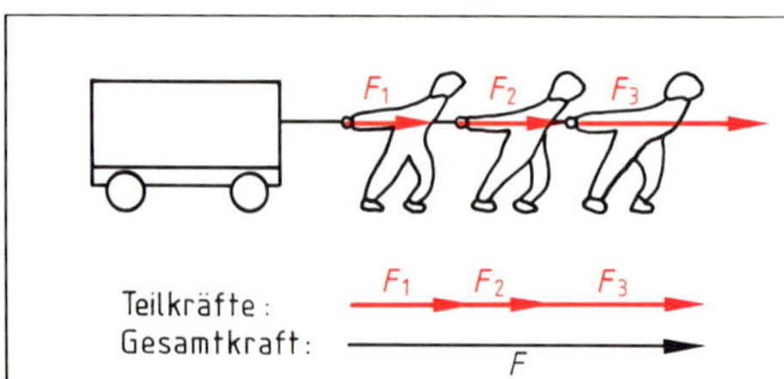

Bild B

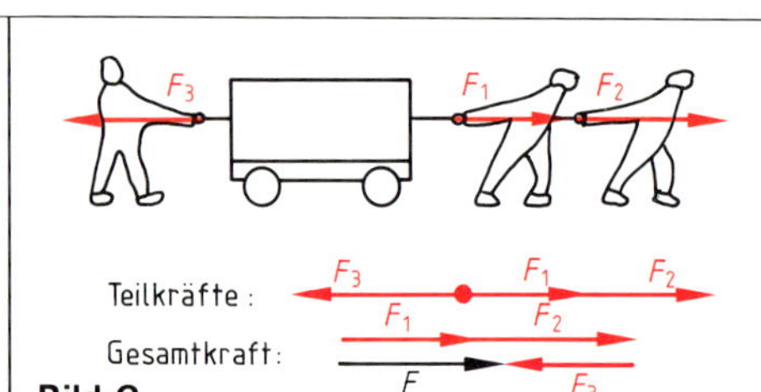

Bild C

Kräfte auf verschiedenen Wirkungslinien

Kräfte auf verschiedenen Wirkungslinien lassen sich mit Hilfe des Kräfteparallelogramms *zusammensetzen* oder *zerlegen*.

Kräftezusammensetzung

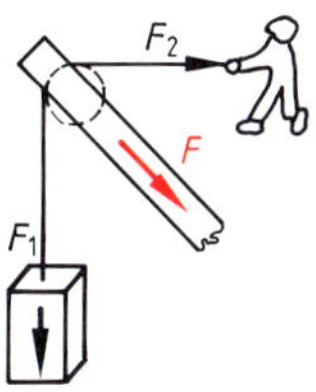

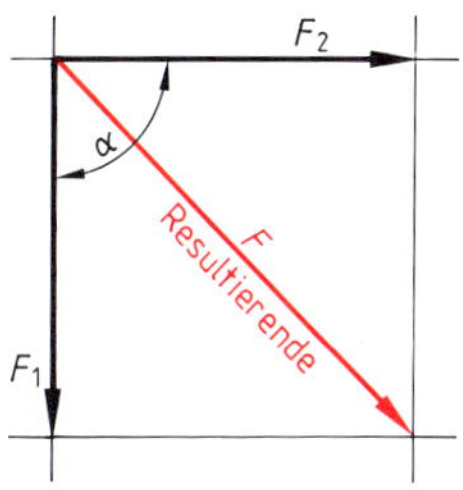

Gesucht:
Resultierende F
(Stützkraft)
aus Teilkräften F_1 und F_2

Bild D

Lösungsanleitung

Start
↓
KM festlegen
↓
Wirkungslinien mit Hilfe eines Lineals und Winkelmessers zeichnen
↓
Teilkräfte mit Hilfe des KM einzeichnen
↓
Parallele zu F_1 durch die Spitze von F_2 und Parallele zu F_2 durch die Spitze von F_1 zeichnen
↓
Schnittpunkt der Parallelen zu den Wirkungslinien ergibt Endpunkt der Resultierenden
↓
Resultierende einzeichnen und mit Hilfe des KM Betrag der Resultierenden ermitteln
↓
Ende

Kräftezerlegung

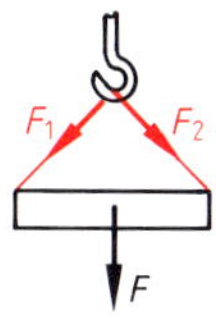

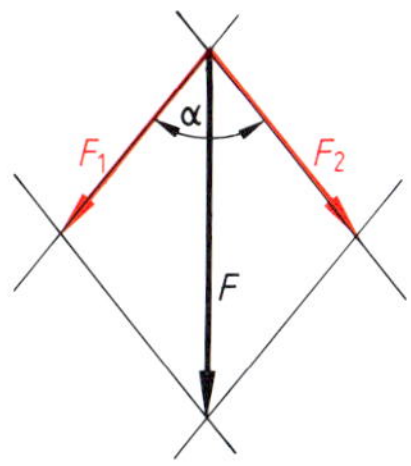

Gesucht:
Teilkräfte F_1 und F_2
(Seilkräfte)
aus Resultierender F

Bild E

Lösungsanleitung

Start
↓
KM festlegen
↓
Kraft, die zerlegt werden soll, mit Hilfe des KM zeichnen
↓
Einzeichnen der Wirkungslinien der Teilkräfte durch den Angriffspunkt der Kraft
↓
Parallelen zu den Wirkungslinien durch die Pfeilspitze der Kraft F zeichnen
↓
Schnittpunkt von Wirkungslinien und Parallelen ergeben Endpunkte der Einzelkräfte
↓
Mit Hilfe des KM Bestimmung der Größe der Einzelkräfte
↓
Ende

Aufgaben

1. Bestimmen Sie die Größe der Kräfte im **Bild A.**

2. Bestimmen Sie jeweils die Größe der Gesamtkraft F:
Bild B: $F_1 = 300$ N, $F_2 = 150$ N, $F_3 = 330$ N, $F = ?$ N.
Bild C: $F_1 = 320$ N, $F_2 = 380$ N, $F_3 = 280$ N, $F = ?$ N.

3. Ermitteln Sie aus den **Bildern D** und **E** durch Ausmessen die Beträge der beiden Einzelkräfte F_1 und F_2 und den Betrag der resultierenden Kraft F.
KM in Bild D: 1 cm ≙ 200 N. KM in Bild E: 1 cm ≙ 0,5 kN.

4. Stellen Sie die Kräfte ⓐ bis ⓔ graphisch dar.

	Kräfte				
	ⓐ	ⓑ	ⓒ	ⓓ	ⓔ
Betrag	250 N	30 daN	150 kN	8 N	0,5 N
KM	1 cm ≙ 50 N	1 cm ≙ 50 N	1 cm ≙ 100 kN	1 cm ≙ 1 N	10 cm ≙ 1 N
Lage der Wirkungslinie zur Waagerechten ≙ $\sphericalangle \alpha$	90°	0°	30°	0°	45°
Richtung der Pfeilspitze	nach oben	nach rechts	nach unten	nach links	nach unten

5. Zeichnen Sie ein Kräfteparallelogramm entsprechend **Bild D** für die Werte $F_1 = 800$ N, $F_2 = 800$ N, $\alpha = 60°$, und ermitteln Sie die Größe der Resultierenden.

6. Zeichnen Sie ein Kräfteparallelogramm entsprechend **Bild E** für die Werte $F = 20$ kN, $\alpha = 120°$, und bestimmen Sie die Größe der Teilkräfte F_1 und F_2.

7.

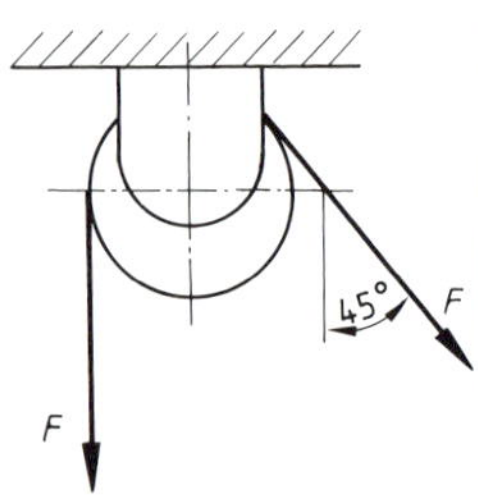

8.

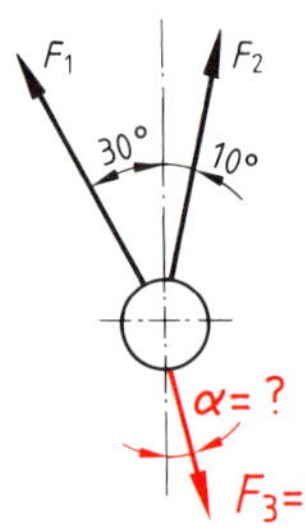

9.

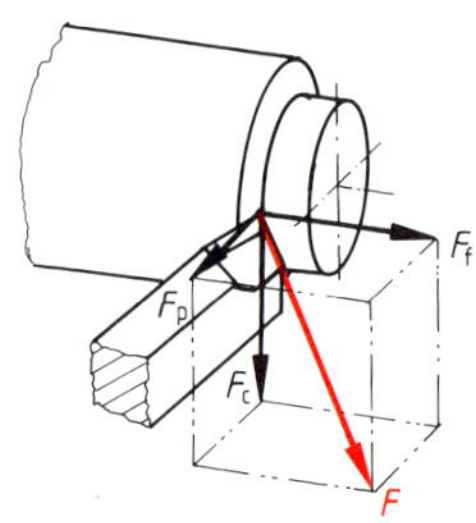

7. Mit Hilfe einer Seilrolle wird eine Last von 90 kg hochgezogen.
Ermitteln Sie Größe, Richtung und Lage (Winkel zur Senkrechten) der Lagerkraft im Gleichgewichtszustand.

8. Ein Antennenmast ist durch 3 Drahtseile verankert. Die Seilzugkräfte betragen $F_1 = 2000$ N und $F_2 = 3000$ N.
Wie groß muß die Seilzugkraft des dritten Seils sein, wenn der Mast im Gleichgewicht stehen soll? Unter welchem Winkel α muß das dritte Seil gespannt sein?
Lösungshinweis: Ermitteln Sie die Resultierende der Kräfte F_1 und F_2. Die Seilzugkraft F_3 muß die Gegenkraft dieser Resultierenden sein.

9. Bei einem Schnittkraftmeßversuch wurden folgende Werte ermittelt:
Schnittkraft $F_c = 10$ kN, Vorschubkraft $F_f = 4$ kN, Passivkraft $F_p = 3$ kN.
Ermitteln Sie graphisch die Zerspanungskraft F.
Lösungshinweis: Zuerst Resultierende aus F_p und F_f bilden, danach mit dieser Resultierenden und F_c die Zerspanungskraft F ermitteln.

10. Gegenlauffräsen

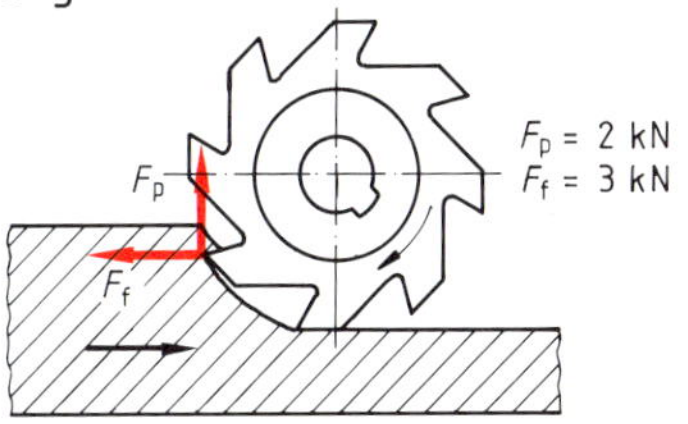

11. Gleichlauffräsen

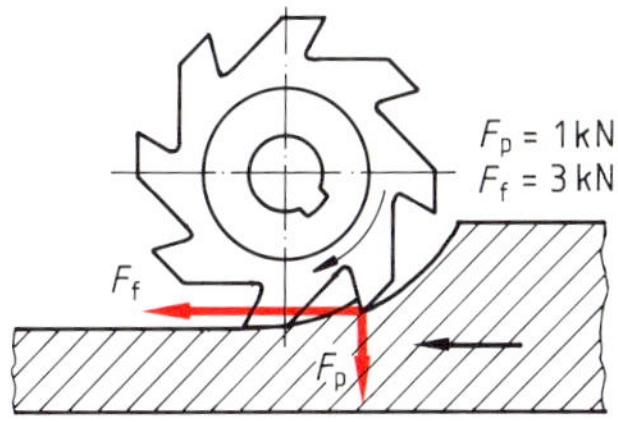

10. und **11.**
Ermitteln Sie graphisch die Schnittkraft F_c beim Gegenlauf- und beim Gleichlauffräsen mit den angegebenen Horizontal- und Vertikalkräften. Vergleichen Sie beide Fräsverfahren bezüglich Schnittkraftrichtung, und ziehen Sie Schlußfolgerungen für die Werkstückeinspannung.

12.

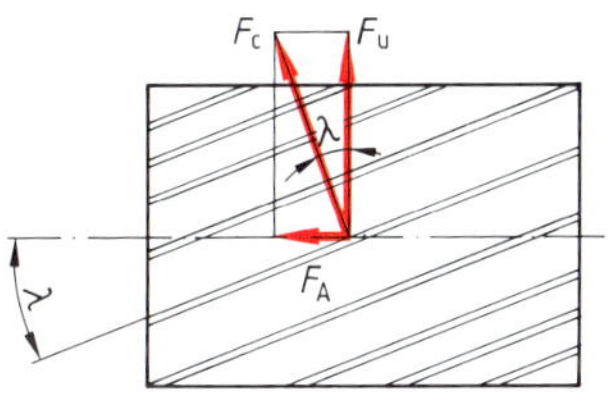

13.

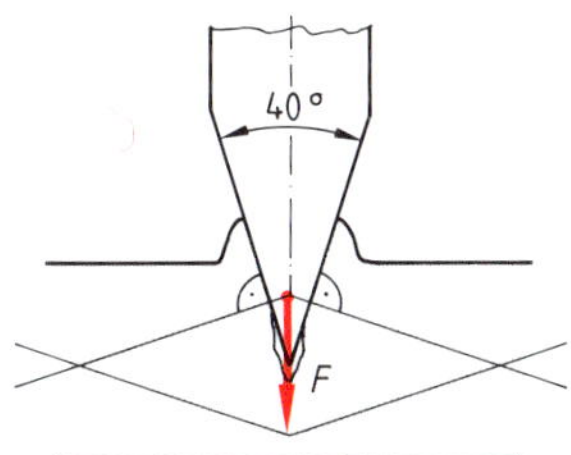

12. Die Schnittkraft eines gewendelten Walzenfräsers beträgt 134 kN. Der Drallwinkel λ beträgt 25°.
Ermitteln Sie graphisch die Axialkraft F_A und die Umfangskraft F_u.

13. Die Schlagkraft F des Meißels beträgt 500 N.
Bestimmen Sie die Größe der Trennkräfte.

14.

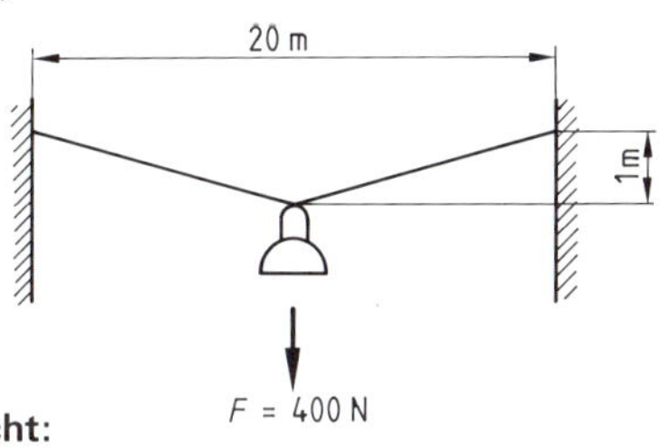

Gesucht:
Seilkräfte F_1 und F_2

15.

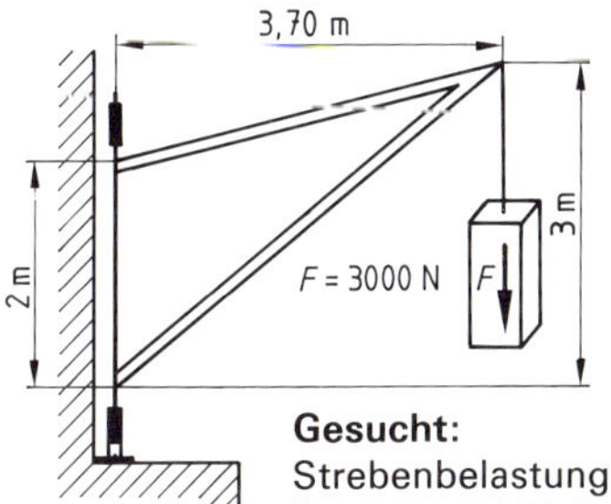

Gesucht:
Strebenbelastung
(Betrag und Richtung)

Lösungshinweise zu 14. *und* 15.*:*
Ermitteln Sie zuerst die Richtung der Wirkungslinien mit Hilfe eines geeigneten Zeichenmaßstabes, um danach mit Hilfe eines geeigneten KM die Kräfte in die Einzelkräfte zu zerlegen.

22.3 Rechnerische Zusammensetzung und Zerlegung von Kräften

Kräfte auf einer Wirkungslinie können ohne weiteres rechnerisch addiert werden. Kräfte auf verschiedenen Wirkungslinien können mit Hilfe des pythagoräischen Lehrsatzes oder mit Hilfe der Winkelfunktionen zusammengesetzt bzw. zerlegt werden.

Bild A
Ermittlung der Gesamtkraft durch Addition

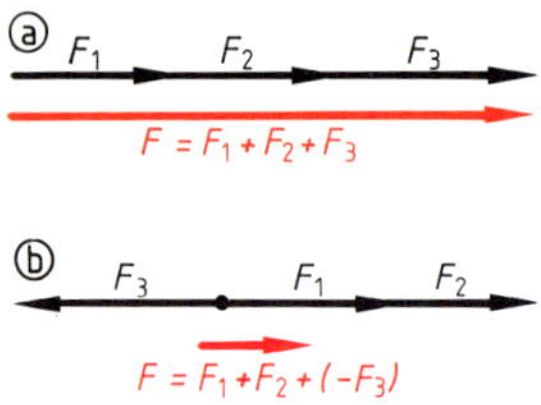

Das negative Vorzeichen kennzeichnet die entgegengesetzte Kraftrichtung.

Bild B
Ermittlung der Gesamtkraft F mit Hilfe des Lehrsatzes des Pythagoras

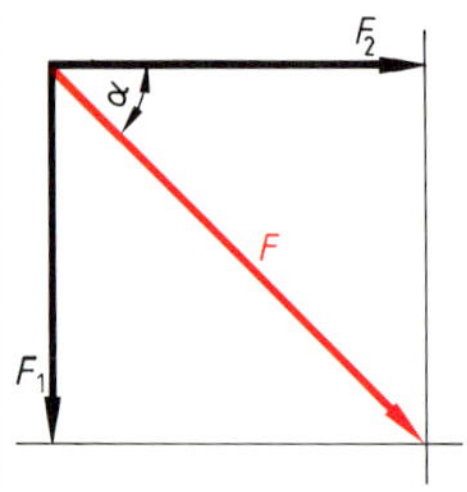

$$F^2 = F_1^2 + F_2^2$$
$$F = \sqrt{F_1^2 + F_2^2}$$

Bild C
Ermittlung der Einzelkräfte F_1 und F_2 mit Hilfe von Winkelfunktionen

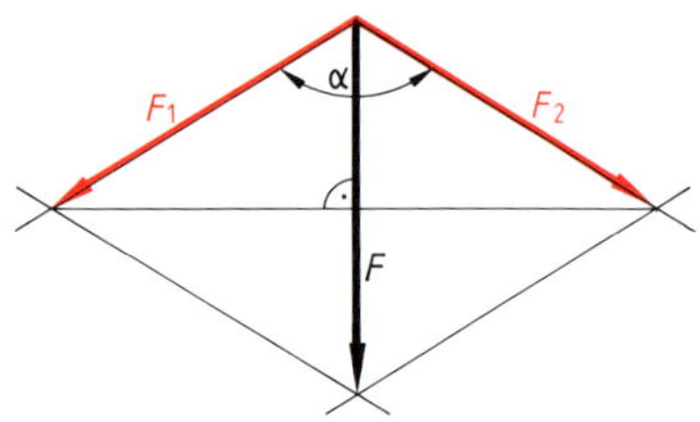

$$\cos\frac{\alpha}{2} = \frac{\text{Ankathete}}{\text{Hypotenuse}}$$
$$\cos\frac{\alpha}{2} = \frac{\frac{F}{2}}{F_1}$$
$$\cos\frac{\alpha}{2} = \frac{F}{2 \cdot F_1}$$
$$F_1 = \frac{F}{2 \cdot \cos\frac{\alpha}{2}}$$

Aufgaben

1. Wie groß ist im **Bild A** für die Fälle ⓐ und ⓑ die Gesamtkraft F, deren Teilkräfte $F_1 = 400$ N, $F_2 = 300$ N und $F_3 = 500$ N betragen?

2. Berechnen Sie die Größe der Resultierenden F im **Bild B**.
a) $F_1 = 1$ kN und $F_2 = 1$ kN
b) $F_1 = 4$ kN und $F_2 = 3$ kN
c) $F_1 = 1$ kN und $F_2 = 3$ kN
d) Wie groß ist für die drei Fälle der Winkel α?
Lösungshinweis: Mit Hilfe der Winkelfunktionen zu lösen.

3. Wie groß sind die Teilkräfte F_1 und F_2 im **Bild C**?
a) $F = 25$ kN und $\alpha = 20°$
b) $F = 25$ kN und $\alpha = 45°$
c) $F = 25$ kN und $\alpha = 80°$

4. An einem schrägverzahnten Stirnrad wurde die Zahnkraft F mit 400 N bestimmt.

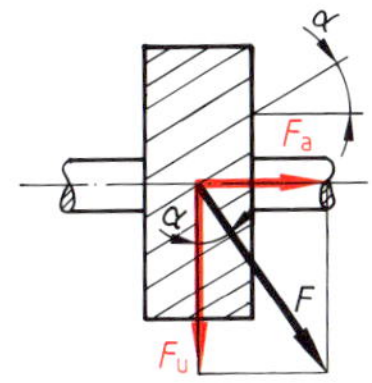

a) Bestimmen Sie die Umfangskraft F_u und die Axialkraft F_a (Schrägungswinkel $\alpha = 20°$).

b) Wie groß ist die axiale Belastung des Wälzlagers?

5. Lösen Sie die Aufgaben 3, 7, 9, 10, 11, 12, 13, 14 und 15 aus Kapitel 19.2 auf rechnerischem Weg.

22.4 Die Gewichtskraft

Alle Körper werden durch die Erdanziehungskraft zum Erdmittelpunkt angezogen. Die Kraft, mit der die Masse eines Körpers von der Erde angezogen wird, nennt man die Gewichtskraft (F_G oder G).

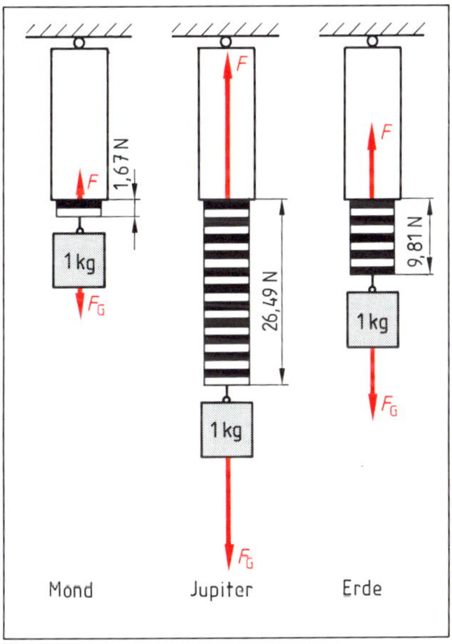

Bild A

1. Dehnt eine Masse m durch die Erdanziehungskraft die Feder eines Kraftmessers (Federwaage), so muß der Kraftmesser als Gegenwirkung eine Kraft aufbringen, die der Gewichtskraft entspricht.
2. Wie für jede Kraft gilt auch für die Gewichtskraft:
   $F = m \cdot a$.
3. Die Erde verleiht jedem Körper die Beschleunigung (g) von $\approx 9{,}81 \frac{\text{m}}{\text{s}^2}$.

Für die Gewichtskraft gilt:

Gewichtskraft = Masse · Fallbeschleunigung

$$F_G = m \cdot g$$

F_G Gewichtskraft in N
m Masse in kg
g Fallbeschleunigung in $\frac{\text{m}}{\text{s}^2}$

Der Normwert der Fallbeschleunigung auf der Erde beträgt $9{,}81\,\frac{m}{s^2}$. In technischen Berechnungen wird mit $g = 10\,\frac{m}{s^2}$ gerechnet, da der entstehende Fehler nicht größer als 2% ist.

Merke: 1 kg ≙ 10 N

Aufgaben

1. Mit einer Federwaage wurde von einem Körper die Gewichtskraft 100 N gemessen.
a) Welche Masse hat dieser Körper?
b) Welche Gewichtskraft würde dieser Körper auf dem Jupiter und auf dem Mond aufweisen? (Siehe **Bild A**)

2. Welche Gewichtskraft hätte 1 m^3 Wasser
a) auf der Erde und
b) auf der Venus ($g = 8{,}83\ m/s^2$)?

3. Auf dem Mars hat ein Körper mit der Masse von 25 kg eine Gewichtskraft von 122,75 N.
Berechnen Sie die dort herrschende Fallbeschleunigung.

4. Erläutern Sie, wie man schnell und ohne groß zu rechnen von der Masse eines Körpers auf dessen Gewichtskraft schließen kann.

5. Bestimmen Sie die fehlenden Angaben von ⓐ bis ⓘ.

	ⓐ	ⓑ	ⓒ	ⓓ	ⓔ	ⓕ	ⓖ	ⓗ	ⓘ
Masse	1 kg	?	?	1 t	100 g	?	1 g	?	?
Gewichtskraft	?	1 N	120 N	?	?	10 kN	?	0,01 N	1 MN

6.

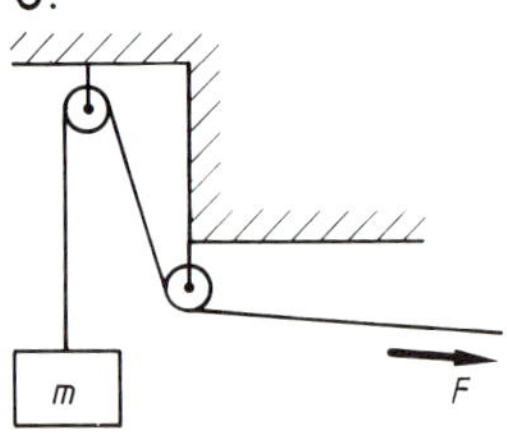

7.

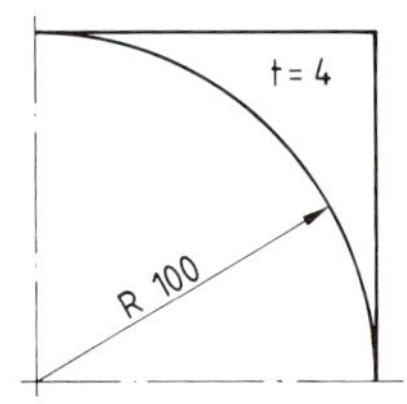

8.

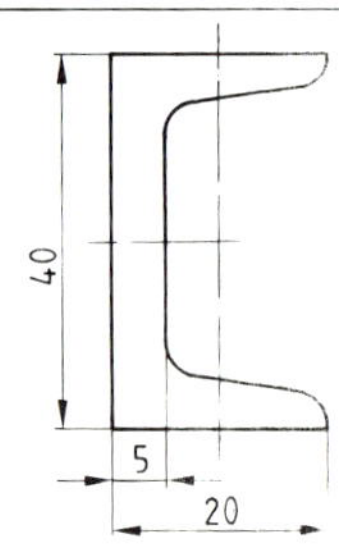

6. Wie groß muß die Kraft *F* sein, um das Werkstück mit der Masse von 50 kg im Gleichgewicht zu halten?

7. Berechnen Sie von dem Führungsstück aus CuZn 37 (vgl. Kapitel 18)
a) die Masse und
b) die Kraft, die man mindestens benötigt, um 100 Stück zu heben.

8. Ein Träger ⊔ DIN 1026 – 40 × 20 – St 37-2 (S 235) von 1 m Länge übt lt. Tabelle auf seine Unterlage eine Gewichtskraft von 28,7 N aus.
a) Kontrollieren Sie diese Angabe durch eine überschlägige Berechnung.
b) Sollten die Werte nicht übereinstimmen, überlegen Sie, woran das liegen könnte.
c) Welche Masse haben 120 m dieses ⊔-Profils?

9. Berechnen Sie die Gewichtskraft, die eine Masse von 50 kg an den 6 angegebenen Punkten ausüben würde.

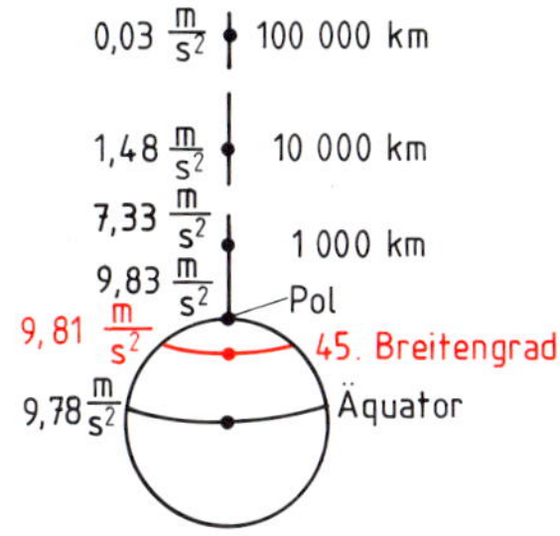

10. Für eine Stahlkonstruktion werden verwendet:

52 m	I	DIN 1025 - 200	(m′ = 26,2 kg/m)
48 m	T	DIN 1024 - 60	(m′ = 6,23 kg/m)
22 m	Ro	DIN 2391 - 100 × 6	(m′ = 13,92 kg/m)
33 m	L	DIN 1029 - 65 × 50 × 5	(m′ = 4,35 kg/m)
92 m²	Bl	DIN 1542 - 4,75	(m″ = 37,3 kg/m²)

Mit welcher Gewichtskraft muß der Konstrukteur rechnen?

11. Eine Schraubenfabrik bestellt im Stahlwerk 6 t Sechskantstahl DIN 176 – 22 – C 35 (1 C 35) von 5 m Lieferlänge.

a) Wieviel ganze Stangen mit der Länge von 5 m erhält die Firma ($m' = 3{,}29$ kg/m)?

b) Welche Gewichtskraft hat eine Stange?

23 Der Druck und seine Einheit

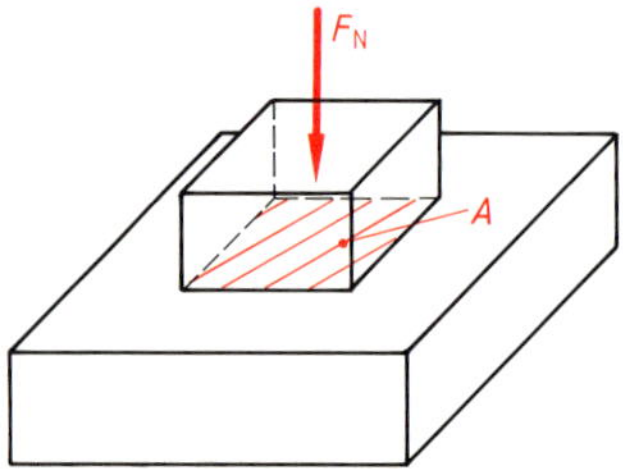

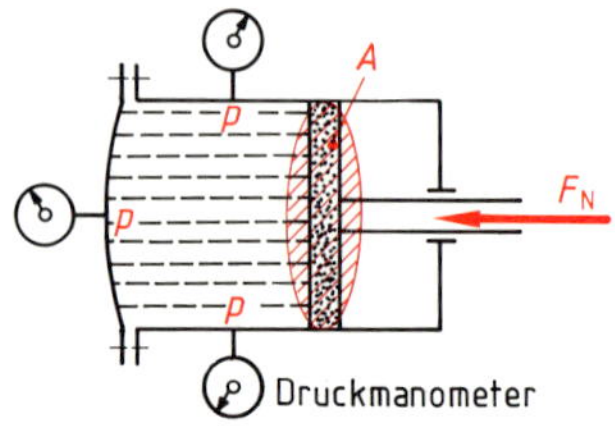

Der Druck ist Einwirkung von Kraft auf eine Fläche.

Der Druck in Flüssigkeiten und Gasen ist nach allen Seiten gleich groß.

Kraft F_N – konstant		Fläche A – konstant	
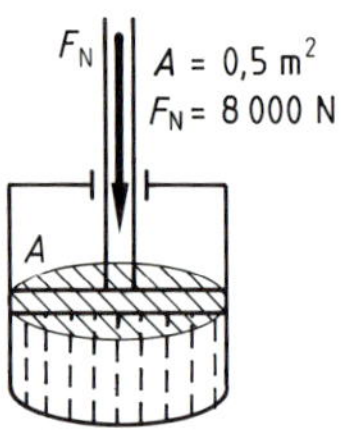 **Bild A**	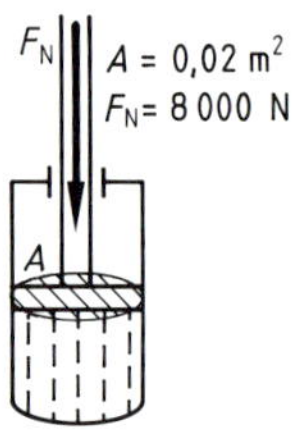 **Bild B**	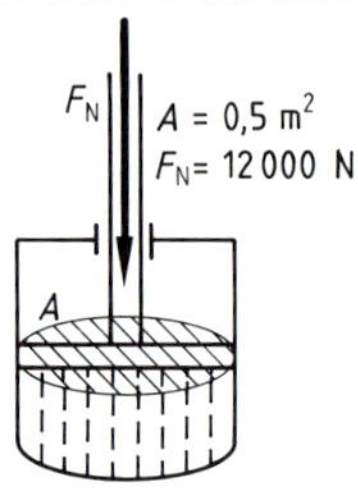 **Bild C**	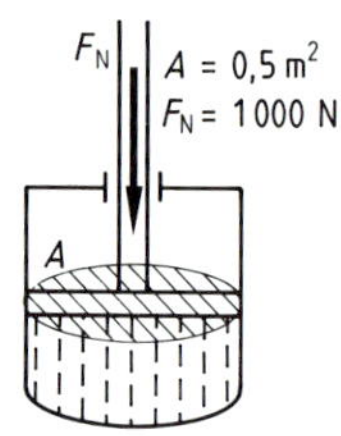 **Bild D**
Fläche: groß	Fläche: klein	Kraft: groß	Kraft: klein
Druck: klein	Druck: groß	Druck: groß	Druck: klein

Der Druck ist direkt proportional der Kraft und indirekt proportional der Fläche.

$$\text{Druck} = \frac{\text{Normalkraft}}{\text{Fläche}}$$

$$p = \frac{F_N}{A}$$

p Druck in $\frac{N}{m^2}, \frac{N}{cm^2}$

F_N Normalkraft in N (Kraft senkrecht zur Fläche)

A Fläche, auf der die Kraft wirkt in m^2, cm^2

Einheiten für den Druck

	Name	Erklärung
SI-Einheit	Pascal (Pa)	$1\ \text{Pa} = 1\ \frac{\text{N}}{\text{m}^2}$
gleichwertige Einheit	Bar (bar)	$1\ \text{bar} = 10^5\ \text{Pa} = 10\ \frac{\text{N}}{\text{cm}^2}$

In der Technik wird oft angegeben, daß eine 10 m hohe Wassersäule (WS) einen Druck von 1 bar bewirkt.

Aufgaben

1. Für die **Bilder A** bis **D** ist der Druck in Pa zu berechnen.

2. Bestimmen Sie die fehlenden Angaben ⓐ bis ⓘ in der Tabelle.

Größe	Formel	Einheiten					Meßwerte		
	ⓐ	ⓑ	ⓒ	ⓓ	ⓔ	ⓕ	ⓖ	ⓗ	ⓘ
Druck	p = ?	Pa	bar	?	bar	?	? Pa	? bar	5,3 bar
Kraft	F_N = ?	?	?	10^5 N	?	N	1000 N	1000 N	? N
Fläche	A = ?	?	?	m^2	cm^2	?	2 m^2	100 cm^2	? cm^2

3. Welcher Druck wirkt in einer Wasserleitung, deren Wasserbehälter 85 m höher liegt?

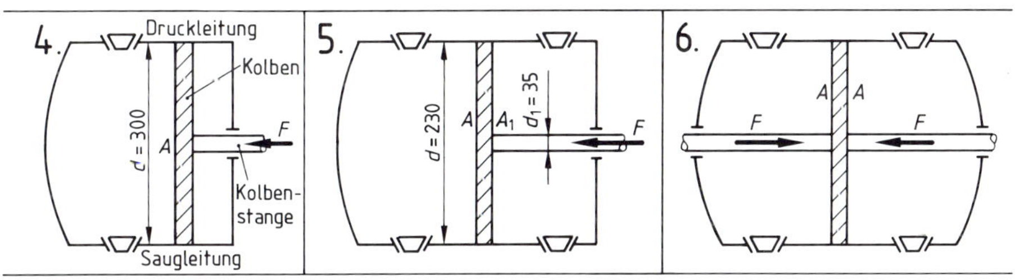

4. Eine einfach wirkende Kolbenpumpe hat einen Zylinderdurchmesser von 300 mm. Wie groß ist der Druck in Pa und in bar am Druckmanometer? Die Kraft auf die Zylinderkolbenfläche A beträgt 1 200 N.

5. Eine doppelt wirkende Kolbenpumpe wird mit einer Kraft von 8 500 N angetrieben. Der Zylinderdurchmesser beträgt 230 mm, der Kolbenstangendurchmesser 35 mm. Berechnen Sie den Druck in der Druckleitung im Hinhub und im Rückhub.

6. Die Kolbenstange bewegt den Kolben mit 6 300 N im Hin- und Rückhub (doppelt wirkend). Wie groß ist der Druck in der Druckleitung, bei einem Kolbenstangendurchmesser von 20 mm und einem Kolbendurchmesser von 180 mm?

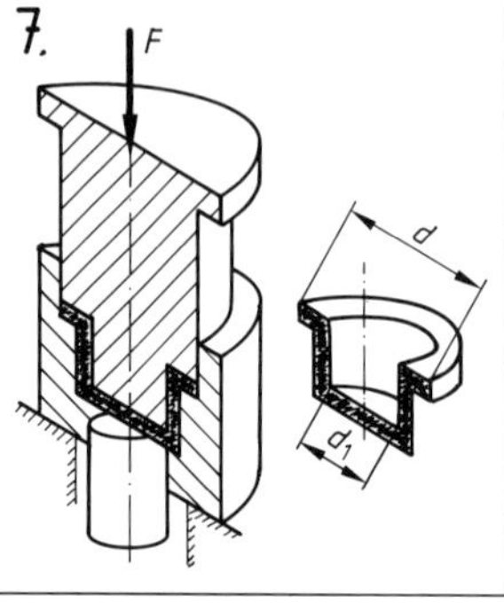

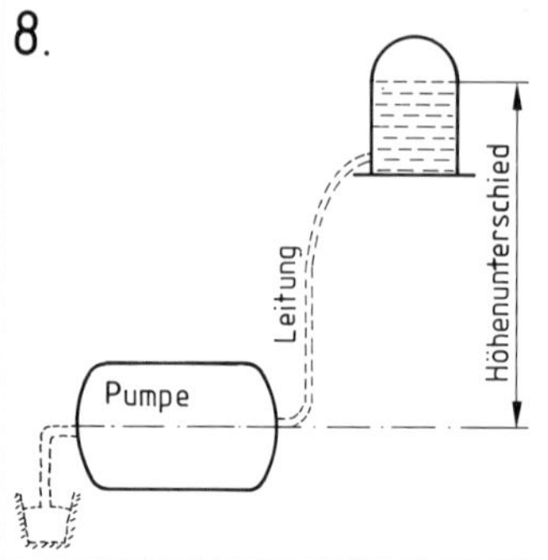

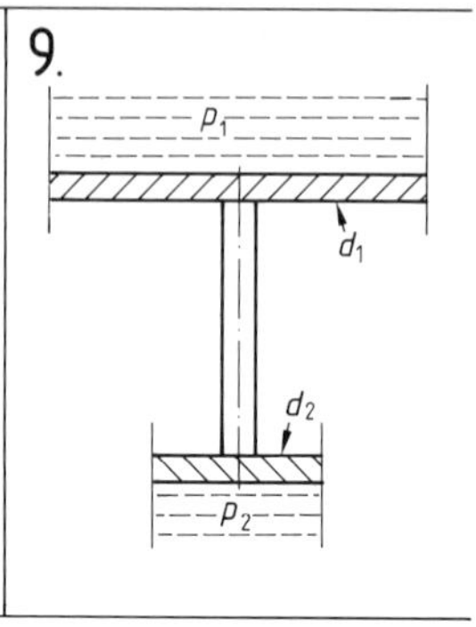

7. Auf einer hydraulischen Presse sollen durch Gesenkdrücken Werkstücke mit den Abmessungen $d=30$ mm und $d_1=22$ mm hergestellt werden.

a) Mit welcher Kraft F wird der Stempel nach unten bewegt, wenn die Presse auf 180 bar, bei einem Kolbendurchmesser von 400 mm, eingestellt ist?

b) Welcher Druck wirkt auf dem Boden der Werkstücke?

c) Welcher Druck wirkt auf dem Bund der Werkstücke?

8. Ein Wasserbehälter soll durch eine Kolbenpumpe gefüllt werden. Der Höhenunterschied zwischen Pumpe und Behälter beträgt 47 m. Durch die Leitung von 158 m Länge entsteht ein Rohrleitungswiderstand, der mit 20 % berücksichtigt werden soll.
Mit welchem Druck in bar muß die Kolbenpumpe arbeiten?

9. Die Zylinder einer Hebevorrichtung haben die Durchmesser $d_1=15$ cm, $d_2=4$ cm.
Wie groß ist der Druck im oberen Zylinder, wenn der Druck im unteren Zylinder 280 bar beträgt?

24 Festigkeit von Werkstoffen

24.1 Festigkeitsarten und ihre Berechnung

In der Festigkeitslehre werden die Wirkungen im Werkstoff untersucht, die durch äußere Kraftbeanspruchung auftreten.

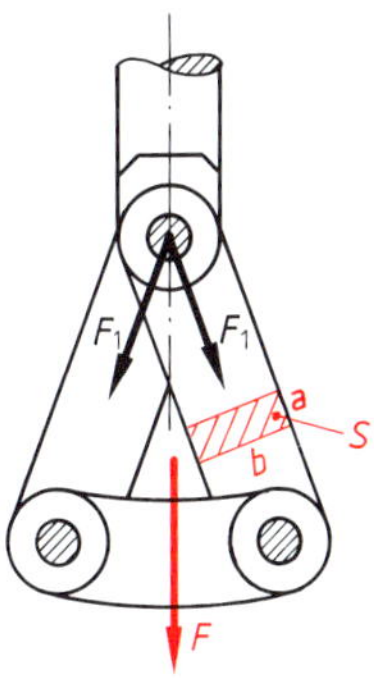 **Bild A**	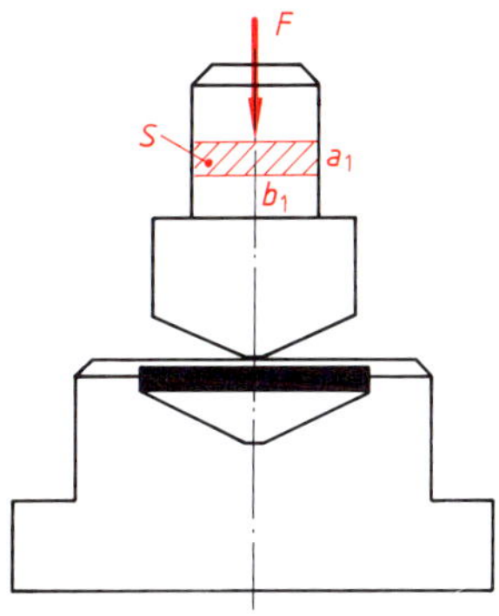 **Bild B**	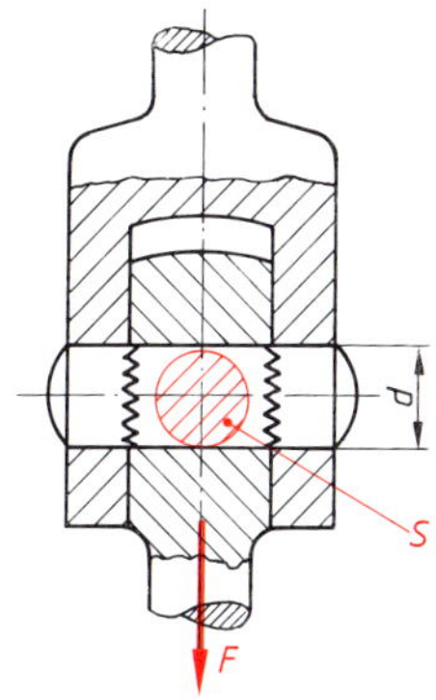 **Bild C**
Der Haken wird auf **Zug** beansprucht	Der Stempel wird auf **Druck** beansprucht	Der Bolzen wird auf **Abscheren** beansprucht

Den inneren Widerstand eines Werkstoffes als Reaktion gegen die angreifende äußere Kraft bezeichnet man als **Festigkeit.**

Diese äußeren Kräfte erzeugen **Spannungen** im Werkstoff.

Die Spannung ist die auf den Querschnitt bezogene Kraft.

Äußere Kraft F – konstant		Flächenquerschnitt S – konstant	
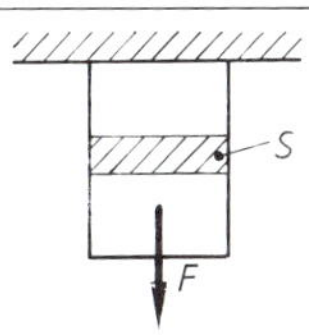	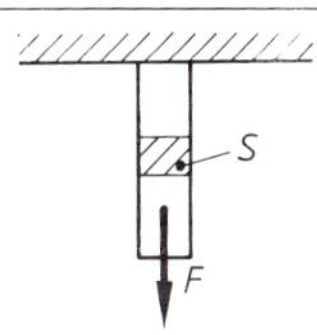	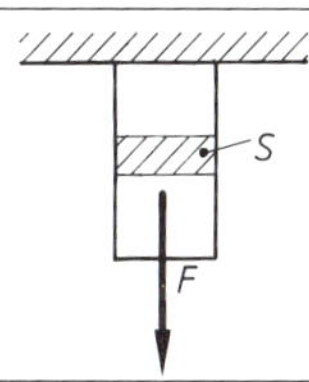	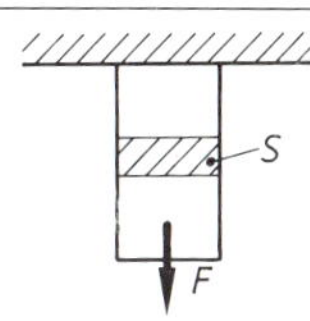
S – groß	S – klein	F – groß	F – klein
Spannung – klein	Spannung – groß	Spannung – groß	Spannung – klein

$$\text{Spannung} = \frac{\text{Kraft}}{\text{Flächenquerschnitt}}$$

$$\sigma = \frac{F}{S}$$

$$\tau = \frac{F}{S}$$

σ Spannung in $\frac{N}{mm^2}$ τ Spannung in $\frac{N}{mm^2}$ F Kraft in N S Flächenquerschnitt in mm^2

Bezeichnungen und Kurzzeichen

Art der Festigkeit	Bezeichnung	Kurzzeichen	Beanspruchungsbeispiele
Zug	Zugspannung	σ_Z	Seile, Ketten, Schrauben
Druck	Druckspannung	σ_d	Stempel, Schubstange
Abscheren	Scherspannung	τ_a	Niete, Stifte, Bolzen
Pressung	Flächenpressung	p	Lagerzapfen, Stehlager

Aufgaben

1. Der Lasthaken in **Bild A** soll eine Gewichtskraft von 1200 N heben, dabei wird angenommen, daß sich diese auf gleiche Teile F_1 verteilt.
Welche Zugspannung tritt in einem Gelenkarm auf, dessen Querschnitt 140 mm^2 beträgt?

2. Der Stempel des Biegewerkzeuges in **Bild B** hat rechteckigen Querschnitt mit $a_1 = 4$ mm und $b_1 = 7$ mm. Die Presse erzeugt eine Kraft von 17 kN.
Welche Druckspannung wirkt im Stempel?

3. Der Bolzen einer Gelenkgabel im **Bild C** hat einen Durchmesser von 20 mm. Die äußere angreifende Kraft von 23000 N verteilt sich auf zwei Scherflächen.
Wie groß ist die auftretende Scherspannung im Bolzen?

4. Bestimmen Sie die fehlenden Angaben ⓐ bis ⓓ in der Tabelle.

Spannungsart	Kurzzeichen	Formel	Meßgrößen		
ⓐ Zugspannung	?	?	σ_z = ? N/mm^2 F = 8478 N S = 314 mm^2	σ_z = 330 N/mm^2 F = ? N S = 225 mm^2	σ_z = 37000 N/cm^2 F = 4300 N S = ? mm^2
ⓑ Druckspannung	?	?	σ_d = ? N/mm^2 F = 12300 N S = 430 mm^2	σ_d = 220 N/cm^2 F = ? N S = 78 cm^2	σ_d = 400 N/mm^2 F = 4300 N S = ? mm^2
ⓒ Scherspannung	?	?	τ_a = ? N/mm^2 F = 8600 N S = 8 cm^2	τ_a = 370 N/mm^2 F = ? N S = 0,8 cm^2	τ_a = 220 N/mm^2 F = 12000 N S = ? mm^2
ⓓ Flächenpressung	?	?	p = ? N/mm^2 F = 32000 N A = 16 cm^2	p = 5 daN/cm^2 F = ? daN A = 80 cm^2	p = 700 N/mm^2 F = 32000 N A = ? mm^2

5. Das Drahtseil einer Fördereinrichtung hebt eine Last von 90000 N. Das Seil besteht aus 200 Drähten von 1,2 mm Durchmesser.
Berechnen Sie die Zugspannung in N/mm^2 im Seilquerschnitt.

6. Der Niet einer einfachen Überlappungsnietung hat einen Durchmesser von 8 mm und wird mit 8000 N auf Abscheren beansprucht.
Wie groß ist die Scherspannung im gefährdeten Nietquerschnitt?

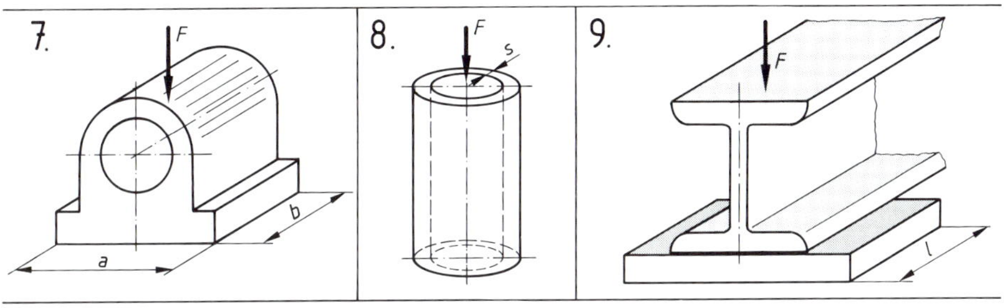

7. Das Stehlager hat die äußeren Abmessungen $a = 180$ mm, $b = 110$ mm. Die Lagerkraft F wurde mit 8 kN berechnet.
Wie groß ist die auftretende Flächenpressung auf die Stützfläche $a \times b$?

8. Eine Grauguß-Hohlsäule hat einen Außendurchmesser von 250 mm und eine Wanddicke von 60 mm. Sie trägt eine Last von 450 kN.
Berechnen Sie die Druckspannung in N/mm^2.

9. Ein Träger I PB DIN 1025 - 300 liegt mit der Länge $l = 600$ mm auf einer Gußplatte. Die Auflagerkraft F des Trägers beträgt 12000 daN.
Welche Flächenpressung in N/mm^2 tritt in der Gußplatte auf?

24.2 Zulässige und vorhandene Spannungen im Maschinenbau

Aus Festigkeitsversuchen läßt sich für jeden Augenblickswert der Kraft der Widerstand des Werkstoffs ermitteln. Als Beispiel dient der Zugversuch.

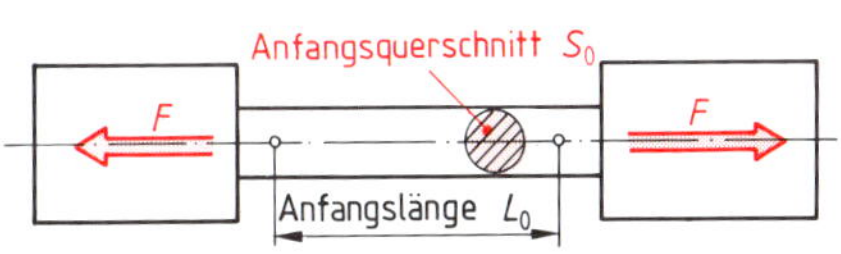

Spannung-Dehnungs-Diagramm

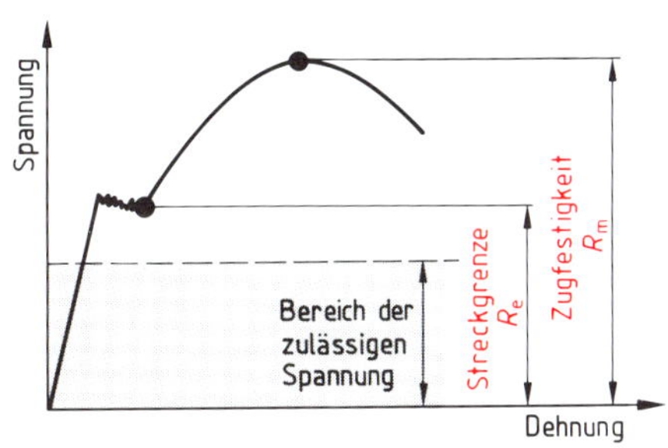

Für die Festigkeitsberechnung der Bauteile in der Technik sind folgende Spannungen von Wichtigkeit:

Benennung	Kurzzeichen	Definition	Berechnungsformel
Nennspannung	σ τ	ist die augenblicklich vorhandene Spannung mit dem Augenblickswert der Kraft F und dem Querschnitt S_0	$\sigma = \frac{F}{S_0}$ $\tau = \frac{F}{S_0}$
Zugfestigkeit Druckfestigkeit Scherfestigkeit	R_m σ_{dB} τ_{aB}	ist die Spannung, bei der der Werkstoff, bezogen auf den Anfangsquerschnitt S_0 und der Höchstkraft F_m, zu Bruch geht	$R_m = \frac{F_m}{S_0}$ $\sigma_{dB} = \frac{F_m}{S_0}$ $\tau_{aB} = \frac{F_m}{S_0}$
Streckgrenze 0,2% Dehngrenze Quetschgrenze	R_e $R_{p0,2}$ σ_{dF}	ist die Spannung, bei der der Werkstoff, bezogen auf den Anfangsquerschnitt S_0 und der Kraft F, eine bestimmte bleibende Verformung erhält	$R_e = \frac{F}{S_0}$ $R_{p0,2} = \frac{F}{S_0}$ $\sigma_{dF} = \frac{F}{S_0}$
zulässige Spannung	σ_{zul}	ist die Spannung, die unter Berücksichtigung der Sicherheitszahl ϑ erreicht werden darf. Sie ist ein Bruchteil der Grenzspannung σ_{lim}	$\sigma_{zul} = \frac{\sigma_{lim}}{\vartheta}$ Stahl: $\sigma_{lim} = R_e$ Gußeisen: $\sigma_{lim} = R_m$

Die allgemeinen Baustähle geben mit ihrer Stahlbezeichnung die Zugfestigkeit R_m an, z.B.: St 50 $\rightarrow R_m \approx 500$ N/mm^2. Nach der neuen DIN EN 10027 werden in Zukunft die Stähle nach der Streckgrenze benannt, z.B.: St 50 (E 295) $\rightarrow$ $R_e \approx 295$ N/mm 2.

In der Praxis unterliegt der Werkstoff dauernd einer bestimmten Belastung. Man unterscheidet daher verschiedene **Belastungsfälle.**

Belastungsfall I
ruhende Belastung

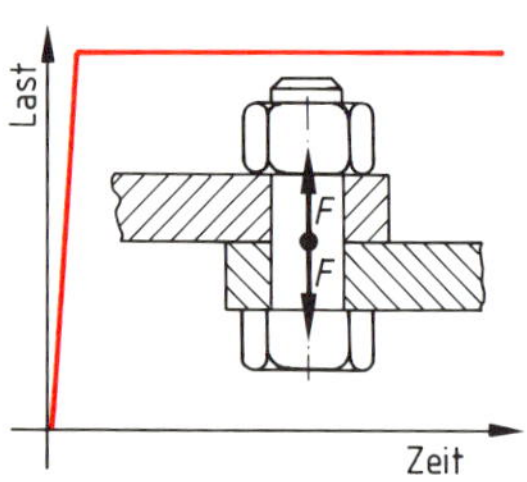

Belastungsfall II
schwellende Belastung

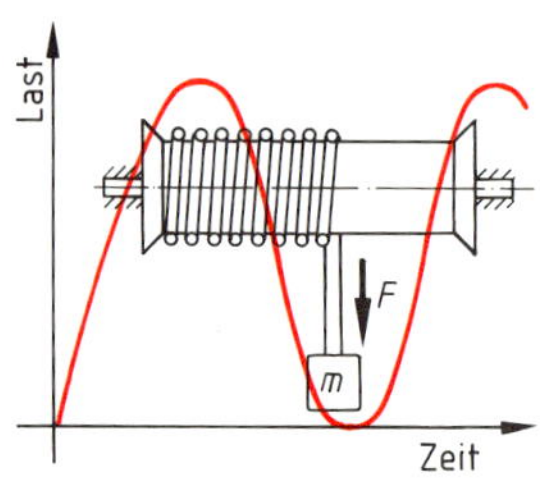

Belastungsfall III
wechselnde Belastung

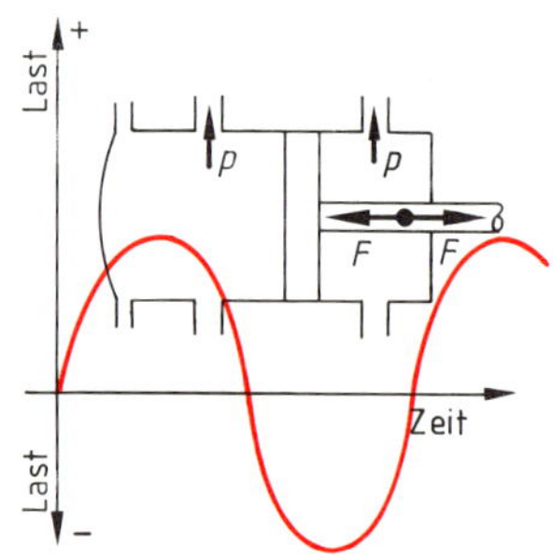

Zulässige Spannungen einiger Werkstoffe in Abhängigkeit der Belastungsfälle:

Art der Beanspruchung	Belastungsfall	Werkstoff St 37 (S 235)	St 50 (E 295)	St 70 (E 360)	GG 14	GG 26
$\sigma_{z\,zul}$ in $\frac{N}{mm^2}$	I	130	170	230	40	75
	II	80	110	180	32	62
	III	55	80	130	25	42
$\sigma_{d\,zul}$ in $\frac{N}{mm^2}$	I	130	170	230	90	185
	II	80	110	180	65	120
	III	55	80	130	25	42

Für die Ermittlung der Scherfestigkeit gilt allgemein:

Scherfestigkeit ≈ 80% der Zugfestigkeit

$$\tau_{aB} \approx 0{,}8 \cdot R_m$$

Aufgaben

1. Ein Rundstahl aus St 37 (S 235) hat einen Querschnitt von 1256 mm² und wird im Betrieb mit 87000 N auf Zug beansprucht.
Bestimmen Sie die Werte ⓐ bis ⓒ entsprechend der Tabelle.

	Zugfestigkeit	vorhandene Spannung	zulässige Spannung	Scherfestigkeit	vorhandene Sicherheit
ⓐ Kurzzeichen	?	?	?	?	?
ⓑ Berechnungsformel	?	?	?	?	?
ⓒ Werte für ruhende Belastung	?	?	?	?	?

2. Eine Zugstange aus Rundstahl soll eine Zugbelastung von 15000 N aufnehmen.
a) Berechnen Sie den Durchmesser bei einer zulässigen Spannung von 120 N/mm².
b) Wird die Zugstange aus St 44 (S 275) hergestellt und eine 3fache Sicherheit gefordert, so ist der neue Durchmesser zu berechnen.

3. Ein Schneidwerkzeug hat eine Masse von 3000 kg. Es soll mittels 3 Hanfseilen an 3 Hängepunkten durch einen Kran zur Presse transportiert werden.
Welchen Durchmesser muß das Hanfseil bei 8facher Sicherheit haben? (Die Zugfestigkeit R_m für neue Hanfseile beträgt 135 N/mm², $\sigma_{lim} = R_m$).

4. Auf einer Blechpresse sollen Runddrähte mit einer Zugfestigkeit von 400 N/mm² abgeschert werden. Die Presse erzeugt 12000 N Scherkraft.
Bis zu welchem Drahtdurchmesser lassen sich die Drähte abscheren?

5. Die Kolbenstange einer Pumpe besteht aus St 44 (S 275). Bei einem Zylinderdurchmesser von 450 mm beträgt der Arbeitsdruck 20 bar.
Welchen Durchmesser muß die Kolbenstange haben, wenn 3fache Sicherheit gefordert wird?

6.

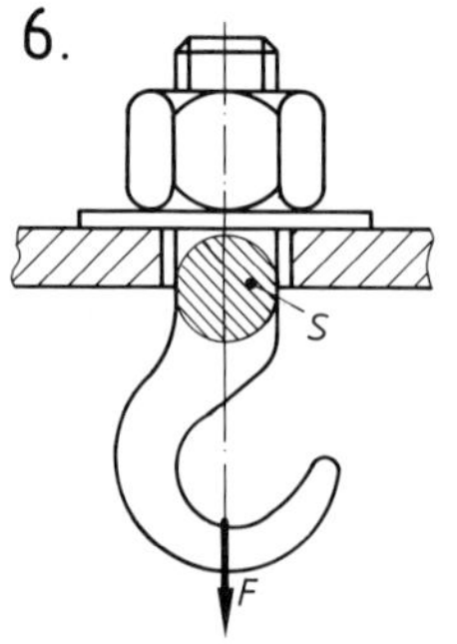

7.

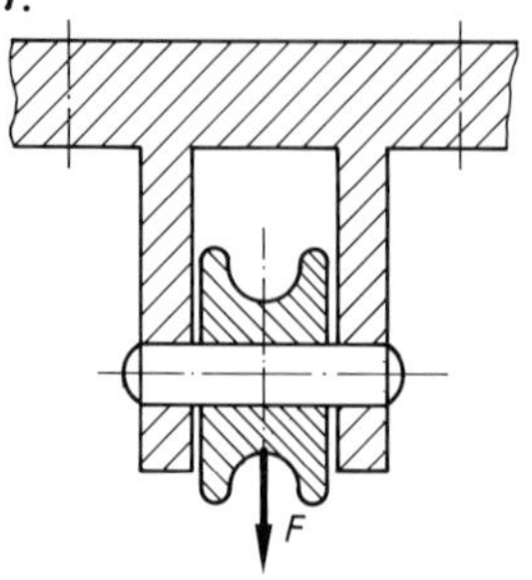

8.

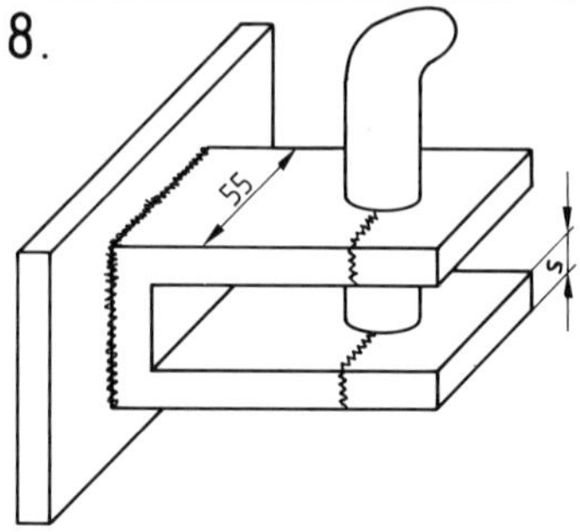

6. Die Aufhängung einer Krananlage aus St 50 (E 295) soll maximal mit einer Last von 12 000 daN belastet werden.

a) Wie groß muß der Hakendurchmesser (entspricht Gewindekerndurchmesser) sein, wenn schwellende Belastung angenommen wird?

b) Es soll jetzt eine 8fache Sicherheit verlangt werden. Auf wieviel N muß die maximale Hakenlast reduziert werden?

c) Um weiterhin 120 kN anheben zu können und dennoch 8fache Sicherheit zu haben, muß der Hakendurchmesser geändert werden. Berechnen Sie den neuen Durchmesser.

7. Die Seilrolle ist mittels Bolzen aus St 44 (S 275) in einer Aufhängevorrichtung gelagert. Maximal werden mit der Seilrolle 8 000 N angehoben.
Berechnen Sie den Bolzendurchmesser bei 6facher Sicherheit gegenüber Bruch.

8. Eine Anhängevorrichtung ist zu konstruieren.
Berechnen Sie die technischen Daten für die Vorrichtung bei maximaler Kupplungslast von 50 kN:

a) den Durchmesser des Kupplungsstiftes (Werkstoff St 33 (S 185) 10fache Sicherheit gegenüber Bruch).

b) die Flachstahlstärke „*s*“ (Werkstoff St 44 (S 275) 8fache Sicherheit).
Warum wurde eine relativ hohe Sicherheit gewählt?

9.

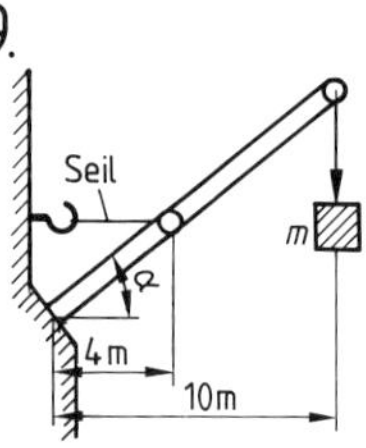

10.

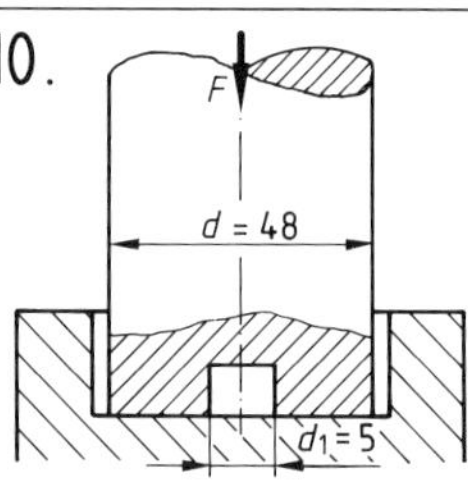

11.

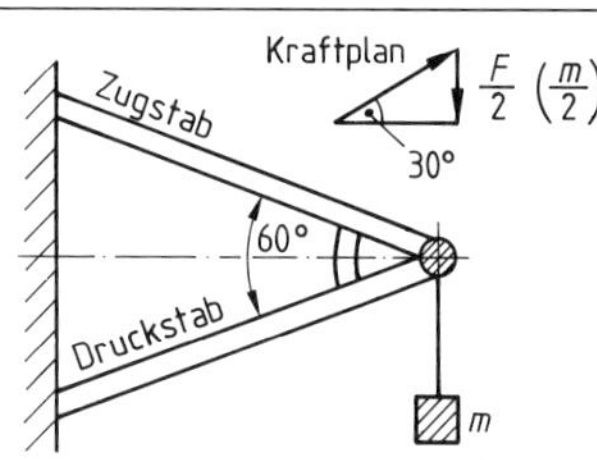

9. Der dargestellte Hebebalken wird durch ein 20 mm dickes Drahtseil aus St 33 (S 185) in der Winkelneigung von $\alpha = 60°$ gehalten.
Welche maximale Last darf bei 3facher Sicherheit des Drahtseils am Hebezeug hängen?

10. Der Spurzapfen ist mit einer Lagerkraft von $F = 30\,000$ N belastet.

a) Wie groß ist die auftretende Flächenpressung p im Lager?

b) Welche Nennspannung wirkt im Zapfen mit dem Durchmesser d?

c) Warum wurde in der axialen Mitte ein Sackloch mit d_1 gebohrt?

11. Die Seilzuganlage hebt maximal $F = 8{,}8$ kN.
Bestimmen Sie, entsprechend der Auswahl, das Flachstahlprofil (Werkstoff St 50 (E 295), Belastungsfall II).
☐ DIN 1017 - 10 × 5, ☐ DIN 1017 - 15 × 5, ☐ DIN 1017 - 20 × 4, ☐ DIN 1017 - 25 × 5.

25 Drehmomente

25.1 Entstehung des Drehmomentes

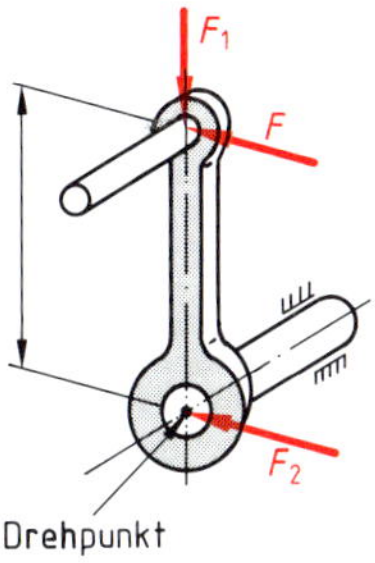

Bild A

Erkenntnisse

- In der Technik ist jeder drehbar gelagerte Körper ein Hebel.
- Drückt man in Richtung der Kraft F_1, so wird keine Drehwirkung erzeugt.
- Drückt man mit der Kraft F_2 genau in Richtung der Wellenmitte, so wird keine Drehwirkung erzeugt.
- Drückt man in Richtung der Kraft F, so wird eine Drehwirkung erzeugt.

Folgerung: Gehen die Wirkungslinien der Kräfte F (im Bild A die Kräfte F_1 und F_2) durch den Drehpunkt, so wird keine Drehwirkung erzeugt. Hat dagegen die Kraft F einen Abstand l (Hebelarm) vom Drehpunkt, so wird eine Drehwirkung erzeugt.

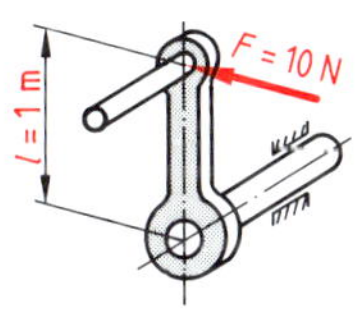

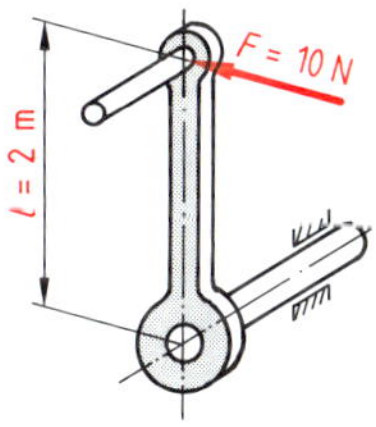

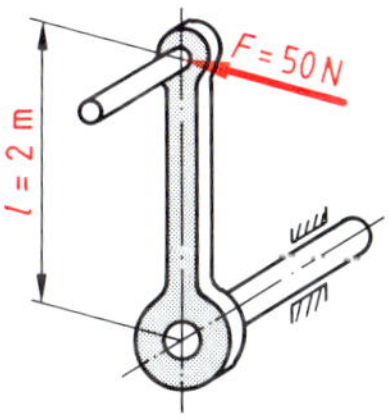

Bild B	**Bild C**	**Bild D**
Drehwirkung: gering	Drehwirkung: groß	Drehwirkung: sehr groß

Die Drehwirkung wird Drehmoment genannt.
Je größer die Kraft, um so größer das Drehmoment.
Je länger der Hebelarm, um so größer das Drehmoment.

Drehmoment = Kraft · Hebelarm

$$M = F \cdot l$$

M Drehmoment in Nm
F Kraft in N
l Hebelarm in m

Als wirksamer Hebelarm ist immer der senkrechte Abstand der Wirkungslinien der Kraft zum Drehpunkt zu bestimmen.

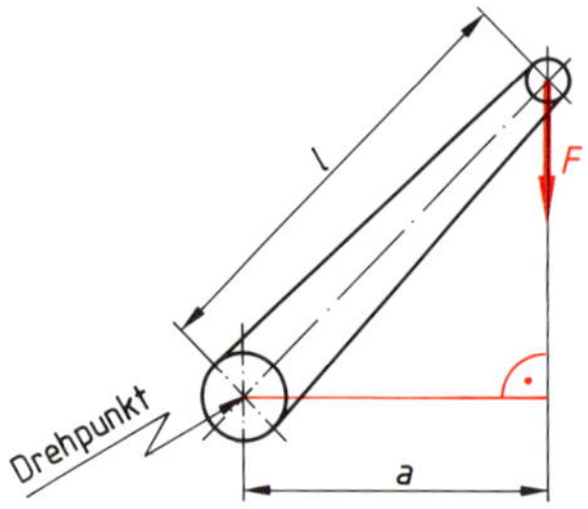

Der wirksame Hebelarm ist „a", also: $M = F \cdot a$

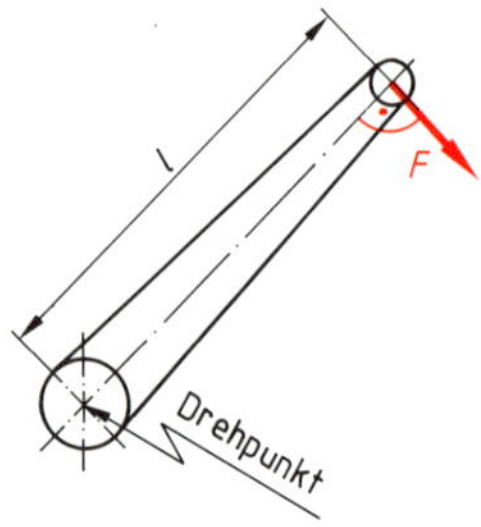

Der wirksame Hebelarm ist „l", also: $M = F \cdot l$

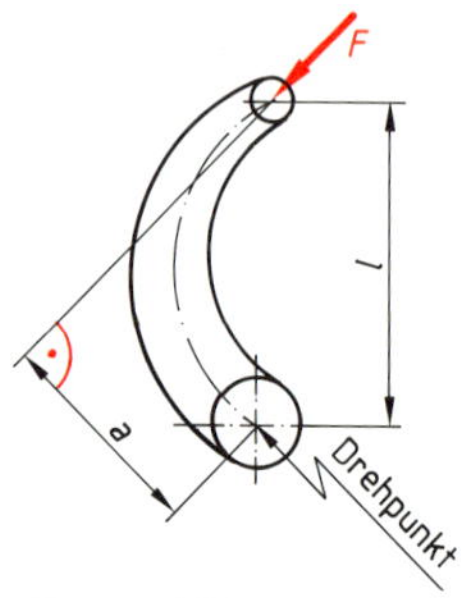

Der wirksame Hebelarm ist „a", also: $M = F \cdot a$

Aufgaben

1. Berechnen Sie die Drehmomente entsprechend den **Bildern B, C** und **D.**

2. Bestimmen Sie die fehlenden Angaben von ⓐ bis ⓗ.

Größe	Formel	Einheiten			Meßwerte			
	ⓐ	ⓑ	ⓒ	ⓓ	ⓔ	ⓕ	ⓖ	ⓗ
Drehmoment	$M = ?$	Nm	?	?	?	40 Nm	180 Nm	?
Kraft	$F = ?$	?	N	?	5 N	20 N	360 N	600 N
Hebelarm	$l = ?$	?	?	m	2 m	?	?	0,4 m

3. Skizzieren Sie die 3 Hebelstellungen ⓐ bis ⓒ mit $l = 100$ mm, $\alpha = 65°$, $\beta = 55°$. Zeichnen Sie für jeden Fall den wirksamen Hebelarm ein, und stellen Sie die Drehmomentenformel auf. (F = konstant)

ⓐ

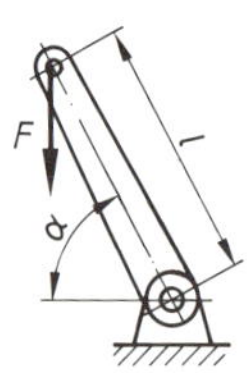

ⓑ

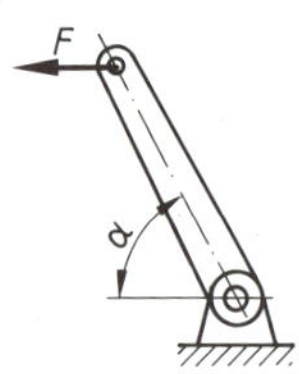

ⓒ

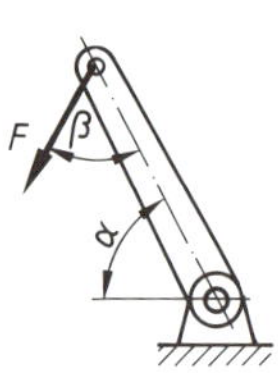

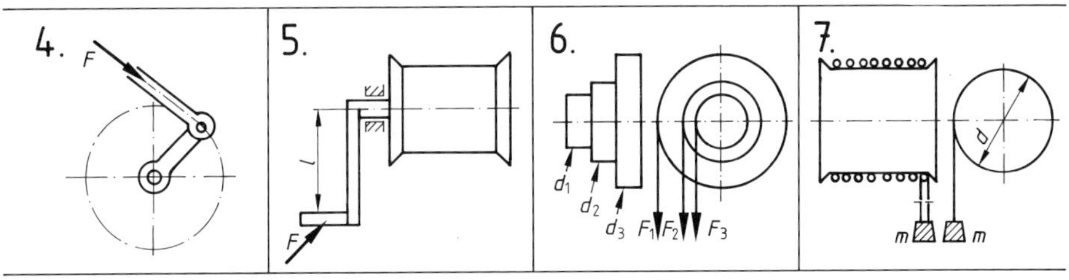

4. Die Pleuelstange einer Schubkurbel dreht eine Welle mit einer Umfangskraft von $F=1200$ N. Der Radius der Schubkurbel beträgt $R=100$ mm.
Welches Drehmoment in Nm wird erzeugt?

5. An einer Handkurbel dreht ein Facharbeiter mit einer Handkraft $F=300$ N. Die Handkurbel ist $L=500$ mm lang.
Wie groß ist das erzeugte Drehmoment in Nm?

6. Eine Stufenriemenscheibe überträgt mit ihrer kleinen Scheibe $d_1=40$ mm eine Umfangskraft von 800 N, auf der mittleren Scheibe $d_2=50$ mm 640 N und auf der großen Scheibe $d_3=64$ mm 500 N.
Bestimmen Sie das Drehmoment der Stufenscheibe in Nm.

7. An einer Seiltrommel soll eine Masse $m=300$ kg angehoben werden. Der Durchmesser der Seiltrommel beträgt 400 mm.
Wie groß muß mindestens das Drehmoment sein, damit die Masse angehoben werden kann?

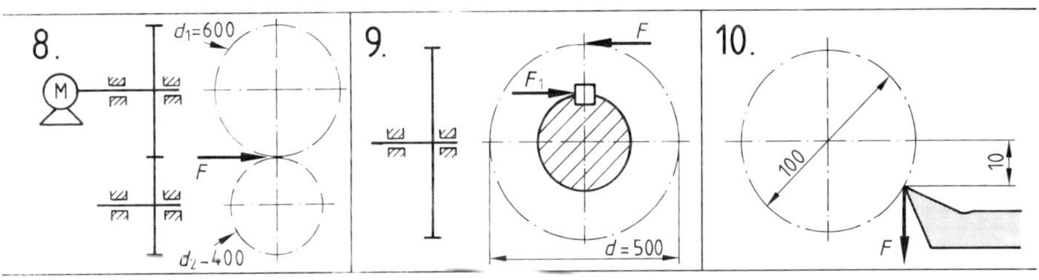

8. An einem Zahnradgetriebe ist ein Elektromotor angeschlossen. Das Motordrehmoment beträgt 4 Nm.
Wie groß ist die Umfangskraft am Teilkreisdurchmesser von Zahnrad 1 und Zahnrad 2?

9. Ein Zahnrad ist auf eine Welle aufgekeilt. Am Teilkreisumfang wirkt eine Kraft von 1300 N.
a) Wie groß ist das Drehmoment der Welle in Nm?
b) Welche Kraft wirkt am Keil, wenn der Wellendurchmesser 40 mm beträgt?

10. Bei einem Zerspanungsversuch wurde eine Hauptschnittkraft von 1200 N gemessen.
Wie groß ist das auftretende Drehmoment?

25.2 Gleichgewicht am Hebel

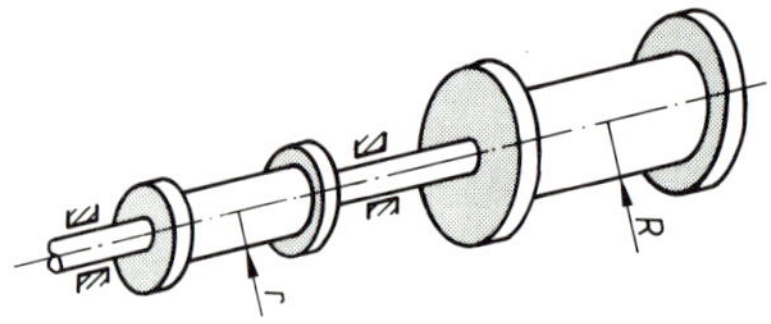

Kein Gleichgewicht

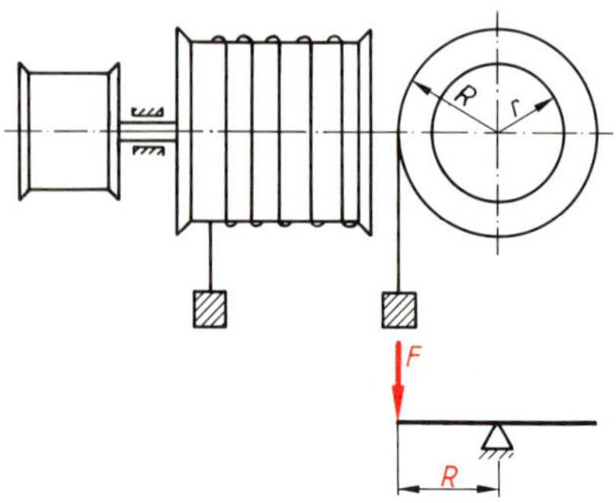

Am Hebel tritt eine Drehwirkung auf, hervorgerufen durch ein Drehmoment: $M = F \cdot R$

Es besteht kein Gleichgewicht.

Gleichgewicht

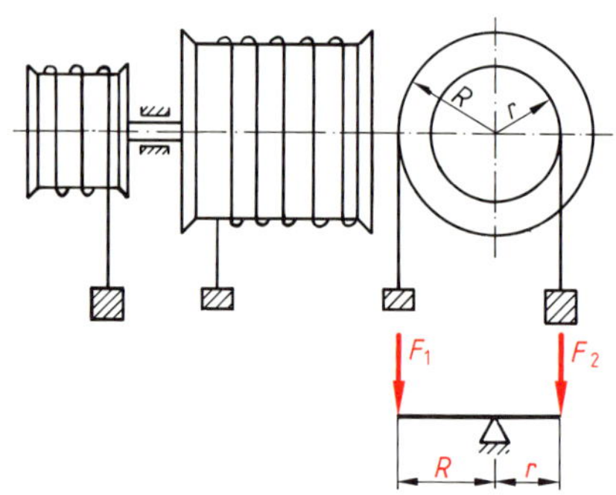

Die Drehwirkung wird aufgehoben, weil ein gleich großes Drehmoment entgegenwirkt.

Es herrscht Gleichgewicht.

Momentengleichung

Linksdrehendes Moment = Rechtsdrehendes Moment

$$\overset{\curvearrowleft}{M} = \overset{\curvearrowright}{M}$$

$$F_1 \cdot R = F_2 \cdot r$$

Soll ein Hebelsystem in Ruhe bleiben, dann geht man von der Momentengleichung aus.

Übliche Anwendungsformen

Zweiseitiger Hebel	Einseitiger Hebel	Winkelhebel
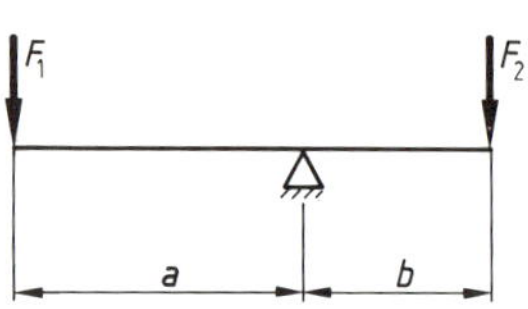	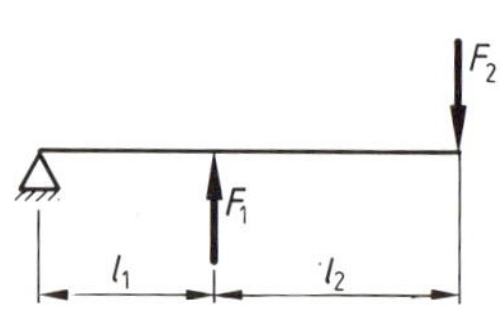	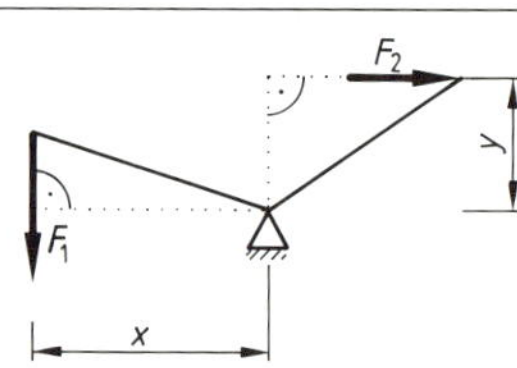
$\overset{\curvearrowleft}{M} = \overset{\curvearrowright}{M}$	$\overset{\curvearrowleft}{M} = \overset{\curvearrowright}{M}$	$\overset{\curvearrowleft}{M} = \overset{\curvearrowright}{M}$
$F_1 \cdot a = F_2 \cdot b$	$F_1 \cdot l_1 = F_2 (l_1 + l_2)$	$F_1 \cdot x = F_2 \cdot y$
Bild A	**Bild B**	**Bild C**

Aufgaben

1. Die drei Hebel im **Bild A** bis **C** stehen im Gleichgewicht. Bestimmen Sie die gesuchten Größen.

Bild A: $F_1 = 1000$ N, $a = 4$ m, $b = 2$ m $F_2 = ?$
Bild B: $F_2 = 120$ N, $l_1 = 2$ m, $l_2 = 4$ m $F_1 = ?$
Bild C: $F_1 = 320$ N, $F_2 = 240$ N, $y = 2$ m $x = ?$

2. Welche Hebel a) bis d) stehen im Gleichgewicht und eignen sich somit zur Anwendung der Momentengleichung?

a) 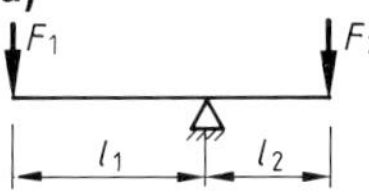	**b)** 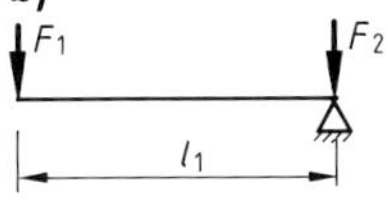	**c)** 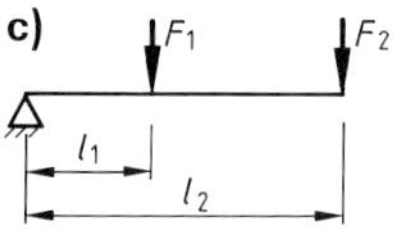	**d)** 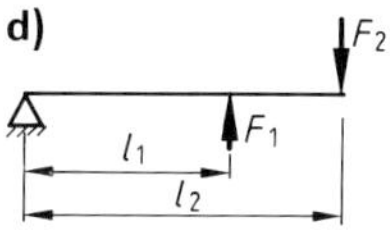
$F_1 = 40$ N	$F_1 = 1000$ N	$F_1 = 200$ N	$F_1 = 36$ N
$F_2 = 50$ N	$F_2 = 800$ N	$F_2 = 100$ N	$F_2 = 24$ N
$l_1 = 2{,}5$ m	$l_1 = 2$ m	$l_1 = 2$ m	$l_1 = 300$ mm
$l_2 = 2$ m	$l_2 = 0$	$l_2 = 4$ m	$l_2 = 45$ cm

3. Für die Bilder ⓐ bis ⓘ ist die Momentengleichung aufzustellen und danach die gesuchte Größe zu bestimmen.

ⓐ 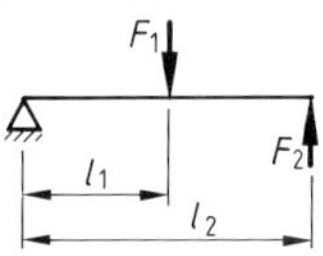 $F_1 = 120$ N $l_2 = 200$ cm $F_2 = 200$ N $l_1 = ?$	ⓑ 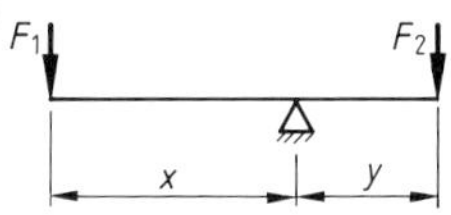 $F_1 = ?$ $x = 200$ mm $F_2 = 30$ N $y = 150$ mm	ⓒ 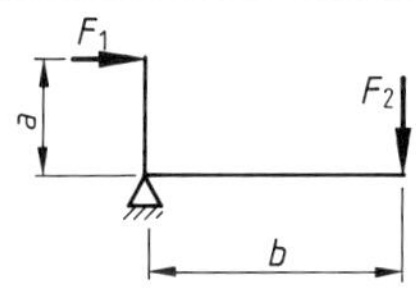 $F_1 = 200$ N $a = ?$ $F_2 = 120$ N $b = 2{,}5$ m
ⓓ 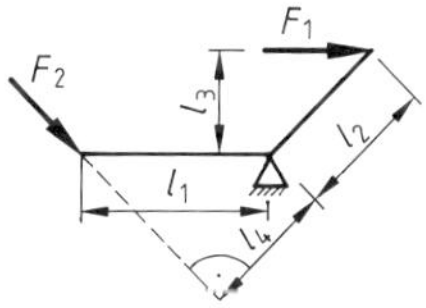 $F_1 = 110$ N $l_2 = 70$ mm $F_2 = ?$ $l_3 = 50$ mm $l_1 = 95$ mm $l_4 = 65$ mm	ⓔ 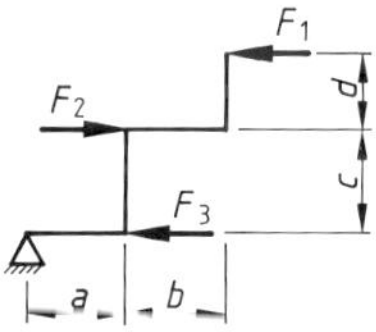 $F_1 = 320$ N $a = 15$ cm $F_2 = ?$ $b = 20$ cm $F_3 = 180$ N $c = 25$ cm $d = 30$ cm	ⓕ 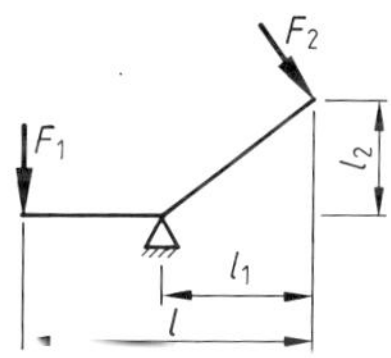 $F_1 = ?$ $F_2 = 120$ daN $l_1 = 40$ mm $l_2 = 30$ mm $l = 70$ mm
ⓖ 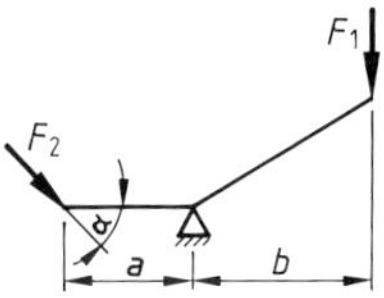 $F_1 = 2$ kN $b = ?$ $F_2 = 4$ kN $\alpha = 45°$ $a = 20$ cm	ⓗ 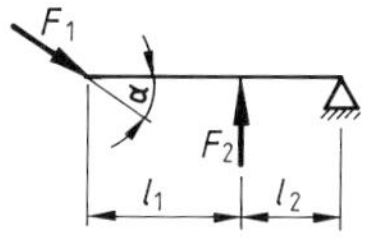 $F_1 = 300$ N $l_2 = 40$ cm $F_2 = ?$ $\alpha = 30°$ $l_1 = 60$ cm	ⓘ 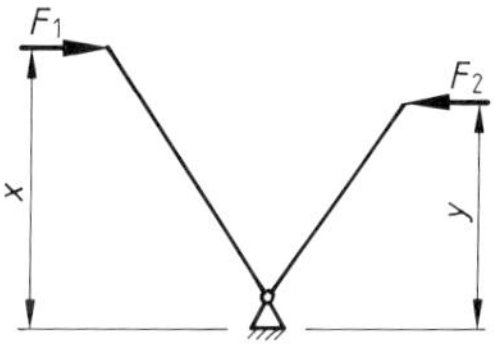 $x = 120$ mm $y = 90$ mm $F_1 = 875$ N $F_2 = ?$

4.

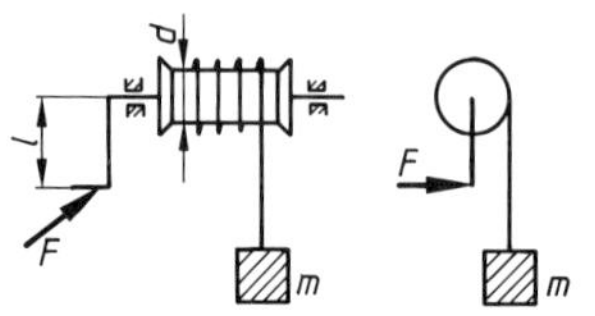

5.

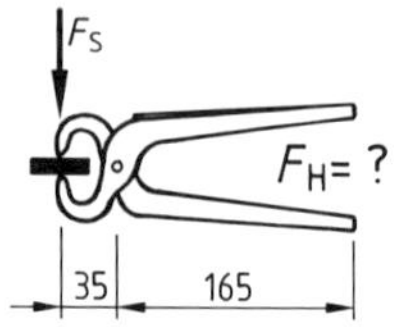

6.

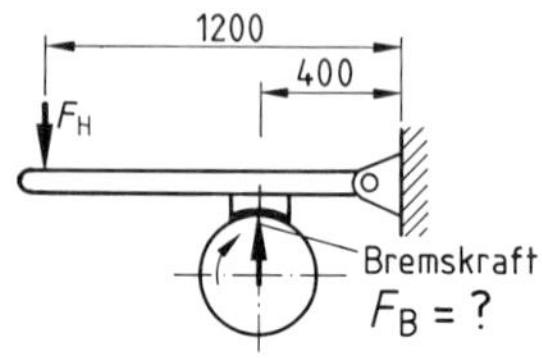

4. Durch eine Seiltrommel soll eine Last von 60 kg angehoben werden.
Mit welcher Handkraft F muß mindestens ein Facharbeiter die Handkurbel drehen? (Kurbellänge $l = 500$ mm, Durchmesser der Trommel $d = 150$ mm)

5. Berechnen Sie die Handkraft F_H für $F_s = 1100$ N Schneidkraft.

6. Wie groß ist die Bremskraft bei einer Handkraft $F_H = 350$ N?

7.

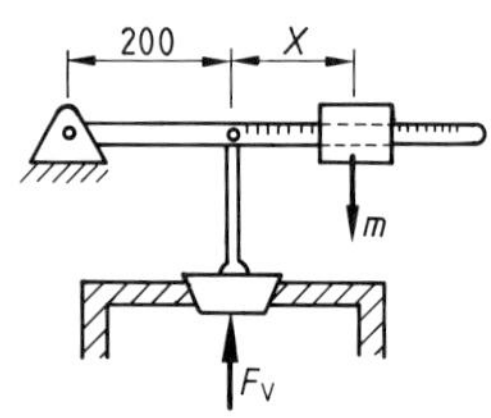

8.

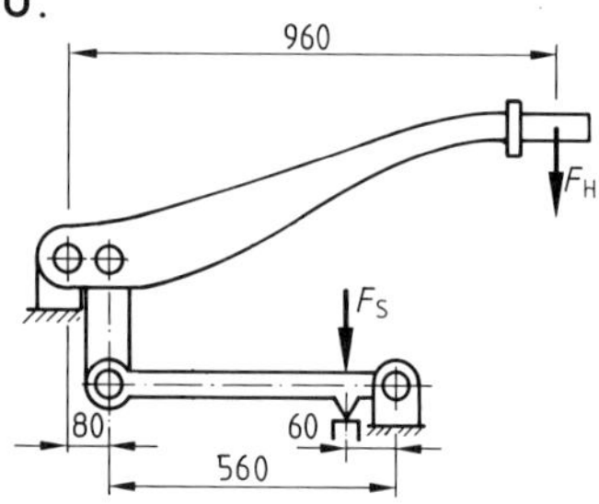

9.

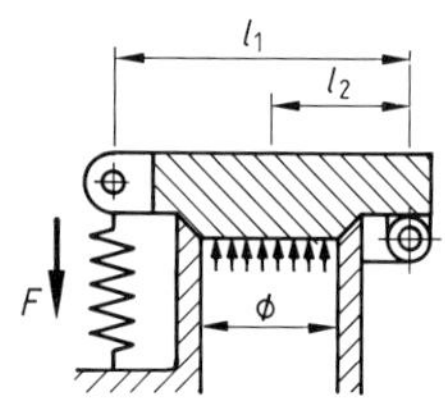

7. Ein Sicherheitsventil soll bei einer Ventilkraft von 3000 N abblasen.
Auf welches Maß x muß die Masse m von 50 kg eingestellt werden?

8. Berechnen Sie die Stempelkraft F_s bei einer Handkraft $F_H = 20$ daN.

9. Auf einer Ventilklappe wirkt ein Druck von 20 bar.
($l_2 = 40$ mm, $l_1 = 200$ mm, $\varnothing = 15$ mm)
Wie groß muß die Schließkraft F der Feder sein?

10.

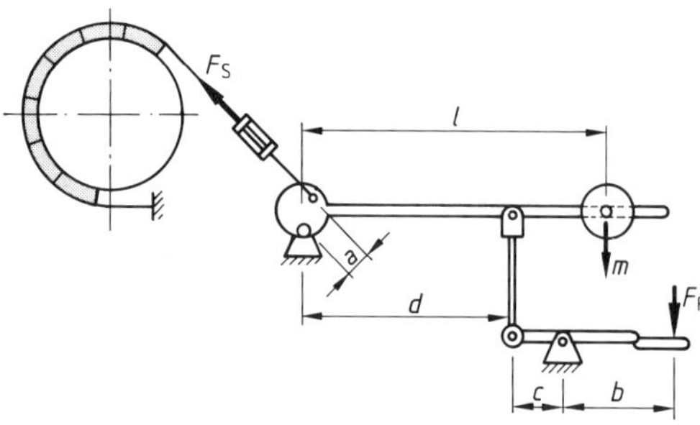

Eine Bandbremse wird mit der Masse $m = 40$ kg abgebremst.

a) Welche Kraft F_s wirkt im Seilzug?

b) Wird die Kraft im Seilzug um ⅓ verringert, so läuft die Seiltrommel an. Welche Fußkraft muß auf das Fußpedal wirken?

Abstände: $l = 800$ mm, $a = 40$ mm, $b = 120$ mm, $c = 60$ mm, $d = 500$ mm.

25.3 Gleichgewicht am Hebel mit mehr als zwei Kräften

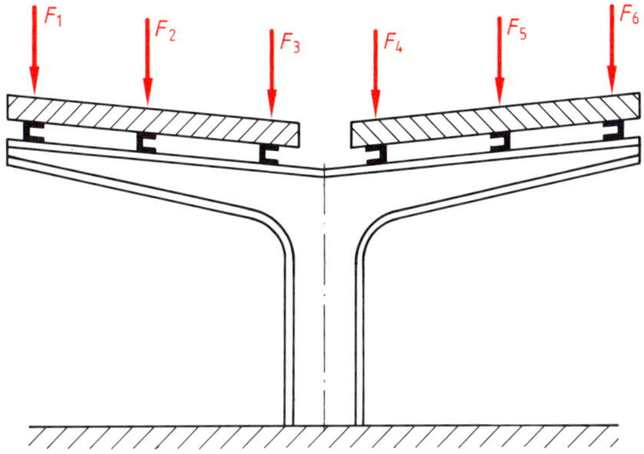

Das Dach einer Halle wird durch eine Stahlkonstruktion getragen.

Erkenntnisse

- Ein Gleichgewichtszustand ist notwendig.
- Die Mitte des Ständers wirkt als Drehpunkt.
- Alle Teilkräfte haben zum Drehpunkt einen Hebelarm, also müssen Drehmomente entstehen.

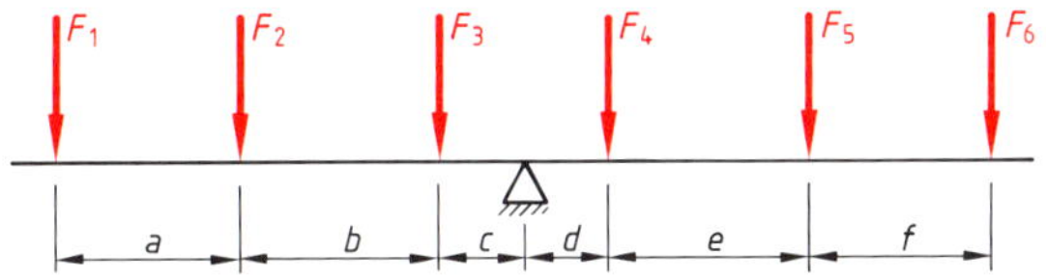

$$M_1 + M_2 + M_3 = M_4 + M_5 + M_6$$

$$F_1(a+b+c) + F_2(b+c) + F_3 \cdot c = F_4 \cdot d + F_5 \cdot (d+e) + F_6 \cdot (d+e+f)$$

Folgerung

Das Gleichgewicht ist erreicht, wenn die entstehenden Momente ausgeglichen sind.

Greifen mehrere Kräfte am Hebel an, so steht er im Gleichgewicht, wenn die Summe der linksdrehenden Momente gleich groß ist wie die Summe der rechtsdrehenden Momente.

Summe der linksdrehenden Momente = Summe der rechtsdrehenden Momente

$$\sum \overset{\curvearrowleft}{M} = \sum \overset{\curvearrowright}{M}$$

Aufgaben

1. Am skizzierten Hebelsystem herrscht Gleichgewicht. Bestimmen Sie die fehlenden Angaben ⓐ bis ⓒ in der Tabelle.

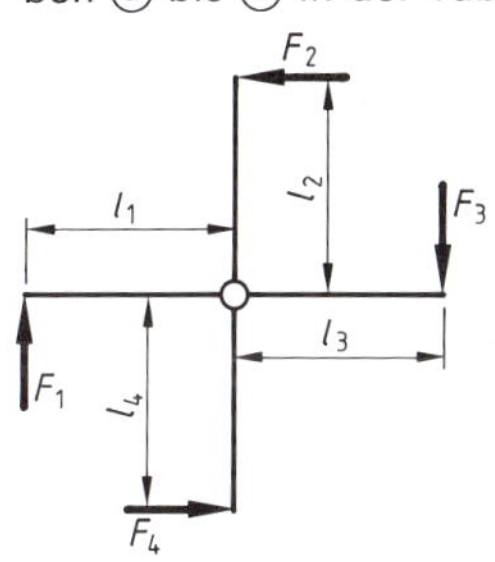

		ⓐ	ⓑ	ⓒ
$\overset{\curvearrowright}{M}$	$F_1 \cdot l_1$	100 Nm	?	?
$\overset{\curvearrowright}{M}$	$F_3 \cdot l_3$	250 Nm	1 Nm	60 Nm
$\overset{\curvearrowleft}{M}$	$F_2 \cdot l_2$	50 Nm	20 Nm	?
$\overset{\curvearrowleft}{M}$	$F_4 \cdot l_4$	?	5 Nm	95 Nm
$\sum \overset{\curvearrowright}{M}$	$F_1 \cdot l_1 + F_3 \cdot l_3$	?	?	180 Nm
$\sum \overset{\curvearrowleft}{M}$	$F_2 \cdot l_2 + F_4 \cdot l_4$	?	?	?

2. Für die Bilder ⓐ bis ⓒ ist die Momentengleichung aufzustellen.
Stellen Sie diese nach der jeweils gesuchten Größe um, und berechnen Sie deren Wert.

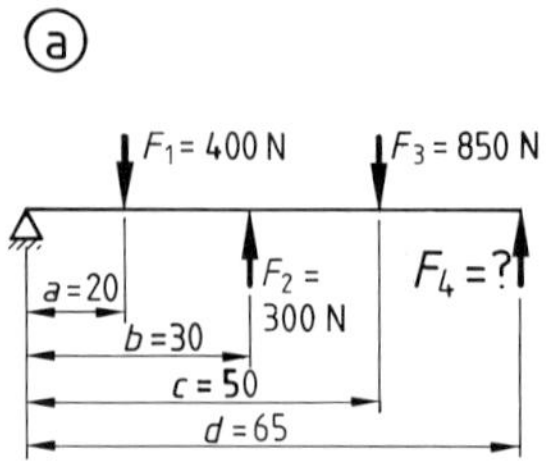

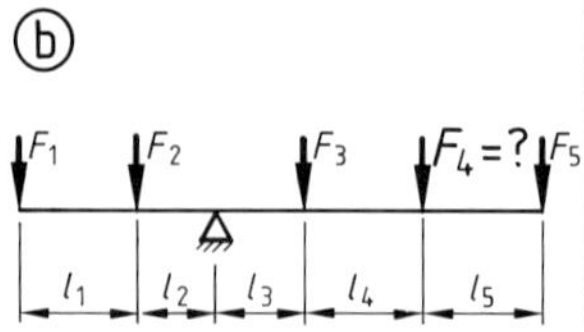

$F_1 = 300$ N $\quad l_1 = 1{,}2$ m
$F_2 = 800$ N $\quad l_2 = 4$ m
$F_3 = 1000$ N $\quad l_3 = 0{,}8$ m
$F_5 = 500$ N $\quad l_4 = 0{,}5$ m
$l_5 = 2{,}2$ m

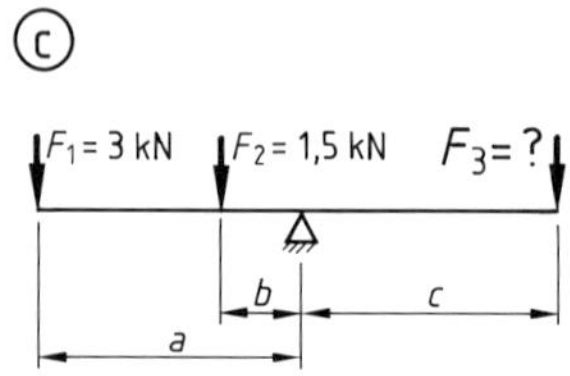

$a = 600$ mm
$b = 180$ mm
$c = 810$ mm

3. Für die Bilder ⓐ bis ⓒ ist die Momentengleichung aufzustellen, und stellen Sie diese nach der jeweils gesuchten Größe um.

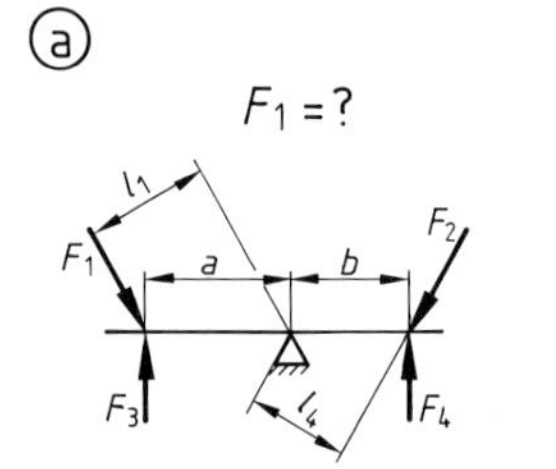

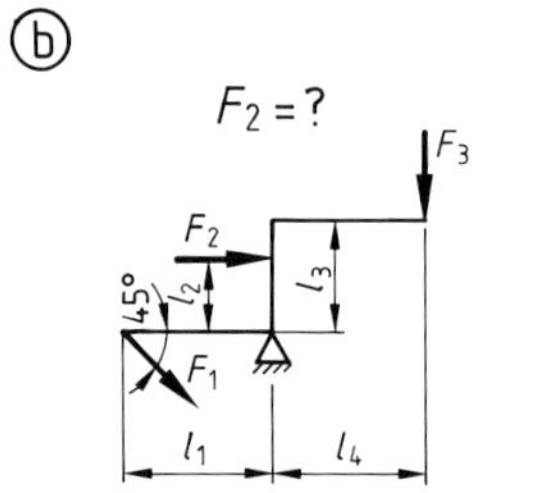

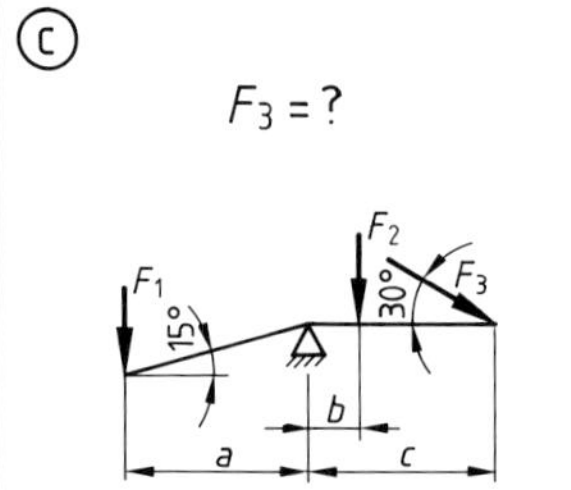

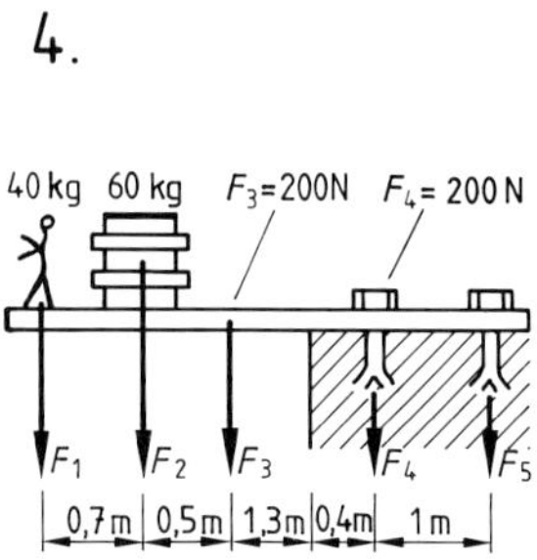

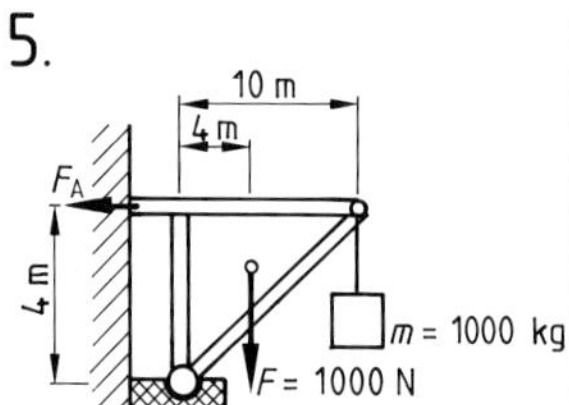

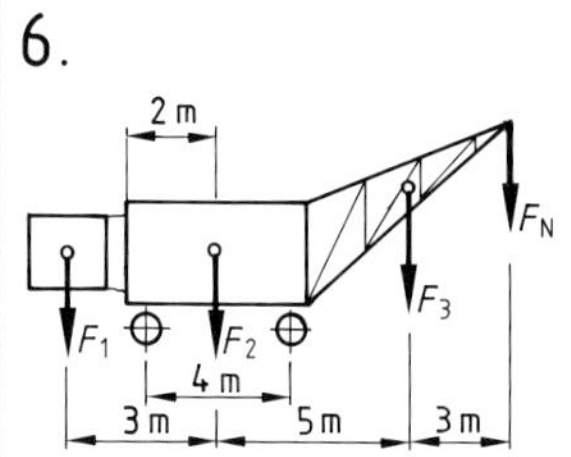

4. Welche Zugkraft F_5 muß die Steinschraube aufbringen?

5. Der Wandkran ist am Ausleger mit $m = 1000$ kg belastet. Das Eigengewicht wirkt im Schwerpunkt mit $F = 1000$ N.
Berechnen Sie die Ankerkraft F_A.

6. **a)** Bei welcher Gewichtskraft F_N würde der Kran kippen, wenn $F_1 = 10$ kN; $F_2 = 25$ kN; $F_3 = 5$ kN ist?
b) Berechnen Sie die maximal zulässige Nutzlast F_N bei einer Sicherheit von 1,5.
c) Um wieviel % muß die Gegenkraft F_1 erhöht werden, wenn die Nutzlast um 5000 N erhöht werden soll?

25.4 Berechnung von Auflagerkräften mit Hilfe der Momentengleichung

Mit Hilfe der Momentengleichung ist es dem Techniker möglich, die Größe der Auflagerkräfte zu bestimmen.

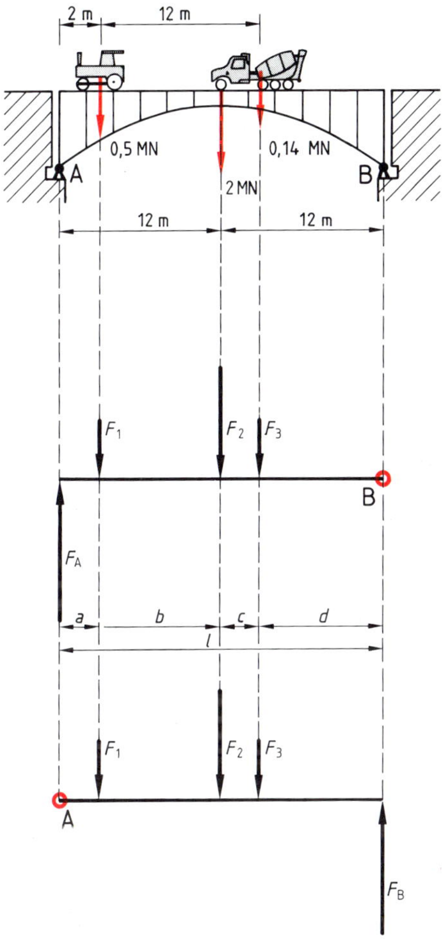

1. Der Gleichgewichtszustand ist gegeben, wenn die Lager der Brücke die Belastungskräfte aufnehmen, ohne nachzugeben.
2. Daher muß gelten:
   Summe der Belastungskräfte = Summe der Auflagerkräfte
   $$F_1 + F_2 + F_3 = F_A + F_B$$
3. Die Auflagerkräfte lassen sich mit Hilfe der Momentengleichung berechnen.
4. Als Drehpunkt kann dabei Auflager A oder B angenommen werden.

Berechnung von Auflagerkraft F_A

1. Drehpunkt im Auflager B
2. $\sum \overset{\curvearrowright}{M} = \sum \overset{\curvearrowleft}{M}$
   $$F_A \cdot l = F_1(b+c+d) + F_2(c+d) + F_3 \cdot d$$
3. nach F_A auflösen

Berechnung von Auflagerkraft F_B

1. Drehpunkt im Auflager A
2. $\sum \overset{\curvearrowright}{M} = \sum \overset{\curvearrowleft}{M}$
   $$F_1 \cdot a + F_2(a+b) + F_3(a+b+c) = F_B \cdot l$$
3. nach F_B auflösen
   oder:
   $F_B = \sum$ Belastungskräfte $- F_A$

Aufgaben

1. Berechnen Sie die Auflagerkräfte F_A und F_B der auf Seite 125 abgebildeten Brücke.
2. Bestimmen Sie die fehlenden Angaben von ⓐ bis ⓕ.

Belastungsfall	Momentengleichung ⓐ	Größe	Meßwerte ⓑ	ⓒ	ⓓ	ⓔ	ⓕ
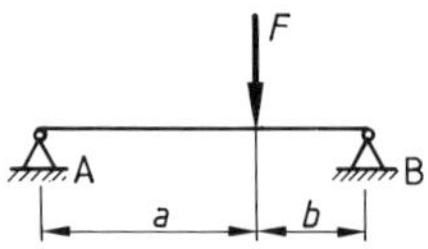	Drehpunkt in A: ? = ?	a	2 m	5 m	2 m	250 mm	4 m
		b	1 m	2 m	3 m	?	?
	Drehpunkt in B: ? = ?	F	5000 N	100 kN	?	500 N	?
		F_A	?	?	3000 kN	?	5 MN
		F_B	?	?	?	400 N	6 MN

3.
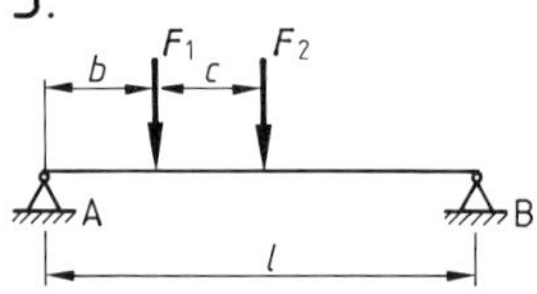

4.
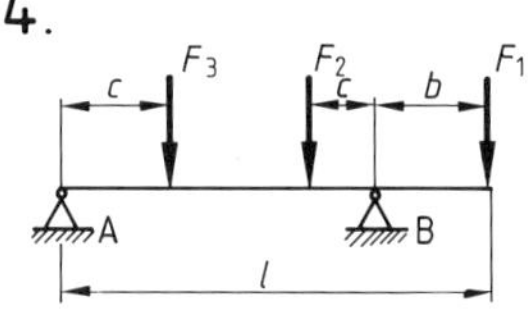

5.
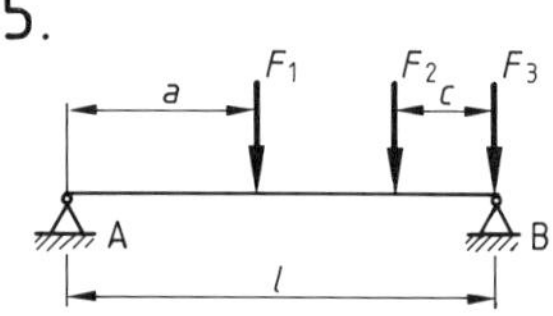

3. bis 5. Wie groß sind die Auflagerkräfte in Lager A und B?
Gegeben: $F_1 = 10$ kN; $F_2 = 8$ kN; $F_3 = 5$ kN; $a = 3$ m; $b = 2$ m; $c = 1{,}5$ m; $l = 6$ m.

6.
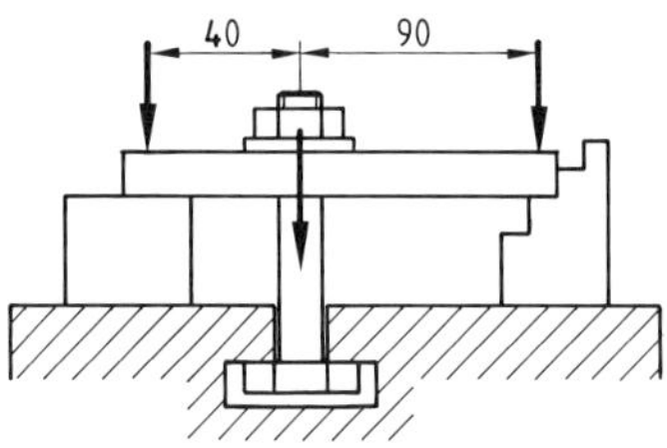

7.
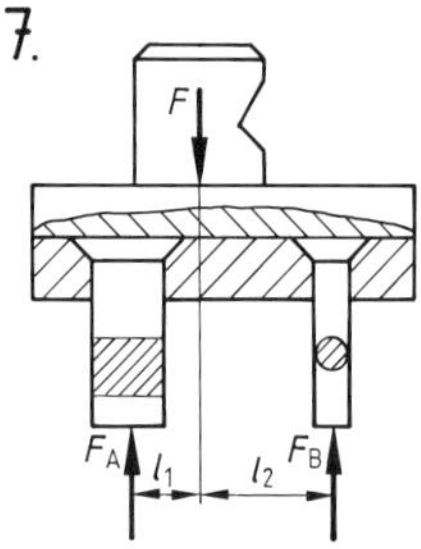

8.
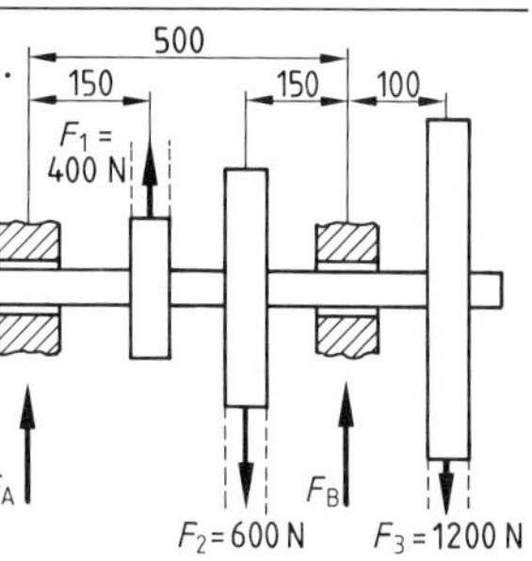

6. Die in der Spannschraube wirkende Kraft beträgt 4000 N.
   Berechnen Sie die Kraft, mit der die Spannklaue das Werkstück auf dem Frästisch hält.
7. **a)** Das dargestellte Folgeschneidwerkzeug benötigt zum Schneiden bei F_A 120 MN und bei F_B 20 MN.
   Wie groß ist die Stempelkraft F?
   b) Wie groß ist l_1 und l_2 bei einem Mittenabstand der Stempel von 210 mm?
8. Die Lager der dargestellten Welle werden durch die Riemenkräfte F_1, F_2, F_3 belastet.
   Berechnen Sie die Lagerkräfte F_A und F_B, wenn die Welle als masselos angesehen wird.

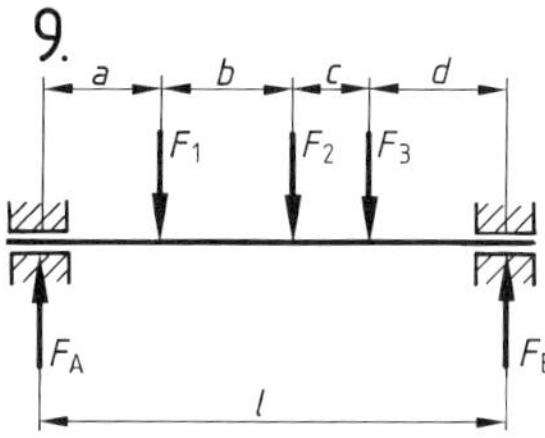

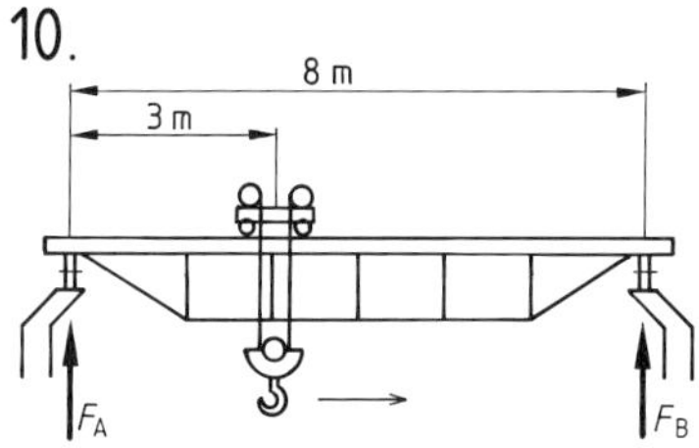

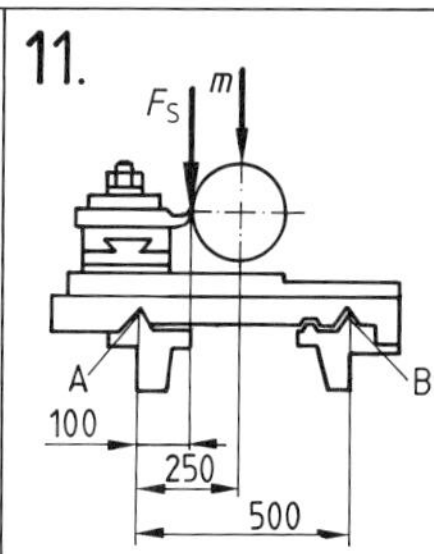

9. **a)** *Gegeben:* $F_1 = 8000$ N; $F_2 = 5000$ N; $F_3 = 7000$ N; $a = 1{,}5$ m; $b = 1{,}6$ m; $c = 1$ m; $l = 6$ m
Wie groß sind die Auflagerkräfte F_A und F_B?

b) Wie groß werden die Strecken c und d, wenn die Auflagerkräfte gleich groß sein sollen und nur c und d verändert werden dürfen?

10. **a)** Die skizzierte Kranbrücke hat ein Eigengewicht von 5 Tonnen. Das Gewicht der Laufkatze beträgt 250 kg.
Wie groß werden F_A und F_B bei einer Kranlast von 1,5 MN?

b) Zeichnen Sie ein Diagramm, aus dem deutlich wird, wie sich die Lagerkräfte verändern, wenn unter den oben angegebenen Bedingungen die Laufkatze von A nach B fährt.

11. Berechnen Sie die Auflagerkräfte an den Führungen des Maschinenbettes. Die Schnittkraft am Drehmeißel beträgt 5 kN und die Masse der Welle 300 kg.

12. Berechnen Sie die Auflagerkräfte entsprechend den Bildern ⓐ bis ⓓ.

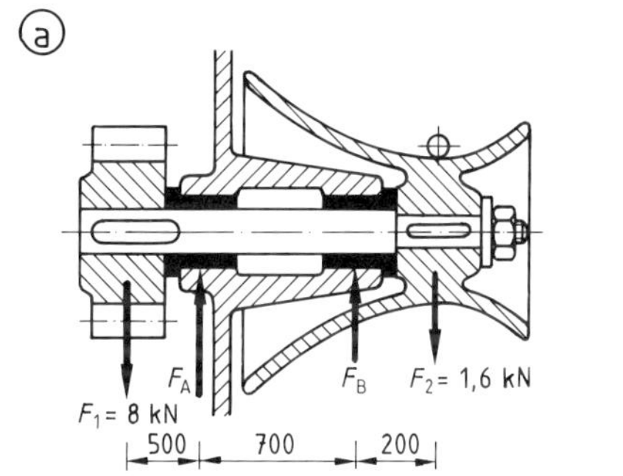

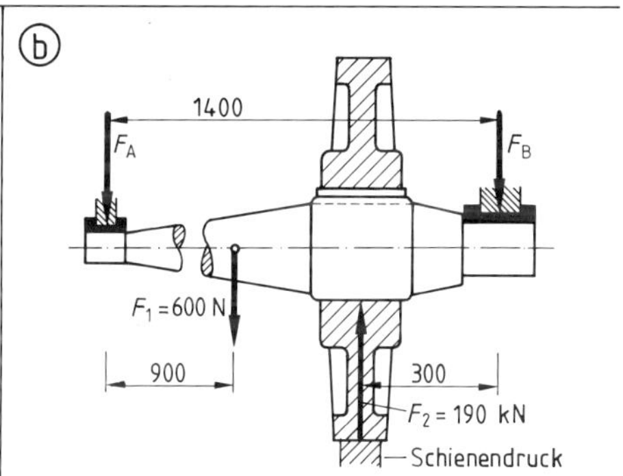

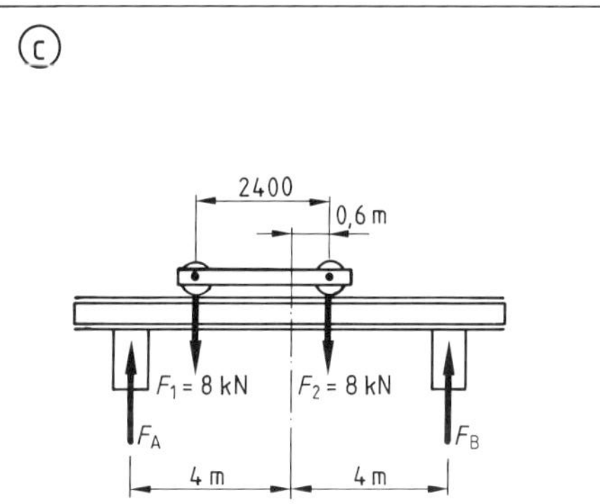

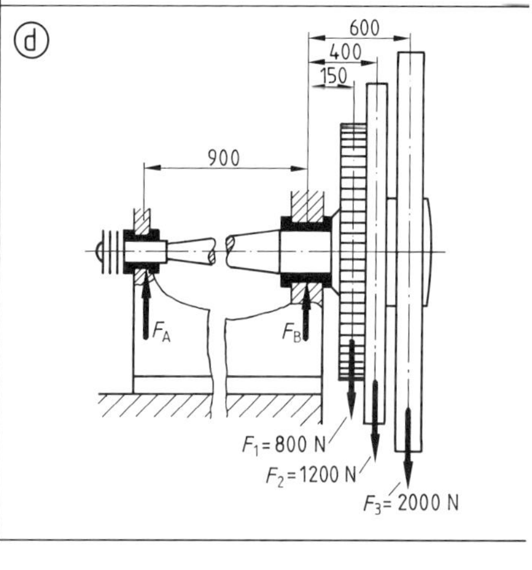

26 Bewegung

26.1 Geradlinige Bewegung

Die Durchschnittsgeschwindigkeit zweier Testfahrzeuge soll ermittelt werden.

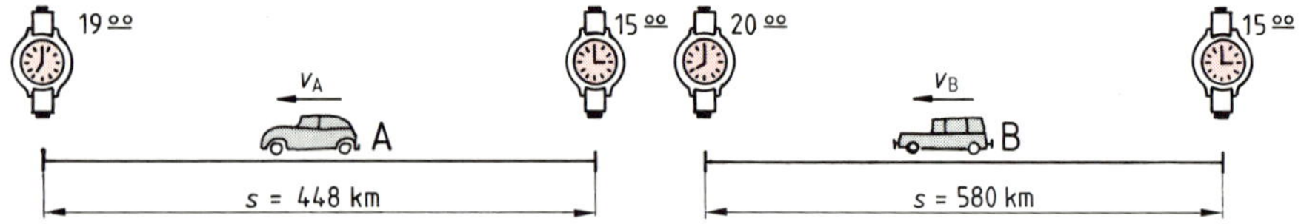

1. Beide Fahrzeuge bewegen sich geradlinig.
2. Ermittelt man bei beiden Fahrzeugen die zurückgelegte Wegstrecke in einer Stunde, so gilt:

	Fahrzeug A	Fahrzeug B
zurückgelegter Weg s	448 km	580 km
Fahrzeit t	4 h	5 h
Wegstrecke in einer Stunde	448 km : 4 = 112 km	580 km : 5 = 116 km
Geschwindigkeit v	$112 \frac{\text{km}}{\text{h}}$	$116 \frac{\text{km}}{\text{h}}$

Die **Geschwindigkeit** ist ein Maß für den zurückgelegten **Weg** in einer **Zeit**einheit (hier Stunde).

$$\text{Geschwindigkeit} = \frac{\text{Weg}}{\text{Zeit}}$$

$$v = \frac{s}{t}$$

v Geschwindigkeit in $\frac{\text{m}}{\text{s}}, \frac{\text{m}}{\text{min}}, \frac{\text{km}}{\text{h}}$

s Weg in m, km

t Zeit in s, min, h

Umrechnung von Geschwindigkeitseinheiten	Umrechnungsbeispiele
$1 \frac{\text{km}}{\text{h}} = 1000 \frac{\text{m}}{\text{h}} = \frac{1000}{3600} \frac{\text{m}}{\text{s}} = \frac{1}{3{,}6} \frac{\text{m}}{\text{s}}$	$80 \frac{\text{km}}{\text{h}} = \frac{80}{3{,}6} \frac{\text{m}}{\text{s}} = 22{,}22 \frac{\text{m}}{\text{s}}$
$1 \frac{\text{m}}{\text{s}} = 3600 \frac{\text{m}}{\text{h}} = \frac{3600}{1000} \frac{\text{km}}{\text{h}} = 3{,}6 \frac{\text{km}}{\text{h}}$	$15 \frac{\text{m}}{\text{s}} = 15 \cdot 3{,}6 \frac{\text{km}}{\text{h}} = 54 \frac{\text{km}}{\text{h}}$
$1 \frac{\text{m}}{\text{s}} = 1 \cdot 60 \frac{\text{m}}{\text{min}} = 60 \frac{\text{m}}{\text{min}}$	$50 \frac{\text{m}}{\text{s}} = 50 \cdot 60 \frac{\text{m}}{\text{min}} = 3000 \frac{\text{m}}{\text{min}}$
$1 \frac{\text{m}}{\text{min}} = \frac{1}{60} \frac{\text{m}}{\text{s}} = \frac{1}{60} \frac{\text{m}}{\text{s}}$	$420 \frac{\text{m}}{\text{min}} = \frac{420}{60} \frac{\text{m}}{\text{s}} = 7 \frac{\text{m}}{\text{s}}$

Aufgaben

1. Berechnen Sie die Geschwindigkeit der Fahrzeuge A und B (entsprechend der Abbildung auf Seite 128) in m/s.

2. Bestimmen Sie die fehlenden Angaben von ⓐ bis ⓗ.

Größe	Formel	Einheiten			Meßwerte			
	ⓐ	ⓑ	ⓒ	ⓓ	ⓔ	ⓕ	ⓖ	ⓗ
Weg	$s = ?$	?	m	?	?	100 m	?	17,5 m
Zeit	$t = ?$	?	min	h	0,5 h	9,9 s	9,9 s	?
Geschwindigkeit	$v = ?$	$\frac{m}{s}$	?	?	$72 \frac{km}{h}$	?	$36{,}4 \frac{km}{h}$	$5 \frac{m}{min}$

3. Rechnen Sie die Geschwindigkeitswerte von ⓐ bis ⓔ um.

Geschwindigkeit	ⓐ	ⓑ	ⓒ	ⓓ	ⓔ
v in $\frac{m}{s}$	30	?	?	?	?
v in $\frac{km}{h}$	?	120	?	?	?
v in $\frac{m}{min}$	?	?	8,2	?	?
v in $\frac{cm}{s}$	?	?	?	800	?
v in $\frac{mm}{min}$	?	?	?	?	60

4.

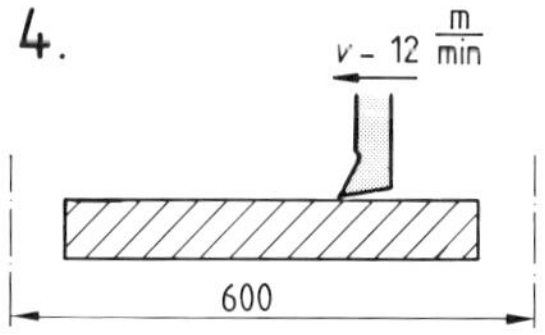

5.

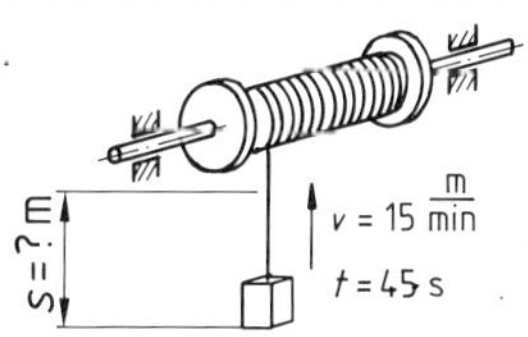

6.

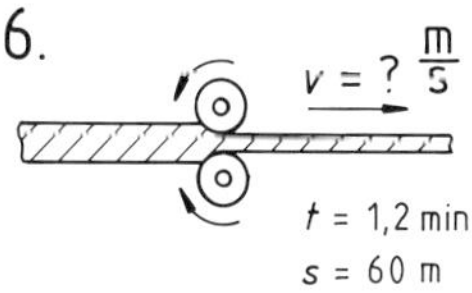

4. In welcher Zeit t (in s) wird der Meißel der Stoßmaschine den Arbeitshub zurücklegen?

5. Berechnen Sie die Förderhöhe für die Masse m.

6. Wie groß ist die Bandgeschwindigkeit bei einem Duo-Walzwerk, bei dem in 1,2 min 60 m Bandstahl ausgewalzt werden?

7.

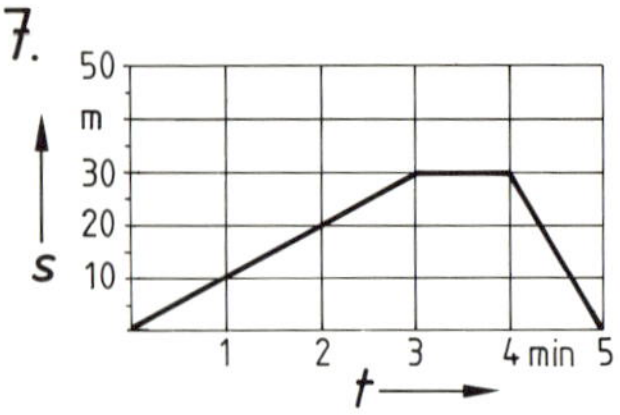

8.

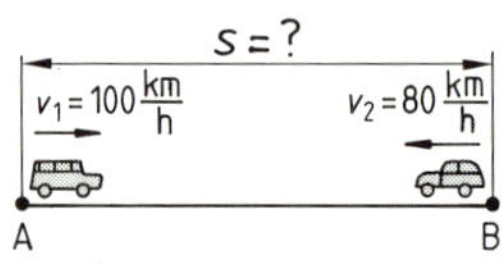

9.

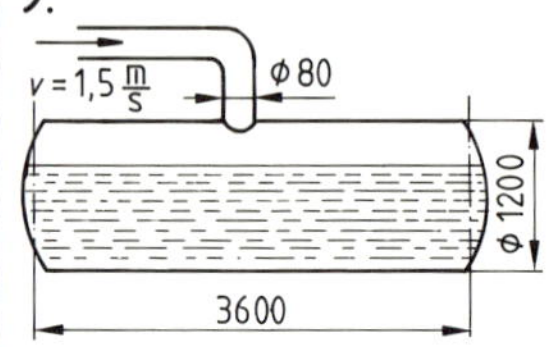

7. Die Fahrwege eines Hallenkranes werden automatisch aufgezeichnet. Werten Sie den Ausschnitt aus dem Weg-Zeit-Diagramm aus.
a) Wie groß ist die Geschwindigkeit des Kranes in den ersten 3 Minuten?
b) Was passiert zwischen der 3. und 4. Minute?
c) Wie groß ist die Geschwindigkeit beim Rückweg?

8. Zwei Fahrzeuge fahren sich von zwei Orten entgegen. Nach $t = 55$ min treffen sie sich. Berechnen Sie die Entfernung zwischen den beiden Orten A und B.

9. Nach wieviel Minuten ist der Ölbehälter zu ⅔ gefüllt?

10. Durch eine Pipeline sollen 16000 m^3 Öl in $t = 8$ h gepumpt werden. Die Fördergeschwindigkeit v soll 80 m/min betragen.
Wie groß muß der lichte Durchmesser d des Rohres sein?

26.2 Kreisförmige Bewegung

Die Bewegung des Kurbelarmes soll untersucht werden.

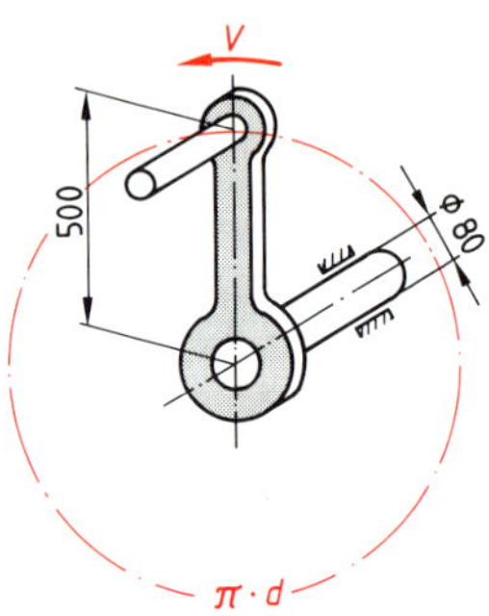

1. Die Bewegung ist kreisförmig.
2. Auch hier gilt für die Geschwindigkeit:

$$v = \frac{s}{t}$$

3. Für den Weg des Kurbelarmes gilt:

Kurbelumdrehung	Weg des Kurbelarmes
1mal	$s = \pi \cdot d$
2mal	$s = \pi \cdot d \cdot 2$
⋮	⋮
$n$mal	$s = \pi \cdot d \cdot n$

Da die **Drehzahl** n angibt, wieviel Umdrehungen in der **Minute** (oder auch Sekunde) ausgeführt werden, folgt für die Umfangsgeschwindigkeit:

Umfangsgeschwindigkeit = Umfang · Drehzahl

$$v = \pi \cdot d \cdot n$$

v Geschwindigkeit in $\frac{m}{s}$, $\frac{m}{min}$

n Drehzahl in $s^{-1}\left(\frac{1}{s}\right)$, $min^{-1}\left(\frac{1}{min}\right)$

d Durchmesser in m

Aufgaben

1. Berechnen Sie zu der Skizze auf Seite 130 die Umfangsgeschwindigkeit in m/s
   a) des Kurbelarmes und
   b) der Lagerwelle
   für die Drehzahl $n = 20\ \text{min}^{-1}$.

2. Bestimmen Sie die fehlenden Angaben von ⓐ bis ⓗ.

Größe	Formel ⓐ	Einheiten ⓑ	ⓒ	Meßwerte ⓓ	ⓔ	ⓕ	ⓖ	ⓗ
Durchmesser	$d = ?$	?	?	500 mm	120 mm	?	6 m	0
Drehzahl	$n = ?$	?	s^{-1}	$5\ s^{-1}$	?	$20\ s^{-1}$	$0{,}5\ \text{min}^{-1}$	$1000\ \text{min}^{-1}$
Geschwindigkeit	$v = ?$	$\frac{m}{min}$	?	?	$12\ \frac{m}{min}$	$5\ \frac{m}{s}$	?	?

3. Eine D-Zug-Lokomotive soll eine Spitzengeschwindigkeit von 130 km/h erreichen. Die Drehzahl der Räder soll aus konstruktiven Gründen $1000\ \text{min}^{-1}$ nicht überschreiten. Wie groß muß mindestens der Durchmesser der Antriebsräder ausgeführt werden?

4.

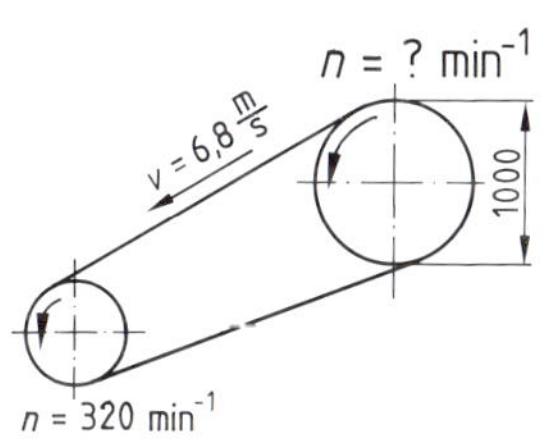

5. Trommeldurchmesser = 200 mm

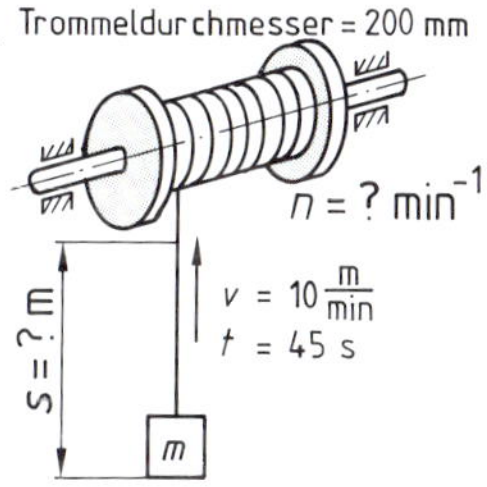

6.

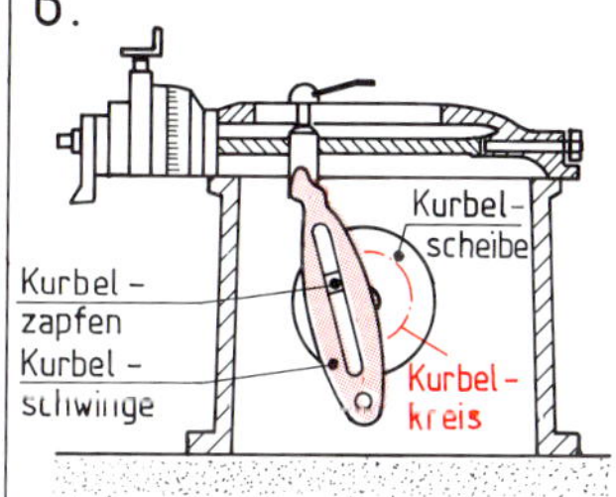

4. **a)** Welche Umfangsgeschwindigkeit haben *beide* Riemenscheiben?
   b) Berechnen Sie den Durchmesser der kleinen Riemenscheibe.

5. **a)** Welchen Weg s legt die Last zurück?
   b) Wie groß ist die Drehzahl der Windentrommel?

6. Der Kurbelkreisdurchmesser bei einer Waagerechtstoßmaschine ist auf 500 mm eingestellt.
   a) Berechnen Sie die Umfangsgeschwindigkeit des Kurbelzapfens bei einer Drehzahl n der Kurbelscheibe von $60\ \text{min}^{-1}$.
   b) Was wird bewirkt, wenn der Kurbelzapfen nach außen bzw. innen verstellt wird und die Drehzahl konstant bleibt?

7. Bei einem Reibradtrieb erfolgt der Antrieb von der kleinen Reibscheibe (∅ 120 mm) aus.
   a) Wie groß ist die Umfangsgeschwindigkeit der großen Scheibe (m/s)?
   b) Ermitteln Sie die Drehzahl der großen Scheibe.
   c) Berechnen Sie die Drehzahlen der Abtriebsscheibe bei wenigstens 3 verschiedenen Stellungen des Antriebsrades, zeichnen Sie dann anschließend ein Diagramm entsprechend dem Muster, und tragen Sie die berechneten Werte ein.
   Diskutieren Sie die Kurve.

8. Die Schweißgeschwindigkeit bei einer Unterpulverschweißanlage v_s beträgt 1,2 m/min. Berechnen Sie:
   a) die Drehzahl n_{An} der Antriebsräder (∅ 40),
   b) die Drahtvorschubgeschwindigkeit u,
   c) die Drehzahl n_H der Haspel (mittlerer Durchmesser: 250 mm),
   d) den Schweißdrahtverbrauch Q in kg/h ($m' = 0{,}1$ kg/m).

7.

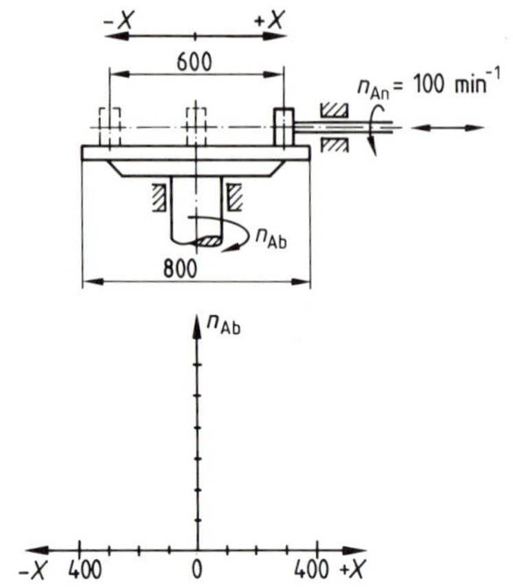

8

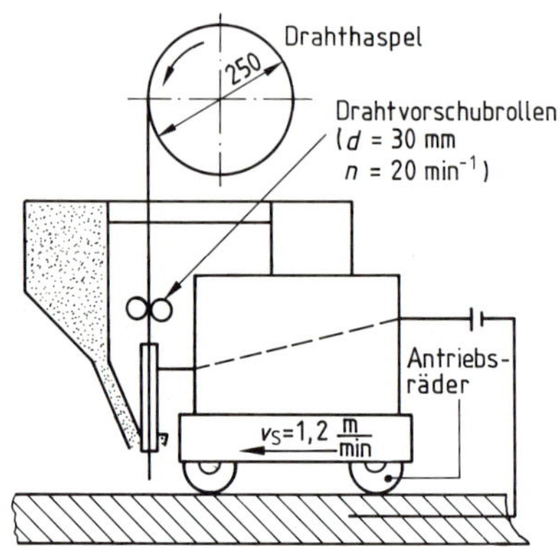

26.3 Mittlere Geschwindigkeit beim Kurbeltrieb

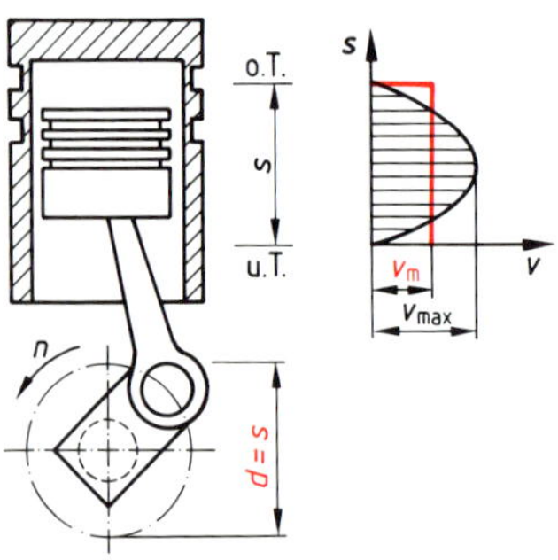

o.T. → oberer Totpunkt
u.T. → unterer Totpunkt

Bild A

1. Beim Kurbeltrieb (z. B. Verbrennungskraftmaschine) ist die Geschwindigkeit des Kolbens ungleichförmig. Während am oberen und unteren Totpunkt die Geschwindigkeit 0 ist, erreicht der Kolben in der Mitte zwischen O. T. und U. T. einen maximalen Geschwindigkeitswert.
2. Man berechnet, aus Vereinfachungsgründen, eine mittlere Kolbengeschwindigkeit v_m.

$$v_m = \frac{s}{t}$$

3. Für den Weg des Kolbens gilt:

Kurbelumdrehung	Weg des Kolbens
1mal	$2 \cdot s$
2mal	$2 \cdot s \cdot 2$
⋮	⋮
$n$mal	$2 \cdot s \cdot n$

Da die Drehzahl n angibt, wieviel Umdrehungen in der Minute (oder auch Sekunde) ausgeführt werden, folgt für die mittlere Geschwindigkeit:

mittlere Geschwindigkeit beim Kurbeltrieb = 2 · Hub · Drehzahl der Kurbel

$$v_m = 2 \cdot s \cdot n$$

v_m mittlere Geschwindigkeit in $\frac{m}{min}$, $\frac{m}{s}$

s Kolbenhub in m

n Drehzahl in min^{-1}, s^{-1}

Da in der Praxis oft v_m in $\frac{m}{s}$ gesucht wird und die Drehzahl in min^{-1} gegeben ist, benutzt man oft eine Zahlenwertgleichung, welche die Umrechnung von min^{-1} in s^{-1} bereits enthält.

$v_m = 2 \cdot s \cdot n$ *Umrechnung:* $1 \frac{\text{Umdrehung}}{\text{s}} = \frac{1}{60} \frac{\text{Umdrehung}}{\text{min}}$

$v_m = \frac{2 \cdot s \cdot n}{60}$ ← $s^{-1} = \frac{1}{60} min^{-1}$

$$v_m = \frac{s \cdot n}{30}$$

v_m mittlere Geschwindigkeit in $\frac{m}{s}$

s Kolbenhub in m

n Drehzahl in min^{-1}

Aufgaben

1. In einem Kfz-Brief ist u. a. angegeben: Hub = 73,4 mm; maximale Drehzahl = 6300 min^{-1}. Wie groß ist
   a) die mittlere Kolbengeschwindigkeit in m/s,
   b) die Kolbengeschwindigkeit am oberen und unteren Totpunkt,
   c) ungefähr die maximale Kolbengeschwindigkeit (siehe **Bild A**),
   d) der Durchmesser des Exzenterkreises?

2. Bestimmen Sie die fehlenden Angaben von ⓐ bis ⓖ.

Größe	Formel ⓐ	Einheit ⓑ	Meßwerte ⓒ	ⓓ	ⓔ	ⓕ	ⓖ
Kolbenhub	s = ?	?	100 mm	?	?	425 mm	1,1 m
Kurbelkreisdurchmesser	d = ?	?	?	600 mm	?	?	?
Drehzahl	n = ?	s^{-1}	5000 min^{-1}	240 min^{-1}	14 s^{-1}	?	?
mittlere Geschwindigkeit	v_m = ?	?	?	?	16 $\frac{m}{s}$	?	6,96 $\frac{m}{s}$
Umfangsgeschwindigkeit des Kurbelzapfens	–	?	?	?	?	2,78 $\frac{m}{s}$	?

3.

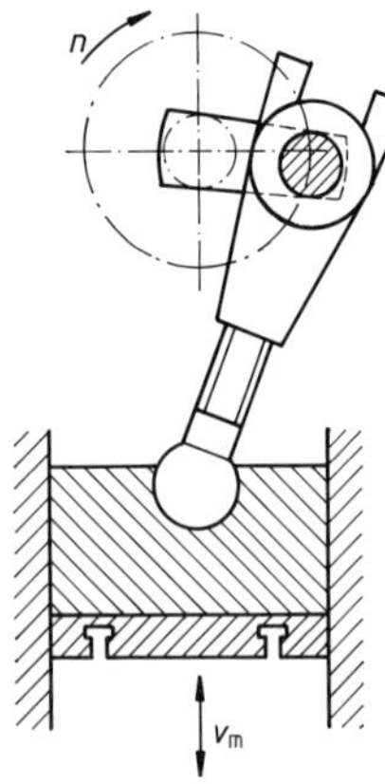

4.

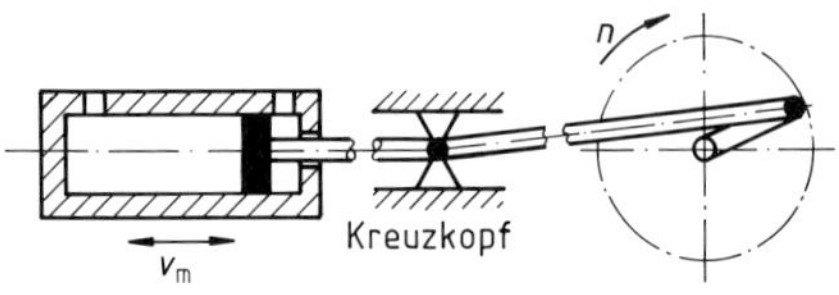

5.

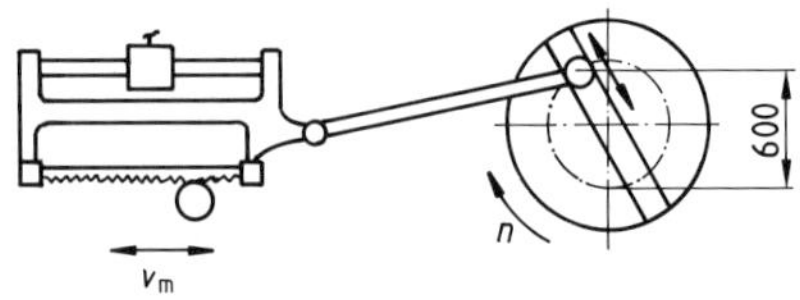

3. Die Drehzahlreihe bei einer Kurbelpresse ist wie folgt angegeben:
$n_1 = 11{,}2\ \text{min}^{-1}$, $n_2 = 22{,}4\ \text{min}^{-1}$, $n_3 = 45\ \text{min}^{-1}$, $n_4 = 90\ \text{min}^{-1}$.
Der Kurbelkreisdurchmesser beträgt 190 mm.
Berechnen Sie die jeweils auftretenden mittleren Stößelgeschwindigkeiten.

4. Die mittlere Kolbengeschwindigkeit einer Dampfmaschine beträgt 1 m/s.
a) Wie groß ist die Schwungraddrehzahl bei einem Kurbelkreisdurchmesser von 1,2 m?
b) Berechnen Sie die Umfangsgeschwindigkeit des Schwungrades.

5. Die Drehzahl des Kurbelzapfens an einer Hubsäge beträgt $n = 10\ \text{min}^{-1}$.
a) Wie groß ist v_m in der gezeichneten Stellung?
b) Um wieviel % ändert sich die mittlere Geschwindigkeit, wenn der Kurbelzapfen um 100 mm nach außen verstellt wird?
c) Welcher grundsätzliche Unterschied besteht technologisch zwischen einer Hubsäge und einer Dampfmaschine hinsichtlich des Antriebes?

6. Die mittlere Geschwindigkeit v_m des Stößels einer Stoßmaschine beträgt 30 m/min bei 38 Doppelhüben pro Minute (1 Doppelhub/min ≙ 1 Umdrehung/min).
Wie groß ist die Hublänge?

26.4 Gleichmäßig beschleunigte und gleichmäßig verzögerte Bewegung

Die Bewegung eines Testfahrzeuges soll untersucht werden. Während der Testfahrt werden die Geschwindigkeitsgrößen in Abhängigkeit von der Zeit aufgezeichnet.

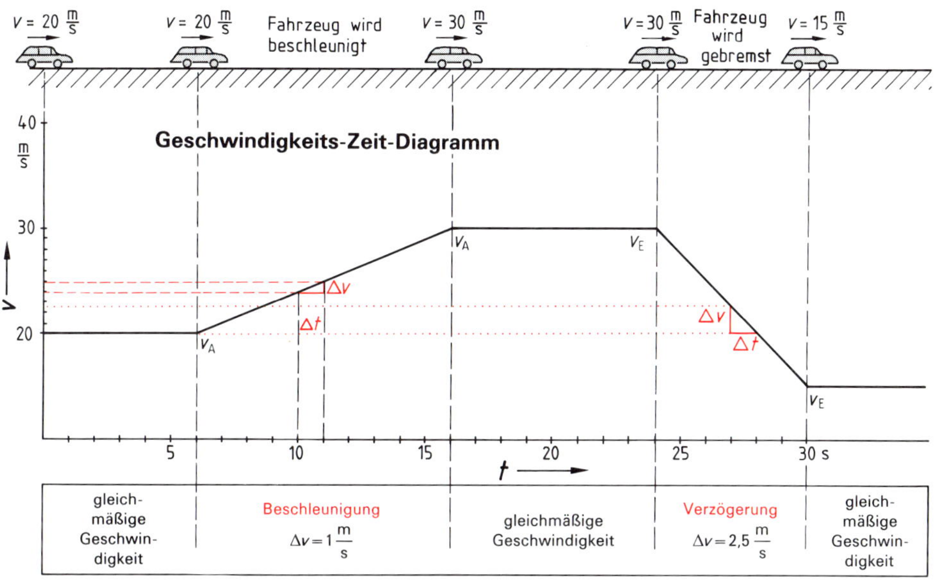

Beschleunigung ist die Geschwindigkeitszunahme je Sekunde.
Verzögerung ist die Geschwindigkeitsabnahme je Sekunde.

$$\text{Beschleunigung (oder Verzögerung)} = \frac{\text{Geschwindigkeitsänderung}}{\text{Zeitdifferenz}}$$

$$a = \frac{\Delta v}{\Delta t}$$

a Beschleunigung (Verzögerung) in $\frac{m}{s^2}$

Δv Geschwindigkeitsänderung in $\frac{m}{s}$
bei Beschleunigung: $\Delta v = v_E - v_A$
bei Verzögerung: $\Delta v = v_A - v_E$

Δt Zeit, in der die Geschwindigkeitsänderung stattfindet, in s

Aufgaben

1. Bestimmen Sie zu der Skizze auf Seite 135

a) die Geschwindigkeiten des Fahrzeuges in m/s und km/h zu den Zeitpunkten: $t_1 = 5$ s, $t_2 = 10$ s, $t_3 = 20$ s, $t_4 = 28$ s, $t_5 = 32$ s.

b) die Beschleunigung und die Verzögerung des Fahrzeuges.

c) den zurückgelegten Weg des Fahrzeuges zwischen der 6. und 30. Sekunde.
Hinweis: Bilden Sie bei der Beschleunigungs- bzw. Verzögerungsstrecke eine mittlere Geschwindigkeit:

$$v_m = \frac{v_A + v_E}{2}.$$

2. Bestimmen Sie die fehlenden Angaben von ⓐ bis ⓗ.
Entscheiden Sie gegebenenfalls bei den Aufgaben, ob es sich um eine Beschleunigung oder eine Verzögerung handelt.

Größe	Formel ⓐ	Einheit ⓑ	Meßwerte ⓒ	ⓓ	ⓔ	ⓕ	ⓖ	ⓗ
Anfangsgeschwindigkeit v_A	—	?	$0\,\frac{m}{s}$	$20\,\frac{m}{s}$	$0\,\frac{m}{s}$	$0\,\frac{m}{s}$	$30\,\frac{m}{s}$	$80\,\frac{km}{h}$
Endgeschwindigkeit v_E	—	?	$30\,\frac{m}{s}$	$0\,\frac{m}{s}$	$50\,\frac{km}{h}$	?	$20\,\frac{m}{s}$	$100\,\frac{km}{h}$
Geschwindigkeitsänderung	$\Delta v = ?$	?	?	?	?	?	?	?
Zeitdifferenz	$\Delta t = ?$	s	30 s	30 s	15 s	10 s	?	5 s
Beschleunigung	$a = ?$	?	?	?	?	$9{,}81\,\frac{m}{s^2}$	—	?
Verzögerung		?	?	?	?	—	$2\,\frac{m}{s^2}$	?
Weg	$s = ?$	?	?	?	?	?	?	?

3. Untersuchen Sie die Sätze Ⓐ bis Ⓒ.

a) Entscheiden Sie für jeden Satz: Beschleunigung oder Verzögerung?

b) Warum läßt sich bei diesen Angaben die Größe der Beschleunigung bzw. Verzögerung nicht berechnen? Welche Angabe fehlt?

Ⓐ Ein Motorradfahrer ändert seine Geschwindigkeit von 50 km/h auf 80 km/h.

Ⓑ Ein Pkw fährt mit einer Geschwindigkeit von 80 km/h gegen eine Betonmauer.

Ⓒ Die Umfangsgeschwindigkeit eines Zahnrades sinkt unter Belastung von 30 m/min auf 28 m/min.

4. Ein Pkw fährt mit einer Beschleunigung $a = 0{,}5\ m/s^2$ an, bis er eine Geschwindigkeit $v = 82$ km/h erreicht hat. Er fährt danach mit dieser Geschwindigkeit 1,2 min. Danach bremst er das Fahrzeug bis zum Stillstand mit einer Verzögerung von $1{,}8\ m/s^2$ ab.

a) Berechnen Sie die Beschleunigungs- und Verzögerungszeit und den gesamten Weg, den das Fahrzeug zurückgelegt hat.

b) Zeichnen Sie ein Geschwindigkeits-Zeit-Diagramm.

5. Ein Stein fällt von einer Brücke und schlägt nach 3 s auf.
   a) Berechnen Sie die Endgeschwindigkeit in m/s (Erdbeschleunigung $\approx$ 10 m/s^2).
   b) Wie hoch ist die Brücke?

6. Durch ein stufenloses Getriebe wird in 30 s die Umfangsgeschwindigkeit einer Riemenscheibe von 12 m/s auf 20 m/s gesteigert.
   a) Wie groß ist die Umfangsbeschleunigung?
   b) Wie groß ist die Anfangs- und Enddrehzahl bei einem Scheibendurchmesser von 240 mm.

7. Berechnen Sie die Beschleunigungen:
   a) Ein Kleinwagen beschleunigt in 16 s auf 80 km/h.
   b) Formel-1-Rennwagen beschleunigt in 5 s auf 100 km/h.
   c) Beschleunigungsrennfahrzeug beschleunigt in 8 s auf 200 km/h.
   d) Ein Gepard beschleunigt in 2,6 s auf 100 km/h.

26.5 Schnittgeschwindigkeit und Drehzahl

Die Schnittgeschwindigkeit v_c ist die Geschwindigkeit, mit der das Werkzeug den Span von einem Werkstück trennt. Sie ist das Verhältnis von Schnittweg und Schnittzeit.

Drehen	Bohren	Fräsen	Schleifen
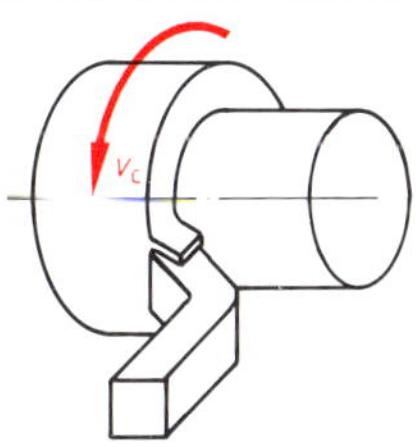 **Bild A**	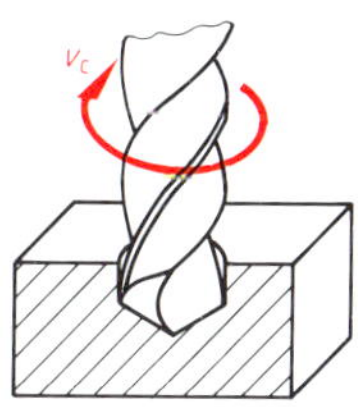 **Bild B**	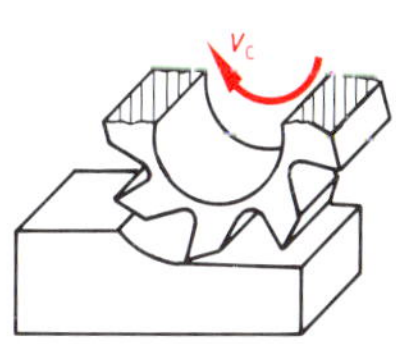 **Bild C**	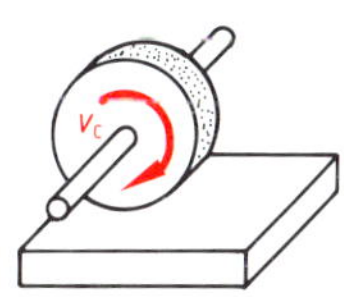 **Bild D**
Schnittgeschwindigkeit ≙ Umfangsgeschwindigkeit: Welle	Schnittgeschwindigkeit ≙ Umfangsgeschwindigkeit: Bohrer	Schnittgeschwindigkeit ≙ Umfangsgeschwindigkeit: Fräser	Schnittgeschwindigkeit ≙ Umfangsgeschwindigkeit: Schleifscheibe

Schnittgeschwindigkeit (Umfangsgeschwindigkeit) = Umfang · Drehzahl

$$v_c = \pi \cdot d \cdot n$$

v_c Schnittgeschwindigkeit in $\frac{m}{min}$, $\frac{m}{s}$

d Werkstück- oder Werkzeug-Ø in m

n Drehzahl in $min^{-1}\left(\frac{1}{min}\right)$, $s^{-1}\left(\frac{1}{s}\right)$

In dem Fertigungsverfahren Trennen werden Werkstück- und Werkzeugdurchmesser in mm angegeben, woraus sich die Zahlenwertgleichung ergibt:

I $$v_c = \frac{\pi \cdot d \cdot n}{1000}$$

v_c Schnittgeschwindigkeit in $\frac{m}{min}$

d Werkstück- oder Werkzeug-Ø in mm

n Drehzahl in min^{-1}

Verlangt das Fertigungsverfahren (z. B. Schleifen) die Schnittgeschwindigkeit in m/s, so lautet die Zahlenwertgleichung:

II $$v_c = \frac{\pi \cdot d \cdot n}{1000 \cdot 60}$$

v_c Schnittgeschwindigkeit in $\frac{m}{s}$

d Werkstück- oder Werkzeug-Ø in mm

n Drehzahl in min^{-1}

Die Wahl der richtigen Schnittgeschwindigkeit ist von großer Bedeutung:

klein
zu lange Arbeitszeit (hohe Lohnkosten)

Schnittgeschwindigkeit
u. a. abhängig von

- Maschinenleistung
- Werkstoff: Werkzeug
- Werkstoff: Werkstück
- Vorschub
- Schnittiefe
- geforderter Standzeit

groß
Werkzeug wird zu schnell stumpf (geringe Standzeit)

Schnittgeschwindigkeitswerte werden Tabellen entnommen.

Beispiel

Richtwerte für Schnittgeschwindigkeiten beim Drehen (Auszug AWF 58):

Werkstoff	Vorschub mm	Schnittgeschwindigkeit **Schnellarbeitsstahl** $\frac{m}{min}$			Schnittgeschwindigkeit **Hartmetall** $\frac{m}{min}$		
St 33–St 42 (S 185–S 275)	0,2	60	43	36	250	200	180
	0,8	34	24	20	180	140	125
legierter Stahl 850–1 000 $\frac{N}{mm^2}$	0,2	24	17	14	150	118	106
	0,8	12	8,5	7,1	95	75	67
Aluminium	0,2	300	170	125	2 000	1 120	850
	0,8	118	67	50	1 500	850	630
Standzeit in min →		60	240	480	60	240	480

Die Schnittgeschwindigkeit ist eine Arbeitsgröße, aus der der Einstellwert, die Drehzahl, ermittelt wird (durch Umstellung der Schnittgeschwindigkeitsformel). Um den Facharbeiter zu entlasten, werden auch oft v_c-d-Diagramme (Netztafeln) benutzt, so daß ohne Rechenaufwand die Drehzahl oder Schnittgeschwindigkeit abgelesen werden kann.

v_c-d-Diagramm für kreisförmige Bewegung

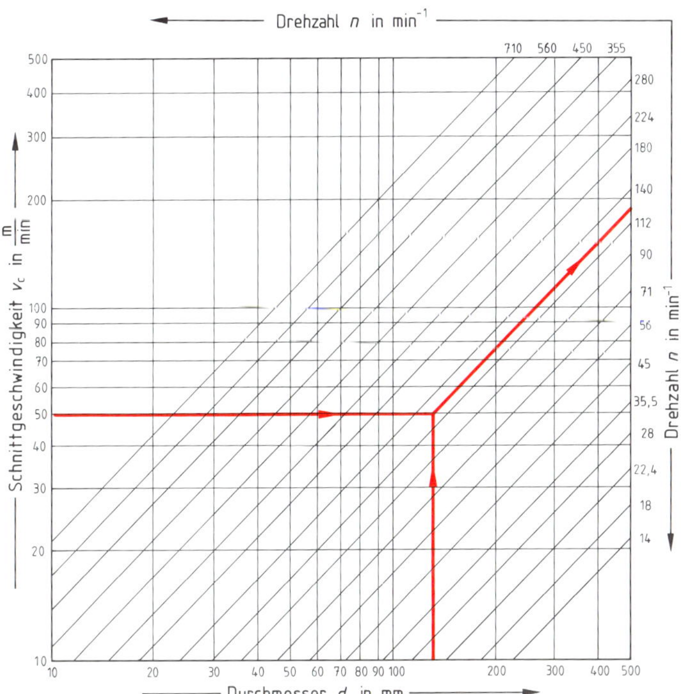

Bild E

Ablesebeispiel:

Gesucht:

n in min^{-1}

Gegeben:

$d = 130$ mm

$v_c = 50 \frac{m}{min}$

Lösung:

$n \approx 130\ min^{-1}$

nächst liegende einstellbare Drehzahl $n = 112\ min^{-1}$

An den Werkzeugmaschinen sind meistens Tafeln angebracht, in denen man außer der Drehzahl auch sofort die richtige Stellung des Getriebes ablesen kann.

Bild F

Aufgaben

1. 100 Wellen (d=80 mm) aus St 33 (S 185) sind mit einem Vorschub von 0,2 mm abzudrehen. Die Standzeit des Werkzeuges (Hartmetall) soll mindestens 4 Stunden betragen. Welche Drehzahl ist an der Maschine einzustellen? (Benutzen Sie zur Lösung die Richtwerttabelle)

2. **a)** (Kann nur gelöst werden, wenn ein Tabellenbuch vorhanden ist)
Für die **Bilder A** bis **D** ist nach den angegebenen Schnittdaten die richtige Arbeitsgröße Schnittgeschwindigkeit und danach der Einstellwert Drehzahl zu bestimmen.

Schnittdaten

Bild A	Bild B	Bild C	Bild D
Werkstück: Aluminium Werkzeug: HSS Vorschub: 0,8 mm Standzeit: 240 min Werkstück-∅: 250 mm	Werkstück: St 50 Werkzeug: HSS Vorschub: 0,45 mm Bohrungs-∅: 22 mm	Werkstück: leg. Stahl mit 800 $\frac{N}{mm^2}$ Werkzeug: Hartmetall Vorschub pro Zahn: 0,06 mm Spanungstiefe: 6 mm Fräser-∅: 80 mm	Werkstück: Stahl Werkzeug: Schleifscheibe DIN 69120 - 250 × 25 × 76 Kennzeichnung: blauer Farbstrich
Schnittgeschw.: $v_c \approx ?$ Drehzahl: $n \approx ?$	Schnittgeschw.: $v_c = ?$ Drehzahl: $n = ?$	Schnittgeschw.: $v_c = ?$ Drehzahl: $n = ?$	Schnittgeschw.: $v_c \leq ?$ Drehzahl: $n \leq ?$

b) Für welche Fertigungsverfahren wird v_c in m/min und für welche v_c in m/s angegeben? Begründen Sie Ihre Aussage.

3. Wie lauten die fehlenden Angaben von ⓐ bis ⓗ?
Benutzen Sie zur Lösung von ⓐ und ⓑ die Zahlenwertgleichung I und für ⓒ und ⓓ die Zahlenwertgleichung II.

Größe	Formel ⓐ	Einheit ⓑ	Formel ⓒ	Einheit ⓓ	Meßwerte ⓔ	ⓕ	ⓖ	ⓗ
Durchmesser	$d = ?$	?	$d = ?$	?	?	100 mm	20 mm	?
Drehzahl	$n = ?$	?	$n = ?$	?	45 min^{-1}	?	560 min^{-1}	2400 min^{-1}
Schnittgeschwindigkeit	$v_c = ?$	?	$v_c = ?$	?	28,3 $\frac{\text{m}}{\text{min}}$	170 $\frac{\text{m}}{\text{min}}$	?	3,14 $\frac{\text{m}}{\text{s}}$

4.

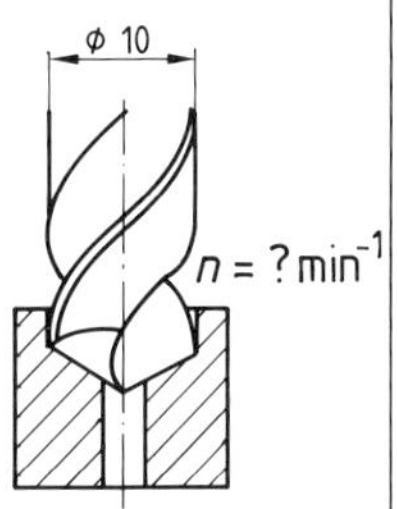

5.

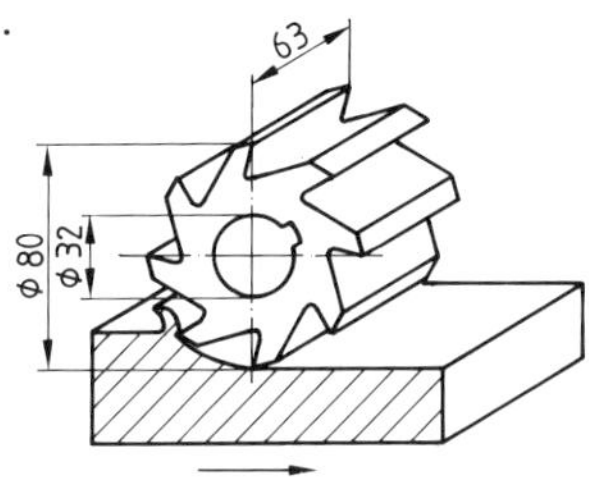

6.

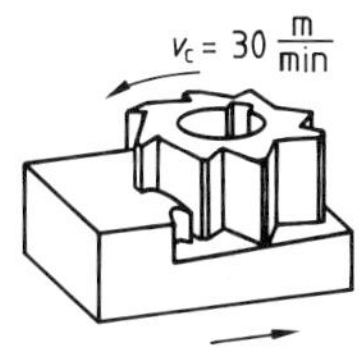

4. Ein Spiralbohrer soll mit einer Schnittgeschwindigkeit von 25 m/min arbeiten. Berechnen Sie die Drehzahl.

5. **a)** Der Walzenfräser DIN 884 – Typ N 80 × 63 × 32 – HSS läuft mit einer Drehzahl von 180 min^{-1}.
Wie groß ist die Schnittgeschwindigkeit?

b) Während der Fräsarbeit wird der Fräser beschädigt und gegen einen Fräser DIN 884 – Typ N 125 × 80 × 50 – HSS ausgetauscht.
Auf welchen Wert wird nun die Drehzahl eingestellt? (Die errechnete Schnittgeschwindigkeit von 5. a) soll unverändert bleiben.)

6. Welche Drehzahl muß für den Walzenstirnfräser DIN 841 – Typ W 130 × 35 × 40 – HSS eingestellt werden?

7.

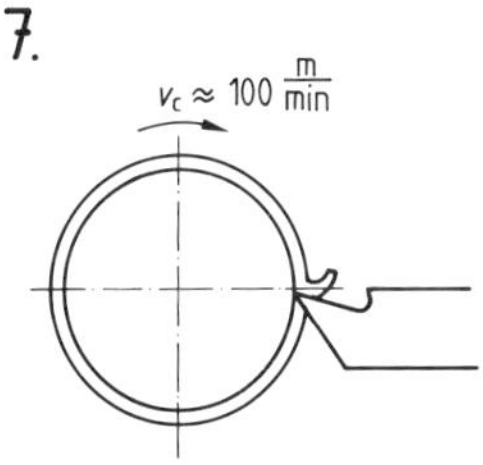

8.

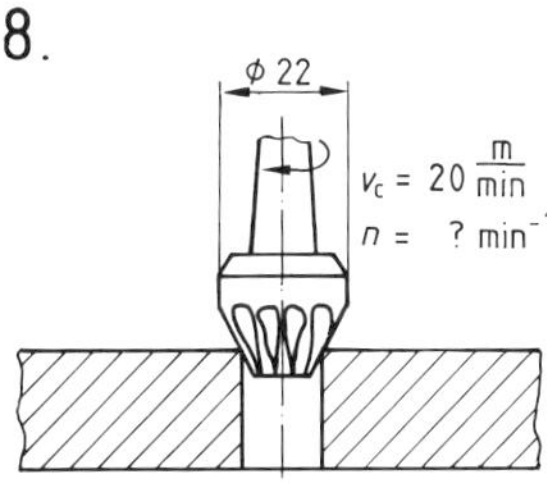

9.

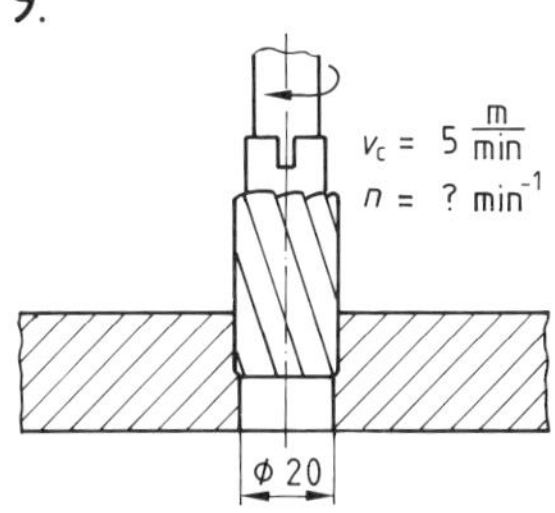

7. Eine Welle aus Aluminium Ø 200 wird auf Ø 100 abgedreht. Die Schnittgeschwindigkeit von ca. 100 m/min soll während der Dreharbeit ziemlich konstant gehalten werden. Bestimmen Sie mit Hilfe des v_c-d-Diagramms **(Bild E)**
   a) die Anfangsdrehzahl,
   b) die Durchmesser, bei denen umgeschaltet werden muß,
   c) die jeweiligen Drehzahlen nach dem Umschalten.

8. Welche Drehzahl soll bei dem Kegelsenker eingestellt werden?

9. Bestimmen Sie für die Aufsteck-Reibahle die notwendige Drehzahl.

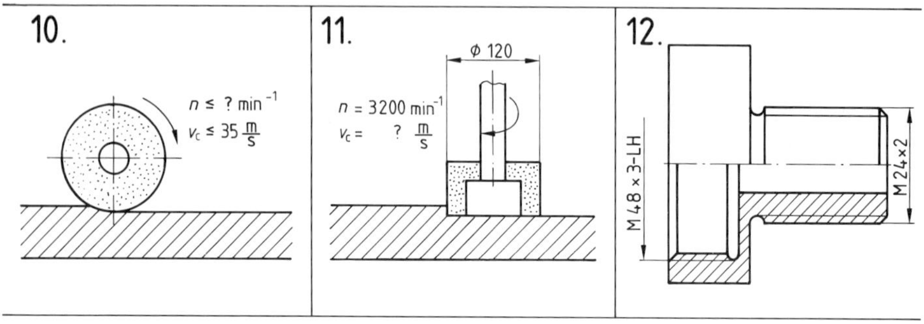

10. Bestimmen Sie die höchstzulässige Drehzahl für die Schleifscheibe DIN 69120 - 400 × 50 × 127 - A46K5V - 35.

11. Bestimmen Sie die Schnittgeschwindigkeit am äußeren Umfang der Topfscheibe.

12. Beim Gewindeschneiden auf der Drehmaschine soll die Schnittgeschwindigkeit von 4,5 m/min nicht überschritten werden.
    Bestimmen Sie die Drehzahlen für die beiden Gewindeschneidarbeiten des skizzierten Spannzapfens.

13. Übertragen und ergänzen Sie die Tabelle. Benutzen Sie für die Ermittlung der Arbeitsgröße Schnittgeschwindigkeit die Richtwerttabelle und für den Einstellwert Drehzahl das v_c-d-Diagramm **(Bild E)**.

Werkstoff	Schneidstoff	erwünschte Standzeit	Vorschub	Schnittgeschwindigkeit	Durchmesser	Drehzahl
Aluminium	Schnellarbeitsstahl	60 min	0,2 mm	?	250 mm	?
Stahl mit $900 \frac{N}{mm^2}$	Hartmetall	6 h	0,8 mm	?	300 mm	?
St33 (S185)	Schnellarbeitsstahl	240 min	0,8 mm	?	160 mm	?
Stahl mit $1000 \frac{N}{mm^2}$	Hartmetall	480 min	0,8 mm	?	60 mm	?

14. Eine Drehmaschine hat folgende Drehzahlreihe: 40 min^{-1}; 80 min^{-1}; 160 min^{-1}; 320 min^{-1}; 640 min^{-1}.
    Erstellen Sie für diese Maschine ein v_c-d-Diagramm.
    Lösungshinweise: Übernehmen Sie den Maßstab von **Bild E**, und berechnen Sie für $d = 100$ mm und $d = 200$ mm die Schnittgeschwindigkeiten für alle Drehzahlen. Tragen Sie die Punkte in das Diagramm ein, und ziehen Sie durch die Punkte parallele Geraden entsprechend den 5 Drehzahlen.

15. u. 16.

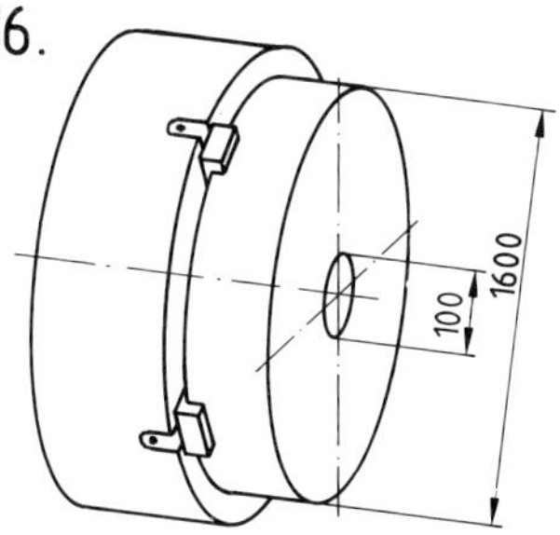

17.

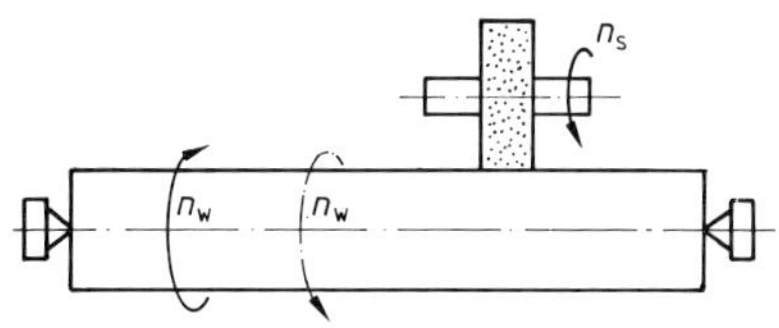

15. Auf einer Plandrehmaschine wird eine Scheibe von außen nach innen mit einer konstanten Drehzahl von 28 min^{-1} abgedreht.

a) Wie groß sind die Schnittgeschwindigkeiten zu Beginn der Dreharbeit und beim Erreichen der Bohrung?

b) Warum kann hier ein stufenloses Getriebe vorteilhaft sein?

16. Die Bohrung ∅ 100 soll mit einer Schnittgeschwindigkeit von 24 m/min ausgedreht werden.
Welche Drehzahl ist einzustellen?

17. Eine Getriebewelle wird geschliffen. Drehzahl der Welle $n_w = 120\ min^{-1}$, Drehzahl der Schleifscheibe $n_s = 2400\ min^{-1}$, Durchmesser der Welle $d_w = 60$ mm, Durchmesser der Schleifscheibe $d_s = 160$ mm.

a) Berechnen Sie die Werkstückgeschwindigkeit der Welle v_w und

b) die Umfangsgeschwindigkeit der Schleifscheibe v_s.

c) Wie groß ist die Schnittgeschwindigkeit v_s in m/s

1. beim Gleichlauf und
2. beim Gegenlauf?

18.

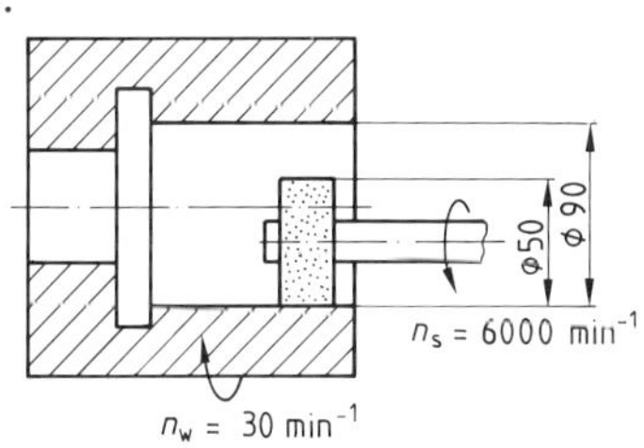

19.

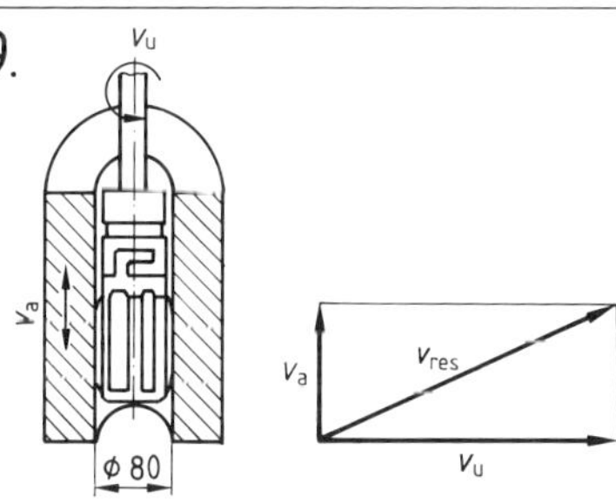

18. Eine Werkstückhülse wird entsprechend den Spanungsdaten geschliffen.

a) Berechnen Sie die Umfangsgeschwindigkeit der zu schleifenden Bohrung.

b) Welche Umfangsgeschwindigkeit hat die Schleifscheibe?

c) Wie groß ist die Schnittgeschwindigkeit?

19. Beim Honen (Ziehschleifen) resultiert die Schnittgeschwindigkeit aus der Umfangsgeschwindigkeit und der Axialgeschwindigkeit (Geschwindigkeit in Richtung der Werkzeugachse) der Honahle.
Wie groß ist die resultierende Geschwindigkeit, wenn die Drehzahl der Honahle 120 min^{-1} und die axiale Vorschubgeschwindigkeit 10 m/min beträgt?

27 Hauptnutzungszeit bei spanenden Fertigungsverfahren

27.1 Hauptnutzungszeit beim Drehen und Bohren

Die Hauptnutzungszeit ist die Zeit, die die Maschine benötigt, um durch Spanen das Werkstück zu bearbeiten.
Die **Hauptnutzungszeit** ist abhängig von den Einstellwerten **Drehzahl, Vorschub** und der Arbeitsgröße **Schnittlänge.**
Die Berechnungsformel läßt sich über die Geschwindigkeitsformel entwickeln.

$$\text{Geschwindigkeit} = \frac{\text{Weg}}{\text{Zeit}}$$

$$v_f = \frac{l}{t_h}$$

l Weg (Schnittlänge)
v_f Vorschubgeschwindigkeit (Geschwindigkeit)

Beziehungen zwischen Vorschub, Vorschubgeschwindigkeit und Drehzahl:

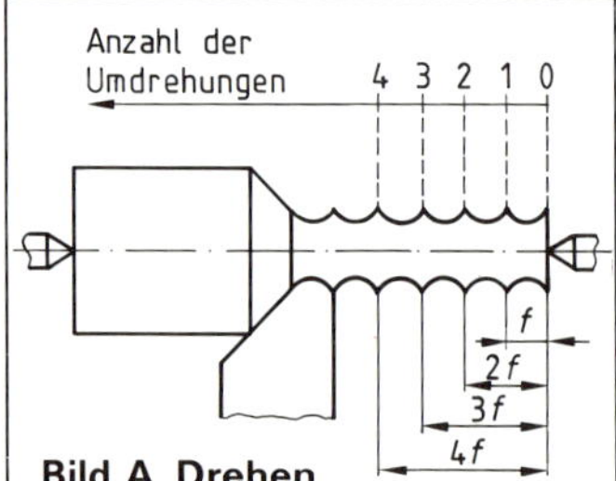

Bild A Drehen

Vorschub f	Drehzahl n	Vorschub-geschwindigkeit v_f
1 mm	1 min^{-1}	1 $\frac{\text{mm}}{\text{min}}$
2 mm	10 min^{-1}	20 $\frac{\text{mm}}{\text{min}}$
5 mm	200 min^{-1}	1000 $\frac{\text{mm}}{\text{min}}$

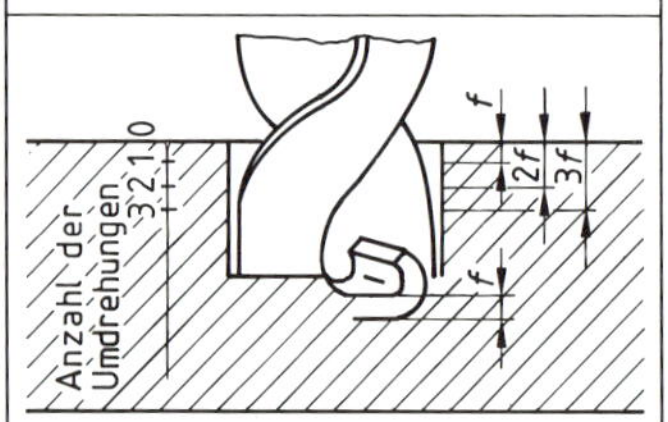

Bild B Bohren

Vorschubgeschwindigkeit = Vorschub · Drehzahl

$$v_f = f \cdot n$$

Die Laufzeit des Werkzeugs bei einem Arbeitsgang ist seine Schnittlänge geteilt durch die Vorschubgeschwindigkeit.

Berücksichtigt man noch die Anzahl der Schnitte (Arbeitsgänge), so folgt für die Hauptnutzungszeit:

$$\text{Hauptnutzungszeit} = \frac{\text{Schnittlänge}}{\text{Vorschub} \cdot \text{Drehzahl}} \cdot \text{Anzahl der Schnitte}$$

$$t_h = \frac{l}{f \cdot n} \cdot i$$

l Schnittlänge in mm
f Vorschub in mm
n Drehzahl in min^{-1}
i Anzahl der Schnitte

Schnittlängen

Langdrehen ohne Bund

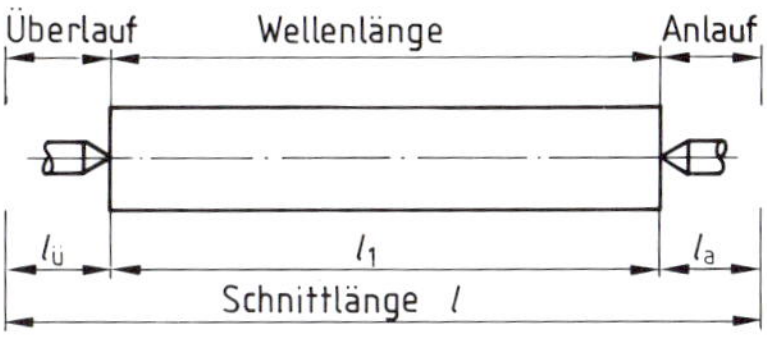

Bild C

Langdrehen mit Bund

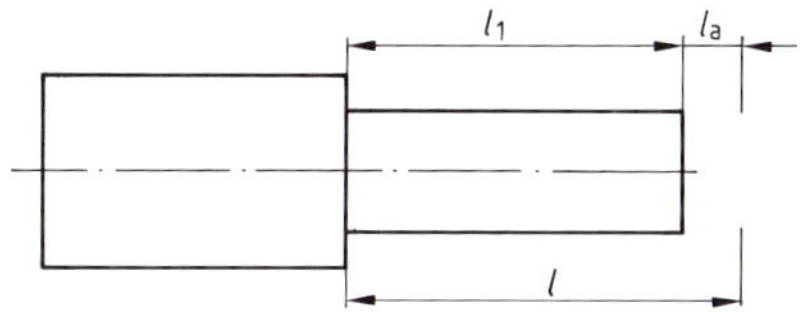

Bild D

Plandrehen von Stirnflächen

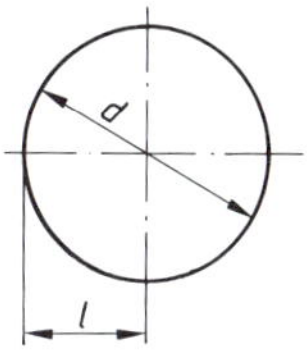

Bild E

Ringflächen

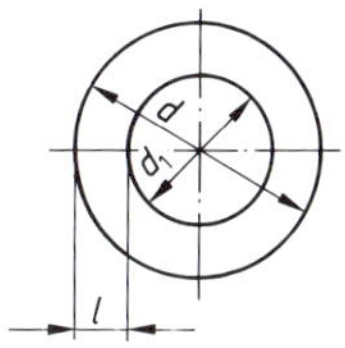

Bild F

Bohren ins Volle

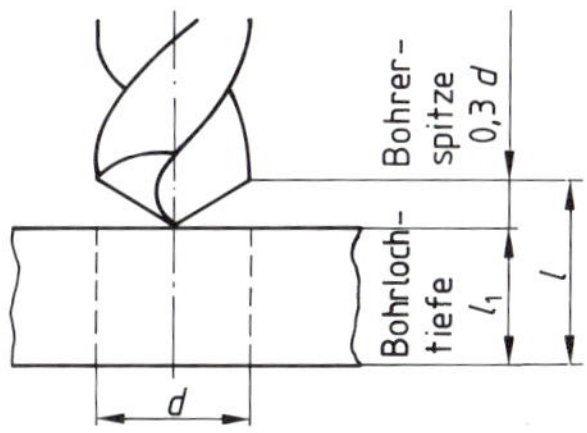

Bild G

Aufgaben

1. Beim Langdrehen im **Bild A** ist ein Vorschub von 2 mm eingestellt.
Mit welcher Drehzahl pro Zeiteinheit ist die Hauptspindel eingestellt, bei einer Drehlänge von 200 mm?

2. Welche Vorschubgeschwindigkeit v_f hat der Bohrer im **Bild B** bei einem Vorschub von 0,025 mm und einer Drehzahl von 1 200 min^{-1}?

3. Entsprechend den **Bildern C** bis **G** sind die fehlenden Angaben zu bestimmen.

Bild	Formel für Schnittlänge	Meßwerte	Einstellwerte		Formel für Hauptnutzungszeit	Hauptnutzungszeitwerte für 1 Arbeitsgang	Vorschubgeschwindigkeit
			Vorschub	Drehzahl			
C	$l = ?$	$l_a = 15$ mm $l_ü = 15$ mm $l_1 = 80$ mm $l = ?$	2 mm	300 min^{-1}	$t_h = ?$	$t_h = ?$	$v_f = ?$
D	$l = ?$	$l_a = 20$ mm $l_1 = 60$ mm $l = ?$	0,5 mm	410 min^{-1}	$t_h = ?$	$t_h = ?$	$v_f = ?$
E	$l = ?$	$d = 40$ mm $l = ?$	0,8 mm	280 min^{-1}	$t_h = ?$	$t_h = ?$	$v_f = ?$
F	$l = ?$	$d = 80$ mm $d_1 = 40$ mm $l = ?$	1,2 mm	340 min^{-1}	$t_h = ?$	$t_h = ?$	$v_f = ?$
G	$l = ?$	$d = 50$ mm $l_1 = 60$ mm $l = ?$	0,1 mm	720 min^{-1}	$t_h = ?$	$t_h = ?$	$v_f = ?$

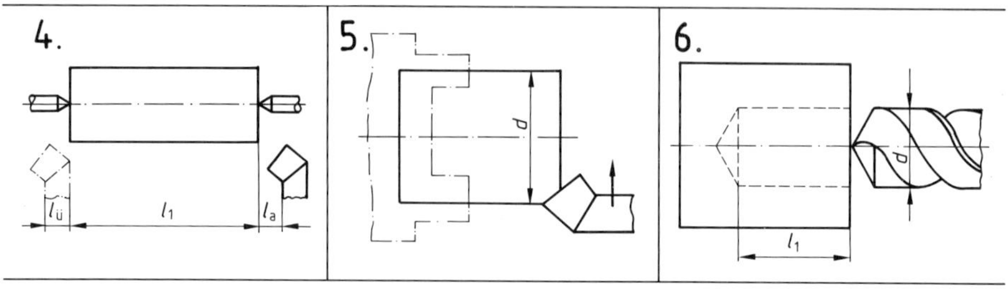

4. Eine Welle aus Stahl ($R_m = 600\ N/mm^2$) soll durch Langdrehen von $d = 80$ mm auf $d_1 = 68$ mm abgedreht werden. Der Anlauf beträgt 20 mm, der Überlauf 15 mm. Einstellwerte: Vorschub 1,2 mm, Drehzahl 440 min^{-1}, Schnittiefe 2 mm.
   a) Wieviel Arbeitsgänge i sind notwendig?
   b) Wie groß ist die Hauptnutzungszeit für die 320 mm lange Welle?

5. Durch Plandrehen wird die Stirnfläche einer Welle geschlichtet. Für diese Bearbeitung werden die Einstellwerte $f = 0{,}01$ mm und $n = 1200\ min^{-1}$ angegeben.
   a) Berechnen Sie die Hauptnutzungszeit für eine Welle mit einem Durchmesser von 80 mm.
   b) Wie groß ist die Schnittgeschwindigkeit am Anfang und am Ende der Arbeit?

6. Auf einer Drehmaschine werden in einer Welle von 300 mm Durchmesser 80 mm tiefe Sacklöcher gebohrt. Der Bohrungsdurchmesser beträgt 120 mm. Bei dieser Arbeit wird eine Drehzahl von 420 min^{-1} bei einem Vorschub von 0,2 mm eingestellt.
   a) Wie groß ist die Hauptnutzungszeit für 70 Wellen?
   b) Wie groß ist die Wandstärke b zwischen Bohrlochwand und Welle?

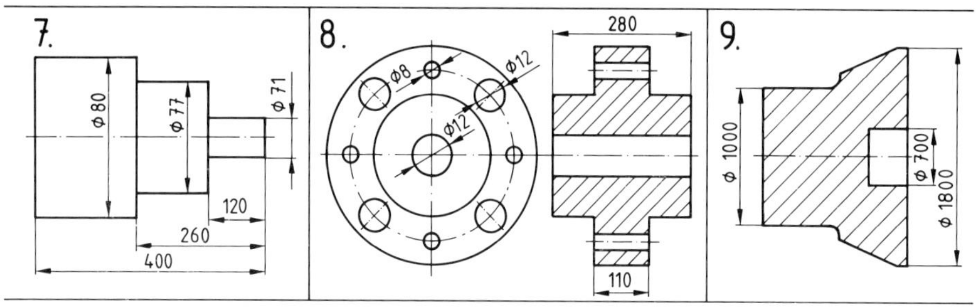

7. Rohlinge aus Stahl ($R_m = 370\ N/mm^2$) 400 lang und 83 mm im Durchmesser werden durch Langdrehen entsprechend der Zeichnung bearbeitet. Um die Standzeit des Drehmeißels aus Schnellschnittstahl von 60 min zu gewähren, wird für alle Arbeiten mit einer Schnitttiefe von 1,5 mm gearbeitet.
   Berechnen Sie die Hauptnutzungszeit der Maschine, wenn die Längenzugabe für An- und Überlauf je 3 mm berechnet wird. (Richtwerte siehe Kapitel „Schnittgeschwindigkeit und Drehzahl")

8. Es sind die Bohrungen für die Flanschbuchse herzustellen. Für alle Bohrungen wird die Schnittgeschwindigkeit für C 35 (1 C 35) von 28 m/min angegeben, dabei sollen drei Vorschübe Anwendung finden: $f_1 = 0{,}22$ mm, $f_2 = 0{,}28$ mm, $f_3 = 0{,}45$ mm.
   a) Ordnen Sie den Bohrungsdurchmessern den Vorschub zu.
   b) Berechnen Sie die Hauptnutzungszeit für die Herstellung aller Bohrungen.

9. Die Kegelscheibe wird an beiden Stirnflächen plan bearbeitet. Die Drehzahl ist stufenlos regulierbar.
   a) Berechnen Sie die beiden mittleren Drehzahlen n_{m_1} und n_{m_2}. (Schnittgeschwindigkeit 50 m/min)
   b) Berechnen Sie die Hauptnutzungszeit bei einem Vorschub von 0,1 mm.

10. Ein Zapfenbolzen ist herzustellen.
Fertigungsstufen

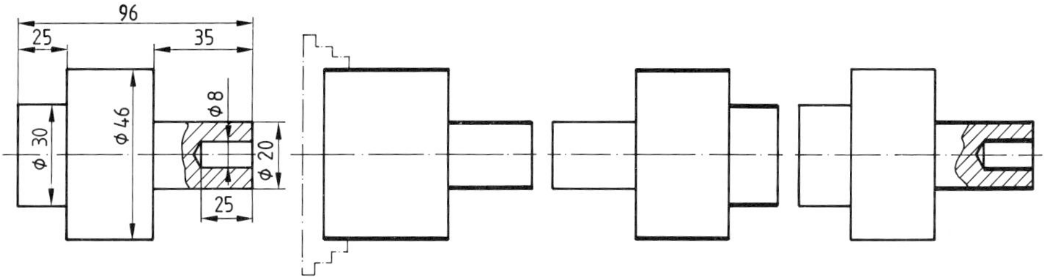

Arbeitsstufe	Werkzeug	Spanungsdaten
1. Rohling ∅ 50, 100 lang beidseitig plandrehen auf 96 lang	rechter Seitenstahl	$v_c = 40$ m/min $f = 0{,}16$ mm
2. ∅ 20 auf ∅ 21 vordrehen ∅ 46 auf ∅ 47 vordrehen	Schruppstahl	$v_c = 0{,}32$ m/min $f = 0{,}4$ mm
3. Umspannen ∅ 30 auf ∅ 42 vordrehen ∅ 30 und ∅ 46 fertigdrehen	Schruppstahl Schlichtstahl	$v_c = 32$ m/min, $f = 0{,}4$ mm $v_c = 66$ m/min, $f = 0{,}16$ mm
4. Umspannen ∅20 fertigdrehen Bohrung ∅ 8 bohren	Schlichtstahl Drallbohrer	$v_c = 66$ m/min, $f = 0{,}16$ mm $v_c = 18$ m/min, $f = 0{,}18$ mm

a) Berechnen Sie die Hauptnutzungszeit für alle Dreharbeiten.
b) Wie groß ist die Arbeitszeit, wenn für Umspannen und Werkzeugwechsel eine Nebennutzungszeit 20% der Gesamthauptnutzungszeit angesetzt wird?

27.2 Hauptnutzungszeit beim Fräsen

Spanungsdaten

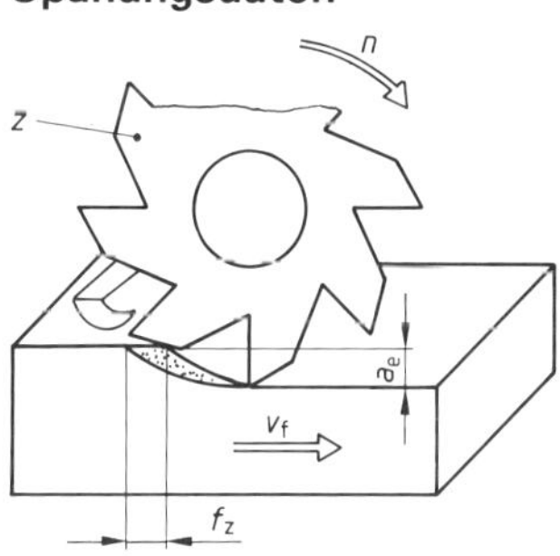

Bild A

- z Anzahl der Fräserzähne
- n Anzahl der Umdrehungen
- a_e Eingriffsgröße
- f_z Vorschub je Fräserzahn
- v_f Vorschubgeschwindigkeit

$$v_f = f_z \cdot z \cdot n$$

Schnittweg

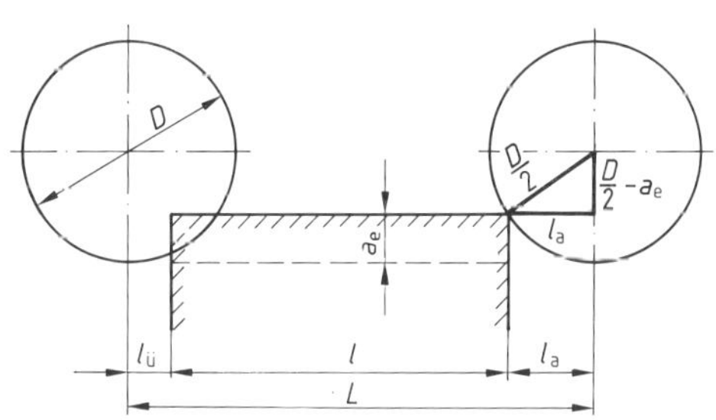

Bild B

Schnittweg = Werkstücklänge + An- und Überlauf

$$L = l + l_a + l_ü$$

Überlauf beim Schruppen $l_u \approx 1{,}5$ mm
Überlauf beim Feinfräsen $l_u \approx 2 \cdot a_e$

Anlauf $l_a = \sqrt{D \cdot a_e - a_e^2}$

Für die Hauptnutzungszeit gilt:

$$\text{Hauptnutzungszeit} = \frac{\text{Schnittweg des Frästisches} \cdot \text{Anzahl der Schnitte}}{\text{Vorschubgeschwindigkeit}}$$

$$t_h = \frac{L \cdot i}{v_f}$$

t_h Hauptnutzungszeit in min

L Schnittweg in mm

v_f Vorschubgeschwindigkeit in $\frac{\text{mm}}{\text{min}}$

i Anzahl der Schnitte

Aufgaben

1. Ein Walzenfräser **(Bild A)** hat an seinem Umfang 16 Zähne und ist mit einem Zahnvorschub von 0,2 mm eingestellt.
  a) Berechnen Sie den Vorschub des Frästisches bei 1 Umdrehung.
  b) Berechnen Sie die Vorschubgeschwindigkeit bei 84 min^{-1}.

2. Die Formel zur Berechnung des Anlaufweges läßt sich mit dem Lehrsatz des Pythagoras herleiten **(Bild B)**.
Entwickeln Sie die Formel.

3. Ein Werkstück mit 35 mm Länge soll durch einen Schnitt von 3 mm Schnittiefe mit einem Walzenfräser ∅ 80 × 110 gefräst werden.
Berechnen Sie den Schnittweg des Frästisches.

4. Eine Stahlplatte $l \times b = 75 \times 60$ wird durch Gegenlauffräsen mit einem Walzenfräser HSS ∅ 60 × 75 von der Werkstückdicke 83 mm auf 68 mm abgefräst. Die Vorschubgeschwindigkeit des Frästisches beträgt 60 mm/min, die Schnittiefe 3 mm.
  a) Welche Drehzahl muß ein Fräser mit 18 Zähnen haben? (Zahnvorschub = 0,15 mm)
  b) Wie groß ist die Schnittgeschwindigkeit des Fräsers?
  c) Berechnen Sie die Hauptnutzungszeit bei gleicher Vor- und Rücklaufgeschwindigkeit des Frästisches. (Schruppen)

5. Auf einer Fräsmaschine wird mit 32 m/min Schnittgeschwindigkeit und einer Vorschubgeschwindigkeit von 57 mm/min gearbeitet.
  a) Welchen Durchmesser hat der Fräser bei einer Drehzahl von 82 min^{-1}?
  b) Wie groß ist der Schnittweg, wenn für 1 Schnitt eine Hauptnutzungszeit von 8 min und 25 s gestoppt wurde?

6. Ein Walzenfräser hat 10 Zähne, einen Durchmesser von 70 mm und dreht sich mit 72 Umdrehungen in der Minute.
  a) Berechnen Sie die Vorschubgeschwindigkeit bei einem Vorschub je Zahn von 0,2 mm.
  b) Welche Hauptnutzungszeit ergibt sich für ein 550 mm langes Werkstück (Schruppen) bei 4 Schnitten mit einer Schnittiefe 2,5 mm?

7. Richtwerte für Walzenfräsen:

Werkstoff	Bearbeitungsart	Zahnvorschub f_z in mm	Schnittiefe $a_e = 4$ mm Schnittgeschwindigkeit v_c in $\frac{m}{min}$	Fräser $\varnothing$ d in mm 40 / Drehzahl n in min^{-1}	60	80	Zähnezahl $z = 16$ Fräser $\varnothing$ d in mm 40 / Vorschubgeschwindigkeit v_f in mm/min	60	80	Schnittweg $L = 100$ mm Fräser $\varnothing$ d in mm 40 / Hauptnutzungszeit t_h in min	60	80
				n_1	n_2	n_3	v_{f_1}	v_{f_2}	v_{f_3}	t_{h_1}	t_{h_2}	t_{h_3}
St 50 (E 295) C 35 (1 C 35)	Schlichten	0,1	29	?	?	?	?	?	?	?	?	?
	Schruppen	0,22	22	?	?	?	?	?	?	?	?	?
16 MnCr 5	Schlichten	0,1	29	?	?	?	?	?	?	?	?	?
	Schruppen	0,2	22	?	?	?	?	?	?	?	?	?
GS 45	Schlichten	0,1	22	?	?	?	?	?	?	?	?	?
	Schruppen	0,2	17	?	?	?	?	?	?	?	?	?
GG 26	Schlichten	0,07	21	?	?	?	?	?	?	?	?	?
	Schruppen	0,14	26	?	?	?	?	?	?	?	?	?

Mit der Richtwerttabelle sind die Drehzahlen, die Vorschubgeschwindigkeit und die Hauptnutzungszeiten zu ermitteln.

8. Beim Fräsen einer Platte aus St 60 (E 335) hatte die Frässpindel eine Drehzahl von 70 min^{-1} bei einem Fräserdurchmesser von 80 mm. Die Vorschubgeschwindigkeit des Frästisches betrug 65 mm/min, dabei betrug die reine Fräszeit, bei 20 mm An- und Überlauf, 4,2 min. Wie lang war die Platte? (Frästiefe gleich Schnittiefe)

9. **Rüstzeiten** **Ausführungszeit pro Stück**

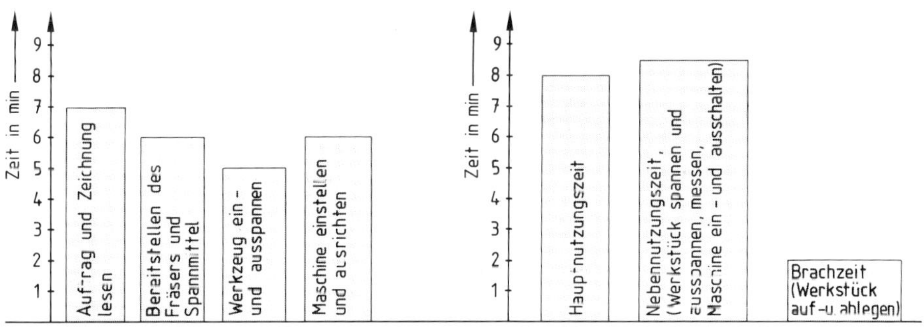

Für die Ausführung eines Auftrages wurden die Rüst- und Ausführungszeiten in einem Balkendiagramm dargestellt.
Ermitteln Sie die gesamte Arbeitszeit für 100 Werkstücke.

27.3 Hauptnutzungszeit beim Schleifen

I. Rundschleifen

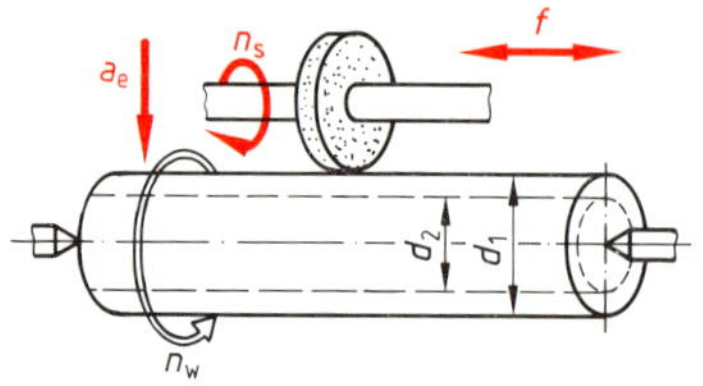

Bild A

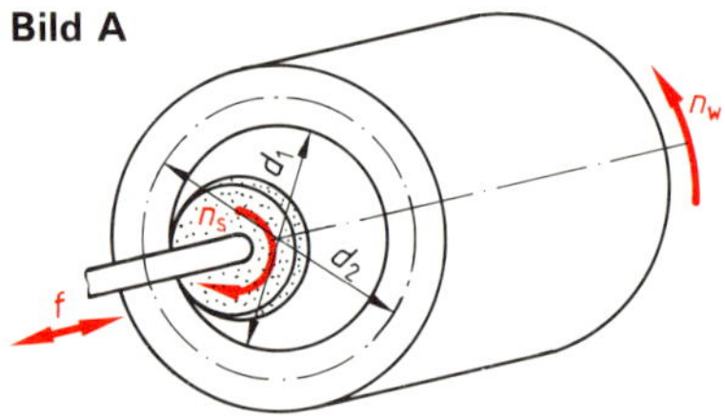

Bild B

Einstellwerte

f Längsvorschub in mm

a_e Schnittiefe (Zustellung) in mm (Beim Einstech- oder Profilschleifen entspricht die Schnittiefe dem Vorschub in radialer Richtung der Werkstückachse)

n_w Werkstückdrehzahl in min^{-1}

n_s Schleifscheibendrehzahl in min^{-1}

d_1 Durchmesser vor der Bearbeitung in mm

d_2 Durchmesser nach der Bearbeitung in mm

Für die Hauptnutzungszeit gilt:

$$\text{Hauptnutzungszeit} = \frac{\text{Schleifweg} \cdot \text{Anzahl der Schnitte}}{\text{Längsvorschub} \cdot \text{Werkstückdrehzahl}}$$

$$t_h = \frac{L \cdot i}{f \cdot n_w}$$

t_h Hauptnutzungszeit in min

L Schleifweg in mm

i Anzahl der Schnitte

f Längsvorschub in mm

n_w Werkstückdrehzahl in min^{-1}

II. Flachschleifen

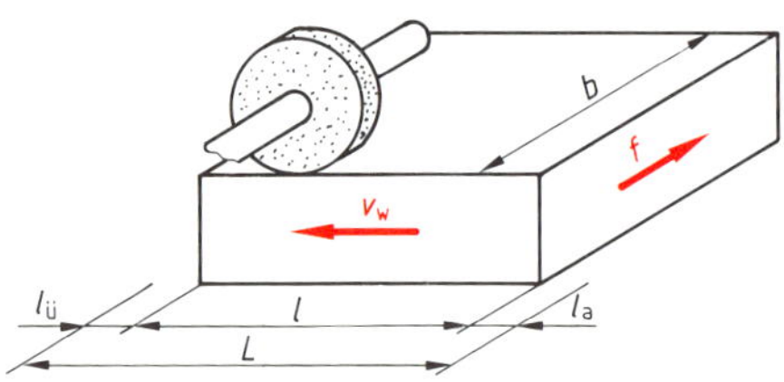

Bild C

$t_h = \frac{L}{v_W}$ für einen Hub

$t_h = \frac{L}{v_W} \cdot \frac{b}{f}$ für die gesamte Breite

$t_h = \frac{L \cdot b}{v_W \cdot f} \cdot i$ für mehrere Schnitte

$$\text{Hauptnutzungszeit} = \frac{\text{Schleifweg} \cdot \text{Werkstückbreite} \cdot \text{Anzahl der Schnitte}}{\text{Tischgeschwindigkeit} \cdot \text{Tischvorschub}}$$

$$t_h = \frac{L \cdot b \cdot i}{v_W \cdot f}$$

t_h Hauptnutzungszeit in min

L Schleifweg in m

b Werkstückbreite in mm

i Anzahl der Schnitte

v_W Werkstückgeschwindigkeit in $\frac{m}{min}$

f Vorschub in mm

Aufgaben

1. Berechnen Sie für **Bild A** und **Bild B** die Hauptnutzungszeit für 1 Schnitt, wenn der Längsvorschub je Werkstückumdrehung 22 mm und die Werkstückdrehzahl 88 min^{-1} beträgt. Schnittweg L bei Bild A 430 mm, bei Bild B 80 mm.

2. Wie groß ist die Hauptnutzungszeit für 1 Schnitt bei dem im **Bild C** dargestellten Werkstück mit den Abmessungen $b = 180$ mm und $l = 340$ mm?
Zerspanungsdaten: $l_a = l_ü = 8$ mm, Vorschub = 20 mm, Werkstückgeschwindigkeit 16 m/min.

3.

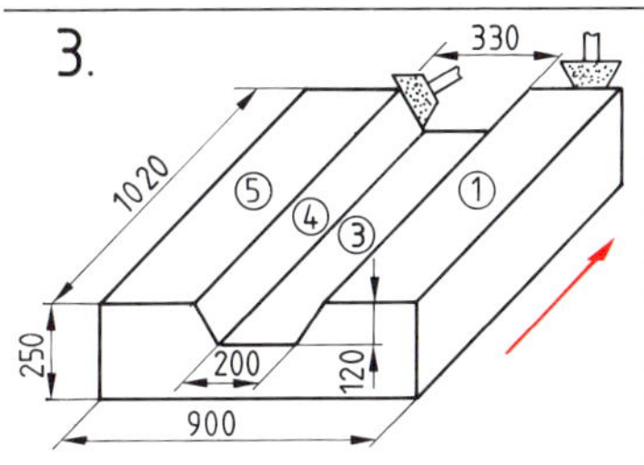

4.

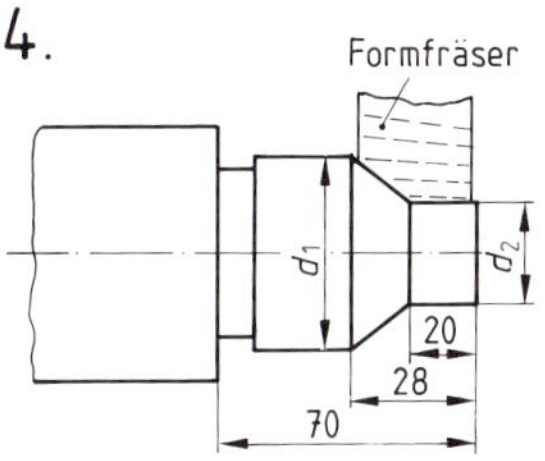

5.

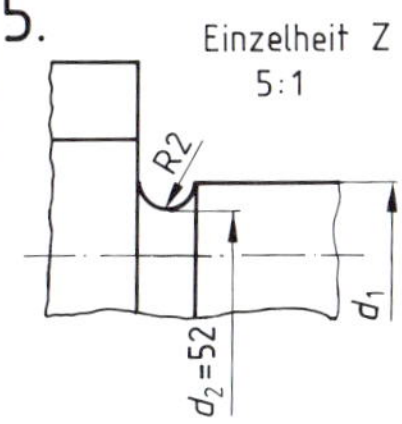

3. Die Flächen einer Prismenführung (5 Teilflächen) sollen feingeschliffen werden. Die drei waagerechten Flächen werden mit einem Stirnschleifer bearbeitet, wobei der Vorschub 12 mm pro Doppelhub beträgt. Die 2 schrägen Flächen werden mit einem Vorschub gleich der Zustellung bearbeitet. Die Schleifzugabe von 0,6 mm soll durch 3 Schnitte abgeschliffen werden.
Wie groß ist die Hauptnutzungszeit bei einer Werkstückgeschwindigkeit von 15 m/min? (An- und Überlauf je 30 mm)

4. Mit einer Profilscheibe 180 × 28 wird das Ende der Welle auf das Fertigmaß von $d_2 = 70$ mm und $d_1 = 78$ mm geschliffen. Die Schleifzugabe beträgt 0,8 mm.
Spanungsdaten: $n_w = 80\ min^{-1}$, Schnittiefe 0,018 mm.
   a) Berechnen Sie die Hauptnutzungszeit.
   b) Welches Kegelverhältnis ergibt sich an der Welle?

5. Die Einstichrille einer Welle soll durch eine Profilscheibe hergestellt werden. Die Umfangsgeschwindigkeit des Werkstücks beträgt 8 m/min. Die Rille soll durch 12 Zustellungen angefertigt werden.
   a) Wie groß ist der Durchmesser d_1?
   b) Wie groß ist die Schnittiefe?
   c) Welche Hauptnutzungszeit ist notwendig?

6.

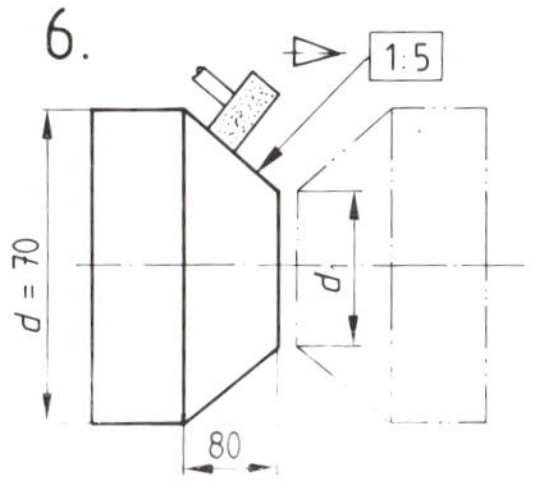

7.

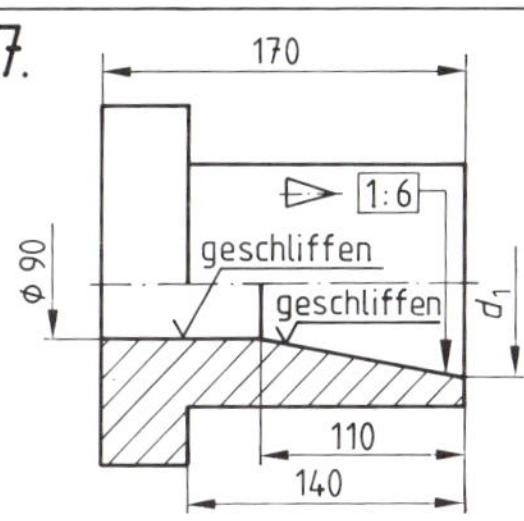

8.

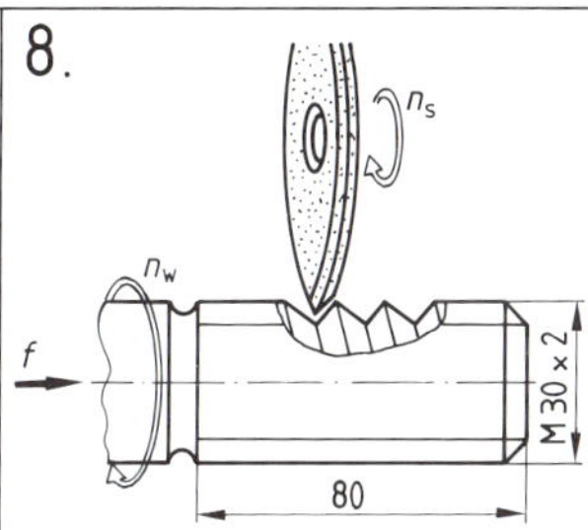

6. Die zwei Kegelscheiben eines stufenlosen Reibradgetriebes sollen feingeschliffen werden. Schleifzugabe 1,2 mm, Werkstückdrehzahl 95 1/min, Schnittiefe 0,03 mm, Längsvorschub 12 mm.
   a) Berechnen Sie den Durchmesser d_1.
   b) Welche Hauptnutzungszeit ist für die Bearbeitung der Schrägen anzusetzen?

7. a) Berechnen Sie den Kegeldurchmesser d_1.
   b) Wie groß ist die Hauptnutzungszeit für die Bearbeitungsflächen, wenn eine 40 mm breite Schleifscheibe die Schleifzugabe von 0,45 mm mit einem Längsvorschub = ⅔ der Schleifscheibenbreite und einer Schnittiefe = 0,008 mm abschleift?

8. Ein vorgeschnittenes metrisches Gewinde M 30 × 2 wird in 10 Schnitte fertiggeschliffen. Die Gewindelänge beträgt 80 mm, die Drehzahl des Werkstücks ist mit 27 min^{-1} eingestellt.
   a) Wie groß ist der Längsvorschub f?
   b) In welcher Zeit ist das Gewinde fertiggeschliffen?

27.4 Hauptnutzungszeit beim Hobeln und Stoßen

Die Hauptnutzungszeit läßt sich aus der Geschwindigkeitsformel herleiten:

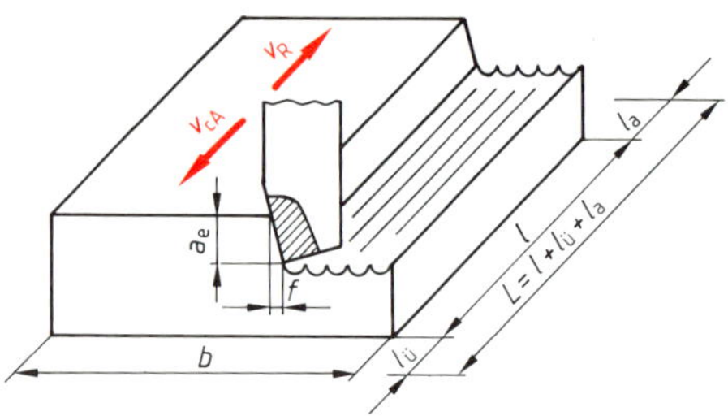

Bild A

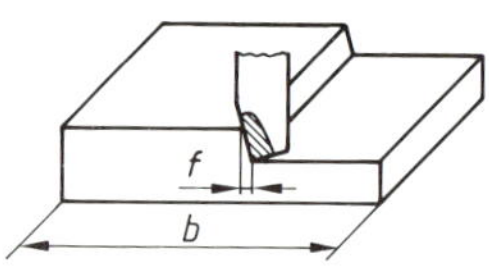

Bild B

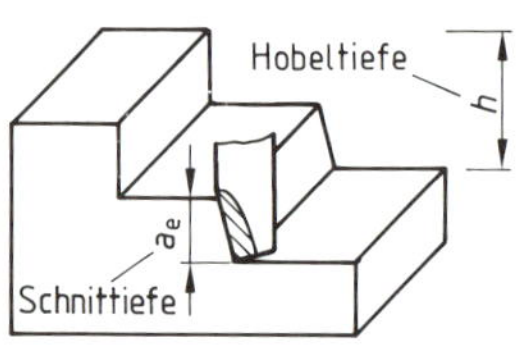

Bild C

$$\text{Geschwindigkeit} = \frac{\text{Weg}}{\text{Zeit}}$$

$$\text{Zeit} = \frac{\text{Weg}}{\text{Geschwindigkeit}}$$

Der Weg entspricht der Hublänge L des Meißels.

$$\text{Zeit für 1 Arbeitshub} = \frac{L}{v_{cA}}$$

$$\text{Zeit für 1 Rückhub} = \frac{L}{v_R}$$

$$\text{Zeit für 1 Doppelhub} = \frac{L}{v_{cA}} + \frac{L}{v_R}$$

$$\text{Zeit für 1 Schnittiefe} = \left(\frac{L}{v_{cA}} + \frac{L}{v_R}\right) \cdot \frac{b}{f}$$

$$\text{Zeit für } i \text{ Schnitte} = \left(\frac{L}{v_{cA}} + \frac{L}{v_R}\right) \cdot \frac{b}{f} \cdot i$$

In der Praxis ist die Schnittgeschwindigkeit v_{cA} im Arbeitshub kleiner als die Rücklaufgeschwindigkeit v_R.

$$\text{Hauptnutzungszeit} = \left(\frac{\text{Hublänge}}{\text{Schnittgeschwindigkeit}} + \frac{\text{Hublänge}}{\text{Rücklaufgeschwindigkeit}}\right) \cdot \frac{\text{Werkstückbreite}}{\text{Vorschub}} \cdot \text{Anzahl der Schnitte}$$

$$t_h = \left(\frac{L}{v_{cA}} + \frac{L}{v_R}\right) \cdot \frac{b}{f} \cdot i$$

t_h Hauptnutzungszeit in min
L Hublänge in m
v_{cA} Schnittgeschwindigkeit in $\frac{m}{min}$
v_R Rücklaufgeschwindigkeit in $\frac{m}{min}$
b Werkstückbreite in mm
f Vorschub in mm
i Anzahl der Schnitte

Ist die Doppelhubzahl gegeben, dann kann man die Hauptnutzungszeit über die Vorschubgeschwindigkeit berechnen:

$$\text{Zeit} = \frac{\text{Vorschubweg}}{\text{Vorschubgeschwindigkeit}}$$

$$\text{Hauptnutzungszeit} = \frac{\text{Werkstückbreite} \cdot \text{Anzahl der Schnitte}}{\text{Doppelhubzahl} \cdot \text{Vorschub}}$$

$$t_h = \frac{b \cdot i}{n \cdot f}$$

t_h Hauptnutzungszeit in min
b Werkstückbreite in mm
i Anzahl der Schnitte
n Doppelhubzahl in min^{-1}
f Vorschub in mm

Aufgaben

1. Berechnen Sie die Hauptnutzungszeit für die in **Bild A** dargestellte Abbildung. Hobelbreite $b = 200$ mm, Werkstücklänge $l = 560$ mm, An- und Überlauf je 30 mm, Vorschub $f = 4$ mm, Schnittgeschwindigkeit $v_{cA} = 17$ m/min, Rücklaufgeschwindigkeit $v_R = 20$ m/min. (Schnittiefe $a_e \mathrel{\hat{=}}$ Hobeltiefe h)

2. Wieviel Doppelhübe sind bei **Bild B** notwendig? Hobelbreite = 76 mm, Vorschub = 2 mm.

3. Berechnen Sie die Anzahl der Schnitte i für **Bild C.** Hobelbreite = 280 mm, Vorschub = 4 mm, Hobeltiefe $h = 40$ mm, Schnittiefe $a_e = 5$ mm.

4. Bestimmen Sie die fehlenden Angaben ⓐ bis ⓒ in der Tabelle.

	Spanungsdaten	Anzahl der Doppelhübe	Anzahl der Schnitte	Hauptnutzungszeit
ⓐ 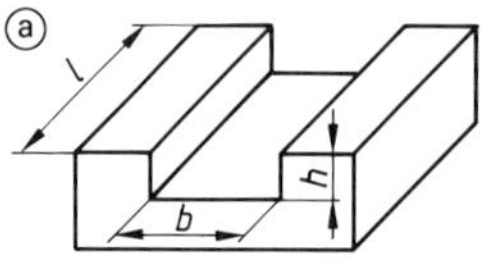	$l = 300$ mm, $l_a = l_ü = 20$ mm $b = 80$ mm, $h = 16$ mm, $a_e = 4$ mm, $f = 2$ mm $v_{cA} = 16$ m/min $v_R = 18$ m/min	$n = ?$	$i = ?$	$t_h = ?$
ⓑ 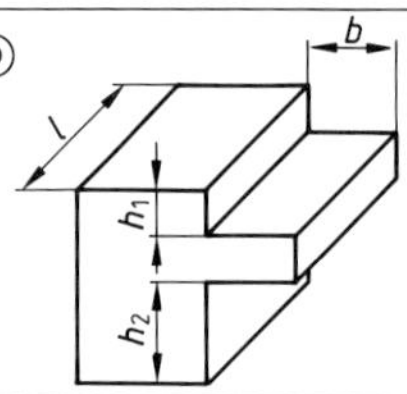	$l = 420$ mm, $l_a = l_ü = 15$ mm $h_1 = 20$ mm, $h_2 = 28$ mm $b = 44$ mm $a_e = 4$ mm, $f = 2{,}2$ mm $v_{cA} = 20$ m/min $v_R = 23$ m/min	$n = ?$	$i = ?$	$t_h = ?$
ⓒ 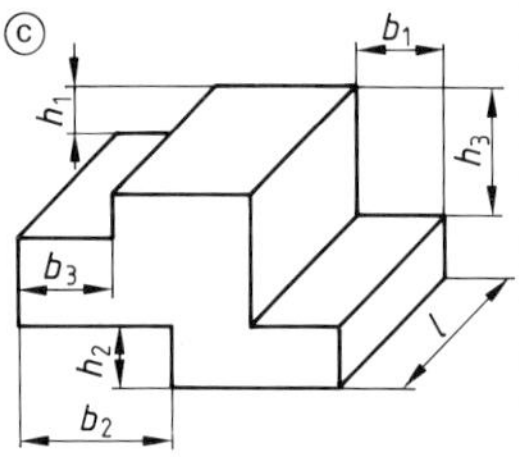	$l = 280$ mm, $l_a = l_ü = 30$ mm $h_1 = 5$ mm, $h_2 = 15$ mm, $h_3 = 50$ mm $b_1 = 30$ mm, $b_2 = 72$ mm, $b_3 = 40$ mm $a_e = 5$ mm, $f = 3$ mm $v_{cA} = 18$ m/min $v_R = 22$ m/min	$n = ?$	$i = ?$	$t_h = ?$

5.
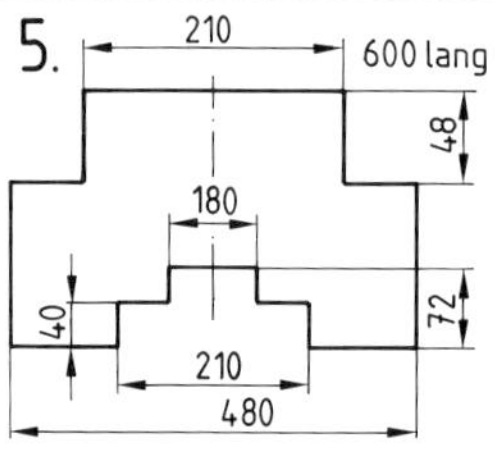

6.
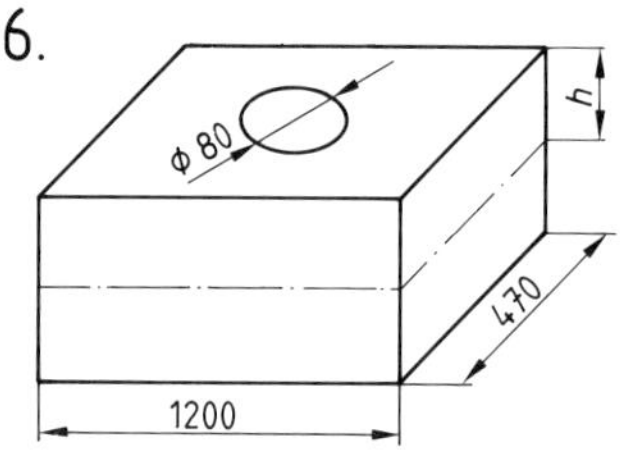

7.
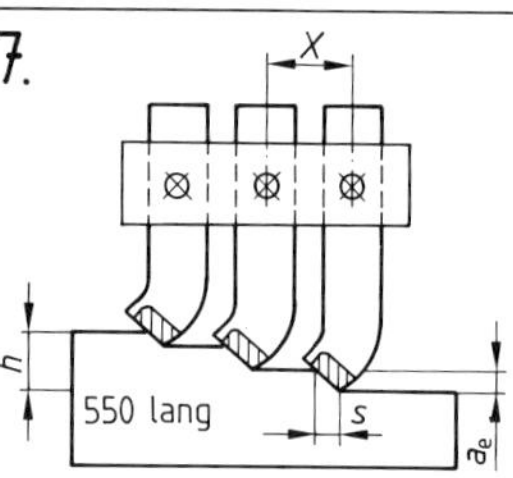

5. Die Führungsleiste soll entsprechend den Zeichnungsmaßen durch Hobeln hergestellt werden. Die Schnittiefe beträgt 8 mm bei einem Vorschub von 3 mm und einer Doppelhubzahl von 15 min^{-1}.
Berechnen Sie die Hauptnutzungszeit.

6. Eine Hobelmaschine ist 33 min im Betrieb. Der eingestellte Vorschub beträgt 4 mm, die Schnittiefe 5 mm. Für den unterbrochenen Schnittverlauf wird eine Schnittgeschwindigkeit von 18,6 m/min angegeben und das Geschwindigkeitsverhältnis $v_R : v_{cA} = 1{,}75$.
Bis zu welcher Dicke h wird in dieser Zeit die Stahlplatte abgehobelt? (An- und Überlauf je 30 mm)

7. Auf einer Langhobelmaschine sind im Mehrmeißelhalter 3 Werkzeuge aus HSS eingespannt, wobei bei einem Schnitt eine Hobeltiefe von 12 mm abgehoben wird. Der Abstand der Meißelmitten x beträgt 60 mm.
Wie breit ist die Stahlplatte, wenn für 1 Schnitt 11 min 30 s benötigt werden und der Vorschub 3 mm pro Doppelhub (12 1/min) beträgt?

28 Vorgabezeiten für auszuführende Arbeitsabläufe

Für die Planung, Steuerung, Kontrolle und Entlohnung einer Tätigkeit werden für auszuführende Arbeitsabläufe Vorgabezeiten ermittelt. Die Vorgabezeit setzt sich zusammen aus der *Auftragszeit* für den Menschen und der *Belegungszeit* für die Betriebsmittel (Maschinen).

Vorgabezeit

für den Menschen

Auftragszeit T

Die Auftragszeit T besteht aus Grundzeiten, Erholungszeiten und Verteilzeiten

für die Betriebsmittel

Belegungszeit T_{bB}

Die Belegungszeit T_{bB} besteht aus Grundzeiten und Verteilzeiten

Für eine weitgehende Analyse der Vorgabezeiten bedarf es einer Menge von Fachbegriffen aus dem Bereich der Betriebswirtschaft und Arbeitsvorbereitung. Die folgenden Ausführungen sind daher nicht vollständig und stellen keine Gesamtgliederung da.

28.1 Auftragszeit T

Auftragszeit T
$T = t_r + t_a$

Rüstzeit t_r
$t_r = t_{rg} + t_{rer} + t_{rv}$

Die Rüstzeit t_r ist die Summe der Teilzeiten aus:

Rüstgrundzeit t_{rg}
z. B. Zeiten zum Lesen der Zeichnung oder Einrichten der Maschine

Rüsterholungszeit t_{rer}
z. B. Zeiten zur geistigen Erholung

Rüstverteilzeit t_{rv}
z. B. Nachfragen über ein Detail in der Zeichnung

Ausführungszeit t_a
$t_a = m \cdot t_e$

Die Ausführungszeit ist die Zeit, die sich aus der Zeit pro Einheit (Werkstück) t_e mal Anzahl der Einheiten m ergibt

Zeit je Einheit t_e
$t_e = t_g + t_{er} + t_v$

Grundzeit t_g
sie setzt sich zusammen aus den Tätigkeitszeiten[1] und Wartezeiten[2]

Erholungszeit t_{er}
z. B. Erholung nach einer Schweißarbeit über Kopf

Verteilzeit t_v
z. B. Maschine abschmieren oder Meßzunge säubern

Die Erholungs- und Verteilzeiten werden in der Regel als *prozentualer Zuschlag* zur Grundzeit ausgewiesen.

[1] Tätigkeitszeiten: z. B. bei Dreharbeiten wird der Vorschub von Hand ausgeführt
[2] Wartezeiten: z. B. auf den Kran warten

Aufgaben

1. Bestimmen Sie die fehlenden Angaben von ⓐ bis ⓓ.
(*Hinweis:* Die Auftragszeit wird immer auf volle Minuten aufgerundet.)

	Zeitangaben in Minuten										
	t_r	t_{rg}	t_{rer}	t_{rv}	t_a	m	t_e	t_g	t_{er}	t_v	T
ⓐ	8	—	—	—	?	12	?	4	—	5% von t_g	?
ⓑ	?	32	10% von t_{rg}	—	?	1	?	150	15	in t_{er} abgegolten	?
ⓒ	120	?	10	14	480	2	?	450	?	4% von t_g	?
ⓓ	?	?	20	—	?	8	1 340	?	—	30	1 500

2. Berechnen Sie die Auftragszeit für eine Montagearbeit.
Die Rüstzeit ergibt sich aus der Grundrüstzeit von 180 min plus einer Rüstverteilzeit von 20 min. Die Rüstholzeit ist in der Rüstverteilzeit enthalten. Die Ausführungszeit, vorwiegend Schweißarbeit, ergibt sich aus der Ausführungsgrundzeit = 340 min und Erholungszeit = 15 min. Durch häufigen Schweißpositionswechsel ist die Verteilzeit mit 20 min ausgewiesen.

3. In der Auftragszeit einer Schleifarbeit ($T = 510$ min) für 200 Werkstücke ist eine Rüstzeit von 18 min enthalten.

a) Wie groß ist die Ausführungszeit?

b) Wie groß ist die Zeit je Einheit?

c) Durch technologische Veränderungen konnte die Zeit je Einheit um 22% verkürzt werden.

Berechnen Sie die neue Auftragszeit (die Rüstzeit bleibt unverändert).

4. Bei einer Zeitaufnahme für eine Dreharbeit wurden pro Einheit folgende Zeiten gemessen:

t_{rg} . . . . 12 min
$t_{rer} + t_{rv}$ . . . . 4 min
t_g . . . . 22 min
t_v . . . . 2 min

a) Berechnen Sie die Rüstzeit.

b) Berechnen Sie die Zeit je Einheit.

c) Berechnen Sie die Auftragszeit für 30 Drehteile.
(*Hinweis:* Die Rüstzeit ist keine wiederholende Tätigkeit.)

28.2 Belegungszeit T_{bB}

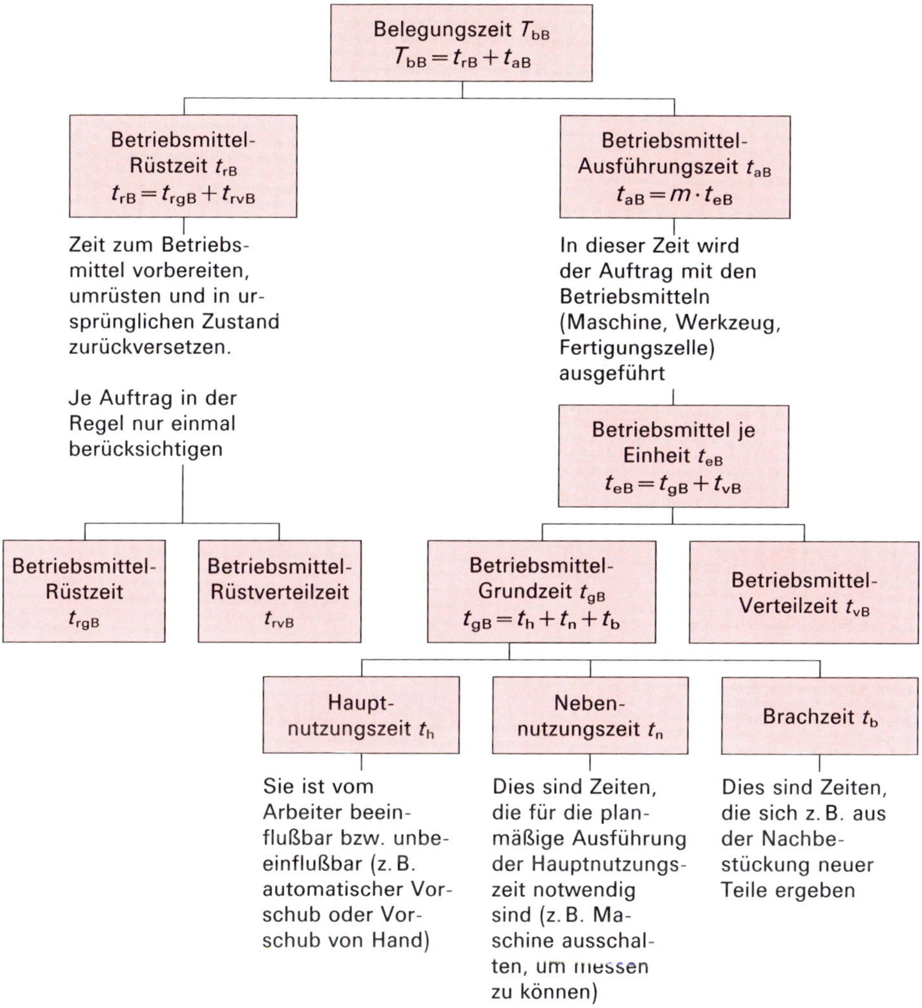

Aufgaben

1. Bestimmen Sie die fehlenden Angaben von ⓐ bis ⓓ.

	Zeitangaben in Minuten											
	t_h	t_n	t_b	t_{gB}	t_{vB}	t_{eB}	m	t_{aB}	t_{rgB}	t_{rvB}	t_{rB}	T_{bB}
ⓐ	3,2	—	2	?	—	5,2	20	?	3	—	?	?
ⓑ	122	18	7	?	—	?	3	?	45	12	?	?
ⓒ	?	23	11	57	—	?	3	?	?	—	22	480
ⓓ	92	?	—	140	16	?	1	?	37	—	?	?

2. Von einer Dreharbeit sind gegeben:
$T_{bB} = 1670$ min, $t_{rB} = 20$ min, $t_h = 4{,}7$ min, $m = 250$, $t_n = 1{,}8$ min.
Brachzeiten fielen nicht an.

   a) Berechnen Sie die Betriebsmittelzeit pro Einheit.
   b) Berechnen Sie die Betriebsmittel-Verteilzeit.

3. Eine Kurvenscheibe soll auf einer Drehmaschine hergestellt werden.
Berechnen Sie die Belegungszeit T_{bB} bei einer Hauptnutzungszeit von 110 min, einer Nebennutzungszeit von 8,7 min, einer Brachzeit von 12,4 min und einer Betriebsmittel-Verteilzeit von 4,2 min.

4. Auf einem Drehautomaten werden Spindel-Gewindestifte hergestellt. Der Fertigungsauftrag von 32000 Stiften wird auf 2 Automaten erfolgen.
Berechnen Sie die Belegungszeit pro Automat in Stunden, wenn die Betriebsmittel-Rüstzeit für 300 Teile 40 min und die Betriebsmittelzeit pro Teil 3,2 min beträgt.

5. Die Belegungszeit einer Fräsarbeit ist zu ermitteln.

   Gegeben: $t_h = 380$ min $m = 20$
   $t_n = 4$ min $t_{rgB} = 210$ min
   $t_b = 4$ min

   Die Verteilzeiten werden mit je 5% auf die Grundzeiten berücksichtigt.

28.3 Lohnberechnung

Für die Entlohnung einer Tätigkeit gibt es verschiedene Lohnformen:

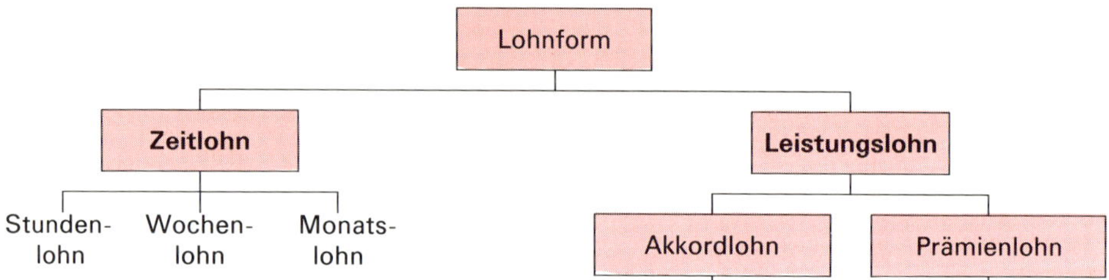

Der Zeitlohn wird angewandt, wenn die Arbeitsleistung nicht genau definiert werden kann. Die Entlohnung erfolgt nach einem Lohnschlüssel, der dem Ecklohn entspricht. Der Zeitlohn kann eine Leistungszulage erhalten.

Dieser Lohn berechnet sich aus dem mengenmäßigen Arbeitsergebnis. Akkordlohn und Mengenleistung sind proportional

Zum Grundlohn wird z. B. eine Prämie gezahlt auf die Quantitätsleistung, Qualitätsleistung, Ersparnisleistung

Aufgaben

1. Bei Tarifvereinbarungen wird eine Lohnerhöhung von 4,2% ausgehandelt.
Berechnen Sie den Monatslohn (20 Arbeitstage à 7,5 h), wenn der alte Stundenlohn 17,85 DM betrug.

2. Der Akkordgrundlohn, bezogen auf die Vorgabezeit von 366 min, beträgt 16,50 DM/h. Die Arbeit wurde in der Zeit von 285 min ausgeführt.

   a) Berechnen Sie den Akkordlohn.
   b) Berechnen Sie den Akkordstundenlohn.
   c) Berechnen Sie den Mehrverdienst in %.

3. Ein Facharbeiter verdient in der Woche (37,5 Stunden) 604,— DM.

a) Wie hoch ist der Lohn pro Arbeitstag (7,5 Stunden)?

b) Wie hoch ist der Stundenlohn?

c) Berechnen Sie das Monatseinkommen (21 Arbeitstage) des Facharbeiters.

4. In einer Fertigungsabteilung sind 14 Facharbeiter 5 Tage lang jeweils 8 Stunden beschäftigt. Die reinen Lohnkosten in dieser Abteilung betragen 8540,— DM.
Welcher Betrag für Löhne in einem Monat (21 Arbeitstage) muß für die Abteilung eingeplant werden, wenn unter gleichen Bedingungen 18 Facharbeiter bei 7stündiger Arbeitszeit beschäftigt werden?

5. Die wöchentliche Arbeitszeit soll um 8% verkürzt werden.
Um wieviel Prozent muß der Stundenlohn erhöht werden, wenn der volle Lohnausgleich gezahlt werden soll?

6. Für eine Montagearbeit wird ein Akkordlohn von 3340,— DM gezahlt. An der Arbeit sind 3 Facharbeiter mit unterschiedlichem Grundlohn und unterschiedlicher Arbeitszeit beteiligt:

Facharbeiter	Stundengrundlohn	Anteilmäßige Arbeitszeit in h
A	18,75	40
B	16,80	53
C	19,50	47

Berechnen Sie für jeden Facharbeiter den Akkordlohn.

7. Ein Dreher legt für einen Abrechnungszeitraum von 21 Arbeitstagen à 7,5 Stunden folgende Arbeitsleistung vor:

Werkstück	Vorgabezeit (min/Einheit)	Einheiten	Istzeit (min)	Akkordgrundlohn (DM/h)
A	27	12	298	16,80
B	108	14	1210	17,50
C	212	27	4640	15,20
D	42	45	1300	17,10

Berechnen Sie den Akkordlohn für diesen Abrechnungszeitraum.

8. Die Fertigung (Fertigungszeit 960 min) einer Präzisionswelle wird im Prämienlohn (Qualitätsprämie) bezahlt.
Der Stundengrundlohn des Facharbeiters beträgt 17,85 DM. Bei der Qualitätskontrolle wird festgestellt, daß keine Nacharbeit notwendig ist und somit ein Prämienzuschlag von 8 DM/h gezahlt werden kann.
Berechnen Sie den Mehrverdienst in DM und in Prozent.

29 Getriebelehre

29.1 Einfache Übersetzung am Riemen- und Reibradtrieb

Umfangs-geschwindigkeit des roten Punktes:	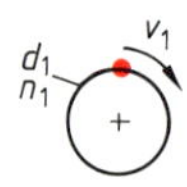 $v_1 = \pi \cdot d_1 \cdot n_1$	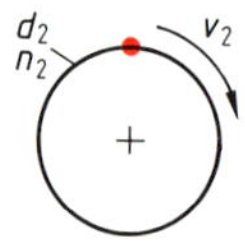 $v_2 = \pi \cdot d_2 \cdot n_2$	
① Preßt man die beiden Scheiben zusammen:	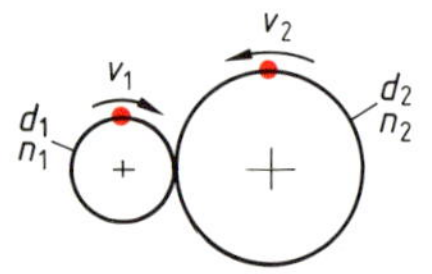		**Reibradtrieb** (Drehmomentenübertragung durch Kraftschluß)
② Verbindet man die beiden Scheiben mit einem Riemen:			**Riementrieb** (Drehmomentenübertragung durch Kraftschluß)
In beiden Fällen gilt bei Vernachlässigung des Schlupfes (Rutschen):	$v_1 = v_2$ $\not\pi \cdot d_1 \cdot n_1 = \not\pi \cdot d_2 \cdot n_2$ $d_1 \cdot n_1 = d_2 \cdot n_2$		**Merke** gleiche Umfangsgeschwindigkeiten

Produkt Durchmesser und Drehzahl des treibenden Rades = Produkt Durchmesser und Drehzahl des getriebenen Rades

$$n_1 \cdot d_1 = n_2 \cdot d_2$$

n_1 Drehzahl des treibenden Rades in min^{-1}
d_1 ∅ des treibenden Rades in mm
n_2 Drehzahl des getriebenen Rades in min^{-1}
d_2 ∅ des getriebenen Rades in mm

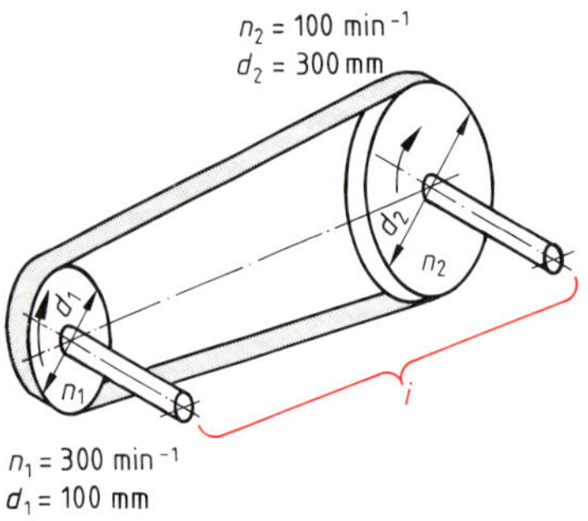

Bild A

Bildet man aus der Produktengleichung eine Verhältnisgleichung, so folgt:

$$\frac{n_1}{n_2} = \frac{d_2}{d_1}$$

Die Durchmesser verhalten sich umgekehrt wie ihre Drehzahlen

Das Verhältnis der Drehzahlen bzw. der Durchmesser nennt man das **Übersetzungsverhältnis** i.

$$i = \frac{n_1}{n_2} \quad \text{oder} \quad i = \frac{d_2}{d_1}$$

Aufgaben

1. Berechnen Sie für **Bild A** das Übersetzungsverhältnis i.

2. Bestimmen Sie die fehlenden Angaben von ⓐ bis ⓗ.

Größe	Formel ⓐ	Einheiten ⓑ	ⓒ	Meßwerte ⓓ	ⓔ	ⓕ	ⓖ	ⓗ
treibende Drehzahl	$n_1 = ?$	min^{-1}	?	200 min^{-1}	?	?	1040 min^{-1}	360 min^{-1}
treibender ∅	$d_1 = ?$	m	mm	200 mm	200 mm	?	80 mm	?
getriebene Drehzahl	$n_2 = ?$	?	min^{-1}	?	300 min^{-1}	80 min^{-1}	?	?
getriebener ∅	$d_2 = ?$	?	?	400 mm	400 mm	200 mm	?	12 cm
Übersetzungs-verhältnis	$i = ?$	?	?	?	?	2:1	4:1	1:3

3. Entscheiden Sie, welche Aussagen richtig sind.

Wenn das angetriebene Rad eine höhere Drehzahl als das treibende Rad hat, dann gilt:	Wenn das treibende Rad eine höhere Drehzahl als das getriebene Rad hat, dann gilt:	Das Übersetzungsverhältnis eines Riementriebes beträgt 1:2. Dann gilt:
ⓐ $i > 1$ ⓑ $i = 1$ ⓒ $i < 1$	ⓓ $i > 1$ ⓔ $i = 1$ ⓕ $i < 1$	ⓖ $n_2 > n_1$ ⓗ $n_2 = n_1$

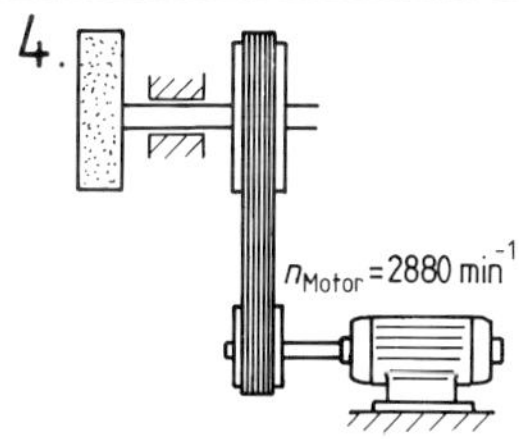

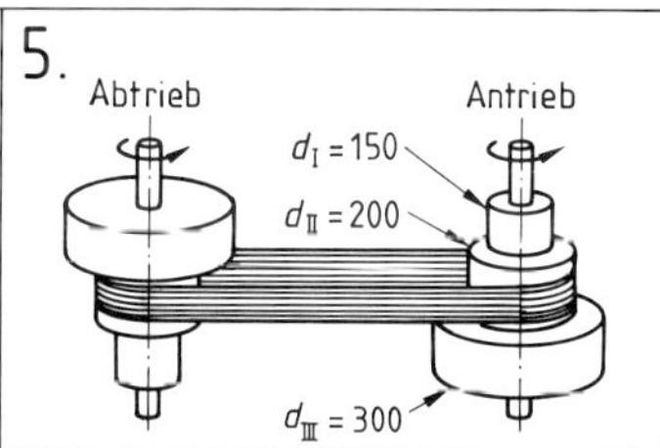

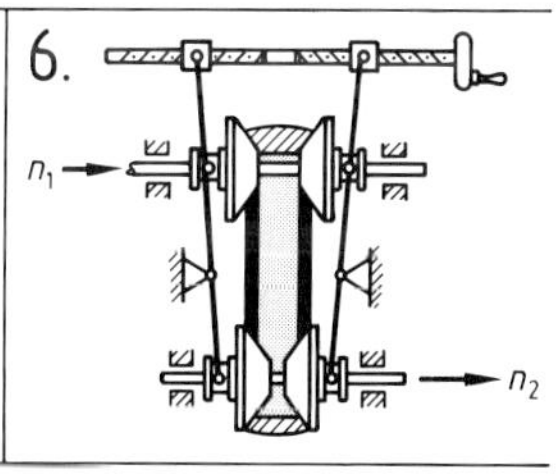

4. Eine Schleifscheibe von 300 mm Durchmesser soll mit einer Umfangsgeschwindigkeit von 30 m/s laufen.
Wie groß muß der Durchmesser der Riemenscheibe auf der Schleifscheibenwelle sein bei einem ∅ der Motorriemenscheibe von 70 mm?

5. Berechnen Sie von dem Stufenscheibenantrieb die Übersetzungen i_I, i_{II}, i_{III} und die 9 Abtriebsdrehzahlen, wenn der polumschaltbare Elektromotor mit den Drehzahlen 710/950/1400 min^{-1} arbeiten kann.

6. Der Antriebsmotor eines stufenlosen Getriebes hat eine Drehzahl von 1400 min^{-1}. Der kleinste wirksame Durchmesser beträgt 80 mm und der größte 240 mm.
Berechnen Sie
a) das größte und kleinste Übersetzungsverhältnis,
b) die Abtriebsdrehzahl im gezeichneten Zustand.

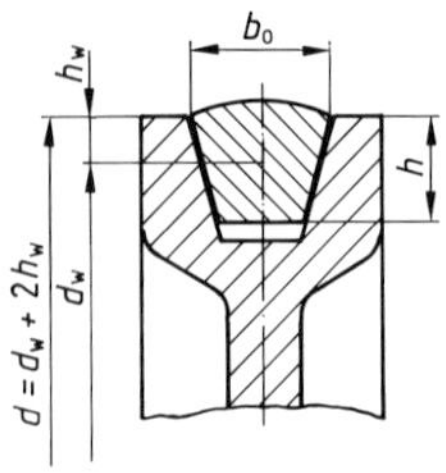

In der Technik wird oft der Keilriemen verwendet. Zur Berechnung der Umfangsgeschwindigkeit als auch des Übersetzungsverhältnisses gilt der Wirkdurchmesser d_w. Er ist abhängig vom Abstand h_w, der durch die Riemenbreite b_0 beeinflußt wird.

Auszug: DIN 2215 (Maße in mm)

b_0	5	6	8	10	13	17	20	22	25
h_w	1,3	1,6	2	2,5	3,3	4,2	4,8	5,7	6,3

7. Der Außendurchmesser d_1 der Antriebsscheibe eines Keilriementriebes beträgt 103 mm. Die getriebene Scheibe hat den Außendurchmesser d_2 397 mm.
Berechnen Sie die beiden Wirkdurchmesser und das Übersetzungsverhältnis bei einer Riemenbreite von 10 mm.

8. Eine Werkzeugmaschine wird über einen Keilriemen mit der Riemenbreite von 20 mm angetrieben. Die Drehzahl der Antriebsscheibe beträgt 1400 min^{-1} und der Wirkdurchmesser 180 mm. Die Drehzahl der Abtriebsscheibe soll 560 min^{-1} betragen.
Berechnen Sie
a) das Übersetzungsverhältnis,
b) den Wirkdurchmesser der getriebenen Scheibe,
c) die beiden Außendurchmesser der Keilriemenscheiben.

29.2 Mehrfache Übersetzung am Riementrieb

Teiltrieb 1

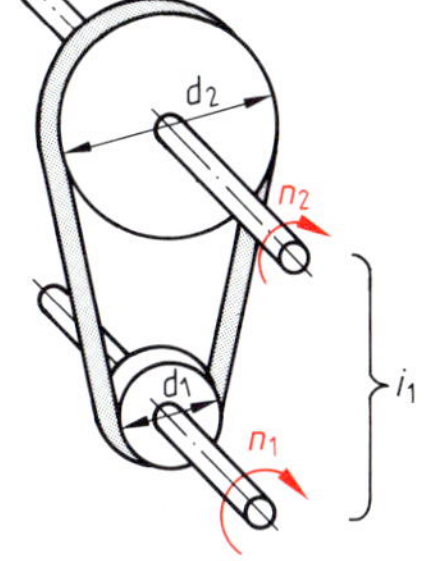

Teiltrieb 2

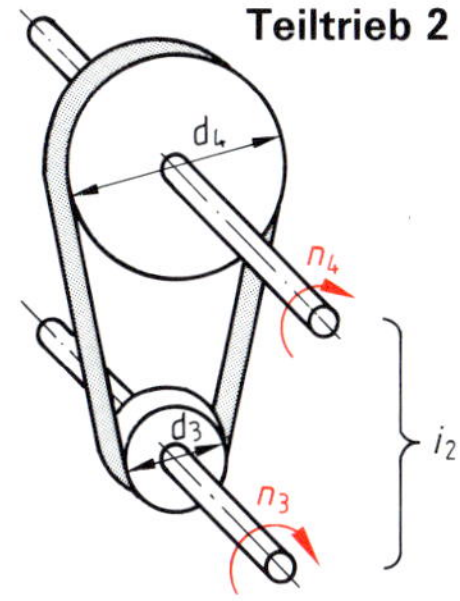

Zweifache Übersetzung

Durch Zusammenkuppeln von zwei Einzeltrieben, Abtriebswelle von Teiltrieb 1 wird zur Antriebswelle von Teiltrieb 2.

$$i_1 = \frac{n_1}{n_2}$$

$$n_2 = \frac{n_1}{i_1}$$

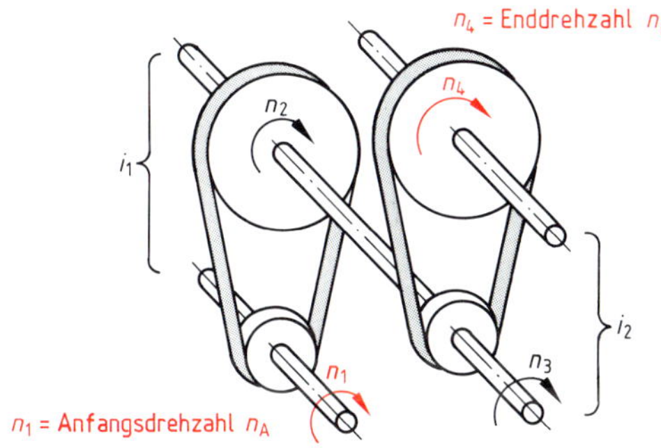

$$i_2 = \frac{n_3}{n_4}$$

$$n_3 = i_2 \cdot n_4$$

$$n_2 = n_3$$

$$\frac{n_1}{i} = i_2 \cdot n_4$$

$$\left(\frac{\text{Anfangsdrehzahl}}{\text{Enddrehzahl}}\right) \quad \frac{n_1}{n_4} = i_1 \cdot i_2$$

$$i = i_1 \cdot i_2$$

Das Verhältnis Anfangsdrehzahl zur Enddrehzahl wird durch die Gesamtübersetzung des Getriebes bestimmt.

Für alle Riementriebe mit mehrfacher Übersetzung gilt:

Gesamtübersetzungsverhältnis von Anfangsdrehzahl zur Enddrehzahl = Produkt der Einzelübersetzungsverhältnisse

$$i = \frac{n_A}{n_E} = i_1 \cdot i_2 \cdot i_3 \ldots$$

i	Gesamtübersetzungsverhältnis	n_E	Drehzahl am Ende in min^{-1}
n_A	Drehzahl am Anfang in min^{-1}	n_i	Einzelübersetzungen

Setzt man für die Einzelübersetzungen die Durchmesserverhältnisse ein, so folgt:

$$i = \frac{n_A}{n_E} = \frac{d_2}{d_1} \cdot \frac{d_4}{d_3} \cdot \frac{d_6}{d_5}$$

d_2, d_4, d_6 Durchmesser der getriebenen Räder in mm

d_1, d_3, d_5 Durchmesser der treibenden Räder in mm

Aufgaben

1. Für die Abbildung auf Seite 145 gilt:
$d_1 = 100$ mm, $d_2 = 200$ mm, $d_3 = 120$ mm, $d_4 = 200$ mm, $n_1 = 150$ min^{-1}.
Berechnen Sie **a)** das Gesamtübersetzungsverhältnis i,
b) die Enddrehzahl n_E.

2. Bestimmen Sie die fehlenden Angaben von ⓐ bis ⓖ für einen Riemenantrieb mit zweifacher Übersetzung.

Größe	Formel ⓐ	Einheit ⓑ	Meßwerte ⓒ	ⓓ	ⓔ	ⓕ	ⓖ
Anfangsdrehzahl	$n_A = ?$	?	350 min^{-1}	450 min^{-1}	?	680 min^{-1}	1400 min^{-1}
Enddrehzahl	$n_E = ?$	?	?	?	300 min^{-1}	?	?
Gesamtübersetzungsverhältnis	$i = ?$		4:1	?	?	6:1	2:1
Übersetzungsverhältnis: Teiltrieb 1	$i_1 = ?$		—	3:1	1:2	2:1	?
Übersetzungsverhältnis: Teiltrieb 2	$i_2 = ?$		—	3:1	2:1	?	14:1

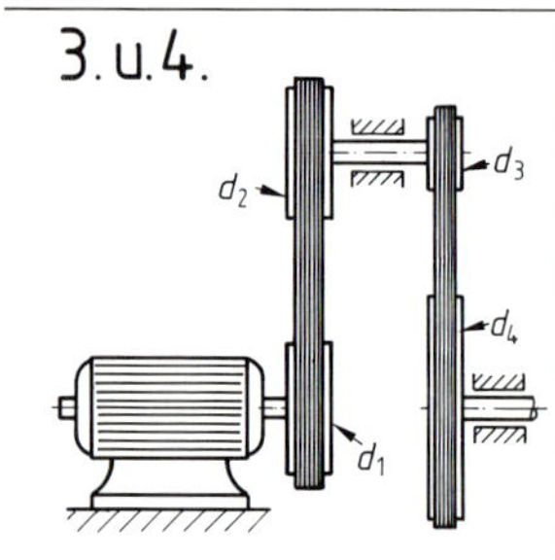

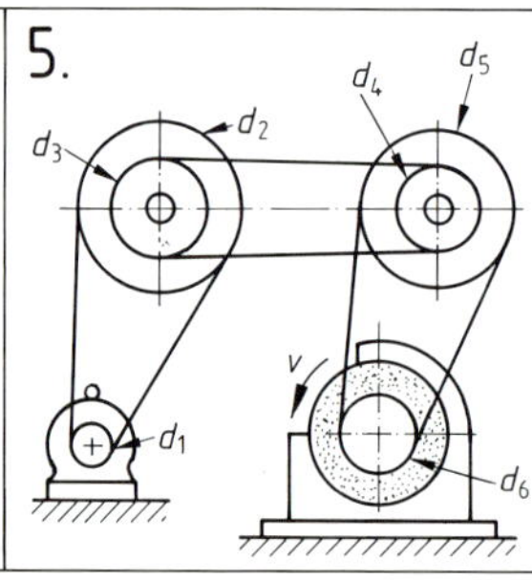

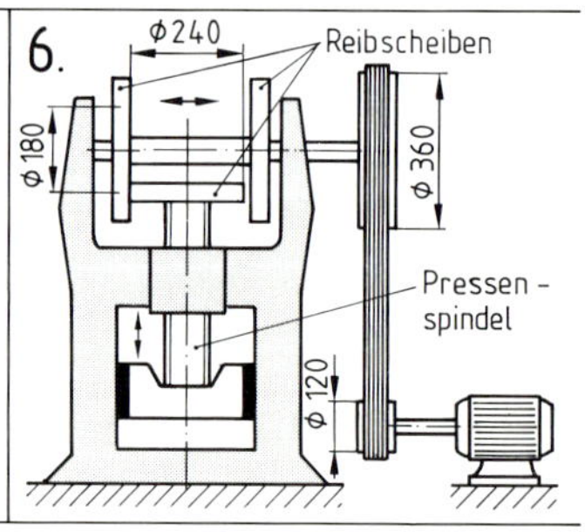

3. Berechnen Sie für den zweifachen Riementrieb die Motordrehzahl. Die Drehzahl der Abtriebsspindel beträgt 360 min^{-1}.
Die Riemenscheibendurchmesser betragen für $d_1 = 140$ mm, $d_2 = 180$ mm, $d_3 = 90$ mm und $d_4 = 280$ mm.

4. Welchen Durchmesser muß die Riemenscheibe d_3 erhalten, wenn die Motordrehzahl 720 min^{-1} beträgt und die Drehzahl der Abtriebswelle 240 min^{-1} betragen soll? ($d_1 = 140$ mm, $d_2 = 180$ mm, $d_4 = 280$ mm)

5. Die höchst zulässige Umfangsgeschwindigkeit der Schleifscheibe DIN 69120 – 250 × 25 × 76 beträgt 35 m/s.
Riemenscheibendurchmesser: $d_1 = 70$ mm, $d_2 = 180$ mm, $d_3 = 120$ mm, $d_4 = 140$ mm, $d_5 = 250$ mm, $d_6 = 100$ mm.
Welche Drehzahl darf der Motor nicht überschreiten? ($n_{max} \leq ?$)

6. Bei einer Spindelschlagpresse mit Friktionsantrieb (Reibantrieb) beträgt die Drehzahl des Motors 710 min^{-1}.
   a) Berechnen Sie die Drehzahl der Pressenspindel in der gezeichneten Stellung.
   b) Wie verändert sich die Drehzahl der Pressenspindel, wenn sich die Spindel weiter in das Mutterngewinde nach unten bewegt?
   c) Was geschieht, wenn der obere Reibscheibensatz nach links geschaltet wird?

7.

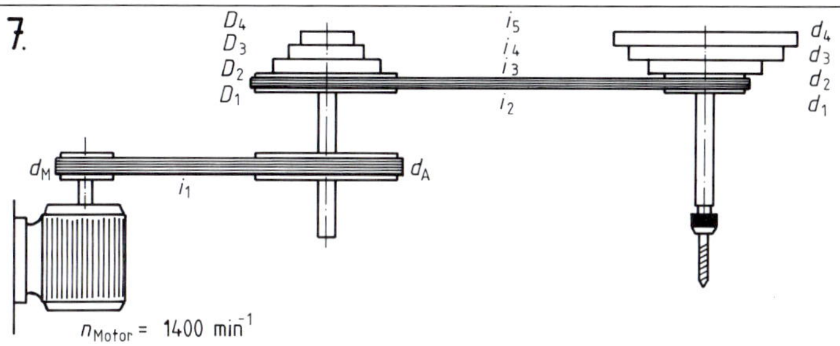

$d_M = 80$ mm
$d_A = 264$ mm
$D_1 = 238$ mm
$D_2 = 206$ mm
$D_3 = 172$ mm
$D_4 = 140$ mm
$d_1 = 140$ mm
$d_2 = 172$ mm
$d_3 = 206$ mm
$d_4 = 238$ mm

7. Berechnen Sie für den Bohrspindelantrieb
   a) die Übersetzungsverhältnisse i_1–i_5,
   b) die 4 Gesamtübersetzungsverhältnisse i_{I}–i_{IV},
   c) die 4 Spindeldrehzahlen und
   d) die Schnittgeschwindigkeit des Bohrers (∅ 8) in der skizzierten Stellung.

29.3 Zahnradnormung durch Modul

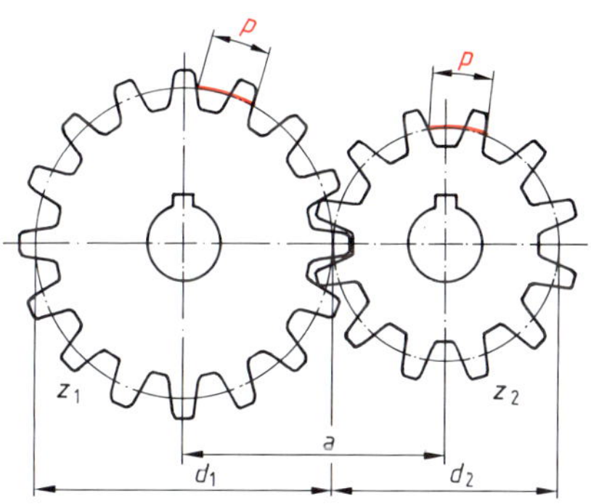

Bild A

Der Quotient $\frac{p}{\pi}$ wird aus Rationalitätsgründen durch die Normgröße m (Modul) ersetzt.

$$m = \frac{p}{\pi}$$

Erkenntnisse

- Zwei Zahnräder (mit den Zähnezahlen z_1 und z_2) können nur dann miteinander kämmen, wenn sie die gleiche Teilung p haben.
- Die Teilung p wird gemessen als Bogenmaß auf den Berührungskreisen.
  Teilung = Lückenweite + Zahndicke
- Die Berührungskreise heißen Teilkreise (d_1; d_2).
- Für den Umfang des Teilkreises gilt:

$$\left.\begin{array}{ll} \text{I.} & U = \pi \cdot d \\ \text{oder II.} & U = p \cdot z \end{array}\right\} \text{I und II gleichsetzen}$$

$$\pi \cdot d = p \cdot z$$

$$d = \frac{p \cdot z}{\pi}$$

$$d = \frac{p}{\pi} \cdot z$$

$$\Rightarrow d = m \cdot z$$

Teilkreisdurchmesser = Modul · Zähnezahl

$$d = m \cdot z$$

d Teilkreisdurchmesser in mm, m Modul in mm, z Zähnezahl

Rad ($d_1 = m \cdot z_1$) und Gegenrad ($d_2 = m \cdot z_2$) müssen immer den gleichen Modul m haben.

Moduln (in mm) für Stirn- und Kegelräder, Reihe 1, nach DIN 780:

0,05	0,06	0,08									
0,1	0,12	0,16	0,2	0,25	0,3	0,4	0,5	0,6	0,7	0,8	0,9
1	1,25	1,5	2	2,5	3	4	5	6	8		
10	12	16	20	25	32	40	50	60			

Auf der Normgröße m basieren alle Längenmaße am Zahnrad. Durch den Modul m und die Zähnezahl z sind alle Maße eines Zahnrades, bis auf die Breite b, bestimmt.

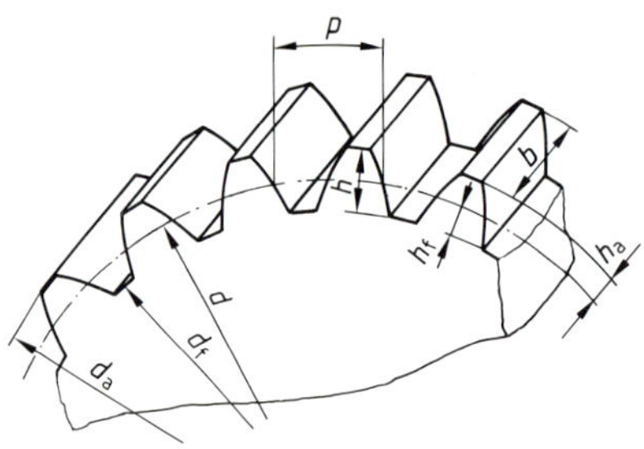

Bild B

Teilung	$p = \pi \cdot m$
Teilkreisdurchmesser	$d = m \cdot z$
Zahnkopfhöhe	$h_a = m$
Zahnfußhöhe	$h_f \approx 1{,}25 \cdot m$
Zahnhöhe	$h \approx 2{,}25 \cdot m$
Kopfkreisdurchmesser	$d_a = d + 2m$ $= m(z+2)$
Fußkreisdurchmesser	$d_f = d - 2{,}5m$ $d_f = m(z - 2{,}5)$
Achsabstand	$a = \dfrac{d_1 + d_2}{2}$ $a = m \cdot \dfrac{z_1 + z_2}{2}$

Aufgaben

1. Der Modul eines Zahnradpaares beträgt 4 mm.
 a) Berechnen Sie p, d, h_a, h_f, h, d_a und d_f der Zahnräder ($z_1 = 60$, $z_2 = 40$).
 b) Bestimmen Sie den Achsabstand des Zahnradpaares.

2. Bestimmen Sie die fehlenden Angaben von ⓐ bis ⓗ.

Größe	Formel ⓐ	Meßwerte ⓑ	ⓒ	ⓓ	ⓔ	ⓕ	ⓖ	ⓗ
m	—	1 mm	?	0,4 mm	?	?	?	?
z	—	40	20	?	24	24	72	?
p	$p = ?$	?	9,42 mm	?	?	?	?	6,28 mm
d	$d = ?$	?	?	80 mm	?	?	?	?
h_a	$h_a = ?$	?	?	?	10 mm	?	?	?
h_f	$h_f = ?$	?	?	?	?	12 mm	?	?
h	$h = ?$	?	?	?	?	?	22 mm	?
d_a	$d_a = ?$	?	?	?	?	?	?	126 mm
d_f	$d_f = ?$	?	?	?	?	?	?	?

3. Nach DIN 780, Reihe 1, sind Moduln von 0,05 mm bis 60 mm vorgesehen.
Erläutern Sie, welche Betriebe sich für die kleineren Werte und welche Betriebe sich für die größeren Werte des Moduls entscheiden werden.

4. Wie groß ist der Achsabstand a bei den Zahnradpaaren:
   a) $d_1 = 75$ mm; $d_2 = 45$ mm,
   b) $m = 3$ mm; $z_1 = 42$; $z_2 = 55$,
   c) $p = 2{,}512$ mm; $z_1 = 32$; $d_2 = 33{,}6$ mm?

5. Welche Höhe hat ein Zahn, der mit einem Modulfräser 25 geschnitten wurde?

6. Das Ritzel zum Antrieb einer Zahnstange soll 22 Zähne erhalten bei einem Teilkreisumfang von 103,62 mm.
Wie groß sind p, d, m?

7. Ein Zahnradrohling wurde auf einen Durchmesser von 500 mm gedreht. Das Zahnrad soll 98 Zähne erhalten.
Berechnen Sie Modul und Frästiefe des Zahnrades.

8. An einem teilweise zerstörten Zahnrad ließ sich ermitteln, daß dieses Zahnrad 46 Zähne hatte und einen Fußkreisdurchmesser von 98,1 mm.
Auf welchen Außendurchmesser ist ein zu erneuerndes Zahnrad zu drehen?

9. Bei einem Achsabstand von 660 mm sollen die Zähnezahlen zweier Zahnräder im Verhältnis 7:4 stehen.
Wie groß sind die Zähnezahlen z_1 und z_2? ($m = 3$ mm)

10. Berechnen Sie jeweils den Achsabstand für die skizzierten Zahnradtriebe.

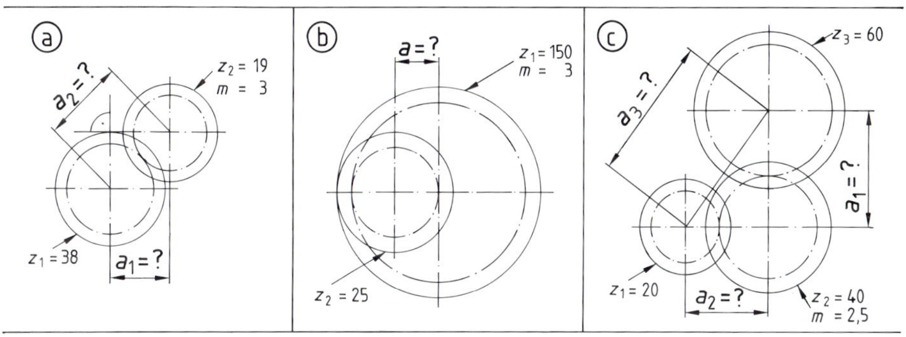

29.4 Einfache Übersetzung am Zahnradtrieb

Reibradtrieb

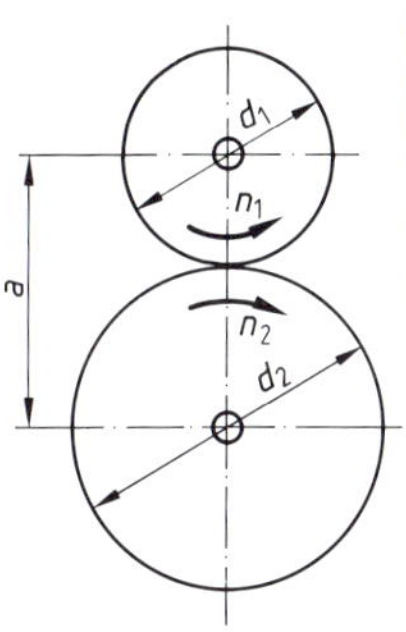

Bild A

Übersetzung

$$i = \frac{n_1}{n_2} = \frac{d_2}{d_1}$$

Index 1 – treibend
Index 2 – getrieben

Zahnradtrieb

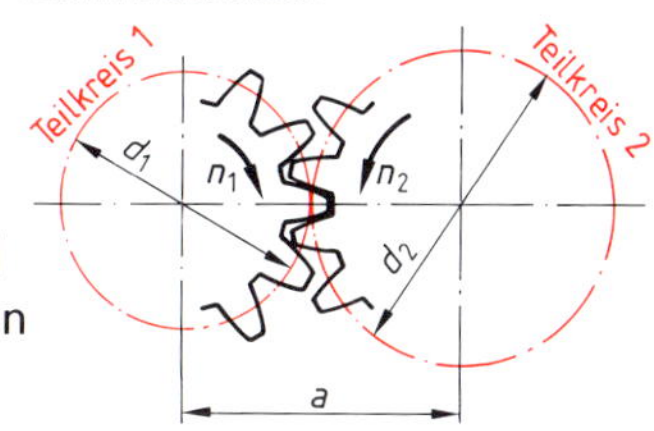

Bild B

Übersetzung

$$i = \frac{n_1}{n_2} = \frac{d_2}{d_1}$$

weil
$d = m \cdot z$
ist, folgt

$$\frac{d_2}{d_1} = \frac{m \cdot z_2}{m \cdot z_1} = i$$

Übersetzungsverhältnis

$$i = \frac{n_1}{n_2} = \frac{z_2}{z_1} = \frac{d_2}{d_1}$$

i Übersetzungsverhältnis
n_1 Drehzahl des treibenden Rades in min^{-1}
n_2 Drehzahl des getriebenen Rades in min^{-1}
z_2 Zähnezahl des getriebenen Rades
z_1 Zähnezahl des treibenden Rades
d_2 Teilkreis-∅ des getriebenen Rades in mm
d_1 Teilkreis-∅ des treibenden Rades in mm

Beachten Sie: Die Drehzahlen verhalten sich umgekehrt wie die Zähnezahlen.

Aufgaben

1. Ein Reibradtrieb **(Bild A)** soll durch einen Zahnradtrieb **(Bild B)** mit dem Modul $m = 3$ mm ersetzt werden. Achsabstand und Übersetzungsverhältnis sollen nicht verändert werden. Die Durchmesser der Reibräder betrugen $d_1 = 90$ mm, $d_2 = 162$ mm.
Berechnen Sie
a) das Übersetzungsverhältnis i,
b) die Zähnezahlen des Zahnradtriebs,
c) den Achsabstand,
d) die Drehzahl n_2 des Zahnrades z_2 ($n_1 = 360$ min^{-1}).

2. Bestimmen Sie die fehlenden Angaben von ⓐ bis ⓖ.

Größe	Formel ⓐ	Einheit ⓑ	Meßwerte ⓒ	ⓓ	ⓔ	ⓕ	ⓖ
treibende Drehzahl	$n_1 = ?$	?	300 min^{-1}	?	120 min^{-1}	710 min^{-1}	360 min^{-1}
getriebene Drehzahl	$n_2 = ?$	?	?	200 min^{-1}	?	?	?
Zähnezahl des treibenden Rades	$z_1 = ?$	?	25	18	?	24	?
Zähnezahl des getriebenen Rades	$z_2 = ?$	?	50	36	42	?	42
Übersetzungsverhältnis	$i = ?$	?	?	?	1:2	4:1	1:1,4

3. Entscheiden Sie, welche Aussagen richtig sind.

Wenn die Zähnezahl des getriebenen Rades höher ist als die Zähnezahl des treibenden Rades, dann gilt: ⓐ $i > 1$ ⓑ $i = 1$ ⓒ $i < 1$	Wenn die Drehzahl des treibenden Rades höher ist als die Drehzahl des getriebenen Rades, dann gilt: ⓓ $i > 1$ ⓔ $i = 1$ ⓕ $i < 1$	Das Übersetzungsverhältnis eines Zahnradtriebes beträgt 1,8:1. Dann gilt: ⓖ $n_2 > n_1$ ⓗ $n_2 = n_1$ ⓘ $n_2 < n_1$

4.u.5.

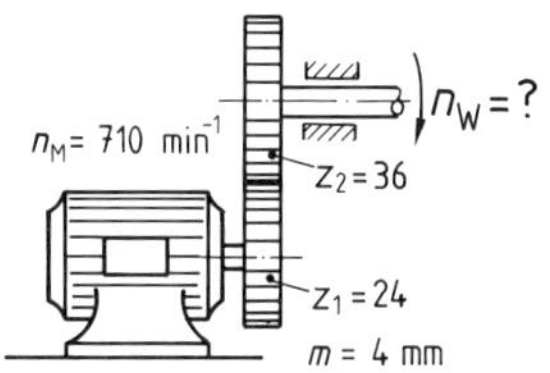

6.

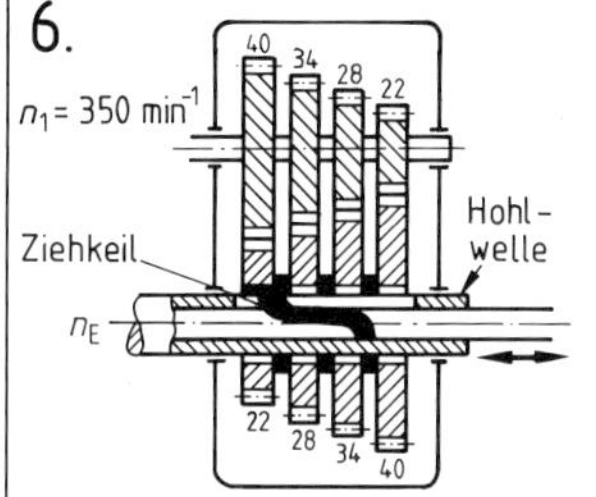

7.

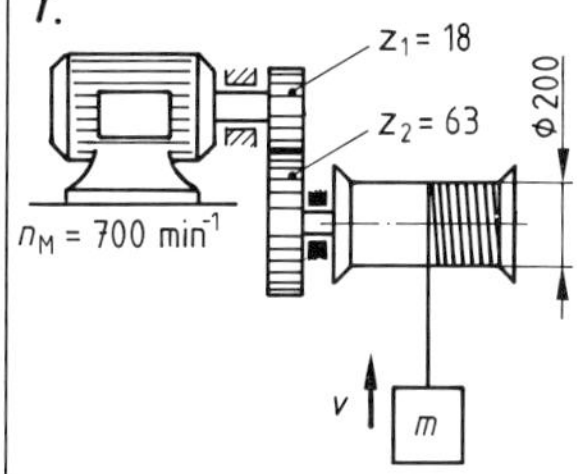

4. Berechnen Sie die Drehzahl an der Abtriebswelle.

5. Das Übersetzungsverhältnis des Zahnradtriebes soll verdoppelt werden, ohne daß sich der Achsabstand verändern läßt und $z_1 = 24$ beibehalten werden soll.
a) Berechnen Sie die Zähnezahl des zweiten Zahnrades und den Modul des neuen Zahnradpaares.
b) Wie groß ist die Drehzahl an der Abtriebswelle nach der Änderung?
c) Welchen Nachteil für die Kraftübertragung bringt die Änderung ein?

6. Von dem skizzierten Ziehkeilgetriebe sind zu berechnen
a) die Übersetzungen für die einzelnen Zahnradpaare bei entsprechender Schaltung,
b) die Enddrehzahl in der skizzierten Stellung.

7. Berechnen Sie
a) das Übersetzungsverhältnis i,
b) die Aufzugsgeschwindigkeit v in m/s.

8. Zwei Zahnräder sind nach dem Modul $m = 4$ mm hergestellt worden. Das Übersetzungsverhältnis i beträgt 3:1 und die Zähnezahl des treibenden Rades $z_1 = 25$.
Bestimmen Sie:
a) Zähnezahl des getriebenen Rades,
b) Teilkreisdurchmesser beider Räder,
c) Teilung p beider Räder.

9. Ein Antriebszahnrad hat $z_1 = 21$ Zähne und $m = 4$ mm.
Das Übersetzungsverhältnis des Zahnradtriebes beträgt 4:1.
Berechnen Sie den Achsabstand.

10.

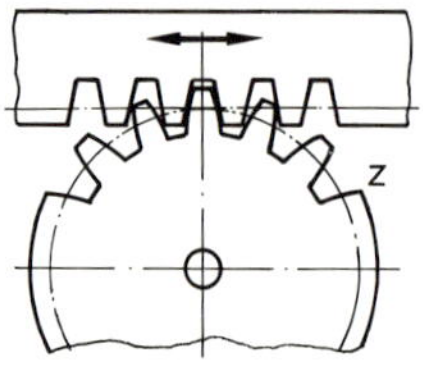

11.

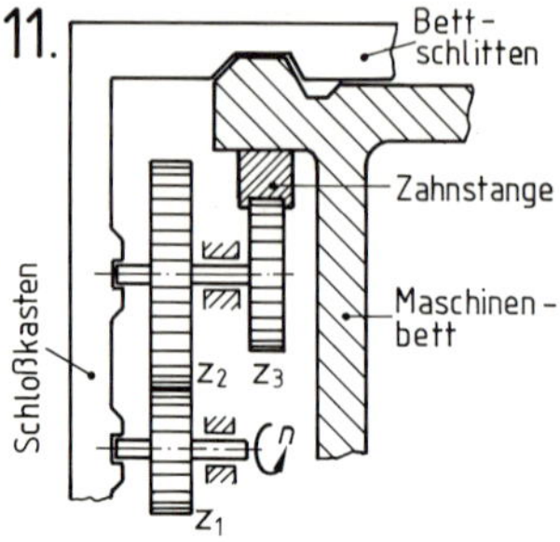

12.

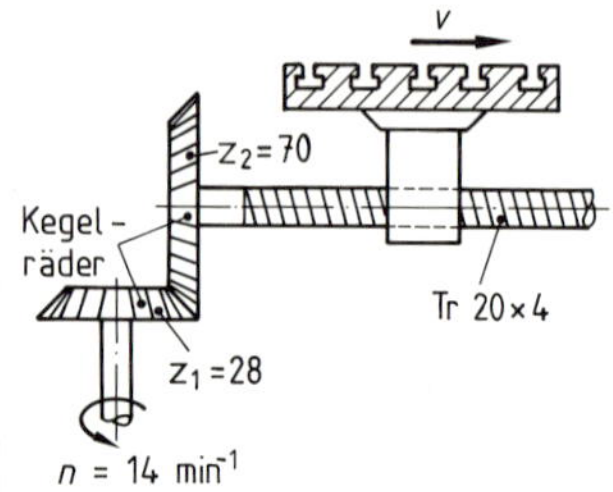

10. Eine Zahnstange wird durch ein Zahnrad mit $z=28$ und $m=4$ mm angetrieben. Berechnen Sie

a) den Hub der Zahnstange bei einer Zahnradumdrehung,

b) den Hub der Zahnstange, wenn sich das Zahnrad um 5 Zähne weiterdreht,

c) den Hub der Zahnstange, wenn sich das Zahnrad um 30° weiterdreht.

11. Berechnen Sie die Geschwindigkeit v in mm/min des Supports einer Drehmaschine, $n=2{,}1\ \text{min}^{-1}$, $z_1=24$, $z_2=84$, $z_3=36$, $m=4$ mm.

12. Berechnen Sie die Tischgeschwindigkeit v in mm/min.

29.5 Übersetzung am Schneckentrieb

eingängige Schnecke	zweigängige Schnecke
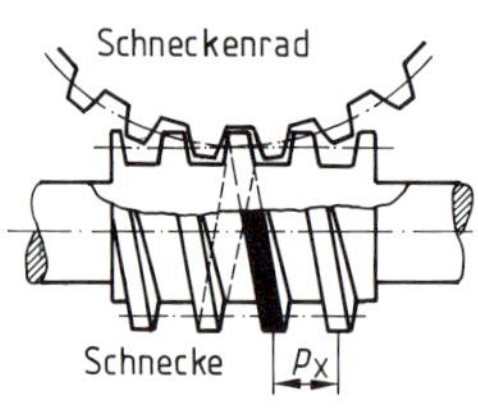 **Bild A** Steigung = Teilung	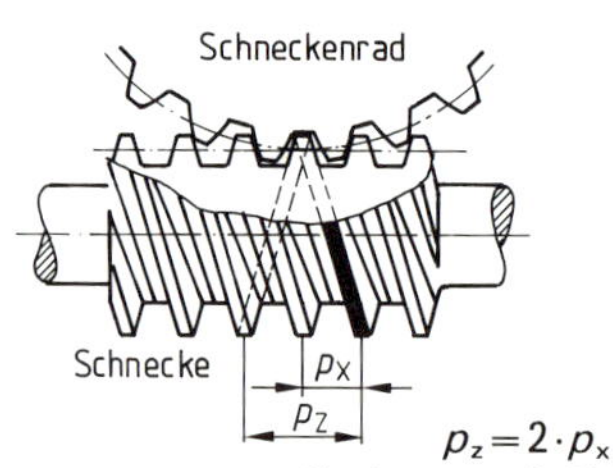 $p_z=2\cdot p_x$ **Bild B** Steigung = 2 · Teilung
Dreht sich die Schnecke einmal, dann rückt das Schneckenrad um einen Zahn weiter	Dreht sich die Schnecke einmal, dann rückt das Schneckenrad um zwei Zähne weiter
Gängigkeit der Schnecke entspricht Zähnezahl am Zahnrad	

Für die Berechnung der Übersetzung gelten demnach die gleichen Beziehungen wie am Zahnradtrieb.

Übersetzungsverhältnis

$$i = \frac{n_1}{n_2} = \frac{z_2}{z_1}$$

i Übersetzungsverhältnis
n_1 Drehzahl der Schnecke in min^{-1} (treibend)
n_2 Drehzahl des Schneckenrades in min^{-1} (getrieben)
z_2 Zähnezahl des Schneckenrades
z_1 Zähnezahl (Gangzahl) der Schnecke

Beachten Sie: Beim Schneckentrieb ist fast immer die Schnecke das treibende Maschinenteil.

Aufgaben

1. a) Berechnen Sie das Übersetzungsverhältnis der Schneckentriebe. (Zähnezahl des Schneckenrades in **Bild A** und **B**: 56)
   b) Wie groß ist die Drehzahl des Schneckenrades (für Bild A und B) bei einer Drehzahl der Schnecke von 450 min^{-1}?
   c) Warum kann in den meisten Fällen beim Schneckentrieb der Antrieb nicht über das Schneckenrad erfolgen?

2. Bestimmen Sie die fehlenden Angaben von ⓐ bis ⓕ.

Größe	Formel ⓐ	Meßwerte ⓑ	ⓒ	ⓓ	ⓔ	ⓕ
Drehzahl der Schnecke	$n_1 = ?$	120 min^{-1}	?	?	?	360 min^{-1}
Drehzahl des Schneckenrades	$n_2 = ?$	?	16 min^{-1}	20 min^{-1}	48 min^{-1}	12 min^{-1}
Zähnezahl des Schneckenrades	$z_2 = ?$	40	?	45	?	90
Zähnezahl der Schnecke	$z_1 = ?$	1	2	?	4	?
Übersetzungsverhältnis	$i = ?$	?	60:1	45:1	20:1	?

3.

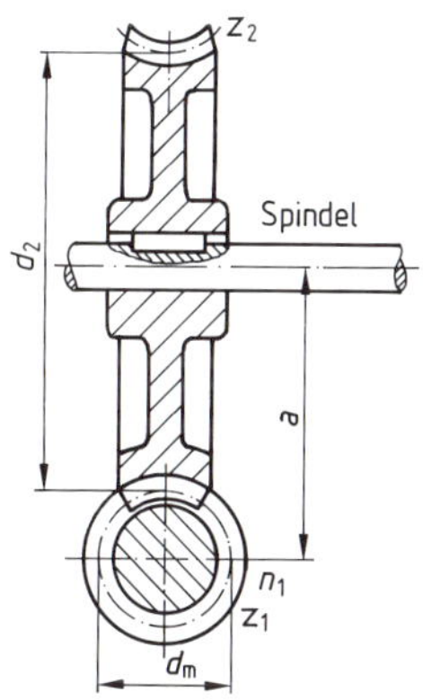

Das Schneckenrad eines Schneckentriebes wurde mit dem Modul $m = 4$ mm und $z_2 = 120$ mm hergestellt und ist für eine Übersetzung von $i = 40:1$ vorgesehen.

Berechnen Sie
a) die Teilung p_x des Schneckenrades,
b) die Zähnezahl (Gangzahl) und Steigung p_z der Schnecke,
c) den Achsabstand a, wenn $d_m = 62$ mm beträgt,
d) die Drehzahl der Spindel bei einer Schneckendrehzahl von 360 min^{-1},
e) die Umfangsgeschwindigkeit der Spindel (∅ 25).

29.6 Mehrfache Übersetzung am Zahnradgetriebe

Eine mehrfache Übersetzung erhält man, wenn man mehrere einfache Zahnradtriebe hintereinander schaltet:

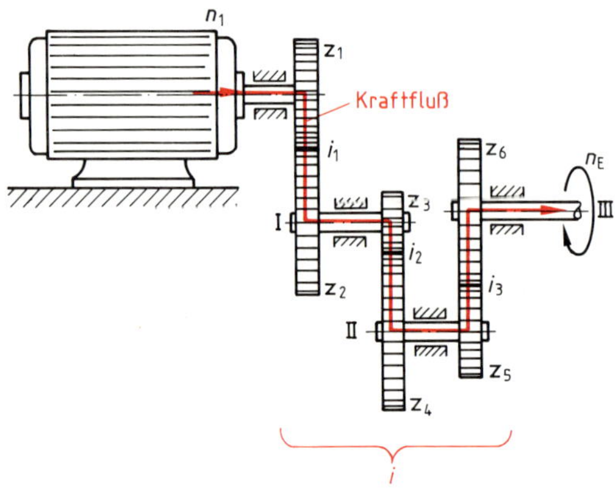

Bild A

$$i_1 = \frac{n_A}{n_I} \Rightarrow n_I = \frac{n_A}{i_1}$$

$$i_2 = \frac{n_I}{n_{II}} \Rightarrow n_{II} = \frac{n_I}{i_2}$$

einsetzen

$$n_{II} = \frac{n_A}{i_1 \cdot i_2}$$

$$i_3 = \frac{n_{II}}{n_E} \Rightarrow n_E = \frac{n_{II}}{i_3}$$

einsetzen

$$n_E = \frac{n_A}{i_1 \cdot i_2 \cdot i_3}$$

$$\frac{n_A}{n_E} = i_1 \cdot i_2 \cdot i_3$$

Das Gesamtübersetzungsverhältnis i errechnet sich aus dem Produkt der Einzelübersetzungsverhältnisse.

Gesamtübersetzungsverhältnis

$$i = \frac{n_A}{n_E} = i_1 \cdot i_2 \cdot i_3 \cdots$$

i	Gesamtübersetzungsverhältnis
n_A	Anfangsdrehzahl in min^{-1}
n_E	Enddrehzahl in min^{-1}
$i_{1,2,3}$	Einzelübersetzungsverhältnisse

Setzt man für die Einzelübersetzungen die Zähnezahlverhältnisse ein, so folgt:

$$i = \frac{n_A}{n_E} = \frac{z_2}{z_1} \cdot \frac{z_4}{z_3} \cdot \frac{z_6}{z_5} \cdots$$

$z_{2,4,6}$	Zähnezahlen aller getriebenen Räder
$z_{1,3,5}$	Zähnezahlen aller treibenden Räder

Sonderfall: Zahnradtrieb mit Zwischenrad

Einfacher Zahnradtrieb

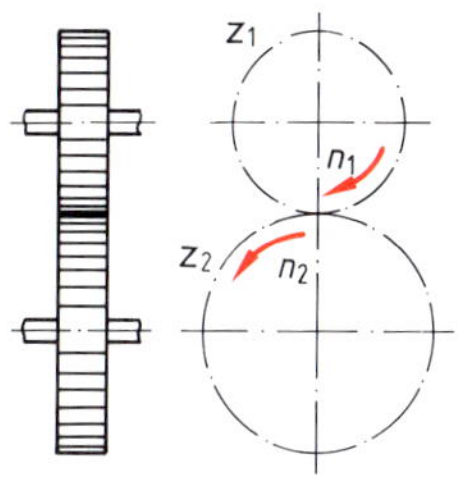

$$\frac{n_A}{n_E} = \frac{z_2}{z_1}$$

Bild B

Zahnradtrieb mit Zwischenrad

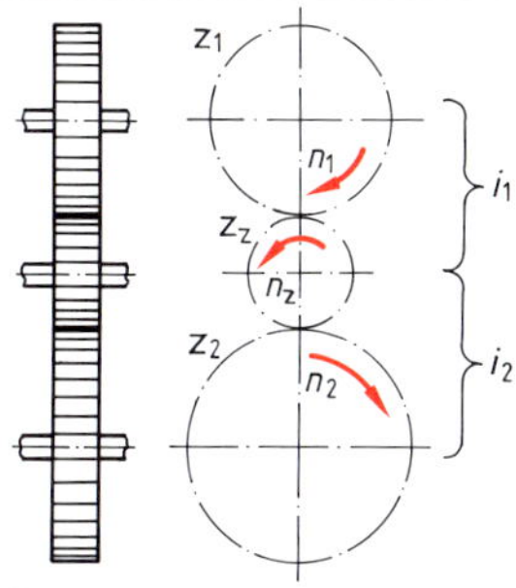

$$\frac{n_A}{n_E} = i_1 \cdot i_2$$

$$\frac{n_1}{n_E} = \frac{\not{z_z}}{z_1} \cdot \frac{z_2}{\not{z_z}}$$

$$\frac{n_A}{n_E} = \frac{z_2}{z_1}$$

Bild C

Ein Zwischenrad ändert die Übersetzung nicht, es ändert nur die Drehrichtung.

Aufgaben

1. Der Zahnradtrieb in **Bild A** hat die Zähnezahlen:
$z_1 = 30$, $z_2 = 45$, $z_3 = 18$, $z_4 = 60$, $z_5 = 30$, $z_6 = 72$.
Die Motordrehzahl beträgt 1440 min^{-1}.

a) Welche Zahnräder sind treibend, welche Zahnräder werden getrieben?

b) Berechnen Sie die Drehzahlen an Welle I, II und III.

c) Berechnen Sie die Enddrehzahl n_E über das Gesamtübersetzungsverhältnis
$\frac{n_A}{n_E} = \frac{z_2 \cdot z_4 \cdot z_6}{z_1 \cdot z_3 \cdot z_5}$.

d) Welcher Rechenweg, b) oder c), ist für die Praxis günstiger?

2. Warum kann man beim Zahnradtrieb mit Zwischenrad im eigentlichen Sinne nicht von mehrfacher Übersetzung sprechen?

3. Bestimmen Sie die fehlenden Angaben von ⓐ bis ⓖ für ein Zahnradgetriebe mit zweifacher Übersetzung.

Größe	Formel ⓐ	Einheit ⓑ	Meßwerte ⓒ	ⓓ	ⓔ	ⓕ	ⓖ
Anfangsdrehzahl	$n_A = ?$	?	450 min^{-1}	350 min^{-1}	?	680 min^{-1}	1400 min^{-1}
Enddrehzahl	$n_E = ?$	?	?	?	400 min^{-1}	?	?
Gesamtübersetzungsverhältnis	$i = ?$	?	?	6:1	?	6:1	4:1
Übersetzungsverhältnis Teiltrieb 1	$i_1 = ?$	?	3:1	2:1	1:2	?	?
Übersetzungsverhältnis Teiltrieb 2	$i_2 = ?$	?	3:1	?	1:1,4	2:1	4:1

4.

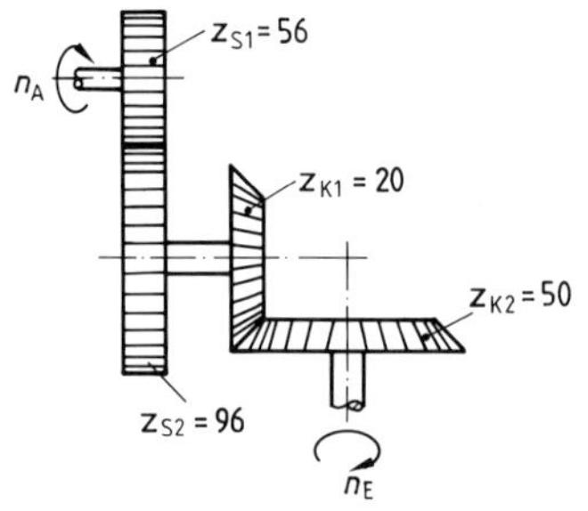

5.

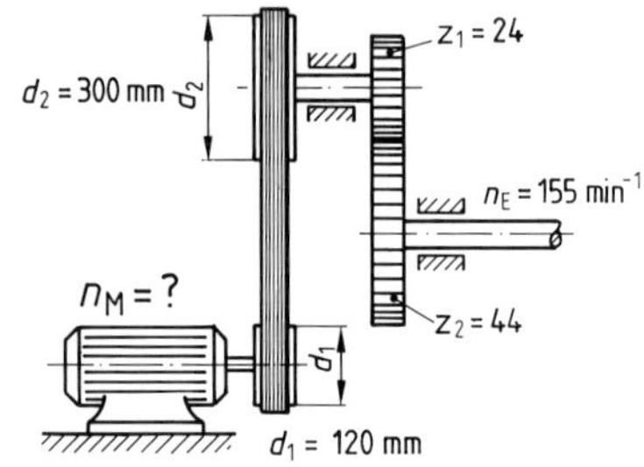

4. a) Welche Bedeutung hat der Index S und der Index K in der Skizze?

b) Berechnen Sie die Enddrehzahl n_E bei einer Anfangsdrehzahl von 600 min^{-1}.

c) Weshalb sind für den zweiten Teiltrieb Kegelräder und nicht Stirnräder vorgesehen?

5. Für den kombinierten Riemen-Zahnradtrieb ist ein Ersatzmotor zu beschaffen.

a) Es ist eine Enddrehzahl von 155 min^{-1} erwünscht.
Welche Drehzahl müßte der Elektromotor besitzen?

b) Da ein Elektromotor mit einer Drehzahl von 950 min^{-1} zur Verfügung steht und die Enddrehzahl nicht verändert werden darf, soll das Übersetzungsverhältnis geändert werden. Es wird eine neue Motorriemenscheibe (d_1) hergestellt.
Welchen Durchmesser muß diese haben?

6.

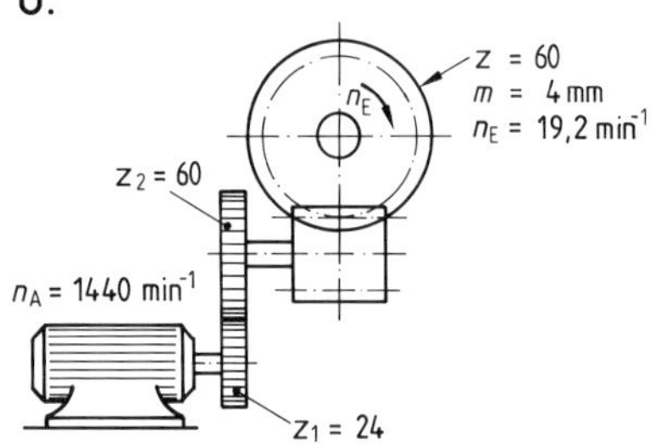

7.

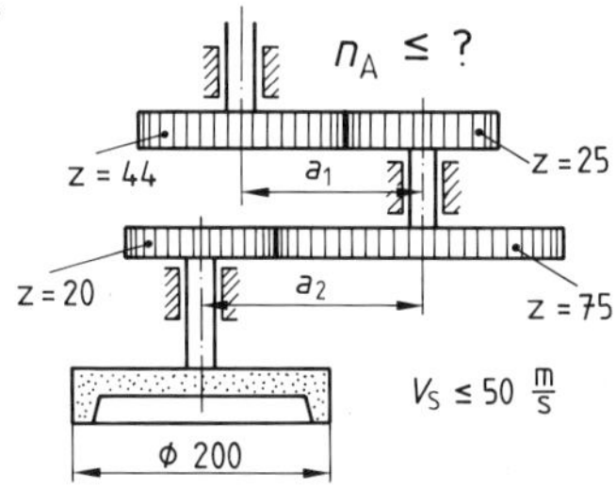

6. a) Berechnen Sie die Zähnezahl (Gangzahl) der Schnecke.

b) Wie groß ist das Übersetzungsverhältnis des Schneckentriebes und das Gesamtübersetzungsverhältnis?

c) Wie groß ist die Umfangsgeschwindigkeit des Schneckenrades?

7. a) Die Umfangsgeschwindigkeit der Topfschleifscheibe darf 50 m/s nicht überschreiten.
Wie groß darf maximal die Drehzahl der Antriebsspindel sein?

b) Die Achsabstände sind zu bestimmen. (m aller Zahnräder 4 mm)

8.

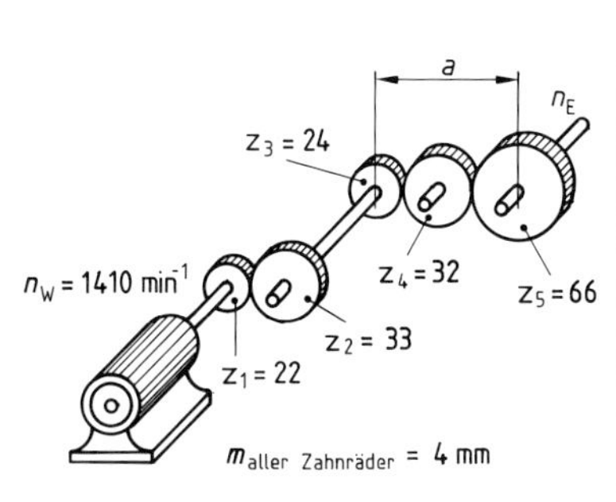

9. Bettschlittengetriebe : Drehmaschine

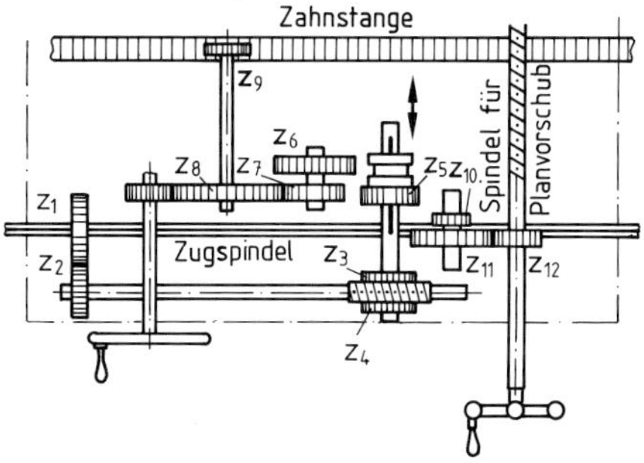

8. **a)** Berechnen Sie das Gesamtübersetzungsverhältnis i und die Enddrehzahl n_E.
b) Berechnen Sie den Achsabstand a.
c) Der Achsabstand muß verkleinert werden, deshalb wird das Zahnrad z_4 ausgewechselt gegen ein Zahnrad mit 18 Zähnen.
Berechnen Sie den neuen Achsabstand. Wie verändert sich das Übersetzungsverhältnis?

9. Für das Bettschlittengetriebe gelten folgende Daten:
Drehzahl der Zugspindel $= 200\ min^{-1}$; Gangzahl der Fallschnecke $z_3 = 1$;
$z_1 = 22$, $z_2 = 22$, $z_3 = 1$, $z_4 = 44$, $z_5 = 32$, $z_6 = 128$, $z_7 = 22$, $z_8 = 88$, $z_9 = 20$, $z_{10} = 16$, $z_{11} = 47$, $z_{12} = 24$.
a) Berechnen Sie die Geschwindigkeit des Bettschlittens in cm/min bei eingeschaltetem Langzug. ($m_{z9} = 4$ mm)
b) Berechnen Sie die Geschwindigkeit des Querschlittens bei eingeschaltetem Planzug. (Steigung der 1gängigen Vorschubspindel: 4 mm)

10.

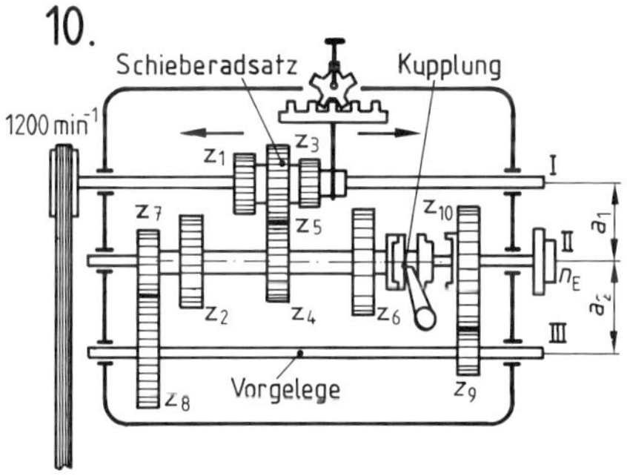

11.

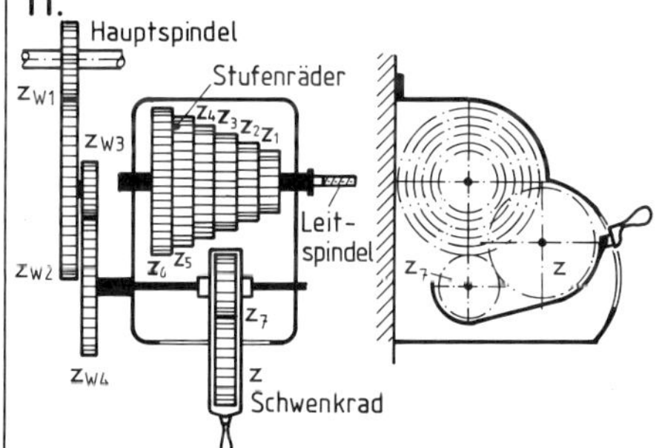

10. Für das skizzierte Schieberadgetriebe mit Vorgelege gelten die folgenden Zähnezahlen:
$z_1 = 33$, $z_2 = 67$, $z_3 = 50$, $z_4 = 50$, $z_5 = 20$, $z_6 = 80$, $z_7 = 40$, $z_8 = 80$, $z_9 = 24$, $z_{10} = 96$.
a) Legen Sie ein Stück Transparentpapier auf die Skizze, pausen Sie das Getriebe durch, und zeichnen Sie mit unterschiedlichen Farben den Kraftfluß für die verschiedenen Schaltstellungen ein.
b) Wie groß ist das Gesamtübersetzungsverhältnis in der skizzierten Stellung?
c) Wie groß ist das Gesamtübersetzungsverhältnis, wenn die Kupplung nach rechts geschaltet wird?
d) Bestimmen Sie das Übersetzungsverhältnis des Vorgeleges.
e) Berechnen Sie die 6 Enddrehzahlen.
f) Berechnen Sie beide Achsabstände a_1 und a_2.
(Der Modul aller Zahnräder beträgt 5 mm)

11. **a)** Berechnen Sie für das Vorschubgetriebe (Nortongetriebe) mit vorgeschaltetem Wechselradgetriebe alle einstellbaren Drehzahlen n_{E1-6} bei einer Hauptspindeldrehzahl von 160 min^{-1} und die Gesamtübersetzungsverhältnisse i_{1-6} bei folgenden Zähnezahlen:

$z_1=24$, $z_2=29$, $z_3=35$, $z_4=42$, $z_5=50$, $z_6=60$, $z_7=24$, $z=50$, $z_{w1}=50$, $z_{w2}=100$, $z_{w3}=30$, $z_{w4}=75$.

b) Durch welche Maßnahme können die Gesamtübersetzungsverhältnisse geändert werden?

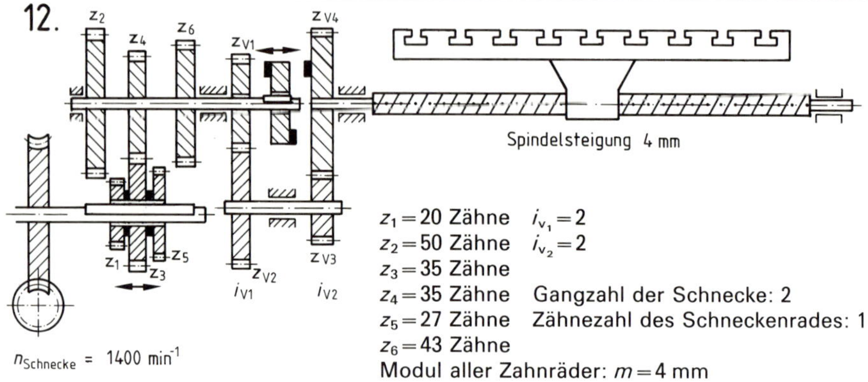

12. Für den Vorschubantrieb einer Fräsmaschine sind zu berechnen

a) die 6 Gesamtübersetzungsverhältnisse i_{I}–i_{VI} zwischen Schnecke und Spindel,

b) die 6 Vorschubgeschwindigkeiten des Tisches v_{I}–v_{VI},

c) die Zähnezahlen des Vorgeleges bei einem Achsabstand von 126 mm,

d) der Achsabstand zwischen Spindel und Schneckenradwelle.

29.7 Drehmomentenänderung im Getriebe

Drehzahlen	**Drehmomente**
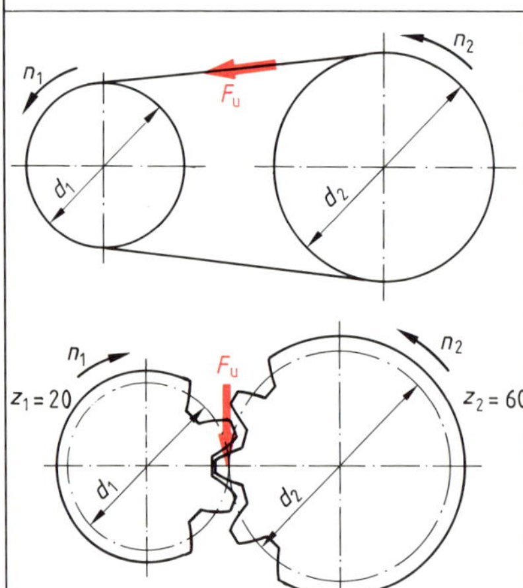 **Bild A**	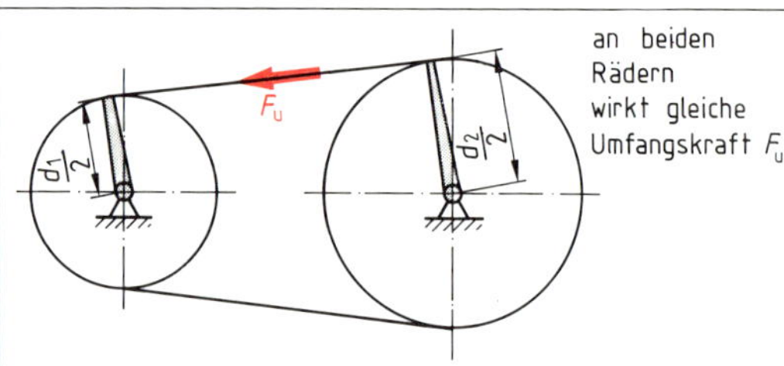 $M_1 = F_u \cdot \frac{d_1}{2}$ $M_2 = F_u \cdot \frac{d_2}{2}$; $F_u = \frac{2M_1}{d_1}$ $F_u = \frac{2M_2}{d_2}$ gleichsetzen; $\frac{M_1}{d_1} = \frac{M_2}{d_2}$ $\frac{d_2}{d_1} = \frac{M_2}{M_1}$ **Bild B**

$$i = \frac{n_1}{n_2} = \frac{z_2}{z_1} = \frac{d_2}{d_1} = \frac{M_2}{M_1}$$

$$i = \frac{n_1}{n_2} = \frac{M_2}{M_1}$$

i Übersetzungsverhältnis
n_1 Drehzahl des treibenden Rades in min^{-1}
n_2 Drehzahl des getriebenen Rades in min^{-1}
M_2 Drehmoment des getriebenen Rades in Nm
M_1 Drehmoment des treibenden Rades in Nm

Die Drehzahlen verhalten sich umgekehrt wie die Drehmomente.
Ein Getriebe dient daher nicht nur als Drehzahl-, sondern auch als **Drehmomentenwandler.**

Aufgaben

1. Das Antriebszahnrad z_1 (siehe **Bild A**) läuft mit einer Drehzahl von 120 min^{-1} und gibt ein Drehmoment von 120 Nm ab. Berechnen Sie:
a) Übersetzungsverhältnis,
b) Abtriebsdrehzahl,
c) Drehmoment am Zahnrad z_2.

2. Bestimmen Sie die fehlenden Angaben von ⓐ bis ⓖ.

Größe	Formel ⓐ	Meßwerte ⓑ	ⓒ	ⓓ	ⓔ	ⓕ	ⓖ
Drehzahl des treibenden Rades	n_1 = ?	240 min^{-1}	600 min^{-1}	750 min^{-1}	150 min^{-1}	330 min^{-1}	?
Drehzahl des getriebenen Rades	n_2 = ?	120 min^{-1}	?	?	?	110 min^{-1}	3000 min^{-1}
Drehmoment des getriebenen Rades	M_2 = ?	?	?	840 Nm	?	?	75,2 Nm
Drehmoment des treibenden Rades	M_1 = ?	50 Nm	720 Nm	280 Nm	840 Nm	660 Nm	94 Nm
Übersetzungsverhältnis	i = ?	?	4:1	?	1:2	?	?

3. Die folgenden Sätze sind zu übertragen und so zu ergänzen, daß wahre Aussagen entstehen.
a) Je größer die Abtriebszahl, um so .?. das Drehmoment.
b) Je größer die Zähnezahl des Abtriebrades, um so .?. das Drehmoment.
c) Je kleiner die Zähnezahl des Antriebrades, um so .?. das Drehmoment.
d) Je größer das Übersetzungsverhältnis, um so .?. das Drehmoment.

4. Erläutern Sie, warum man beim Fahren mit einem Kraftfahrzeug an einer Steigung herunterschaltet.

5.

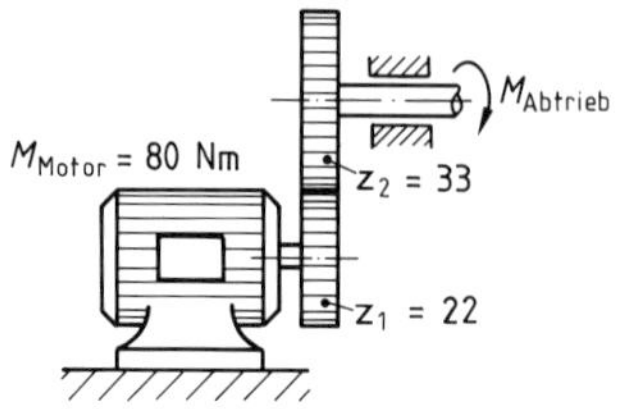

Gesucht: $M_{Abtrieb}$ = ? Nm

6.

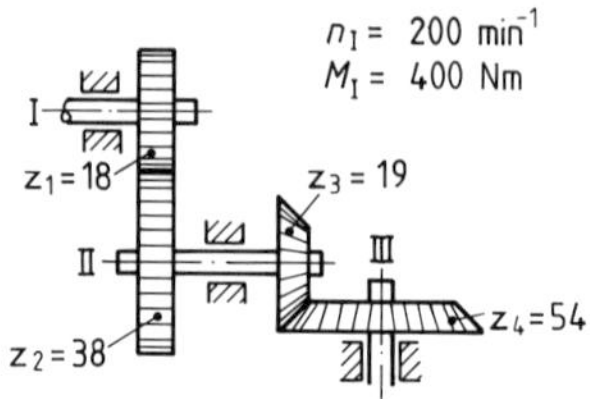

Gesucht: Drehzahl und Drehmoment an Welle III

7.

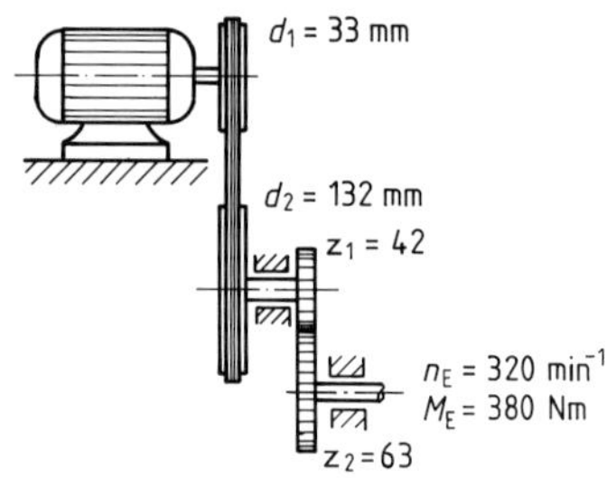

8.

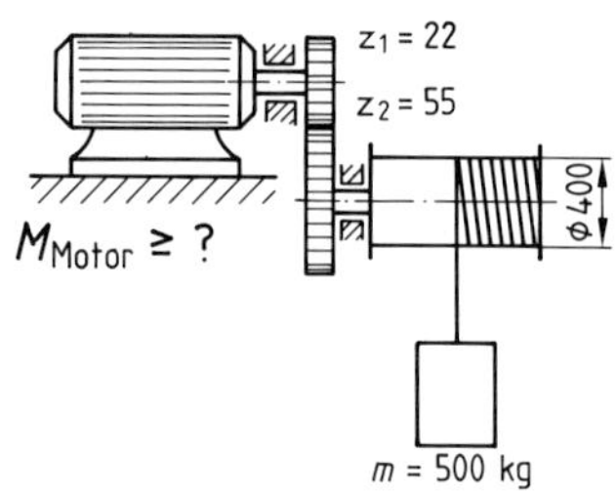

7. Berechnen Sie Drehzahl und Drehmoment des Motors.

8. **a)** Welches Mindestdrehmoment muß der Motor aufbringen, um die Last zu heben? (Verluste werden nicht berücksichtigt.)
b) Welche konstruktive Änderung würden Sie vorschlagen, wenn nur ein Motor mit einem kleineren Drehmoment zur Verfügung steht?

9.

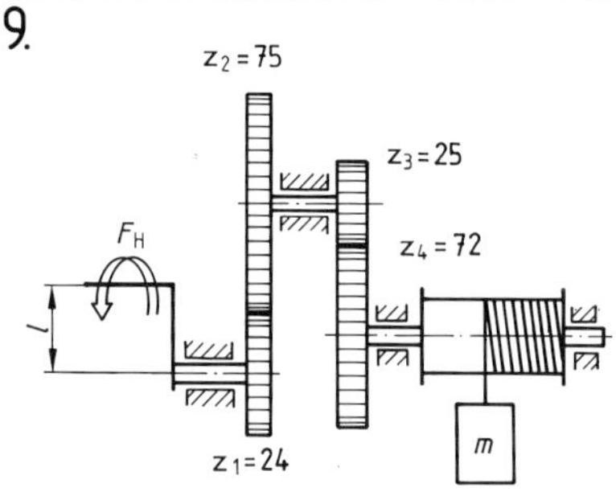

10.

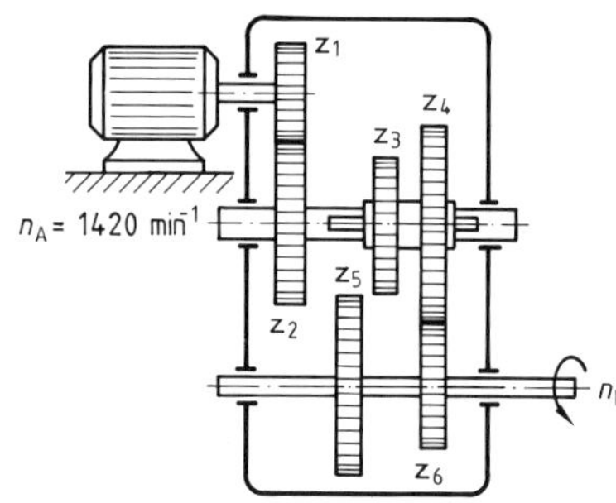

9. Mit einer Räderwinde wird durch die Handkraft $F_H = 160$ N eine Last gehoben. Die Kurbellänge l beträgt 280 mm und der Durchmesser der Seiltrommel 340 mm.
a) Welches Drehmoment wirkt an der Seiltrommel?
b) Welche Masse m wird theoretisch gehoben?
c) Wie groß ist die tatsächliche gehobene Masse (Reibungsverluste: 35 %)?

10. Das skizzierte Schieberädergetriebe hat folgende Zähnezahlen:
$z_1 = 21$, $z_2 = 42$, $z_3 = 16$, $z_4 = 24$, $z_5 = 64$, $z_6 = 48$.
a) Berechnen Sie die beiden Enddrehzahlen.
b) Der Motor gibt ein Drehmoment von 120 Nm ab.
Wie groß ist in beiden Schaltstellungen das Drehmoment am Ausgang des Getriebes?
c) Berechnen Sie die auftretenden Zahnkräfte (Umfangskräfte) in skizzierter Stellung. Der Modul aller Zahnräder beträgt 5 mm.

30 Arbeit – Energie

30.1 Mechanische Arbeit und Energie

Wird ein Körper mit einer Gewichtskraft F angehoben, so wird mechanische Arbeit verrichtet.

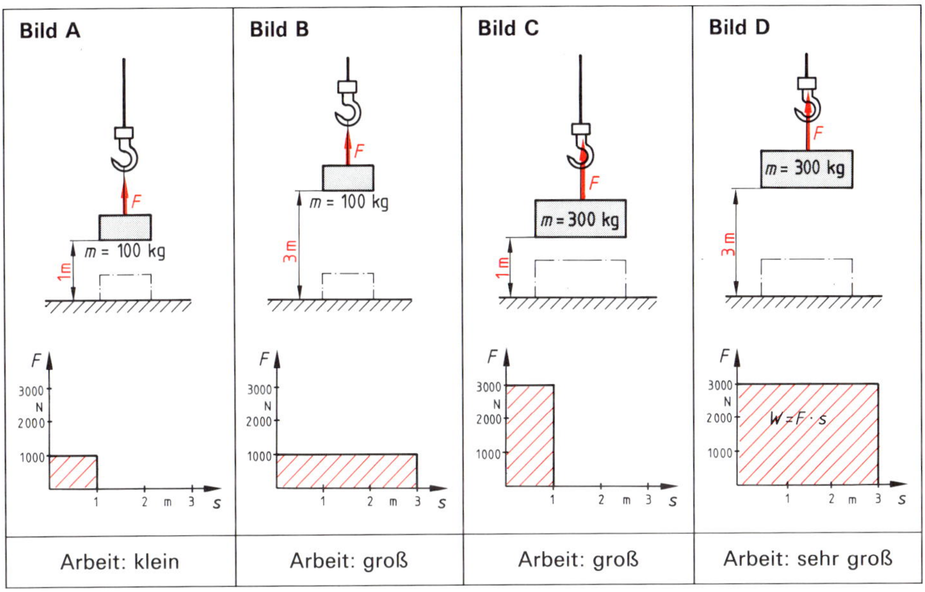

Die Flächengröße ($A = l \cdot b$) im Weg-Kraft-Diagramm entspricht der verrichteten **mechanischen Arbeit.**

Je größer die Kraft, desto größer ist die Arbeit.
Je größer der Weg in Kraftrichtung, desto größer ist die Arbeit.

Arbeit = Kraft · Weg

$$W = F \cdot s$$

W Arbeit in Nm
F Kraft in N
s Weg in Kraftrichtung in m

Die Einheit der Arbeit ist das Joule (J). Es gilt die Beziehung:

1 Nm = 1 J

Die Fähigkeit, Arbeit zu verrichten, nennt man Energie.
Die Körper in Bild A bis D haben in der hochgezogenen Lage ein Arbeitsvermögen, sie besitzen gespeicherte Energie (potentielle Energie). Werden die Körper fallen gelassen, wird die Energie als Bewegungsenergie frei.

Energie = Kraft · Weg

$$W = F \cdot s$$

W Energie in J
F Kraft in N
s Weg in Kraftrichtung in m

Arbeit W, Wärmemenge Q und Energie W sind artgleiche Größen.

Größe	Formelzeichen	Einheit	übergeordnete Einheit
mechanische Arbeit (mechanische Energie)	W	Nm	J
Wärmemenge (thermische Energie)	Q	J	
elektrische Arbeit (elektrische Energie)	W	Ws	1 Nm = 1 J = 1 Ws

Aufgaben

1. Wie groß ist in allen vier Fällen (**Bild A** bis **D**) die verrichtete Arbeit?

2. Bestimmen Sie die fehlenden Angaben von ⓐ bis ⓗ.

Größe	Formel	Einheiten		Meßwerte				
	ⓐ	ⓑ	ⓒ	ⓓ	ⓔ	ⓕ	ⓖ	ⓗ
Kraft	F = ?	?	N	10 kN	?	3000 N	4000 N	100 N
Weg	s = ?	?	m	2 m	0,5 m	50 mm	?	5 km
Arbeit	W = ?	J	?	?	2 J	?	18 kJ	?

3.

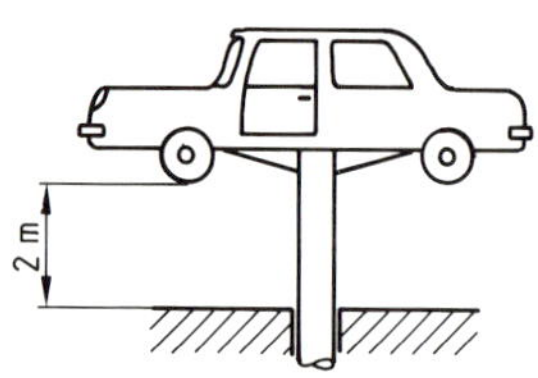

4.

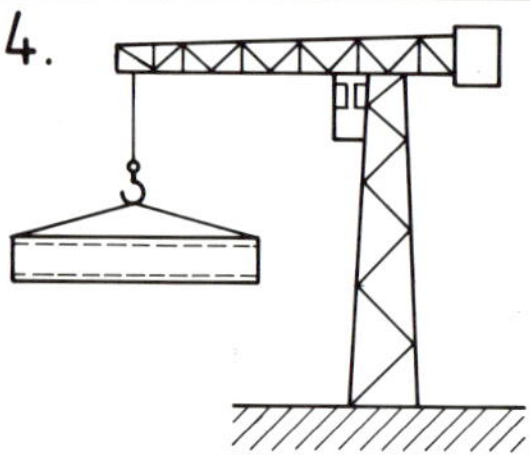

5.

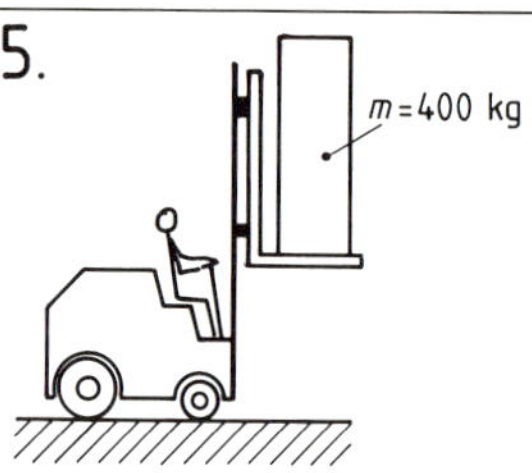

3. Durch eine hydraulische Hebebühne wird ein Pkw angehoben. Die durch die Hebebühne verrichtete Arbeit beträgt 20800 J.
Wie groß ist das Gewicht (Masse) des Pkw?

4. Ein Pipelinerohr mit den Abmessungen $D = 1800$ mm, $d = 1760$ mm, $l = 12$ m und der Dichte $\varrho = 7{,}8$ kg/dm³ wird auf eine Höhe von 7 m gehoben.
Berechnen Sie die zu verrichtende Arbeit des Kranes.

5. Ein Hubstabler hat beim Heben einer Last eine Arbeit von 7200 J verrichtet.
Wie hoch wurde die Last gehoben?

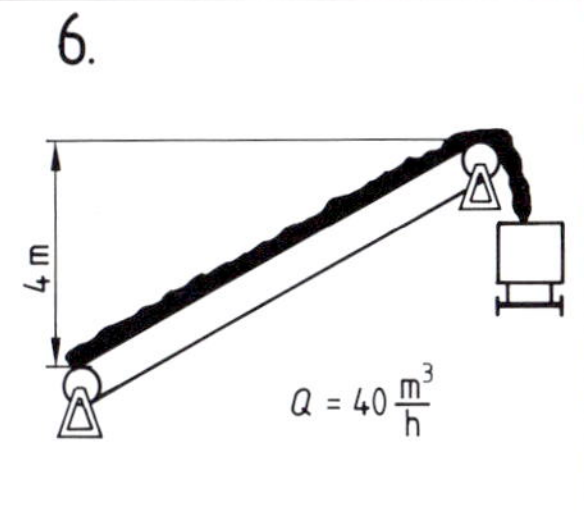

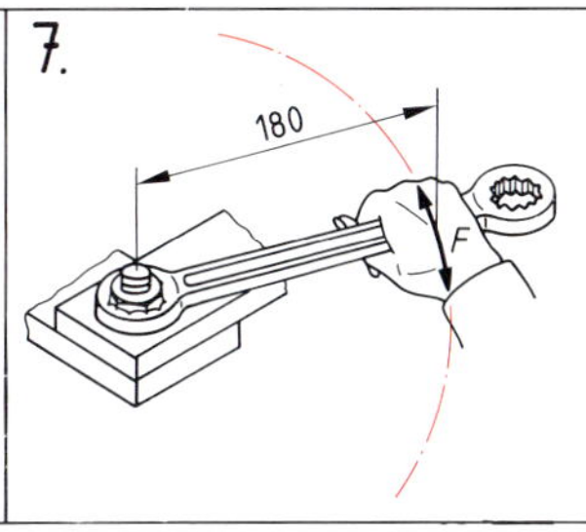

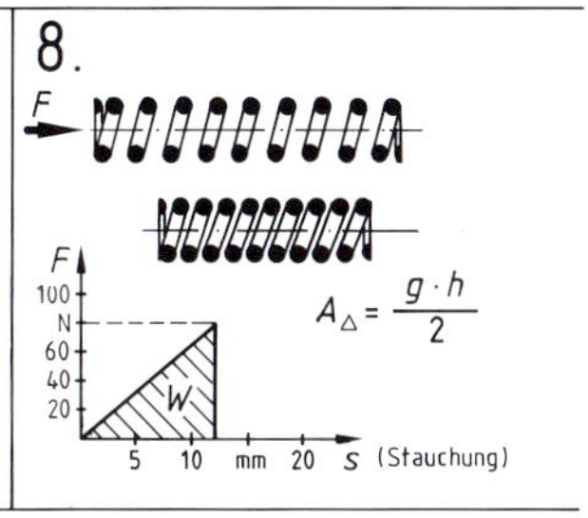

6. Ein Förderband befördert in der Stunde 40 m³ Kies ($\varrho = 1{,}8$ kg/dm³).
Berechnen Sie die zu verrichtende Arbeit bei einer Betriebszeit von 8 Stunden.

7. Eine Schraube wird mit einer Handkraft von 50 N eingedreht.
Berechnen Sie
a) die Größe des Drehmomentes,
b) die zu verrichtende Arbeit bei 5 Umdrehungen.
c) Zeichnen Sie ein Weg-Kraft-Diagramm.

8. Eine Druckfeder wird zusammengedrückt.
Berechnen Sie die gespeicherte Arbeit (Energie) der Druckfeder. Beachten Sie, daß die Kraft beim Zusammendrücken mit der Stauchung proportional ansteigt.

9. Ein Pumpspeicherwerk fördert in einer Nacht 80000 m³ Wasser auf eine Höhe von 90 m.
Wie groß ist die Energie (gespeicherte Arbeit) des heraufgepumpten Wassers?

30.2 Der Wirkungsgrad als Maß für die Energieausnutzung

Alle Geräte, die dem Umwandeln von Energie dienen, nennt man Maschinen. Nach dem Naturgesetz von der **Erhaltung der Energie** (Energieerhaltungssatz, aufgestellt von Robert Mayer) gilt immer:

zugeführte Energie (Arbeit) = abgegebene Energie (Arbeit)

Bild A

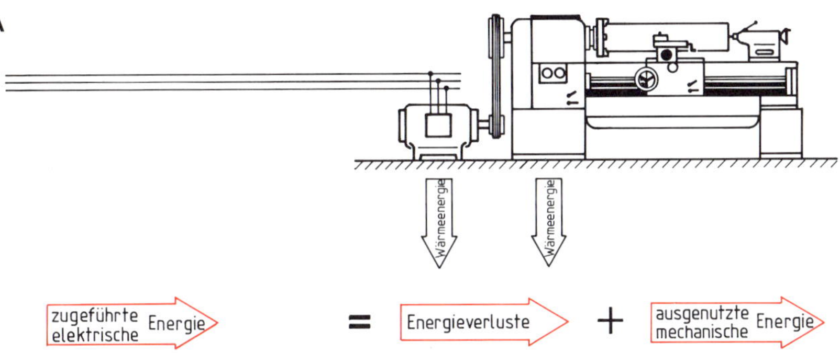

Das Verhältnis der ausgenutzten Energie (effektiven Energie, effektiven Arbeit) zur zugeführten Energie (induzierten Energie, induzierten Arbeit) nennt man den **Wirkungsgrad.**

$$\text{Wirkungsgrad} = \frac{\text{ausgenutzte Energie}}{\text{zugeführte Energie}}$$

$$\eta = \frac{W_{eff}}{W_{ind}}$$

η Wirkungsgrad (keine Einheit)
W_{eff} ausgenutzte (effektive) Energie in J
W_{ind} zugeführte (induzierte) Energie in J

Da es keine Maschine gibt, die verlustfrei arbeiten kann (Reibungsverluste, Wärmeverluste), folgt:

$$\text{Wirkungsgrad } \eta < 1$$

Der Wirkungsgrad ist ein Maß für die Energieausnutzung der Maschine und damit deren Wirtschaftlichkeit.

Wirkungsgrad einiger Maschinen:

Kraftmaschinen		einfache Maschinen		Werkzeugmaschinen	
Dampfmaschine	≈0,18	Bewegungsgewinde (1gäng.)	≈0,3	Schleifmaschine	≈0,45
Dampfturbine	≈0,25	Bewegungsgewinde (2gäng.)	≈0,6	Stoßmaschine	≈0,7
Verbrennungskraftmaschine	≈0,3	Schneckentrieb (1gäng.)	≈0,7	Drehmaschine	≈0,75
Elektromotor	≈0,8	Rolle	≈0,95	Bohrmaschine	≈0,8
Wasserturbine	≈0,85	Zahnradtrieb (einfach)	≈0,96	Räummaschine	≈0,85

Der Gesamtwirkungsgrad mehrerer hintereinander geschalteter Maschinen (z. B. Elektromotor – Getriebe – Arbeitsmaschine) ergibt sich aus dem Produkt der Einzelwirkungsgrade und muß demnach kleiner sein als der kleinste Einzelwirkungsgrad.

$$\eta_{ges} = \eta_1 \cdot \eta_2 \cdot \eta_3 \cdots \eta_n$$

Aufgaben

1. Bei einem Schnittkraftversuch an einer Drehmaschine **(Bild A)** wurde dem Elektromotor eine elektrische Energie von 600000 Ws zugeführt. Die ermittelte mechanische Arbeit betrug 420000 Nm.
   a) Wieviel % der zugeführten Energie konnten genutzt werden?
   b) Wie groß ist der Wirkungsgrad der Drehmaschine (einschließlich Elektromotor)?

2. Bestimmen Sie die fehlenden Angaben von ⓐ bis ⓖ.

Größe	Formel ⓐ	Einheiten ⓑ	Einheiten ⓒ	Meßwerte ⓓ	Meßwerte ⓔ	Meßwerte ⓕ	Meßwerte ⓖ
effektive Energie	$W_{eff} = ?$	J	?	1000 J	2000 J	?	500 Nm
zugeführte Energie	$W_{ind} = ?$	?	Ws	?	3000 J	20000 J	?
Wirkungsgrad	$\eta \quad = ?$	?	?	0,2	?	0,8	0,9
Wirkungsgrad in %	—	—	—	?	?	?	?

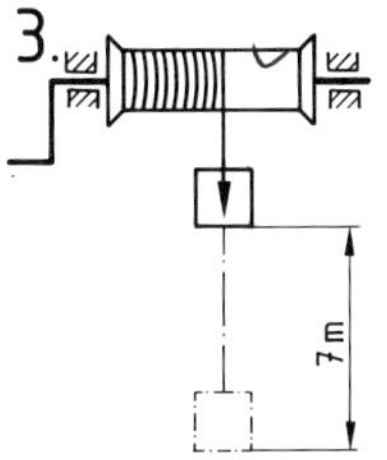

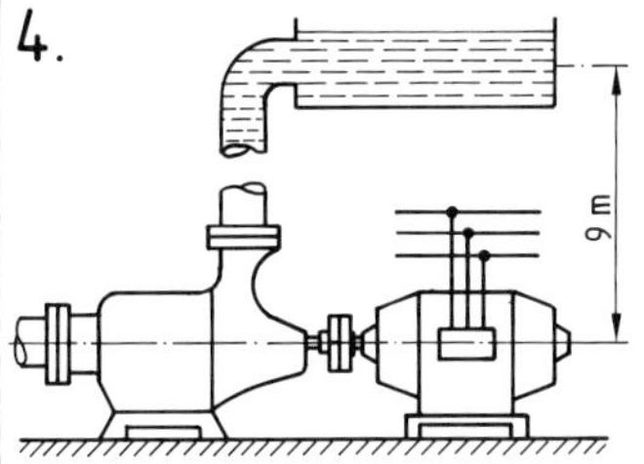

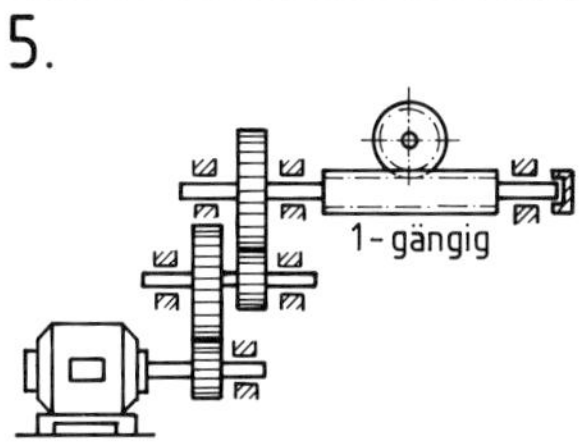

3. Wie groß ist die Arbeit, die ein Monteur verrichten muß, wenn er durch eine Seilwinde eine Last von 80 kg auf eine Höhe von 7 m befördern will und der Wirkungsgrad der Seilwinde 0,8 beträgt?

4. Durch eine Pumpe wird Wasser in einen Hochbehälter gepumpt. Die zugeführte Energiemenge für den Elektromotor beträgt stündlich 2 kWh = 7 200 000 Ws. Der Wirkungsgrad des Motors beträgt 0,82 und der Wirkungsgrad der Pumpe 0,76.
Wieviel m^3 Wasser werden in einer Stunde in den Hochbehälter gepumpt?

5. Nach einem Versuch wurde der Gesamtwirkungsgrad der Getriebeanlage (einschließlich Elektromotor) mit $\eta_{ges} = 0,5$ bestimmt.
Wie groß ist der Wirkungsgrad des Elektromotors η_E? (Siehe auch Übersicht: Wirkungsgrad einiger Maschinen.)

6. Ein Schneckentrieb hat ein Übersetzungsverhältnis von 40:1. Das gleich große Übersetzungsverhältnis kann man auch mit mehreren hintereinander geschalteten Zahnradtrieben erreichen (maximales Übersetzungsverhältnis eines Zahnradtriebes: $i = 4:1$).

a) Aus wieviel Teilgetrieben muß das Zahnradgetriebe mindestens bestehen?

b) Vergleichen Sie die beiden Getriebe. Welches Getriebe hat höhere Reibungsverluste?

7. Ein Förderband wird von einem Dieselmotor angetrieben.
Wieviel kg Kies werden auf eine Höhe von 4 m transportiert bei einem Kraftstoffverbrauch von 1 kg Dieselöl? Der Heizwert von 1 kg des Dieselkraftstoffes beträgt 42 000 kJ. Der thermische Wirkungsgrad des Dieselmotors beträgt $\eta_{th} = 0,25$ und der mechanische Wirkungsgrad des Förderbandes $\eta_{mec} = 0,75$.

8. Ein Kran befördert eine Last von 1000 kg auf eine Höhe von 20 m. Der Gesamtwirkungsgrad (einschließlich Elektromotor) beträgt 0,72.
Berechnen Sie:

a) Nutzarbeit W_{eff},

b) zugeführte Energie W_{ind},

c) Energiekosten (Preis für 1 kWh: 0,25 DM).

30.3 Rolle und Flaschenzug als einfache Maschine

Bild A Feste Rolle

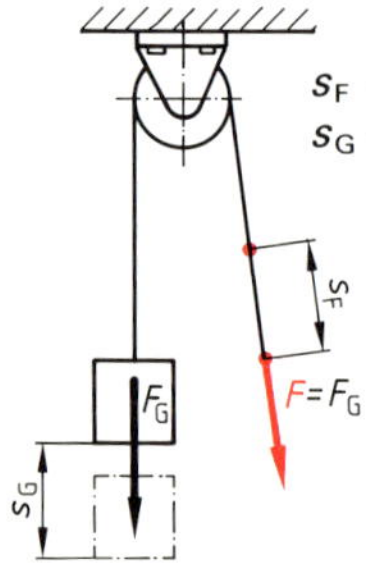

s_F – Kraftweg
s_G – Förderweg

Die feste Rolle ist nur ein Hilfsmittel, um die Kraftrichtung zu ändern.

Zugkraft = Gewichtskraft

$$F = F_G$$

Berücksichtigt man den Wirkungsgrad (Reibung, Seilsteifigkeit), so gilt:

$$F = \frac{F_G}{\eta}$$

Bild B Lose Rolle

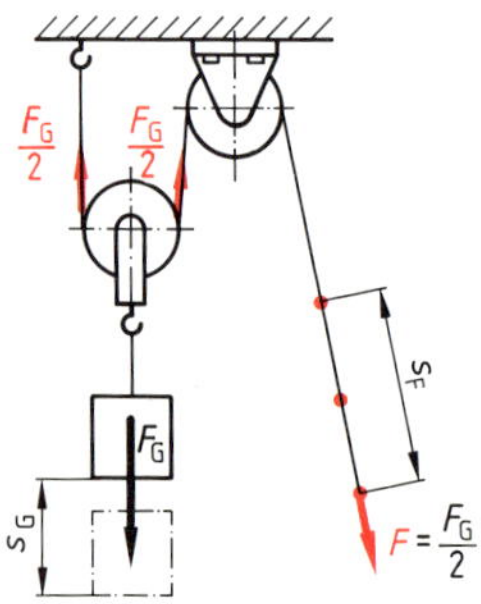

Die Last verteilt sich auf zwei Seilstränge, so daß gilt:

Zugkraft = Hälfte der Gewichtskraft

$$F = \frac{F_G}{2}$$

Unter Berücksichtigung des Wirkungsgrades gilt:

$$F = \frac{F_G}{2 \cdot \eta}$$

Nach dem Energieerhaltungssatz muß gelten: *„Was man an Kraft spart, muß man an Weg zusetzen" (Goldene Regel der Mechanik).*

$$s_F = 2 \cdot s_G$$

Bild C Rollenflaschenzug

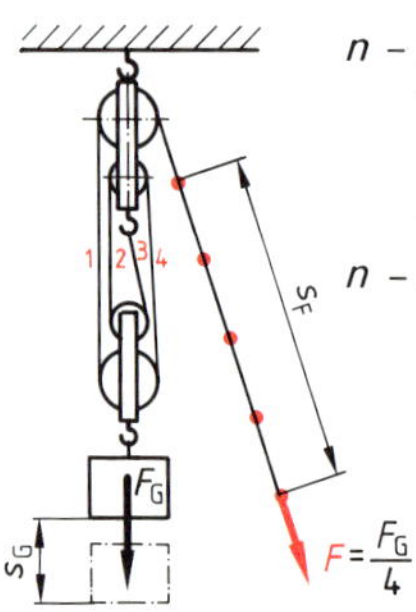

n – Anzahl der tragenden Seilstränge

oder

n – Anzahl der Rollen

Die Last verteilt sich auf n Seilstränge, so daß gilt:

Zugkraft = n-ter Teil der Gewichtskraft

$$F = \frac{F_G}{n}$$

Unter Berücksichtigung des Wirkungsgrades gilt:

$$F = \frac{F_G}{n \cdot \eta}$$

Für den Seilweg gilt:

$$s_F = n \cdot s_G$$

Bild D Differentialflaschenzug

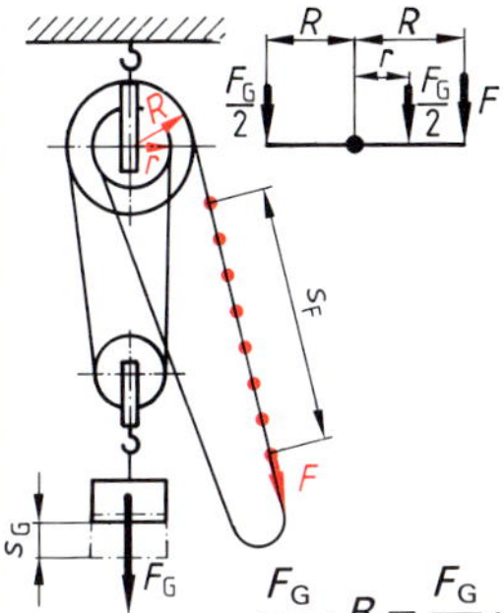

$$\frac{F_G}{2} \cdot R = \frac{F_G}{2} \cdot r + F \cdot R$$

$$\frac{F_G}{2}(R-r) = F \cdot R$$

Mit Hilfe der Drehmomentengleichung findet man:

Zugkraft:

$$F = \frac{F_G}{2} \cdot \frac{R-r}{R}$$

Unter Berücksichtigung des Wirkungsgrades gilt:

$$F = \frac{F_G}{2 \cdot \eta} \cdot \frac{R-r}{R}$$

Nach dem Energieerhaltungssatz muß für den Seilweg gelten:

$$s_F = s_G \cdot \frac{F_G}{F}$$

Aufgaben

1. Berechnen Sie die theoretischen Zugkräfte **(Bilder A bis D)**, wenn eine Last ($F_G = 800$ N) gehoben werden soll.
   Der Differentialflaschenzug hat die Abmessungen $R = 140$ mm, $r = 100$ mm.

2. Die fehlenden Angaben sind zu bestimmen.

Größe	feste Rolle				lose Rolle			
	Formel	Meßwerte			Formel	Meßwerte		
	ⓐ	ⓑ	ⓒ	ⓓ	ⓐ	ⓑ	ⓒ	ⓓ
Gewichtskraft	$F_G = ?$	200 N	?	?	$F_G = ?$	200 N	?	?
Zugkraft	$F\ = ?$	?	180 N	0,2 kN	$F\ = ?$	?	90 N	0,2 kN
Kraftweg	$s_F = ?$	?	2 m	8 m	$s_F = ?$	?	4 m	16 m
Förderweg	$s_G = ?$	6 m	?	?	$s_G = ?$	6 m	?	?

3. Die fehlenden Angaben sind zu bestimmen.

Größe	Faktorenflaschenzug				Differentialflaschenzug $R = 130$ mm, $r = 115$ mm			
	Formel	Meßwerte			Formel	Meßwerte		
	ⓐ	ⓑ	ⓒ	ⓓ	ⓐ	ⓑ	ⓒ	ⓓ
Gewichtskraft	$F_G = ?$	1 kN	1200 N	1,5 kN	$F_G = ?$	2,8 kN	?	1200 N
Anzahl der Rollen	$n\ = ?$	2	?	?	—			
Zugkraft	$F\ = ?$	?	?	0,25 kN	$F\ = ?$	?	120 N	?
Kraftweg	$s_F = ?$	4 m	16 m	?	$s_F = ?$	?	15 m	100 m
Förderweg	$s_G = ?$	?	4 m	10	$s_G = ?$	10 m	?	?

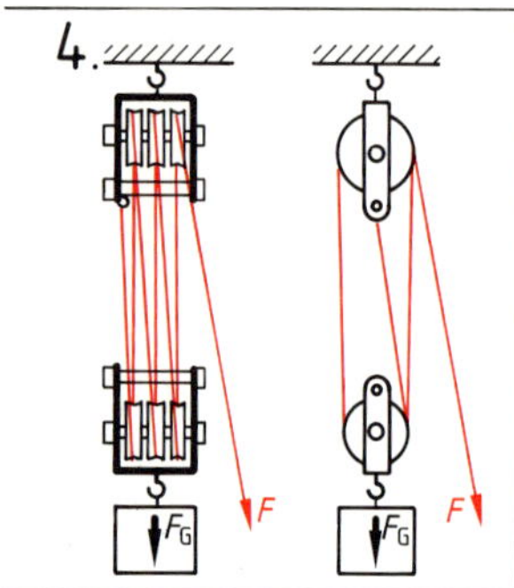

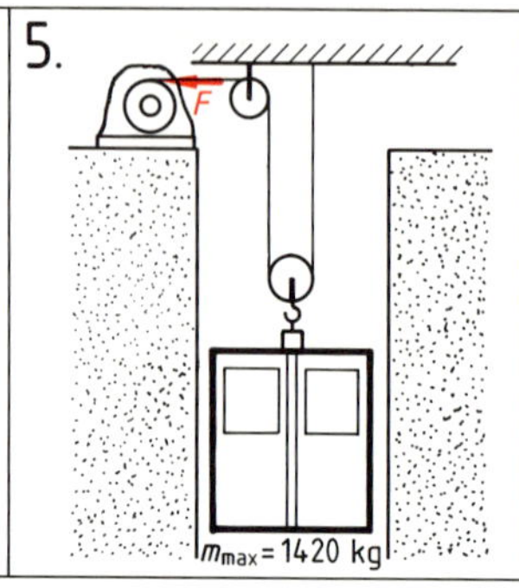

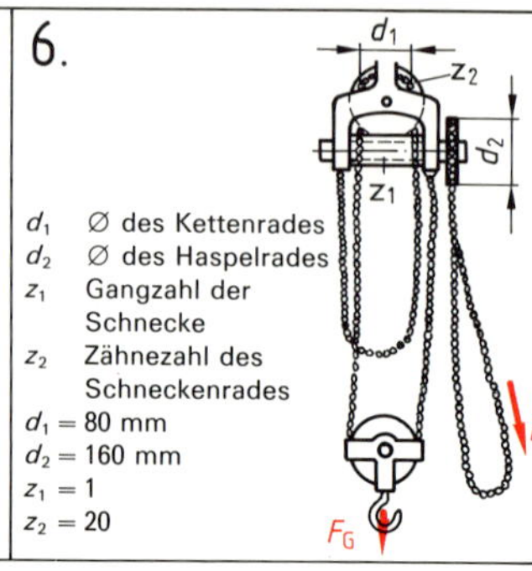

4. Aus Platzersparnisgründen werden in der Praxis die Rollen meist nebeneinanderliegend angeordnet.

a) Berechnen Sie die theoretische Gewichtskraft F_G ($F = 300$ N).

b) Wie groß ist in Wirklichkeit F_G (η **einer** Rolle $= 0{,}9$)?

c) Nach der Berechnungsformel $F = \frac{F_G}{n}$ wird die theoretische Zugkraft kleiner, je mehr Rollen in dem Flaschenzug angeordnet sind.
Erklären Sie, warum man in der Praxis fast nie mehr als 6 Rollen benutzt.

5. Wie groß muß mindestens die Zugkraft F an der Seilwinde sein?

6. Ein häufig gebrauchter Flaschenzug ist der Schraubenflaschenzug. Hier wird ein Schnekkentrieb mit einem einfachen Flaschenzug kombiniert. Die Formel für die theoretische Zugkraft lautet:

$$F = \frac{z_1 \cdot F_G \cdot d_1}{z_2 \cdot 2 \cdot d_2}$$

a) Berechnen Sie F_G, wenn $F = 100$ N.

b) Wie groß ist F_G bei Berücksichtigung des Wirkungsgrades ($\eta = 0{,}55$)?

30.4 Schiefe Ebene als einfache Maschine

Zwei Arbeiter (A_1 und A_2) wollen gleich schwere Rohre auf eine Höhe h bringen. Sie wählen verschiedene Wege, um diese Arbeit zu verrichten.

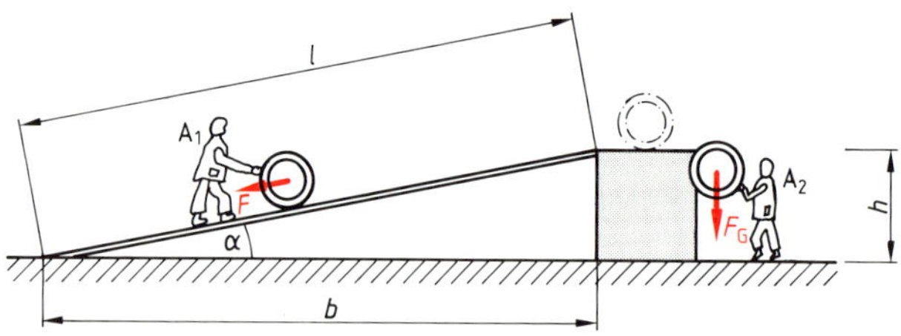

Bild A

Arbeiter	A_1		A_2
aufzuwendende Kraft	F	<	F_G
zurückgelegter Weg in Kraftrichtung	l	>	h
verrichtete Arbeit	$F \cdot l$	=	$F_G \cdot h$

Die Kraft, die Arbeiter A_1 spart, muß er an Weg zulegen (Goldene Regel der Mechanik).

Kraft · Kraftweg = Gewichtskraft · Höhe

$$F \cdot l = F_G \cdot h$$

F aufzuwendende Kraft z. B. in N
l Weg in Kraftrichtung z. B. in m
F_G Gewichtskraft z. B. in N
h Hubhöhe z. B. in m

Berücksichtigt man den Wirkungsgrad, gilt:

$$F \cdot l = \frac{F_G \cdot h}{\eta}$$

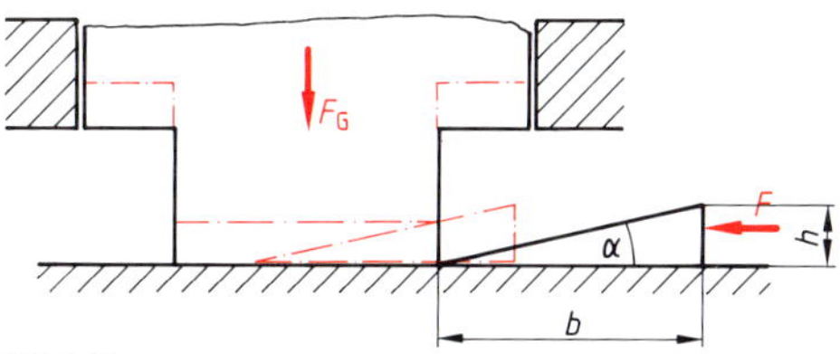

Bild B

Wirkt eine Kraft F parallel zur Ebene (beispielsweise bei Keilanwendung), so gilt auch hier der Energieerhaltungssatz:

$$F \cdot b = F_G \cdot h$$

Unter Berücksichtigung des Wirkungsgrades:

$$F \cdot b = \frac{F_G \cdot h}{\eta}$$

Aufgaben

1. Die Rohre **(Bild A)** besitzen eine Masse von 50 kg.
Bestimmen Sie die aufzuwendenden Kräfte der Arbeiter A_1 und A_2 ($h = 1{,}80$ m, $b = 8{,}8$ m, $l \approx 9$ m).

2. a) Wie groß muß die Eintreibkraft F **(Bild B)** des Keiles bei einer Gewichtskraft des anzuhebenden Maschinenteiles von 10 kN sein? Abmessungen des Keiles: $h = 20$ mm, $b = 100$ mm.

b) Welchen Einfluß hat der Steigungswinkel α auf die Eintreibkraft F?

3. Bestimmen Sie die fehlenden Angaben von ⓐ bis ⓗ.

Größe	Formel ⓐ	Einheit ⓑ	Meßwerte ⓒ	ⓓ	ⓔ	ⓕ	ⓖ	ⓗ
aufzuwendende Kraft	F = ?	?	?	200 N	200 N	?	200 N	20 N
Kraftweg	l = ?	m	20 m	20 m	2 m	1,2 m	?	250 cm
Gewichtskraft	F_G = ?	?	10000 N	?	?	400 N	60 kN	100 kN
Hubhöhe	h = ?	?	20 cm	100 mm	1 m	1 m	80 cm	?

4.

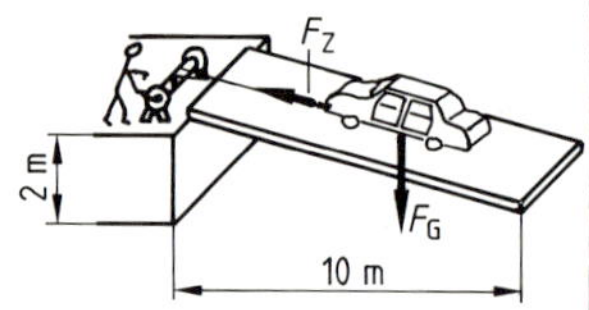

5.

6.

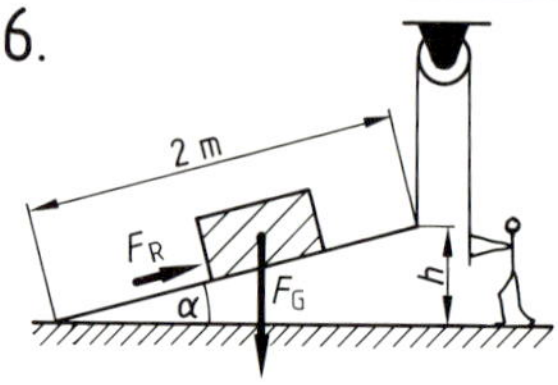

4. Durch eine Seilwinde wird ein Pkw ($m = 800$ kg) über eine Verladerampe auf ein Podest gezogen.

a) Berechnen Sie die Zugkraft F_z und die Handkraft F_H, wenn die Handkurbel $l = 500$ mm lang ist und der Durchmesser der Trommel 100 mm beträgt.

b) Wie groß wird die Handkraft? ($\eta_{\text{Schiefe Ebene}} = 0{,}85$ und $\eta_{\text{Winde}} = 0{,}7$)

5. Ein Auto ($m = 1000$ kg) rollt im Leerlauf auf einer Straße mit einem Gefälle. Wie groß ist die Hangabtriebskraft F_H (ohne Wirkungsgrad)?

6. Eine schiefe Ebene läßt sich in der Höhe verstellen.
Wie groß muß h mindestens sein, bis der Block zu rutschen beginnt?
Wie groß ist dann der Winkel α? ($m = 40$ kg, Reibungskraft $F_R = 80$ N)

7. Bestimmen Sie die gesuchte Größe von ⓐ und ⓑ.

ⓐ Keilverbindung

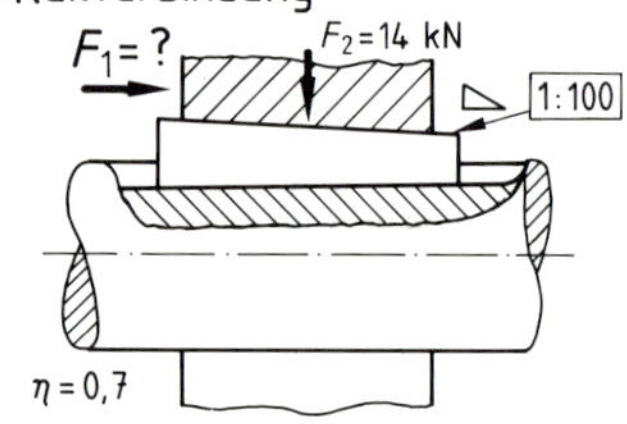

ⓑ Kegelstiftverbindung

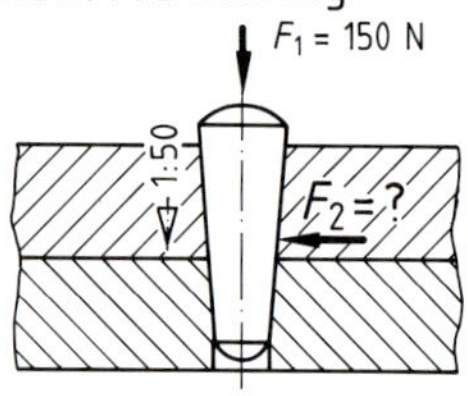

8.

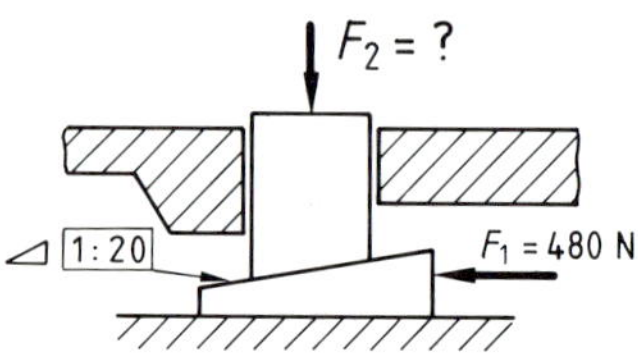

9.

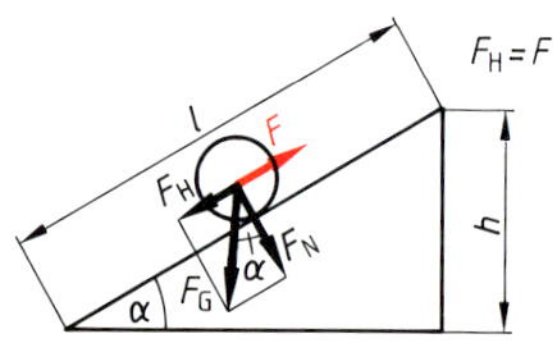

F_H Hangabtriebskraft F_N Normalkraft
F_G Gewichtskraft

8. Berechnen Sie an dem Hebekeil die Kraft F_2.

9. Die Formel für die Berechnung der aufzuwendenden Kraft F läßt sich auch mit Hilfe des Kräfteparallelogrammes und mit Hilfe der Winkelfunktionen entwickeln.
(*Lösungsanleitung:*
I. $\sin\alpha$ aus geometrischen Verhältnissen,
II. $\sin\alpha$ aus dem Kräftedreieck,
III. beide Formeln gleichsetzen und nach F_H umstellen)

30.5 Die Schraube – Anwendung der schiefen Ebene

Durch eine Schraube soll eine Last angehoben werden.

Bild A

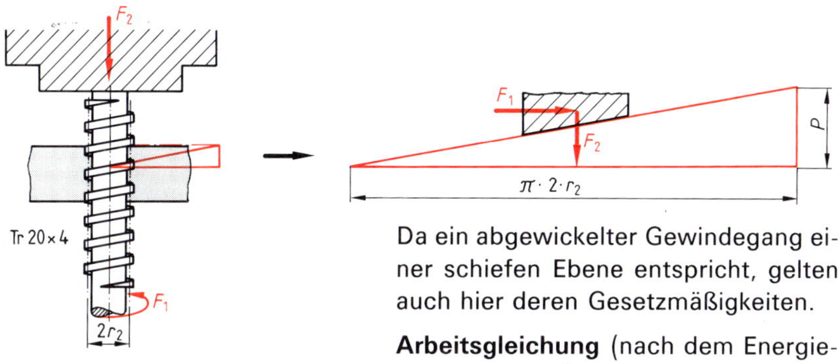

Da ein abgewickelter Gewindegang einer schiefen Ebene entspricht, gelten auch hier deren Gesetzmäßigkeiten.

Arbeitsgleichung (nach dem Energieerhaltungssatz):

Umfangskraft · Kraftweg = Hubkraft · Hubweg

$$F_1 \cdot \pi \cdot 2 \cdot r_2 = F_2 \cdot P$$

Wird die Schraube mit einem größeren Hebelarm versehen, dann wird der Kraftweg noch länger und damit nach dem Energieerhaltungssatz die aufzuwendende Kraft F_1 kleiner.

Bild B

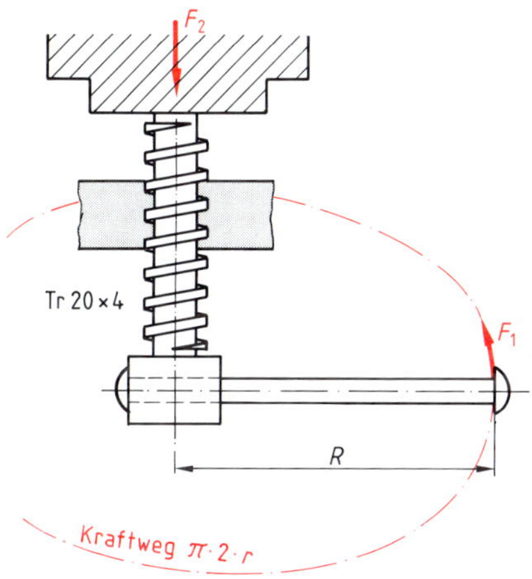

Arbeitsgleichung

Handkraft · Kraftweg = Hubkraft · Hubweg

$$F_1 \cdot \pi \cdot 2 \cdot R = F_2 \cdot P$$

F_1 Handkraft in N

R Hebelarm in mm

F_2 Kraft in Richtung Schraubenachse in N

P Hubweg (Steigung) in mm

Wird der Wirkungsgrad berücksichtigt (Verluste durch Reibung), so gilt:

$$F_1 \cdot \pi \cdot 2 \cdot R = \frac{F_2 \cdot P}{\eta}$$

Aufgaben

1. Durch die Schraube **(Bild A** und **B)** soll eine Masse (Last) von 200 kg gehoben werden. Die Schraube hat einen Flankendurchmesser $d_2 = 18$ mm und eine Steigung $P = 4$ mm. Berechnen Sie (ohne Wirkungsgrad)

a) die notwendige Umfangskraft F_1 am Flankendurchmesser zum Heben der Last.

b) die notwendige Handkraft F_1, wenn zum Heben der Last ein Hebelarm von $R = 400$ mm Länge benutzt wird.

2. Bestimmen Sie die fehlenden Angaben von ⓐ bis ⓗ.

Größe	Formel ⓐ	Einheit ⓑ	Meßwerte ⓒ	ⓓ	ⓔ	ⓕ	ⓖ	ⓗ
Handkraft	$F_1 = ?$	?	20 N	20 N	?	?	40 N	35 N
Hebelarmlänge	$R = ?$	?	30 mm	30 cm	0,5 m	0,5 m	?	1 m
Kraft in Richtung Schraubenachse	$F_2 = ?$	?	?	?	10000 N	10 kN	8 kN	31,4 kN
Steigung	$P = ?$	mm	4 mm	4 mm	8 mm	4 mm	6 mm	?

3. Berechnen Sie die gesuchte Größe von ⓐ bis ⓕ:

ⓐ Maschinenschraubstock

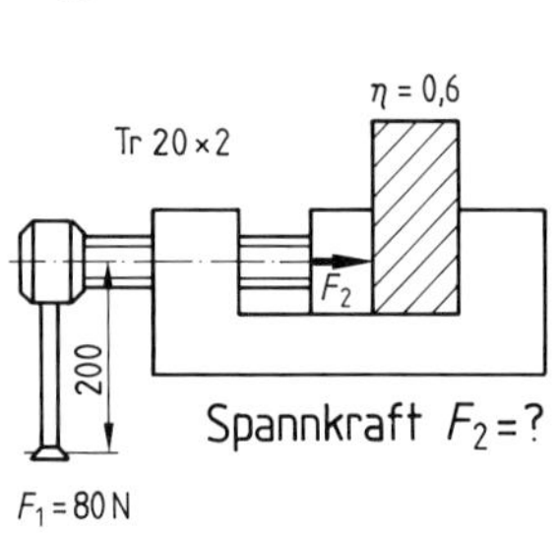

ⓑ Schraubenwinde

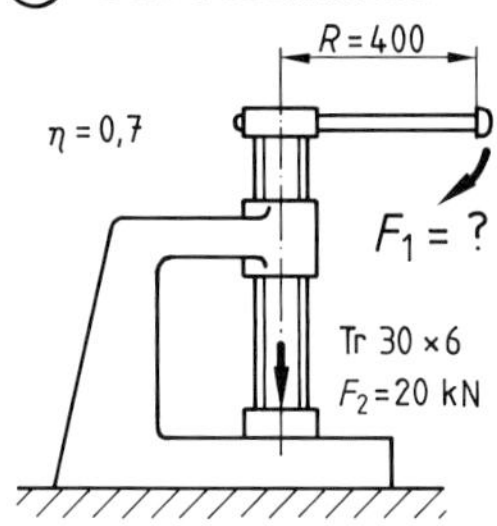

ⓒ Abziehvorrichtung

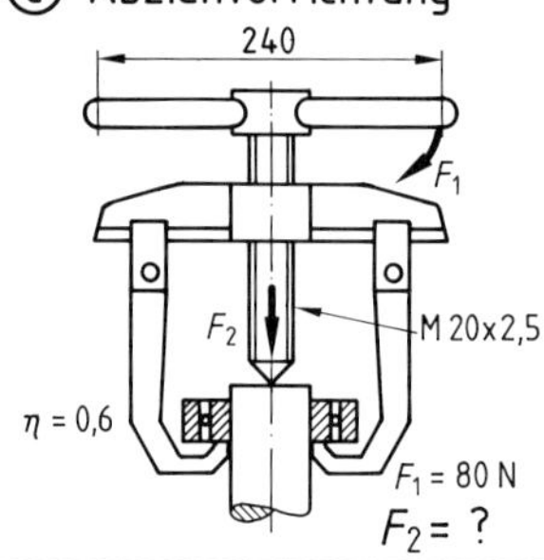

ⓓ Schraubenverbindung

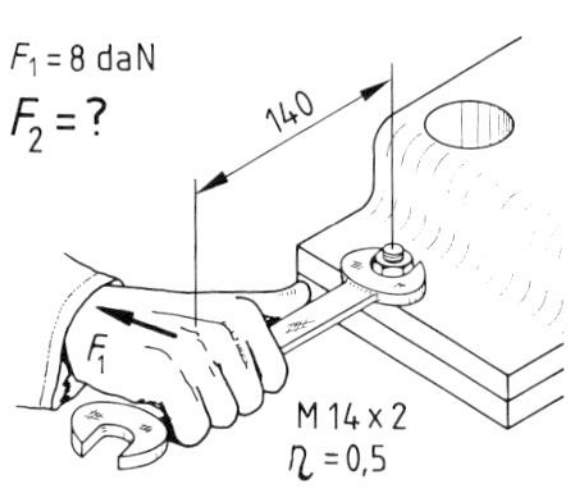

ⓔ Spannschloß

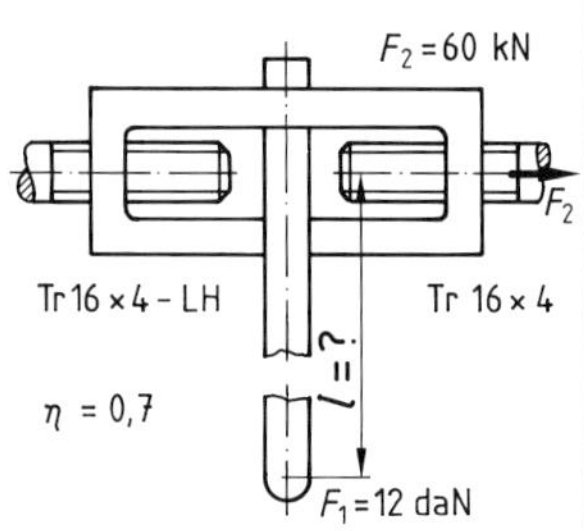

ⓕ Leitspindelantrieb

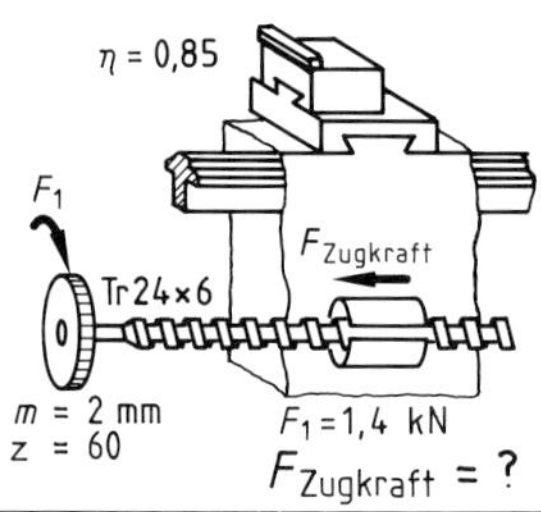

4. Untersuchen Sie die Abhängigkeiten der Größen untereinander, und entscheiden Sie, welcher Kurvenzug nur richtig sein kann.
Anleitung zu 4.1: Stellen Sie die Arbeitsgleichung nach F_2 um.

Aussagegehalt der Kurvenzüge: Mit wachsender Steigung
- bleibt Hubkraft gleich ⓐ
- steigt Hubkraft ⓑ
- steigt Hubkraft überproportional ⓒ
- sinkt die Hubkraft ⓓ

Welche Aussage und damit welcher Kurvenzug kann nur richtig sein?

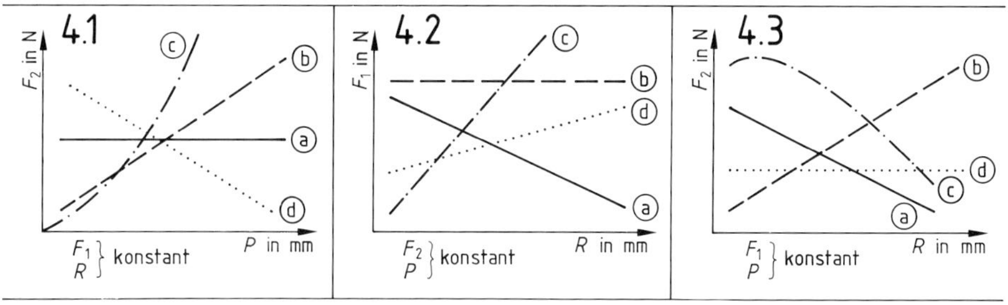

31 Leistung

31.1 Begriff der mechanischen Leistung

Zwei Hochbehälter (gleichen Inhalts) sollen durch je eine Pumpe gefüllt werden.

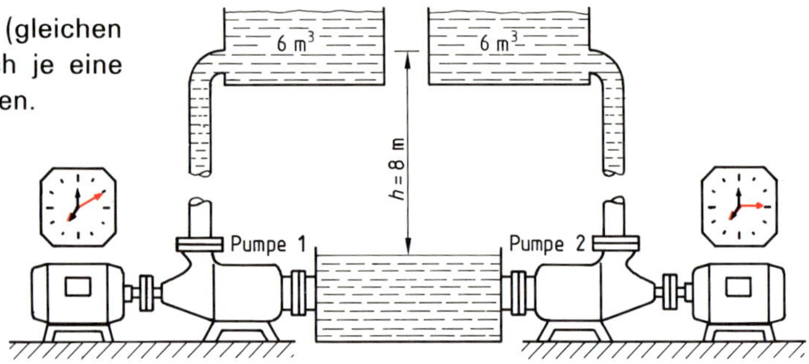

Bild A

Gegenüberstellung der Betriebswerte:

	Pumpe 1		Pumpe 2
verrichtete Arbeit	$W_1 = 480\,000$ Nm (J)	=	$W_2 = 480\,000$ Nm (J)
benötigte Zeit	$t_1 = 600$ s	<	$t_2 = 900$ s
Leistung	P_1	>	P_2

Bei der Berechnung der Leistung spielt die Zeit eine Rolle. Bei gleicher mechanischer Arbeit wird die Leistung um so größer, je kleiner die Zeit ist, die man für die Arbeitsverrichtung benötigt.

$$\text{Leistung} = \frac{\text{Arbeit}}{\text{Zeit}}$$

$$P = \frac{W}{t}$$

$$P = \frac{F \cdot s}{t}$$

P Leistung in $\frac{\text{Nm}}{\text{s}}, \frac{\text{J}}{\text{s}}$

W Arbeit in Nm, J

F Kraft in N

s Weg in m

t Zeit in s

Da für die Geschwindigkeit gilt: $v = \frac{s}{t}$, folgt:

$$\text{Leistung} = \text{Kraft} \cdot \text{Geschwindigkeit}$$
$$P = F \cdot v$$

P Leistung in $\frac{\text{Nm}}{\text{s}}, \frac{\text{J}}{\text{s}}$

F Kraft in N

v Geschwindigkeit in $\frac{\text{m}}{\text{s}}$

Um die mechanische Leistung mit anderen Leistungsarten vergleichen zu können, wurde als übergeordnete Einheit das Watt (W) eingeführt.

Es gilt: $1 \frac{\text{Nm}}{\text{s}} = 1 \frac{\text{J}}{\text{s}} = 1 \text{ W}$

Mechanische Leistung, thermische Leistung und elektrische Leistung sind artgleiche Größen.

Größe	Formelzeichen	Einheit	übergeordnete Einheit
mechanische Leistung	P	$\frac{\text{Nm}}{\text{s}}$	**W** 1000 W = 1 kW
thermische Leistung (Wärmestrom)	Φ	W	
elektrische Leistung	P	W	

Wie bei der Arbeit gilt auch für die Leistung:

$$\text{Wirkungsgrad} = \frac{\text{ausgenutzte Leistung}}{\text{zugeführte Leistung}}$$
$$\eta = \frac{P_{eff}}{P_{ind}}$$

η Wirkungsgrad (keine Einheit)

P_{eff} ausgenutzte (effektive) Leistung in W, kW

P_{ind} zugeführte (induzierte) Leistung in W, kW

Aufgaben

1. **a)** Berechnen Sie die Leistung von Pumpe 1 und Pumpe 2 **(Bild A)**.
b) Wie groß ist die jeweils zugeführte elektrische Leistung, wenn gilt:
Pumpe 1: $\eta_{P_1} = 0{,}8$, Pumpe 2: $\eta_{P_2} = 0{,}6$,
Elektromotor 1: $\eta_{M_1} = 0{,}8$, Elektromotor 2: $\eta_{M_2} = 0{,}8$?

2. Bestimmen Sie die fehlenden Angaben von ⓐ bis ⓘ.

Größe	Formel	Einheiten			Meßwerte				
	ⓐ	ⓑ	ⓒ	ⓓ	ⓔ	ⓕ	ⓖ	ⓗ	ⓘ
Kraft	$F = ?$	?	kN	?	1000 kN	1000 kN	1 kN	?	?
Weg	$s = ?$	?	?	?	0	10 m	?	1 m	?
Zeit	$t = ?$	?	?	?	1 s	1 s	1 s	2 min	15 s
Geschwindigkeit	$v = ?$	?	?	?	?	?	$100\,\frac{m}{s}$	?	$2\,\frac{m}{min}$
Leistung	$P = ?$	W	?	$\frac{Nm}{s}$	?	?	?	800 W	1 kW

3. Berechnen Sie die verrichtete mechanische Arbeit und die dazu benötigte Leistung folgender Personen:
a) Ein Bergwanderer (Gewicht: 80 kg) besteigt auf Wanderwegen einen Berg von 3000 m Höhe in 12 Stunden.
b) Ein Bergsteiger (Gewicht: 70 kg) besteigt den gleichen Berg auf direkter (kürzester) Linie und benötigt dazu 4 Stunden.
c) Ein Gewichtheber stößt eine Hantel ($m = 150$ kg) innerhalb von 3 Sekunden auf eine Höhe von 2 m.

4.

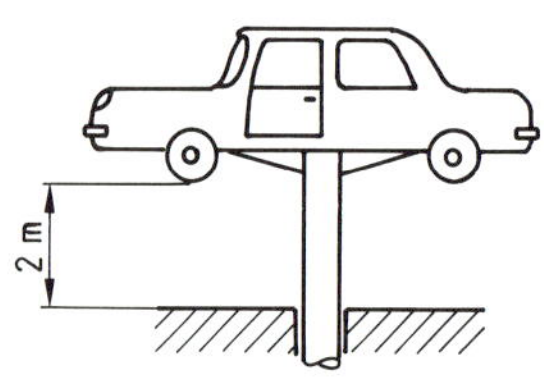

5.

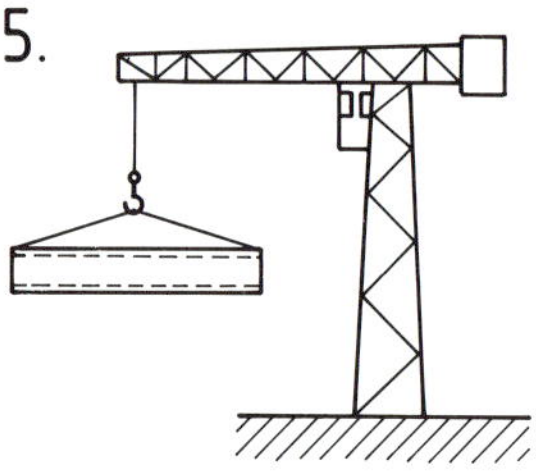

6.

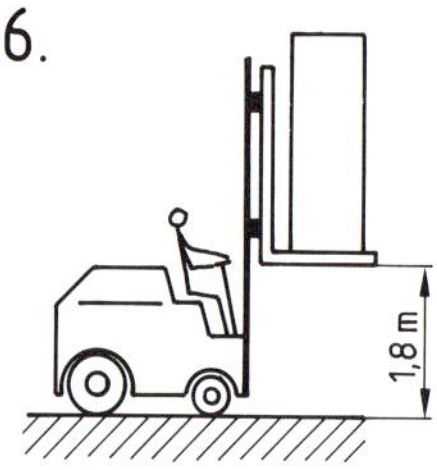

4. Durch eine hydraulische Hebebühne wird ein Pkw in 20 Sekunden auf eine Höhe von 2 m gehoben. Die Leistung der Hebebühne beträgt 1,04 kW. Wie groß ist das Gewicht des Pkw?

5. Ein Pipelinerohr mit den Abmessungen $D = 1800$ mm, $d = 1760$ mm, $l = 12$ m und der Dichte $\varrho = 7{,}8$ kg/dm³ wird auf eine Höhe von 7 m gehoben.
Wie groß ist die Hubgeschwindigkeit bei einer Leistung von 10 kW?

6. Ein Hubstabler hat beim Heben einer Last eine Arbeit von 7200 J verrichtet. Die Hubgeschwindigkeit betrug 0,3 m/s. Berechnen Sie die Leistung des Hubstablers.

7. Ein Förderband befördert in der Stunde 80 m³ Kies ($\varrho = 1{,}8$ kg/dm³) auf eine Höhe $s = 4$ m. Es wird von einem Motor angetrieben, der die Leistung $P = 3{,}5$ kW abgibt.
Wie groß ist der Wirkungsgrad des Förderbandes?

8. Eine Pumpe fördert 30 m³ Öl ($\varrho = 0{,}91$ kg/dm³) in 30 Minuten auf eine Höhe von 14 m. Der Wirkungsgrad der Pumpe beträgt 0,82.
Wie groß ist die zugeführte Leistung P_{ind} und die Nutzleistung P_{eff}?

9.

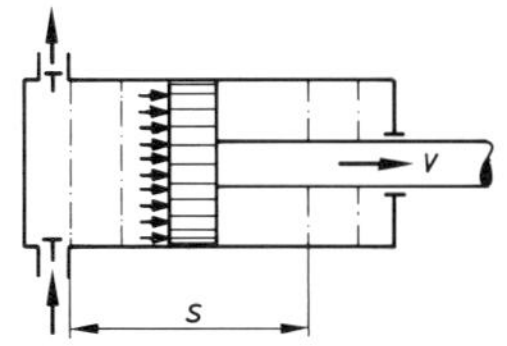

10.

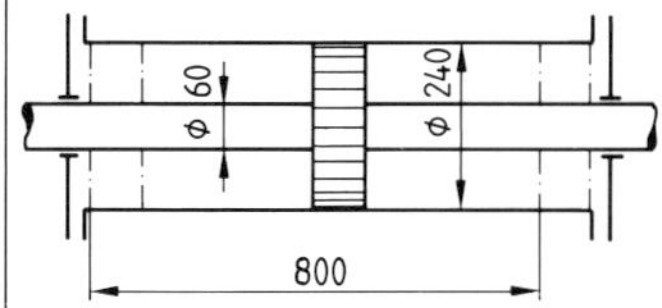

11.

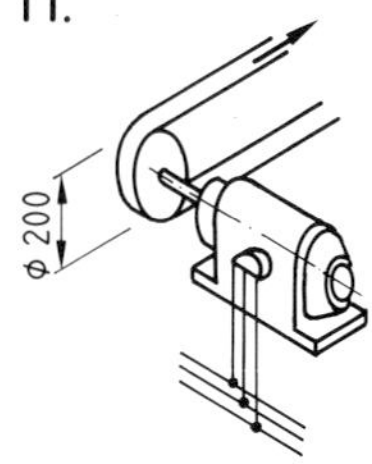

9. Der Kolben einer einfach wirkenden Kolbenpumpe hat den Durchmesser $d = 240$ mm und einen Kolbenhub $s = 480$ mm. Der mittlere Kolbendruck beträgt 4,8 bar und die mittlere Kolbengeschwindigkeit 2,6 m/s. Der Wirkungsgrad der Pumpe beträgt 0,7.
Wie groß ist die zugeführte Leistung und die Nutzleistung.

10. Der Druck im Zylinder einer doppelt wirkenden Dampfmaschine beträgt 14 bar. Die Doppelhubzahl beträgt $n = 100\ \text{min}^{-1}$.
Wie groß ist die Kolbenleistung?

11. Ein Elektromotor treibt über einen Riemen eine Arbeitsmaschine an.
a) Wie groß ist die Zugkraft F des Riemens, wenn die abgegebene Leistung des Elektromotors 6 kW und seine Drehzahl $1450\ \text{min}^{-1}$ beträgt?
b) Wie groß ist die notwendige elektrische Leistung bei einem Motorwirkungsgrad $\eta_M = 0{,}8$?

12.

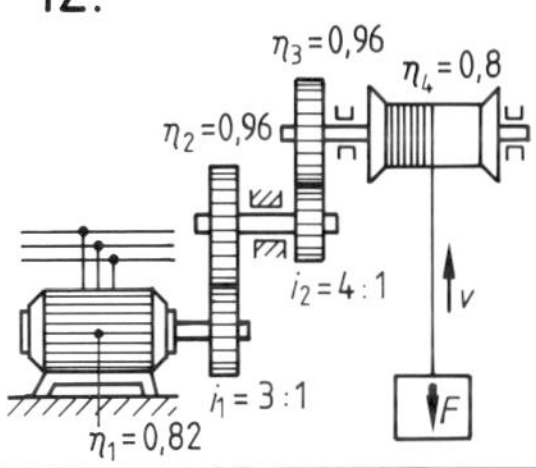

13.

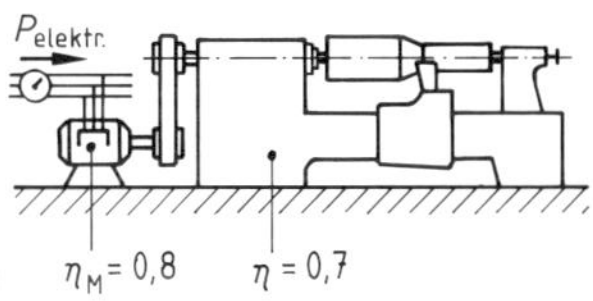

14.

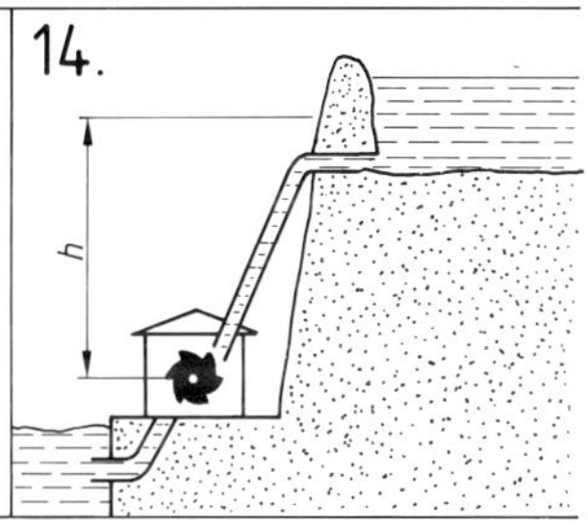

12. Ein Elektromotor empfängt eine elektrische Leistung von 8 kW und hat eine Drehzahl von $1450\ \text{min}^{-1}$.
a) Wie groß ist die Nutzleistung an der Seilwinde?
b) Wie groß ist die Seilgeschwindigkeit (Trommel-∅ = 300 mm)?
c) Wie groß ist die maximale Nutzlast F?

13. Eine Welle ($d = 300$ mm) wird mit einer Schnittkraft von 20 kN und einer Drehzahl $n = 28\ \text{min}^{-1}$ abgedreht.
Berechnen Sie
a) die Schnittgeschwindigkeit,
b) die notwendige elektrische Leistung.

14. Berechnen Sie die Leistungsabgabe eines Generators, der durch eine Wasserturbine angetrieben wird. Der Turbine fließen stündlich 7000 m^3 Wasser aus einer Gefällhöhe von 35 m zu. Gesamtwirkungsgrad (Turbine und Generator) $\eta = 0{,}7$.

15. Ein 500-MW-Kernkraftwerk soll durch ein Kohlekraftwerk ersetzt werden.
Wieviel kg Steinkohle müssen stündlich verbrannt werden, wenn die gleiche Leistung erreicht werden soll? (Heizwert $H = 30\,100$ kJ/kg)
Da bei der Verbrennung von Steinkohle viel Energie für die technische Ausnutzung verloren geht, ist der Gesamtwirkungsgrad $\eta = 0{,}2$ relativ gering.

31.2 Leistung - Drehmoment - Drehzahl

Leistung, Drehmoment und Drehzahl sind die wichtigsten mechanischen Kenngrößen eines Motors.

Welche Beziehung besteht zwischen den drei Größen?

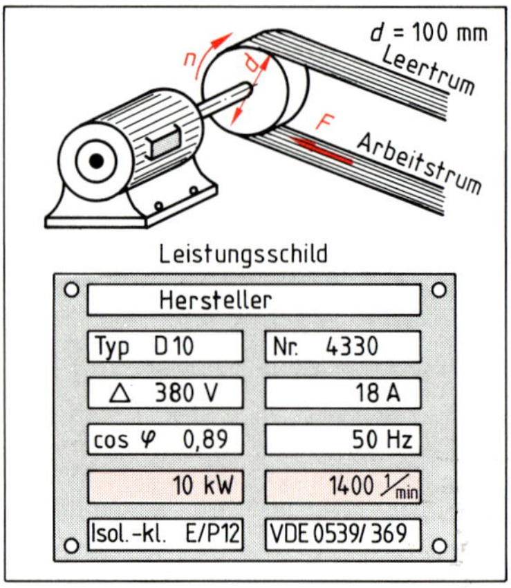

Bild A

Leistung = Kraft · Geschwindigkeit

$P = F \cdot v$

$M = F \cdot \frac{d}{2}$

$F = \frac{2 \cdot M}{d}$ } in Leistungsformel einsetzen

$v = \pi \cdot d \cdot n$

$P = \frac{2 \cdot M \cdot \pi \cdot d \cdot n}{d}$

$P = 2 \cdot M \cdot \pi \cdot n$

Leistung = 2 · Drehmoment · π · Drehzahl

$$P = 2 \cdot M \cdot \pi \cdot n$$

P Leistung in W $\left[\frac{\text{Nm}}{\text{s}}\right]$

M Drehmoment in Nm

n Drehzahl in s^{-1}

Da in der Praxis die Drehzahl in min^{-1} und die Leistung in kW angegeben wird, erhält man die Zahlenwertgleichung:

$$P = \frac{2 \cdot M \cdot \pi \cdot n}{60 \cdot 1000} \quad \Bigg| \quad \frac{2 \cdot \pi}{60 \cdot 1000} \approx \frac{1}{9550}$$

und damit:

$$P \approx \frac{M \cdot n}{9550}$$

P Leistung in kW

M Drehmoment in Nm

n Drehzahl in min^{-1}

Aufgaben

1. **a)** Berechnen Sie das Drehmoment in Nm an der Motorwelle **(Bild A)**.
   b) Welche Zugkraft tritt im Arbeitstrum auf?

2. Bestimmen Sie die fehlenden Angaben von ⓐ bis ⓗ.
   Benutzen Sie für ⓐ und ⓑ die Größengleichung (rot) und für ⓒ die Zahlenwertgleichung.

Größe	Formel ⓐ	Einheiten ⓑ	ⓒ	Meßwerte ⓓ	ⓔ	ⓕ	ⓖ	ⓗ
Drehmoment	$M = ?$	?	?	0,4 Nm	?	0,828 Nm	?	100 kNm
Drehzahl	$n = ?$	?	?	$50\ s^{-1}$	$1400\ min^{-1}$	?	$1500\ min^{-1}$	$4{,}5\ min^{-1}$
Leistung	$P = ?$	W	kW	?	3 kW	260 W	20 kW	?

3.

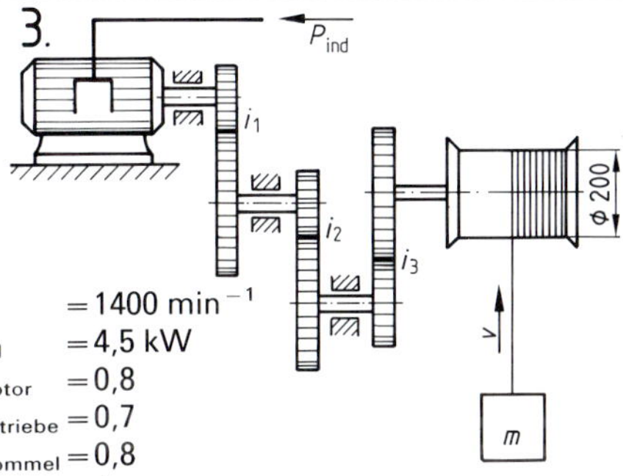

$n_M = 1400\ min^{-1}$
$P_{ind} = 4{,}5\ kW$
$\eta_{Motor} = 0{,}8$
$\eta_{Getriebe} = 0{,}7$
$\eta_{Trommel} = 0{,}8$
$i_1 = 4$
$i_2 = 3$
$i_3 = 4$

a) Welche Masse kann maximal gehoben werden? ($m \leq ?$ kg)
b) Wie groß ist die Fördergeschwindigkeit?
c) Welche Änderungsmöglichkeiten gibt es, wenn die maximale Nutzlast um 20% erhöht werden soll?

4.

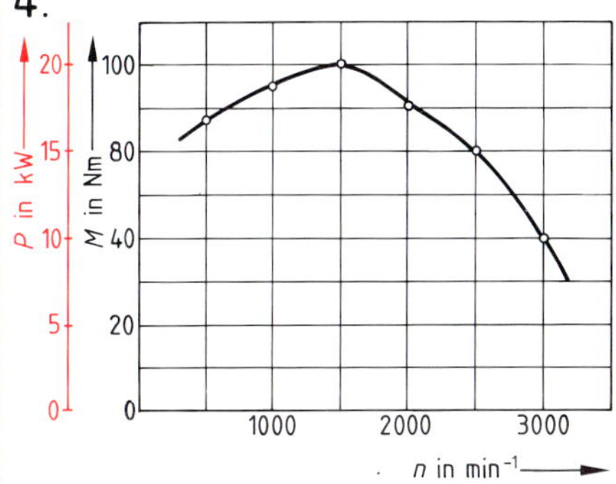

In dem Diagramm ist die Drehmomentenkennlinie eines Viertaktmotors dargestellt. Übernehmen Sie das Diagramm, und ergänzen Sie es, indem Sie in rot die Leistungskennlinie einzeichnen (6 Punkte sind zu berechnen).

32 Reibung

Reibung zwischen Maschinenteilen erzeugt Energieverluste und ist daher manchmal unerwünscht. In anderen Fällen ermöglicht jedoch erst die Reibung die Funktionsfähigkeit von Maschinenteilen.

Reibung:

unerwünscht		erwünscht	
Lager Gleitführung Zahnräder	Energie- → verluste ↓ Reibung möglichst gering	Reibungskupplung Bremsen Riemen-, Reibradtrieb	Reibung dient → zur Kraftübertragung ↓ Reibung möglichst groß

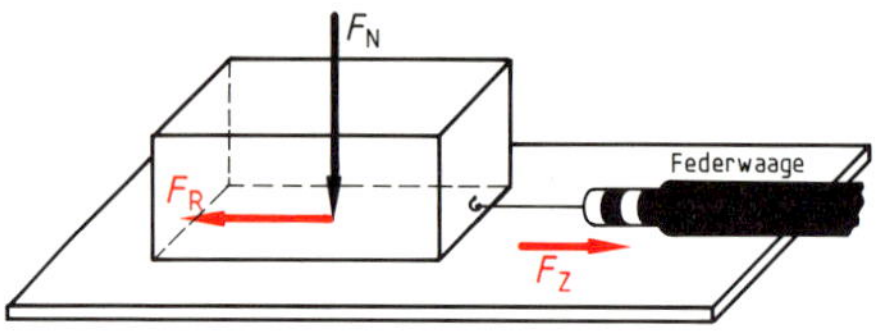

Die Größe der Reibungskraft hängt ab:

1. von der Normalkraft F_N (Kraft senkrecht zur Reibfläche),
2. vom Werkstoff und der Oberflächenbeschaffenheit der Reibflächen,
3. von der Schmierung.

(μ: Punkte 2. und 3.)

Die Reibungszahl (auch Reibungskoeffizient) μ ergibt sich aus der Beschaffenheit (Werkstoff, Oberflächengüte und Schmierung) der reibenden Körper und wird durch Versuche ermittelt.

Reibungskraft = Reibungszahl · Normalkraft

$$F_R = \mu \cdot F_N$$

F_R Reibungskraft in N
μ Reibungszahl (keine Einheit)
F_N Normalkraft in N

Reibungsarten

Haftreibung	Gleitreibung	Rollreibung
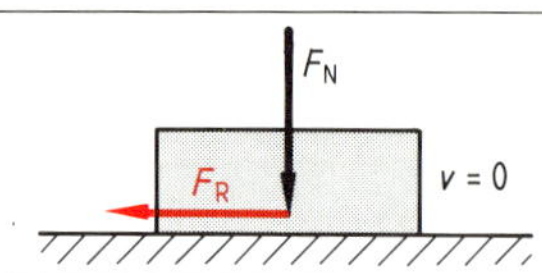	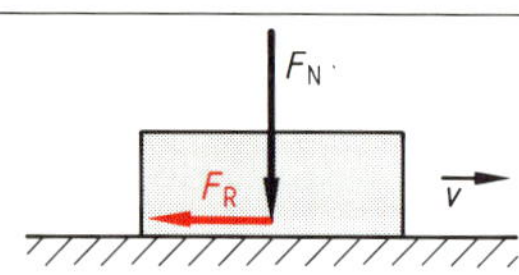	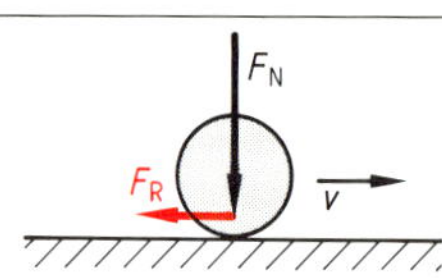

Es gilt: Gleitreibung (μ) < Haftreibung (μ_0)
Rollreibung < Gleitreibung
Gleitreibung (geschmiert) < Gleitreibung (trocken)

Erfahrungswerte (Mittelwerte) für Reibungszahlen

Werkstoff	Haftreibung μ_0	Gleitreibung μ (trocken)	Gleitreibung μ (geschmiert)	Rollreibung μ
Bremsbelag auf Stahl	0,55	0,3	—	—
Lederdichtung auf Metall	0,6	0,23	0,12	—
Holz auf Holz	0,6	0,3	0,1	—
Holz auf Metall	0,55	0,35	0,08	—
GG auf GG	0,2	0,2	0,1	—
St auf GG	0,2	0,18	0,04	—
St auf St	0,2	0,1	0,03	—
St auf Cu-Sn-Legierung	0,15	0,1	0,03	—
St auf Weißmetall	0,12	0,1	0,03	—
Wälzlager, Wälzführungen	—	—	—	0,002

Aufgaben

1. Bei einer Versuchsreihe wurden die untenstehenden Reibkräfte ermittelt.
   a) Wie groß sind die Reibungszahlen in den Versuchen 1.1 bis 1.4?
   b) Wie groß wird jeweils die Reibungskraft, wenn die Masse bei den Versuchskörpern verdoppelt wird?
   c) Welchen Einfluß hat die kleinere Reibfläche im Versuch 1.4?

1.1

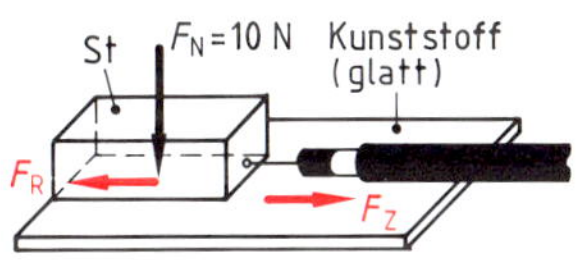

F_R = 2 N

1.2

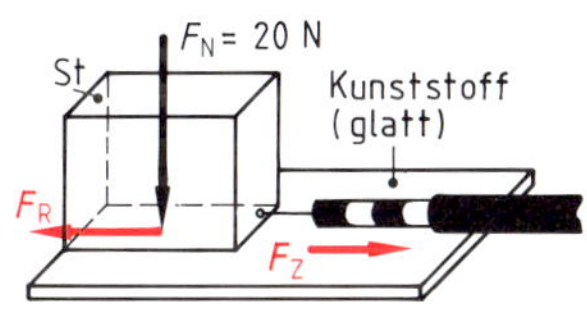

F_R = 4 N

1.3

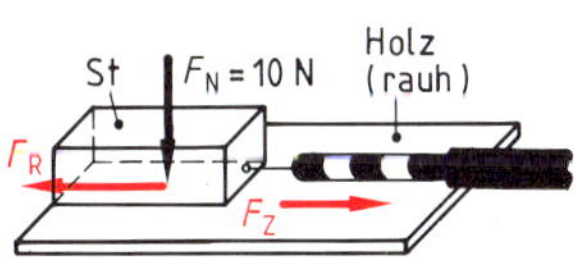

F_R = 5 N

1.4

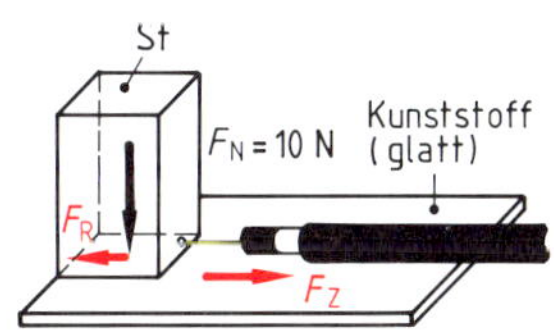

F_R = 2 N

2. Bestimmen Sie die fehlenden Angaben von ⓐ bis ⓗ.

Größe	Formel ⓐ	Einheit ⓑ	Meßwerte ⓒ	ⓓ	ⓔ	ⓕ	ⓖ	ⓗ
Reibungszahl	μ = ?	?	0,4	0,8	0,08	?	0,002	0,003
Normalkraft	F_N = ?	?	100 N	8 kN	8 kN	2 kN	1 kN	?
Reibungskraft	F_R = ?	N	?	?	?	1000 N	?	20 N

3.

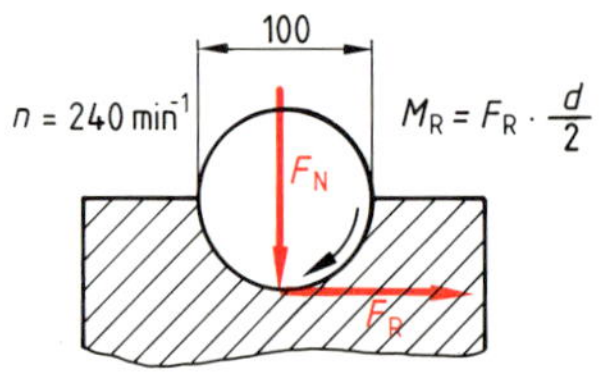

4.

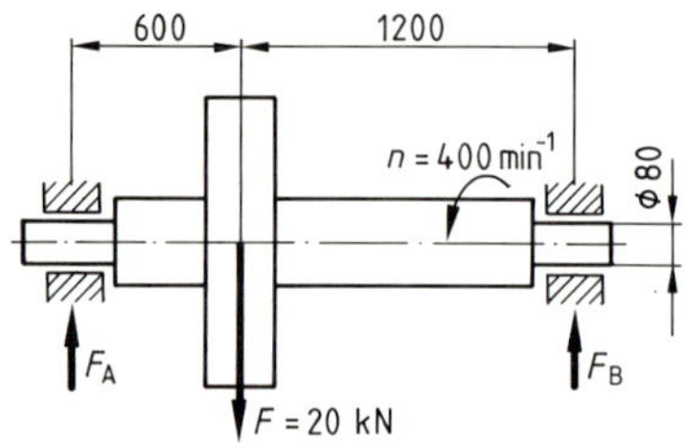

3. Ein Wellenzapfen aus St50 ist in einer Lagerschale aus Bronze gelagert. Der Wellenzapfen wird belastet mit einer Kraft von $F_N = 18$ kN.
Berechnen Sie
a) die Reibungskraft F_R beim Anfahren und während des Laufes (Welle wird geschmiert).
b) das Reibungsmoment M_R beim Anfahren und während des Laufes.
c) den Leistungsverlust P_R während des Laufes.
d) die Verlustwärme Q_R, die in einer Stunde entsteht.

4. Eine Getriebewelle aus Stahl ist in Graugußschalen gelagert.
Berechnen Sie
a) die Lagerkräfte F_A und F_B.
b) die Reibungskräfte F_{A_R} und F_{B_R}, während die Welle läuft (geschmiert).
c) den gesamten Leistungsverlust.

5. Die Getriebewelle (siehe Aufgabe 4) wird aufgrund einer Konstruktionsänderung in Wälzlagern gelagert.
a) Wie groß sind nun die Leistungsverluste?
b) Welche Drehzahl wäre für die Getriebewelle nach der Konstruktionsänderung möglich, wenn der Leistungsverlust den Wert von Aufgabe 4 nicht überschreiten soll?

6.

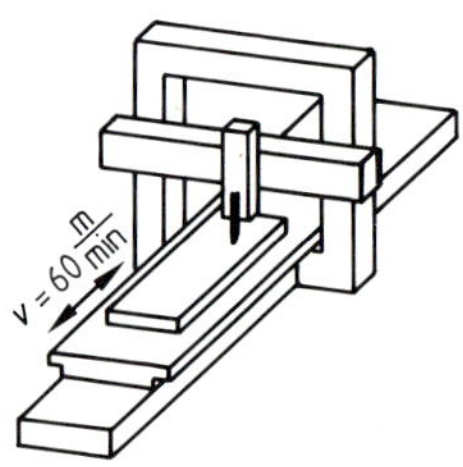

7.

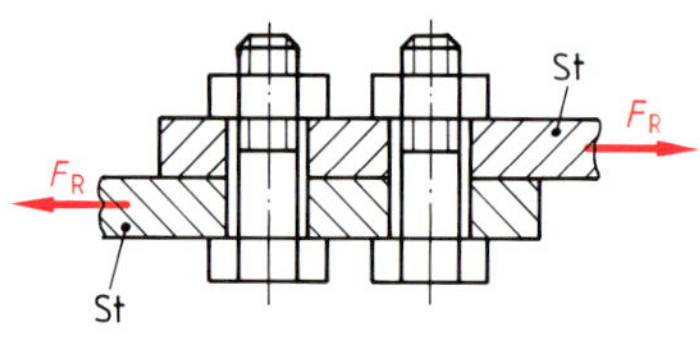

6. Der Tisch einer Langhobelmaschine hat eine Masse von 800 kg. Die Masse des aufliegenden Werkstückes beträgt 620 kg.
Wie groß muß die Antriebskraft des Tisches mindestens sein ($\mu = 0{,}1$)?
Berechnen Sie den Leistungsbedarf der Maschine bei einer Schnittkraft von $F_s = 20$ kN.

7. Durch eine Schraubenverbindung, die kraftschlüssig wirken soll, soll eine Kraft von $F_R = 3{,}6$ kN übertragen werden.
Wie groß muß mindestens die Anpreßkraft F_N je Schraube sein (Haftreibung)?

8.

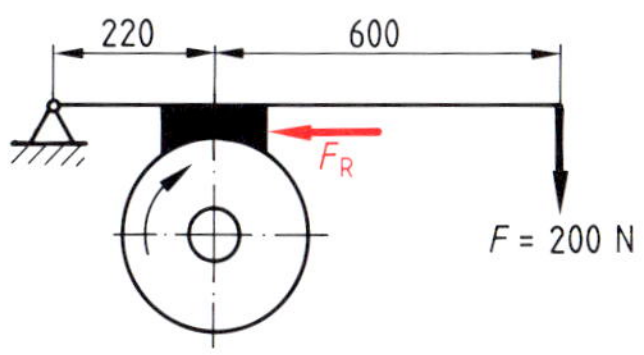

9.

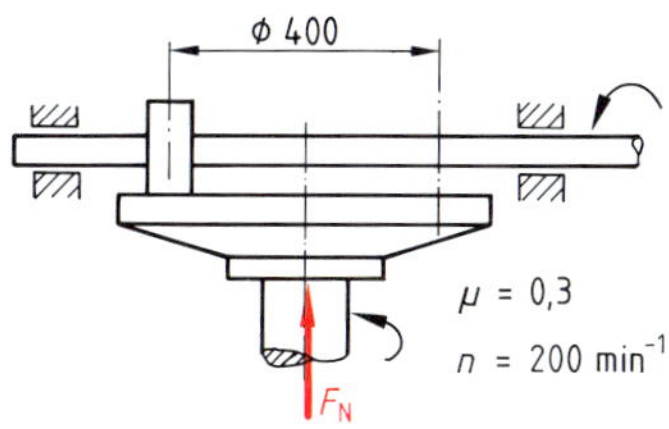

8. Die Reibkraft der Backenbremse soll 200 N betragen.
Welche Reibungszahl ist erforderlich?

9. Das stufenlose Reibradgetriebe soll ein Drehmoment von 40 Nm übertragen.
Berechnen Sie
a) die Reibkraft F_R,
b) die Anpreßkraft F_N,
c) die übertragene Leistung.

10. Erklären Sie: Warum ist bei den Anwendungsbeispielen (Aufgaben 3. bis 6.) eine möglichst kleine und bei den Anwendungsbeispielen (Aufgaben 7. bis 9.) eine möglichst große Reibungszahl erwünscht?

33 Toleranzen – Passungen

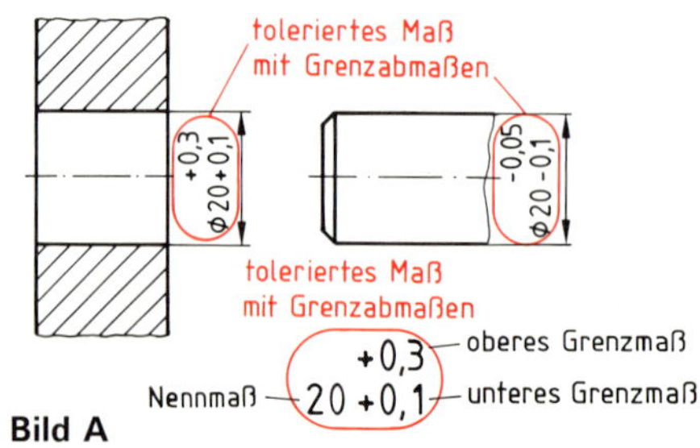

Bild A

① Das für die Fertigung entscheidende Bezugsmaß ist das **Nennmaß.**

② Im **tolerierten Maß** werden außer dem Nennmaß die geduldeten Abweichungen vom Nennmaß **(Abmaße)** angegeben.

③ Die geduldete Abweichung heißt **Maßtoleranz.**

④ Das **Istmaß** muß zwischen den beiden Abmaßen (Höchstmaß und Mindestmaß) liegen.

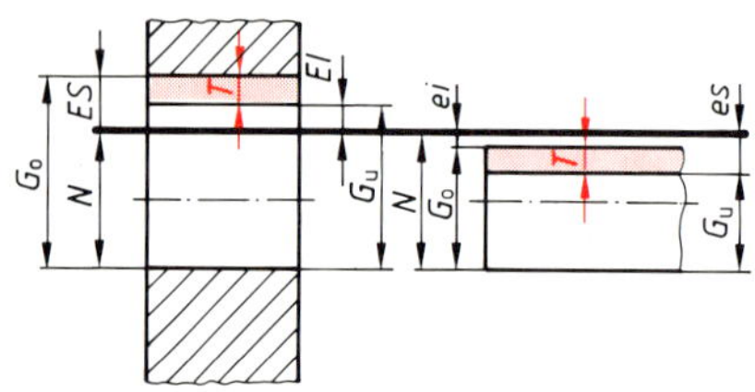

Bild B

Bezeichnung		Formel
N	Nennmaß	
G_o	Höchstmaß	$G_o = N + ES, es$
G_u	Mindestmaß	$G_u = N + EI, ei$
ES, es	oberes Abmaß	
EI, ei	unteres Abmaß	
T	Toleranz	$T = G_o - G_u$ $T = ES, es - EI, ei$

Die Normung der Passungen ist durch die Normenvereinigung „**I**nternational **O**rganization for **S**tandardization", **ISO**-Passungen, vorgenommen worden.

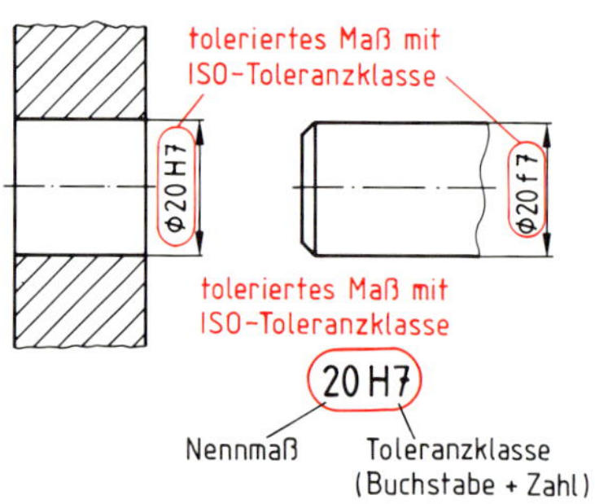

Bild C

① Die Toleranzklasse besteht aus Buchstabe und Zahl:
Buchstabe – kennzeichnet Lage des Paßtoleranzfeldes zur Nullinie
Zahl – kennzeichnet den Grundtoleranzgrad (Größe des Paßtoleranzfeldes)

② Großbuchstaben → Außenteil (Bohrung)
Kleinbuchstaben → Innenteil (Welle)

③ Paßsysteme
1. **Einheitsbohrung** – alle Bohrungen **H**
2. **Einheitswelle** – alle Wellen **h**

④ Die Grenzabmaße für ISO-Toleranzen werden unter Berücksichtigung des Kurzzeichens und des Nennmaßes aus Tabellen entnommen.

ISO-Paßsystem (Auszug aus DIN 7154, DIN 7155)

Einheitsbohrung DIN 7154 Abmaße in µm					
Nennmaße in mm über ... bis	Bohrung **H7**	Welle **r6**	**n6**	**h6**	**f7**
10– 14 14– 18	+18 0	+34 +23	+23 +12	0 −11	−16 −34
18– 24 24– 30	+21 0	+41 +28	+28 +15	0 −13	−20 −41
30– 40 40– 50	+25 0	+50 +34	+33 +17	0 −16	−25 −50
50– 65	+30	+60 +41	+39	0	−30
65– 80	0	+62 +43	+20	−19	−60
80–100	+35	+73 +51	+45	0	−36
100–120	0	+76 +54	+23	−22	−71

Einheitswelle DIN 7155 Abmaße in µm					
Nennmaße in mm über ... bis	Welle **h6**	Bohrung **S7**	**J7**	**H7**	**F7**
10– 14 14– 18	0 −11	− 21 − 39	+10 − 8	+18 0	+34 +16
18– 24 24– 30	0 −13	− 27 − 48	+12 − 9	+21 0	+41 +20
30– 40 40– 50	0 −16	− 34 − 59	+14 −11	+25 0	+50 +25
50– 65	0	− 42 − 72	+18	+30	+60
65– 80	−19	− 48 − 78	−12	0	+30
80–100	0	− 58 − 93	+22	+35	+71
100–120	−22	− 66 −101	−13	0	+36

Beim Zusammenpassen von Bohrung und Welle können Spiel oder Übermaß auftreten.

I. Spielpassung
Spiel P_S

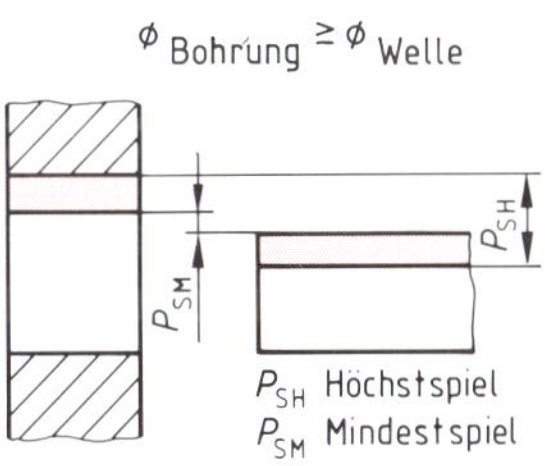

Bild D

II. Übermaßpassung
Übermaß $P_Ü$

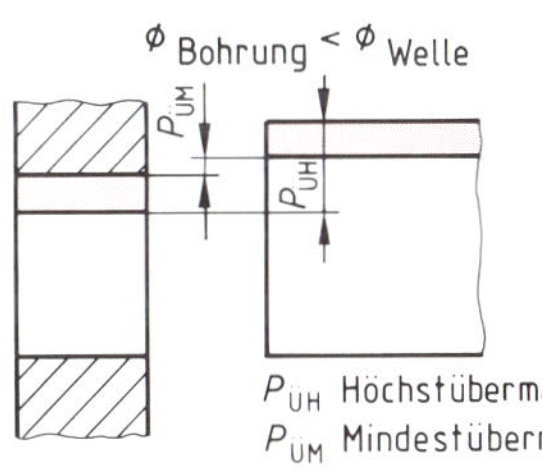

Bild E

Mindestspiel = Mindestmaß der Bohrung − Höchstmaß der Welle

$P_{SM} = G_{UB} - G_{OW}$

Höchstspiel = Höchstmaß der Bohrung − Mindestmaß der Welle

$P_{SH} = G_{OB} - G_{UW}$

Mindestübermaß = Höchstmaß der Bohrung − Mindestmaß der Welle

$P_{ÜM} = G_{OB} - G_{UW}$

Höchstübermaß = Mindestmaß der Bohrung − Höchstmaß der Welle

$P_{ÜM} = G_{UB} - G_{OW}$

Die **Paßtoleranz** P_T gibt Aufschluß über die mögliche Schwankung des Spieles oder Übermaßes zwischen den zugeordneten Bauteilen.

Es gilt immer:

Paßtoleranz = Summe der Maßtoleranzen

$$P_T = T_B + T_W$$

Eine **Übergangspassung** entsteht, wenn beim Fügen von Bohrung und Welle entweder ein Spiel oder ein Übermaß entsteht.

Aufgaben

1. Bestimmen Sie aus dem angegebenen tolerierten Maß **(Bild A)**: N, G_{OB}, G_{UB}, G_{OW}, G_{UW}, ES, es, EI, ei und T_B, T_W.

2. Bestimmen Sie die fehlenden Angaben von ⓐ bis ⓗ für eine Bohrung.

Größe	Formel ⓐ	Meßwerte ⓑ	ⓒ	ⓓ	ⓔ	ⓕ	ⓖ	ⓗ
Nennmaß	—	20 mm	30 mm	25 mm	18 mm	40 mm	35 mm	?
oberes Abmaß	$ES=?$	+0,1 mm	?	0,3 mm	?	?	?	?
unteres Abmaß	$EI=?$	−0,05 mm	?	?	−0,005 mm	?	?	−0,06 mm
Höchstmaß	$G_{OB}=?$	?	30,05 mm	?	18,01 mm	?	?	22,98 mm
Mindestmaß	$G_{UB}=?$	?	29,95 mm	24,8 mm	?	39,9 mm	35 mm	22,94 mm
Toleranz	$T_B=?$	?	?	?	?	0,4 mm	0,2 mm	?

3. Bestimmen Sie aus dem angegebenen tolerierten Maß **(Bild C)**: N, G_{OB}, G_{UB}, G_{OW}, G_{UW}, ES, es, EI, ei und T_B, T_W. Benutzen Sie den Auszug aus der ISO-Paßsystemtabelle.

4. Bestimmen Sie die gesuchten Größen in mm. Benutzen Sie die ISO-Paßsystemtabelle.

Größe	Toleriertes Maß mit ISO-Toleranzklasse 35^{H7}	35^{S7}	35^{F7}	40^{J7}	100^{H7}	35_{h6}	35_{r6}	35_{f7}	80_{h6}
Nennmaß N	?	?	?	?	?	?	?	?	?
Abmaß Es, es	?	?	?	?	?	?	?	?	?
Abmaß EI, ei	?	?	?	?	?	?	?	?	?
Höchstmaß G_{OB}, G_{OW}	?	?	?	?	?	?	?	?	?
Mindestmaß G_{UB}, G_{OW}	?	?	?	?	?	?	?	?	?
Toleranz T_B, T_W	?	?	?	?	?	?	?	?	?

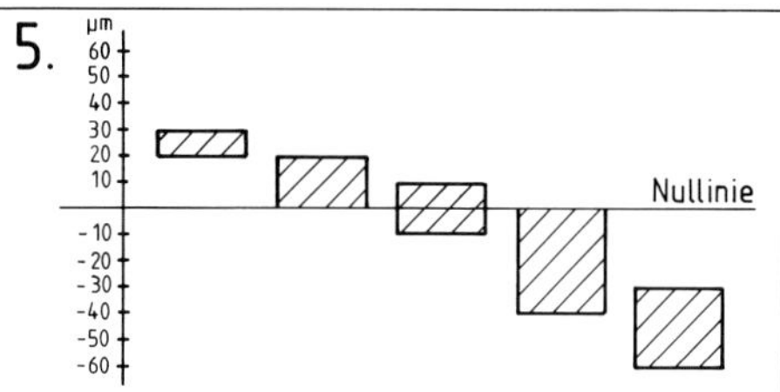

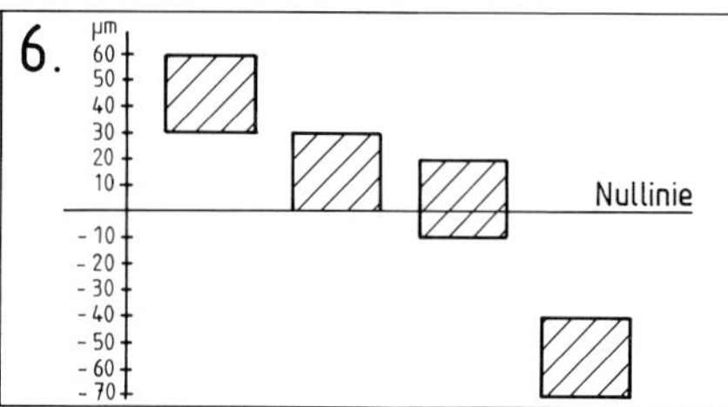

5. Ermitteln Sie bei einem Bohrungsnennmaß von 60 mm aus den angegebenen Paßtoleranzfeldern jeweils G_{OB}, G_{UB}, ES, EI und T_B.

6. Bestimmen Sie unter Benutzung der ISO-Paßsystemtabelle das tolerierte Maß für die angegebenen Paßtoleranzfelder. Das Nennmaß der Bohrung ist 60 mm.

7.

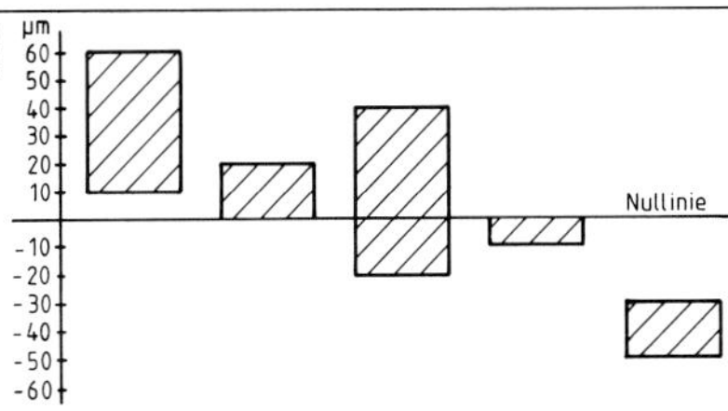

8.

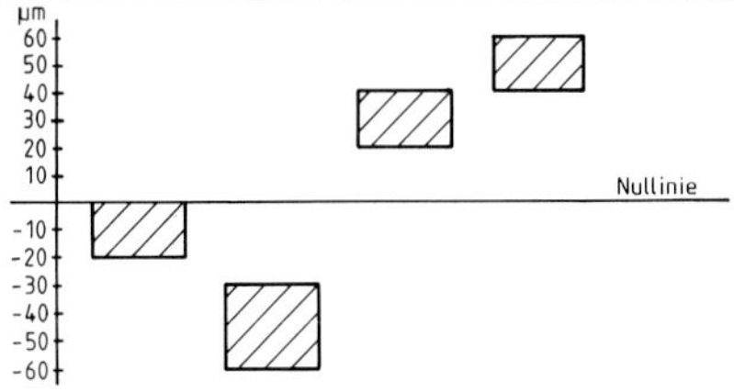

7. Ermitteln Sie bei einem Wellennennmaß von 60 mm aus den angegebenen Paßtoleranzfeldern jeweils G_{OW}, G_{UW}, *es, ei und* T_W.

8. Bestimmen Sie unter Benutzung der ISO-Paßsystemtabelle das tolerierte Maß für die angegebenen Paßtoleranzfelder. Das Nennmaß der Welle ist 60 mm.

9. In einer Zeichnung sind 3 Paßmaßangaben.
Bestimmen Sie für jede Paßmaßangabe: Passung, Paßsystem, P_{SM}, P_{SH}, $P_{ÜH}$, $P_{ÜS}$ und P_T.
Die Paßmaßangaben lauten:

a) $\varnothing\ 32^{H7}_{f7}$ **b)** $\varnothing\ 50^{H7}_{r6}$ **c)** $\varnothing\ 100^{J7}_{h6}$

10.

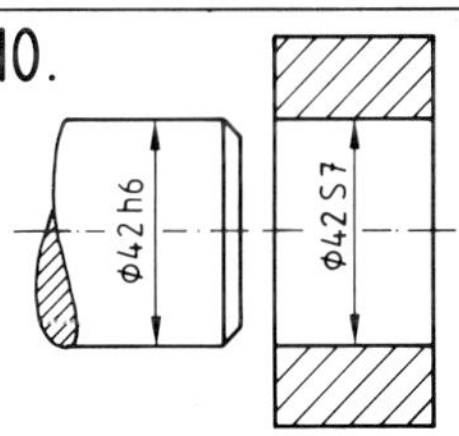

11.

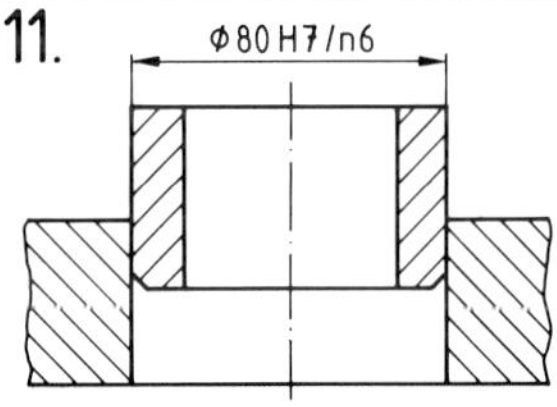

12.

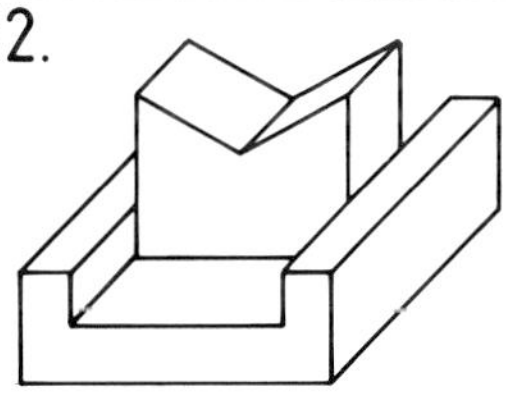

10. und **11.**

a) Erstellen Sie je eine Paßsystemtabelle als Ergänzung zum Schriftfeld einer Werkstattzeichnung.

Toleriertes Maß	$\varnothing\ 42^{S7}$	$\varnothing\ 42_{h6}$
Höchstmaß	?	?
Mindestmaß	?	?

b) Bestimmen Sie Passungsart, Paßsystem, P_{SH}, P_{SM}, $P_{ÜH}$, $P_{ÜM}$ und P_T.

12. Das Nennmaß der Nut beträgt 65 mm.

a) Wählen Sie aus der angegebenen ISO-Paßsystemtabelle (System Einheitsbohrung) die größtmögliche Spielpassung aus.

b) Wie groß ist das Höchstspiel und das Mindestspiel?

13.

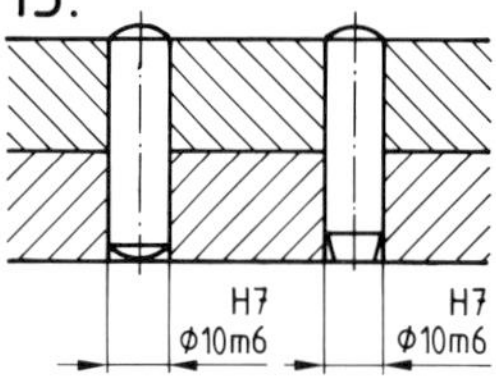

14.

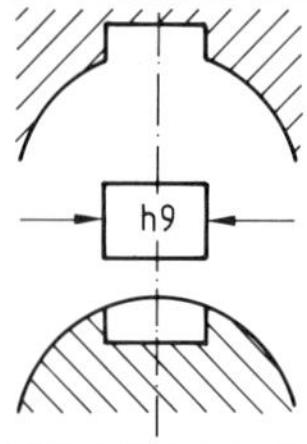

15.

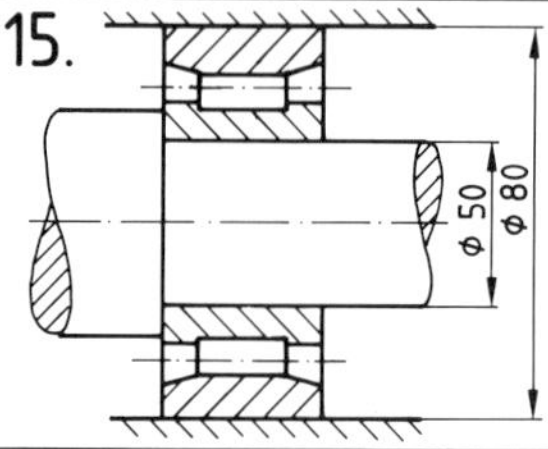

13. Die Platten eines Schneidwerkzeuges werden durch 2 Paßstifte fixiert. Bestimmen Sie Passungsart, Paßsystem, P_{SH}, P_{SM}, $P_{ÜH}$, $P_{ÜM}$ und P_T.
$(10^{H7} \triangleq 10^{+15}_{0};\ 10_{m6} \triangleq 10^{+15}_{+6})$
(Grenzabmaße in µm)

14. Paßfedern sind immer nach h9 gefertigt. Je nach Verwendungszweck werden die Wellennuten und Nabennuten unterschiedlich toleriert.

Verwendungszweck	Wellennut	Nabennut
Fall a) große Drehmomente, Montagestelle gut zugänglich	P9	P9
Fall b) öfter lösen, Montagestelle schlecht zugänglich	N9	J9
Fall c) kleine Drehmomente, Nabe verschiebbar	H8	D10

Ermitteln Sie für jeden Fall a) bis c): Passung, Paßsystem, P_{SH}, P_{SM}, $P_{ÜH}$, $P_{ÜM}$ und P_T, wenn eine Paßfeder DIN 6885 – A 8×7×56 verwendet wird.
$(8_{h9} \triangleq 8^{\ 0}_{-36};\ 8^{P9} \triangleq 8^{-15}_{-51};\ 8^{N9} \triangleq 8^{-7}_{-43};\ 8^{J9} \triangleq 8^{+18}_{-18};\ 8^{H8} \triangleq 8^{22}_{0};\ 8^{D10} \triangleq 8^{98}_{40})$
(Grenzabmaße in µm)

15. Die Gehäusebohrung für das Zylinderrollenlager ist nach 80^{H7} und die Welle nach 50_{j6} (50^{+11}_{-5}) gefertigt. Vom Wälzlagerhersteller ist angegeben: Außenring: $\varnothing\ 80^{\ 0}_{-13}$; Innenring: $\varnothing\ 50^{\ 0}_{-10}$. (Grenzabmaße in µm)

a) Wie groß ist die Toleranz der Gehäusebohrung, des Außenringes, des Innenringes und der Welle?

b) Ermitteln Sie P_{SH}, P_{SM}, $P_{ÜH}$, $P_{ÜM}$ zwischen Gehäusebohrung und Außenring sowie zwischen Welle und Innenring.

c) Welche Passung entsteht zwischen Gehäusebohrung und Lager und zwischen Welle und Lager?

d) Skizzieren Sie die Paßtoleranzfelder zur jeweiligen Nullinie.

16.

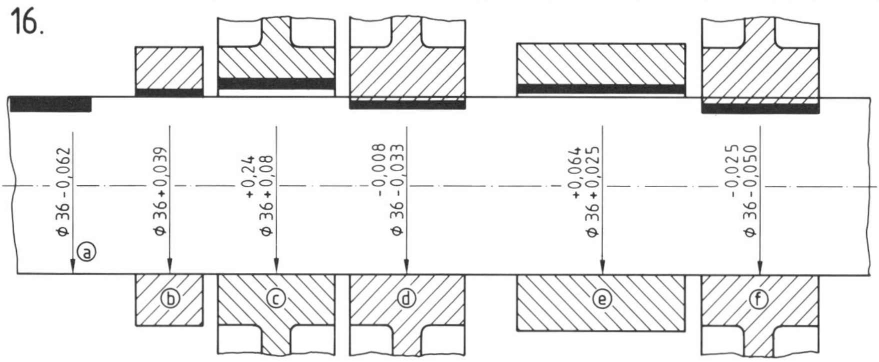

16.

	ⓐ Welle	ⓑ Stellring	ⓒ Los-scheibe	ⓓ Fest-scheibe	ⓔ Lager	ⓕ Antriebs-scheibe
Nennmaß N	?	?	?	?	?	?
oberes Abmaß ES, es	?	?	?	?	?	?
unteres Abmaß EI, ei	?	?	?	?	?	?
Höchstmaß G_{OB}, G_{OW}	?	?	?	?	?	?
Mindestmaß G_{UB}, G_{UW}	?	?	?	?	?	?
Toleranz T_B, T_W	?	?	?	?	?	?
Höchstspiel P_{SH}		?	?	?	?	?
Mindestspiel P_{SM}		?	?	?	?	?
Mindestübermaß $P_{ÜM}$		?	?	?	?	?
Höchstübermaß $P_{ÜH}$		?	?	?	?	?
Paßtoleranz P_T		?	?	?	?	?
Passung		?	?	?	?	?
Paßsystem	?					

Fachspezifische Themenkreise

34 Arbeiten mit dem Teilkopf

34.1 Direktes und indirektes Teilen

Der Teilkopf ist ein Gerät zum Erzeugen beliebiger Umfangsteilungen (z. B. Fräsen von Vierkanten, Sechskanten, Achtkanten, Zahnrädern usw.).

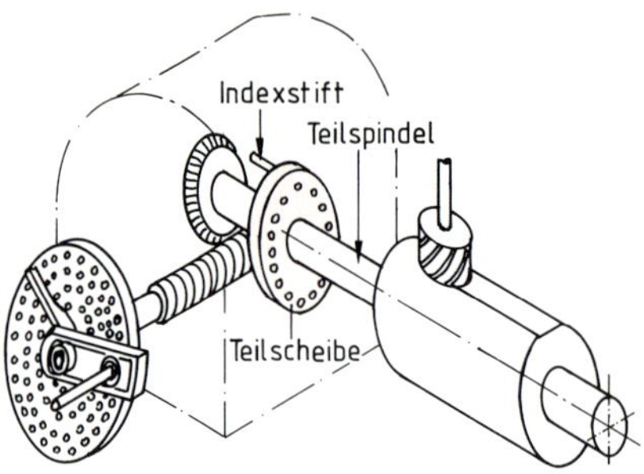

Bild A

Direktes Teilen

Das Teilen erfolgt durch die Teilscheibe unter Ausschaltung des Schneckengetriebes. Die Teilscheibe besitzt meist 24 Bohrungen oder Rasten. Das direkte Teilen ist demnach nur möglich, wenn die gewünschte Teilzahl ganzzahliger Teiler der Teilscheibenlochzahl ist.

$$\text{Anzahl der Lochabstände} = \frac{\text{Anzahl der Löcher auf der Teilscheibe}}{\text{gewünschte Teilung am Werkstück}}$$

$$n_i = \frac{n_L}{T}$$

n_i Anzahl der Lochabstände je Teilschritt
n_L Anzahl der Löcher auf der Teilscheibe (meist 24)
T gewünschte Teilung am Werkstück

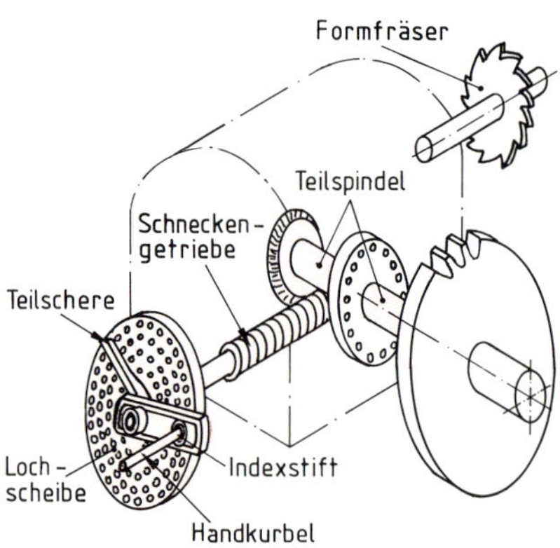

Bild B

Lochscheibe I: 15, 16, 17, 18, 19, 20 Löcher
Lochscheibe II: 21, 23, 27, 29, 31, 33 Löcher
Lochscheibe III: 37, 39, 41, 43, 47, 49 Löcher

Indirektes Teilen

Das Teilen erfolgt indirekt über das Schneckengetriebe durch die Kurbel an der Lochscheibe. Das Übersetzungsverhältnis i des Schneckengetriebes beträgt meist 40:1. Daraus folgt z. B.:

erwünschte Teilung T	Anzahl der Kurbelumdrehungen n_K
4	$\frac{40}{4} = 10$
8	$\frac{40}{8} = 5$
28	$\frac{40}{28} = \frac{10}{7} = 1\frac{3}{7}$

$$\text{Anzahl der Kurbelumdrehungen} = \frac{\text{Übersetzungsverhältnis des Schneckentriebes}}{\text{gewünschte Teilung am Werkstück}}$$

$$n_K = \frac{i}{T}$$

n_K Umdrehungen der Teilkurbel je Teilschritt

i Übersetzungsverhältnis des Schneckentriebes (meist: 40 : 1)

T gewünschte Teilung am Werkstück

Beispiel 1 (Teilen nach Teilzahl)	**Beispiel 2** (Teilen nach Winkelgraden)
$T = 28$, $n_K = ?$ *Lösung:* $n_K = \frac{40}{28} = \frac{10}{7} = 1\frac{3}{7}$ Um $\frac{3}{7}$ Umdrehung ausführen zu können, wählt man den größten Lochkreis, der durch 7 teilbar ist. $\frac{3}{7}$ durch Erweitern $\frac{3 \cdot 7}{7 \cdot 7} = \frac{21}{49}$ 21 → Anzahl der Lochabstände 49 → Lochkreis *Ergebnis:* Für die 28er-Teilung ist eine ganze Umdrehung und 21 Lochabstände auf dem 49er-Lochkreis vorzunehmen.	$\alpha = 10°$, $n_K = ?$ *Vorüberlegung:* $T = \frac{360°}{\alpha}$ $n_K = \frac{40}{T} = \frac{40 \cdot \alpha}{360°}$ $n_K = \frac{\alpha}{9°}$ *Lösung:* $n_K = \frac{\alpha}{9°} = \frac{10°}{9°} = 1\frac{1}{9}$ Um $\frac{1}{9}$ Umdrehung ausführen zu können, wählt man den größten Lochkreis, der durch 9 teilbar ist. $\frac{1}{9}$ durch Erweitern $\frac{1 \cdot 3}{9 \cdot 3} = \frac{3}{27}$ *Ergebnis:* Für eine 10°-Teilung ist eine ganze Umdrehung und 3 Lochabstände auf dem 27er-Lochkreis vorzunehmen.

Aufgaben

1. An einer Welle soll durch direktes Teilen ein Vierkant (siehe **Bild A**) angefräst werden. Um wieviel Löcher (Teilscheibe: 24 Löcher) muß nach jedem Fräsvorgang weitergeschaltet werden?

2. Ein Zahnrad mit 26 Zähnen soll durch Formfräsen (siehe **Bild B**) hergestellt werden.
   a) Warum kann das direkte Teilen mit der üblichen Teilscheibe nicht vorgenommen werden?
   b) Berechnen Sie die Anzahl der Kurbelumdrehungen n_K.
   Wieviel Löcher muß man zusätzlich auf welchem Lochkreis weiterdrehen?

3. Bestimmen Sie die fehlenden Angaben von ⓐ bis ⓗ.

Größe	Formel ⓐ	ⓑ	ⓒ	ⓓ	ⓔ	ⓕ	ⓖ	ⓗ
Übersetzungsverhältnis	i = ?	40	40	40	40	?	60	60
Teilzahl des Werkstückes	T = ?	4	15	?	65	5	85	112
Kurbelumdrehung n_K	n_K = ?	?	?	5	?	8	?	?
Lochkreis	—	?	?	?	?	—	?	?
Anzahl der Lochabstände auf dem Lochkreis	—	?	?	?	?	—	?	?

4. Bestimmen Sie die fehlenden Angaben für einen Teilkopf mit $i = 40:1$.

Größe	ⓐ	ⓑ	ⓒ	ⓓ	ⓔ
Winkelteilung α	45°	40°	22,5°	5°	18°
Kurbelumdrehungen n_K	?	?	?	?	?
Lochkreis	?	?	?	?	?
Anzahl der Lochabstände auf dem Lochkreis	?	?	?	?	?

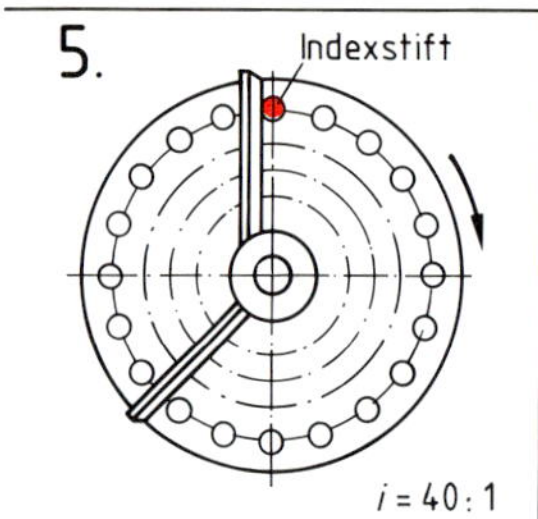

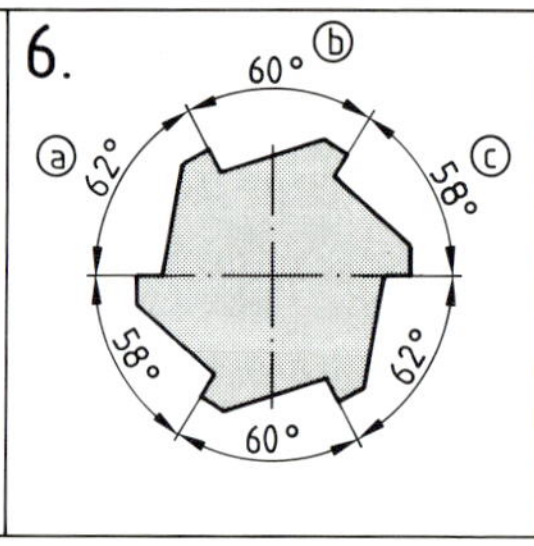

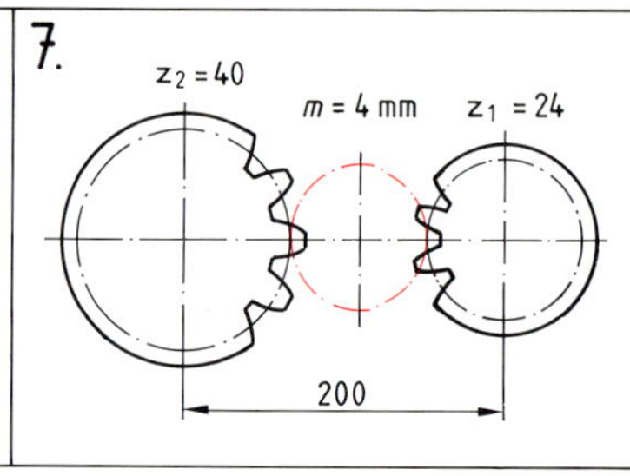

5. **a)** Bestimmen Sie die Zahl der Löcher, die die Teilschere einschließt.
b) Bestimmen Sie die Anzahl der Lochabstände zwischen den Teilscheren.
c) Skizzieren Sie die Stellung der Schere und des Indexstiftes nach einem Teilvorgang.
d) Bestimmen Sie die Zähnezahl des zu fertigenden Zahnrades, wenn bei jedem Teilschritt die Teilkurbel 1 ganze Umdrehung und zusätzlich die skizzierte Lochabstandszahl zurücklegt.

6. Um Rattermarken zu vermeiden, hat eine Reibahle immer eine ungleiche Teilung. Bestimmen Sie für die Herstellung einer Reibahle die Teilschritte ⓐ, ⓑ und ⓒ. Aus Rationalitätsgründen sollten alle Teilschritte mit einer Lochscheibe durchgeführt werden.

7. Zwischen zwei Stirnrädern soll ein Zwischenrad eingebaut werden. Der Achsabstand zwischen z_1 und z_2 ist fest und nicht veränderlich.

a) Bestimmen Sie die Zähnezahl des Zwischenrades und den Mindest-Ø des Rohlings für die Fertigung des Zahnrades.
b) Bestimmen Sie für den Fertigungsvorgang des Zwischenrades n_K, Lochkreis und Anzahl der Lochabstände.

34.2 Ausgleichsteilen (Differentialteilen)

Teilungen, die nicht durch „indirektes Teilen" erzeugbar sind, weil geeignete Lochscheiben fehlen, können durch **Ausgleichsteilen** vorgenommen werden.

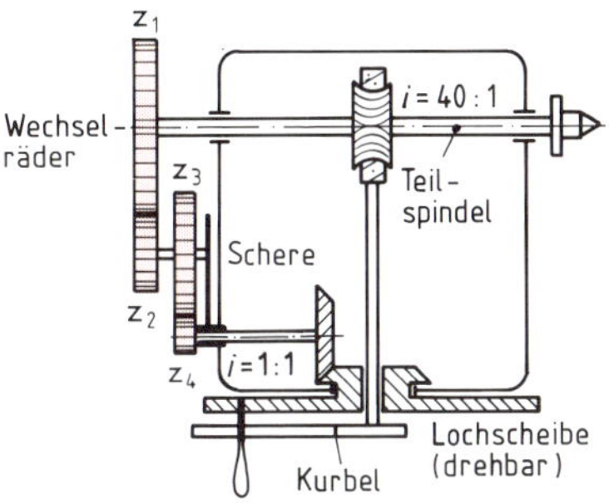

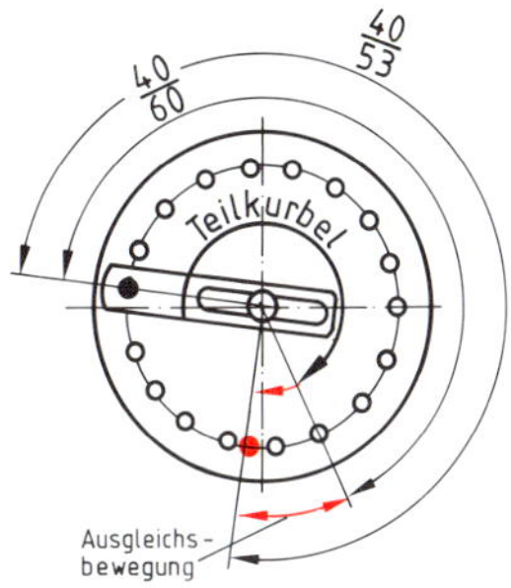

üblicher Wechselradsatz:
24, 24, 25, 28, 30, 32
35, 36, 40, 44, 48
56, 64, 72, 86, 100

Übersetzungsverhältnis Teilkopf:
$i = 40:1$

Beispiel $T = 53$

$n_K = \frac{i}{T} = \frac{40}{53} \rightarrow$ nicht kürzbar, Lochscheibe mit 53 Löchern nicht vorhanden

Wählt man einen Näherungswert, eine Hilfsteilzahl $T' = 60$, so folgt:

$n_K = \frac{i}{T'} = \frac{40}{60} = \frac{2}{3} = \frac{12}{18}$, d.h. 12 Lochabstände auf dem 18er-Lochkreis

Um den Fehler auszugleichen, wird mit Hilfe von **Wechselrädern** beim Drehen der Teilkurbel gleichzeitig die Lochscheibe um die Differenz $\left(\frac{40}{53} - \frac{40}{60}\right)$ weitergedreht, so daß der Indexstift das 12er-Loch in der skizzierten roten Position erreicht.

Wechselraderberechnung

Drehung der Lochscheibe bei einem Teilschritt:

$$n_L - \frac{40}{T} - \frac{40}{T'}$$

Drehung des Werkstückes bei einem Teilschritt:

$$n_w = \frac{1}{T'}$$

Erforderliche Wechselradübersetzung:

$$\frac{n_L}{n_w} = \frac{z_1}{z_2} \cdot \frac{z_3}{z_4} = \frac{\frac{40}{T} - \frac{40}{T'}}{\frac{1}{T}}$$

Durch algebraische Umformung folgt:

Zähnezahlverhältnis der Wechselräder

$$\frac{z_1 \cdot z_3}{z_2 \cdot z_4} = \frac{40}{T'}(T' - T)$$

z_1, z_3 Zähnezahl der treibenden Räder
z_2, z_4 Zähnezahl der getriebenen Räder
T Teilzahl
T' Hilfsteilzahl

Merke:

$T' > T$ (Zähnezahlverhältnis: positiv) $\Rightarrow$ Drehsinn Kurbel gleich Drehsinn Lochscheibe

$T' < T$ (Zähnezahlverhältnis: negativ) $\Rightarrow$ Drehsinn Kurbel entgegengesetzt Drehsinn Lochscheibe

$\Downarrow$

Zwischenrad erforderlich

Fortsetzung Beispiel

$$\frac{z_1 \cdot z_3}{z_2 \cdot z_4} = \frac{40}{60}(60 - 53) = \frac{4 \cdot 7}{6}$$

$$\frac{z_1 \cdot z_3}{z_2 \cdot z_4} = \frac{4 \cdot 7}{2 \cdot 3} = \frac{4 \cdot 16 \cdot 7 \cdot 8}{2 \cdot 16 \cdot 3 \cdot 8} = \underline{\underline{\frac{64 \cdot 56}{32 \cdot 24}}}$$

Gewählte Wechselräder:
$z_1 = 64$, $z_2 = 32$, $z_3 = 56$, $z_4 = 24$

Aufgaben

1. a) Verfolgen Sie im Informationsteil das vorgerechnete Musterbeispiel für $T = 53$.

b) Kontrollieren Sie über eine Proberechnung:

$$T = T' - \left(\frac{z_1 \cdot z_3 \cdot T'}{z_2 \cdot z_4 \cdot 40}\right)$$

Wird mit den angegebenen Zähnezahlen tatsächlich die gewünschte Teilung erreicht?

c) Bestimmen Sie n_K, Lochkreis, Anzahl der Lochabstände und die Zähnezahlen, wenn für das Beispiel $T = 53$ eine Hilfsteilzahl von $T' = 50$ gewählt wird.

d) Welche Bedeutung hat das negative Zähnezahlverhältnis von Aufgabe 1.c)?

2. Bestimmen Sie die fehlenden Angaben von ⓐ bis ⓖ.
Beachten Sie, daß das Zähnezahlverhältnis eventuell auch durch eine einfache Übersetzung möglich ist.

Größe	Formel ⓐ	ⓑ	ⓒ	ⓓ	ⓔ	ⓕ	ⓖ
Teilzahl T	—	96	127	57	73	175	117
Hilfsteilzahl T'	—	90	128	54	70	180	110
Kurbelumdrehung n_K	$n_K = ?$	?	?	?	?	?	?
Lochkreis	—	27	?	?	?	?	?
Anzahl der Lochabstände	—	?	?	?	?	?	?
Zähnezahlverhältnis	$\frac{z_1 \cdot z_3}{z_2 \cdot z_4} = ?$	?	?	?	?	?	?
Zähnezahl des treibenden Rades z_1	—	72	?	32	?	?	?
Zähnezahl des getriebenen Rades z_2	—	?	64	?	?	?	?
Zähnezahl des treibenden Rades z_3	—	—	?	40	48	—	?
Zähnezahl des getriebenen Rades z_4	—	—	64	?	24	—	?
Drehrichtung von Kurbel und Lochscheibe: „gleich" oder „entgegengesetzt"	—	?	?	?	?	?	?

3. Bestimmen Sie für die skizzierten Wechselradstellungen:
   a) Art der Übersetzung (einfach oder doppelt),
   b) Größe des Zähnezahlverhältnisses,
   c) Drehrichtung von Lochscheibe und Teilkurbel (gleichsinnig oder entgegengesetzt).

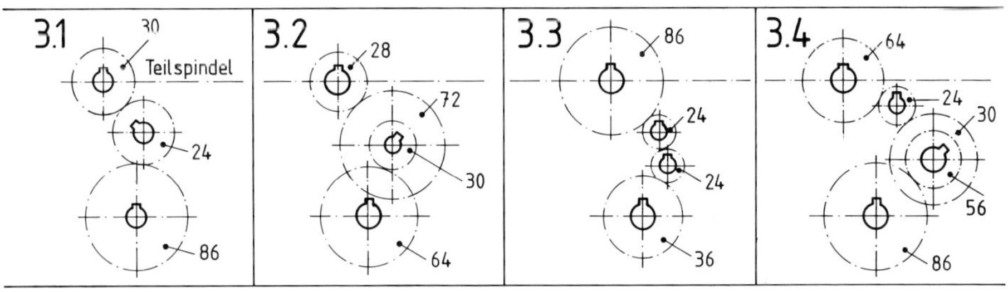

4. Ein Kreisbogen von 70° ist in 24 gleiche Teile zu teilen. Bestimmen Sie n_K, Lochkreis, Anzahl der Lochabstände und die Zähnezahlen der Wechselräder.

5. Bestimmen Sie n_K, Lochkreis, Anzahl der Lochabstände und die Zähnezahlen für die Teilung eines Zahnrades mit 79 Zähnen. Verwendet wird ein Teilkopf mit einem Übersetzungsverhältnis des Schneckentriebes von $i = 60:1$.

34.3 Fräsen von Wendelnuten mit Universalteilkopf

Anwendungsgebiet

Fertigen von
- Walzenfräsern
- schrägverzahnten Stirnrädern
- Wendelbohrern
- drallverzahnten Reibahlen u. a.

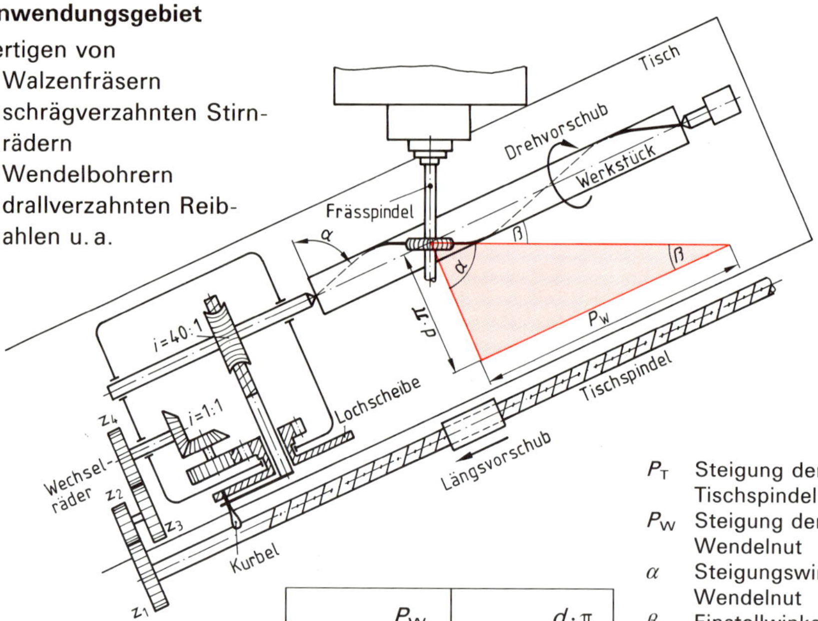

Bild A

$\tan\alpha = \frac{P_W}{d \cdot \pi}$	$\tan\beta = \frac{d \cdot \pi}{P_W}$

P_T Steigung der Tischspindel
P_W Steigung der Wendelnut
α Steigungswinkel der Wendelnut
β Einstellwinkel des Tisches
$\alpha + \beta = 90°$

Vorschub-bewegung	=	**Längsvorschub** über Tischspindel und Spindelmutter	+	**Drehvorschub** über Tischspindel, Wechselräder, feste Zahnräder, Lochscheibe, Teilkurbel, Schnecke, Teilspindel

Vorschubbewegung und Drehbewegung müssen in einem bestimmten Verhältnis stehen.
Bei einer Umdrehung des Werkstückes muß der Frästisch einen Vorschubweg zurücklegen, der der Steigung der Wendelnut entspricht (siehe Bild A).

$$\frac{\text{Wendelsteigung}}{\text{Spindelsteigung}} = \text{Übersetzungsverhältnis des gesamten Getriebes}$$

$$\frac{P_W}{P_T} = i \cdot \frac{1}{1} \cdot \frac{1}{1} \cdot \frac{40}{1}$$

$$\frac{P_W}{P_T \cdot 40} = \frac{z_2}{z_1} \cdot \frac{z_4}{z_3}$$

i Übersetzungsverhältnis Wechselradgetriebe

$$i = \frac{z_2}{z_1} \cdot \frac{z_4}{z_3}$$

Wechselräder wie beim Ausgleichsteilen

Zähnezahlverhältnis der Wechselräder

$$\frac{z_1}{z_2} \cdot \frac{z_3}{z_4} = \frac{P_T \cdot 40}{P_W}$$

z_1, z_3 treibende Räder
z_2, z_4 getriebene Räder
P_T Steigung der Tischspindel in mm
P_W Steigung der Wendel in mm

Nach dem Fertigstellen einer Nut erfolgt das Teilen für die nächste Nut. Das Teilen erfolgt durch „indirektes Teilen" (Ausgleichsteilen nicht möglich). Die Anzahl der Kurbelumdrehungen ermittelt man wie in Kapitel 34.1 beschrieben.

Beispiel

Für das skizzierte Werkstück **(Bild A)** gilt: Steigungswinkel = 65°, Anzahl der Wendelnuten: 9, Tischspindelsteigung = 5 mm, Wellendurchmesser: 80 mm.

Gesucht: a) Steigung der Wendelnut
b) Einstellwinkel
c) Wechselräder
d) Anzahl der Teilkurbelumdrehungen

a) $\tan\alpha = \frac{P_W}{d \cdot \pi}$

$P_W = \tan\alpha \cdot d \cdot \pi$

$P_W = \tan 65° \cdot 80\ \text{mm} \cdot \pi$

$P_W = 539\ \text{mm}$

$P_W \approx 540\ \text{mm}$

Hinweis: Die Steigung P_W ist so auf- bzw. abzurunden, daß die Tischspindelsteigung P_T in P_W ohne Rest teilbar ist.

b) $\beta = 90° - \alpha$

$\beta = 90° - 65°$

$\beta = 25°$

c) $\frac{z_1 \cdot z_3}{z_2 \cdot z_4} = \frac{P_T \cdot 40}{P_W}$

$$\frac{z_1 \cdot z_3}{z_2 \cdot z_4} = \frac{5\ \text{mm} \cdot 40}{540\ \text{mm}} = \frac{10}{27} = \frac{5}{9} \cdot \frac{2}{3} = \frac{5 \cdot 8}{9 \cdot 8} \cdot \frac{2 \cdot 16}{3 \cdot 16} = \frac{40\ (z_1)}{72\ (z_2)} \cdot \frac{32\ (z_3)}{48\ (z_4)}$$

d) $n_k = \frac{40}{T} = \frac{40}{9} = 4\frac{4}{9} = 4\frac{12}{27}$ → Lochabstände (12) → Lochkreis (27)

Beim Teilen muß die Kurbel 4 ganze Umdrehungen und 12 Lochabstände auf der 27-Lochscheibe zurücklegen.

Aufgaben

1. Bestimmen Sie für die folgenden Fräsarbeiten die gesuchten Größen.

Fräsarbeit	T	d	α	β	P_W	P_T	$\frac{z_1 \cdot z_3}{z_2 \cdot z_4}$	z_1	z_2	z_3	z_4	n_k
ⓐ Wendelbohrer	?	28 mm	?	58°	?	5 mm	?	?	?	?	?	?
ⓑ schrägverzahnter Walzenfräser	6	50 mm	?	?	640 mm	5 mm	?	?	?	?	?	?
ⓒ Reibahle	3	50 mm	41,7°	?	?	5 mm	?	?	?	?	?	?
ⓓ Schnecke	3	80 mm	?	?	48 mm	6 mm	?	100	40	?	?	?
ⓔ schrägverzahntes Stirnrad	35	140 mm	?	?	1,8 m	6 mm	?	?	?	?	?	?

2. Die Werkstücke ⓐ bis ⓒ sollen auf einer Universalfräsmaschine ($P_T = 5$ mm) gefertigt werden.
Bestimmen Sie alle Größen, die für die Fertigung benötigt werden.

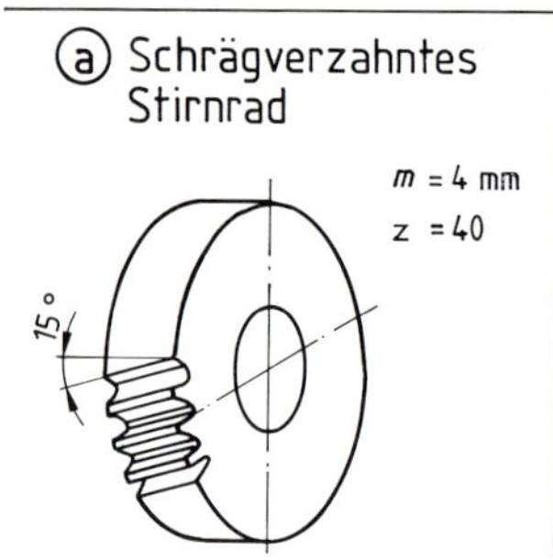

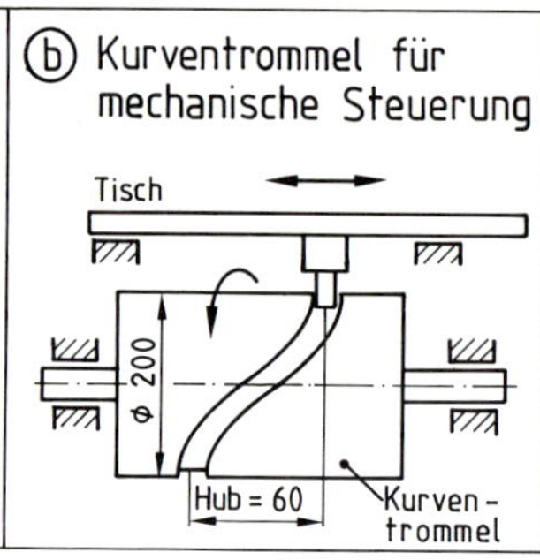

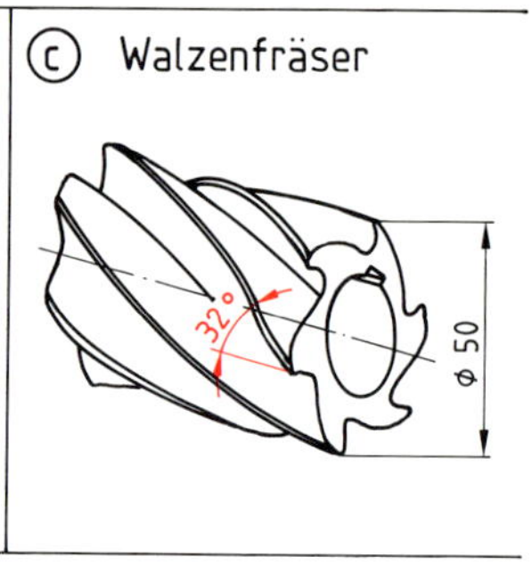

35 Kegeldrehen

35.1 Kegeldrehen durch Verstellen des Oberschlittens

Bei kleinen Kegellängen wird der Oberschlitten um den halben Kegelwinkel verstellt.

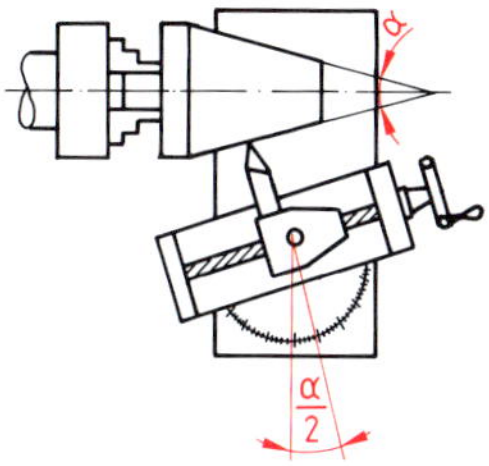

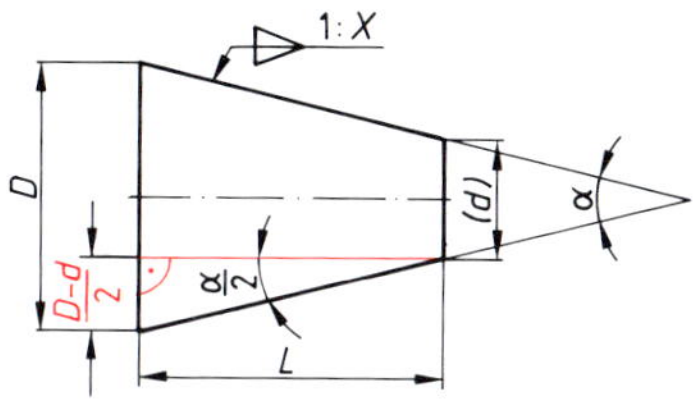

Kegelverjüngung C

$$C = \frac{D-d}{L}$$

$$\tan\frac{\alpha}{2} = \frac{\frac{D-d}{2}}{L}$$

$$\text{tan halber Kegelwinkel} = \frac{\text{großer Kegeldurchmesser} - \text{kleiner Kegeldurchmesser}}{2 \cdot \text{Kegellänge}}$$

$$\tan\frac{\alpha}{2} = \frac{D-d}{2 \cdot L}$$

$\frac{\alpha}{2}$ halber Kegelwinkel in ° (Grad)

D großer Kegeldurchmesser in mm

d kleiner Kegeldurchmesser in mm

L Kegellänge in mm

Aufgaben

1. a) Um wieviel Grad muß der Dreher den Oberschlitten verstellen? ($D = 60$ mm, $d = 30$ mm, $L = 60$ mm)

b) Bestimmen Sie die Kegelverjüngung C.

2. Bestimmen Sie für die Dreharbeiten ⓐ bis ⓓ die fehlenden Angaben.

	D	d	L	C	$\tan\frac{\alpha}{2}$	$\frac{\alpha}{2}$	α
ⓐ	100 mm	?	20 mm	?	?	?	90°
ⓑ	240 mm	180 mm	?	1:3	?	?	?
ⓒ	30 mm	?	60 mm	?	?	?	1°26′
ⓓ	20 mm	19 mm	50 mm	?	?	?	?

3. Berechnen Sie die gesuchten Werte.

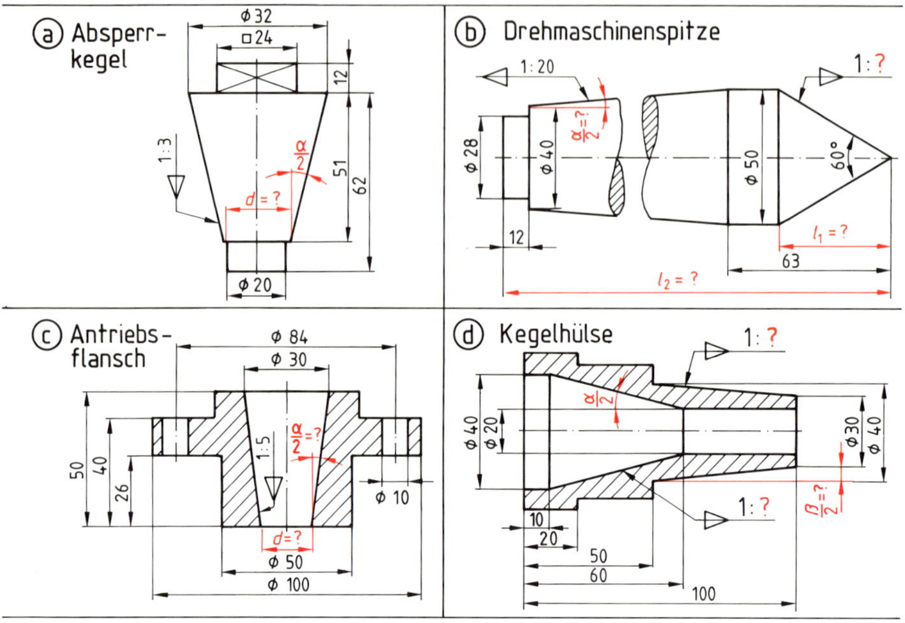

35.2 Kegeldrehen durch Verstellen des Reitstockes

Durch Verstellen des Reitstockes können lange, schlanke Kegel erzeugt werden.

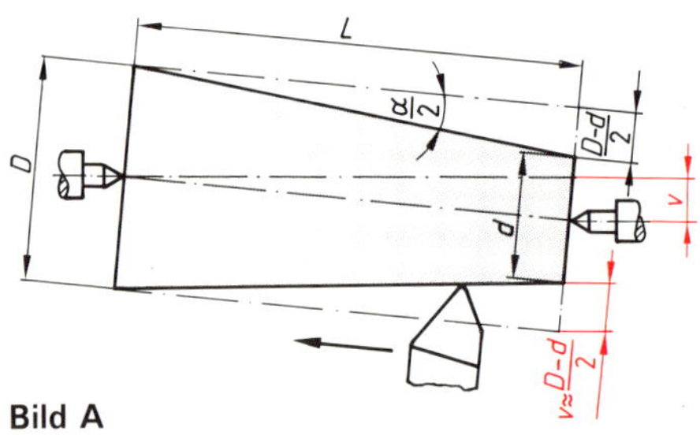

Bild A

Aus der Skizze folgt für das Verstellmaß V

$$V \approx \frac{D-d}{2}$$

Da der Fehler vernachlässigbar klein ist, gilt:

$$V = \frac{D-d}{2}$$

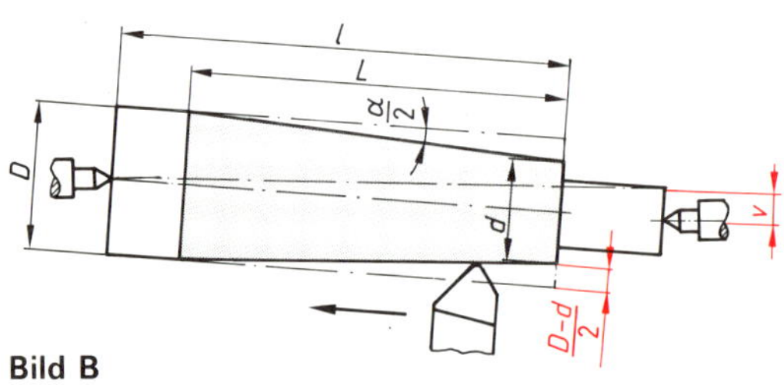

Bild B

Bei einem Kegel mit zylindrischen Ansätzen kann man eine Verhältnisgleichung aufstellen:

$$V : l = \frac{D-d}{2} : L$$

Daraus folgt für das Verstellmaß:

$$\text{Verstellmaß des Reitstockes} = \frac{\text{großer Kegeldurchmesser} - \text{kleiner Kegeldurchmesser}}{2} \cdot \frac{\text{Werkstücklänge}}{\text{Kegellänge}}$$

$$V = \frac{D-d}{2} \cdot \frac{l}{L}$$

V Verstellmaß des Reitstockes in mm
D großer Kegeldurchmesser in mm
d kleiner Kegeldurchmesser in mm
l Werkstücklänge in mm
L Kegellänge in mm

Beachten Sie, daß die Verstellung des Reitstockes nicht unbeschränkt möglich ist. Es gilt:

$$V \leq \frac{1}{50} \cdot l$$

Aufgaben

1. a) Berechnen Sie das Verstellmaß für einen Kegel **(Bild A)** mit den Abmessungen: $D = 38$ mm, $d = 34$ mm, $L = 120$ mm.

b) Berechnen Sie das Verstellmaß für das Werkstück **(Bild B)** mit den Abmessungen: $D = 38$ mm, $d = 34$ mm, $L = 120$ mm, $l = 200$ mm.

c) Prüfen Sie nach: Sind die in a) und b) errechneten Verstellmaße zu realisieren?

2. Bestimmen Sie die fehlenden Angaben von ⓐ bis ⓖ.

Größe	Formel ⓐ	Meßwerte ⓑ	ⓒ	ⓓ	ⓔ	ⓕ	ⓖ
großer Kegel-∅	D = ?	82 mm	68 mm	32 mm	?	24 mm	?
kleiner Kegel-∅	d = ?	78 mm	60 mm	24 mm	30 mm	?	18 mm
Werkstücklänge	l = ?	300 mm	850 mm	$l = L$	500 mm	300 mm	180 mm
Kegellänge	L = ?	300 mm	320 mm	?	300 mm	250 mm	150 mm
Verstellmaß	V = ?	?	?	?	?	?	2 mm
Kegelverjüngung	C = ?	?	?	1:30	1:40	?	?
$\tan \frac{\alpha}{2}$	$\tan \frac{\alpha}{2}$ = ?	?	?	?	?	?	?
halber Kegelwinkel	—	?	?	?	?	0,5°	?

36 Berechnungen an Maschinenelementen

36.1 Kegelverjüngung und Neigung

Kegelstift nach DIN 1

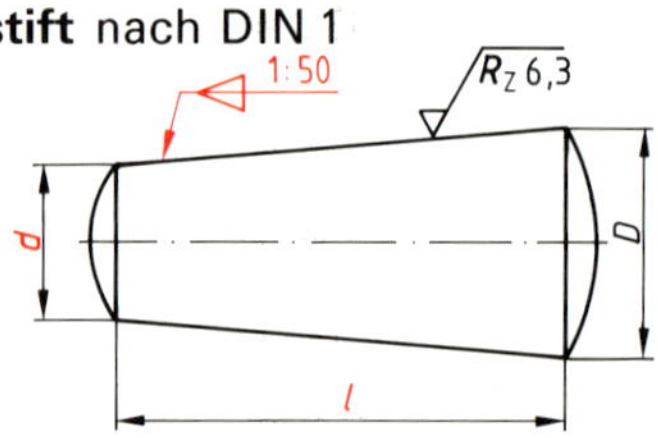

Bild A

Normbezeichnung ($d \times l$), z. B.

Kegelstift DIN 1 - 3 × 40

Die Kegelverjüngung C wird als Verhältniswert $1:x$ angegeben

Treibkeil nach DIN 6886

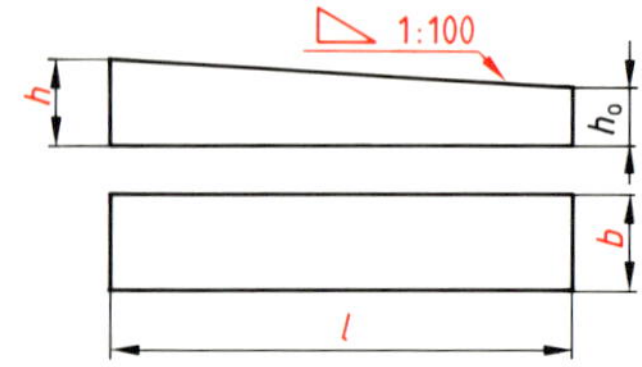

Bild B

Normbezeichnung ($b \times h \times l$), z. B.

Keil DIN 6886 - 10 × 8 × 50

Die Neigung wird durch das Neigungsverhältnis $1:x$ angegeben

Kegelverjüngung C $\quad 1:x = \dfrac{D-d}{l}$

Die Kegelverjüngung ist der Verhältniswert aus der Differenz von zwei Kegeldurchmessern und deren Abstand.

Neigung $\quad 1:x = \dfrac{h-h_0}{l}$

Die Neigung ist das Verhältnis aus der Differenz der Höhen und deren Abstand.

Die Differenz $h - h_0$ bei Keilen wird als Anzug a bezeichnet.

Aufgaben

1. Was besagen die Angaben: Kegelverjüngung $C = 1:50$ und Neigung $1:100$?
2. Berechnen Sie für die im **Bild A** und **Bild B** dargestellten Maschinenelemente aus deren Normbezeichnung D und h_0.
3. und **4.** Bestimmen Sie die fehlenden Angaben ⓐ bis ⓔ in der Tabelle.

	Berechnungsformel ⓐ	Formelumstellung ⓑ	Meßwerte (Maße in mm) ⓒ	ⓓ	ⓔ
3. 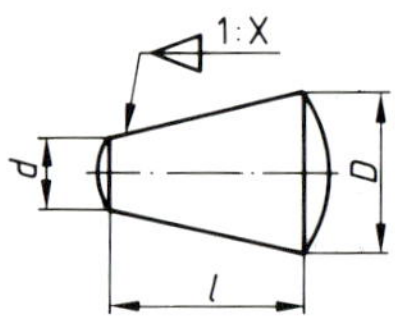	$\frac{1}{x} = ?$	$x = ?$ $d = ?$ $D = ?$ $l = ?$	$\frac{1}{x} = 1:60$ $d = ?$ $D = 13{,}33$ $l = 80$	$x = 40$ $d = 8$ $D = ?$ $l = 120$	$x = 70$ $d = 9$ $D = 12$ $l = ?$
4. 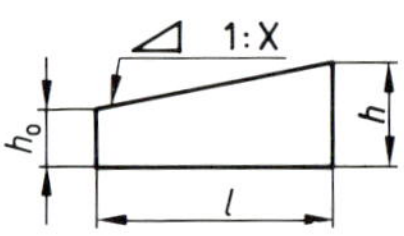	$\frac{1}{x} = ?$	$x = ?$ $h = ?$ $h_0 = ?$ $l = ?$	$\frac{1}{x} = ?$ $h_0 = 59$ $h = 65$ $l = 240$	$\frac{1}{x} = \frac{1}{100}$ $h = ?$ $h_0 = 32$ $l = 165$	$x = 25$ $h = 15$ $h_0 = ?$ $l = 200$

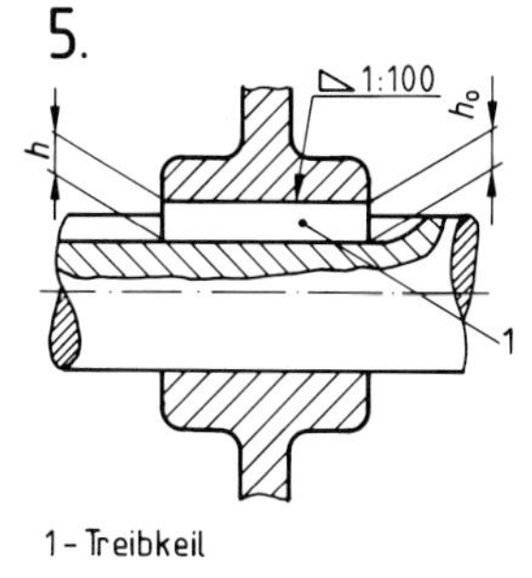

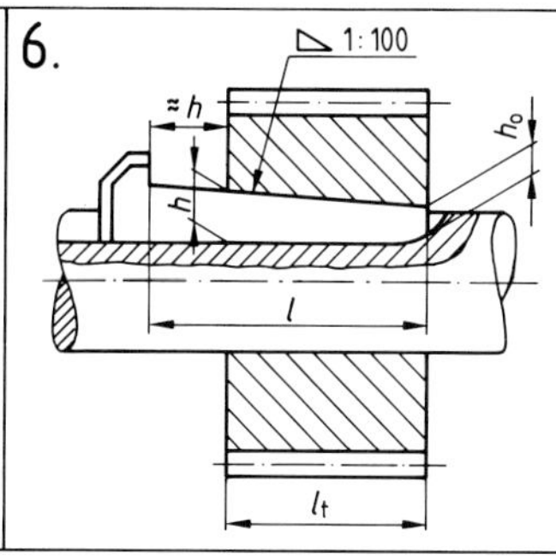

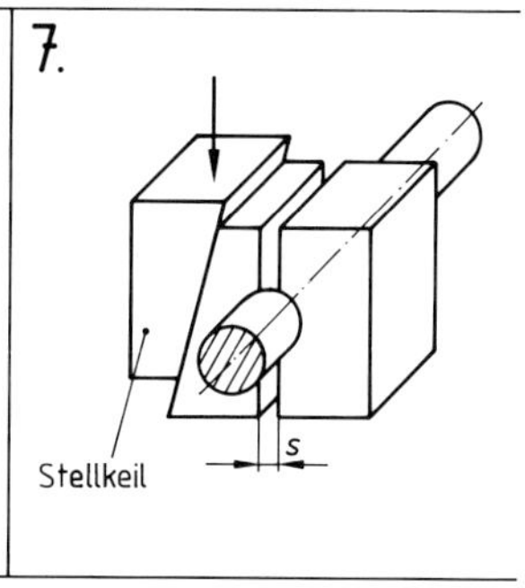

5. Für die dargestellte Wellen-Nabenverbindung ist die Normbezeichnung für den Keil zu bestimmen. Die Nabennut soll die gleiche Länge haben wie der Keil. ($h = 11$ mm, $h_0 = 8{,}4$ mm, $b = 18$ mm)

6. Ein Nasenkeil mit der Länge $l = 160$ mm und der Höhe $h = 9$ mm soll das Stirnrad mit der Welle kraftschlüssig verbinden.

a) Bestimmen Sie die Nabendicke bzw. Traglänge l_t.

b) Wie groß ist das Maß h_0?

7. Ein Stellkeil wird, um das Lagerspiel auszugleichen, um 5 mm nach unten verstellt. Wie groß war das Lagerspiel S bei einer Neigung des Stellkeils von 1:40?

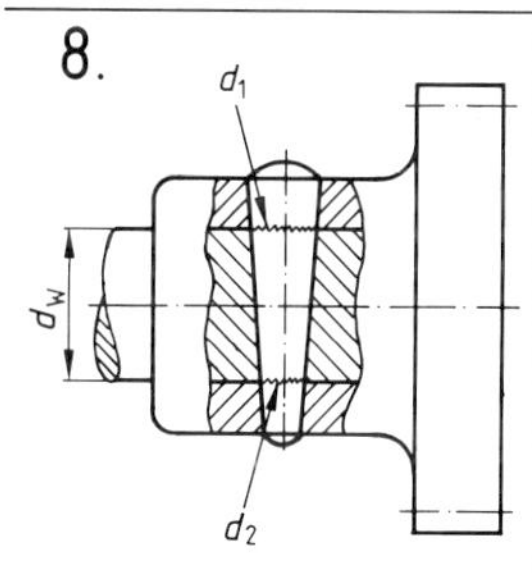

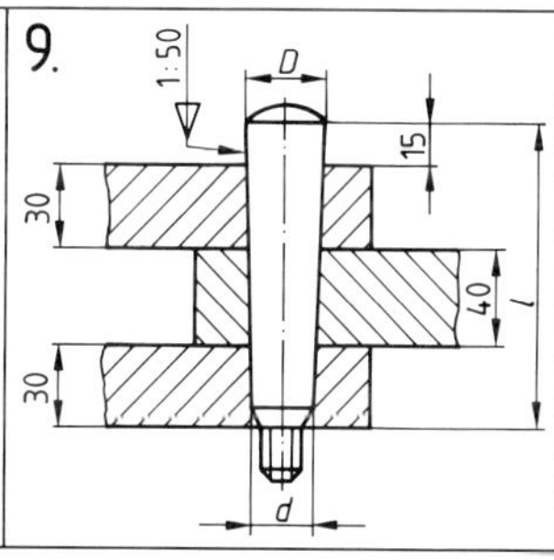

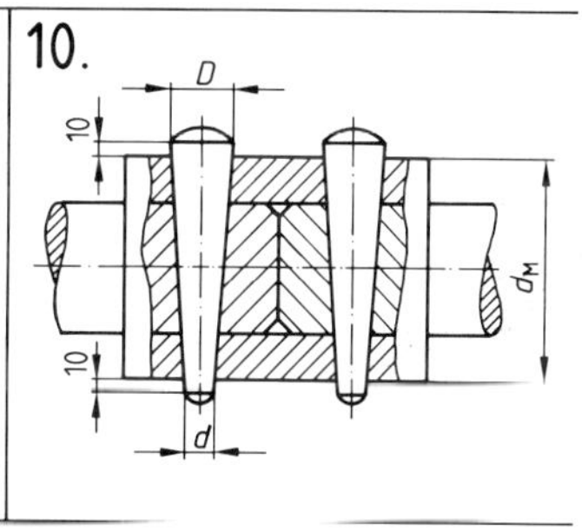

8. Ein Kegelstift DIN 1 - 6 × 72 wird auf Abscheren beansprucht. Der Wellendurchmesser d_w beträgt 30 mm.
Berechnen Sie die für die Bestimmung der Abscherflächen benötigten Durchmesser d_1 und d_2.

9. Ein Kegelstift mit Sicherungsgewinde ist $l = 115$ mm lang und hat einen Nenndurchmesser $d = 12$ mm.
Um wieviel mm darf das obere Blech höchstens aufgerieben werden?

10. Die beiden Wellen einer Muffenkupplung sind durch Kegelstifte mit den Durchmessern $d = 14$ mm und $D = 15{,}4$ mm mittels hohlzylindrischer Muffe verbunden.
Bestimmen Sie den Durchmesser d_M der Muffe, wenn das Kegelverhältnis 1:50 beträgt.

36.2 Beanspruchungsarten bei Nietverbindungen

Niete sind auf **Abscherung** und **Lochleibungsdruck** zu berechnen.

einschnittige Verbindung

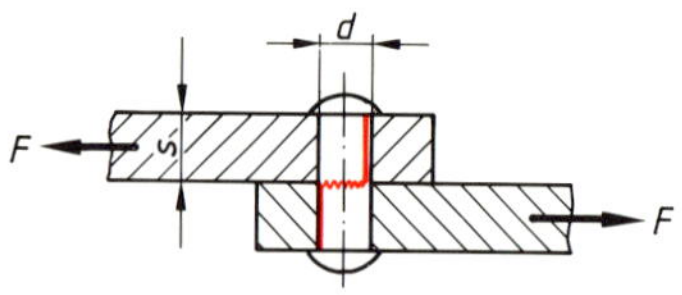

Bild A

Abscherfläche *S*

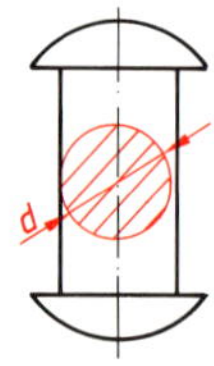

$$S = \frac{\pi d^2}{4}$$

mehrschnittige Verbindung

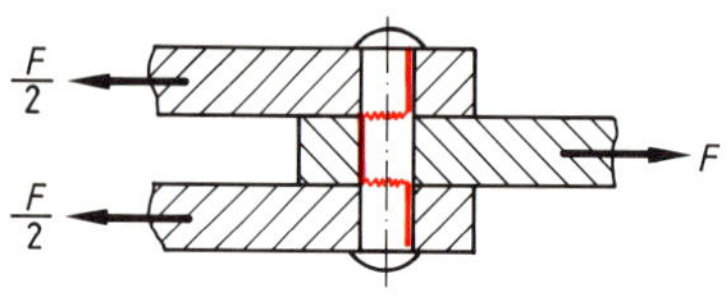

Bild B

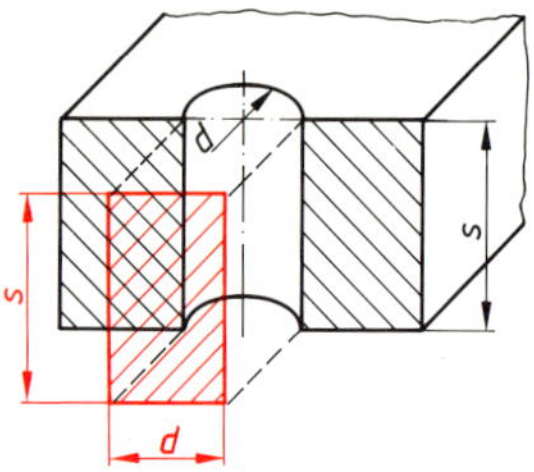

Projizierte Fläche *A*

$$A = s \cdot d$$

s Blechdicke
d geschlagener Nietdurchmesser

$$\text{Scherspannung} = \frac{\text{Kraft}}{\text{Scherfläche}}$$

$$\tau_a = \frac{F}{S \cdot n}$$

τ_a Scherspannung in $\frac{\text{N}}{\text{mm}^2}$

F Kraft in N

S Nietquerschnitt in mm^2

n Anzahl der Schnittigkeit

$$\text{Lochleibungsdruck} = \frac{\text{Kraftanteil eines Nietes}}{\text{projizierte Fläche}}$$

$$p = \frac{F}{A}$$

p Lochleibungsdruck in $\frac{\text{N}}{\text{mm}^2}$

F Kraft in N

A projizierte Fläche in mm^2

Für die Auslegung einer Nietverbindung gilt:

$$\tau_{a_{zul}} \approx 0{,}8 \cdot \sigma_{z_{zul}} \qquad p_{zul} \leq 2 \cdot \sigma_{z_{zul}}$$

$$\tau_{a_B} \approx 0{,}8 \cdot R_m$$

Aufgaben

1. Die einschnittige Nietverbindung in **Bild A** hat die Abmessungen: Blechdicke 4 mm, Bohrlochdurchmesser 12 mm.
Berechnen Sie die Scherspannung und den Lochleibungsdruck bei einer Nietbelastung von $F = 12\,000$ N.

2. Mit welcher Kraft F in N kann die Nietverbindung in **Bild B** beansprucht werden?
Betriebsdaten: Blechdicke 3 mm, Bohrlochdurchmesser 8 mm, zulässige Scherspannung 90 N/mm^2.
Wie groß ist der Lochleibungsdruck?

3. Wie groß ist
a) die Bruchscherspannung für einen Niet DIN 662 - 4 × 8 - St33 (S185)?
b) die zulässige Scherspannung bei 3facher Sicherheit?
c) die zulässige Flächenpressung?

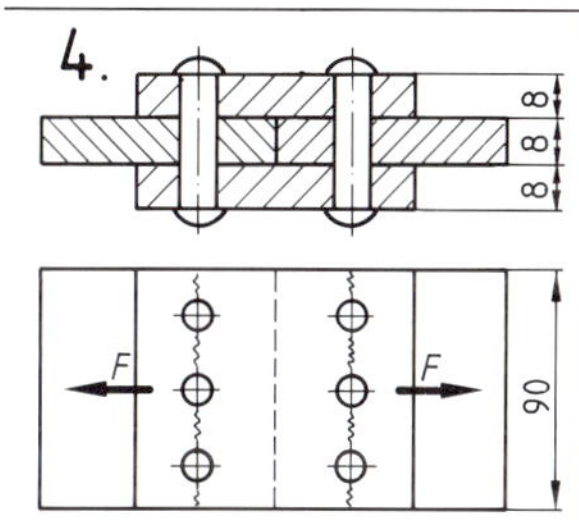

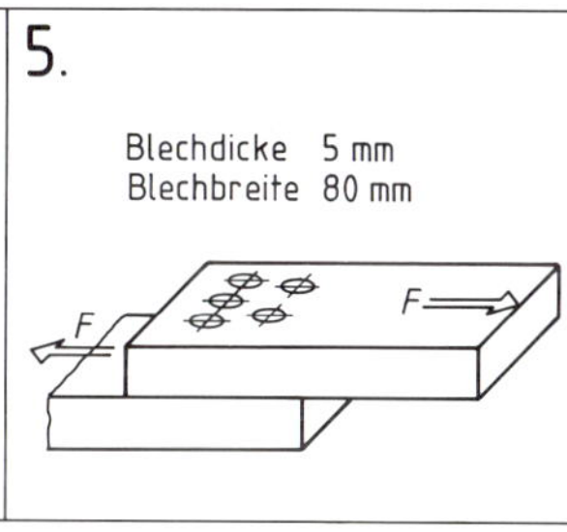

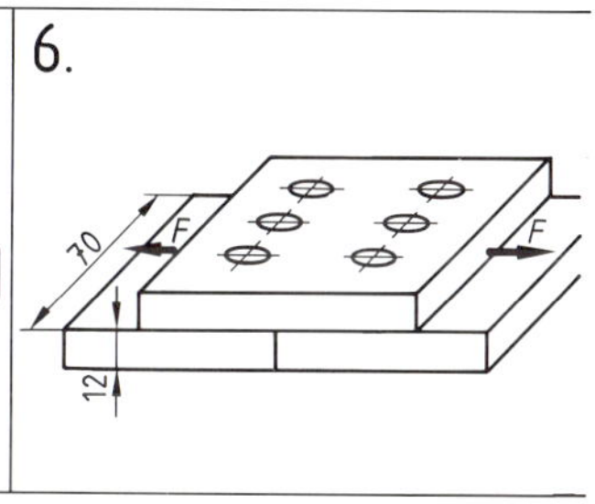

4. Eine Doppellaschennietung hat insgesamt 6 Niete mit einem geschlagenen Durchmesser von 12 mm.
a) Bis zu welcher Kraft F darf diese Verbindung beansprucht werden, wenn die zulässige Scherspannung 80 N/mm^2 nicht überschritten werden darf?
b) Wie groß ist die Zugspannung im gefährdeten Blechquerschnitt?
c) Überprüfen Sie, ob der Lochleibungsdruck nicht den 2fachen der Zugspannung überschreitet.

5. Eine Überlappungsnietung soll eine Kraft von 12000 N aufnehmen, die sich auf 5 Niete verteilen sollen.
a) Berechnen Sie den Nietdurchmesser bei einer zulässigen Scherspannung von 60 N/mm^2.
b) Führen Sie den Spannungsnachweis $p_{vorh} \leq p_{zul}$ durch.

6. Die einfache Laschennietung ist beidseitig insgesamt mit 6 Nieten von 16 mm Durchmesser hergestellt worden. Die Bleche werden mit $F = 32\,000$ N beansprucht. Als Nietwerkstoff wurde St37 (S235) verwendet.
Führen Sie den Spannungsnachweis bei 3facher Sicherheit, $\tau_{a_{vorh}} \leq \tau_{a_{zul}}$ und $\sigma_{z_{vorh}} \geq 2 \cdot p_{vorh}$, durch.

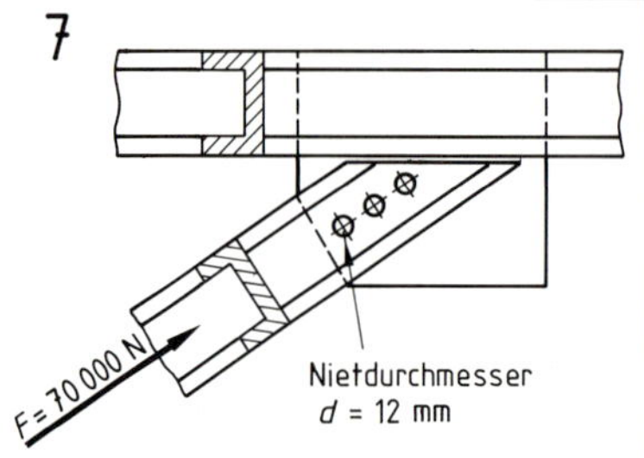

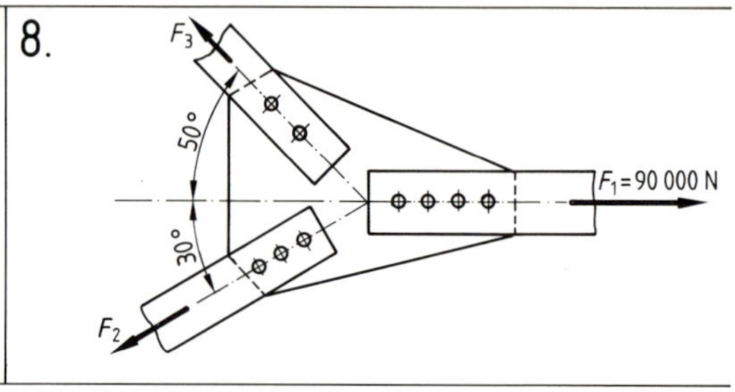

7. Der Druckstab einer Stahlkonstruktion überträgt 70000 N und soll mit Nieten von 12 mm Durchmesser an das Knotenblech angeschlossen werden.
   Wie viele Nieten aus St33 (S 185) bei 4facher Sicherheit sind notwendig?

8. Die drei Flachstähle einer Fachwerkkonstruktion treffen entsprechend dem Bild im Knotenpunkt zusammen.
   a) Berechnen Sie die Teilkräfte F_2 und F_3. (*Hinweis:* Kräfteparallelogramm)
   b) Wie viele Nieten aus St33 (S 185) mit 15 mm Durchmesser sind bei 3facher Sicherheit in jedem Flachstahl anzubringen?

36.3 Beanspruchungsarten an Bolzen- und Stiftverbindungen

Stift- oder Bolzenverbindungen werden auf **Lochleibungsdruck** und **Abscheren** beansprucht.

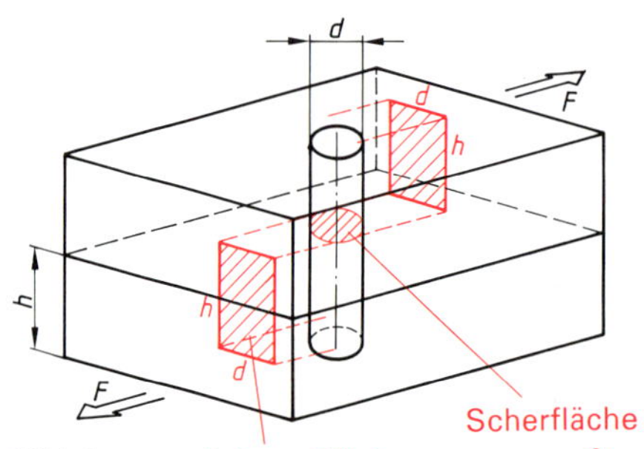

Bild A projizierte Fläche (beansprucht auf Lochleibung)
$A = h \cdot d$

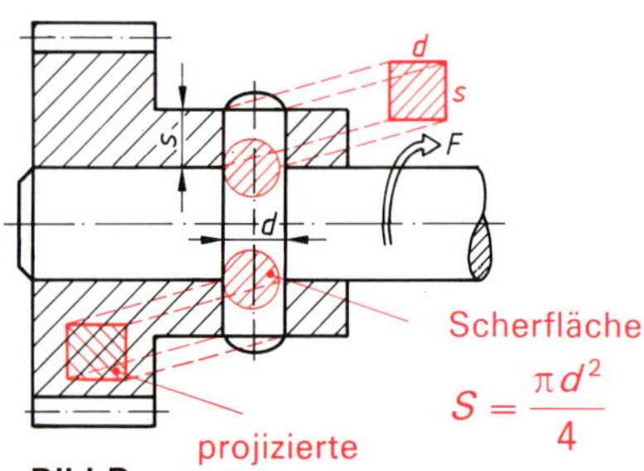

Bild B projizierte Fläche
$A = d \cdot s$

$$\text{Lochleibungsdruck (Flächenpressung)} = \frac{\text{Kraft}}{\text{Fläche}}$$

$$p = \frac{F}{A}$$

p Lochleibungsdruck in $\frac{\text{N}}{\text{mm}^2}$

F angreifende Kraft in N

A projizierte Fläche in mm^2

$$\text{Scherspannung} = \frac{\text{Kraft}}{\text{Fläche}}$$

$$\tau_a = \frac{F}{S}$$

τ_a Scherspannung in $\frac{N}{mm^2}$

F angreifende Kraft in N

S Scherfläche in mm^2

Aufgaben

1. Im **Bild A** werden zwei Blechteile verstiftet. Der Stiftdurchmesser beträgt 8 mm, die angreifende Kraft $F = 32\,000$ N.
Berechnen Sie die Flächenpressung für die je $h = 12$ mm dicken Bleche.

2. Im **Bild B** wird durch ein Zahnrad ein Drehmoment übertragen, das an der Scherfläche des Bolzens eine Scherkraft von 80 000 N erzeugt.
a) Wie groß ist die Scherspannung für den 15 mm dicken Bolzen?
b) Wie groß ist der Lochleibungsdruck in den Bohrlochwandungen?
(Wellendurchmesser $d_1 = 60$ mm, Nabendurchmesser $d_2 = 78$ mm)

3. Bestimmen Sie die Angaben ⓐ bis ⓒ in der Tabelle (nach **Bild A**).

Stift- oder Bolzenwerkstoff	Zugfestigkeit R_m in $\frac{N}{mm^2}$	Bruchscherfestigkeit τ_{s_B} in $\frac{N}{mm^2}$	Maximale Scherkraft F in N bei $d = 4$ mm	$d = 8$ mm	$d = 12$ mm	Flächenpressung in $\frac{N}{mm^2}$ bei $d = 5$ mm, $h = 4$ mm, $F = 8\,000$ N	$d = 7$ mm, $h = 10$ mm, $F = 12\,000$ N
ⓐ St 50 (S 295)	?	?	?	?	?	?	?
ⓑ St 60 (S 335)	?	?	?	?	?	?	?
ⓒ 9S20K	450	?	?	?	?	?	?

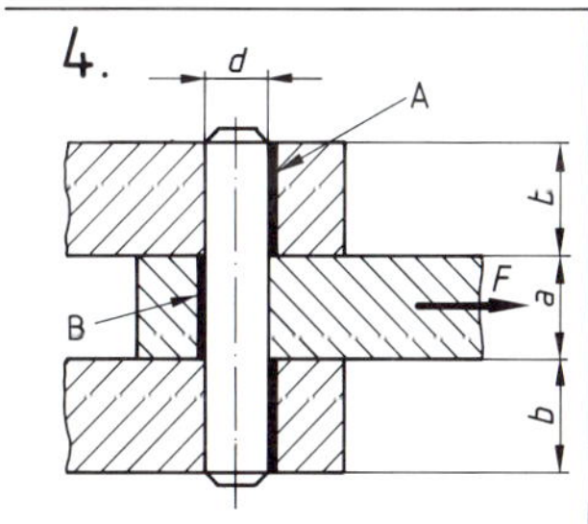

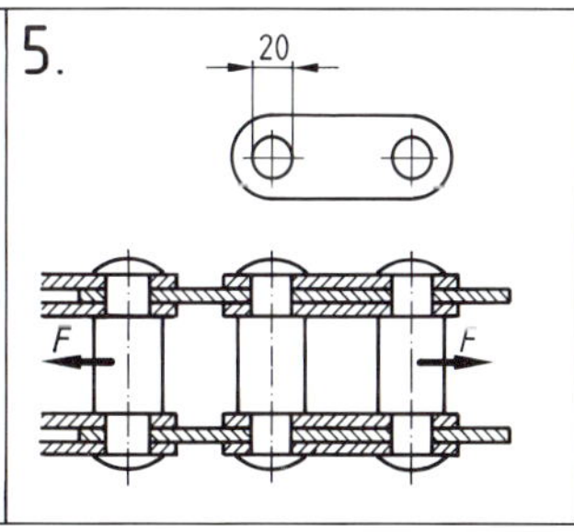

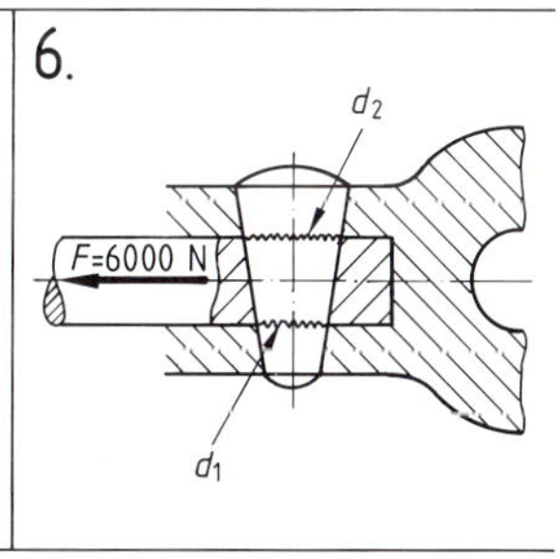

4. Am Gelenkbolzen greift eine Kraft $F = 12\,700$ N an. Abmessungen des Gelenks $b = 30$ mm, $a = 18$ mm.
a) Wie groß ist der Lochleibungsdruck für den 6 mm dicken Bolzen an der Stelle A und an der Stelle B?
b) Berechnen Sie die Scherspannung, und wählen Sie danach einen Bolzenwerkstoff aus.

5. Die Gelenkkette überträgt $F = 72\,000$ N.
a) Berechnen Sie die vorhandene Scherspannung bei einem Bolzendurchmesser von 20 mm.
b) Wie groß ist die Sicherheit gegenüber der zulässigen Scherspannung von 520 N/mm^2?

6. Die Schubstange ist mittels Kegelstift im Kreuzkopf befestigt.
Wie groß ist der Durchmesser d_1 und d_2 mindestens zu wählen, wenn $d_1 : d_2 = 1 : 1{,}4$ und der Stiftwerkstoff St 50 (E 295) ist? (Sicherheit 3fach)

7.

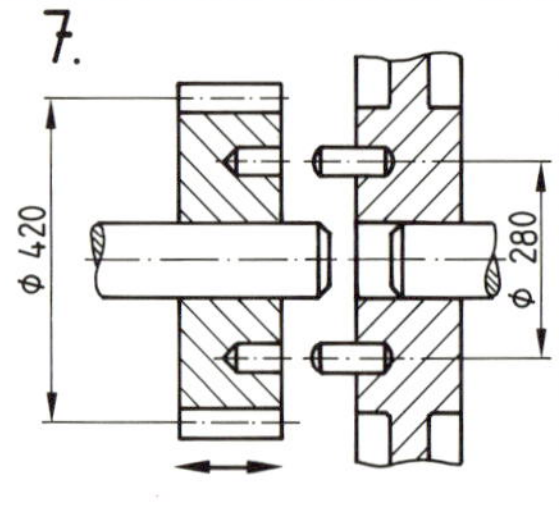

8.

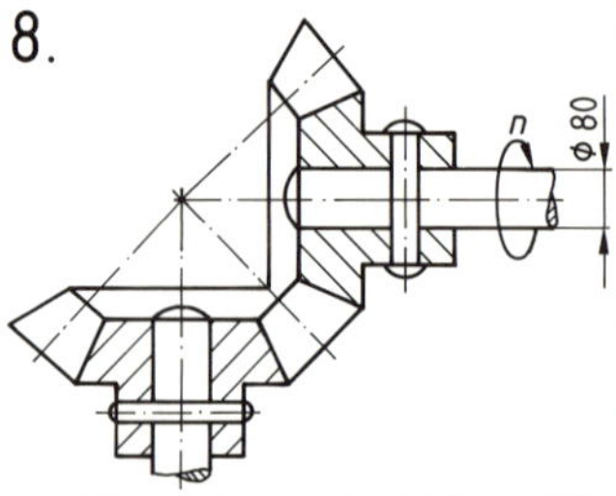

9.

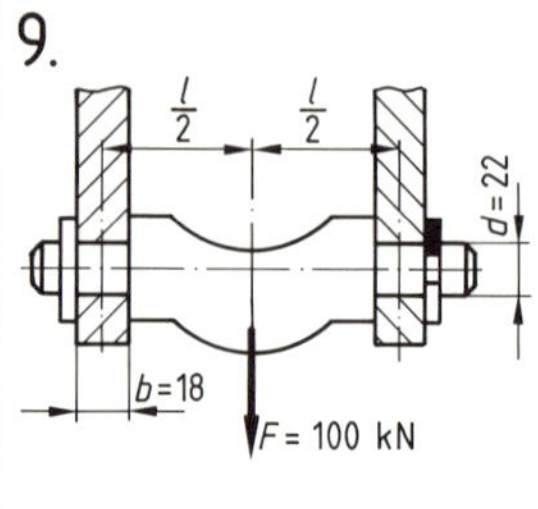

7. Das Drehmoment eines Zahnrades soll durch zwei Mitnehmerstifte aus St 60 (E 335) auf das Treibrad übertragen werden. Am Umfang des Zahnrades wirkt eine Kraft von 12 kN. Welchen Durchmesser müssen die Stifte bei 3facher Sicherheit haben?

8. Ein Kegelradpaar überträgt bei einer Drehzahl von 480 min^{-1} eine Leistung von 30 kW. Berechnen Sie den Durchmesser des Kegelstiftes bei 4facher Sicherheit. (Werkstoff 9S20K, siehe Aufgabe 3)

9. Der Querbolzen von einem Kranhaken ist für eine Last von 100 kN ausgelegt.
a) Wie groß ist die Scherspannung im gefährdeten Querschnitt?
b) Wie groß ist die Flächenpressung (Lochleibungsdruck)?

36.4 Beanspruchungsarten bei Schraubenverbindungen

Zugspannung

Der Kernquerschnitt einer Schraube wird auf Zug beansprucht.

Flächenpressung

Die Gewindegänge einer Schraube werden auf Flächenpressung beansprucht.

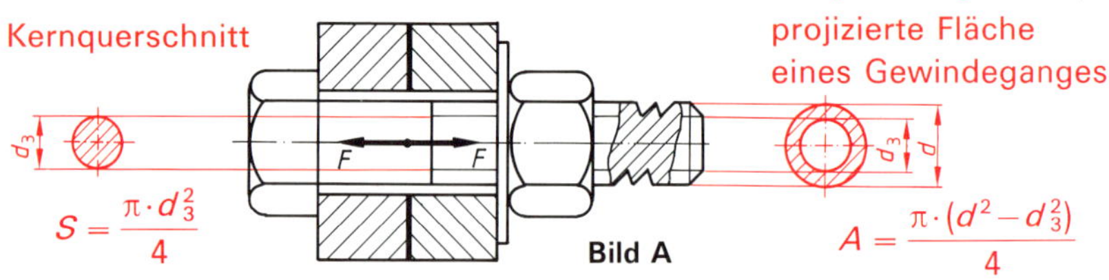

Bild A

$$\text{Zugspannung} = \frac{\text{Vorspannkraft}}{\text{Kernquerschnitt}}$$

$$\sigma_z = \frac{F}{S}$$

σ_z Zugspannung in $\frac{\text{N}}{\text{mm}^2}$

S Kernquerschnitt in mm^2

F Vorspannkraft in N

$$\text{Flächenpressung} = \frac{\text{Vorspannkraft}}{\text{Fläche aller tragenden Gewindegänge}}$$

$$p = \frac{F}{A \cdot n}$$

p Flächenpressung in $\frac{\text{N}}{\text{mm}^2}$

A projizierte Fläche in mm^2

F Vorspannkraft in N

n Anzahl der tragenden Gewindegänge

Aufgaben

1. Berechnen Sie für **Bild A** den Kernquerschnitt und die projizierte Fläche eines Gewindeganges für eine Schraube M 8.

2. Bestimmen Sie die fehlenden Angaben ⓐ bis ⓓ in der Tabelle.

	Formel	Gewindearten		
	ⓐ	M 10 ⓑ	M 20 ⓒ	M 24 ⓓ
Kerndurchmesser	?	8,16 mm	16,93 mm	20,32 mm
Gewindedurchmesser	—	? mm	? mm	? mm
Kernquerschnitt	?	? mm^2	? mm^2	? mm^2
Fläche eines Gewindeganges	?	? mm^2	? mm^2	? mm^2
Vorspannkraft	—	$F = 8000$ N	$F = 15000$ N	? N
Anzahl der tragenden Gewindegänge	—	$n = 12$	$n = 10$	$n = 8$
Zugspannung	?	? $\frac{N}{mm^2}$	? $\frac{N}{mm^2}$	$\sigma_z = 180\ \frac{N}{mm^2}$
Flächenpressung	?	? $\frac{N}{mm^2}$	? $\frac{N}{mm^2}$	? $\frac{N}{mm^2}$

3.

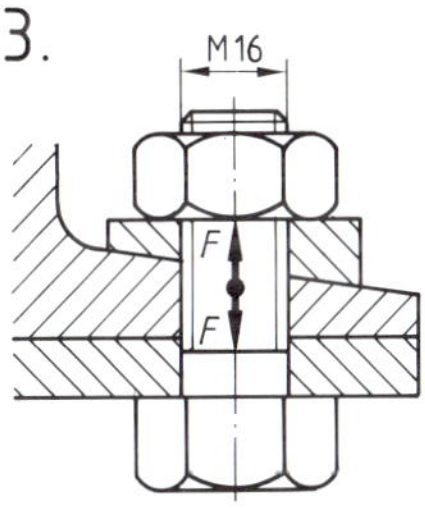

4.

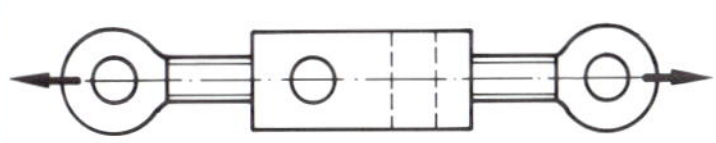

5.

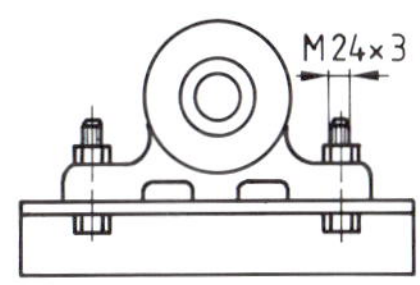

3. Das Drehmoment einer Kupplung soll durch Reibschluß übertragen werden. Die vier Schrauben müssen daher mit je 94 000 N vorgespannt werden.

a) Berechnen Sie die Zugspannung einer Schraube. ($d_3 = 13,55$ mm)
b) Berechnen Sie die Flächenpressung für 12 tragende Gewindegänge.
c) Warum wurde eine Unterlegscheibe verwendet?

4. Ein Abspannseil ist mit 20 kN vorgespannt, und die zulässige Zugspannung in der Spannschloßschraube beträgt 100 N/mm^2.

a) Welches Gewinde muß die Schloßschraube haben?
b) Wie viele Gewindegänge n müssen bei einer zulässigen Flächenpressung von 14 N/mm^2 zum Tragen kommen?

5. Ein Stehlager ist auf einem Profilträger verschraubt. Die Schrauben wurden mit einem Drehmomentenschlüssel angezogen, $M = 210$ Nm.

a) Mit welcher Kraft wurden die Schrauben vorgespannt, wenn diese um 5 % kleiner ist als die am Gewindedurchmesser wirkende Umfangskraft?
b) Wie groß ist die vorhandene Zugspannung? ($d_3 = 21,55$ mm)
c) Bei einer Mutternhöhe $h \approx 0,8 \cdot d$ ist die Flächenpressung zu ermitteln.

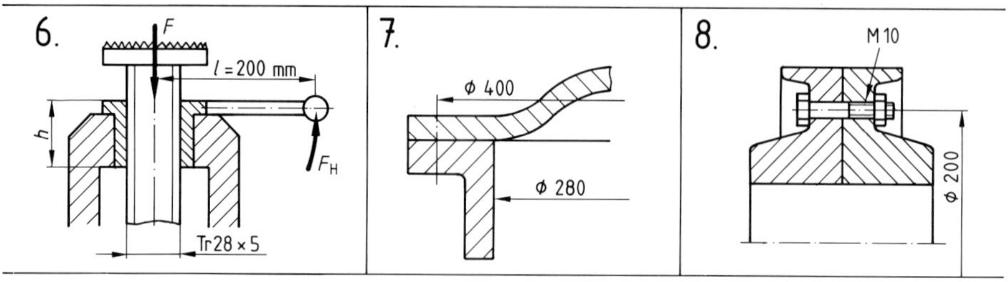

6. Die zulässige Flächenpressung der Hebevorrichtung beträgt 15 N/mm².
   a) Berechnen Sie das Maß h für die Mutter. (Hebelast 2 t)
   b) Wie groß wird die Handkraft F_H beim Anheben der Last? (Reibung soll mit 20% Verlust berücksichtigt werden)

7. In einem Druckbehälter herrscht ein Druck von 9 bar. Um eine entsprechende Dichtung zu erreichen, wird auf dem Lochkreisdurchmesser der Schraubenabstand (Bogenmaß) mit 110 mm angegeben.
   a) Wie viele Schrauben sind notwendig?
   b) Wie groß ist die Belastung einer Schraube?
   c) Bestimmen Sie das Gewinde für den Schraubenwerkstoff 4.8. (Aus Sicherheitsgründen wird der Durchmesser 3 mm größer gewählt)

8. Eine Scheibenkupplung ist mit vier Schrauben so vorgespannt, daß das Drehmoment durch Reibschluß übertragen wird. Vorspannkraft pro Schraube 9000 N.
   a) Welche Werkstoffkennzahl müssen die Schrauben haben, wenn die Sicherheit = 3 ist?
   b) Wie groß ist das übertragbare Drehmoment bei einer am Lochkreisdurchmesser wirkenden Reibkraft $F_R = 24000$ N?
   c) Berechnen Sie die übertragbare Leistung in kW bei einer Drehzahl $n = 450\ \text{min}^{-1}$.

36.5 Beanspruchungsarten bei Keil- und Federverbindungen

Beim Eintreiben des Keils entsteht an Bauch- und Rückenfläche eine Flächenpressung. Wird das zulässig übertragbare Drehmoment überschritten, legt sich der Keil an den Nutwandungen an und wird dann auf Abscheren beansprucht. Paßfedern werden nur auf Abscheren beansprucht.

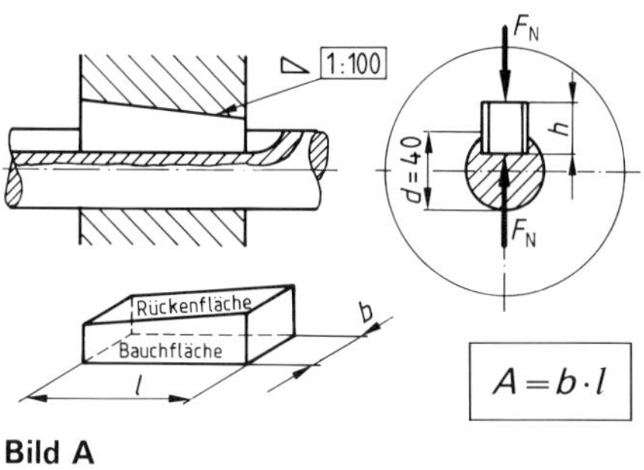

Bild A

Keil DIN 6886 – B 20 × 12 × 125

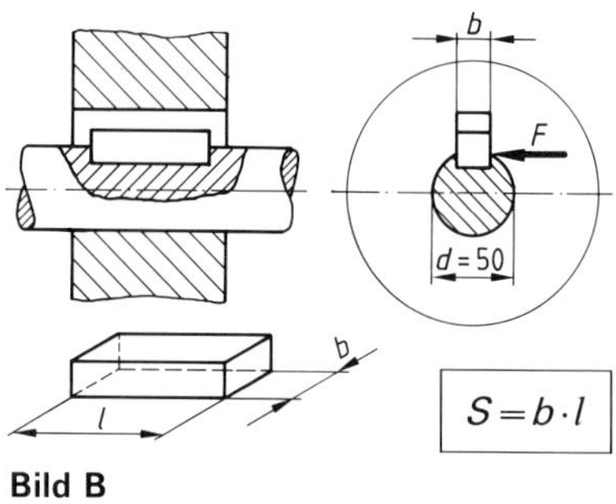

Bild B

Paßfeder DIN 6885 – B 12 × 8 × 56

$$\text{Flächenpressung} = \frac{\text{Normalkraft}}{\text{Fläche}}$$

$$p = \frac{F_N}{A}$$

p Flächenpressung in $\frac{N}{mm^2}$

F_N Kraft, die senkrecht auf die Rücken- und Bauchfläche wirkt, in N

A Fläche in mm^2

$$\text{Scherspannung} = \frac{\text{Kraft}}{\text{Querschnittsfläche}}$$

$$\tau_a = \frac{F}{S}$$

τ_a Scherspannung in $\frac{N}{mm^2}$

F Kraft, die am Umfang der Wellennut wirkt, in N

S Querschnittsfläche in mm^2

Aufgaben

1. **a)** Was besagen die Normangaben im **Bild A** und **Bild B**?
b) Wie würde die Bezeichnung bei gleichen Abmessungen für eine rundstirnige Paßfeder bzw. einen Keil lauten?

2. Im **Bild A** wurde ein Treibkeil aus St50 (E295) verwendet. Bei Keilen soll eine Flächenpressung von 90 N/mm^2 nicht überschritten werden.
a) Wie groß darf die Kraft werden, die auf die Flächen wirken kann?
b) Bei einem Drehmoment von 1300 Nm legt sich der Keil an und wird nun auf Abscheren beansprucht. Hält die Verbindung?

3. **a)** Die geradstirnige Paßfeder im **Bild B** aus St60 (E335) kann bei 5facher Sicherheit bis zu welcher Scherkraft beansprucht werden?
b) Welches Drehmoment läßt sich mit dieser formschlüssigen Verbindung übertragen?

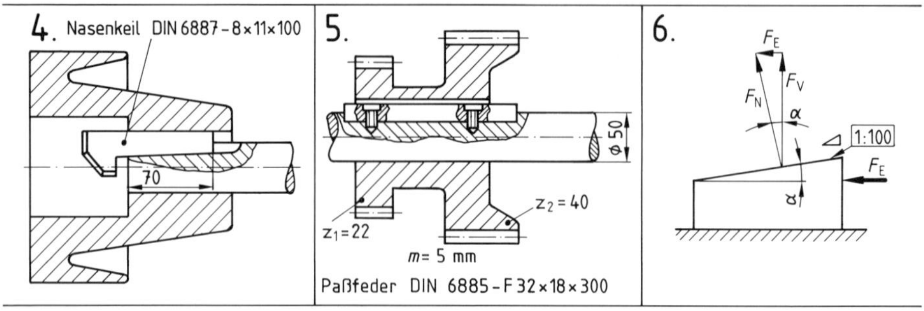

4. Eine Riemenscheibe wird mit einem Nasenkeil auf der Welle verbunden. Die zulässige Flächenpressung darf den Wert 60 N/mm² nicht überschreiten.
Ist die vorhandene Flächenpressung $\leq$ als die zulässige Flächenpressung? (Normalkraft $F_N = 5400$ N)

5. Das Schieberad ist mit einer Paßfeder mit zwei Halteschrauben verdrehfest gelagert.
   a) Welches maximale Drehmoment läßt sich mit dieser Paßfeder aus St50 (E295) übertragen? (Die Bohrungen bleiben unberücksichtigt.)
   b) Wie groß werden dabei die Umfangskräfte am Zahnrad 1 und 2?
   c) Wie ändern sich die Werte bei 4facher Sicherheit?

6. Ein Treibkeil mit der Neigung 1:100 wird mit einer Einschlagkraft $F_E = 300$ N eingetrieben. Mit welcher Vorspannkraft F_V werden Welle und Nabe auseinandergetrieben?

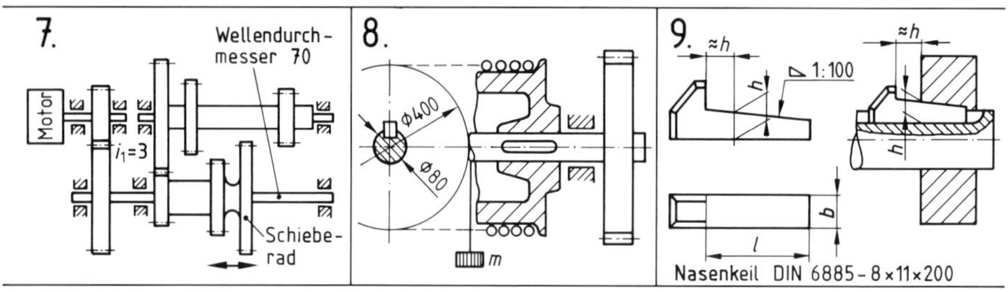

7. Dargestellt ist das Getriebe zum Spindelantrieb einer Fräsmaschine. Der Motor hat folgende Daten: $P = 18$ kW, $n = 440\ \text{min}^{-1}$.
Welche Breite b muß die Paßfeder im Schieberad von 90 mm Federlänge haben? (5fache Sicherheit bei einer Bruchscherspannung von 320 N/mm²)

8. Die Trommelwelle eines Seilzuges von 80 mm Durchmesser ist mit einer Paßfeder DIN 6885 - A 20 × 12 × 56 mit der Trommel (Durchmesser 400 mm) drehfest verbunden. Die Bruchspannung τ_{a_B} der Feder beträgt 400 N/mm².
Welche Last m (entspricht Kraft am Umfang der Trommel) läßt sich mit dem Seilzug anheben? Aus Sicherheitsgründen muß die Paßfeder 4fache Sicherheit haben.

9. Der Nasenkeil 18 × 11 × 200 wird mit einer Kraft von 520 N eingetrieben. Das maximale Drehmoment, welches Keile durch Flächenpressung übertragen können, berechnet sich aus: $M_{max} = F_N \cdot \mu \cdot d$.
Wird dieses überschritten, dann wird der Keil auf Abscheren beansprucht.
Berechnen Sie das maximale Drehmoment, wenn der Keil in eine 120 mm dicke Welle mit einer Einschlagkraft von 520 N eingetrieben wird, $\mu = 0{,}3$.

37 Festigkeitsberechnungen an Schweißkonstruktionen

Die Festigkeitsberechnung von Schweißnähten geschieht nach den gleichen Grundsätzen wie die Berechnung von Bauteilen im Maschinenbau bzw. Stahlbau. Zu beachten ist, daß die zulässigen Schweißspannungen kleiner sind als die zulässigen Spannungen in nicht geschweißten Teilen des gleichen Werkstoffes.

Zug-, Druckspannungen

$$\sigma_{Schw} = \frac{F}{S}$$

$$\sigma_{Schw} \leq \sigma_{zul\ Schw}$$

Bild A

Scherspannungen

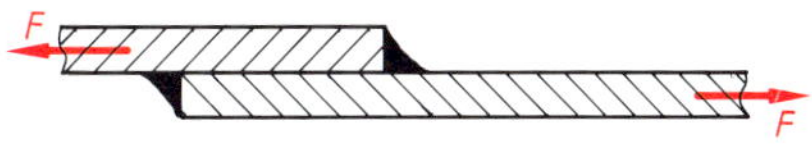

$$\tau_{Schw} = \frac{F}{S}$$

$$\tau_{Schw} \leq \tau_{zul\ Schw}$$

Bild B

Die zulässige Schweißspannung wird durch den Schweißfaktor α, der von Nahtgüte, Nahtausführung, Schweißverfahren, Beanspruchungsart u.a. abhängt, bestimmt.

zulässige Schweißspannung = Schweißfaktor · zulässige Spannung

$$\sigma_{zul\ Schw} = \alpha \cdot \sigma_{zul}$$

zulässige Schweißscherspannung = Schweißfaktor · zulässige Scherspannung

$$\tau_{zul\ Schw} = \alpha \cdot \tau_{zul}$$

$\sigma_{zul\ Schw}$ zulässige Schweißspannung in $\frac{N}{mm^2}$

$\tau_{zul\ Schw}$ zulässige Schweißscherspannung in $\frac{N}{mm^2}$

σ_{zul} zulässige Spannung in $\frac{N}{mm^2}$

τ_{zul} zulässige Scherspannung in $\frac{N}{mm^2}$

α Schweißfaktor $(0{,}5 < \alpha < 1)$

Bestimmung der **Schweißnahtdicke** *a* für:

Stumpfnähte

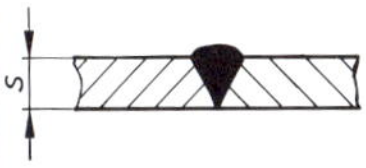

$a = s$

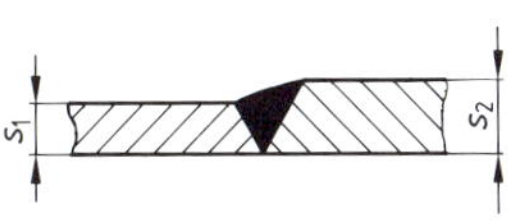

$a = s_1$

Kehlnähte

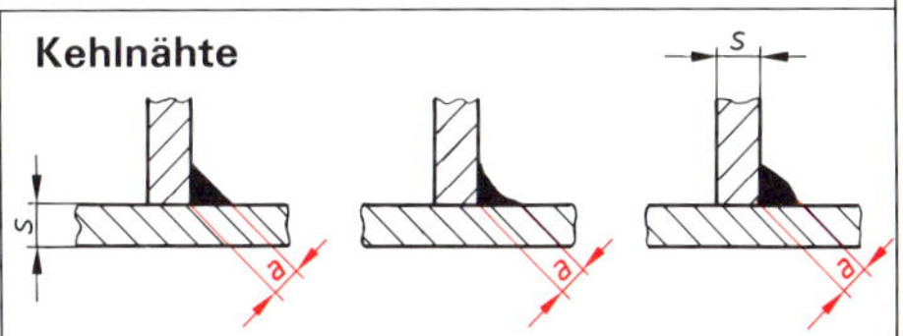

$a = 0{,}7 \cdot s$

Bestimmung der **Schweißnahtlänge** l:

mit Nahtendkrater	**ohne Nahtendkrater**
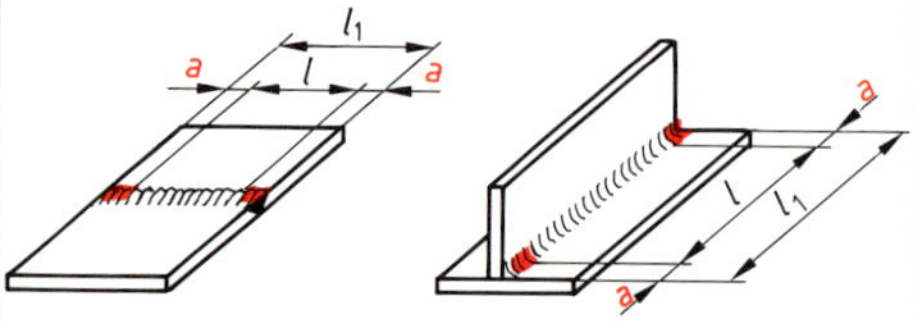	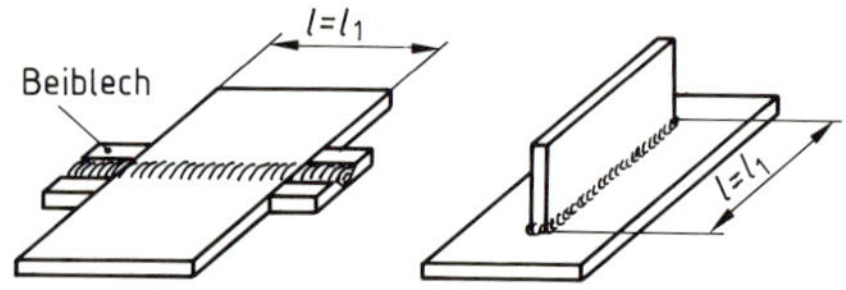
belastbare Länge = Nahtlänge – Endkrater $l = l_1 - 2a$	belastbare Länge = Nahtlänge $l = l_1$

Bestimmung des **Schweißnahtquerschnittes** S:

Der Schweißnahtquerschnitt ist das Produkt aus Nahtdicke und rechnerischer Nahtlänge

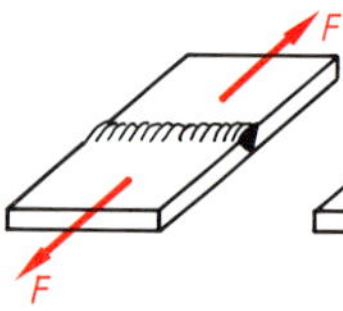

Bild C

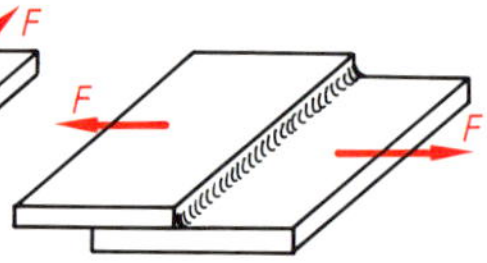

Bild D

$$S = l \cdot a$$

$$S = \frac{\pi \cdot d^2}{4}$$

Bild E Stumpfnähte

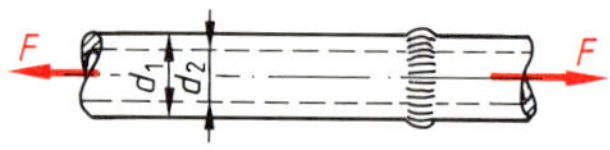

$$S = \frac{\pi \cdot (d_1^2 - d_2^2)}{4}$$

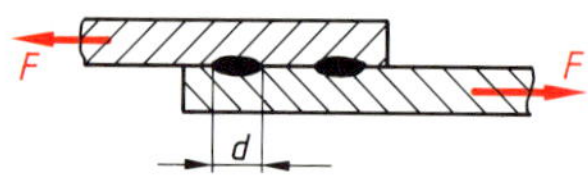

$$S = n \cdot \frac{\pi \cdot d^2}{4}$$

Bild F

n – Anzahl der Schweißpunkte

Aufgaben

1. Bestimmen Sie für die **Bilder A** bis **F** die vorhandene Spannung in der Schweißnaht, und führen Sie den Spannungsnachweis (vorhandene Spannung ≤ zulässige Spannung?) durch.

Bild A	Bild B	Bild C	Bild D	Bild E	Bild F
σ_{Schw} = ? F = 15 kN S = 150 mm²	τ_{Schw} = ? F = 48000 N S = 410 mm²	σ_{Schw} = ? F = 40 kN l_1 = 60 mm s = 8 mm	τ_{Schw} = ? F = 15 kN l_1 = 40 mm s = 5 mm	σ_{Schw} = ? F = 20000 N d_1 = 20 mm (d_2) = 14 mm	τ_{Schw} = ? F = 1200 N d = 4 mm n = 4
σ_{zul} = 170 $\frac{N}{mm^2}$ α = 0,75 $\sigma_{zul\,Schw}$ = ?	τ_{zul} = 120 $\frac{N}{mm^2}$ α = 0,5 $\tau_{zul\,Schw}$ = ?	σ_{zul} = 180 $\frac{N}{mm^2}$ α = 0,67 $\sigma_{zul\,Schw}$ = ?	τ_{zul} = 160 $\frac{N}{mm^2}$ α = 0,65 $\tau_{zul\,Schw}$ = ?	σ_{zul} = 200 $\frac{N}{mm^2}$ α = 0,75 $\sigma_{zul\,Schw}$ = ?	τ_{zul} = 100 $\frac{N}{mm^2}$ α = 0,62 $\tau_{zul\,Schw}$ = ?

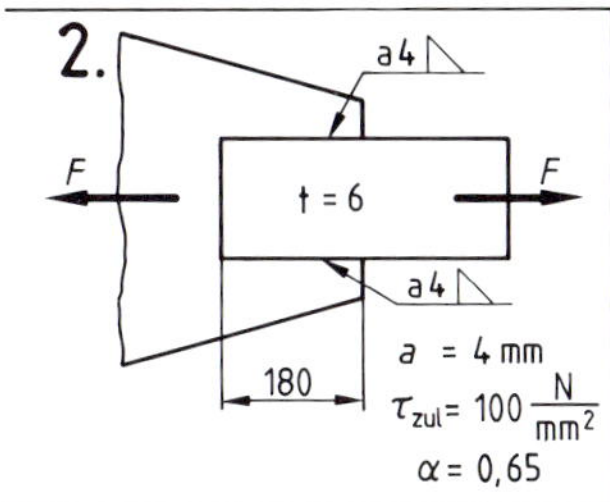

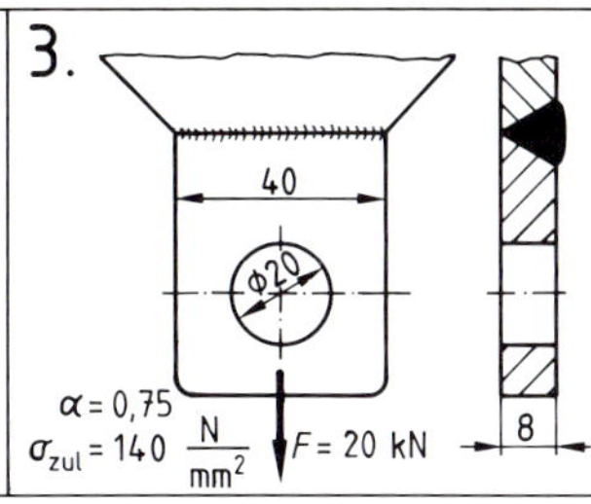

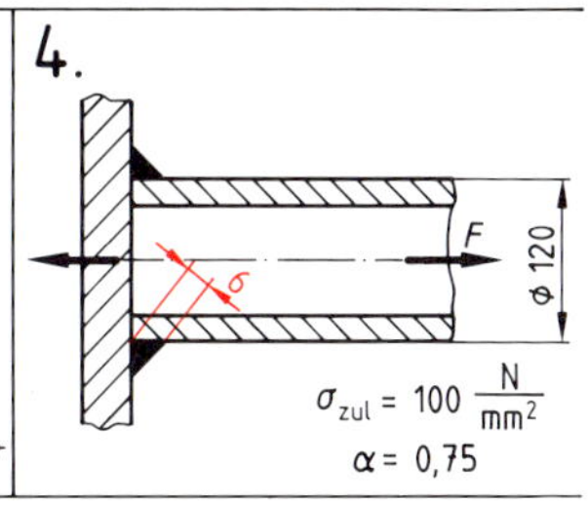

2. Wie groß ist die Kraft F, die durch die Schweißkonstruktion übertragen werden darf?

3. Überprüfen Sie: Darf die Zuglasche mit der vorgesehenen Kraft belastet werden? Führen Sie den Spannungsnachweis durch:
   a) für die Schweißnaht und
   b) für den gefährdeten Querschnitt im Blech.

4. Berechnen Sie die zulässige Zugkraft für die Schweißkonstruktion.

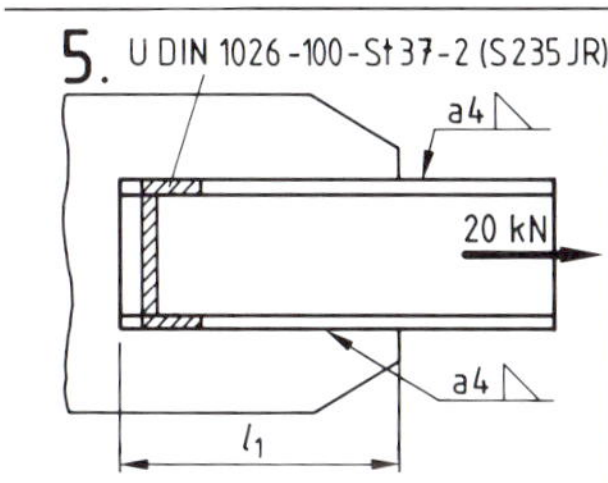

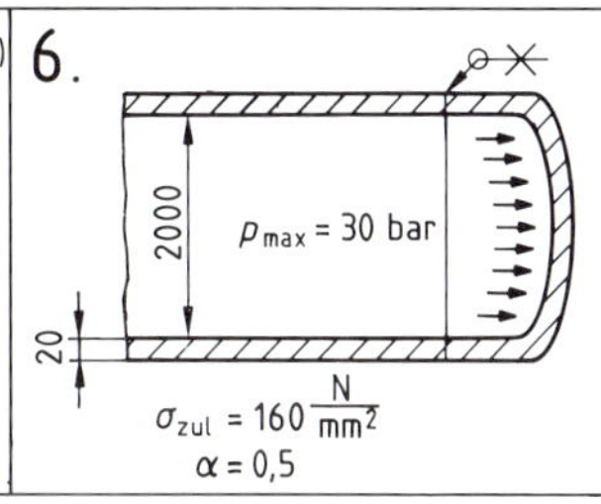

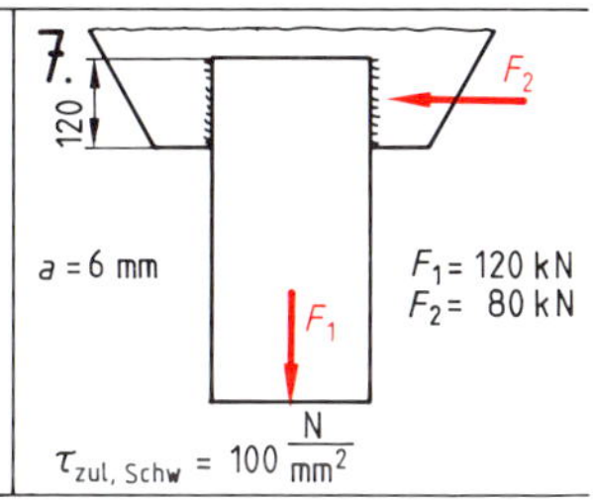

5. Die zulässige Spannung in der Schweißnaht soll 25% der Zugfestigkeit (R_m) betragen. Berechnen Sie die notwendige Kehlnahtlänge l_1.

6. Prüfen Sie nach: Kann der Druckbehälter für einen Druck von 30 bar zugelassen werden?

7. Die zwei Kehlnähte der Schweißverbindung aus St37 (S235) werden durch zwei Kräfte F_1 und F_2 belastet.
   a) Berechnen Sie die Scherspannung τ_1 (durch F_1 hervorgerufen).
   b) Berechnen Sie die Scherspannung τ_2 (durch F_2 hervorgerufen).
   c) Berechnen Sie die Gesamtspannung: $\tau = \sqrt{\tau_1^2 + \tau_2^2}$.
   d) Prüfen Sie nach: $\tau \leq \tau_{zul\ Schw}$?
   e) Geben Sie einen Änderungsvorschlag an, so daß die Schweißkonstruktion zugelassen werden kann.

38 Scherkraft bei Schneidwerkzeugen

Der Trennvorgang bei Schneidwerkzeugen ist ein Abscheren, d.h. es muß der Widerstand, die **Scherfestigkeit,** eines Werkstoffes aufgehoben werden.

$$\text{Scherfestigkeit} = \frac{\text{Scherkraft}}{\text{Scherfläche}}$$

<table>
<tr><td colspan="2">Trennvorgang</td></tr>
<tr><td>Lochen und Ausschneiden</td><td>Abschneiden</td></tr>
<tr><td>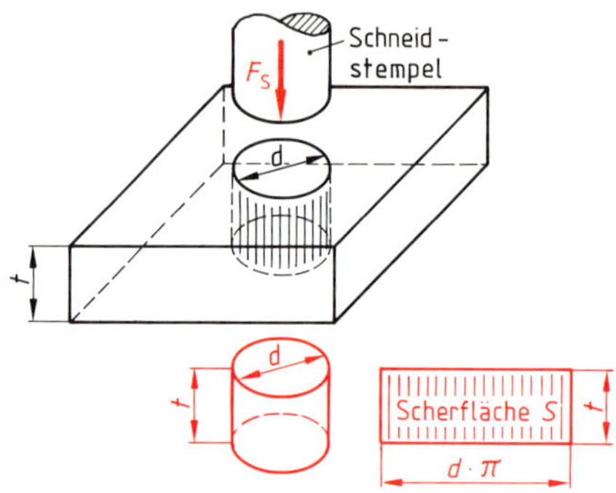

Bild A</td><td>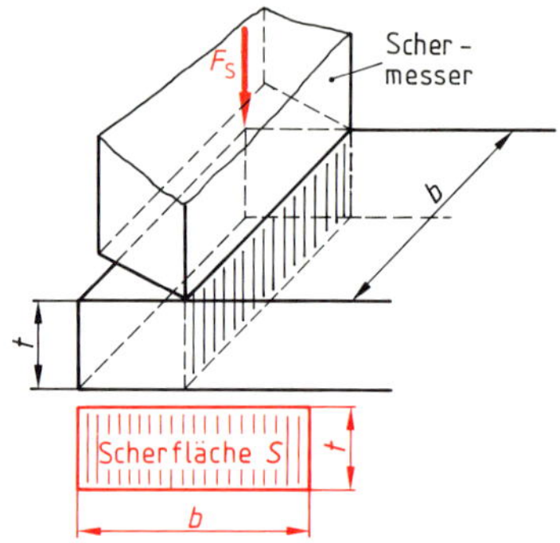

Bild B</td></tr>
<tr><td colspan="2">Die Scherfläche S ergibt sich aus der Schnittlinienlänge U, multipliziert mit der zu schneidenden Blechdicke t:
$$S = U \cdot t$$</td></tr>
</table>

Scherkraft = Scherfestigkeit · Scherfläche

$$F_S = \tau_{a_B} \cdot S$$

F_S Scherkraft in N τ_{a_B} Scherfestigkeit in $\frac{N}{mm^2}$ S Scherfläche in mm^2

Die Scherfestigkeit der Werkstoffe läßt sich annähernd aus der Zugfestigkeit R_m berechnen:

$$\tau_{a_B} \approx 0{,}8 \cdot R_m$$

Aufgaben

1. Für **Bild A** ist ein Diagramm aufzustellen, das die Abhängigkeit der Scherkraft vom Lochdurchmesser graphisch darstellt. Es werden immer Bleche von gleicher Stärke t und gleichem Werkstoff gelocht. ($t = 2$ mm, $\tau_{a_B} = 270$ N/mm²)
Stellen Sie die Wertetabelle auf, übernehmen Sie das Diagramm, und tragen sie die Punkte ein.

Wertetabelle:

Lochdurchmesser in mm	2	4	6	8	10
Scherfläche in mm^2	?	?	?	?	?
Scherkraft in N	?	?	?	?	?

Diagramm: $F_S = f(d)$

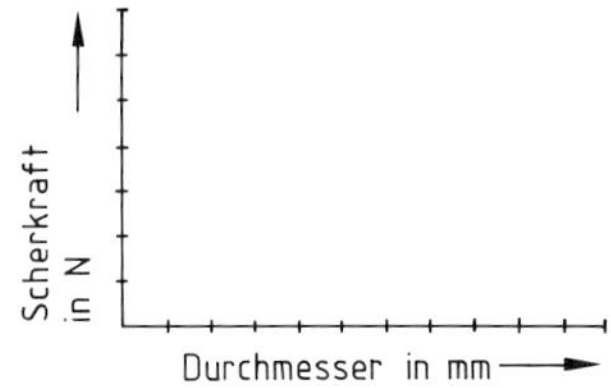

2. Im **Bild B** werden Blechstreifen von 32 mm Breite und 1,8 mm Dicke aus St34 (S185) abgeschnitten.
Welche Schnittkraft ist aufzubringen?

3. Für die Bilder ⓐ bis ⓒ ist die Schnittkraft zu berechnen.

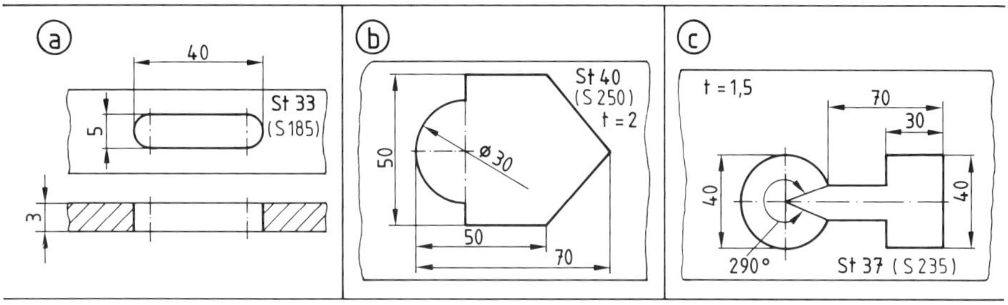

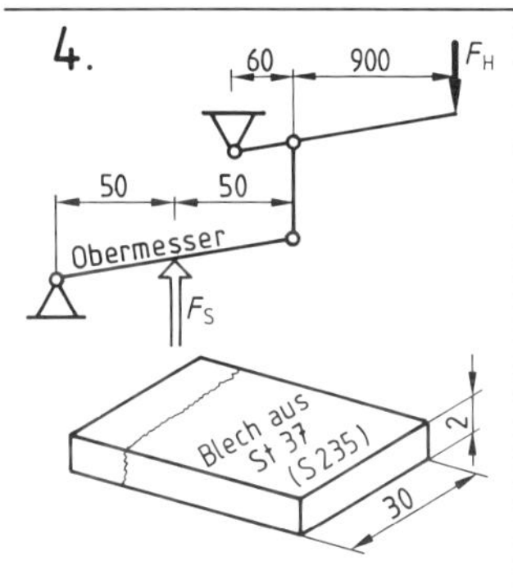

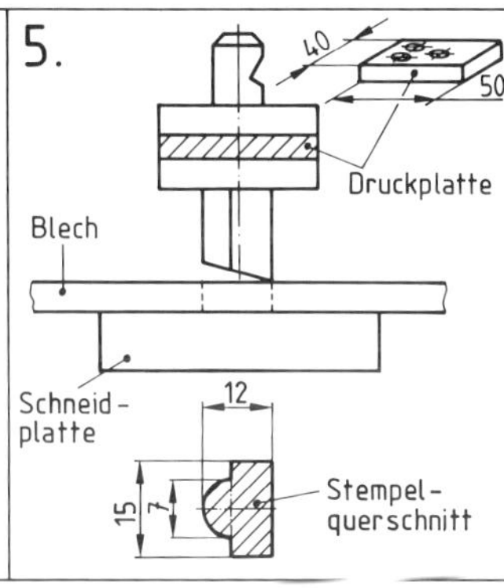

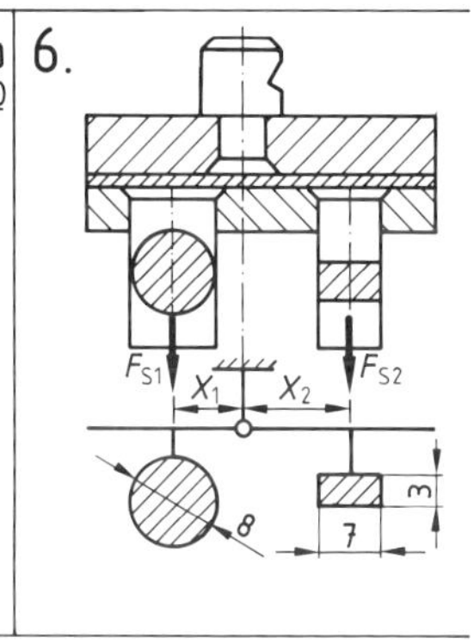

4. Auf einer Handhebelschere sind Blechstreifen abzuscheren.
Mit welcher Handkraft F_H muß die Schere bedient werden, wenn angenommen wird, daß die Scherkraft F_S in Blechmitte wirkt?

5. Ein Freischneidwerkzeug fertigt in einem Blechstreifen von 2,4 mm Dicke Durchbrüche entsprechend dem Stempelquerschnitt.
   a) Welche Schnittkraft muß am Einspannzapfen wirken? (Scherfestigkeit des Blechstreifens 240 N/mm^2)
   b) Welche Aufgabe hat die Druckplatte?
   c) Wie groß ist der Druck in der Druckplatte, deren Flächenquerschnitt durch die Paßstifte um 18% verringert wird?

6. Die Mittellinie des Einspannzapfens muß durch den Schwerpunkt der am Werkstoff zu schneidenden Linien gehen, damit der Stempel im Gleichgewicht ist und somit nicht unter den Schnittkräften verkantet.
   a) Mit dem dargestellten Stempel werden Bleche aus St 40 (S250) gelocht.
   Berechnen Sie die Schnittkräfte F_{S_1} und F_{S_2} für 2,5 mm dicke Bleche.
   b) In welchem Abstand x_2 muß der Quadratstempel zum Einspannzapfen angeordnet werden, wenn der Rundstempel einen Abstand $x_1 = 18$ mm hat?

39 Schnittkraft und Leistungsbedarf an Werkzeugmaschinen

Für die Bestimmung des Leistungsbedarfs einer Werkzeugmaschine muß die Schnittkraft ermittelt werden.

Spanungsquerschnitt

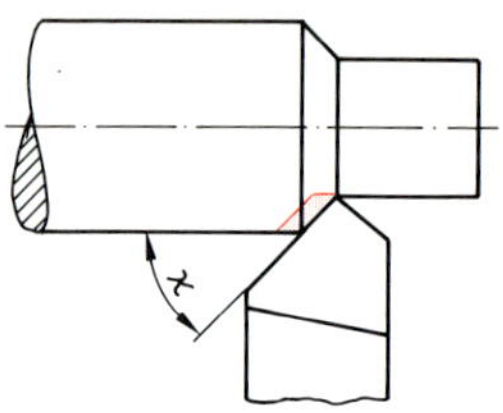

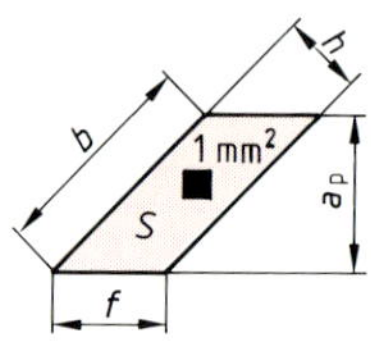

$S = a_p \cdot f$
$S = b \cdot h$

$\varkappa$	Einstellwinkel
f	Vorschub in mm
a_p	Schnittiefe in mm
h	Spanungsdicke in mm
b	Spanungsbreite in mm
S	Spanungsquerschnitt in mm^2

$h = f \cdot \sin\varkappa$

$b = \frac{a_p}{\sin\varkappa}$

In zahlreichen Laborversuchen wurde die „**spezifische Schnittkraft** k_c" (oft auch „**Schnittdruck**" genannt) ermittelt. Darunter versteht man die auf 1 mm^2 des Spanungsquerschnittes wirkende Schnittkraft. Die spezifische Schnittkraft k_c und damit die Schnittkraft F_c ist abhängig von vielen Einflußfaktoren. Von besonderer Bedeutung sind:

- Werkstoff des Werkstückes und Werkzeuges,
- Spanungsdicke h,
- Werkzeugwinkel.

Spezifische Schnittkräfte k_c in $\frac{N}{mm^2}$

Werkstoff	Spanungsdicke h in mm								
	0,1	0,16	0,25	0,4	0,63	1	1,6	2,5	
St50 (E295)	3620	3200	2850	2530	2240	1990	1760	1570	Werte gelten für Außendrehen mit HM
St70 (E360)	4500	3920	3410	2990	2600	2260	1980	1740	
Ck 45	3060	2870	2700	2520	2370	2220	2080	1950	
42CrMo4	4550	4030	3580	3170	2820	2500	2210	1970	$v_c = 80 - 150 \frac{m}{min}$
GG 26	2110	1870	1660	1470	1300	1160	1030	930	$\gamma = 6°$
AlMg5	640	590	550	510	470	440	410	380	

Ist k_c bekannt, so folgt für die Schnittkraft:

Schnittkraft = spezifische Schnittkraft · Spanungsquerschnitt

$$F_c = k_c \cdot S$$

F_c Schnittkraft in N

k_c spezifische Schnittkraft in $\frac{N}{mm^2}$

S Spanungsquerschnitt in mm^2

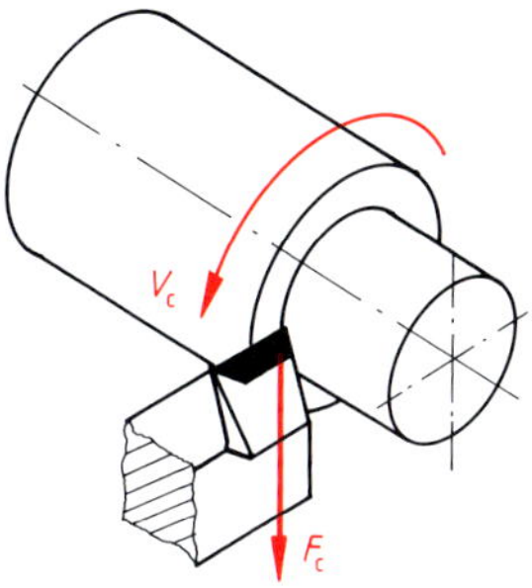

Ist die Schnittkraft bestimmt, so kann man den Leistungsbedarf ermitteln:

$$P_c = F_c \cdot v_c$$

Reibungsverluste in der Maschine und die Vorschubleistung werden durch den Wirkungsgrad η erfaßt.

$$\text{Leistungsbedarf} = \frac{\text{Schnittkraft} \cdot \text{Schnittgeschwindigkeit}}{\text{Wirkungsgrad}}$$

$$P_M = \frac{F_c \cdot v_c}{\eta}$$

P_M Motorleistung in W, kW

F_c Schnittkraft in N, kN

v_c Schnittgeschwindigkeit in $\frac{m}{s}$

η Wirkungsgrad

Aufgaben

1. Eine Welle aus St 70 (E 360) mit dem Durchmesser $d = 80$ mm wird mit $n = 355$ min $^{-1}$, dem Vorschub $f = 2$ mm, der Schnittiefe $a_p = 3$ mm, dem Einstellwinkel $\varkappa = 30°$ abgedreht. Berechnen bzw. bestimmen Sie:
- **a)** den Spanungsquerschnitt S,
- **b)** die Spanungsdicke h,
- **c)** die Länge der Hauptschneide, die im Eingriff steht,
- **d)** die spezifische Schnittkraft k_c nach Tabelle,
- **e)** die Schnittkraft F_c,
- **f)** die Schnittgeschwindigkeit v_c in m/s,
- **g)** den Leistungsbedarf P in kW ($\eta = 0{,}75$).

2. Beweisen Sie anhand von Aufgabe 1, daß die Vorschubleistung so klein ist, daß sie vernachlässigbar ist bzw. im Wirkungsgrad mit erfaßt werden kann. Für die Vorschubkraft können ca. 50% der Schnittkraft angenommen werden. ($P_f = F_f \cdot f$)

3. Bestimmen Sie die fehlenden Angaben von ⓐ bis ⓗ.

Größe	Formel ⓐ	Einheit ⓑ	Meßwerte ⓒ	ⓓ	ⓔ	ⓕ	ⓖ	ⓗ
Vorschub	$f=?$	?	0,5 mm	?	0,8 mm	?	1 mm	14 mm
Schnittiefe	$a_p=?$	?	0,5 mm	5 mm	?	?	5 mm	?
Spanungsquerschnitt	$S=?$	?	?	2 mm²	3,2 mm²	1 mm²	?	49 mm²
Einstellwinkel	—	?	45°	45°	90°	45°	?	30°
Spanungstiefe	$h=?$	?	?	?	?	0,2 mm	0,707 mm	?

4. Für die Dreharbeiten ⓐ bis ⓖ ist der Leistungsbedarf zu bestimmen. Wirkungsgrad der Drehmaschine =0,7. Die k_c-Werte sind aus der Tabelle zu entnehmen. (Zwischenwerte müssen interpoliert bzw. geschätzt werden)

Werkstoff	ⓐ St 50 (S 295)	ⓑ St 50 (S 295)	ⓒ Ck 45	ⓓ Ck 45	ⓔ 42CrMo4	ⓕ GG 26	ⓖ AlMg5
Vorschub f	0,2 mm	2 mm	1 mm	0,25 mm	1,4 mm	1,4 mm	1,4 mm
Schnittiefe a_p	1 mm	4 mm	1 mm	4 mm	3 mm	3 mm	3 mm
Spanungsdicke h	0,16 mm	2 mm	0,7 mm	0,18 mm	1 mm	1 mm	1 mm
Schnittgeschwindigkeit v_c	$150\,\frac{m}{min}$	$80\,\frac{m}{min}$	$100\,\frac{m}{min}$	$100\,\frac{mm}{min}$	$90\,\frac{m}{min}$	$90\,\frac{m}{min}$	$90\,\frac{m}{min}$
Leistungsbedarf P_M	?	?	?	?	?	?	?

5. (Kann nur gelöst werden, wenn Aufgabe 4 gelöst ist)

a) Wie groß ist der Einstellwinkel bei den Dreharbeiten ⓐ bis ⓖ?

b) Skizzieren Sie die Spanungsquerschnitte von ⓒ bis ⓓ, und vergleichen Sie die Größe der Spanungsquerschnitte und die Größe der Leistungsbedarfswerte. Welches Spanverhältnis $a_p : f$ ist günstiger hinsichtlich des Leistungsbedarfs?

6. Eine Spitzendrehmaschine bearbeitet eine Welle aus St50 (E 295) mit dem Durchmesser $d=70$ mm bei der Drehzahl $n=280\ \text{min}^{-1}$. Der Antriebsmotor leistet 4,2 kW. Die Drehmaschine arbeitet mit dem Wirkungsgrad $\eta=0{,}7$.

a) Welche Leistung P_c steht für die Zerspanung zur Verfügung?

b) Wie groß ist die Schnittkraft F_c?

c) Wie groß ist der k_c-Wert? ($S=1{,}4\ \text{mm}^2$)

7. Ein Radkranz aus hochlegiertem Stahl mit einem Durchmesser von 1900 mm wird auf einer Karusselldrehmaschine gleichzeitig mit zwei Drehmeißeln bearbeitet. Die Drehzahl beträgt $14\ \text{min}^{-1}$.
Spanungsdaten: $f=4$ mm, $a_p=8$ mm je Drehmeißel, $k_c=1600\ \text{N/mm}^2$.
Wirkungsgrad der Maschine: $\eta=0{,}7$.

a) Berechnen Sie die benötigte Motorleistung.

b) Wie verändert sich die Motorleistung zum Standzeitende?

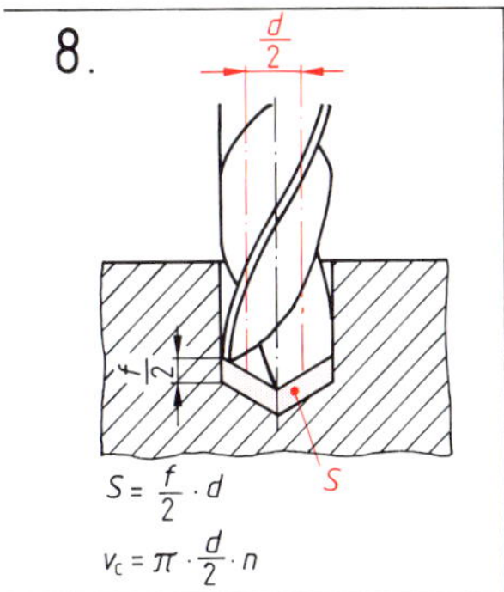

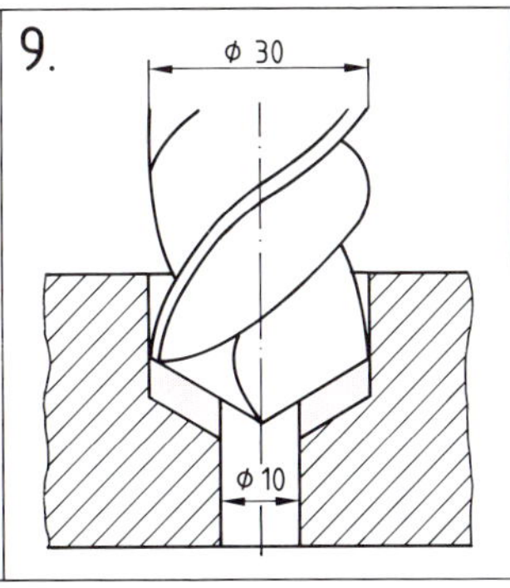

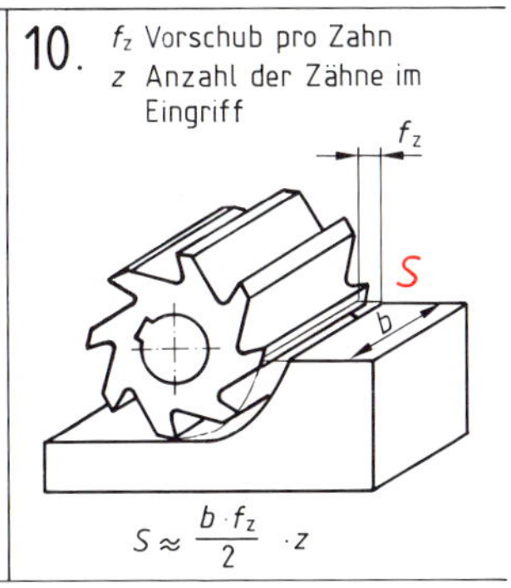

8. Der Leistungsbedarf beim Bohren wird wie beim Drehen ermittelt. Ein Spiralbohrer aus HSS-Stahl mit $d = 24$ mm arbeitet mit der Drehzahl $n = 500\ \text{min}^{-1}$ und $f = 0{,}3$ mm.

a) Bestimmen Sie die Schnittgeschwindigkeit v_c in der Schneidenmitte.

b) Bestimmen Sie die Schnittgeschwindigkeit v_c am Anfang des Bohrers.

c) Erklären Sie, warum man für die Leistungsberechnung $d/2$ in die Schnittgeschwindigkeitsformel einsetzt.

d) Bestimmen Sie den Spanungsquerschnitt.

e) Bestimmen Sie die Schnittkraft F_c ($k_c = 2000\ \text{N/mm}^2$).

f) Wie groß ist der Leistungsbedarf der Bohrmaschine ($\eta = 0{,}6$)?

9. Bestimmen Sie den Leistungsbedarf für die Bohrarbeit in kW.
$n = 355\ \text{min}^{-1}$, $f = 0{,}6$ mm, $k_c = 2200\ \text{N/mm}^2$, $\eta = 0{,}7$.

10. Der Leistungsbedarf beim Fräsen wird wie beim Drehen ermittelt. Ein 150 mm breites Werkstück aus Ck45 soll in einem Schnitt mit einem Walzenfräser DIN 884 - 160 × 160 - HSS abgefräst werden. Die Drehzahl des Fräsers beträgt 45 min^{-1}, der Zahnvorschub $f_z = 0{,}25$ mm. Bei der Schnitthöhe von 5 mm ist ein Zahn im Eingriff.

a) Wie groß ist der mittlere Spanungsquerschnitt?

b) Berechnen Sie die Schnittkraft, wenn für $k_c = 1200\ \text{N/mm}^2$ anzusetzen ist.

c) Wie groß ist die Schnittgeschwindigkeit?

d) Berechnen Sie den Leistungsbedarf bei einem Wirkungsgrad der Maschine von $\eta = 0{,}8$.

11. Bestimmen Sie den Leistungsbedarf für das Fräsen einer Nut mit einem Scheibenfräser DIN 885 - 63 × 12 - HSS.
$n = 180\ \text{min}^{-1}$, $f_z = 0{,}1$, $z = 2$, $k_c = 1200\ \text{N/mm}^2$, $\eta = 0{,}8$.

40 Wärmelehre

40.1 Ausdehnung durch Wärme

Der Wärmezustand eines Körpers wird durch die Temperatur gekennzeichnet. Als Temperatureinheiten verwendet man Grad Celsius oder Kelvin.

Beziehung zwischen Grad Celsius (°C) und Kelvin (K):

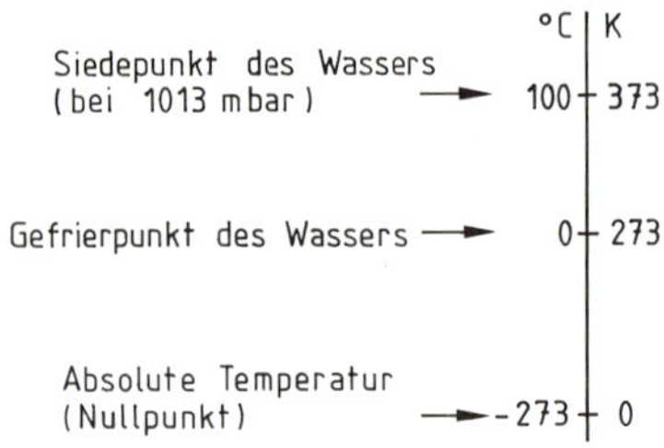

ϑ Temperaturangabe in °C
T Temperaturangabe in K

$$T = \vartheta + 273$$

Fast alle Körper dehnen sich mit zunehmender Erwärmung aus.

Versuch

Erwärmt man ein Messingrohr von 500 mm Länge um eine Temperaturdifferenz von 83 K, so wird dieses Rohr eine Längenzunahme von 0,76 mm erhalten.

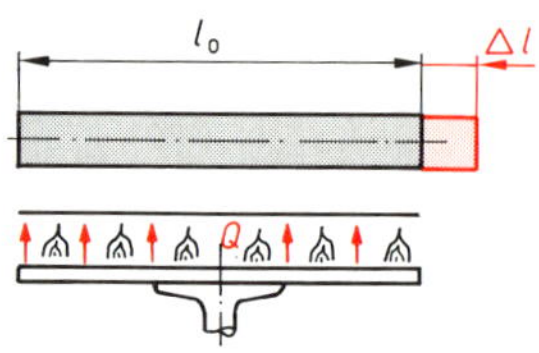

Längenzunahme bei $L_0 = 500$ mm und $\Delta\vartheta = 83\text{ K} \rightarrow \Delta L = 0{,}76$ mm.

Längenzunahme bei $L_0 = 500$ mm und $\Delta\vartheta = 1\text{ K} \rightarrow \dfrac{\Delta L}{\Delta\vartheta} = \dfrac{0{,}76\text{ mm}}{83\text{ K}} = 0{,}00916\ \dfrac{\text{mm}}{\text{K}}$.

Relative Längenzunahme bei $\Delta\vartheta = 1\text{ K} \rightarrow \alpha = \dfrac{\Delta L}{L_0 \cdot \Delta\vartheta} = \dfrac{0{,}00916\text{ mm}}{500\text{ mm} \cdot 1\text{ K}} = 0{,}0000183\ \dfrac{1}{\text{K}}$.

Die relative Längenzunahme bezeichnet man als **Längenausdehnungskoeffizient** α.

Längenzunahme = Ausgangslänge · Längenausdehnungskoeffizient · Temperaturdifferenz

$$\Delta L = l_0 \cdot \alpha \cdot \Delta\vartheta$$

ΔL Längenzunahme in mm
l_0 Ausgangslänge in mm
α Ausdehnungskoeffizient in $\dfrac{1}{\text{K}}$
$\Delta\vartheta$ Temperaturdifferenz in K (°C)

Da die Körper sich nach allen Richtungen ausdehnen, gilt entsprechend für die Volumenzunahme der **Volumenausdehnungskoeffizient** γ.

Volumenzunahme = Ausgangsvolumen · Volumenausdehnungskoeffizient · Temperaturdifferenz

$$\Delta V = V_0 \cdot \gamma \cdot \Delta \vartheta$$

ΔV Volumenzunahme in mm^3

V_0 Ausgangsvolumen in mm^3

γ Volumenausdehnungskoeffizient in $\frac{1}{K}$

$\Delta \vartheta$ Temperaturdifferenz in K (°C)

Der Volumenausdehnungskoeffizient bei festen Stoffen ist das Dreifache des Längenausdehnungskoeffizienten.

Längenausdehnungskoeffizienten einiger Stoffe in $\frac{1}{K}$ (zwischen 0 °C und 100 °C)

PVC	$\alpha = 0{,}000078$	Kupfer	$\alpha = 0{,}000016$
Zink	$\alpha = 0{,}000030$	Beton	$\alpha = 0{,}000013$
Blei	$\alpha = 0{,}000029$	Stahl	$\alpha = 0{,}000012$
Aluminium	$\alpha = 0{,}000024$	Platin	$\alpha = 0{,}000009$
Zinn	$\alpha = 0{,}000023$	Glas	$\alpha = 0{,}000008$
Messing	$\alpha = 0{,}000018$	Quarz	$\alpha = 0{,}000001$

Aufgaben

1. Bestimmen Sie die fehlenden Angaben von ⓐ bis ⓕ entsprechend der Tabelle.

Temperatureinheit	Formel zur Umrechnung ⓐ	Meßwerte ⓑ	ⓒ	ⓓ	ⓔ	ⓕ
°C	$\vartheta = ?$	83,5 °C	? °C	? °C	−32,4 °C	? °C
K	$T = ?$	? K	107,4 K	0 K	? K	212 K

2. Um wieviel cm dehnt sich ein 140 m langes Dampfrohr aus Stahl, das durch Heißdampf auf 130 °C erwärmt wird (Umgebungstemperatur 20 °C)?

3. Welchen Längenausdehnungskoeffizienten hat eine Legierung, die sich bei Erwärmung um 65 °C um 0,6 ‰ ausdehnt?

4. Bestimmen Sie den Volumenausdehnungskoeffizienten von Grauguß. Das Volumen verringert sich beim Abkühlen von 978 °C auf 20 °C um 2 % des Anfangswertes.

5. Ein Stahlring wird auf eine Welle aufgeschrumpft.
Stahlringdurchmesser bei 20 °C = 69,94 mm, Wellendurchmesser 69,98 mm.
Um den Ring aufschrumpfen zu können, muß er um 0,06 mm durch Erwärmung geweitet werden.
Auf welche Temperatur wird er erwärmt?

6. Eine Messingdüse für Heißluft von 420 °C soll einen Querschnitt von 32 mm^2 haben. Mit welchem Durchmesser muß die Düse bei der Herstellung (Umgebungstemperatur 20 °C) versehen werden?

7.
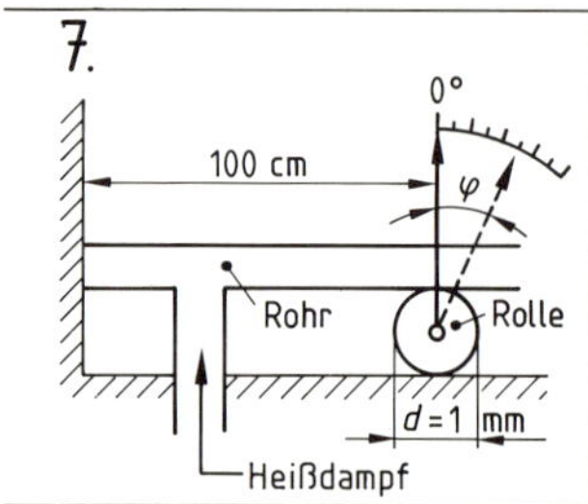

8.
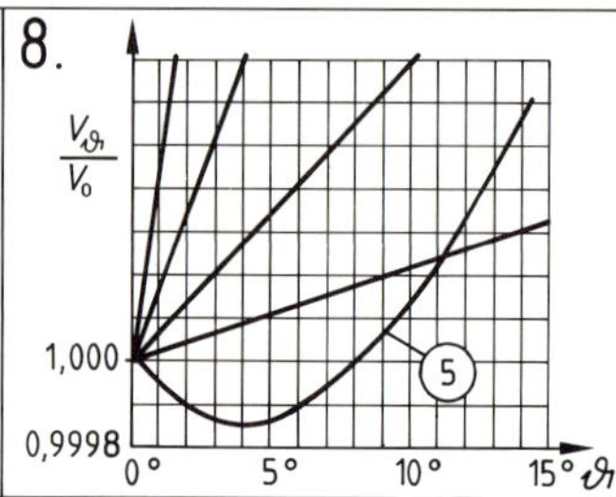

9.
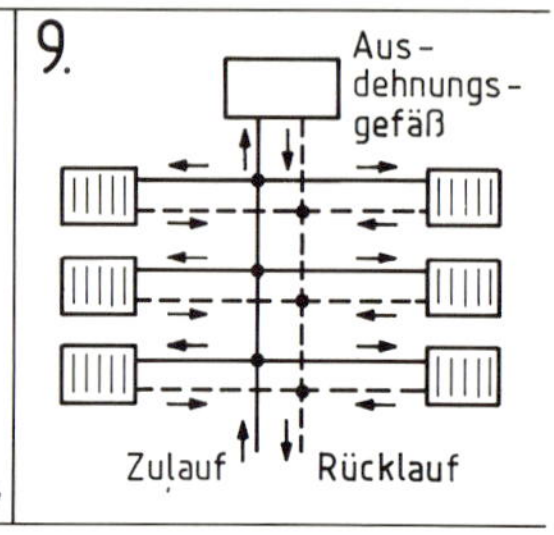

7. Um den Wärmeausdehnungskoeffizienten von einem Rohr zu bestimmen, läßt man das Rohr entsprechend dem Bild auf einer Rolle mit 1 mm Durchmesser ruhen. Die Rolle ist mit einem Zeiger versehen, der den Winkel, um den sich die Rolle dreht, anzeigt.
Bestimmen Sie den Ausdehnungskoeffizienten, wenn nach der Anfangstemperatur von 20 °C Dampf von 100 °C durch das Rohr geblasen wird und der Zeiger sich auf einen Winkel von 40° einstellt.

8. Das dargestellte Diagramm zeigt 4 Kurven von Stoffen, aus denen erkennbar ist, daß diese sich regelmäßig ausdehnen. Die Kurve ⑤ zeigt die Ausdehnung von Wasser. (Anomalie des Wassers)

a) Bei welcher Temperatur hat Wasser sein kleinstes Volumen?
b) Bei welcher Temperatur hat Wasser seine größte Dichte, und welche Bedeutung hat dies für die Natur? (*Hinweis:* „gefrorene Seen“)

9. Der geschlossene Kreislauf einer Warmwasserheizung enthält bei 10 °C 600 dm³ Wasser. Welchen Rauminhalt muß das Ausdehnungsgefäß bei einer Wassertemperatur von 90 °C haben? (Mittlerer Ausdehnungskoeffizient für Wasser $\gamma = 0{,}0004$ 1/K)

40.2 Wärmemenge – Wärmeenergie

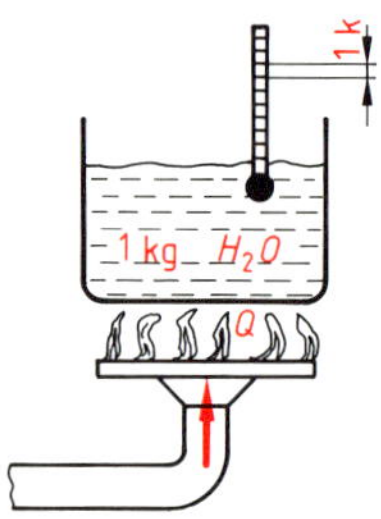

Um die Temperatur von 1 kg Wasser um 1 K (bzw. 1 °C) zu erhöhen, benötigt man 4,19 kJ (Verluste nicht berücksichtigt).

Die Wärmemenge (Wärmeenergie), die man benötigt, um 1 kg eines Stoffes um 1 K zu erhöhen, nennt man **spezifische Wärmekapazität *c*.**

Spezifische Wärmekapazität *c* einiger Stoffe in $\frac{\text{kJ}}{\text{kg K}}$

Wasser:	4,19	Aluminium:	0,9	Stahl:	0,49
Öl:	1,80	Eisenoxid:	0,67	Kupfer:	0,39
Luft (bei konst. Druck): 1		Gußeisen:	0,53	Cu-Zn-Legierung:	0,39

Aus der Anschauung ist ersichtlich:

je größer die Masse
je größer die Temperaturerhöhung } desto größer der Energiebedarf

Wärmemenge = spezifische Wärmekapazität · Masse · Temperaturdifferenz

$$Q = c \cdot m \cdot \Delta\vartheta$$

Q Wärmemenge (Wärmeenergie) in kJ

c spezifische Wärmekapazität in $\frac{kJ}{kg\,K}$

m Masse in kg

$\Delta\vartheta$ Temperaturdifferenz in K (°C)

$\Delta\vartheta = \vartheta_2 - \vartheta_1$

Aufgaben

1. Bestimmen Sie die Wärmemenge, die zur Erwärmung von 10 l Wasser von 20 °C auf 80 °C benötigt wird.

2. Bestimmen Sie die fehlenden Angaben von ⓐ bis ⓖ.

Größe	Formel ⓐ	Einheit ⓑ	Meßwerte ⓒ	ⓓ	ⓔ	ⓕ	ⓖ
spezifische Wärmekapazität	c = ?	?	0,49 $\frac{kJ}{kg\,K}$	0,53 $\frac{kJ}{kg\,K}$	Aluminium	Wasser	?
Masse	m = ?	?	5 kg	?	400 g	400 t	80 kg
Temperaturdifferenz	$\Delta\vartheta$ = ?	?	750 °C	400 K	?	?	140 °C
Wärmemenge	Q = ?	?	?	450 kJ	400 J	200 MJ	20 160 kJ

3. Ein Gußstück mit der Masse von 725 kg soll für eine Reparaturschweißung von 20 °C auf 800 °C vorgewärmt werden.
Welche Wärmemenge ist notwendig?

4. In einem LD-Tiegel werden 150 t Roheisen mit der Einsatztemperatur von 1 450 °C gefrischt. Durch das Verbrennen der Eisenbegleiter steigt die Badtemperatur auf 1 700 °C.
Welche Energiemenge wurde frei?

5. Ein 350 kg schweres Werkstück soll spannungsarm geglüht werden (von 20 °C auf 580 °C)
Wieviel m^3 Erdgas sind für die Erwärmung notwendig (spezifischer Heizwert von Erdgas 35 MJ/m^3)? Der Wirkungsgrad η des Glühofens beträgt 0,6.

41 Elektrotechnische Grundlagen

41.1 Ohmsches Gesetz

Die Beziehungen zwischen den drei elektrotechnischen Grundgrößen **Spannung, Strom und Widerstand** werden durch das **Ohmsche Gesetz** beschrieben.

Die Beziehungen in einem Stromkreis lassen sich gut vergleichen mit den Beziehungen in einem Flüssigkeitskreislauf.

Hydraulikkreislauf

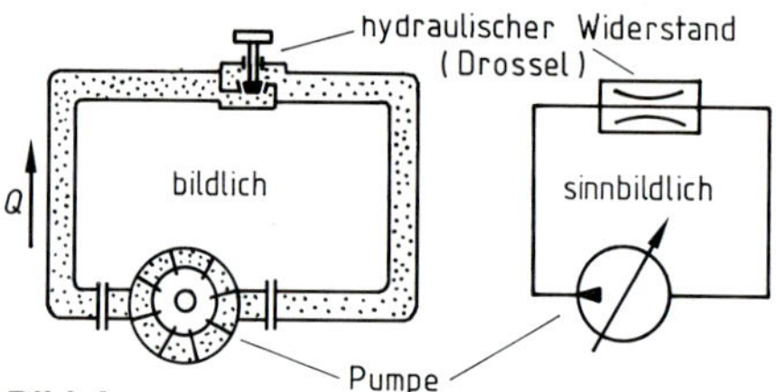

Bild A

Stromkreis

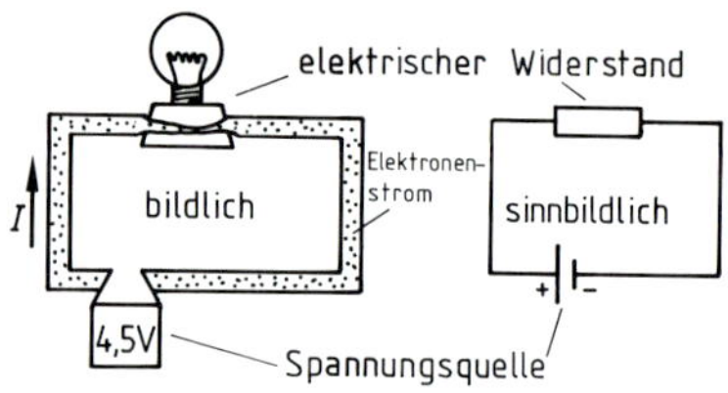

Bild B

Hydraulikkreislauf		Stromkreis
Druck	≙	Spannung U
hydraulischer Widerstand	≙	elektrischer Widerstand R
Flüssigkeitsstrom	≙	Stromstärke I

Hydraulikkreislauf

① Flüssigkeit kann nur gefördert werden, wenn Druck vorhanden ist.

② Je größer der Druck, desto größer der Flüssigkeitsstrom

③ Je größer der Strömungswiderstand, desto kleiner der Flüssigkeitsstrom

Stromkreis

① Strom kann nur fließen, wenn Spannung vorhanden ist.

② Je größer die Spannung, desto größer der Strom $(I \sim U)$

③ Je größer der elektrische Widerstand, desto kleiner der Strom $\left(I \sim \frac{1}{R}\right)$

Ohmsches Gesetz

$$\text{Stromstärke} = \frac{\text{Spannung}}{\text{Widerstand}}$$

$$I = \frac{U}{R}$$

I Stromstärke in A (Ampere)

U Spannung in V (Volt)

R Widerstand in Ω (Ohm) $1\,\Omega = 1\,\frac{V}{A}$

Aufgaben

1. Der Widerstand der Glühbirne (siehe **Bild B**) beträgt 6 Ω.
Wie groß ist der fließende Strom?

2. Bestimmen Sie die fehlenden Angaben von ⓐ bis ⓘ.

Größe	Formel ⓐ	Einheit ⓑ	Meßwerte ⓒ	ⓓ	ⓔ	ⓕ	ⓖ	ⓗ	ⓘ
Spannung	$U = ?$	?	4,5 V	220 V	?	?	9 V	220 V	220 V
Widerstand	$R = ?$	?	3 Ω	?	55 Ω	0,05 Ω	?	50 mΩ	50 kΩ
Stromstärke	$I = ?$	?	?	15 A	4 A	64 A	8 mA	?	?

3. 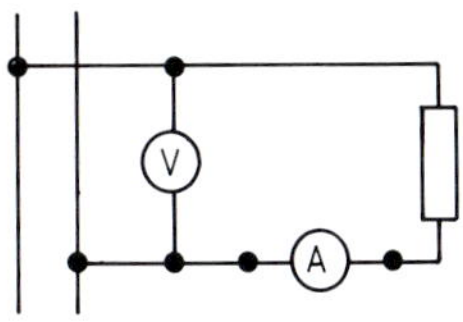

Der Widerstand eines Verbrauchers soll bestimmt werden. Der parallel zum Verbraucher geschaltete Spannungsmesser (Voltmeter) zeigt eine Spannung von 225 V an. Der mit dem Verbraucher in Reihe geschaltete Strommesser (Amperemeter) zeigt eine Stromstärke von 2,5 A an.

4. Der Gesamtwiderstand eines menschlichen Körpers beträgt ca. 1800 Ω. Eine Stromstärke von $I \geq 50$ mA, die durch einen Körper fließt, kann tödlich wirken.
Wie groß darf maximal die Spannung von spannungsführenden Teilen sein, die man ohne Gefahr berühren kann?

41.2 Widerstandsberechnung

Elektrischer Strom fließt, wenn sich freie Elektronen bewegen. Dieser Bewegung setzen alle Stoffe einen Widerstand entgegen. Gute Leiter haben einen kleinen elektrischen Widerstand. Schlechte Leiter (Isolatoren) haben einen großen elektrischen Widerstand. Die unterschiedliche Durchlässigkeit für Elektronen wird durch den **spezifischen Widerstand** angegeben.

Der spezifische Widerstand ϱ (Rho) gibt an, welchen Widerstand ein Werkstoff mit der Länge von 1 m und dem Querschnitt von 1 mm² besitzt (Bezugstemperatur 20 °C).

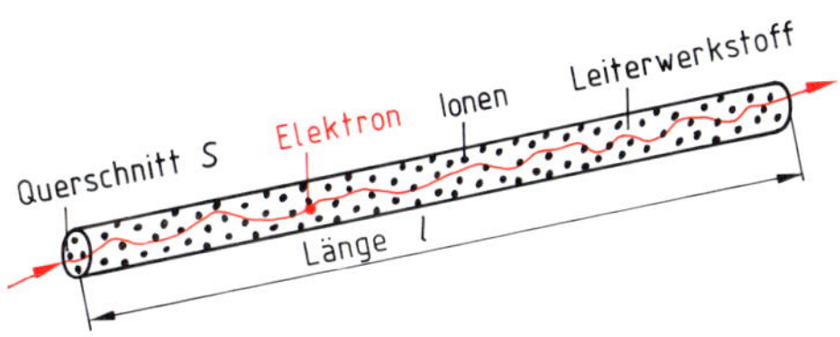

Leiterwerkstoff	ϱ in $\frac{\Omega \cdot mm^2}{m}$
Silber	0,0165
Kupfer	0,0179
Aluminium	0,0278
Stahl	0,15
Nickelin	0,4
Konstantan	0,5

Der Widerstand eines Leiters hängt ab von:

Länge	**Querschnitt**	**spezifischer Widerstand**
Je länger der Leiter, desto größer der Widerstand $R \sim l$	Je größer der Querschnitt, desto kleiner der Widerstand $R \sim \frac{1}{S}$	Je größer der spezifische Widerstand, desto größer der Widerstand $R \sim \varrho$

$$\text{Widerstand} = \frac{\text{spezifischer Widerstand} \cdot \text{Länge}}{\text{Querschnitt}}$$

$$R = \frac{\varrho \cdot l}{S}$$

ϱ spezifischer Widerstand in $\frac{\Omega \cdot \text{mm}^2}{\text{m}}$

l Leiterlänge in m

S Querschnittsfläche in mm^2

R Widerstand in Ω

Aufgaben

1. Wie groß ist der Widerstand eines 100 m langen Kupferkabels mit einem Querschnitt von 2,5 mm^2?

2. Bestimmen Sie die fehlenden Angaben von ⓐ bis ⓗ.

Größe	Formel ⓐ	Einheit ⓑ	Meßwerte ⓒ	ⓓ	ⓔ	ⓕ	ⓖ	ⓗ
spezifischer Widerstand (Werkstoff)	$\varrho = ?$	?	$0{,}4 \frac{\Omega \text{mm}^2}{\text{m}}$	Silber	?	Kupfer	$0{,}0179 \frac{\Omega \text{mm}^2}{\text{m}}$	?
Länge	$l = ?$	?	120 m	12 m	0,5 m	?	10,5 km	530 m
Querschnitt	$S = ?$	mm^2	0,1 mm^2	1,5 mm^2	0,785 mm^2	3,5 mm^2	?	0,00126 mm^2
Widerstand	$R = ?$	?	?	?	63,7 mΩ	1,07 Ω	2,4 Ω	7,45 kΩ

3. Wie lang darf höchstens ein Kupferkabel mit 2,5 mm^2 Querschnitt sein, wenn bei einer Stromstärke von 14 A der maximal zulässige Spannungsabfall 3 V betragen soll?

4. In einer elektrischen Steueranlage soll ein Strom von 0,025 A fließen. Ein defekter Vorwiderstand von 5 Ω muß kurzfristig ersetzt und selbst hergestellt werden. Zur Verfügung steht Konstantandraht mit 0,5 mm^2 Querschnitt.

a) Wieviel m Draht benötigt man zur Herstellung des Widerstandes?

b) Zur Kontrolle soll der Spannungsabfall am Widerstand gemessen werden. Was muß das Voltmeter anzeigen, wenn der Widerstand ordnungsgemäß hergestellt wurde?

41.3 Elektrische Leistung

Auch die Leistungsformel läßt sich sehr gut an einem Flüssigkeitskreislauf demonstrieren.

Hydraulikkreislauf	**Stromkreis**
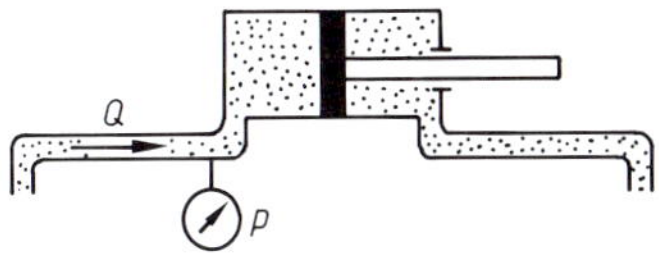	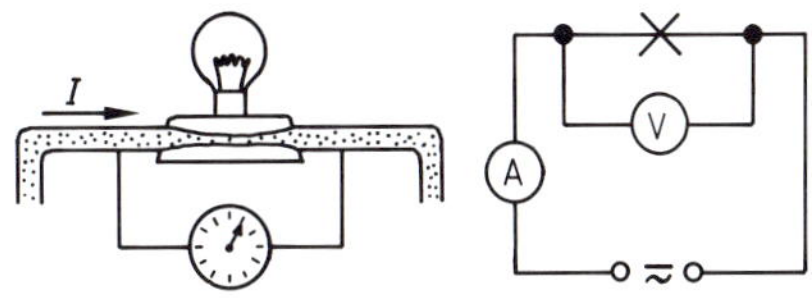

Druck ≙ Spannung U
Flüssigkeitsstrom ≙ Strom I
Hydraulikkreislauf — Stromkreis

Hydraulikkreislauf	Stromkreis
① Je größer der Druck, desto größer die Kraft auf den Kolben: ⇒ Leistung steigt	① Je größer die Spannung, desto heller brennt die Lampe: ⇒ Leistung steigt ($P \sim U$)
② Je größer der Flüssigkeitsstrom, desto größer die Geschwindigkeit des Kolbens: ⇒ Leistung steigt	② Je größer der Strom, desto heller brennt die Lampe: ⇒ Leistung steigt ($P \sim I$)

Leistung = Spannung · Stromstärke

$$P = U \cdot I$$

P Leistung in W
U Spannung in V
I Strom in A

Diese Formel gilt für Gleichstrom und bei Wechselstrom mit ohmscher Belastung (z. B. Heizkörper, Glühlampen).

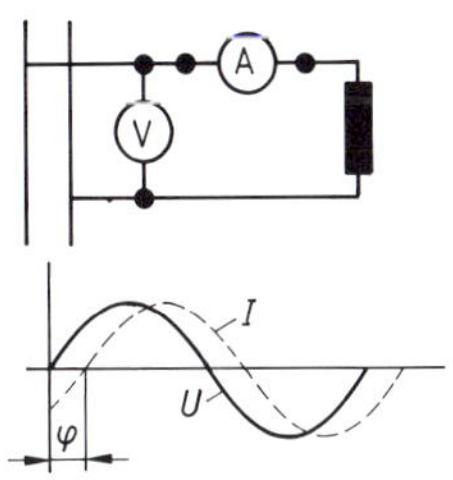

Sind in einem **Wechselstromkreis** Spulen und Kondensatoren geschaltet (z. B. bei Motoren, Elektromagneten), so muß der $\cos\varphi$, der die Phasenverschiebung zwischen Strom und Spannung angibt, berücksichtigt werden.

$$P = U \cdot I \cdot \cos\varphi$$

P	Leistung in W	I	Strom in A
U	Spannung in V	$\cos\varphi$	Leistungsfaktor

Der Wert für den $\cos\varphi$ (z. B. $\cos\varphi = 0{,}9$) ist auf dem elektrischen Verbraucher angegeben.

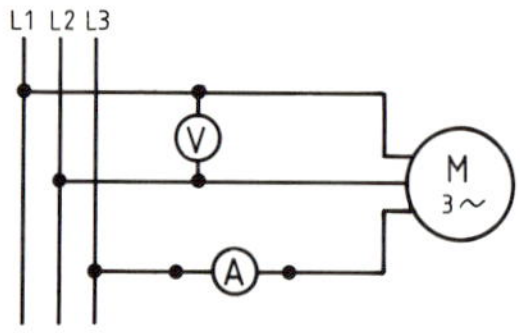

Bei **Drehstrom** (Dreiphasenwechselstrom) muß noch die Verkettung des Stromes aus drei Wechselströmen berücksichtigt werden.

$$P = U \cdot I \cdot \sqrt{3} \cdot \cos\varphi$$

P	Leistung in W	$\sqrt{3}$	Verkettungsfaktor
U	Spannung in V	$\cos\varphi$	Leistungsfaktor
I	Strom in A		

Aufgaben

1. Eine Glühlampe nimmt bei 220 V einen Strom von 0,455 A auf.
Bestimmen Sie die Leistung der Glühlampe.

2. Ein Wechselstrommotor nimmt bei 220 V einen Strom von 8 A auf. Der Leistungsfaktor $\cos\varphi$ beträgt 0,85.
Wie groß ist die Leistung des Motors in kW?

3. Ein Drehstrommotor mit $\cos\varphi = 0{,}85$ ist an einer Spannung von 380 V angelegt. Es fließt ein Strom von 15 A.
Wie groß ist die Leistung des Motors in kW?

4. Bestimmen Sie die fehlenden Angaben von ⓐ bis ⓗ.

Größe	Formel			Meßwerte				
	Gleichstrom ⓐ	Wechselstrom ⓑ	Drehstrom ⓒ	Gleichstrom ⓓ	Gleichstrom ⓔ	Wechselstrom ⓕ	Drehstrom ⓖ	Drehstrom ⓗ
Spannung	$U = ?$	$U = ?$	$U = ?$	?	12 V	220 V	380 V	380 V
Strom	$I = ?$	$I = ?$	$I = ?$	0,25 A	?	?	?	5,7 A
Leistungsfaktor	—	$\cos\varphi = ?$	$\cos\varphi = ?$	—	—	0,83	0,78	?
Leistung	$P = ?$	$P = ?$	$P = ?$	0,875 W	18 W	2,56 kW	7,5 kW	3 kW

5. Berechnen Sie die Leistung einer Glühbirne mit einem Widerstand von 484 Ω, die für eine Netzspannung von 220 V vorgesehen ist.

6. Ein 220-V-Stromkreis ist mit einer 15-A-Sicherung abgesichert. In dem Stromkreis sind 5 Glühbirnen mit einer Leistung von je 60 W und ein Heizgerät mit einem Widerstand von 30 Ω geschaltet.
Ist die Zuschaltung eines Heißwasserspeichers von 1,5 kW noch zulässig?

7. Der Leistungsverlust in einem Aluminiumdraht mit 160 m Länge darf maximal 20 W betragen. Die Stromstärke beträgt 6,4 A.
Welchen Durchmesser muß der Aluminiumdraht mindestens besitzen?

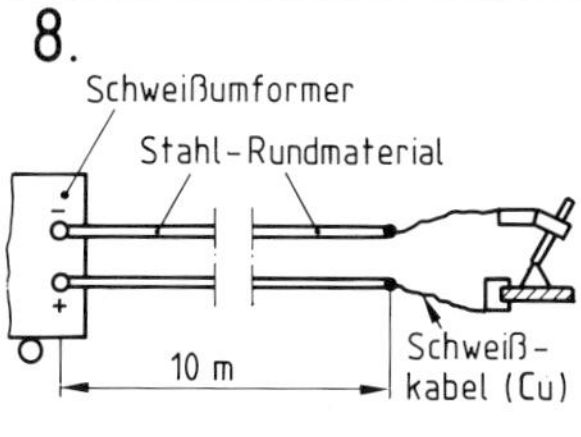

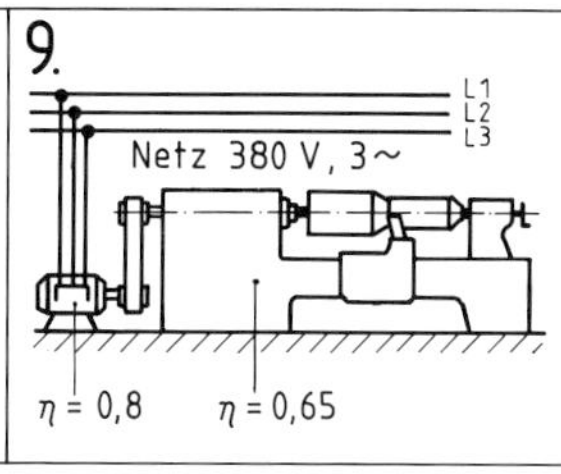

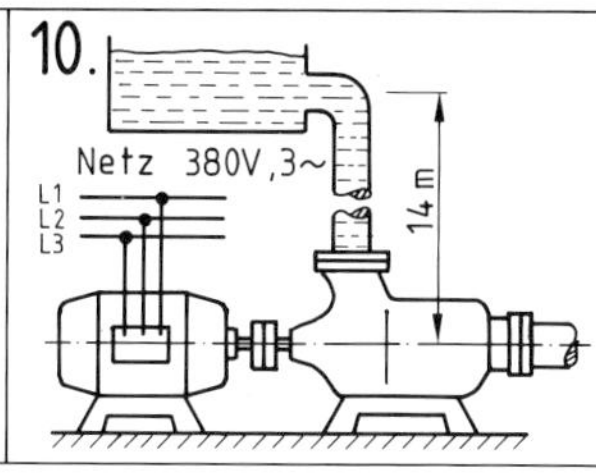

8. Da die Schweißkabel eines Schweißumformers zu kurz sind, um die Schweißstelle zu erreichen, wurden zwei Rundeisen ∅ 6 mit je 10 m Länge zwischengeschaltet.

a) Berechnen Sie den Leistungsverlust, der in dem Rundmaterial auftritt, wenn die Schweißstromstärke 120 A beträgt.

b) In welcher Energieform tritt der Leistungsverlust auf?

c) Geben Sie Änderungsmöglichkeiten an, um den Leistungsverlust wesentlich geringer zu halten.

9. Eine Welle ($d = 350$ mm) wird mit einer Schnittkraft von 12 kN und einer Drehzahl von $n = 28\ \text{min}^{-1}$ abgedreht.
Berechnen Sie

a) die Schnittgeschwindigkeit in m/s,

b) die mechanische Leistung an der Schnittstelle in kW,

c) die notwendige elektrische Leistung,

d) die Stromaufnahme aus dem Netz ($\cos\varphi = 0{,}8$).

10. Durch eine Pumpe werden in einer Stunde 120 m^3 Wasser in einen Hochbehälter gepumpt. Der Wirkungsgrad der Pumpe beträgt 0,76 und der Wirkungsgrad des Motors 0,82.

a) Wie groß ist die notwendige elektrische Leistung des Drehstrommotors?

b) Wie groß ist die Stromaufnahme des Motors ($\cos\varphi = 0{,}85$)?

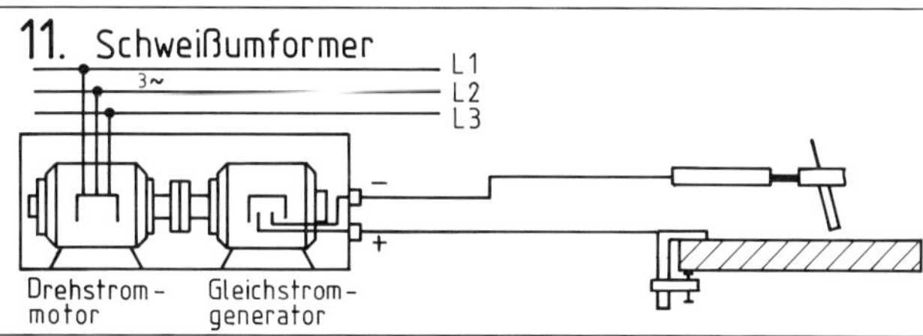

Der Schweißumformer wandelt Wechselstrom mit hoher Spannung in Gleichstrom mit niedriger Spannung um.

11. Der Drehstrommotor eines Schweißumformers empfängt eine elektrische Leistung von $P = 10$ kW. Der Motor ist an einer Spannung $U = 380$ V angelegt. Der Leistungsfaktor $\cos\varphi$ beträgt 0,8. Der Wirkungsgrad η von Motor und Generator beträgt 0,7.

a) Bestimmen Sie die Stromstärke I, die zum Motor fließt.

b) Wie groß ist die Ausgangsleistung des Umformers?

c) Bestimmen Sie die Stromstärke I an der Schweißstelle bei einer Schweißspannung von 25 V.

12. Schweißtrafo

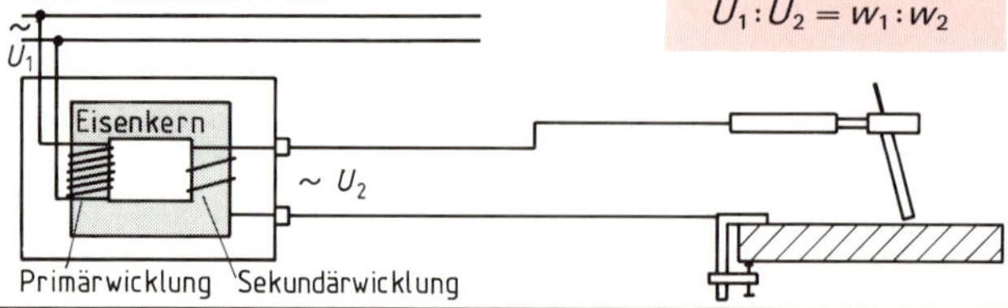

$$U_1 : U_2 = w_1 : w_2$$

U_1 Primärspannung
U_2 Sekundärspannung
w_1 Windungszahl der Primärspule
w_2 Windungszahl der Sekundärspule

12. Ein Schweißtrafo wandelt Wechselstrom mit hoher Spannung in Wechselstrom mit niedriger Spannung um.

a) Für die Primärseite eines Schweißtrafos sind gegeben:

$$U_1 = 220\ \text{V},\ I_1 = 10\ \text{A},\ w_1 = 200.$$

Für die Sekundärseite sind bei $w_2 = 25$ zu bestimmen:

$$U_2 = ?,\ I_2 = ?$$

Verluste sind zu vernachlässigen ($P_1 \approx P_2$).

b) Wie verhalten sich die Ströme zu den Windungszahlen?

13. Schweißgleichrichter

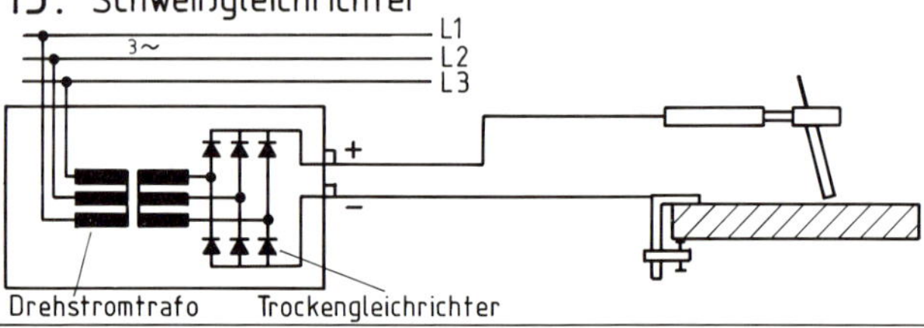

Der Schweißgleichrichter wandelt Wechselstrom mit hoher Spannung in Gleichstrom mit niedriger Spannung um.

13. Wie groß ist der Wirkungsgrad des Schweißgleichrichters?
Primärseite: $U = 380\ \text{V}$, $I = 24\ \text{A}$, $\cos\varphi = 0{,}7$.
Sekundärseite: $U = 32{,}7\ \text{V}$, $I = 220\ \text{A}$.

41.4 Elektrische Arbeit (Elektrische Energie)

Wie in der Mechanik gilt auch in der Elektrotechnik:

$$\text{Leistung} = \frac{\text{Arbeit}}{\text{Zeit}}$$

Stellt man die Gleichung nach der Arbeit um, so folgt:

$$\text{Arbeit} = \text{Leistung} \cdot \text{Zeit}$$

$$W = P \cdot t$$

P Leistung in W, kW
t Zeit in s, h
W Arbeit in Ws, kWh

Aufgaben

1. Berechnen Sie für die Aufgaben 1 bis 3 (Kapitel 41.3) die Energiekosten für 8 Stunden (1 kWh ≙ 0,28 DM).

2. Bestimmen Sie die fehlenden Angaben von ⓐ bis ⓗ.

Größe	Formel ⓐ	Einheiten ⓑ	ⓒ	Meßwerte ⓓ	ⓔ	ⓕ	ⓖ	ⓗ
Leistung	P = ?	?	?	100 W	40 W	?	5 kW	12 kW
Zeit	t = ?	h	s	24 h	?	2 min	?	?
Arbeit	W = ?	?	?	?	1 kWh	9600 Ws	?	?
Energiekosten bei 0,15 DM/kWh	—	?	—	?	?	?	96,— DM	0,24 DM

3. Eine vollgeladene 12-V-Auto-Batterie hat eine Kapazität von 36 Ah (d. h. die Batterie kann demnach 36 h lang 1 A abgeben oder 1 h lang 36 A abgeben). Versehentlich bleiben im abgestellten Pkw das Autoradio (Stromverbrauch 1,2 A) und das Standlicht einschließlich der Schlußlichter (I = 2,6 A) eingeschaltet.
   a) Wie groß ist die gespeicherte Energie der Autobatterie in kWh?
   b) Nach welcher Zeit wird die Batterie leer sein?
   c) Beim Anlassen beträgt die Stromstärke ca. 250 A.
   Wie lange kann man bei voller Batterie theoretisch den Anlasser betätigen?

4.
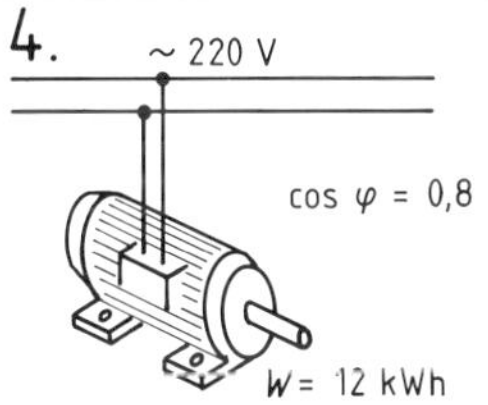

5.
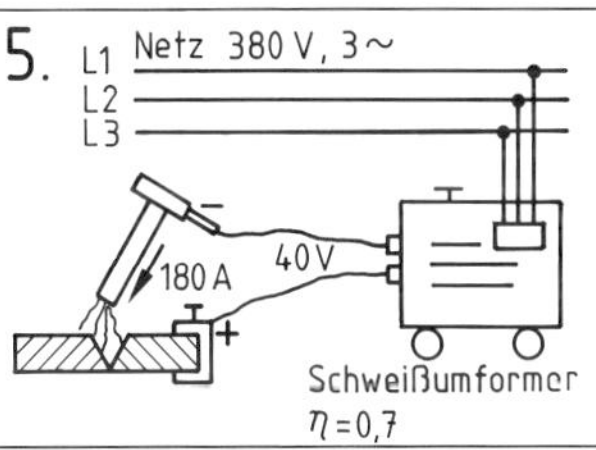

6.
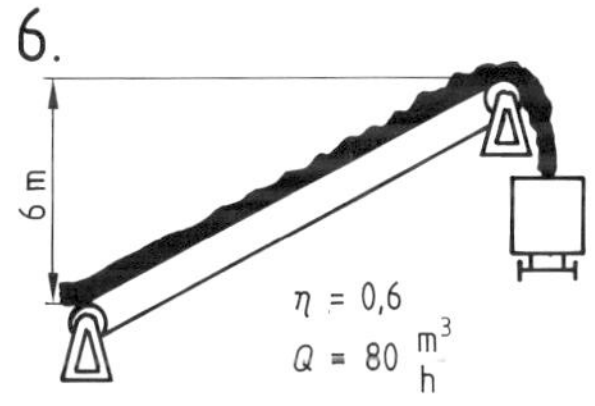

4. Berechnen Sie für den kontinuierlich laufenden Pumpenmotor (8 h)
   a) die Anschlußleistung,
   b) die Stromstärke,
   c) die Energiekosten pro Arbeitstag (0,28 DM/kWh).

5. Berechnen Sie für den skizzierten Schweißplatz
   a) die notwendige elektrische Anschlußleistung am Drehstromnetz,
   b) den Strom, der zum Drehstrommotor fließt,
   c) den Energieverbrauch pro Arbeitstag (5 h Schweißzeit, Leerlaufverluste werden nicht berücksichtigt).

6. Ein Förderband soll in der Stunde 80 m³ Kies (ϱ = 1,8 kg/dm³) befördern.
   a) Welche elektrische Leistung ist notwendig (η = 0,8)?
   b) Welchen Strom nimmt der vorgesehene Drehstrommotor (U = 380 V) mit cos φ = 0,82 auf?
   c) Wie hoch sind die Energiekosten pro Arbeitswoche (40 h) bei einem Preis für die Kilowattstunde von 0,28 DM?

41.5 Wärme durch elektrische Arbeit

Die spezifische Wärmekapazität c von Wasser beträgt $4{,}19\ \frac{\text{kJ}}{\text{kg K}}$ (vgl. Kapitel 40.2).
Um den Wert zu überprüfen, ist folgende Versuchsanordnung möglich.

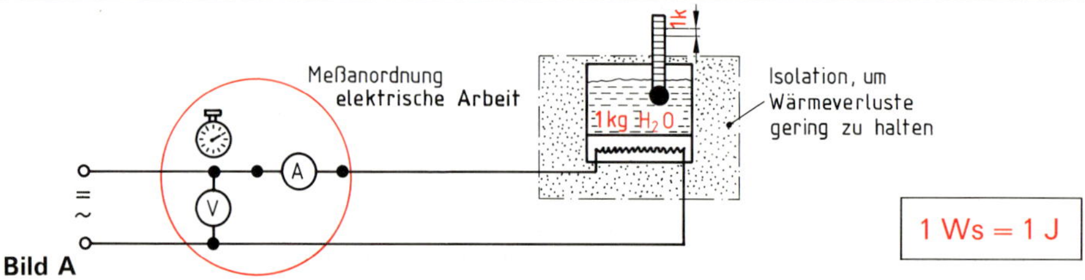

Bild A

$$\left.\begin{aligned} &\text{elektrische Energie} = \text{Wärmeenergie}\\ &W = Q\\ &U \cdot I \cdot t = c \cdot m \cdot \Delta\vartheta\\ &P \cdot t = c \cdot m \cdot \Delta\vartheta \end{aligned}\right\}\ \text{Energieerhaltungssatz}$$

Berücksichtigt man den Wirkungsgrad, gilt:

$$P \cdot t = \frac{c \cdot m \cdot \Delta\vartheta}{\eta}$$

P elektrische Leistung in W
t Aufheizzeit in s
c spezifische Wärmekapazität in $\frac{\text{kJ}}{\text{kg K}}$
$\Delta\vartheta$ Temperaturdifferenz in K (°C)
η Wirkungsgrad

Werte für spezifische Wärmekapazitäten: siehe Tabelle in Kapitel 36.2.

Aufgaben

1. **a)** Wie lange muß theoretisch der elektrische Kocher mit der Leistung von 1 kW eingeschaltet sein **(Bild A)**, um die Temperatur des Wassers um 1 °C zu erhöhen?
   b) Wie lange wird es dauern, bis das Wasser kocht (Anfangstemperatur 20 °C)?
   c) Wie groß muß die Stromstärke sein ($U = 220$ V)?

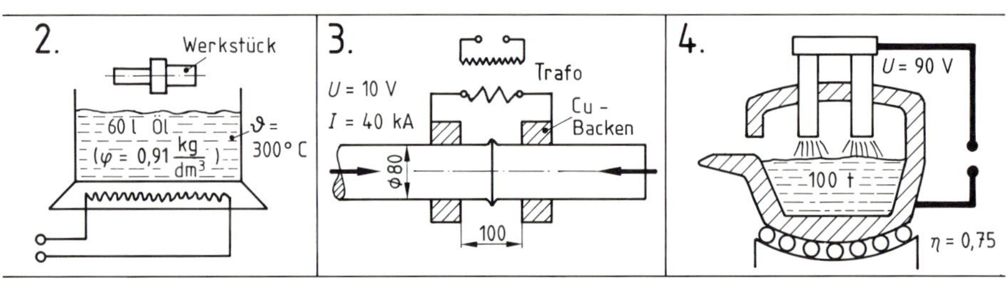

2. Beim Warmbadhärten wird in einem warmen Ölbad das Werkstück bis zum Temperaturausgleich abgekühlt.
   a) Nach welcher Zeit t wird das Bad aufgeheizt sein ($P = 10$ kW, $\vartheta_1 = 20\,^\circ$C, $\eta = 0{,}6$)?
   b) Das Werkstück mit der Masse von 12,5 kg hat vor dem Eintauchen eine Temperatur von 850 °C.
      Welche Wärmemenge wird bis zum Temperaturausgleich an das Ölbad abgegeben?

3. Zwei Wellenstümpfe aus Stahl sollen durch eine Stumpfschweißmaschine verbunden werden.
   Berechnen Sie die durchschnittliche Temperatur an der Schweißstelle.
   (Einschaltdauer: 12 s; Raumtemperatur: 20 °C; Wirkungsgrad der Anlage: 0,7)

4. Ein Lichtbogenofen hat eine elektrische Leistung von 12000 kW.
   a) Für welche Stromstärke I muß die Stromzuführung ausgelegt sein?
   b) Die Gießtemperatur soll 1620 °C betragen (Anfangstemperatur 20 °C).
      Wie groß muß die zugeführte Wärmemenge sein, wenn zusätzlich zum Schmelzen des Stahls 205 kJ/kg benötigt werden?
   c) Wie lange müssen die Elektroden brennen?

42 Hydraulik

42.1 Der hydrostatische Druck

Die wichtigste Größe bei Flüssigkeitsberechnungen ist der **Druck.**

Kolbendruck

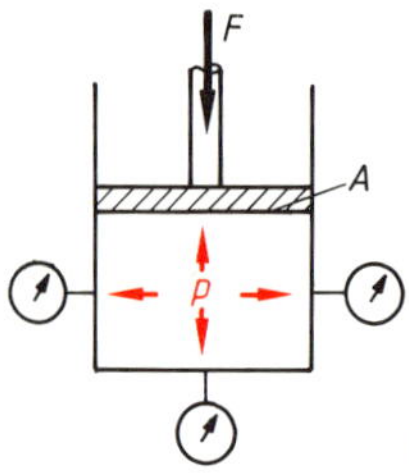

Bild A

Der Druck ist abhängig von der Kolbenfläche und der Kolbenkraft:

$$p = \frac{F}{A}$$

Der Druck entsteht nicht nur durch eine Kraft von außen (siehe auch Kapitel 20), sondern auch durch ihre eigene Gewichtskraft entsteht im Innern jeder Flüssigkeit ein Druck, den man **hydrostatischen Druck** nennt.

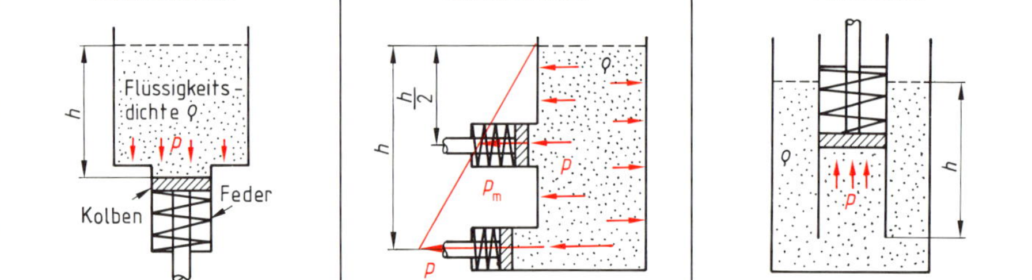

Bild B **Bild C** **Bild D**

Hydrostatischer Druck = Flüssigkeitshöhe · Flüssigkeitsdichte · Fallbeschleunigung

$$p = h \cdot \varrho \cdot g$$

p Druck in $\frac{\text{N}}{\text{m}^2}$

h Flüssigkeitshöhe in m

ϱ Flüssigkeitsdichte in $\frac{\text{kg}}{\text{m}^3}$

g Fallbeschleunigung in 9,81 $\frac{\text{m}}{\text{s}^2}$

Multipliziert man den hydrostatischen Druck mit der Fläche, so erhält man:

Bodenkraft	**Seitenkraft**	**Aufkraft**
$F_B = A \cdot h \cdot \varrho \cdot g$	$F_S = A \cdot h \cdot \varrho \cdot g$	$F_A = A \cdot h \cdot \varrho \cdot g$

Druckeinheiten

Grundeinheit	angewandte Einheit	Umrechnung
$1\,\frac{N}{m^2} = 1\,Pa$	**bar**	$1\,bar = 10^5\,Pa = 10\,\frac{N}{cm^2}$

Meistens wird der Über- oder Unterdruck gegenüber dem jeweiligen Luftdruck (ca. 1 bar) als Bezugsgröße gemessen.

Aufgaben

1. Welcher Druck in bar stellt sich an den drei Manometern **(Bild A)** ein? (Kolbenkraft 12000 N, Kolbenfläche 0,04 m^2)

2. Berechnen Sie den Bodendruck in mbar und die Bodenkraft in N **(Bild B)** in einem Glaszylinder von 12 mm Durchmesser. Das Glas ist mit $h = 102$ mm Quecksilber gefüllt. (Für Hg: $\varrho = 13{,}6\ g/cm^3$)

3. Wie groß ist der mittlere Seitendruck p_m auf die Längsseite in bar und die mittlere Seitenkraft in N in einem Aquarium **(Bild C)**, in das 180 cm Wasser gefüllt sind? Abmessungen des Aquariums: Länge × Breite × Höhe = 2,5 m × 1,5 m × 2 m.

4. In einem Wasserbecken **(Bild D)** wird ein Zylinder, in den ein Kolben durch eine Druckfeder geführt wird, 40 cm tief eingetaucht.
Welcher Aufdruck in Pa und welche Aufkraft in N wirkt gegen den Zylinderkolben von 6 cm Durchmesser?

5. Bestimmen Sie die fehlenden Angaben ⓐ bis ⓓ in der Tabelle.

Manometerwerte	Druckeinheiten			
	Pa	bar	mbar	$\frac{N}{cm^2}$
ⓐ 1020 Pa	$1020\,\frac{N}{m^2}$	?	?	?
ⓑ 42,7 bar	?	$42{,}7\,\frac{daN}{cm^2}$	?	?
ⓒ 63370 mbar	?	?	63370 mbar	?
ⓓ $50\,\frac{N}{cm^2}$	?	?	?	$50\,\frac{N}{cm^2}$

6.

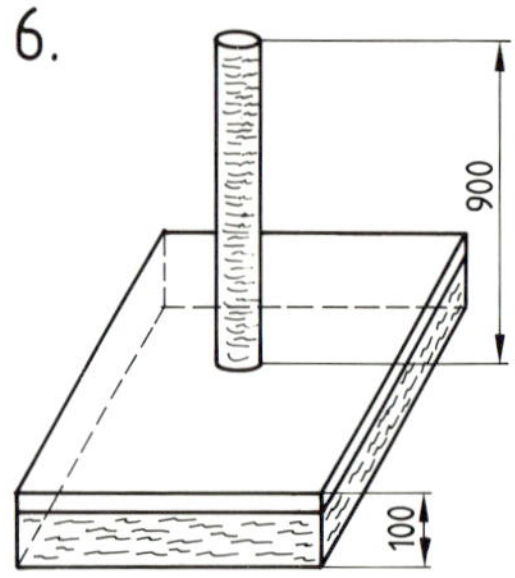

7.

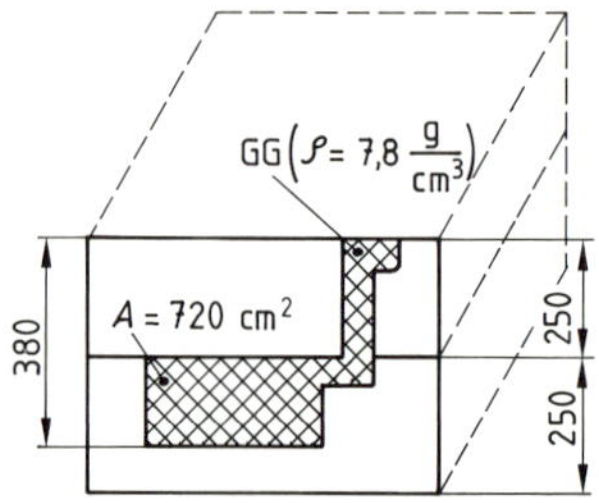

8.

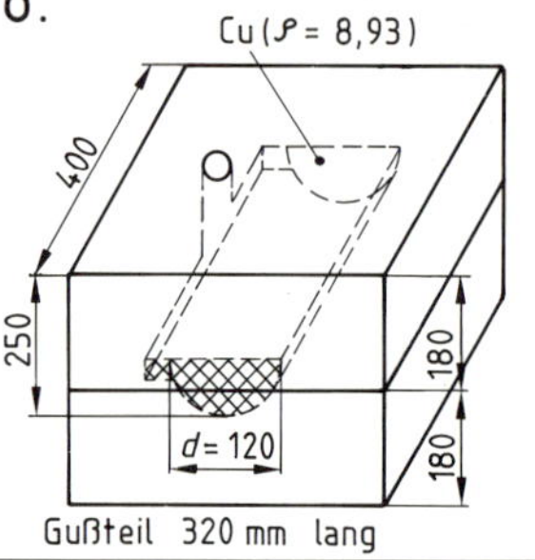

6. Ein Gefäß mit der Abmessung Länge × Breite × Höhe = 300 × 300 × 100 hat in seinem Deckel eine 900 mm lange Röhre von 1,13 cm Durchmesser. Gefäß und Röhre werden mit Wasser gefüllt.

a) Berechnen Sie die Bodendruckkraft F_B.

b) Berechnen Sie die Gewichtskraft der eingefüllten Flüssigkeiten, und vergleichen Sie diese mit F_B.

7. und **8.** Der hydrostatische Druck spielt in der Gießereitechnik eine große Rolle, da durch den Aufdruck der Oberkasten abgehoben werden kann. Die Größe der Deckelkraft ist abhängig von der projizierten Gußteilfläche und der Höhe der Eingüsse und Steiger.

a) Berechnen Sie den Aufdruck in bar.

b) Berechnen Sie den Bodendruck in bar.

c) Mit wieviel N müssen sie den Oberkasten belasten? (Die Gewichtskraft des Oberkastens in Aufgabe 7 beträgt 500 N, in Aufgabe 8 150 N)

d) Wie ändert sich der Druck, wenn die Steighöhe verdoppelt wird?

42.2 Hydraulische Kraftübertragung

Nach dem Gesetz von Pascal breitet sich der Druck in einer Flüssigkeit nach allen Seiten in gleicher Größe aus.

Druck im Zylinder I = Druck im Zylinder II

$$p = p$$

$$\frac{F_1}{A_1} = \frac{F_2}{A_2}$$

$$\frac{F_1}{F_2} = \frac{A_1}{A_2}$$

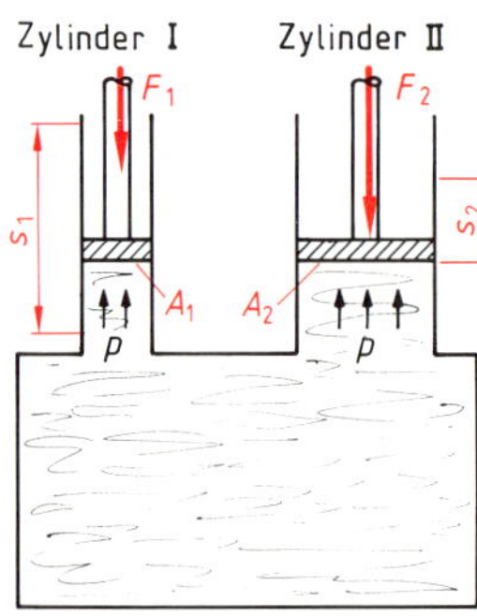

Bild A

Nach dem Energieerhaltungsgesetz (siehe auch Kapitel 30) muß auch gelten:

Arbeit im Zylinder I = Arbeit im Zylinder II

$$W_1 = W_2$$

$$F_1 \cdot s_1 = F_2 \cdot s_2$$

$$\frac{F_1}{F_2} = \frac{s_2}{s_1}$$

Die Kräfte der beiden Kolben stehen im *gleichen Verhältnis* wie ihre Kolbenflächen:

$$\frac{F_1}{F_2} = \frac{A_1}{A_2}$$

Die Kräfte der beiden Kolben stehen im *umgekehrten Verhältnis* wie ihre Kolbenwege:

$$\frac{F_1}{F_2} = \frac{s_2}{s_1}$$

F_1 Kraft auf die Kolbenfläche 1 in N
F_2 Kraft auf die Kolbenfläche 2 in N
A_1 Fläche (auf die F_1 wirkt) in m^2, cm^2
A_2 Fläche (auf die F_2 wirkt) in m^2, cm^2
s_1 zurückgelegter Kolbenweg in m, cm
s_2 zurückgelegter Kolbenweg in m, cm

Druckeinheiten

Grundeinheit	angewandte Einheit in der Praxis	Umrechnung
$1\ \text{Pa} = \frac{1\ \text{N}}{\text{m}^2}$	**bar**	$1\ \text{bar} = 10^5\ \text{Pa} = \frac{10\ \text{N}}{\text{cm}^2}$

Aufgaben

1. Im **Bild A** hat der Kolben im Zylinder I einen Durchmesser von 8 cm, der im Zylinder II einen Durchmesser von 30 cm.
a) Auf den Kolben 1 wirkt eine Kraft von 800 N. Wie groß muß die Gegenkraft auf den Kolben 2 werden?
b) Der Kolben 2 legt einen Weg (Kolbenhub) von 80 mm zurück. Welchen Weg in cm wird Kolben 1 zurücklegen?
c) Wie groß wird der Druck in bar?

2. Eine Kolbenpumpe hat einen Zylinderdurchmesser von 410 mm. Das Kurbelgetriebe drückt mit einer Kraft von 3800 N gegen den Kolben.
Berechnen Sie den Druck in Pa und bar, den die Pumpe erzeugen wird (ohne Verluste).

3. Bestimmen Sie die fehlenden Angaben ⓐ bis ⓕ in der Tabelle.

	Formel ⓐ	Formelumstellung ⓑ	Meßwerte ⓒ	ⓓ	ⓔ	ⓕ
Kräfte und Kolbenfläche im gleichen Verhältnis	?	$F_1 = ?$	$F_1 = ?$	$F_1 = 50$ N	$F_1 = 380$ N	$F_1 = 1200$ N
		$F_2 = ?$	$F_2 = 1750$ N	$F_2 = ?$	$F_2 = 8300$ N	$F_2 = 32000$ N
		$A_1 = ?$	$A_1 = 22\ mm^2$	$A_1 = 16\ mm^2$	$A_1 = ?$	$A_1 = 42\ cm^2$
		$A_2 = ?$	$A_2 = 410\ mm^2$	$A_2 = 320\ mm^2$	$A_2 = 22\ cm^2$	$A_2 = ?$
Kräfte und Kolbenweg im umgekehrten Verhältnis	?	$F_1 = ?$	$F_1 = ?$	$F_1 = 270$ daN	$F_1 = 420$ N	$F_1 = 40$ daN
		$F_2 = ?$	$F_2 = 1470$ N	$F_2 = ?$	$F_2 = 12300$ N	$F_2 = 12000$ N
		$s_1 = ?$	$s_1 = 440$ mm	$s_1 = 193$ mm	$s_1 = ?$	$s_1 = 680$ mm
		$s_2 = ?$	$s_2 = 22$ mm	$s_2 = 12$ mm	$s_2 = 16$ mm	$s_2 = ?$

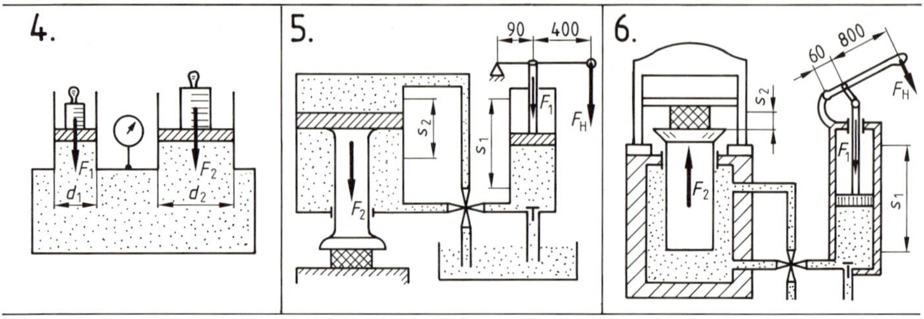

4. Auf dem linken Zylinder ruht eine Gewichtskraft von 50 N. ($d_1 = 12$ mm)
   a) Welche Gewichtskraft muß auf den rechten Zylinder wirken? ($d_2 = 32$ mm)
   b) Welcher Druck stellt sich am Manometer in bar ein?

5. Die hydraulische Handhebelpresse wird mit einer Handkraft von $F_H = 400$ N betätigt.
   a) Welche Kraft drückt auf den Kolben 1?
   b) Welcher Druck in bar wird erreicht? (Durchmesser von Kolben 1 gleich 60 mm)
   c) Wie groß ist die Preßkraft, mit der der Stempel mit dem Kolben 2 drückt? ($d_2 = 190$ mm)
   d) Wieviel Hübe z muß der Kolben 1, bei einem Arbeitshub $s_2 = 12$ mm, ausführen, wenn der Kolben 1 pro Hub 0,02 l Öl verdrängt.

6. Die Druckprobe mit quadratischer Grundfläche $a = 2$ cm geht bei einer Druckspannung $\sigma_d = 220$ N/mm² zu Bruch.
   a) Mit welcher Kraft F_2 wurde die Probe zerstört?
   b) Welcher Druck in bar wirkte dabei im Zylinder? (Kolbendurchmesser $d_2 = 350$ mm)
   c) Mit welcher Kraft F_1 muß der Kolben 1 ($d_1 = 70$ mm) nach unten bewegt werden?
   d) Ermitteln Sie die Handkraft F_H.
   e) Welchen Weg s_1 legte der Druckkolben zurück, wenn die Probe, nachdem sie 4 mm zusammengedrückt wurde, zu Bruch geht?

42.3 Volumenstrom – Kolbengeschwindigkeit

Der Volumenstrom (Förderstrom) ist das in der Zeiteinheit geförderte Flüssigkeitsvolumen.

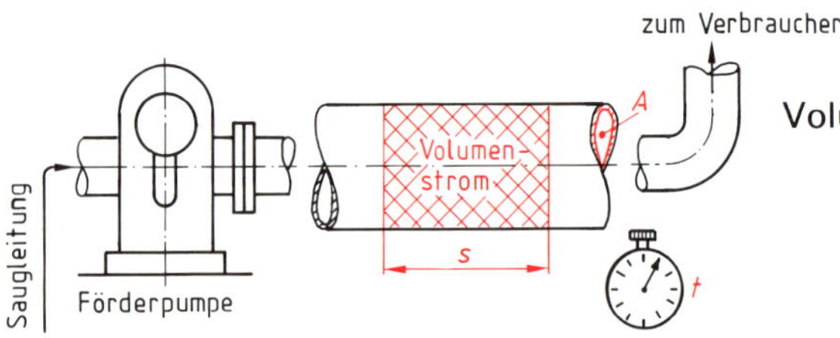

Bild A

$$\text{Volumenstrom} = \frac{\text{Flüssigkeitsvolumen}}{\text{Zeiteinheit}}$$

$$Q = \frac{V}{t}$$

$$Q = \frac{A \cdot s}{t} \quad (\tfrac{s}{t} = v)$$

Volumenstrom = Rohrquerschnitt · Strömungsgeschwindigkeit

$$Q = A \cdot v$$

Q Volumenstrom in $\frac{m^3}{s}$

A Rohrquerschnitt in m²

v Strömungsgeschwindigkeit in $\frac{m}{s}$

In gleichen Zeiten fließt durch jeden Querschnitt im Rohrleitungssystem dieselbe Flüssigkeitsmenge, **Kontinuitätsgleichung.**

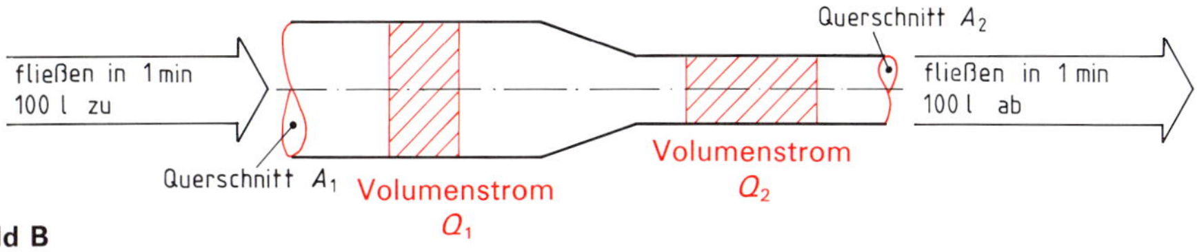

Bild B

$$Q_1 = Q_2$$
$$A_1 \cdot v_1 = A_2 \cdot v_2$$

Kontinuitätsgleichung

$$A_1 \cdot v_1 = A_2 \cdot v_2$$

A_1 großer Rohrquerschnitt in m^2
A_2 kleiner Rohrquerschnitt in m^2
v_1 Strömungsgeschwindigkeit (in A_1) in $\frac{m}{s}$
v_2 Strömungsgeschwindigkeit (in A_2) in $\frac{m}{s}$

Die Strömungsgeschwindigkeit verleiht einem Kolben im Zylinder die gleiche Geschwindigkeit (ohne Berücksichtigung der Verluste).

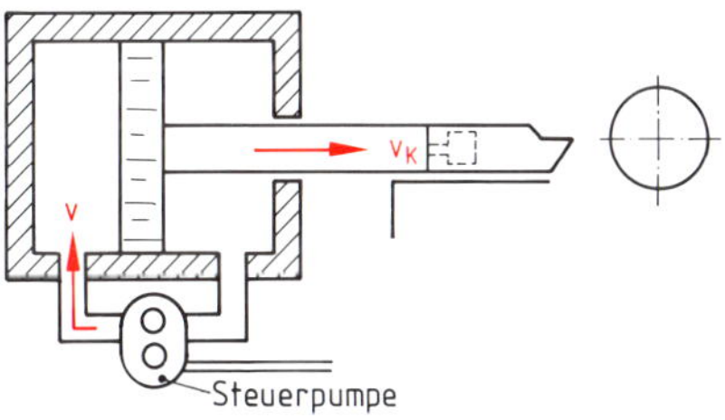

Strömungsgeschwindigkeit ≙ Kolbengeschwindigkeit

$$v = v_K$$

Bild C

$$\text{Kolbengeschwindigkeit} = \frac{\text{Volumenstrom}}{\text{Kolbenfläche}}$$

$$v_K = \frac{Q}{A}$$

v_K Kolbengeschwindigkeit in $\frac{m}{s}$

Q Volumenstrom in $\frac{m^3}{s}$

A Kolbenfläche in m^2

Aufgaben

1. In der Druckleitung **(Bild A)** hat die Flüssigkeit eine Strömungsgeschwindigkeit von 3,6 m/s.

a) Wie groß muß das Strömungsvolumen in m^3/s der Pumpe sein, bei einem Durchmesser der Druckleitung von 30 mm?

b) Wie groß muß der Durchmesser für die Saugleitung sein, wenn in ihr die Strömungsgeschwindigkeit 1,4 m/s beträgt?

2. Welche Strömungsgeschwindigkeit **(Bild B)** hat die Flüssigkeit im Querschnitt $A_1 = 300\ mm^2$ und im Querschnitt $A_2 = 12\ mm^2$?

3. Bestimmen Sie die fehlenden Angaben ⓐ bis ⓖ in der Tabelle.

Kontinuitätsgleichung ⓐ	Formelumstellung ⓑ	Formel für Volumenstrom ⓒ	Meßwerte ⓓ	Meßwerte ⓔ	Meßwerte ⓕ	Meßwerte ⓖ
?	$A_1 = ?$ $A_2 = ?$ $v_1 = ?$ $v_2 = ?$	$Q = ?$	$Q_1 = Q_2 = ?\ \frac{m^3}{s}$ $A_1 = 11\ cm^2$ $A_2 = 4\ cm^2$ $v_1 = 4{,}2\ \frac{m}{s}$ $v_2 = ?\ \frac{m}{s}$	$Q_1 = Q_2 = 380\ \frac{l}{min}$ $A_1 = ?\ cm^2$ $A_2 = ?\ cm^2$ $v_1 = 3\ \frac{m}{s}$ $v_2 = 5\ \frac{m}{s}$	$Q_1 = Q_2 = 1{,}3\ \frac{m^3}{min}$ $A_1 = 22\ cm^2$ $A_2 = 14\ cm^2$ $v_1 = ?\ \frac{m}{min}$ $v_2 = ?\ \frac{m}{min}$	$Q_1 = Q_2 = ?\ \frac{l}{min}$ $A_1 = 412\ cm^2$ $A_2 = 182\ cm^2$ $v_1 = 1{,}3\ \frac{m}{min}$ $v_2 = ?\ \frac{m}{min}$

4. Die Steuerpumpe im **Bild C** hat ein gefördertes Flüssigkeitsvolumen von 6 l/min. Mit welcher Geschwindigkeit in m/s wird der Werkzeugschlitten an die Drehwelle gefahren, bei einem Kolbendurchmesser von 50 mm?

5. In einer Rohrleitung strömen pro Stunde 4,7 m^3 Wasser. Welchen lichten Durchmesser muß das Rohr haben? (Strömungsgeschwindigkeit 0,2 m/s)

6. Ein Heizölbehälter faßt 9000 l Öl. In 23 min wird der Behälter durch eine Zuleitung mit 60 mm Nenndurchmesser gefüllt. Wie groß ist die Strömungsgeschwindigkeit in m/s des Öls in der Fülleitung?

7.

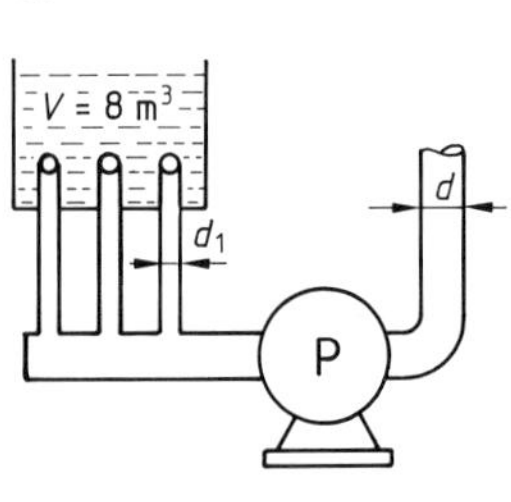

8.

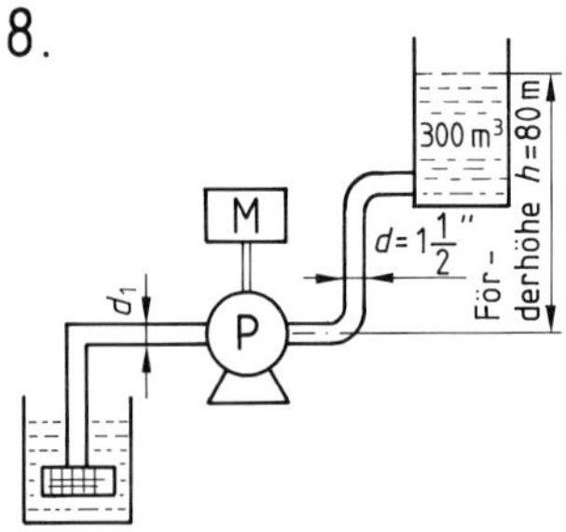

9.

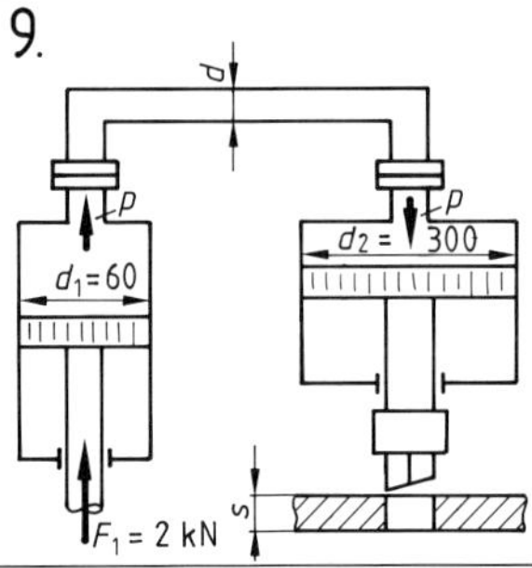

7. Ein Sammelbecken für Altöl enthält 8 m^3 Altöl. Die Zahnradpumpe fördert das Altöl in 32 min durch eine Druckleitung von $d = 50$ mm lichten Durchmesser.

a) Welchen Durchmesser d_1 haben die drei Abflußrohre zur Sammelsaugleitung? (Q ist konstant)

b) Wie groß ist die Strömungsgeschwindigkeit in m/min in den drei Zuleitungen und in der Druckleitung?

8. Ein Wasser-Sammelbehälter faßt 300 m³ Inhalt.

a) In welcher Zeit, in h, wird der Behälter bei einer Pumpenleistung von 400 l/min gefüllt?

b) Wie groß ist dabei die Strömungsgeschwindigkeit in m/s in der Druckleitung mit lichtem Durchmesser 1½″?

c) Welchen Durchmesser muß die Saugleitung bei einer Ansauggeschwindigkeit von 4,8 m/s haben?

9. Auf einer hydraulischen Presse werden in einem Blech aus St 40 (S 250) gleichseitige Dreieckdurchbrüche mit der Seitenlänge von 7 mm in einem Arbeitshub gefertigt.

a) Welche Kraft F_s wirkt am Schneidstempel bei einem Wirkungsgrad der Anlage von 80%?

b) Welche Blechdicke wird geschnitten?

c) Welchen Weg s_1 muß der Druckkolben bei einem Arbeitshub des Schneidstempels zurücklegen?

d) Wie groß muß die Strömungsgeschwindigkeit in der Verbindungsleitung je Arbeitshub sein, wenn pro Minute 45 Werkstücke hergestellt werden?

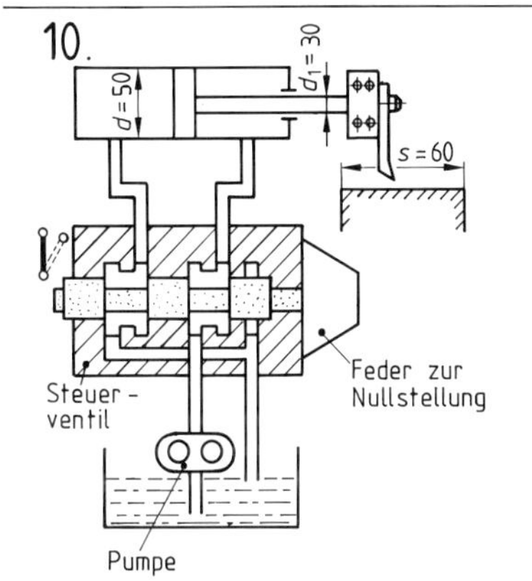

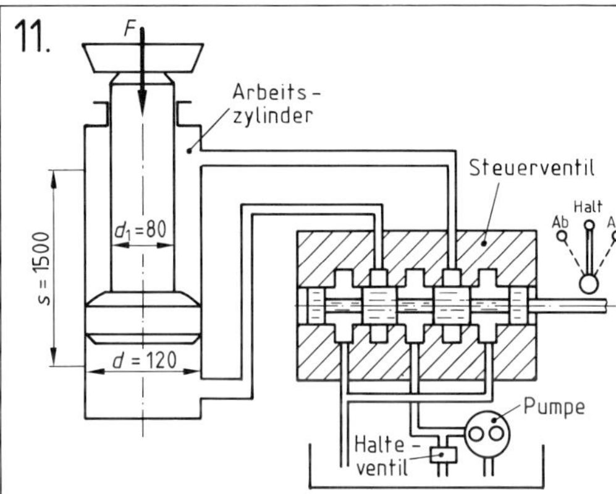

10. Eine Waagerecht-Stoßmaschine wird hydraulisch angetrieben und benötigt im Arbeitshub eine Zeit $t_1 = 4$ s, im Rückhub $t_2 = 2{,}8$ s.

a) Berechnen Sie die Geschwindigkeit v_1 und v_2 im Vor- und Rücklauf.

b) Wie groß ist der Volumenstrom in l/min der Zahnradpumpe im Vor- und Rücklauf?

c) Auf welchen Arbeitsdruck muß die Pumpe eingestellt werden? (Schnittkraft am Meißel 3400 N)

11.

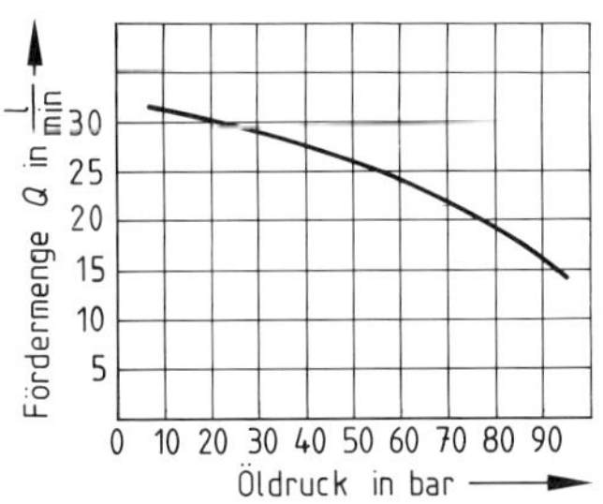

Förderkennlinie einer Zahnradpumpe

Der Arbeitszylinder mit hydraulischer Steuerung soll eine Last von 3956 daN anheben.

a) Wie groß muß der Druck im Aufwärtshub sein?

b) Bestimmen Sie mit Hilfe der Förderkennlinie der Zahnradpumpe die Fördermenge.

c) Wie groß ist bei dieser Fördermenge die Auf- und Abwärtsgeschwindigkeit v_1 und v_2?

d) In welcher Zeit t_1 (Auf) und t_2 (Ab) wird der Hub s zurückgelegt?

43 Pneumatik

43.1 Der Luftdruck

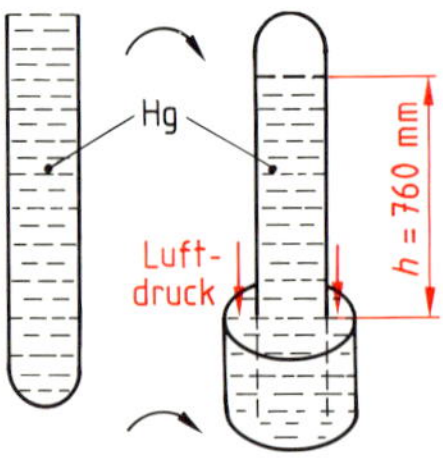

Bild A

Glasrohr mit Quecksilber gefüllt	in einen Becher mit Quecksilber eingetaucht

Aus dem Versuch (nach Torricelli) läßt sich erkennen, daß der Luftdruck mit der Quecksilbersäule im Gleichgewicht steht.

Höhe der Quecksilbersäule $\triangleq$ Größe des herrschenden Luftdruckes

$$h \cdot \varrho_{Hg} \cdot g = p$$

Der Luftdruck ist keine konstante Größe, sondern von der Höhe der Wetterlage abhängig. Im Jahresdurchschnitt gilt:

Normaldruck der Luft ≈ 1 bar

Aufgaben

1. Im **Bild A** wurde Quecksilber als Indikator (Anzeiger) verwendet. Wie hoch wird die Flüssigkeitssäule bei Verwendung von Wasser steigen?

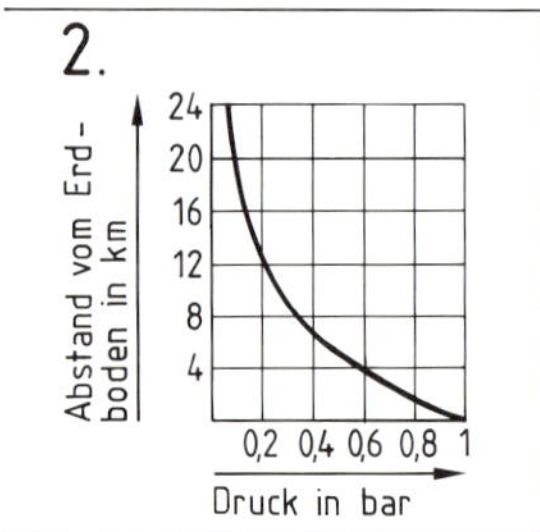

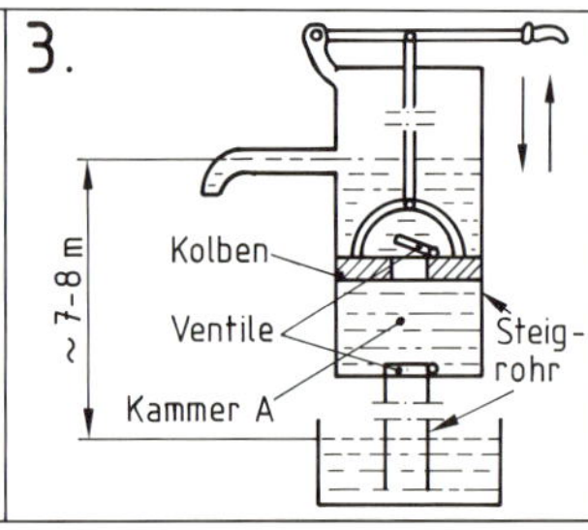

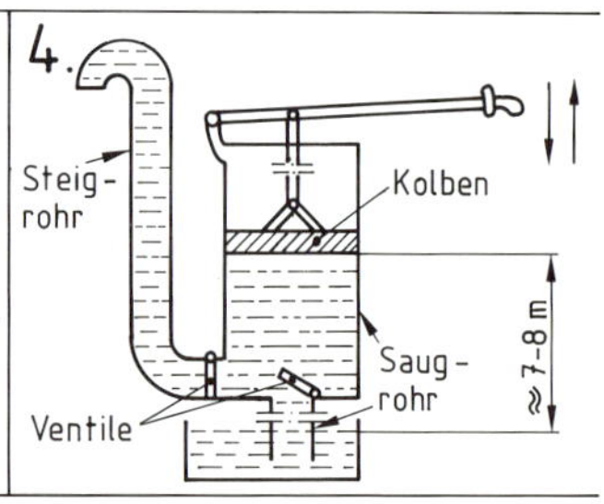

2. Dargestellt ist ein Diagramm zur Druckverteilung in der Atmosphäre. Bestimmen Sie den Luftdruck in 2000 m, 8000 m und 12000 m Höhe.

3. und **4.** Der Luftdruck bewirkt die Wirkungsweise einer Wasserpumpe.
   a) Beschreiben Sie die Wirkungsweise der Saugpumpe (3.) und der Druckpumpe (4.) bei der Aufwärtsbewegung und bei der Abwärtsbewegung.
   b) Theoretisch beträgt die Saughöhe gleich dem Luftdruck ≈ 10 m Wassersäule, praktisch aber nur 7-8 m. Warum?
   c) Welchen Vorteil hat die Druckpumpe gegenüber der Saugpumpe hinsichtlich der Steigrohrhöhe?

43.2 Druck und Volumen eingeschlossener Gasmengen bei konstanter Temperatur

<table>
<tr>
<td>Gas nicht zusammengepreßt
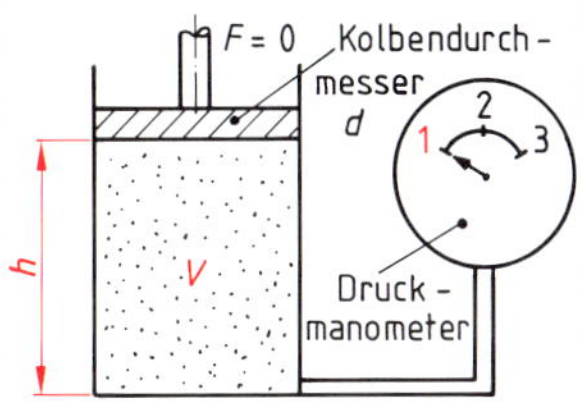
Bild A
bei der Höhe h zeigt das Manometer 1 bar an
$V = 1\ m^3$
$p = 1$ bar</td>
<td>Gas um $\frac{1}{2}$ zusammengepreßt
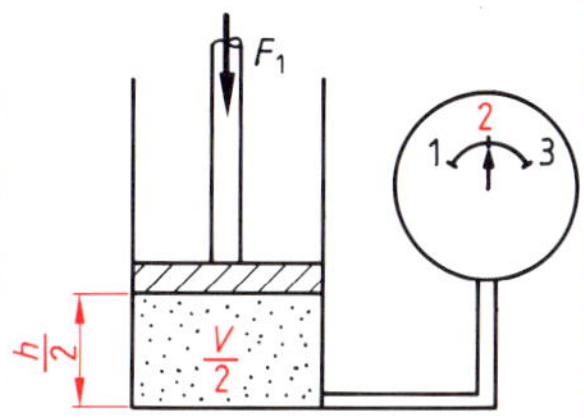
Bild B
bei der Höhe $\frac{h}{2}$ zeigt das Manometer 2 bar an
$V_1 = \frac{V}{2}$
$p_1 = 2$ bar</td>
<td>Gas um $\frac{2}{3}$ zusammengepreßt
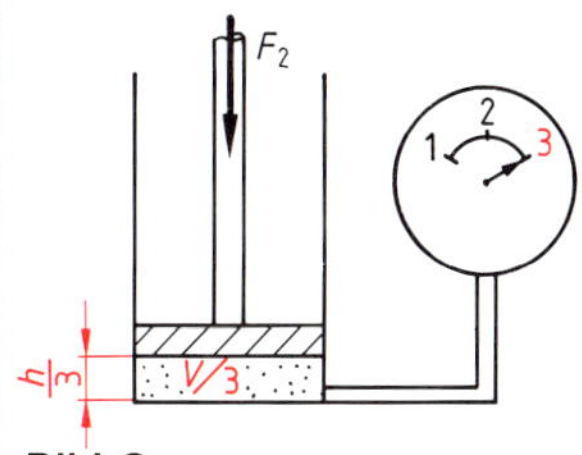
Bild C
bei der Höhe $\frac{h}{3}$ zeigt das Manometer 3 bar an
$V_2 = \frac{V}{3}$
$p_2 = 3$ bar</td>
</tr>
<tr>
<td colspan="3">Bildet man das Produkt aus Volumen und Druck, so erhält man immer den gleichen Wert.</td>
</tr>
<tr>
<td>$V \cdot p = 1\ \text{bar}\,m^3$</td>
<td>$V_1 \cdot p_1 = 1\ \text{bar}\,m^3$</td>
<td>$V_2 \cdot p_2 = 1\ \text{bar}\,m^3$</td>
</tr>
</table>

Gesetz von Boyle-Mariotte

$$p \cdot V = \text{konstant}$$

oder

$$p_1 \cdot V_1 = p_2 \cdot V_2$$

p Druck in bar
V Volumen in Volumeneinheiten
Index 1 – Gas im Raum 1; 2 – Gas im Raum 2

In der Praxis spricht man vom Gesamtdruck, unter dem ein Gas steht:

Absoluter Druck = Überdruck + jeweiliger Luftdruck

$$p_{abs} = p_e + p_{amb}$$

p_{abs} absoluter Druck (Gesamtdruck) in bar
p_e Überdruck (zusätzlich zu erzeugender Druck, um ein Gas zusammenzupressen) in bar
p_{amb} Luftdruck in bar

Aufgaben

1. Bestimmen Sie die fehlenden Angaben ⓐ bis ⓒ entsprechend der Tabelle für die **Bilder A** bis **C**, und weisen Sie das Gesetz nach Boyle-Mariotte nach.

Höhe des abgeschlossenen Luftraumes in cm	Kolbendurchmesser in cm	Volumen des abgeschlossenen Luftraumes in cm^3	Druck am Manometer in bar	Produkt aus Druck und Volumen in bar cm^3	Gesetz nach Boyle-Mariotte		
					$p \cdot V = p_1 \cdot V_1$	$p \cdot V = p_2 \cdot V_2$	$p_1 \cdot V_1 = p_2 \cdot V_2$
ⓐ $h = 60$	10	$V = ?$	$p = 3$ bar	$V \cdot p = ?$			
ⓑ $\frac{h}{2} = 30$	10	$V_1 = ?$	$p_1 = ?$	$V_1 \cdot p_1 = ?$	?	?	?
ⓒ $\frac{h}{3} = 20$	10	$V_2 = ?$	$p_2 = ?$	$V_2 \cdot p_2 = ?$			

2. Das Manometer an einem Kessel zeigt 1,7 bar an.
Wie groß ist der absolute Druck bei einem Luftdruck von 1 020 mbar?

3. Der Rauminhalt einer Luftmasse beträgt bei einem Druck von 980 mbar 5 l.
Wie groß ist das Volumen bei einem Druck von 1 013 mbar?

4. Wenn man ein Gasvolumen durch Zusammendrücken um 12 dm^3 verringert, steigt der Druck auf den 3fachen Wert.
Wie groß ist das Anfangsvolumen?

5. Erhöht man den Druck komprimierter Luft um 2,3 bar, so verringert sich das Volumen von 110 dm^3 auf 60 dm^3.
Wie groß ist der anfängliche Druck?

6.

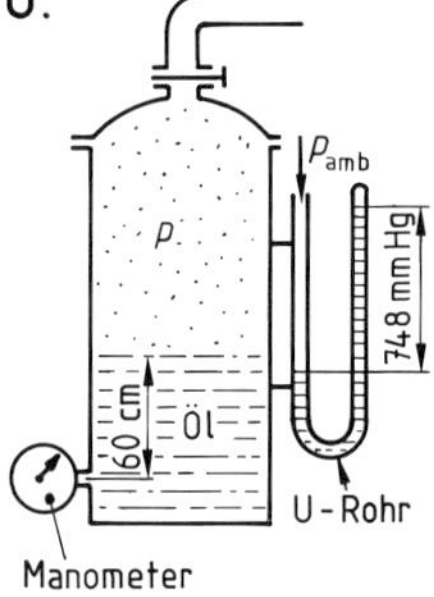

7.

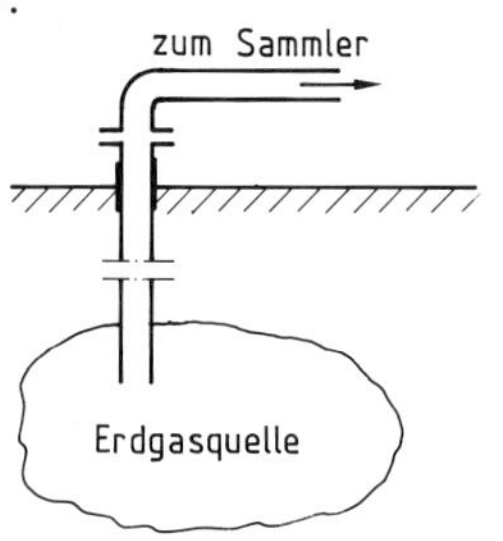

8.

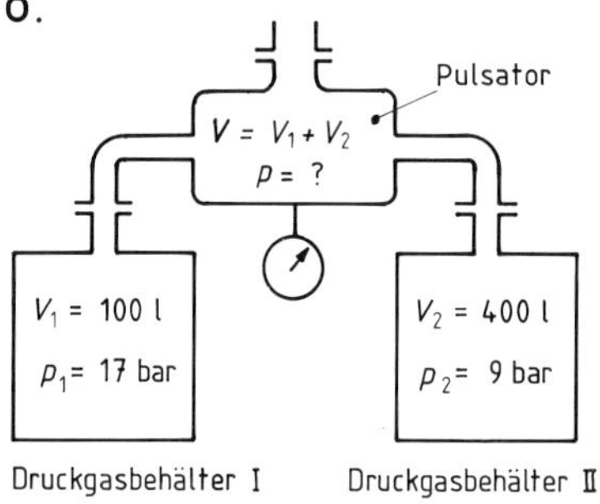

6. In einem Druckkessel steht die Öl-Absperrflüssigkeit ($\varrho_{Öl} = 0{,}84$ kg/dm^3) 60 cm über dem Manometeranschluß. Das Manometer zeigt einen Überdruck von 3,2 bar an. Am U-Rohrmanometer wird die Quecksilbersäule durch den Luftdruck auf 748 mm gedrückt.
Welcher Druck in bar herrscht im Gasraum? (Siehe auch Kapitel 43.1)

7. Eine Erdgasquelle liefert täglich 42000 m^3 Erdgas von 1,8 bar zum Sammler. Um wieviel Kubikmeter verringert sich das Volumen der Erdgasquelle? Die Quelle steht unter einem Druck von 82 bar.

8. Zwei Druckgasbehälter, von denen der eine 100 l Gas unter 17 bar, der zweite 400 l von 9 bar enthält, werden über einen Pulsator verbunden. Welcher gemeinsame Druck stellt sich am Manometer ein?

9. In einem Druckluftbehälter befinden sich 1700 l Luft von 12,7 bar. Wieviel Kubikmeter Luft von 2,5 bar müssen noch in den Behälter gepumpt werden, damit in diesem der Druck auf 22 bar steigt?

10. Zwei gleich große Behälter haben eine Druckdifferenz von 5,2 bar. Wenn sie über eine Leitung verbunden werden, stellt sich ein gemeinsamer Druck von 14,7 bar ein. Wie groß war der Druck p_1 und p_2 in den Behältern vor der Verbindung?

43.3 Kolbenkräfte und Kolbenleistung

Einfach wirkender Druckzylinder

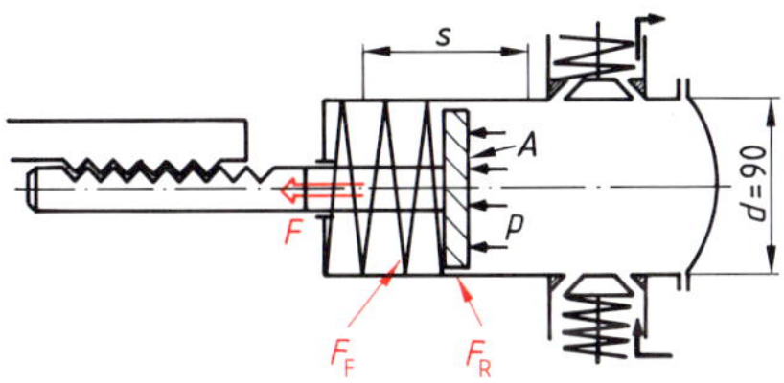

Bild A

Die **Kolbenkraft** F, die aufzubringen ist, setzt sich zusammen aus der Kraft, die durch den Betriebsdruck p erzeugt wird, der Reibkraft F_R in den bewegten Teilen und der Federkraft F_F zur Nullstellung des Kolbens.

Kolbenkraft = theoretische Kraft – Reibkraft – Federkraft

$$F = F_{th} - F_R - F_F$$

F Kolbenkraft in N

F_{th} theoretische Kraft aus Betriebsdruck in N

F_R Reibkraft in N

F_F Federkraft in N

Zweistufiger Kolbenverdichter

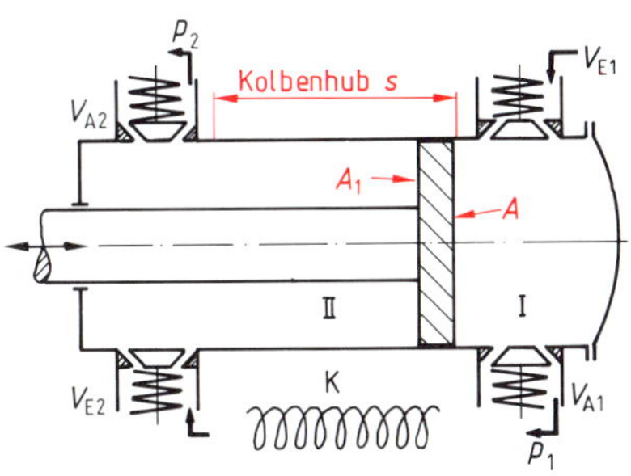

Bild B

I ist 1. Verdichtungsstufe

II ist 2. Verdichtungsstufe

V_{E1}, V_{E2} sind Einlaßventile, V_{A1}, V_{A2} sind Auslaßventile – Die Ventile werden durch Federkraft geschlossen

K ist Zwischenkühlung

A Kolbenfläche der 1. Stufe

A_1 Kolbenfläche der 2. Stufe

Die **Innenleistung** P_i je Kolbenseite einer Verdichtungsstufe läßt sich aus der Grundformel zur Leistungsberechnung herleiten:

$P = F \cdot v$ $\qquad$ $v = s \cdot n$ $\qquad$ $F = p \cdot A$

Innere Leistung = Kolbenfläche · Druckerhöhung · Kolbenhub · Hubzahl

$$P_i = A \cdot \Delta p \cdot s \cdot n$$

P_i innere Leistung in W

A wirksame Kolbenfläche in m^2

Δp Druckerhöhung in $\frac{N}{m^2}$

s Kolbenhub in m

n Hubzahl in $\frac{1}{s}$

In der Praxis muß sowohl der innere Wirkungsgrad η_i des Verdichters als auch der mechanische Wirkungsgrad η_m berücksichtigt werden.

Aufgaben

1. Der Druckzylinder im **Bild A** soll mit einem Überdruck von 5,4 bar arbeiten.
  a) Berechnen Sie die theoretische Kolbenkraft.
  b) Berechnen Sie die Reibkraft F_R, wenn diese 12% der theoretischen Kraft entspricht.
  c) Berechnen Sie die Kolbenkraft, die am Zahnstangenritzel wirksam wird. Die Federkraft zur Nullstellung beträgt 340 N.

2. Berechnen Sie für **Bild B**
  a) die innere Leistung für die 1. Druckstufe,
  b) die innere Leistung für die 2. Druckstufe.
  Gegeben: großer Kolbendurchmesser 400 mm, Kolbenstangendurchmesser 320 mm, Kolbenhub 540 mm, Hubzahl 18 pro Minute, Druck in der 1. Verdichtungsstufe 2 bar, in der 2. Stufe 6 bar.

3. Welche elektrische Leistung **(Bild B)** muß der Antriebsmotor haben? (Verdichterwirkungsgrad $\eta_1 = 0{,}9$, mechanischer Wirkungsgrad $\eta_m = 0{,}78$)

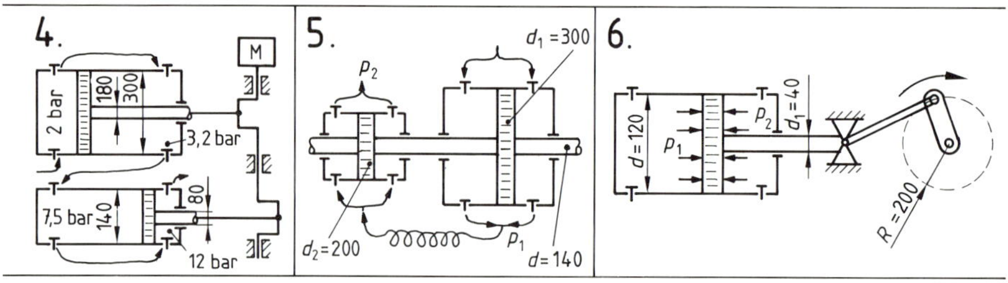

4. Ein Verbundverdichter wird in 4 Verdichtungsstufen einen Enddruck von 12 bar erzeugen. Der Kolbenhub beträgt 420 mm und die Hubzahl 14 min^{-1}.
  a) Berechnen Sie die innere Leistung jeder Druckstufe.
  b) Welche Motorleistung ist erforderlich ($\eta_{ges} = 0{,}62$)?

5. Ein zweistufiger Verdichter erzeugt in der 1. Stufe 3,5 bar und in der 2. Stufe 6 bar. (Kolbenhub: 500 mm, Hubzahl: 22 min^{-1})

a) Berechnen Sie die innere Leistung in beiden Druckstufen.

b) Welche Motorleistung ist notwendig? (innerer Wirkungsgrad $\eta_i = 0{,}9$, mechanischer Wirkungsgrad $\eta_m = 0{,}78$)

c) Wie groß ist die aufzubringende Kolbenkraft, wenn für die Reibkräfte zusätzlich 15% der theoretischen Kolbenkraft erforderlich sind und die Federkräfte 540 N betragen?

6. Die Kurbelschwinge hat eine Drehzahl von 34 min^{-1}.

a) Wie groß ist der Druck p_1 und p_2 bei einer wirksamen Kolbenkraft von 24000 N?

b) Wie groß ist der Kolbenhub s?

c) Wie groß ist die innere Leistung auf beiden Druckseiten?

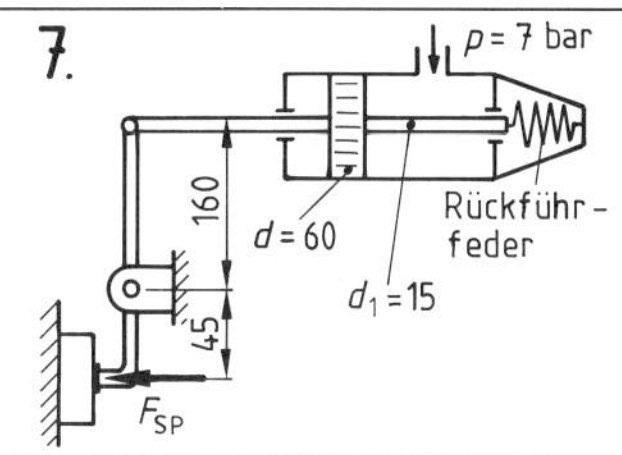

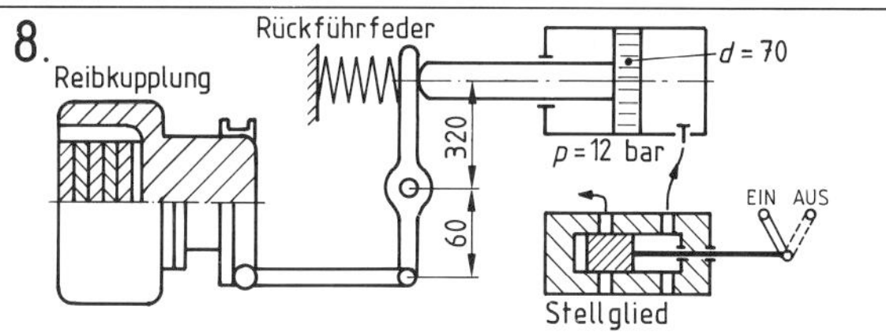

7. Die pneumatische Spannvorrichtung arbeitet mit einem Druck von 7 bar.
Wie groß ist die Spannkraft F_{sp}? (Zugkraft der Rückführfeder 154 N)

8. Die Reibkupplung wird über einen Pneumatikzylinder, der mit 12 bar arbeitet, zur Momentenübertragung zusammengedrückt.
Mit welcher Kraft werden die Lamellen zusammengedrückt, wenn die Rückführfeder 200 N Druckkraft ausübt und die Reibkraft 14% der theoretischen Kolbenkraft entspricht?

44 Gas-, Schweiß- und Schneidtechnik

44.1 Betriebsstoff – Sauerstoff

Sauerstoff wird nach dem Luftverflüssigungsverfahren gewonnen. Die Speicherung erfolgt *gasförmig* (in Druckgasflaschen) oder *flüssig* (in Behältern).

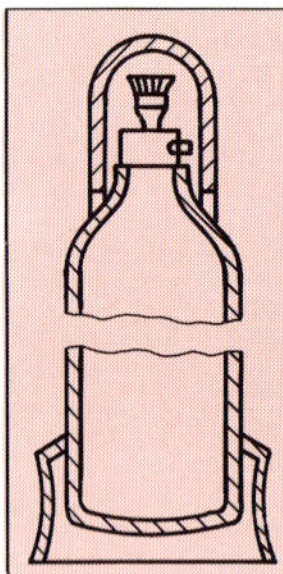

Druckgas-flaschenart	Rauminhalt bei 1 bar	Höchstdruck	Höchstzulässige Sauerstoff-entnahme
Normal-flasche **N**	40 l	150 bar	$200 \frac{\text{l}}{\text{min}}$
Leichtstahl-flasche **L**	50 l	200 bar	

Die Aufnahmefähigkeit einer Flasche ergibt sich aus dem Gesetz von Boyle-Mariotte: $p \cdot V =$ konstant (siehe Abschnitt 43.2).

Aufgaben

1. Wieviel Liter Sauerstoff von 1 bar sind in einer N- und in einer L-Flasche?

2. Unter Berücksichtigung der höchstzulässigen Sauerstoffentnahme ist die Arbeitszeit für eine volle N- und L-Flasche zu berechnen.

3. Die Luft besteht aus einem Gemenge von 78,07% Stickstoff, 20,95% Sauerstoff, 0,93% Argon, 0,03% Kohlendioxid, 0,01% Wasserstoff und 0,01% weiterer Edelgase.
Wieviel m^3 Luft sind notwendig für die Gewinnung von Sauerstoff für eine volle N- und L-Flasche?

4. Eine leere N-Flasche hat eine Masse von etwa 73 kg, die L-Flasche ist um etwa 10 kg leichter.
Bestimmen Sie die Masse einer vollen N- und L-Flasche. (Dichte ϱ für gasförmigen Sauerstoff 1,43 kg/m^3)

5. Ein Liter flüssiger Sauerstoff verdampft zu knapp 800 l gasförmigem Sauerstoff.
Wieviel Liter flüssigem Sauerstoff entspricht demnach der Inhalt einer vollen N-Flasche?

6. Die Dichte für flüssigen Sauerstoff beträgt 1,14 kg/l.
a) Wieviel kg Sauerstoff sind in einer vollen N-Flasche?
b) Die leere N-Flasche hat eine Masse von rund 73 kg. Berechnen Sie die Verpackungsmasse anteilig für 1 kg Sauerstoff.

7. Der Transportbehälter für flüssigen Sauerstoff faßt 3750 l flüssigen Sauerstoff. (Leermasse des Behälters 1200 kg)
a) Berechnen Sie die Sauerstoffmasse.
b) Berechnen Sie die Gesamtmasse von Behälter und Flüssigsauerstoff.
c) Berechnen Sie die Verpackungsmasse anteilig für 1 kg Sauerstoff.
d) Vergleichen Sie die Verpackungsmasse mit der von Aufgabe 6. Welche Schlußfolgerungen ziehen Sie für die Frachtkosten bei Großverbrauchern?

8. Der Prüfdruck der N- und L-Flasche liegt um 50% höher als der Fülldruck.
Berechnen Sie den Prüfdruck für die N- und L-Flasche.

44.2 Betriebsstoff - Acetylen

Acetylen (Äthin C_2H_2) wird aus Calciumcarbid und Wasser entwickelt.

Calciumcarbid + Wasser → Acetylen + Calciumhydroxid + Wärme

$$CaC_2 + 2\,H_2O \rightarrow C_2H_2 + Ca(OH)_2 + 1674\text{ kJ}$$

$$1\text{ kg} + 0{,}56\text{ kg} \rightarrow 0{,}41\text{ kg} + 1{,}15\text{ kg}$$

$$\hat{=}\ 350\text{ l}$$

350 l Acetylen entstehen nur beim Vergasen von chemisch reinem Carbid. Praktisch liegt die Gasausbeute bei 275 l.

Ausnutzung der Gasflasche	Raum-inhalt	Lösungs-fähigkeit des Acetons	Höchstüber-druck der vollen Flasche	Höchstzulässige Acetylen-entnahme
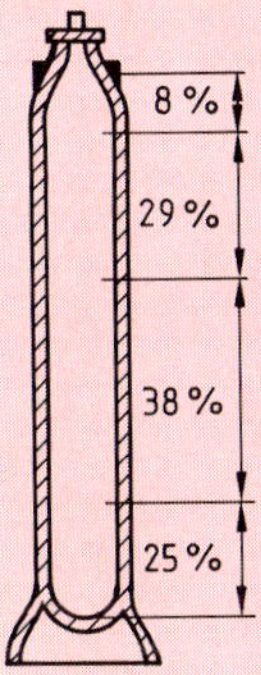	40 l	1 l Aceton löst 25 l Acetylen von 1 bar	15 bar	$1000\ \frac{l}{h}$

Aufgaben

1. Wieviel Liter Acetylen lassen sich bei voller Beschickung der nachfolgenden Acetylenentwickler herstellen?
   - Montageentwickler 3 kg Calciumcarbid
   - Innenraumentwickler 10 kg Calciumcarbid
   - Stationärer Entwickler 18 kg Calciumcarbid
2. Wieviel Liter Wasser sind für jeden Entwickler in Aufgabe 1 notwendig?
3. Wieviel l des Rauminhalts einer Gasflasche entfallen auf
   a) die poröse Masse,
   b) die Acetonfüllung und
   c) das Ausdehnungsvolumen?
4. Eine volle Gasflasche mit 15 bar Überdruck ist mit wieviel l Acetylen von 1 bar gefüllt?
5. Unter Berücksichtigung der höchstzulässigen Acetylenentnahme ist die Arbeitszeit einer vollen Acetylen-Gasflasche zu bestimmen.
6. Der Preis des in einer Flasche gespeicherten Acetylens wird aus der Massendifferenz der Flasche vor und nach der Füllung berechnet.
   a) Wieviel kg Acetylen können in einer vollen Flasche gespeichert werden? (Dichte für Acetylen $\varrho = 1{,}171\text{ kg/m}^3$)
   b) Berechnen Sie den Preis, wenn 1 kg Acetylen 7,50 DM kostet.

44.3 Sauerstoffverbrauch

Der Sauerstoffverbrauch läßt sich nach dem Gesetz von Boyle-Mariotte berechnen.

$$\text{Sauerstoffverbrauch} = \frac{\text{Volumen der Flasche} \cdot \text{Druckdifferenz}}{\text{Normaldruck}}$$

$$\Delta V = \frac{V_1 \cdot \Delta p}{p_L}$$

ΔV Sauerstoffverbrauch in l

V_1 Volumen der Flasche in l

Δp Druckdifferenz in bar (Manometeranzeige vor und nach der Entnahme)

p_L Normaldruck (Luftdruck) in bar $p_L = 1$ bar

Aufgaben

1. Bestimmen Sie die fehlenden Angaben ⓐ bis ⓓ in der Tabelle.

Zeit der Sauerstoffentnahme	Manometeranzeige	Druckdifferenz Δp in bar	Normaldruck p_L in bar	Volumen der N-Flasche V_N in l	Volumen der L-Flasche V_L in l	Sauerstoffverbrauch N-Flasche ΔV_N in l	Sauerstoffverbrauch L-Flasche ΔV_L in l
ⓐ vor Arbeitsbeginn	120 bar	$\Delta p = 0$	$p_L = ?$	$V_N = ?$	$V_L = ?$	$\Delta V_N = ?$	$\Delta V_L = ?$
ⓑ nach 30 min	112 bar	$\Delta p = ?$	$p_L = ?$	$V_N = ?$	$V_L = ?$	$\Delta V_N = ?$	$\Delta V_L = ?$
ⓒ nach 90 min	100 bar	$\Delta p = ?$	$p_L = ?$	$V_N = ?$	$V_L = ?$	$\Delta V_N = ?$	$\Delta V_L = ?$
ⓓ nach 140 min	82 bar	$\Delta p = ?$	$p_L = ?$	$V_N = ?$	$V_L = ?$	$\Delta V_N = ?$	$\Delta V_L = ?$

2. Vor Beginn der Sauerstoffentnahme aus einer L-Flasche zeigte das Manometer einen Druck von 72 bar an. Nach der Entnahme sank der Druck auf 53 bar.
   a) Wieviel Liter Sauerstoff bei Normaldruck befanden sich vor der Entnahme in der Flasche?
   b) Wie groß ist die Druckdifferenz?
   c) Wieviel Liter ΔV wurden aus der Flasche entnommen?
   d) Berechnen Sie die noch zur Verfügung stehende Sauerstoffmenge.

3. Bei Schweißarbeiten fiel der Druck in einer N-Flasche um 27 bar.
   a) Wieviel Liter Sauerstoff wurden verbraucht?
   b) Vor der Schweißarbeit zeigte das Manometer 83 bar an. Berechnen Sie die noch zur Verfügung stehende Sauerstoffmenge nach der Arbeit.

4. Brennschneidarbeiten erfordern 120 l/min Sauerstoff. Das Manometer der L-Flasche zeigte vor Beginn der Arbeiten einen Druck von 180 bar, nach der Arbeit einen Druck von 32 bar.
   a) Wieviel Liter Sauerstoff wurden verbraucht?
   b) Wie lange dauerte die Brennschneidarbeit t_n?

5. Bei Schweißarbeiten werden 6 l/min Sauerstoff benötigt. Nach einer Arbeitszeit von 1,4 Stunden wurde die N-Flasche um 12% geleert.
   a) Wieviel Sauerstoff wurde verbraucht?
   b) Welchen Druck zeigte das Manometer vor und nach der Arbeit an?

44.4 Acetylenverbrauch

Acetylen muß in Aceton gelöst werden. (Explosionsgefahr bei > 1,8 bar)

1 Liter Aceton löst 25 Liter Acetylen von 1 bar.

Daraus ergibt sich das Füllvolumen einer Flasche:

$$\text{Füllvolumen} = \text{Acetonvolumen} \cdot 25 \cdot \text{Fülldruck}$$

$$V_1 = V \cdot 25 \cdot p_F$$

V_1 Füllvolumen des Acetylens in l
V Acetonvolumen in l (in der Regel 15 l Aceton)
p_F Fülldruck der Flasche in bar (in der Regel 15 bar Überdruck)

Damit ermittelt sich der Acetylenverbrauch aus:

$$\text{Acetylenverbrauch} = \frac{\text{Füllvolumen} \cdot \text{Druckdifferenz}}{\text{Fülldruck}}$$

$$\Delta V = \frac{V_1 \cdot \Delta p}{p_F}$$

ΔV Acetylenverbrauch in l
V_1 Füllvolumen in l
Δp Druckdifferenz in bar (Druckunterschied vor und nach der Entnahme)
p_F Fülldruck in bar

Aufgaben

1. Der Fülldruck einer Acetylenflasche beträgt 15 bar.
   Wieviel Liter Acetylen von 1 bar können von den 15 l Aceton gelöst werden?

2. Eine Acetylenflasche wurde nur mit dem Druck von 12 bar gefüllt.
   a) Wieviel Liter Acetylen befinden sich in der Flasche?
   b) Um wieviel Prozent ist das Füllvolumen kleiner gegenüber dem Volumen bei Regeldruck von 15 bar?

3. Vor den Schweißarbeiten zeigt das Manometer am Druckminderventil einen Fülldruck von 8,6 bar an, nach der Arbeit 5,2 bar.
   a) Wieviel Liter Acetylen befanden sich vor der Arbeit in der Flasche?
   b) Wie groß ist der Acetylenverbrauch?

4. Eine Acetylenflasche ist noch mit 4250 l Acetylen gefüllt.
   a) Welchen Druck zeigt das Manometer an?
   b) Wieviel Liter Acetylen wurden verbraucht, wenn der Druck auf 8,4 bar abgefallen ist?

5. Um zu verhindern, daß beim Entspannen des Acetylens aus dem Aceton aus der Flasche Aceton mitgerissen wird, dürfen höchstens 1000 l/h Acetylen verbraucht werden.
   Wie lange t_n reicht dabei eine volle Flaschenfüllung ($p_F = 15$ bar), wenn diese bis auf 2 bar Flaschendruck geleert wird?

6. Bei unsachgemäßem Arbeiten sind 860 cm^3 Aceton aus der Flasche entwichen.
   a) Wieviel Liter Acetylen werden weniger in einer Flasche sein, die mit 15 bar gefüllt wird? (Aceton wird dabei nicht nachgefüllt!)
   b) Diskutieren Sie den Acetonverlust.

44.5 Gasgemisch bei Schweißarbeiten

Die Schweißflamme ist in der Regel so einzustellen, daß sie für das Schweißbad reduzierende und nicht oxidierende Wirkung hat.

Mischungsverhältnis

Acetylen : Sauerstoff = 1:1 bis 1:1,1

Schweißbereiche der Brenner

Blechdicke	Brenner Nr.	Blechdicke	Brenner Nr.	Blechdicke	Brenner Nr.
0,5 ... 1 mm	00	4 ... 6 mm	2	14 ... 20 mm	5
1 ... 2 mm	0	6 ... 9 mm	3	20 ... 30 mm	6
2 ... 4 mm	1	9 ... 14 mm	4	30 ... 50 mm	7

Der Gasverbrauch eines Brenners in l/h läßt sich annähernd errechnen aus dem Schweißbereich:

$$\text{Gasverbrauch eines Brenners in l/h} = \frac{\text{Grenzzahlen des Schweißbereiches addieren} \cdot 100}{2}$$

Beispiel: Brenner Nr. 3

$$\frac{(6+9)\cdot 100}{2} = 750 \text{ l/h Sauerstoff} = 750 \text{ l/h Acetylen}$$

Aufgaben

1. Ab welcher Brennernummer wird die höchstzulässige Sauerstoff- und Acetylenentnahme pro Zeiteinheit erreicht?
   Welche Schlußfolgerungen ziehen Sie für die Praxis? (Mischungsverhältnis 1:1)

2. Gleichdruckbrenner

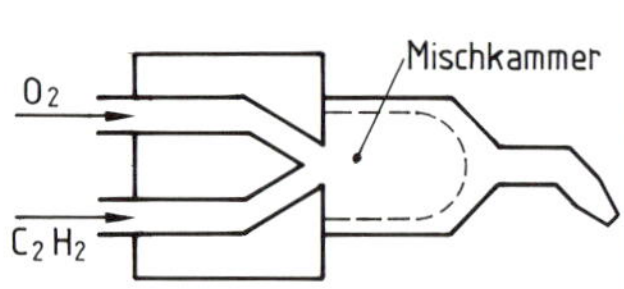

3. Injektorbrenner

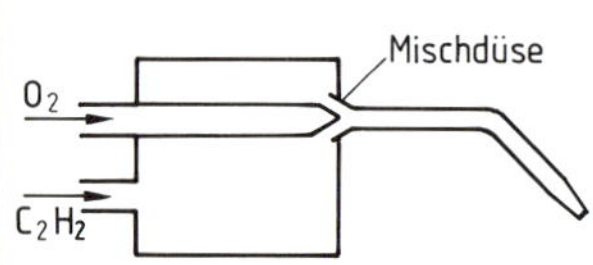

4. Schweißflamme

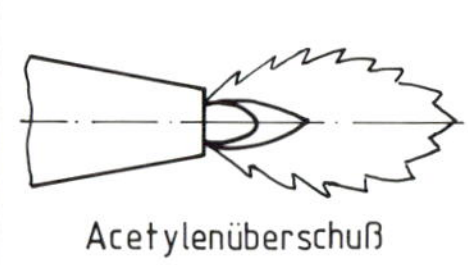

2. Vor Beginn der Schweißarbeiten mit einem Gleichdruckbrenner ($O_2 : C_2H_2 = 1:1$) für Blechdicken von 5 mm zeigt das Sauerstoffmanometer 47 bar an, das Acetylenmanometer 7,8 bar an.
   a) Welchen Druck zeigt die L-Flasche nach 2,4 h Schweißarbeit an?
   b) Wieviel Liter Acetylen wurden verbraucht?

3. Beim Schweißen von 3 mm dicken Blechen betrug das Mischungsverhältnis $C_2H_2:O_2 = 1:1{,}15$. Der Druck in der Acetylenflasche sank um 2,8 bar.
   a) Berechnen Sie den Sauerstoff- und Acetylenverbrauch pro Stunde.
   b) Wieviel Liter Gasgemisch wurden für die Druckdifferenz verbraucht?

4. Bei Schweiß-Reparaturarbeiten wurden 4 380 l Gasgemisch verbraucht. ($C_2H_2:O_2 = 1{,}3:1$)
   a) Wie groß war der Verbrauch an Sauerstoff und Acetylen?
   b) Wie groß ist das prozentuale Verhältnis beider Gase im Gasgemisch?

5. Bei Schweißarbeiten von Grauguß wird mit einer stark reduzierenden Flamme, d. h. mit Acetylenüberschuß im Verhältnis 1 : 1,7, gearbeitet. Dabei verwendete man den Brenner Nr. 1.
   a) Berechnen Sie den Acetylenverbrauch für 4,5 Stunden Schweißarbeit.
   b) Wieviel Acetylenflaschen müssen Sie parallel schalten?
   c) Wie groß ist der Druckabfall in den Flaschen?

45 Berechnungen an zusammenwirkenden Maschinenteilen

Aufgaben

1.

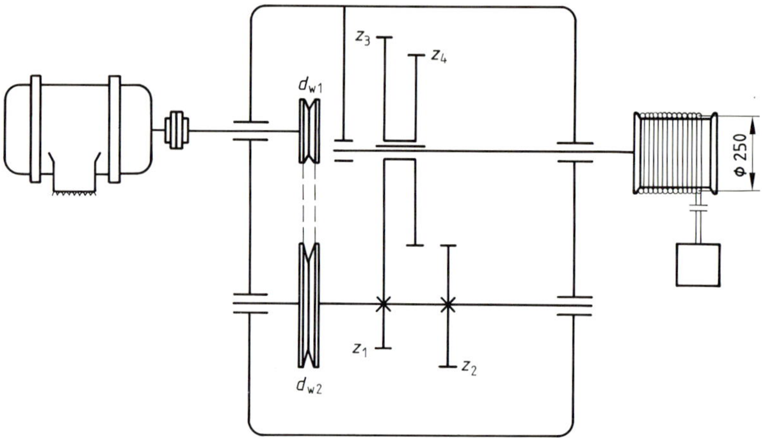

1. Die abgebildete Fördereinrichtung hat folgende Betriebsdaten:

Motordaten:

Leistung = 12 kW
Drehzahl = 1 450 min^{-1}
Wirkungsgrad = 85 %

Zahnradtrieb:

$z_1 = 40$ Modul = 2,5 mm
$z_2 = 60$
$z_3 = 150$
$z_4 = 130$

Keilriementrieb:

Wirkdurchmesser kleines Rad = 80 mm
Wirkdurchmesser großes Rad = 300 mm
Wirkungsgrad = 90 %
Seiltrommeldurchmesser = 250 mm

a) Welche Leistung steht an der Trommel zur Verfügung?

b) Wie groß ist die Gesamtübersetzung des Getriebes bei entsprechender Schaltung?

c) Berechnen Sie die maximale und minimale Last, die angehoben werden kann.

d) Bestimmen Sie die maximale Hubgeschwindigkeit in m/s.

e) Wie groß muß der tragende Seilquerschnitt ausgelegt werden, wenn das Drahtseil aus St 40 (S 250) besteht und dreifache Sicherheit zugrunde gelegt werden soll?

f) Ermitteln Sie den Achsabstand im Zahnradtrieb.

2.

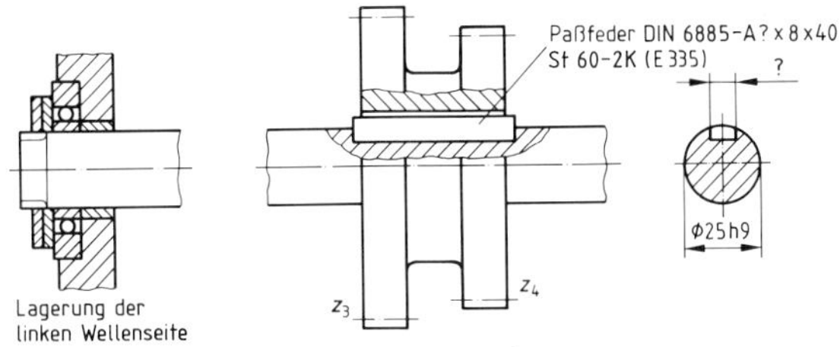

2. Der Schieberäderblock in Aufgabe 1 sitzt durch eine Paßfeder verdrehfest auf der Welle.

a) Bestimmen Sie die Breite der Paßfeder bei 2,5facher Sicherheit (Paßfeder DIN 6885 - A ? × 8 × 40 - St 60-2 K (E 335).

b) Die Paßfeder erhält einen festen Sitz in der Wellennut.
Es sind die Grenzmaße (Höchstmaß und Mindestmaß) zu bestimmen.

c) Wie groß sind die Grenzmaße der Welle?

d) Die Welle lagert links in einem Rillenkugellager.
Damit der Innenring des Rillenkugellagers auf der Welle einen festen Sitz erhält, muß dieser durch Erwärmen um 0,031 mm geweitet werden (Innenring ∅ = 25 mm; Ausdehnungskoeffizient = 0,000016 1/K).
Berechnen Sie die Öltemperatur.

3.

$z_1 = 32$
$z_2 = 40$
$z_3 = 45$
$z_4 = 78$
$z_5 = 55$
$z_6 = 50$
$z_7 = 60$
$z_8 = 63$
$z_9 = 42$
$m = 4$ mm

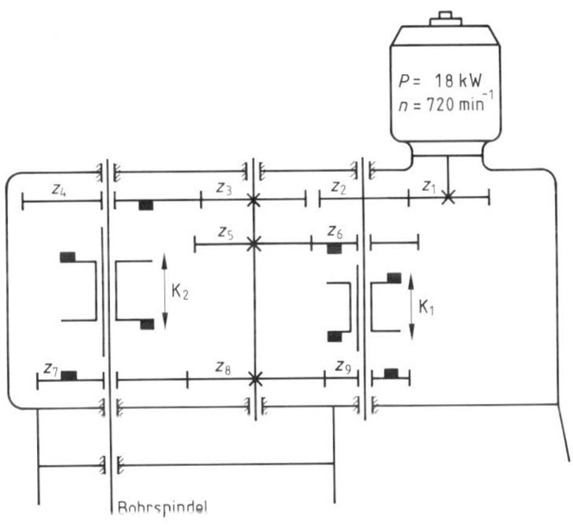

Kraftflußplan:

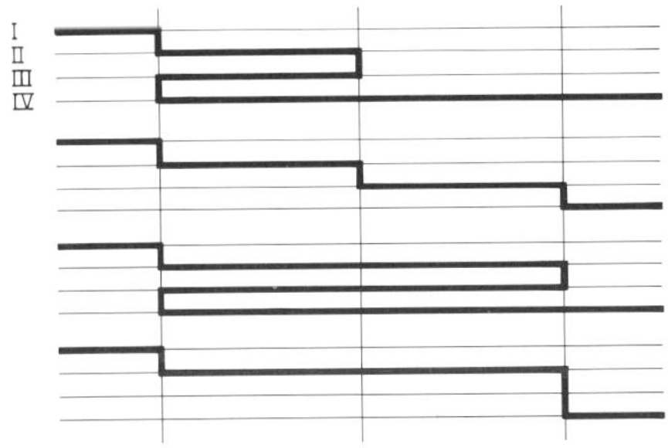

3. Dargestellt ist das Hauptgetriebe einer Ständerbohrmaschine. Die Kupplungen K1 und K2 sitzen verdrehfest und schiebbar auf der Welle.

a) Berechnen Sie die Gesamtübersetzung bei allen möglichen Schaltstellungen.

b) Berechnen Sie die einstellbaren Drehzahlen der Bohrspindel.

c) Wie groß sind die Achsabstände a_1 bis a_3 der Wellen?

d) Welches maximale Drehmoment wirkt an der Bohrspindel, wenn der Leistungsverlust 20% beträgt?

e) Geben Sie die Schaltstellungen der Kupplungen an, wenn bei einer Bohrarbeit (Lochdurchmesser = 14 mm) mit einer Schnittgeschwindigkeit von 25 m/min gearbeitet werden soll.

4.

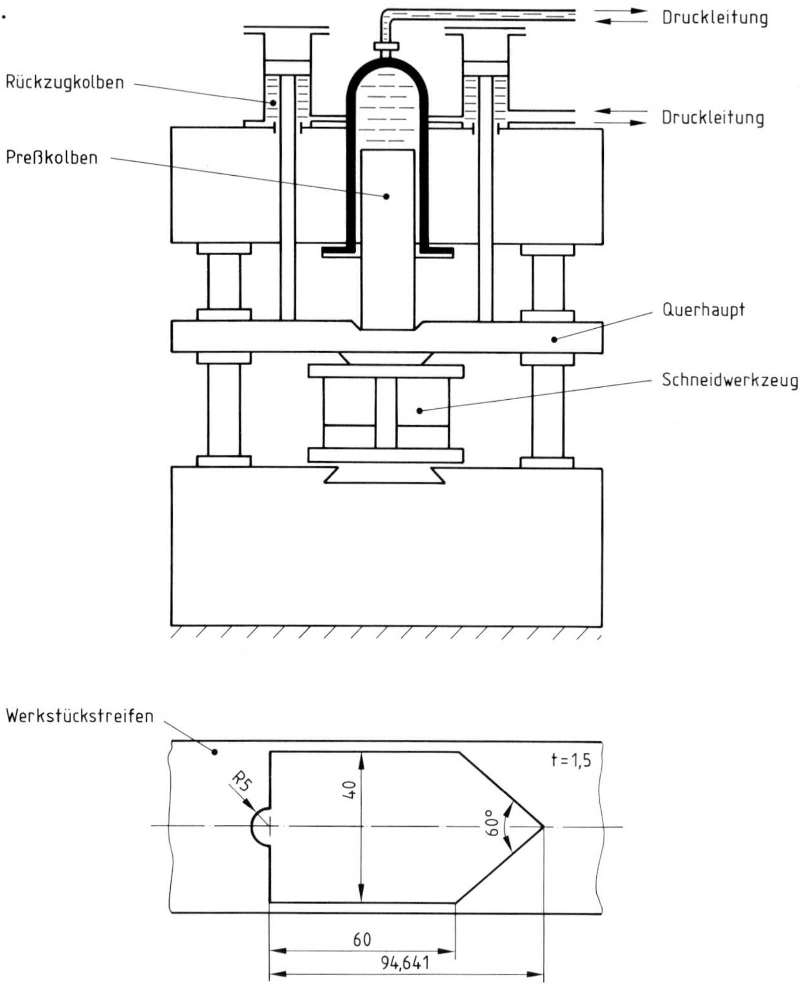

4. Auf der dargestellten hydraulischen Presse ist ein Schneidwerkzeug aufgespannt. In einem Hub werden Außenformen für ein Werkstück (Werkstoff St 50 (E 295)) hergestellt.

a) Berechnen Sie die Schneidkraft zum Ausschneiden eines Werkstückes.

b) Auf welchen Arbeitsdruck ist die Presse für diese Arbeit eingestellt?

c) Bis zu welcher Werkstückdicke lassen sich diese Werkstücke herstellen, wenn die Presse maximal mit 300 bar arbeiten kann?

46 CNC-Technik

CNC-Werkzeugmaschinen sind Maschinen, die einen Computer (Mikroprozessor) besitzen und durch ein Programm gesteuert werden.

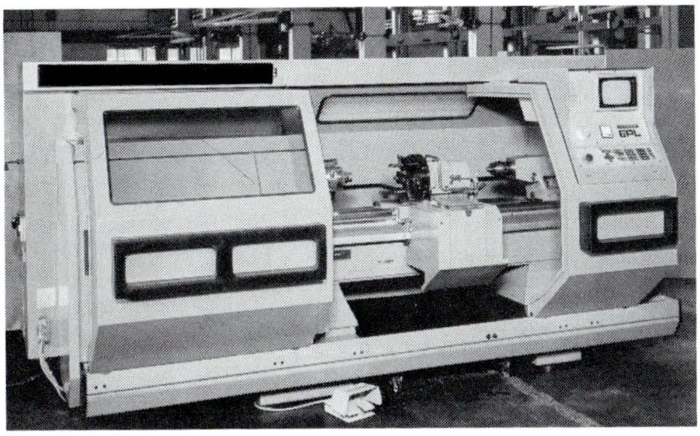

CNC-Drehmaschine

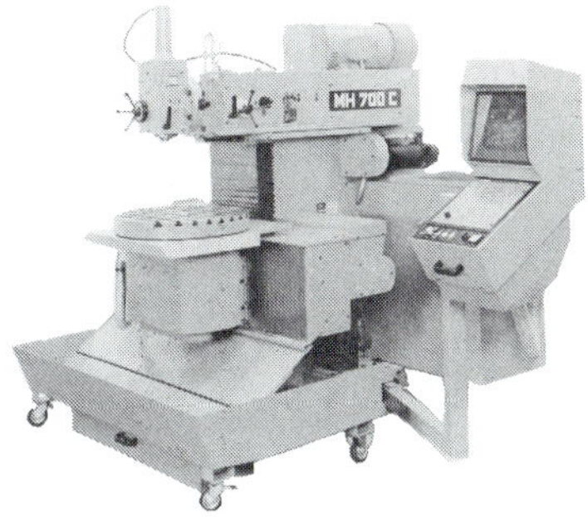

CNC-Fräsmaschine

Die Programmeingabe erfolgt über Tastatur (Werkstattprogrammierung) oder über externe Datenträger (Lochstreifen, Diskette, Magnetband).

Beispiel

Programm für eine CNC-Werkzeugmaschine
Das Programm besteht aus 21 Sätzen. Der Satz besteht aus Wörtern.

```
N1  G90 S350 T1 M13            ── technologische Befehle
N2  G0 X30 Y10 Z3              ── geometrische Befehle
N3  G1 Z-20 F100
N4  G1 X185.8 F300             ── Wort (I240)
N5  G1 Y15.7
N6  G2 X214 Y44.1 I240 J-10    ── Satz
N7  G1 Y60
N8  G1 X145
N9  G1 X204.8 Y93.9
N10 G3 X175.8 Y146.4 I190 J120
N11 G1 X45.8 Y76.4
N12 G3 X30 Y50 I60 J50
N13 G1 X30 Y10
N14 G0 X0 Y0 Z10
N15 G0 X80 Y35 T4 M6
N16 G1 Z-22 F150 S500 M13
N17 G1 Z10 F300
N18 G0 X105 Y75
N19 G1 Z-22 F150
N20 G1 Z10 F300
N21 G0 X0 Y0 Z100 M30
```

Druckergrafik

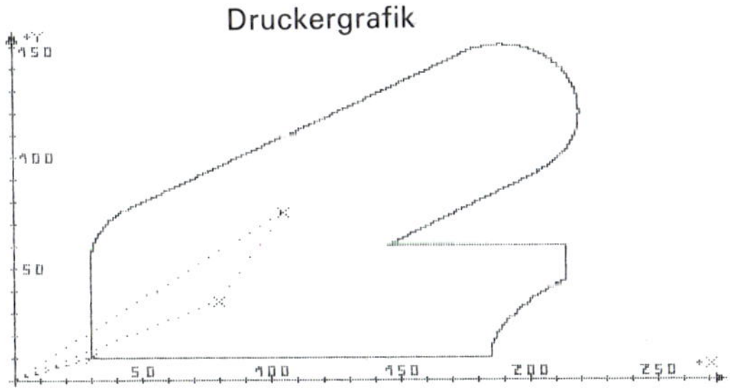

Um ein Programm für CNC-Werkzeugmaschinen schreiben zu können, müssen vorausgesetzt werden:

- Kenntnisse der Programmierung nach DIN 66025
- Kenntnisse der Koordinatensysteme nach DIN 66217
- Kenntnisse der Zerspanungstechnologie
- sichere Beherrschung der Mathematik

Bedingung zum Verständnis der folgenden Seiten ist, daß zuvor die Kapitel 7, 14 und 18 intensiv durchgearbeitet wurden.

46.1 Koordinatenbemaßung – Bezugsbemaßung – Zuwachsbemaßung

Aufgaben

1.

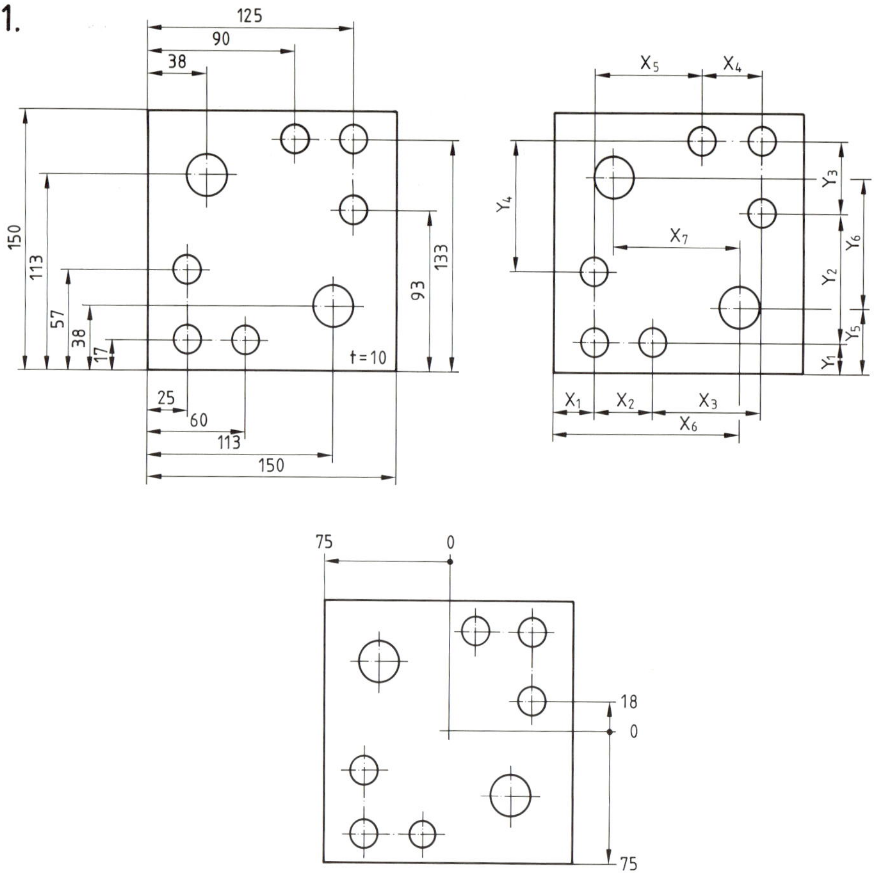

1. Die Lochplatte ist im Bezugsmaßsystem bemaßt.
   a) Bestimmen Sie die Zuwachsmaße entsprechend der Tabelle.
   b) Der Koordinatennullpunkt wird genau in die Mitte der Lochplatte verschoben. Skizzieren Sie die Lochplatte, und tragen Sie die neuen Maße als Bezugsmaße ein.

	1	2	3	4	5	6	7
X	25	?	?	?	?	?	?
Y	17	?	?	?	?	?	—

2.

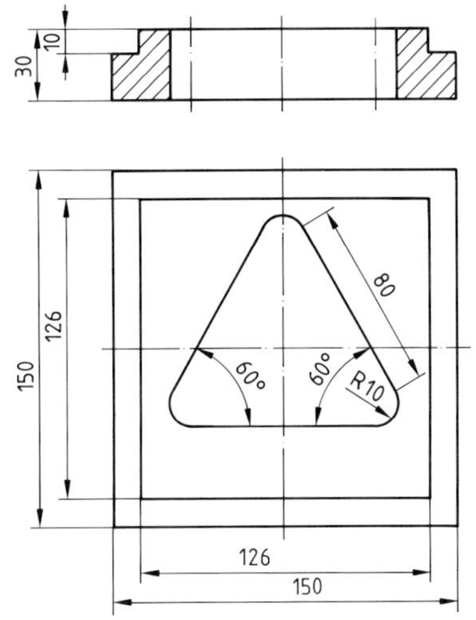

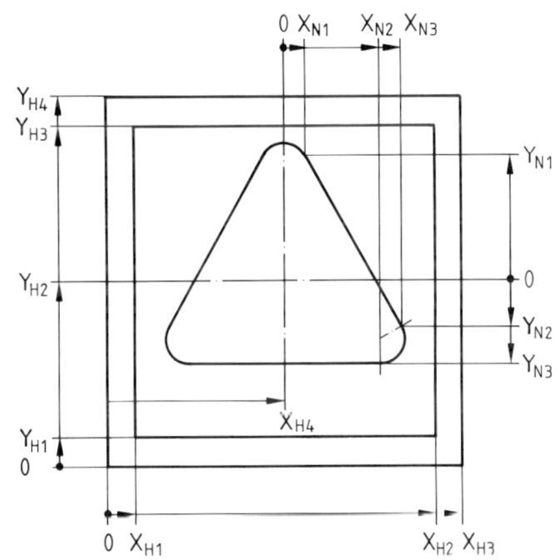

2. Die Schneidplatte ist symmetrisch bemaßt. Es soll eine Bemaßung vorgenommen werden, die aus Koordinatenhaupt- und Koordinatennebensystem besteht.
Bestimmen Sie die Angaben in der jeweiligen Tabelle.

Maße für das Koordinatenhauptsystem

	1	2	3	4
X_H	?	?	?	?
Y_H	?	?	?	?

Maße für das Koordinatennebensystem

	1	2	3
X_N	?	?	?
Y_N	?	?	?

3.

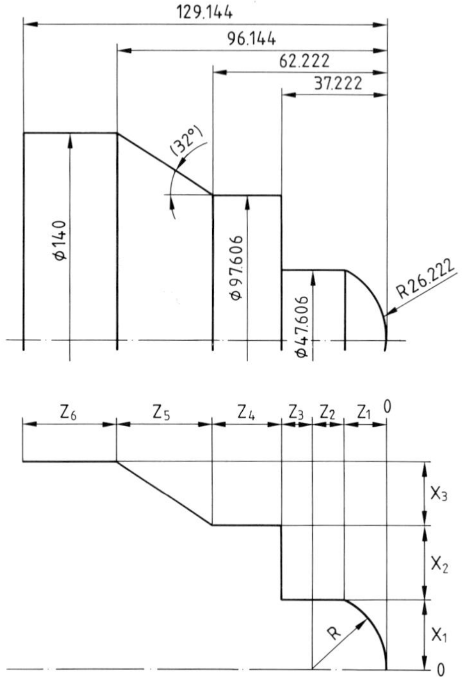

Die beiden Wellen sind werkstattmäßig bemaßt. Bestimmen Sie die jeweiligen Angaben in der Tabelle.

X_1	?
X_2	?
X_3	?
Z_1	?
Z_2	?
Z_3	?
Z_4	?
Z_5	?
Z_6	?

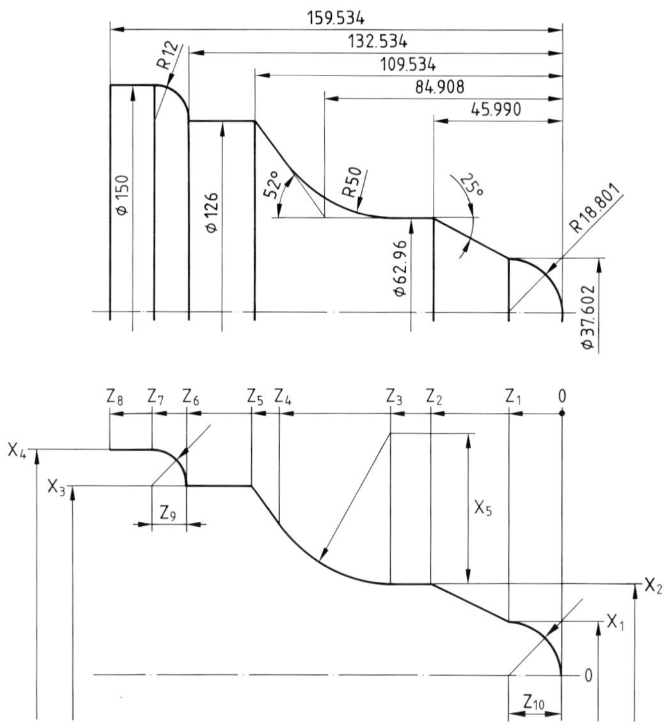

X_1	?
X_2	?
X_3	?
X_4	?
X_5	?
Z_1	?
Z_2	?
Z_3	?
Z_4	?
Z_5	?
Z_6	?
Z_7	?
Z_8	?
Z_9	?
Z_{10}	?

46.2 Rechnen im Koordinatensystem (CNC-Fräsen)

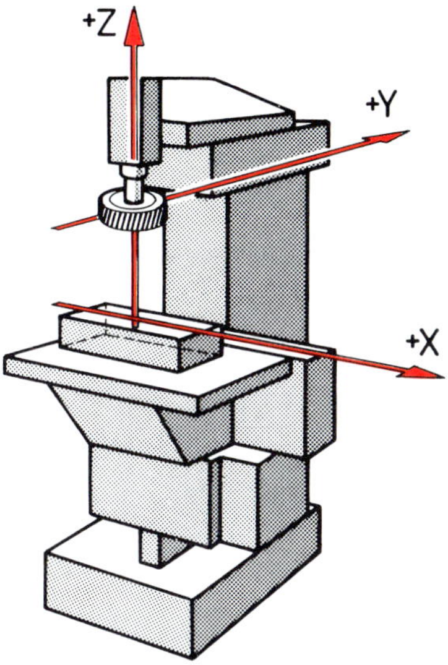

Bild A: Senkrecht-Konsolfräsmaschine

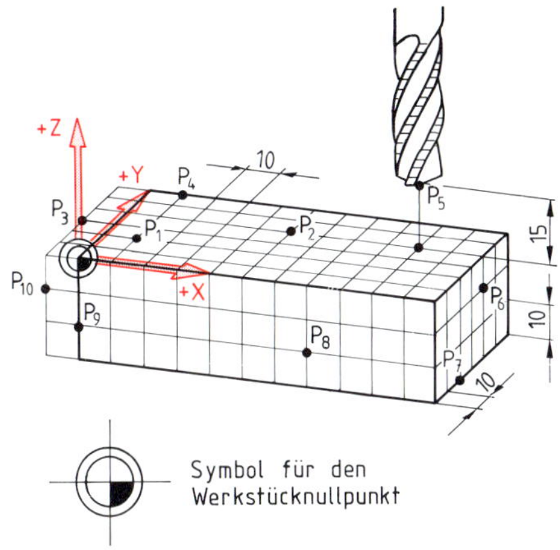

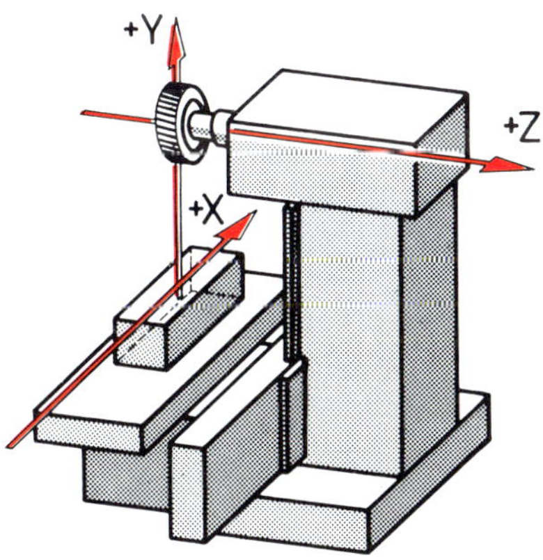

Bild B: Waagerecht-Konsolfräsmaschine

Nach dem Schwenken der Arbeitsspindel (Senkrechtbearbeitung) gilt auch das ursprüngliche Achsensystem.

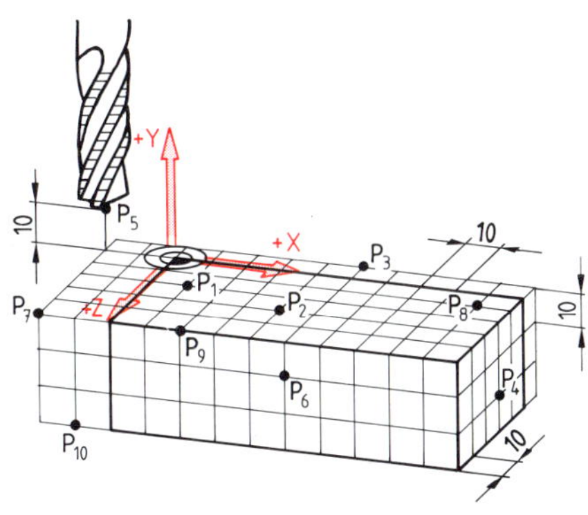

Aufgaben

1. Bestimmen Sie die Koordinatenwerte der vorgegebenen Punkte aus **Bild A** und **Bild B** (alle Maße bezogen auf den Werkstücknullpunkt).

Senkrecht-Konsolfräsmaschine

Punkt	P_1	P_2	P_3	P_4	P_5	P_6	P_7	P_8	P_9	P_{10}
X	10	?	?	?	?	?	?	70	?	?
Y	20	?	?	?	?	?	?	0	?	?
Z	0	?	?	?	?	?	?	–20	?	?

Waagerecht-Konsolfräsmaschine

Punkt	P_1	P_2	P_3	P_4	P_5	P_6	P_7	P_8	P_9	P_{10}
X	?	?	50	?	?	?	?	?	?	–10
Z	?	?	–10	?	?	?	?	?	?	50
Y	?	?	0	?	?	?	?	?	?	–30

2.

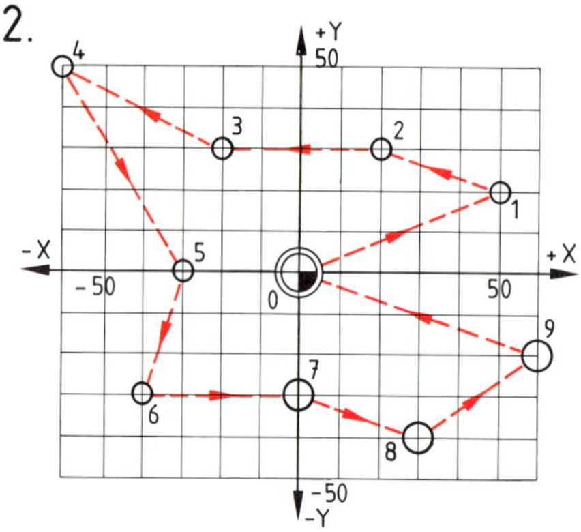

3.

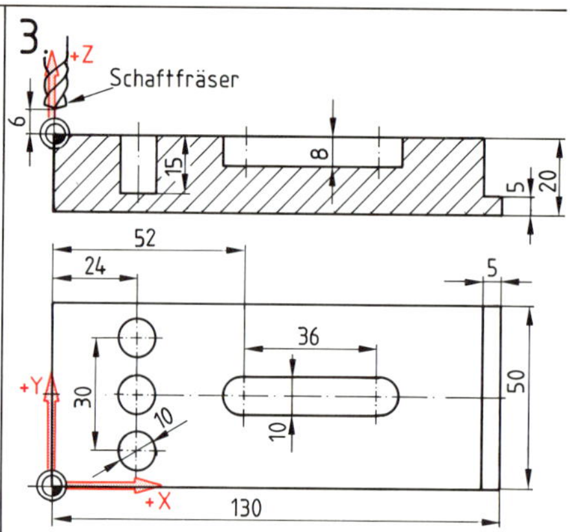

2. Ein Werkstück soll nach angegebenem Bohrbild gebohrt werden.

a) Erstellen Sie eine Koordinatentabelle (X-, Y-System) in absoluter Maßangabe (Programmierung durch G90).

b) Erstellen Sie eine Koordinatentabelle in inkrementaler Maßangabe (Programmierung durch G91).

Punkt	P_1	P_2	P_3	...
X	50	–30	–40	...
Y	20	10	0	...

Kontrolle
Die Summe aller Maße in einer Achse muß Null sein!

3. Die skizzierte Halteplatte soll durch einen Schaftfräser ∅ 10 gefertigt werden. Beschreiben Sie die Wege des Fräsers durch die Angabe der Koordinaten (absolute Maßangabe).

4.

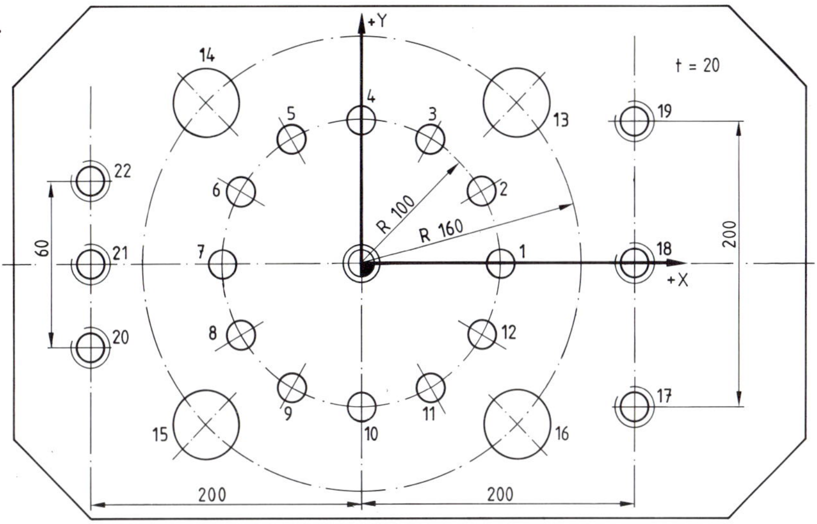

4. Der skizzierte Flansch soll auf einer NC-Bohrmaschine gefertigt werden. Erstellen Sie eine Koordinatentabelle (absolute Maßangabe).

46.3 Geometrische Berechnung des Fräserweges

Das skizzierte Werkstück soll durch Umfangsfräsen hergestellt werden.

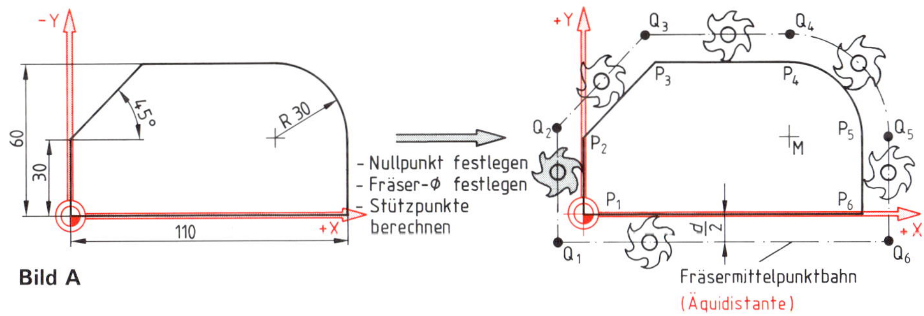

Bild A

Grundsätzlich bestehen zwei Möglichkeiten der Programmierung:

1. Äquidistantenprogrammierung

Für die Programmierung muß die Fräsermittelpunktbahn (Q_1, Q_2, ...) in Geometrieelemente (achsparallele Geraden, schräge Geraden und Kreisbögen) zerlegt und die Koordinatenwerte der Stützpunkte ermittelt werden.

Beispiel

Berechnung von Q_2

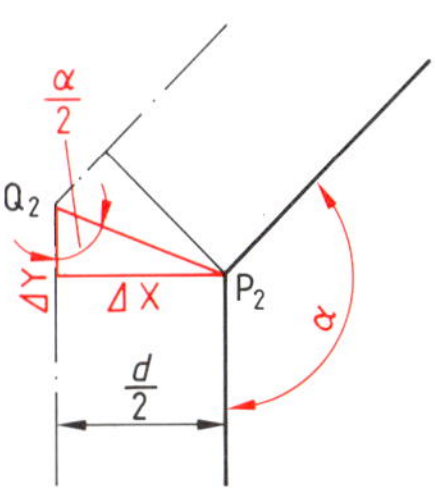

$$\Delta x = \frac{d}{2}$$

$$\tan\left(\frac{\alpha}{2}\right) = \frac{\Delta x}{\Delta y}$$

$$\Delta y = \frac{\Delta x}{\tan\left(\frac{\alpha}{2}\right)}$$

$$\Delta y = \frac{d}{2 \cdot \tan\frac{\alpha}{2}}$$

2. Konturprogrammierung

Man programmiert die Werkstückkontur (P_1, P_2, ...) und teilt der Steuerung über die Tastatur der Maschine den Fräserradius mit. Wird durch das Programm noch festgelegt, ob der Fräser sich links von der Kontur (G41) oder rechts von der Kontur (G42) befindet, berechnet die Steuerung selbsttätig die Äquidistante (Fräserradiuskorrektur).

Aufgaben

1. a) Erstellen Sie zu **Bild A** eine vollständige Koordinatentabelle der Punkte P_1, P_2, ... P_6 und M für die Konturprogrammierung.
   b) Erstellen Sie eine vollständige Koordinatentabelle der Punkte Q_1, Q_2, ..., Q_6 und M für die Äquidistantenprogrammierung ($d = 12$ mm).
   c) Begründen Sie, welche Programmierungsart sinnvoller ist.

2. Der angegebene Winkel von 45° in **Bild A** hat sich als unzweckmäßig erwiesen und wird auf 30° verändert.
   Bestimmen Sie die neuen Koordinatenwerte der Punkte P_2, P_3 und Q_2, Q_3.

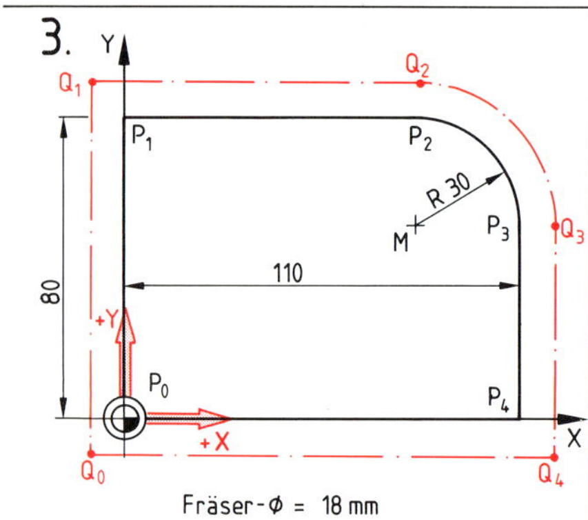

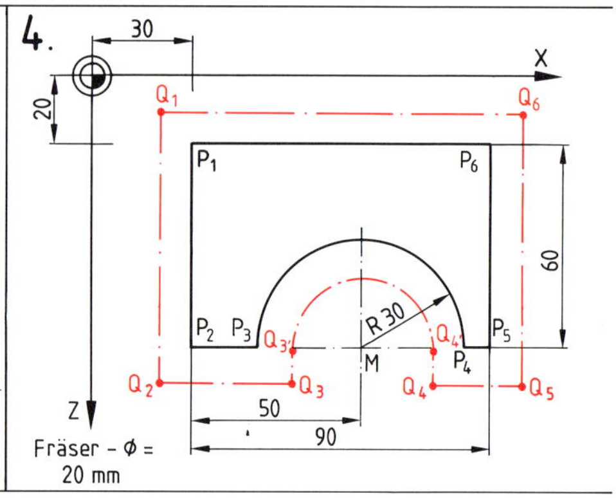

3. und **4.** Erstellen Sie eine vollständige Koordinatentabelle (nur für 2 Achsen)
   a) für Konturprogrammierung (P_0, P_1, ..., M),
   b) für Äquidistantenprogrammierung (Q_0, Q_1, ..., M).

5. Das Werkstück ist bereits CNC-gerecht vermaßt (DIN 406 Teil 3). Alle Stützpunkte für die Konturprogrammierung sind direkt aus der Zeichnung zu entnehmen.
   Berechnen Sie die Stützpunkte der Äquidistante (Fräser-∅ = 20 mm).

6. Die Tasche ist bereits vorgefräst und soll fertiggefräst werden.
   Beschreiben Sie den Weg des Fräsers durch eine Koordinatentabelle (Fräser-∅ = 30 mm).

5.

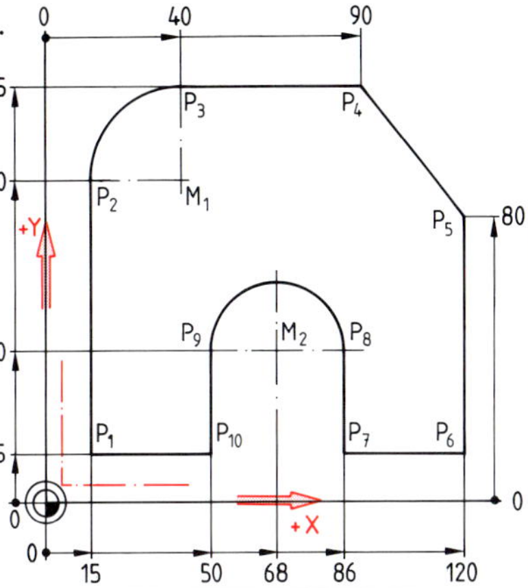

6.

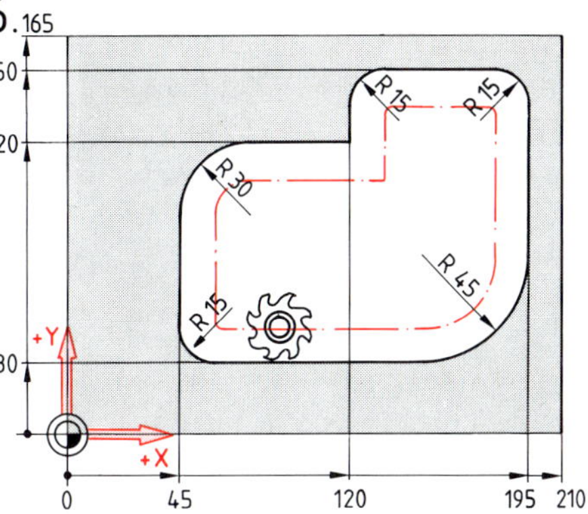

7.

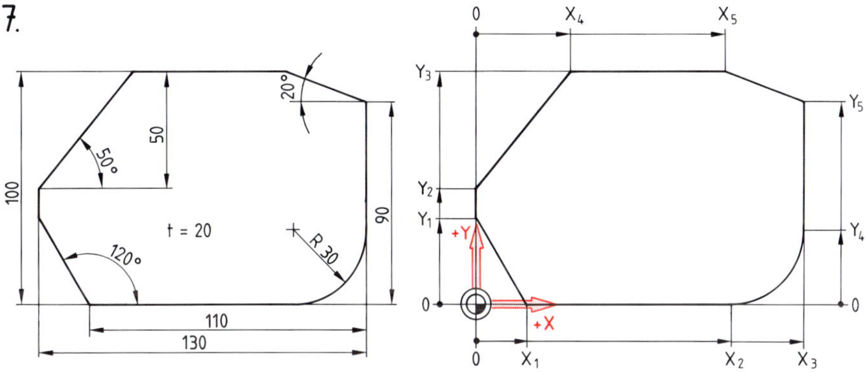

7. Berechnen Sie die Stützpunkte für die Konturprogrammierung, übertragen Sie die Zeichnung auf ein gesondertes Blatt, und bemaßen Sie CNC-gerecht.

8.

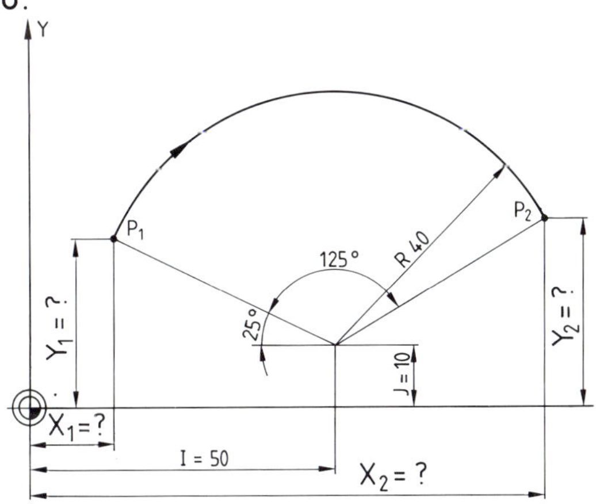

Für die Programmierung eines Kreisbogens muß bekannt sein:

- Bewegungsrichtung (hier G2-Kreisinterpolation im Uhrzeigersinn)
- Koordinatenwert des Startpunktes (hier P_1)
- Koordinatenwert des Zielpunktes (hier P_2)
- X-Koordinate des Mittelpunktes (Angabe unter I)
- Y-Koordinate des Mittelpunktes (Angabe unter J)

8. **a)** Bestimmen Sie die gesuchten Größen.

b) Die Angaben I und J werden an manchen Fräsmaschinen auch inkremental eingegeben. Bezugspunkt ist Startpunkt der Kreisbewegung. Geben Sie I und J inkremental an. (Vorzeichen beachten!)

9.

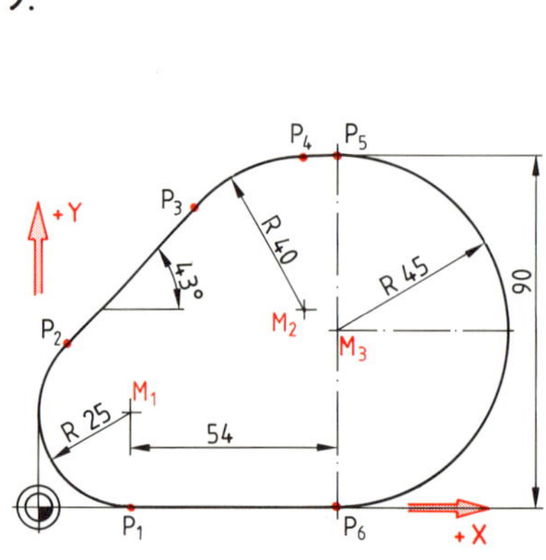

10.

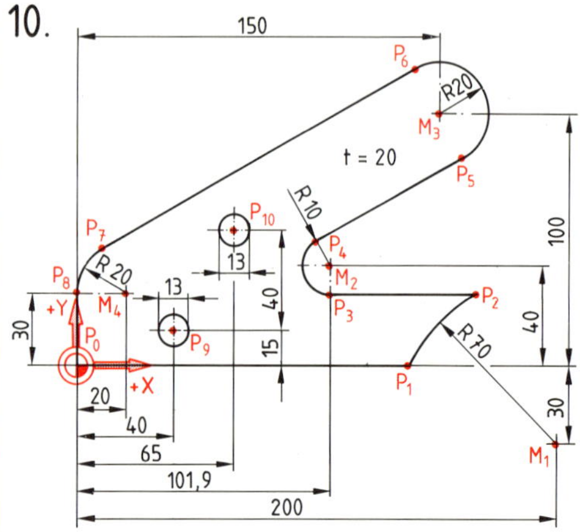

9. und **10.** Erstellen Sie je eine vollständige Koordinatentabelle für die Konturprogrammierung *(nur für mathematische „Genies")*.

46.4 Rechnen im Koordinatensystem (CNC-Drehen)

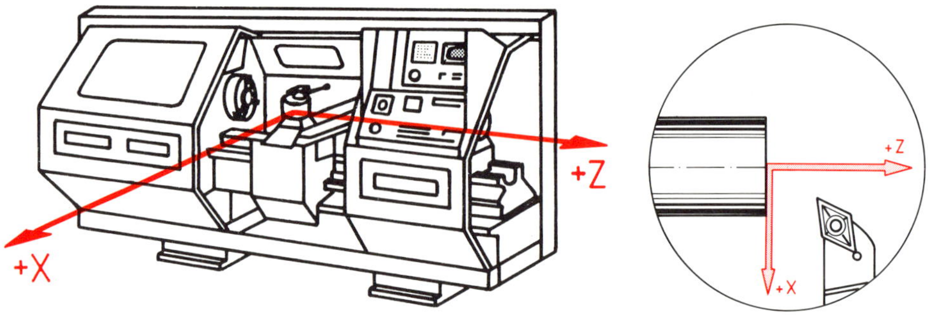

Bild A: Werkzeug vor Drehmitte (Flachbettmaschine)

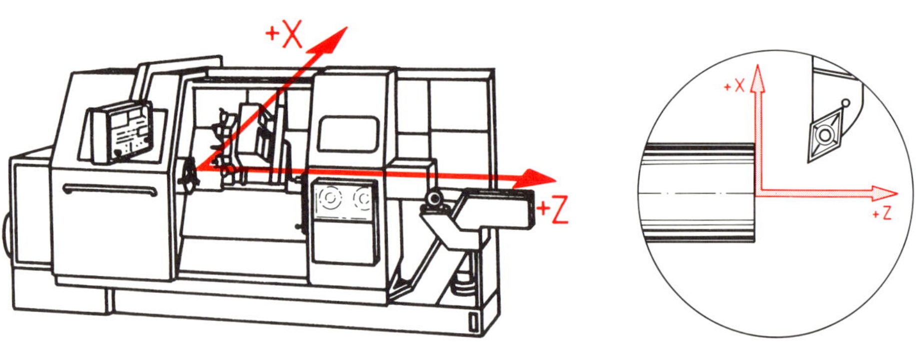

Bild B: Werkzeug hinter Drehmitte (Schrägbettmaschine)

An modernen CNC-Drehmaschinen wird fast ausschließlich die Absolutwertprogrammierung (G90) benutzt.
Die X-Werte werden als Durchmesser eingegeben (Durchmesserprogrammierung).
Die Z-Werte sind Längenmaße.

Aufgaben

1.

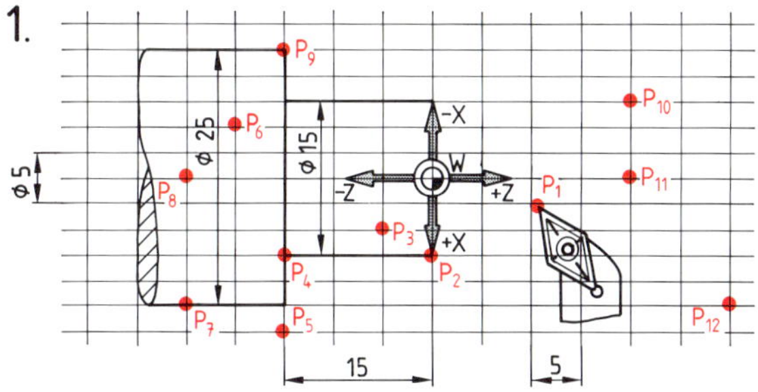

Der frei gewählte Werkstücknullpunkt W ist Ausgangspunkt für die Programmierung.

1. Bestimmen Sie die Koordinatenwerte der vorgegebenen Punkte.

Punkt	P_1	P_2	P_3	P_4	P_5	P_6	P_7	P_8	P_9	P_{10}	P_{11}	P_{12}	W
X	7	?	?	15	?	?	?	?	?	–15	?	?	?
Z	12	?	?	–15	?	?	?	?	?	25	?	?	?

2.

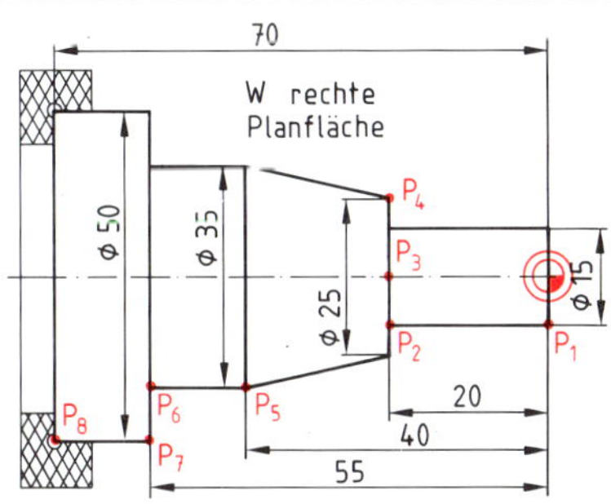

3.

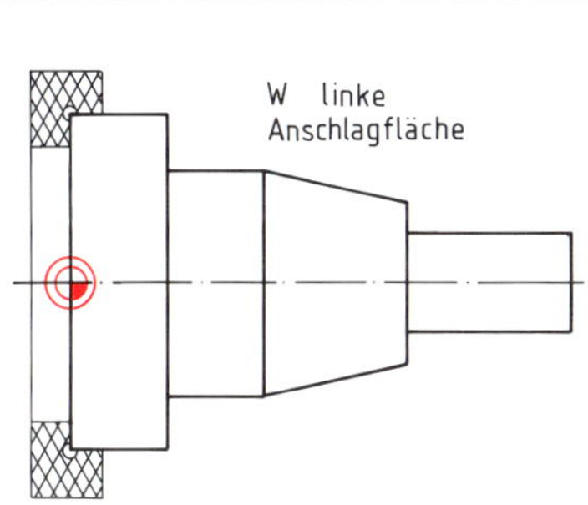

2. Erstellen Sie eine Koordinatentabelle (Flachbettmaschine).

3. a) Der Werkstücknullpunkt wurde an die linke Anschlagfläche gelegt.
Ermitteln Sie die neuen Koordinatenwerte (Abmessungen wie bei Aufgabe 2).

b) Der Werkstücknullpunkt ist frei wählbar.
Diskutieren Sie die beiden vorgestellten Möglichkeiten.

4.

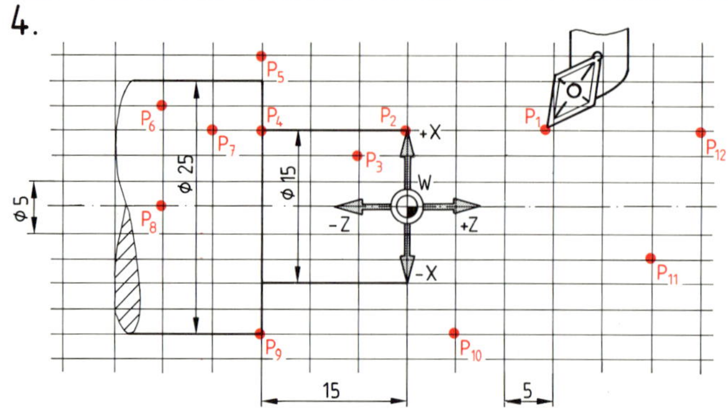

Bestimmen Sie die Koordinatenwerte der vorgegebenen Punkte.

Punkt	P_1	...	P_{10}
X	15	...	−25
Z	15	...	5

5.

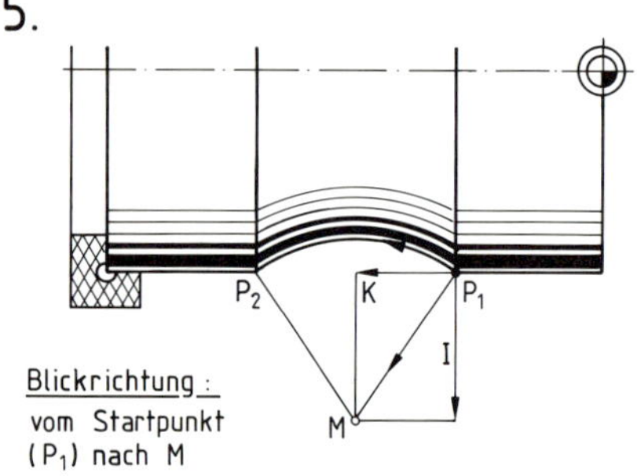

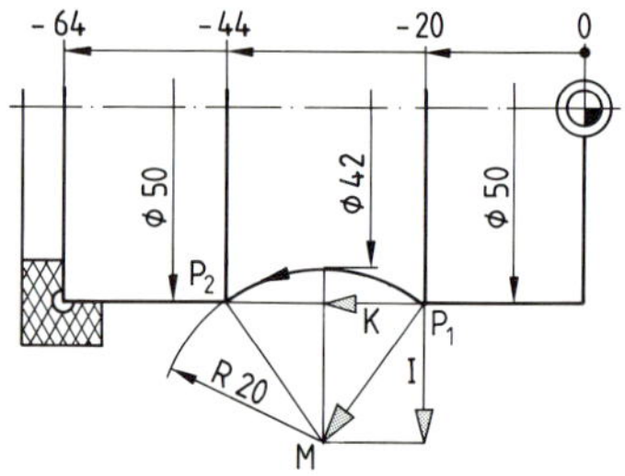

5. Beim Drehen werden die Koordinaten des Kreismittelpunktes inkremental unter I (X-Koordinate) und K (Z-Koordinate) eingegeben. Pfeilrichtungen von I und K bestimmen das Vorzeichen. (I zeigt in Richtung +X-Achse ⇒ I positiv, K zeigt in Richtung −X-Achse ⇒ K negativ).
Bestimmen Sie die Koordinatenwerte der Punkte P_1, P_2 und M (I, K).

46.5 Geometrische Berechnung des Werkzeugweges

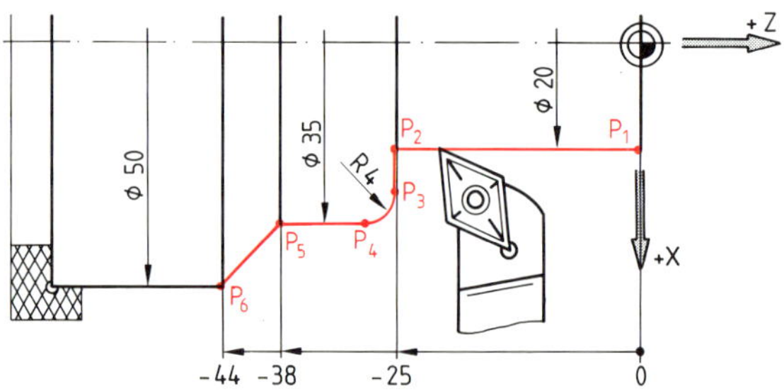

Bild A

Ermittlung der Koordinaten (inkremental) des Kreismittelpunktes:

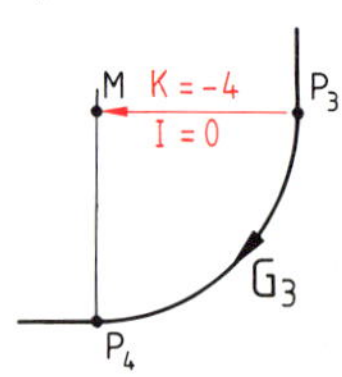

Für die Programmierung des Werkzeugweges muß die Kontur in geometrische Grundelemente (achsparallele Geraden, schräge Geraden und Kreisbögen) zerlegt werden. Die Koordinaten der Konturpunkte P_1, P_2, ... bestimmen den Werkzeugweg.
Liegt wie im vorliegenden Fall CNC-gerechte Vermaßung vor, wird die geometrische Bestimmung der Konturpunkte vereinfacht.

Aufgaben

1. a) Erstellen Sie eine Koordinatentabelle für das Beispiel im **Bild A**.

Punkt	P_1	P_2	P_3	P_4	P_5	P_6	—	M
X	?	?	?	?	35	?	I	
Z	?	?	?	?	−38	?	K	

Achtung
I (X) und K (Z) inkremental!

b) Verlegen Sie den Werkstücknullpunkt an die linke Anschlagfläche, und erstellen Sie eine neue Koordinatentabelle (Werkstücklänge = 65 mm).

2.

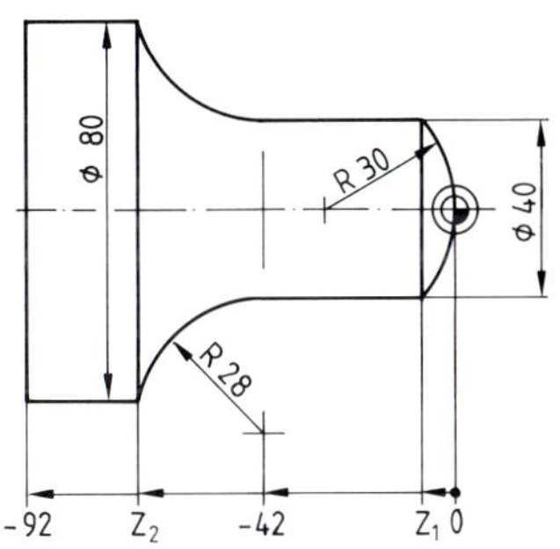

3.

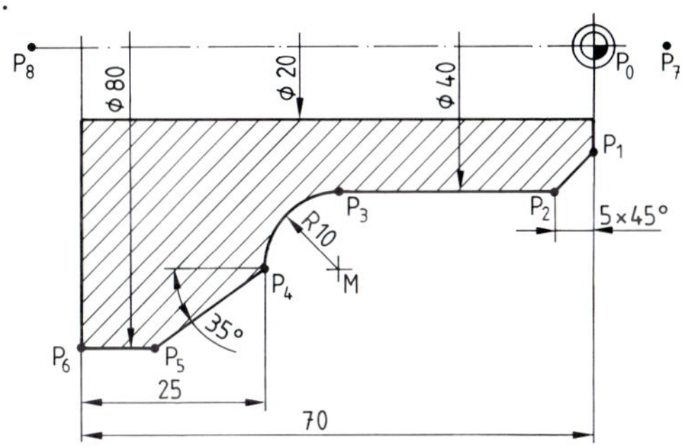

2. Die Maße Z_1 und Z_2 sind zu bestimmen.

3. Erstellen Sie eine Koordinatentabelle der Konturpunkte, einschließlich des Punktes M und der Punkte P_7 und P_8, für die Positionierung des Bohrwerkzeuges.

4.

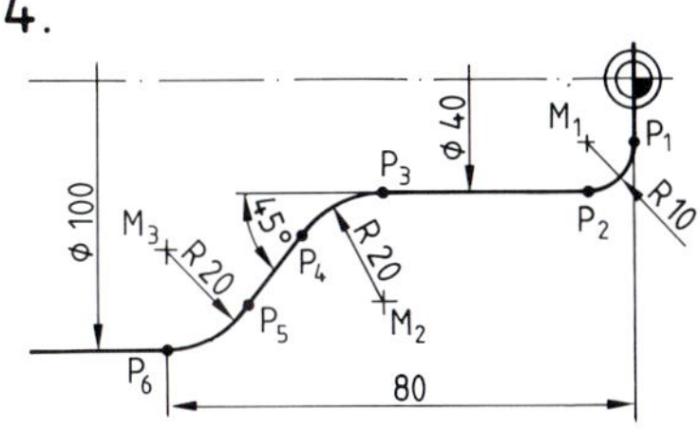

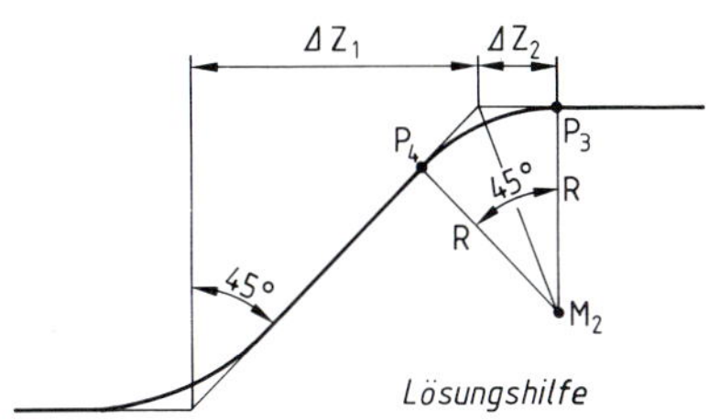

4. Geben Sie die Koordinatenwerte (einschließlich der Punkte M) für die Programmierung des Werkstückes an.

5.

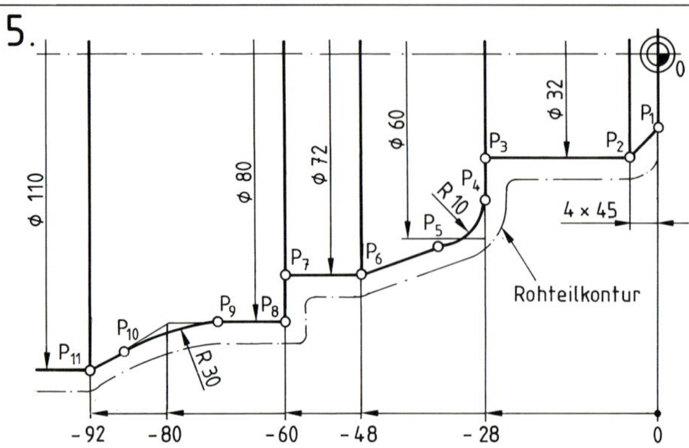

Bestimmen Sie die Koordinatenwerte der Konturpunkte und der Radiusmittelpunkte.

Lösungshinweis

Ermitteln Sie über Winkelfunktionen zuerst die Winkel der Kurventangenten, bevor Sie ähnlich wie in Aufgabe 4 die Kurvenübergangspunkte bestimmen.

6.

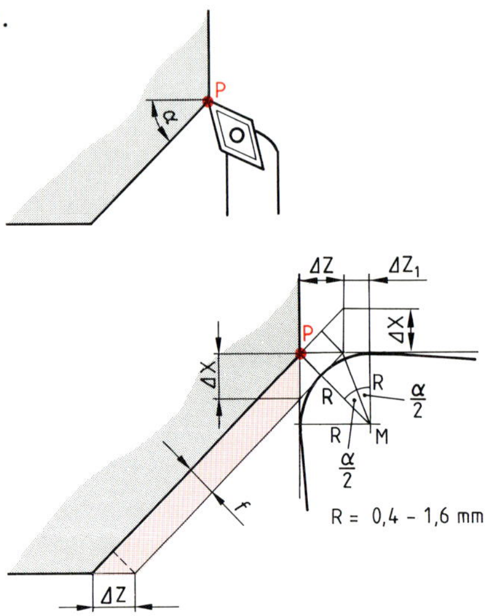

Schneidenradiuskompensation

Aus Standzeitgründen ist die Werkzeugschneide abgerundet. Wird die theoretische Werkzeugspitze P programmiert, so entstehen bei Schrägen und Kurven Fehler durch Konturverzerrungen.

Fehlervermeidung

a) Man programmiert die Äquidistante (Schneidenradius-Mittelpunktbahn). Diese Programmierung bedeutet einen erhöhten Rechenaufwand und wird nur noch bei älteren NC-Maschinen angewendet.

b) Bei modernen CNC-Maschinen wird der Punkt P programmiert, und die Steuerung (Computer) führt bei entsprechenden Befehlen die Schneidenradiuskompensation automatisch aus.

6. Berechnen Sie den Fehler f und die Kompensationsmaße ΔX und ΔZ.

a) $R = 0{,}5$ mm, $\alpha = 45°$

b) $R = 1{,}5$ mm, $\alpha = 45°$

c) $R = 1{,}5$ mm, $\alpha = 30°$

47 Zur Wiederholung und Prüfungsvorbereitung

Der Schwierigkeitsgrad der Aufgabensätze ist von ① bis ⑧ leicht ansteigend.

Aufgabensatz ①

1. Die Fertigungszeit für die Herstellung von 80 Wellen beträgt bei einem Einsatz von 5 Drehmaschinen 160 Stunden.
Um wieviel Stunden verkürzt sich die Fertigungszeit, wenn zusätzlich noch 3 Maschinen eingesetzt werden?

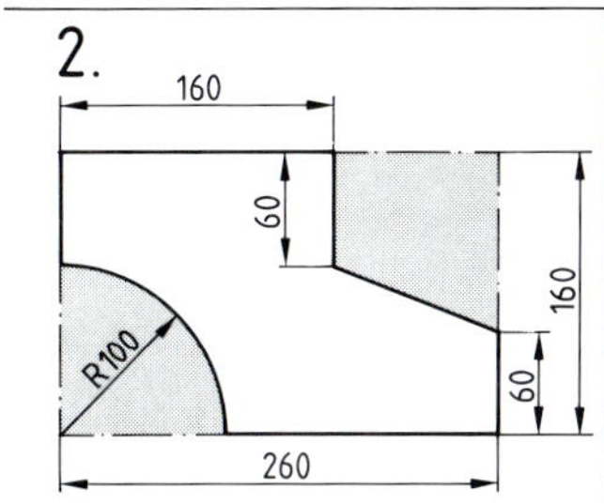

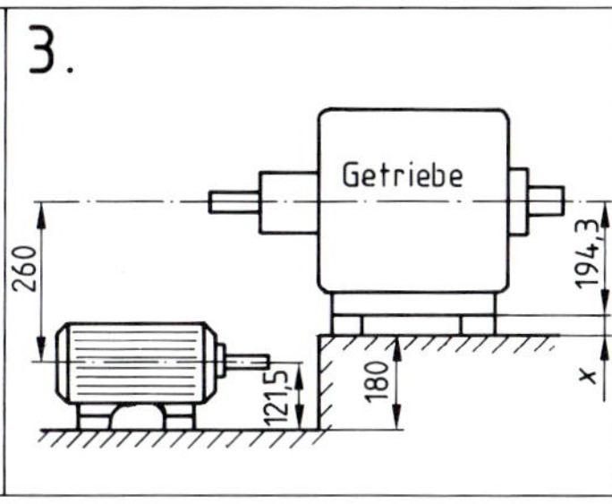

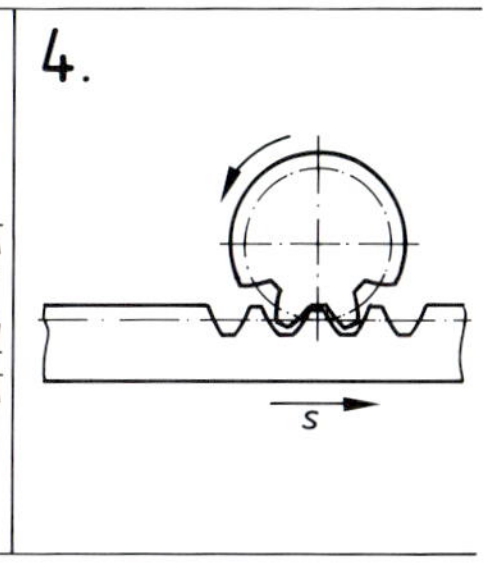

2. Berechnen Sie den Blechbedarf in cm^2 und den Verschnitt in %.

3. Ein Getriebe soll nach Skizze aufgestellt werden.
Berechnen Sie das Maß x für die Auflageleisten.

4. Eine Zahnstange wird durch ein Zahnrad ($z = 24$, $m = 5$ mm) bewegt.
Wieviel Zahnradumdrehungen sind erforderlich, um die Zahnstange 942 mm zu verschieben?

5. In einen zylindrischen Ölbehälter (Innendurchmesser 1 200 mm) werden 968,8 kg Öl (Dichte: 0,9 kg/dm^3) eingefüllt.
Wie hoch wird das Öl im Behälter stehen?

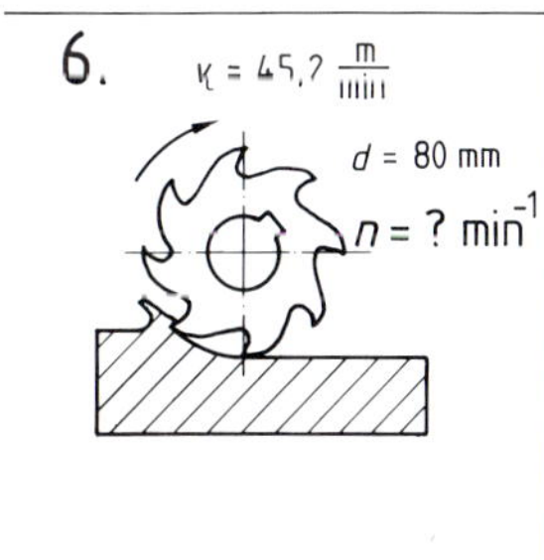

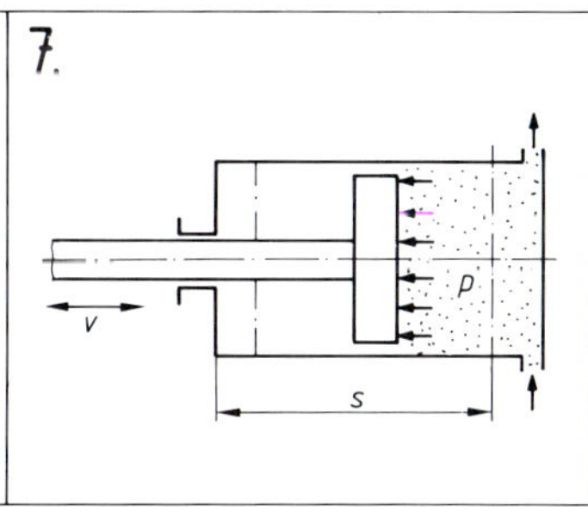

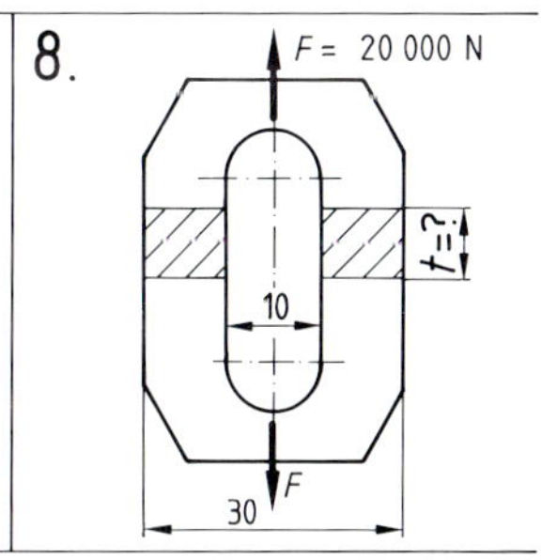

6. Berechnen Sie die Drehzahl n des Walzenfräsers.

7. Eine einfach wirkende Kolbenpumpe von 250 mm Durchmesser und einem Hub von 500 mm arbeitet mit einem mittleren Kolbendruck von 5 bar und einer mittleren Kolbengeschwindigkeit von 4 m/s.
Wie groß muß die Motorleistung sein? (Wirkungsgrad $\eta = 0{,}7$)

8. Die zulässige Zugspannung beträgt 100 N/mm^2.
Wie dick muß die Zuglasche sein?

9. Eine 840 mm lange Welle wird bei einem Vorschub von 0,8 mm in 7 Minuten zweimal überdreht.
Wie groß ist die Drehzahl?

10. Ein Strom, der durch einen menschlichen Körper fließt, darf nicht 50 mA überschreiten.
Wie groß darf maximal die Spannung sein, wenn der Gesamtwiderstand des menschlichen Körpers ca. 1,3 kΩ beträgt.

Aufgabensatz ②

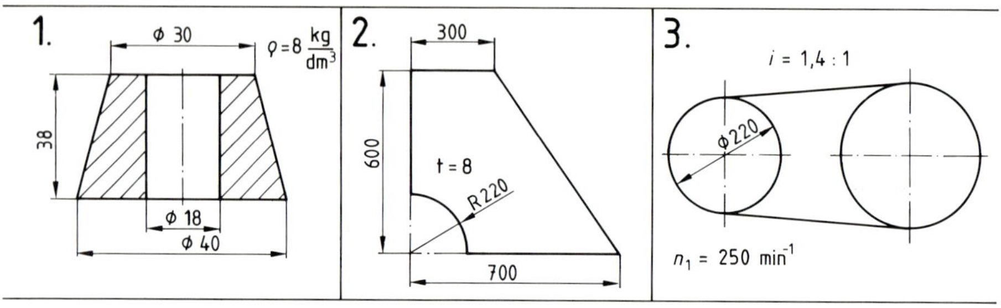

1. Berechnen Sie die Masse des skizzierten Körpers in g.

2. Das skizzierte Werkstück ist aus einem Blech 700 × 600 ausgeschnitten worden.
Berechnen Sie den Verschnitt in %.

3. Berechnen Sie Durchmesser und Drehzahl der getriebenen Scheibe.

4. Ein Kreissägeblatt hat einen Durchmesser von 400 mm und läuft mit einer Drehzahl von 200 min^{-1}.
Wie groß ist die Schnittgeschwindigkeit in m/min?

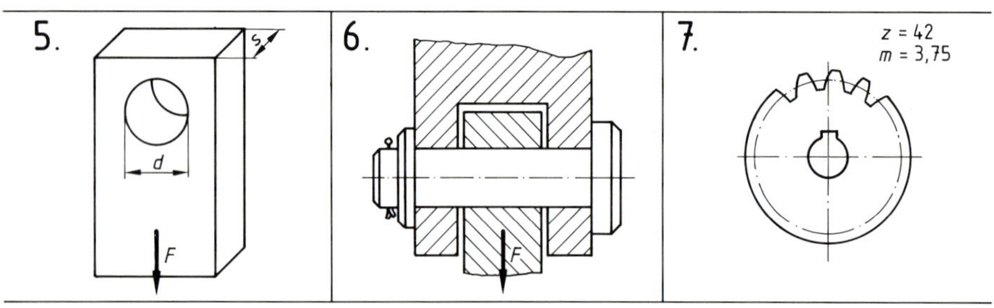

5. Ein Flachstahl 50 × 10 wird durch eine Bohrung mit $d = 20$ mm geschwächt.
Wie groß ist die größtmögliche Zugkraft F? ($\sigma_{zul} = 90$ N/mm²)

6. Berechnen Sie den Bolzendurchmesser d, wenn die Scherfestigkeit $\tau_{a_B} = 400$ N/mm², die Sicherheit $\gamma = 4$ und die Zugbelastung 15,7 kN beträgt.

7. Wie groß ist der Kopfkreisdurchmesser d_a des Zahnrades?

8.

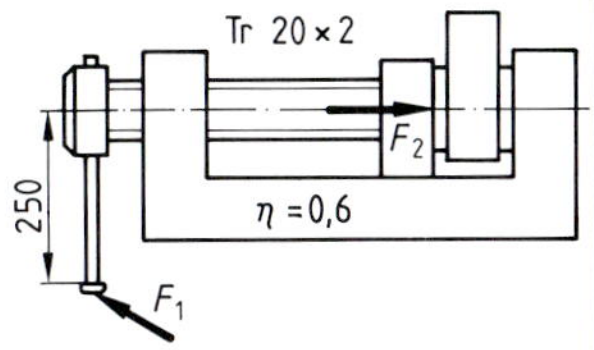

9.

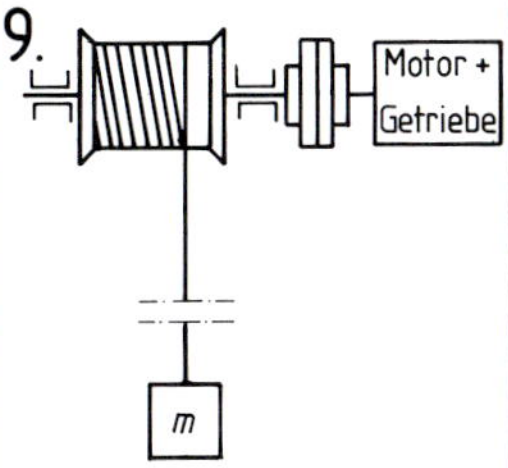

10.

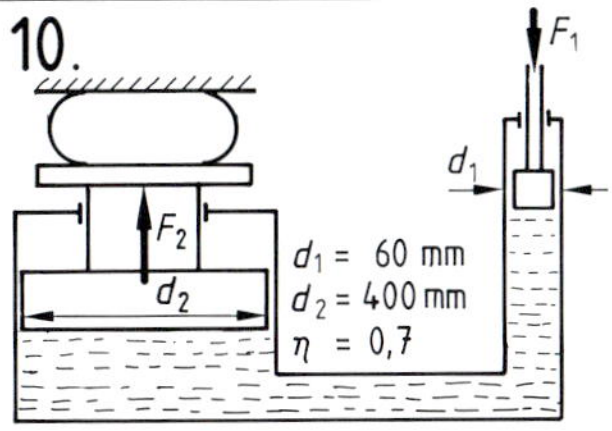

8. Berechnen Sie die Handkraft F_1 bei einer Spannkraft von $F_2 = 20$ kN.

9. Eine Winde befördert in 40 Sekunden eine Last von 2500 kg 16 m hoch. Der Windenmotor hat eine Leistung von 12 kW.
Wie groß ist der Wirkungsgrad der kompletten Anlage?

10. Berechnen Sie die Pressenkraft F_2 ($F_1 = 500$ N).

Aufgabensatz ③

1.

Werkstoffkosten:	2,4 kg je 2,50 DM/kg	= ? DM
Fertigungslohn:	4¼ h je 21,40 DM/h	= ? DM
Gemeinkosten:	120% des Fertigungslohnes	= ? DM
Selbstkosten		= ? DM
Gewinn (12% der Selbstkosten)		= ? DM
Verkaufspreis (ohne Mehrwertsteuer)		= ? DM

2.

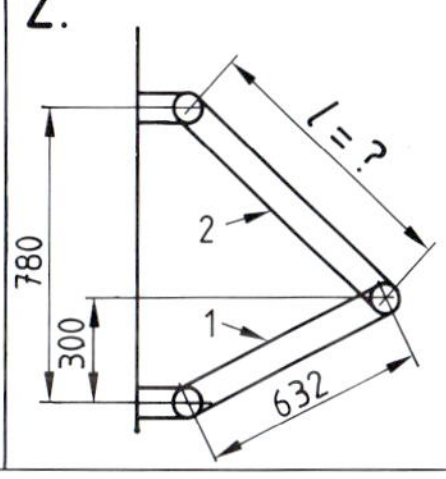

1. Berechnen Sie die Geldbeträge des Kalkulationsbeispiels für die Herstellung einer Spindel.

2. Berechnen Sie die Länge der Strebe (Bild 2).

3. Für eine durchgehende Welle ∅ 30 wird Rundstahl ∅ 40 verwendet.
Wie groß ist der Abfall in %, wenn der Rundstahl auf ∅ 30 abgedreht wird?

4.

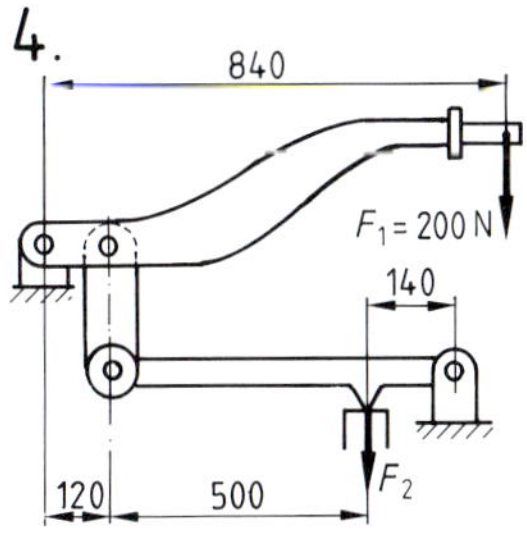

5.

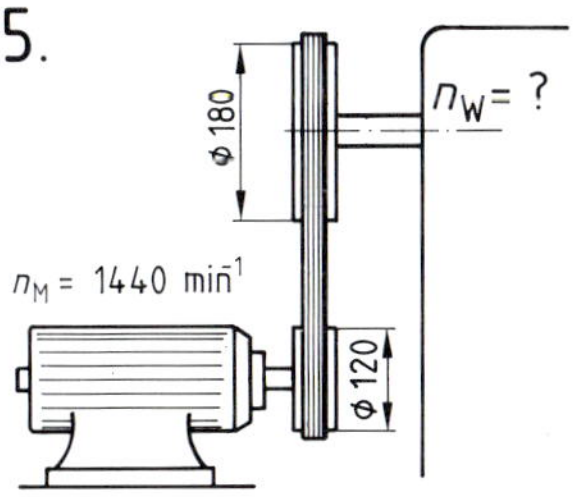

6.

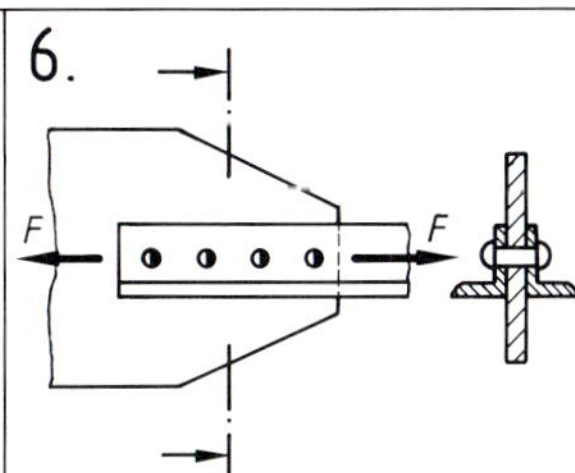

4. Berechnen Sie für die Hebelkonstruktion die Kraft F_2.

5. Wie groß ist die Drehzahl der Abtriebswelle?

6. Wieviel Nieten mit 16 mm Rohnietdurchmesser (geschlagener Niet: Rohniet ∅ + 1 mm) sind für die skizzierte Nietverbindung notwendig, wenn eine Zugkraft von 160 kN übertragen werden soll und die zulässige Scherspannung des Nietwerkstoffes 90 N/mm² beträgt?

7. An einer Welle mit dem Durchmesser $d = 140$ mm wird in mehreren Arbeitsgängen ein Zapfen mit $l = 220$ mm auf $d_1 = 100$ mm abgedreht.
Berechnen Sie die Hauptnutzungszeit. Schnittdaten: Vorschub $f = 0{,}5$ mm; Drehzahl $n = 37{,}5\ \text{min}^{-1}$; Schnittiefe $a_p = 4$ mm.

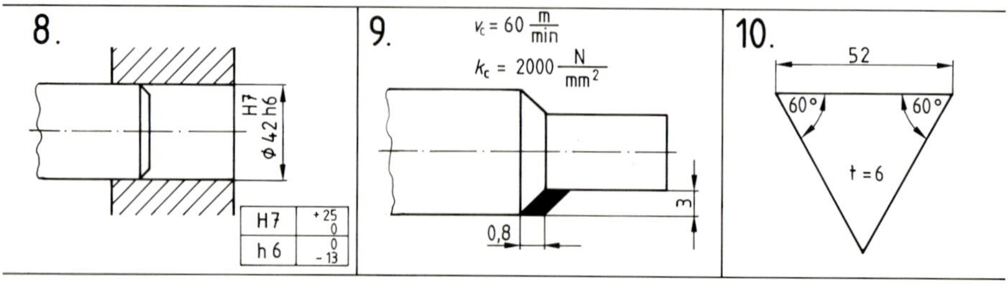

8. Berechnen Sie Höchstspiel, Mindestspiel und Paßtoleranz.

9. Welche Antriebsleistung ist erforderlich ($\eta = 0{,}7$)?

10. Mit einem Schneidwerkzeug werden dreieckige Bleche mit einer Scherfestigkeit von 380 N/mm² ausgeschnitten.
Berechnen Sie die notwendige Schnittkraft.

Aufgabensatz ④

1. Die Maschinenstunde einer Fräsmaschine wird mit 65,30 DM berechnet. Die Maschine ist täglich 15½ Stunden im Einsatz. Aufgrund einer Betriebsstörung war die Maschine 40½ Stunden ausgefallen.
Wie groß war im Monat (21 Arbeitstage) der Ausfall in DM und in %?

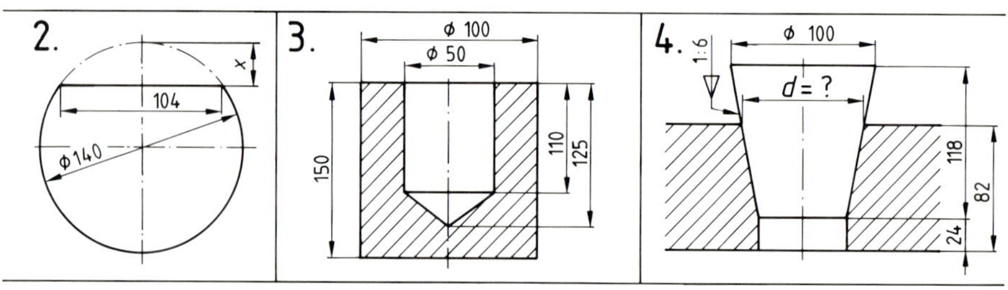

2. Berechnen Sie das Maß x.

3. Das skizzierte Werkstück wiegt 8473 g.
Welche Dichte hat das Werkstück?

4. Berechnen Sie den Durchmesser d.

5. Aus einem Rohr mit dem lichten Durchmesser 40 mm fließt Wasser mit der Geschwindigkeit 0,8 m/s.
In wieviel Minuten ist ein Behälter (Innenmaße: ⌀ 1,2 m, Höhe 1,4 m) gefüllt?

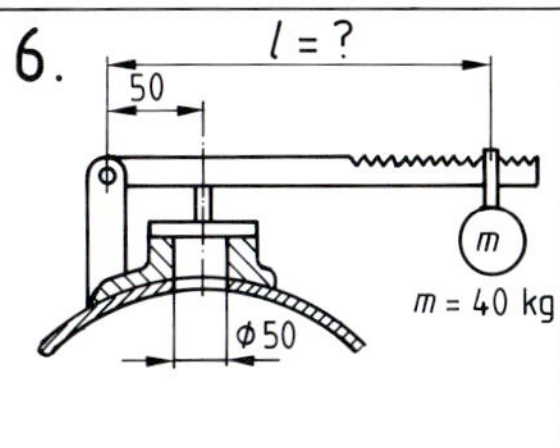

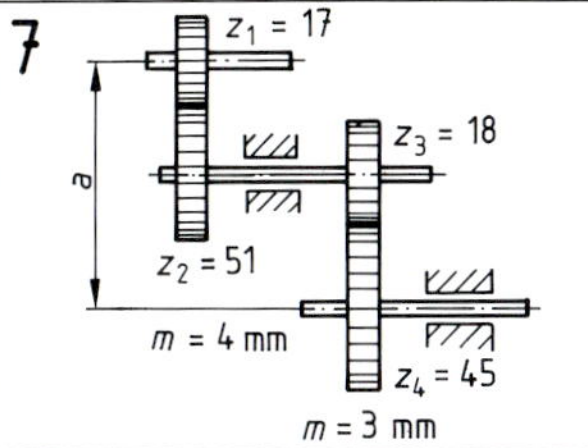

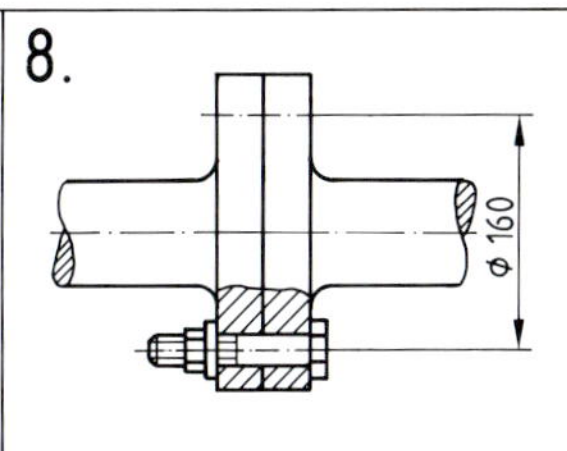

6. Das Sicherheitsventil soll bei 8 bar Kesseldruck wirksam werden. Auf welche Länge *l* ist das Gegengewicht einzustellen? (Gewicht des Hebels bleibt unberücksichtigt)

7. Berechnen Sie **a)** den Achsabstand *a*,
   b) die Drehzahl des Rades z_4. (Drehzahl vom Rad z_1: 1400 min^{-1})

8. Eine Scheibenkupplung soll für eine Drehzahl von $n = 250\ \text{min}^{-1}$ und eine Leistung von 30 kW ausgelegt werden.
   Berechnen Sie den Bolzendurchmesser, wenn 6 Paßschrauben vorgesehen sind und die zulässige Scherspannung 50 N/mm^2 beträgt.

9. In ein Werkstück, 25 mm dick, sind 8 Löcher ∅ 20 zu bohren. Die Schnittgeschwindigkeit v_c beträgt 25,1 m/min. Der Vorschub *f* beträgt 0,1 mm. Die Bohrerspitze wird mit $0{,}3 \cdot d$ eingesetzt. Wie groß ist die Hauptnutzungszeit t_h?

10. Eine elektrische Heizmanschette hat einen Widerstand von 30 Ω und ist an einer Spannung von 220 V angeschlossen. Welche Leistung in kW nimmt die Heizmanschette auf?

Aufgabensatz ⑤

1. Die Fertigungskosten für ein Werkstück betragen bei Einzelfertigung 122,50 DM. Um die Fertigungskosten zu senken, ist der Bau einer Vorrichtung geplant, deren Herstellung 9500,— DM kostet. Bei Fertigung mit der Vorrichtung werden sich die Herstellungskosten auf 110,— DM verringern.
   Wieviel % wird das Werkstück billiger verkauft werden können, wenn die Vorrichtungskosten anteilmäßig verrechnet werden sollen und insgesamt 3500 Stück hergestellt werden?

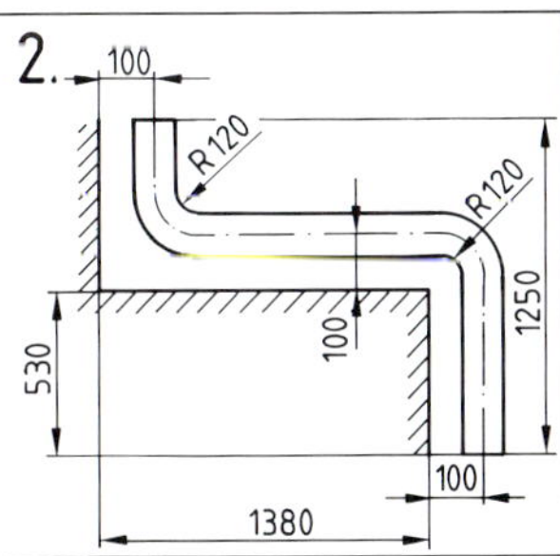

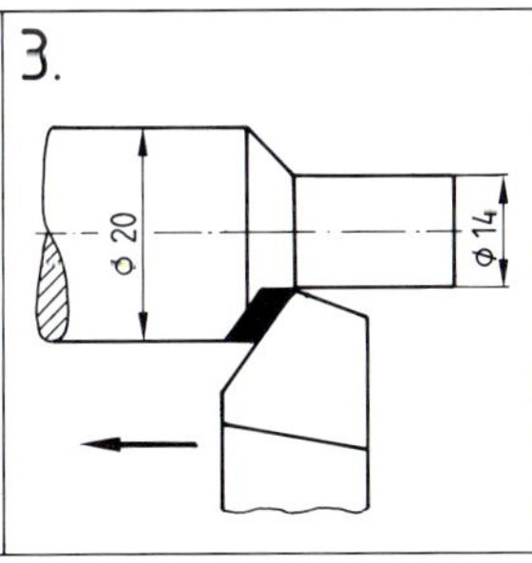

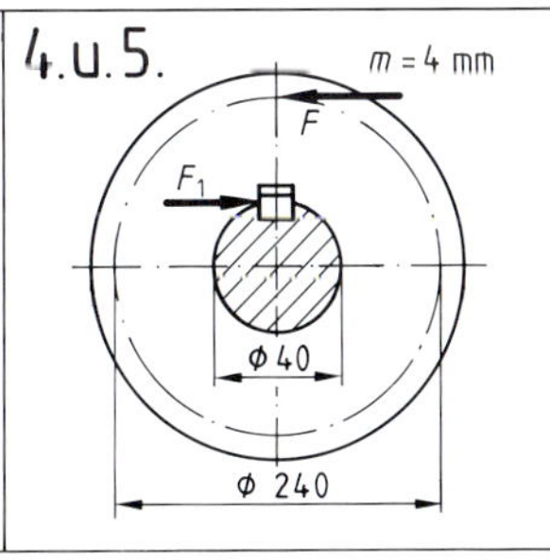

2. Ein Rohr mit dem Außendurchmesser von 80 mm ist nach Skizze zu verlegen. Berechnen Sie die gestreckte Länge.

3. Berechnen Sie den Spanungsquerschnitt bei einem Vorschub *f* von 0,3 mm.

4. Am Teilkreisumfang eines Zahnrades wirkt eine Kraft *F* von 1400 N.
   a) Welche Kraft F_1 wirkt an der Paßfeder?
   b) Welches Drehmoment wird übertragen?

5. Bestimmen Sie Zähnezahl und Außendurchmesser des Zahnrades.

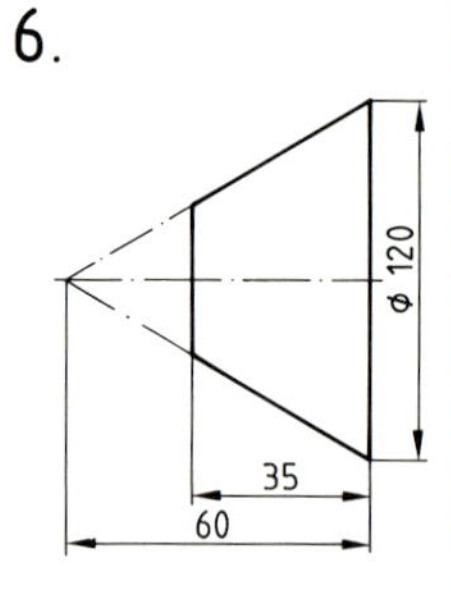

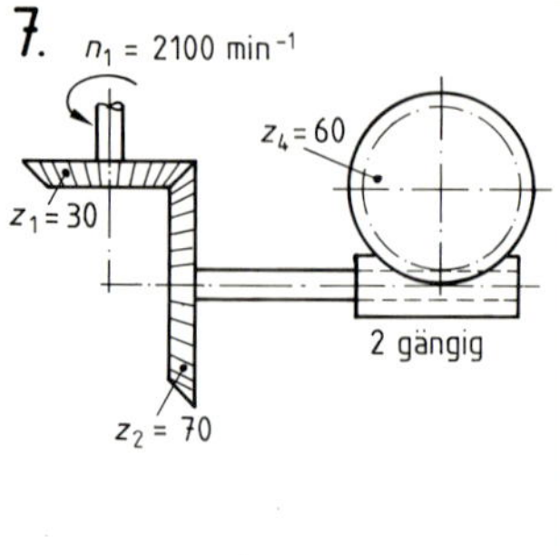

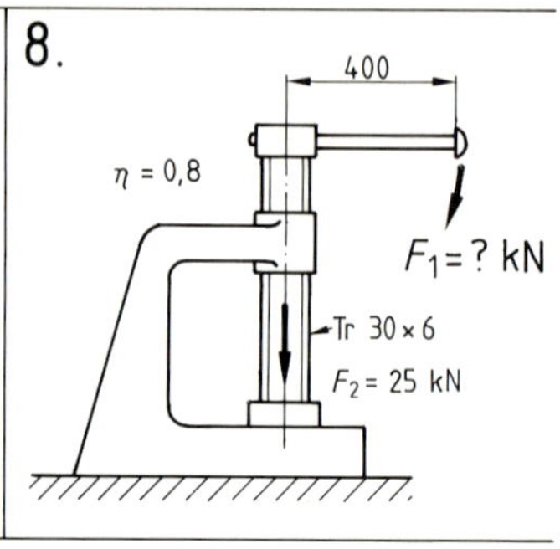

6. Berechnen Sie den kleinen Durchmesser des Kegelstumpfes.

7. Wie groß ist die Drehzahl des Schneckenrades?

8. Berechnen Sie die Handkraft F_1 unter Berücksichtigung des Wirkungsgrades.

9. Ein Elektromotor treibt das Hubwerk eines Kranes an. Dabei wird eine Masse von 48000 kg mit einer Geschwindigkeit von 0,5 m/s gehoben. Die Leistungsaufnahme des Motors beträgt 320 kW.
Berechnen Sie den Wirkungsgrad der Anlage.

10. Berechnen Sie die Leistung einer Glühbirne mit einem Widerstand von 484 Ω, die für eine Netzspannung von 220 V vorgesehen ist.

Aufgabensatz ⑥

1. Für die Abwicklung eines Auftrages wurden bisher 6 Drehmaschinen mit einer Stundenleistung von je 6 Stück eingesetzt. Der Auftrag war nach 126 Arbeitsstunden erledigt.
In welcher Zeit wird der Auftrag erledigt sein, wenn nun 4 Drehautomaten mit einer Stundenleistung von je 14 Stück eingesetzt werden?

2. Der Durchmesser einer Stahlwelle betrug bei einer Werkstücktemperatur von 80 °C 420,3 mm. Als toleriertes Maß ist angegeben $\varnothing\ 420_{h6}$.
Wie groß ist das Istmaß der Welle bei 20 °C?
Liegt das Werkstück innerhalb der zugelassenen Toleranz?

$$\alpha_{Stahl} = 0{,}012\ \frac{mm}{K\,m} \qquad \varnothing\ 420_{h6} \mathrel{\widehat{=}} \varnothing\ 420\,^{0}_{-40}$$

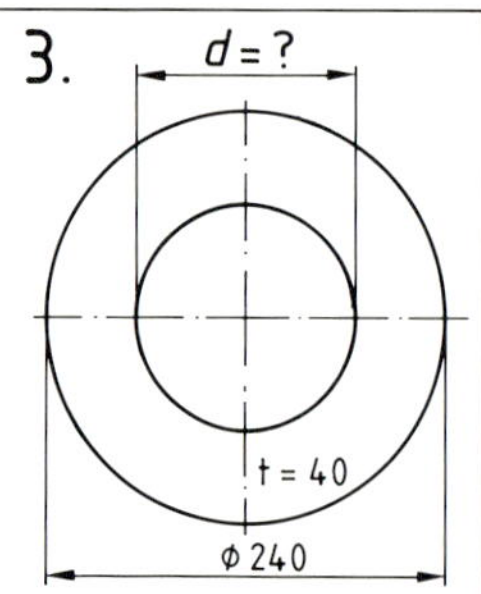

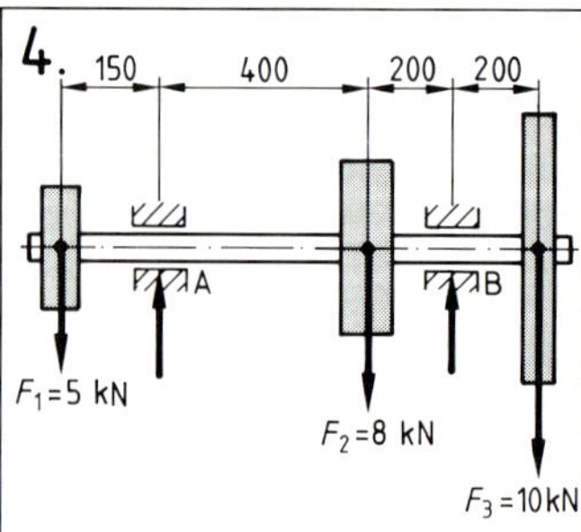

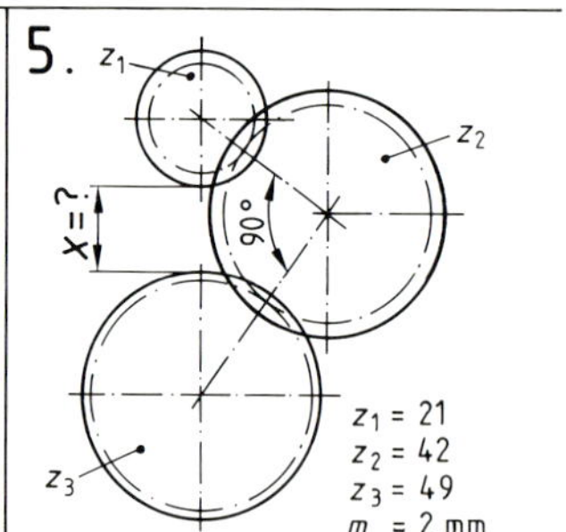

3. Das skizzierte Werkstück aus GGG-60 ($\varrho = 7{,}2$ kg/dm³) soll 10 kg wiegen. Berechnen Sie den Innendurchmesser.

4. Berechnen Sie für die Lager A und B die Lagerkräfte.

5. Berechnen Sie den Abstand x in mm.

6. Berechnen Sie die notwendige elektrische Leistung einer Drehmaschine. Es wurde bei einer Schnittgeschwindigkeit von 100 m/min eine Schnittkraft von 8,1 kN gemessen. (Wirkungsgrad der Drehmaschine 0,75, Wirkungsgrad des E-Motors 0,85)

7. u. 8.

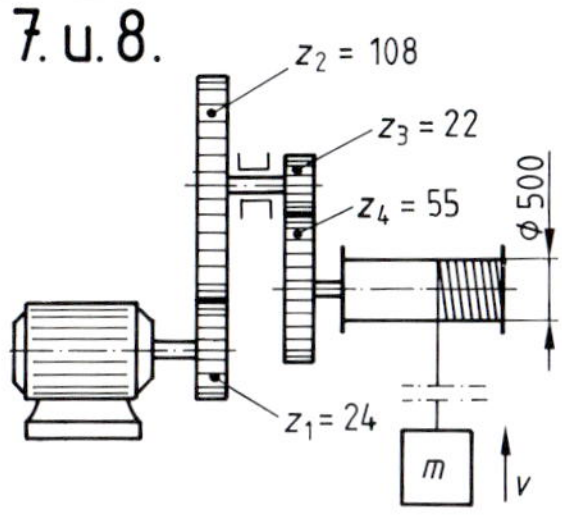

9.

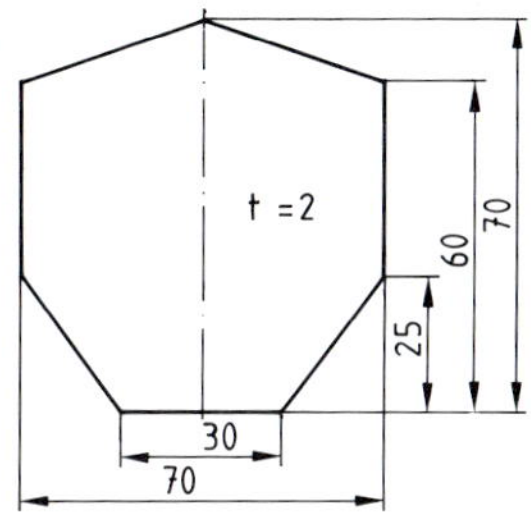

10.

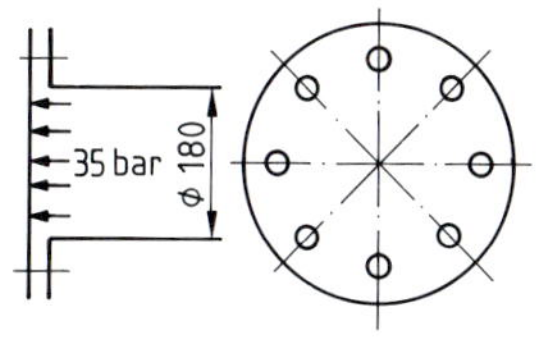

7. Bestimmen Sie das Mindestdrehmoment, das der Elektromotor aufbringen muß, wenn maximal eine Masse von 1000 kg gehoben werden soll. (Wirkungsgrad von Winde und Rädertrieb $\eta = 0{,}8$)

8. Mit welcher Geschwindigkeit v in m/s wird die Masse m nach oben befördert? (Drehzahl des Motors: $n = 700\ \text{min}^{-1}$)

9. Das skizzierte Blechteil wird mit Hilfe eines Schneidwerkzeuges ausgeschnitten. Welche Schnittkraft ist erforderlich bei einer Scherfestigkeit des Werkstoffes von 250 N/mm²?

10. Berechnen Sie die auftretende Zugspannung in den Flanschschrauben. (M 20, Kerndurchmesser: 17 mm)

Aufgabensatz ⑦

1. Es soll eine Metallegierung aus 83% Blei und 17% Antimon hergestellt werden. Bei der Erschmelzung werden 5,5 kg Antimon verbraucht. Wieviel kg Blei müssen zugesetzt werden?

2.

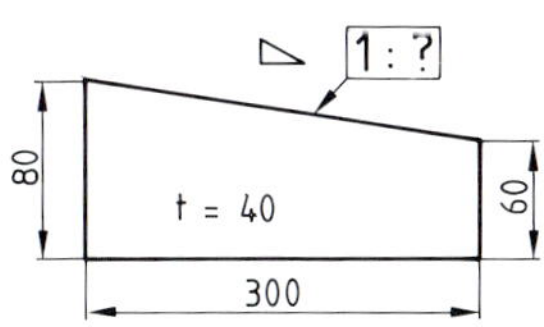

3.

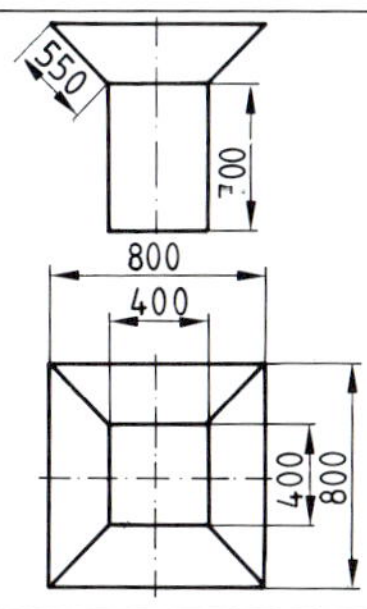

4.

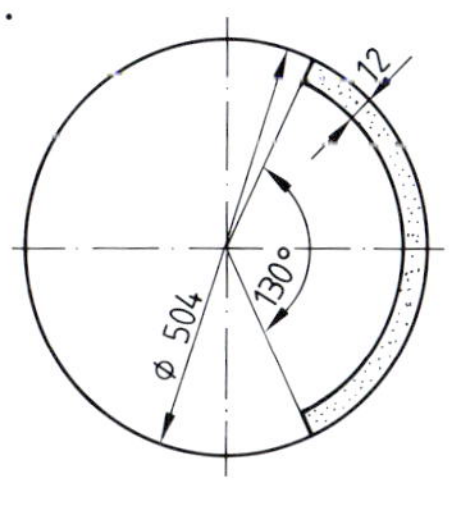

2. Von dem Keil aus Stahl ($\varrho = 7{,}85$ kg/dm³) ist zu berechnen:
   a) die Masse in kg, **b)** das Neigungsverhältnis.

3. Wieviel m² Blech sind für die Herstellung des Trichters erforderlich? (Blechdicke bleibt unberücksichtigt)

4. Wie groß ist die gestreckte Länge des Bremsbelages?

5.

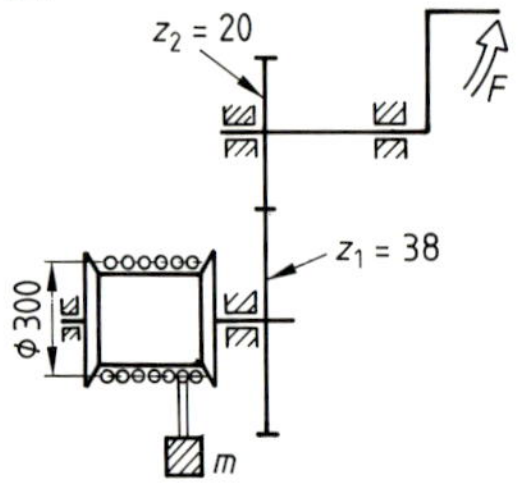

6.

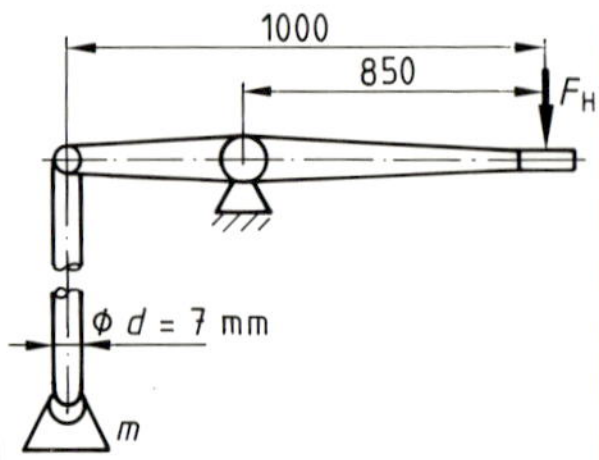

7.

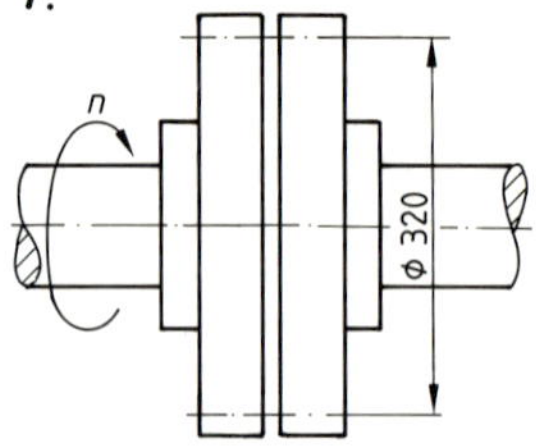

5. Die Masse m soll mit $v = 0{,}2$ m/s angehoben werden.
Wieviel Umdrehungen pro Minute muß die Kurbel ausführen?

6. Um die Masse m anheben zu können, benötigt man eine Handkraft $F_H = 500$ N.
Wie groß ist die vorhandene Zugspannung in N/mm^2 im Stangenquerschnitt von $d = 7$ mm?

7. Die am Schraubenlochkreis ($d = 320$ mm) wirkende Kraft darf den Wert von 8200 N nicht überschreiten.
Welche Leistung in kW darf die Scheibenkupplung bei $n = 110$ min^{-1} übertragen?

8. Bei Brennschneidarbeiten verringerte sich der Druck in der Sauerstoffflasche von 60 bar auf 40 bar (L-Flasche). Das Mischungsverhältnis ist $C_2H_2 : O_2 = 1 : 1{,}15$.
Wieviel l Sauerstoff und wieviel l Acetylen wurden verbraucht?

9. In einen Flansch von 40 mm Dicke sind 16 Löcher von 18 mm Durchmesser zu bohren.
Drehzahl 335 1/min, Vorschub 0,2 mm, Bohrerspitze 0,3 *d*.
Berechnen Sie die Hauptnutzungszeit für die Bohrarbeiten.

10. Auf dem Lochstempel einer Lochmaschine wirkt eine Kraft von $F = 500\,000$ N.
Bis zu wieviel mm Durchmesser kann die Maschine Löcher in 9 mm dickes Blech lochen, wenn Bleche mit einer Mindestzugfestigkeit von $R_m = 500$ N/mm^2 verwendet werden?

Aufgabensatz ⑧

1. In der Zeit von 8.30 Uhr bis 10.45 Uhr wurden auf einem Automaten 405 Schrauben hergestellt.
14% des Auftrages von 115714 Schrauben sind in 15 Arbeitsstunden fertigzustellen.
Wieviel Automaten sind einzusetzen?

2.

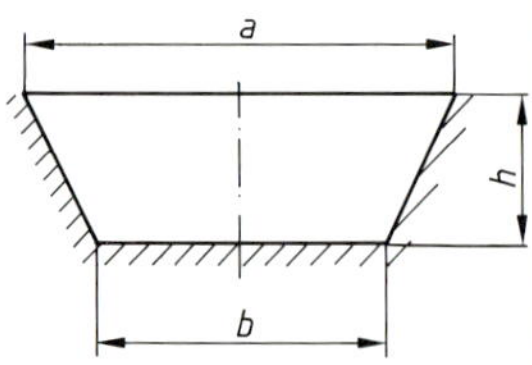

3.

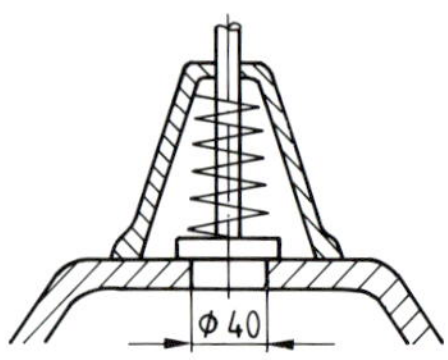

4.

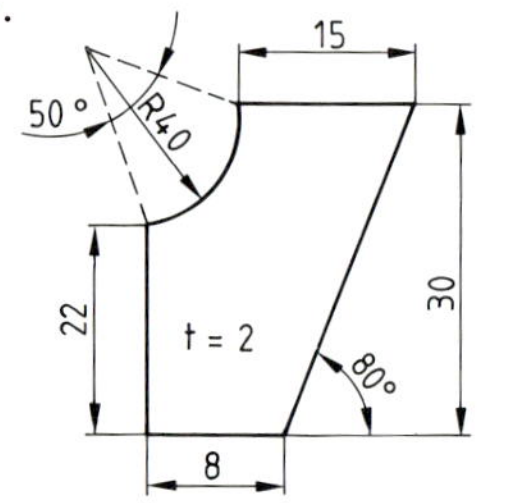

2. Die skizzierte Rinne muß einen Durchgang von 0,8 m^2 haben.
Die Maße, die sich verhalten sollen $a : b : h$ wie 3 : 2,5 : 1, sind zu berechnen.

3. Ein Sicherheitsventil mit 40 mm Tellerdurchmesser soll bei 14 bar Kesseldruck abblasen.
Welche Kraft muß dabei die Feder aufnehmen?

4. Die dargestellten Blechformen sollen ausgeschnitten werden.
Welche Schnittkraft ist erforderlich, wenn Bleche mit einer Mindestzugfestigkeit $R_m = 600$ N/mm² verarbeitet werden?

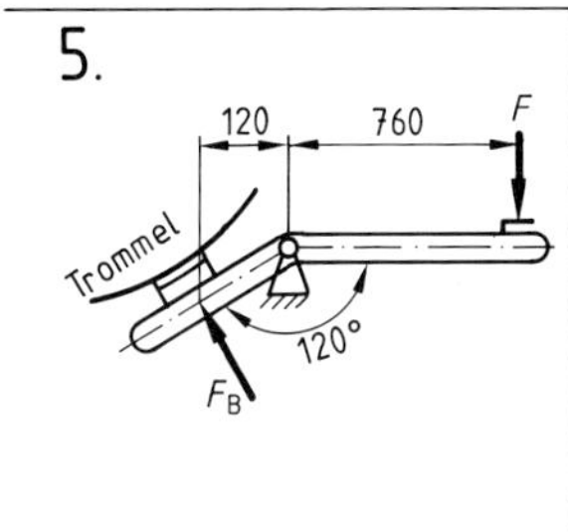

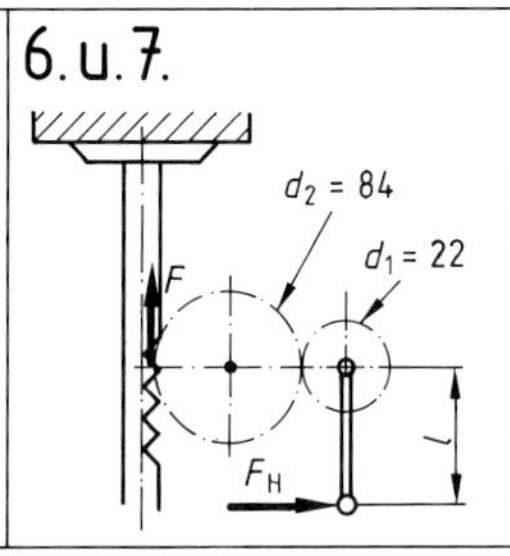

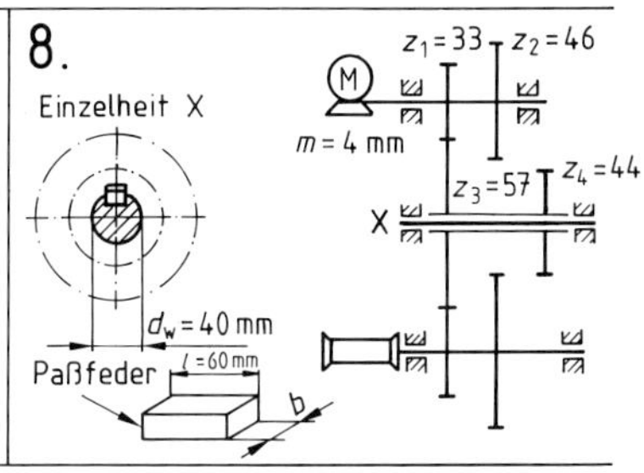

5. Die Trommel wird mit einer Bremskraft $F_B = 1800$ N abgebremst.
Welche Fußkraft F ist aufzubringen?

6. Zum Anheben einer Last wirkt am Umfang des Zahnrades z eine Kraft von 1300 N.
Welches Drehmoment muß an der Handkurbel aufgebracht werden?

7. Die Handkurbel wird $n = 15$mal gedreht.
Welche Hubhöhe h legt dabei die Zahnspindel zurück?

8. Das Schieberad ist auf der Welle 2 durch eine Paßfeder mit einer Mindestzugfestigkeit $R_m = 600$ N/mm² drehfest gelagert (siehe Einzelheit X).
Wie breit muß die auf Abscheren beanspruchte Paßfeder werden, wenn 6fache Sicherheit verlangt wird? (Motordrehmoment $M = 400$ Nm)

9. Ein Riemen von 8 cm Breite und 5 mm Dicke überträgt bei einer Geschwindigkeit von 8 m/s eine Leistung von 12 kW.
Welche Zugspannung wirkt im Arbeitstrum?

10. Eine Richtplatte von 4000 mm Länge und 800 mm Breite soll auf einer Tischhobelmaschine bearbeitet werden. Die Schnittgeschwindigkeit in Längsrichtung der Platte beträgt 17 m/min, die Rücklaufgeschwindigkeit 30 m/min. Der Vorschub 1,5 mm. Vor und hinter der Platte läuft der Stahlmeißel je 60 mm aus.
Bestimmen Sie die Hauptnutzungszeit.

Sinus 0°... 45°

Minuten →

Grad ↓	0′	10′	20′	30′	40′	50′	60′	
0	0,0000	0,0029	0,0058	0,0087	0,0116	0,0145	0,0175	89
1	0,0175	0,0204	0,0233	0,0262	0,0291	0,0320	0,0349	88
2	0,0349	0,0378	0,0407	0,0436	0,0465	0,0494	0,0523	87
3	0,0523	0,0552	0,0581	0,0610	0,0640	0,0669	0,0698	86
4	0,0698	0,0727	0,0756	0,0785	0,0814	0,0843	0,0872	85
5	0,0872	0,0901	0,0929	0,0958	0,0987	0,1016	0,1045	84
6	0,1045	0,1074	0,1103	0,1132	0,1161	0,1190	0,1219	83
7	0,1219	0,1248	0,1276	0,1305	0,1334	0,1363	0,1392	82
8	0,1392	0,1421	0,1449	0,1478	0,1507	0,1536	0,1564	81
9	0,1564	0,1593	0,1622	0,1650	0,1679	0,1708	0,1736	**80**
10	0,1736	0,1765	0,1794	0,1822	0,1851	0,1880	0,1908	79
11	0,1908	0,1937	0,1965	0,1994	0,2022	0,2051	0,2079	78
12	0,2079	0,2108	0,2136	0,2164	0,2193	0,2221	0,2250	77
13	0,2250	0,2278	0,2306	0,2334	0,2363	0,2391	0,2419	76
14	0,2419	0,2447	0,2476	0,2504	0,2532	0,2560	0,2588	75
15	0,2588	0,2616	0,2644	0,2672	0,2700	0,2728	0,2756	74
16	0,2756	0,2784	0,2812	0,2840	0,2868	0,2896	0,2924	73
17	0,2924	0,2952	0,2979	0,3007	0,3035	0,3062	0,3090	72
18	0,3090	0,3118	0,3145	0,3173	0,3201	0,3228	0,3256	71
19	0,3256	0,3283	0,3311	0,3338	0,3365	0,3393	0,3420	**70**
20	0,3420	0,3448	0,3475	0,3502	0,3529	0,3557	0,3584	69
21	0,3584	0,3611	0,3638	0,3665	0,3692	0,3719	0,3746	68
22	0,3746	0,3773	0,3800	0,3827	0,3854	0,3881	0,3907	67
23	0,3907	0,3934	0,3961	0,3987	0,4014	0,4041	0,4067	66
24	0,4067	0,4094	0,4120	0,4147	0,4173	0,4200	0,4226	65
25	0,4226	0,4253	0,4279	0,4305	0,4331	0,4358	0,4384	64
26	0,4384	0,4410	0,4436	0,4462	0,4488	0,4514	0,4540	63
27	0,4540	0,4566	0,4592	0,4617	0,4643	0,4669	0,4695	62
28	0,4695	0,4720	0,4746	0,4772	0,4797	0,4823	0,4848	61
29	0,4848	0,4874	0,4899	0,4924	0,4950	0,4975	0,5000	**60**
30	0,5000	0,5025	0,5050	0,5075	0,5100	0,5125	0,5150	59
31	0,5150	0,5175	0,5200	0,5225	0,5250	0,5275	0,5299	58
32	0,5299	0,5324	0,5348	0,5373	0,5398	0,5422	0,5446	57
33	0,5446	0,5471	0,5495	0,5519	0,5544	0,5568	0,5592	56
34	0,5592	0,5616	0,5640	0,5664	0,5688	0,5712	0,5736	55
35	0,5736	0,5760	0,5783	0,5807	0,5831	0,5854	0,5878	54
36	0,5878	0,5901	0,5925	0,5948	0,5972	0,5995	0,6018	53
37	0,6018	0,6041	0,6065	0,6088	0,6111	0,6134	0,6157	52
38	0,6157	0,6180	0,6202	0,6225	0,6248	0,6271	0,6293	51
39	0,6293	0,6316	0,6338	0,6361	0,6383	0,6406	0,6428	**50**
40	0,6428	0,6450	0,6472	0,6494	0,6517	0,6539	0,6561	49
41	0,6561	0,6583	0,6604	0,6626	0,6648	0,6670	0,6691	48
42	0,6691	0,6713	0,6734	0,6756	0,6777	0,6799	0,6820	47
43	0,6820	0,6841	0,6862	0,6884	0,6905	0,6926	0,6947	46
44	0,6947	0,6967	0,6988	0,7009	0,7030	0,7050	0,7071	45
	60′	50′	40′	30′	20′	10′	0′	Grad ↑

← Minuten

Cosinus 45°... 90°

Sinus 45°… 90°

Minuten →

Grad ↓	0′	10′	20′	30′	40′	50′	60′	
45	0,7071	0,7092	0,7112	0,7133	0,7153	0,7173	0,7193	44
46	0,7193	0,7214	0,7234	0,7254	0,7274	0,7294	0,7314	43
47	0,7314	0,7333	0,7353	0,7373	0,7392	0,7412	0,7431	42
48	0,7431	0,7451	0,7470	0,7490	0,7509	0,7528	0,7574	41
49	0,7547	0,7566	0,7585	0,7604	0,7623	0,7642	0,7660	40
50	0,7660	0,7679	0,7698	0,7716	0,7735	0,7753	0,7771	39
51	0,7771	0,7790	0,7808	0,7826	0,7844	0,7862	0,7880	38
52	0,7880	0,7898	0,7916	0,7934	0,7951	0,7969	0,7986	37
53	0,7986	0,8004	0,8021	0,8039	0,8056	0,8073	0,8090	36
54	0,8090	0,8107	0,8124	0,8141	0,8158	0,8175	0,8192	35
55	0,8192	0,8208	0,8225	0,8241	0,8258	0,8274	0,8290	34
56	0,8290	0,8307	0,8323	0,8339	0,8355	0,8371	0,8387	33
57	0,8387	0,8403	0,8418	0,8434	0,8450	0,8465	0,8480	32
58	0,8480	0,8496	0,8511	0,8526	0,8542	0,8557	0,8572	31
59	0,8572	0,8587	0,8601	0,8616	0,8631	0,8646	0,8660	30
60	0,8660	0,8675	0,8689	0,8704	0,8718	0,8732	0,8746	29
61	0,8746	0,8760	0,8774	0,8788	0,8802	0,8816	0,8829	28
62	0,8829	0,8843	0,8857	0,8870	0,8884	0,8897	0,8910	27
63	0,8910	0,8923	0,8936	0,8949	0,8962	0,8975	0,8988	26
64	0,8988	0,9001	0,9013	0,9026	0,9038	0,9051	0,9063	25
65	0,9063	0,9075	0,9088	0,9100	0,9112	0,9124	0,9135	24
66	0,9135	0,9147	0,9159	0,9171	0,9182	0,9194	0,9205	23
67	0,9205	0,9216	0,9228	0,9239	0,9250	0,9261	0,9272	22
68	0,9272	0,9283	0,9293	0,9304	0,9315	0,9325	0,9336	21
69	0,9336	0,9346	0,9356	0,9367	0,9377	0,9387	0,9397	20
70	0,9397	0,9407	0,9417	0,9426	0,9436	0,9446	0,9455	19
71	0,9455	0,9465	0,9474	0,9483	0,9492	0,9502	0,9511	18
72	0,9511	0,9520	0,9528	0,0537	0,9546	0,9555	0,9563	17
73	0,9563	0,9572	0,9580	0,9588	0,9596	0,9605	0,9613	16
74	0,9613	0,9621	0,9628	0,9636	0,9644	0,9652	0,9659	15
75	0,9659	0,9667	0,9674	0,9681	0,9689	0,9696	0,9703	14
76	0,9703	0,9710	0,9717	0,9724	0,9730	0,9737	0,9744	13
77	0,9744	0,9750	0,9757	0,9763	0,9769	0,9775	0,9781	12
78	0,9781	0,9787	0,9793	0,9799	0,9805	0,9811	0,9816	11
79	0,9816	0,9822	0,9827	0,9833	0,9838	0,9843	0,9848	10
80	0,9848	0,9853	0,9858	0,9863	0,9868	0,9872	0,9877	9
81	0,9877	0,9881	0,9886	0,9890	0,9894	0,9899	0,9903	8
82	0,9903	0,9907	0,9911	0,9914	0,9918	0,9922	0,9925	7
83	0,9925	0,9929	0,9932	0,9936	0,9939	0,9942	0,9945	6
84	0,9945	0,9948	0,9951	0,9954	0,9957	0,9959	0,9962	5
85	0,9962	0,9964	0,9967	0,9969	0,9971	0,9974	0,9976	4
86	0,9976	0,9978	0,9980	0,9981	0,9983	0,9985	0,9986	3
87	0,9986	0,9988	0,9989	0,9990	0,9992	0,9993	0,9994	2
88	0,9994	0,9995	0,9996	0,9997	0,9997	0,9998	0,99985	1
89	0,99985	0,99989	0,99993	0,99996	0,99998	0,99999	1,0000	0
	60′	50′	40′	30′	20′	10′	0′	Grad ↑

← Minuten

Cosinus 0°… 45°

Tangens 0... 45°

Minuten →

Grad ↓	0′	10′	20′	30′	40′	50′	60′	
0	0,0000	0,0029	0,0058	0,0087	0,0116	0,0145	0,0175	89
1	0,0175	0,0204	0,0233	0,0262	0,0291	0,0320	0,0349	88
2	0,0349	0,0378	0,0407	0,0437	0,0466	0,0495	0,0524	87
3	0,0524	0,0553	0,0582	0,0612	0,0641	0,0670	0,0699	86
4	0,0699	0,0729	0,0758	0,0787	0,0816	0,0846	0,0875	85
5	0,0875	0,0904	0,0934	0,0963	0,0992	0,1022	0,1051	84
6	0,1051	0,1080	0,1110	0,1139	0,1169	0,1198	0,1228	83
7	0,1228	0,1257	0,1287	0,1317	0,1346	0,1376	0,1405	82
8	0,1405	0,1435	0,1465	0,1495	0,1524	0,1554	0,1584	81
9	0,1584	0,1614	0,1644	0 1673	0,1703	0,1733	0,1763	**80**
10	0,1763	0,1793	0,1823	0,1853	0,1883	0,1914	0,1944	79
11	0,1944	0,1974	0,2004	0,2035	0,2065	0,2095	0,2126	78
12	0,2126	0,2156	0,2186	0,2217	0,2247	0,2278	0,2309	77
13	0,2309	0,2339	0,2370	0,2401	0,2432	0,2462	0,2493	76
14	0,2493	0,2524	0,2555	0,2586	0,2617	0,2648	0,2679	75
15	0,2679	0,2711	0,2742	0,2773	0,2805	0,2836	0,2867	74
16	0,2867	0,2899	0,2931	0,2962	0,2994	0,3026	0,3057	73
17	0,3057	0,3089	0,3121	0,3153	0,3185	0,3217	0,3249	72
18	0,3249	0,3281	0,3314	0,3346	0,3378	0,3411	0,3443	71
19	0,3443	0,3476	0,3508	0,3541	0,3574	0,3607	0,3640	**70**
20	0,3640	0,3673	0,3706	0,3739	0,3772	0,3805	0,3839	69
21	0,3839	0,3872	0,3906	0,3939	0,3973	0,4006	0,4040	68
22	0,4040	0,4074	0,4108	0,4142	0,4176	0,4210	0,4245	67
23	0,4245	0,4279	0,4314	0,4348	0,4383	0,4417	0,4452	66
24	0,4452	0,4487	0,4522	0,4557	0,4592	0,4628	0,4663	65
25	0,4663	0,4699	0,4734	0,4770	0,4806	0,4841	0,4877	64
26	0,4877	0,4913	0,4950	0,4986	0,5022	0,5059	0,5095	63
27	0,5095	0,5132	0,5169	0,5206	0,5243	0,5280	0,5317	62
28	0,5317	0,5354	0,5392	0,5430	0,5467	0,5505	0,5543	61
29	0,5543	0,5581	0,5619	0,5658	0,5696	0,5735	0,5774	**60**
30	0,5774	0,5812	0,5851	0,5890	0,5930	0,5969	0,6009	59
31	0,6009	0,6048	0,6088	0,6128	0,6168	0,6208	0,6249	58
32	0,6249	0,6289	0,6330	0,6371	0,6412	0,6453	0,6494	57
33	0,6494	0,6536	0,6577	0,6619	0,6661	0,6703	0,6745	56
34	0,6745	0,6787	0,6830	0,6873	0,6916	0,6959	0,7002	55
35	0,7002	0,7046	0,7089	0,7133	0,7177	0,7221	0,7265	54
36	0,7265	0,7310	0,7355	0,7400	0,7445	0,7490	0,7536	53
37	0,7536	0,7581	0,7627	0,7673	0,7720	0,7766	0,7813	52
38	0,7813	0,7860	0,7907	0,7954	0,8002	0,8050	0,8098	51
39	0,8098	0,8146	0,8195	0,8243	0,8292	0,8342	0,8391	**50**
40	0,8391	0,8441	0,8491	0,8541	0,8591	0,8642	0,8693	49
41	0,8693	0,8744	0,8796	0,8847	0,8899	0,8952	0,9004	48
42	0,9004	0,9057	0,9110	0,9163	0,9217	0,9271	0,9325	47
43	0,9325	0,9380	0,9435	0,9490	0,9545	0,9601	0,9657	46
44	0,9657	0,9713	0,9770	0,9827	0,9884	0,9942	1,0000	45
	60′	50′	40′	30′	20′	10′	0′	Grad ↑

← Minuten

Cotangens 45°... 90°

Tangens 45°… 90°

Minuten →

Grad ↓	0′	10′	20′	30′	40′	50′	60′	
45	1,0000	1,0058	1,0117	1,0176	1,0235	1,0295	1,0355	44
46	1,0355	1,0416	1,0477	1,0538	1,0599	1,0661	1,0724	43
47	1,0724	1,0786	1,0850	1,0913	1,0977	1,1041	1,1106	42
48	1,1106	1,1171	1,1237	1,1303	1,1369	1,1436	1,1504	41
49	1,1504	1,1571	1,1640	1,1708	1,1778	1,1847	1,1918	**40**
50	1,1918	1,1988	1,2059	1,2131	1,2203	1,2276	1,2349	39
51	1,2349	1,2423	1,2497	1,2572	1,2647	1,2723	1,2799	38
52	1,2799	1,2876	1,2945	1,3032	1,3111	1,3190	1,3270	37
53	1,3270	1,3351	1,3432	1,3514	1,3597	1,3680	1,3764	36
54	1,3764	1,3848	1,3934	1,4019	1,4106	1,4193	1,4281	35
55	1,4281	1,4370	1,4460	1,4550	1,4641	1,4733	1,4826	34
56	1,4826	1,4919	1,5013	1,5108	1,5204	1,5301	1,5399	33
57	1,5399	1,5497	1,5597	1,5697	1,5798	1,5900	1,6003	32
58	1,6003	1,6107	1,6213	1,6318	1,6426	1,6534	1,6643	31
59	1,6643	1,6753	1,6864	1,6977	1,7090	1,7205	1,7321	**30**
60	1,7321	1,7438	1,7556	1,7675	1,7796	1,7917	1,8041	29
61	1,8041	1,8165	1,8291	1,8418	1,8546	1,8676	1,8807	28
62	1,8807	1,8940	1,9074	1,9210	1,9347	1,9486	1,9626	27
63	1,9626	1,9768	1,9912	2,0057	2,0204	2,0353	2,0503	26
64	2,0503	2,0655	2,0809	2,0965	2,1123	2,1283	2,1445	25
65	2,1445	2,1609	2,1775	2,1943	2,2113	2,2286	2,2460	24
66	2,2460	2,2637	2,2817	2,2998	2,3183	2,3369	2,3559	23
67	2,3559	2,3750	2,3945	2,4142	2,4342	2,4545	2,4751	22
68	2,4751	2,4960	2,5172	2,5387	2,5605	2,5826	2,6051	21
69	2,6051	2,6279	2,6511	2,6746	2,6985	2,7228	2,7475	**20**
70	2,7475	2,7725	2,7980	2,8239	2,8502	2,8770	2,9042	19
71	2,9042	2,9319	2,9600	2,9887	3,0178	3,0475	3,0777	18
72	3,0777	3,1084	3,1397	3,1716	3,2041	3,2371	3,2709	17
73	3,2709	3,3052	3,3402	3,3759	3,4124	3,4495	3,4874	16
74	3,4874	3,5261	3,5656	3,6059	3,6470	3,6891	3,7321	15
75	3,7321	3,7760	3,8208	3,8667	3,9136	3,9617	4,0108	14
76	4,0108	4,0611	4,1126	4,1653	4,2193	4,2747	4,3315	13
77	4,3315	4,3897	4,4494	4,5107	4,5736	4,6383	4,7046	12
78	4,7046	4,7729	4,8430	4,9152	4,9894	5,0658	5,1446	11
79	5,1446	5,2257	5,3093	5,3955	5,4845	5,5764	5,6713	**10**
80	5,6713	5,7694	5,8700	5,9758	6,0844	6,1970	6,3138	9
81	6,3138	6,4348	6,5605	6,6912	6,8269	6,9682	7,1154	8
82	7,1154	7,2687	7,4287	7,5958	7,7701	7,9530	8,1444	7
83	8,1444	8,3450	8,5556	8,7769	9,0098	9,2553	9,5144	6
84	9,5144	9,7882	10,0780	10,3854	10,7119	11,0594	11,4301	5
85	11,4301	11,8262	12,2505	12,7062	13,1969	13,7267	14,3007	4
86	14,3007	14,9244	15,6048	16,3499	17,1693	18,0750	19,0811	3
87	19,0811	20,2056	21,4704	22,9038	24,5418	26,4316	28,6363	2
88	28,6363	31,2416	34,3678	38,1885	42,9641	49,1039	57,2900	1
89	57,2900	68,7501	85,9398	114,5887	171,8854	343,7737	∞	**0**
	60′	50′	40′	30′	20′	10′	0′	Grad ↑

← Minuten

Cotangens 0°… 45°

Stichwortverzeichnis